巴西深水油气勘探开发实践

万广峰　主编

U0322659

石油工业出版社

内容提要

本书从巴西深水油气资源、地质特征、地震技术、油气田开发、钻完井、水下系统、生产平台、后勤支持、提卸油、安全环保管理和投资环境共 11 个方面详细阐述了巴西深水油气勘探开发的实践内容和技术特点，通过对现有项目运作经验和应用成效的深入总结，分析了今后巴西深水油气勘探开发各重要领域的发展方向。

本书可供从事深水油气勘探、开发、工程及经济等研究领域的广大科研人员、管理人员和大专院校相关专业师生参考阅读。

图书在版编目（CIP）数据

巴西深水油气勘探开发实践 / 万广峰主编 . —北京：

石油工业出版社，2020.7

　　ISBN 978-7-5183-3818-4

　　Ⅰ . ①巴… Ⅱ . ①万… Ⅲ . ①海上油气田 – 油气勘探

– 研究 – 巴西 Ⅳ . ① P618.130.8

中国版本图书馆 CIP 数据核字（2019）第 292640 号

出版发行：石油工业出版社

　　　（北京安定门外安华里 2 区 1 号　　100011）

　　　网　址：www.petropub.com

　　　编辑部：（010）64523543　　图书营销中心：（010）64523633

经　　销：全国新华书店

印　　刷：北京中石油彩色印刷有限责任公司

2020 年 7 月第 1 版　　2020 年 7 月第 1 次印刷

787 × 1092 毫米　开本：1/16　印张：34.25

字数：770 千字

定价：180.00 元

PREFACE 序

从 20 世纪中期开始，海洋逐步成为全球油气资源的重要增长极。进入 21 世纪以来，深水更是成为国际石油巨头竞相角逐的高端市场，但是长久以来，深水领域鲜有中国石油的身影。集团公司领导多次提到要认识深水业务的重大意义，我们也无时无刻不感到开拓深水业务的紧迫感、责任感和使命感。

2013 年 10 月，中国石油携手国际石油巨头成功中标巴西里贝拉区块，从此在深水领域有了新的立足点。借助巴西深水这个广阔的平台，拉美党工委提出要以"获取区块、探索机制、培养人才、深化合作"为目标，勉励中油国际（巴西）公司努力担当深水油气业务的探索者、建设者、作业者和示范者。六年来，巴西公司依托里贝拉项目，从深化勘探起步，历经宣布商业发现、海工建设、试采投产、提卸油销售、资金回收等重要阶段，打通了深水上游业务全价值链，取得了令人瞩目的业绩。

这本《巴西深水油气勘探开发实践》立足于巴西深水勘探开发，从巴西油气资源、地质特征、地震技术、油气田开发、钻完井作业、水下系统、生产平台、提卸油管理、后勤支持、安全环保管理、投资分析及可持续发展等方面全方位展示了中国石油在巴西深水领域的学习、思考、收获和提升。从书中的每一个章节，我们看到了巴西公司同志们拼搏的身影，从书中的每一个字符，更是感受到了他们进步的脉络。这些年，同在拉美大陆的另一端，真为巴西公司取得的成绩感到高兴。书中内容翔实的资料信息、凝结汗水的经验心得、亲身力行的实践总结对于广大石油工作者开拓海洋专业视野，加深深水油气田认识，指导深水项目技术经济评价，均具有很好的借鉴和参考价值。

时值本书出版之际，中国石油在巴西又新签约两个巨型油气勘探开发项目，再次扩大了中国石油深水油气运营版图。我们坚信有这样一批批有担当、有作为的开拓者，中国石油深水业务一定会行稳致远，走向辉煌。

很高兴为本书题写序言，愿与广大奋斗在海外业务一线的战友们共勉。

2013 年深秋，一群中国石油海外业务的探索者，沿着 20 年前海外石油先驱者的足迹，牢记"我为祖国献石油"的初心使命，再次奔向万里之遥的远方。这一次，他们的目光越过秘鲁塔拉拉的茫茫戈壁，他们的脚步最终停留在巴西东南茫茫的大西洋上。茫茫天涯路，深深大洋处，探索者们把传说变成了现实。作为有幸加入这批探索者的我们，正在努力实现"筑梦深海，奔向深蓝"的时代梦想。

从成功中标里贝拉项目的那一刻起，面对业界公认的"三高"项目，面对纵横海洋几十年的国际石油巨头，我们深知，一切都要从零开始。作为深海领域的后来者，我们奋起直追，"拼搏到精疲力竭，努力到无能为力"成为我们工作的座右铭。为了能跟上深海石油巨头的步伐，我们从开始就确定了既能独当一面，舍我其谁，又能兼顾全面的奋斗目标。

经过六年实践，我们逐步认识了巴西深水勘探开发管理、技术、作业的特点和规律。作为中国石油深水项目的探索者，我们常想，我们这些摸着石头过河的人能为后来者做点什么？能不能架起一座坚固的桥梁，让他们不用再经历我们初期的焦灼和迷茫，直接进入快车道？这便是本书编写的初衷。

成书的过程曲折而又艰辛。当 2018 年初出书计划确定之时，在许多人看来，这几乎是天方夜谭。但是经过六年时间摸爬滚打，再大的困难也难不倒历经风雨的开拓者。从 2018 年起，通过提炼总结里贝拉项目的成功运作经验，借助巴西这个广阔的国际深水合作平台，从参阅研读大量的英、葡、中文献开始，我们开始了又一次的自我升华。期间编委会组织了几十轮研讨，编写人员都是几经增删、几易其稿，甚至多次推倒重来。经过两年多的辛勤耕耘，在 2020 年新冠病毒肆虐的艰难时刻，本书最终得以定稿。

本书涵盖了巴西深水勘探开发等方面的内容。从巴西油气资源、地质特征、地震技术、油气田开发、钻完井作业、水下系统、生产平台、后勤物流、提卸油销售、安全环保管理和投资环境分析等方面，详细阐述了巴西深水勘探开发的特点，展示了当前深水技术应用情况及取得的成效，分析了深水项目面对的困难和挑战以及今后深水项目发展趋势。本书多从巴西深水项目的实际运营总结出发，用一个个实例展示了真实的、具体的深水油气勘探开发实践的流程环节，具有较强的实用性和借鉴价值。

本书编写分工如下：第一章由张跃雷、张洁编写，第二章由赵俊峰编写，第三章由王童奎编写，第四章由郝强升编写，第五章由王言峰编写，第六章由袁玉金编写，第七章由袁玉金、任康绪编写，第八章和第九章由贾子麒编写，第十章由王博编写，第十一章由刘强、潘海滨编写。许必锋、罗文光、赵健、孙喜龙、高志远等对本书进行了部分文字校对工作。刘成彬对本书第一章到第七章进行了审核，李海玮对本书第八章到第十一章进行了审核。万广峰负责全书的内容策划、框架设计以及章节安排，并对全书进行了统稿和最终审定。

本书在编写过程中得到了中油国际在巴西合作方巴西国油、壳牌、道达尔、英国石油、巴西能矿部盐下监管公司（PPSA）、中国海油等多家油公司专家协助，中国石油相关单位也对本书给予了大力指导，石油工业出版社对本书内容提出了诸多修改意见，在此一并表示感谢。限于编者水平，本书难免存在大量不足和疏漏，恳请同行专家和读者批评指正。

编者

2020 年 5 月

CONTENTS 目录

引 言

翻滚着蓝色的波浪，闪耀着璀璨的荣光。在远离大陆的地方，孕育着人类的梦想。从遥远的古罗马开始，人类就未曾停止探索海洋的步伐，海阔天广，向"蓝色圈"进军的号声一直源远流长。数十个世纪过去了，海洋探索之路一直在继续着。当历史的车轮跨入19世纪，海洋深处依然是人类最想触及的地方。

科学家曾经描绘了一幅生动形象的"海底图画"：4万千米长的大洋中脊首尾相接，无数金属硫化物"黑烟囱"堆积成了海底矿床，广袤的海底盆地分布着大量金属结壳，那里是人类最后的资源宝库。

军事家则早已抓住了机遇。谁先抢夺深海要地，谁就会在未来的海战中赢得主动，同时对陆地和太空形成强力的威慑和制约。政治家关注着权力。占据地球表面积近一半的国际海底区域，是这颗星球上最大的政治地理单元。然而这最后一片"未被占有"的区域，至今只是具有特殊的法律地位。资本家却看到了财富。深海石油及海底表面各种结核矿物的储量，足以使地球上的工厂运转数个世纪。

如今，海洋已不仅仅是水产、海上交通贸易往来的场所了，21世纪是海洋的世纪，确切地说，应该是深海的世纪。除去沿海国领海、专属经济区和大陆架等管辖海域，全人类共有的深海面积约为全球海洋总面积的64%，地球总表面积的45%。无论基于何种定义，深海都是地球上面积最广、容积最大的地理空间，也是人类可以利用的最大潜在战略空间。

第一章 绪 论

随着陆地油气勘探取得规模发现的难度日益加大，海洋正逐渐成为油气勘探开发战略接替区。进入 21 世纪以来，全球深水领域的油气勘探与开发，随着地震、钻完井、海洋工程等技术的迅猛发展进入兴盛期。墨西哥湾、南美巴西海域、西非海域等已成为当前深水勘探开发的投资热点区域，此外，亚太、地中海、加勒比海、西北欧等海域也正在成为新的深水油气勘探开发区域。

第一节 深水油气资源概况

一、海洋油气勘探回顾

深水油气勘探自 20 世纪 70 年代中期起步，至今已发展了四十多年，但石油界关于深水的界定还没有统一标准，不同学者、不同国家或机构有着不同的划分方案。

国外学者或机构多习惯于用英尺（ft）对水深进行界定，例如 Somarin（2014）认为油气勘探水深大于 1000ft（约 305m）属于深水范畴，水深大于 5000ft（约 1524m）属于超深水范畴。Lavis（2018）在《浅水、深水到超深水的定义》一文中认为低于 1000ft（305m）为浅水，1000~5000ft（305~1524m）为中等水深，5000~7000ft（1524~2134m）为深水，大于 7000ft（2134m）为超深水。哈里伯顿公司（Halliburton，2019）将水深 0~1000ft（0~305m）划分为浅水，1000~5000ft（305~1524m）划分为深水，超过 5000ft（1524m）划分为超深水。斯伦贝谢公司（Schlumberger）采用国际单位定义水深，把小于 500m 划分为浅水，500~1500m 划分为深水，大于 1500m 划分为超深水（Garcia，2015）。

鉴于油气行业对水深的划分，迄今并没有一个权威机构进行界定或推出国际标准。基于巴西海域油气勘探开发实践及国际主流观点，本书将水深 0~500m 划分为浅水，500~1500m 划分为深水，超过 1500m 划分为超深水。另外需要明确指出，由于本书涉及的勘探开发等相关业务绝大部分是深水和超深水领域，为了行文方便，如无特别强调，一律采用深水予以阐述。

海洋油气勘探起步于 19 世纪末。1887 年，美国在加利福尼亚海岸为开发由陆地延伸至海上的油田，从防波堤上向海里搭建了一座木质栈桥，安上钻机开展钻井作业，这是世界上第一口海上油井。1922 年，苏联在里海巴库油田附近用栈桥进行海上钻探并获成功。1936 年，美国在墨西哥湾海上钻探该区域的首口探井并获得成功，进而在 1938 年建成了世界上最早的海上油田。

20 世纪 40—60 年代，随着焊接技术和钢铁工业的发展，相继出现了钢质固定平台、坐底式平台、自升式平台等钻井装置。40 年代末，整个海洋领域的石油产量仅 4000×10^4t，只占当时世界石油总产量的 7.6%。

20 世纪 50—60 年代，移动式海洋钻井装置得以发展，相继出现第一座自升式钻井平台——"德朗 1 号"钻井平台（1950 年建），第一座移动自升式钻井平台——"滨海 51 号"钻井平台（1954 年建），提升甲板式自升式平台——"嘎斯先生 1 号"（1954 年建），第一座首次采用齿条和齿轮电传动的三腿自升式钻井平台——"天葛号"（1956 年建），在析架式桩腿上首次使用液压升降系统的"钻机 54 号"（1956 年建），首次使用液压升降系统的沉垫支承式装置的"嘎斯先生 2 号"（1957 年建）和首次使用自定位功能的"德莱塞 1 号"（1967 年建）。上述装置极大地促进了海洋油气勘探开发的突破。据统计，到 50 年代末，海上石油产量已经突破亿吨，达到 1.1×10^8t，占当时世界石油总产量的 10%。

20 世纪 60 年代开始，随着计算机技术和造船、机械工业的发展，建成了各种大型复杂的海洋采集、钻井、储输设施，促进了海洋油气业务的迅速发展。北海、波斯湾、墨西哥湾、非洲近海、阿拉斯加北坡、黑海、东南亚各国沿海开展的大规模勘探工作，发现了许多海上油田和气田。中国近海勘探工作也取得了重大进展。据统计，60 年代末，海上石油年产量达 3.29×10^8t，占世界总产量的 14.6%，20 年增长了 8 倍。

世界范围内，拥有近海海域的国家有 150 多个，但在 20 世纪 70 年代前只有 16 个国家开展海上石油天然气勘探，水深也仅限于 200m 内。70 年代中后期以来，随着石油装备技术不断提升，海上油气勘探开发逐渐向深水领域发展，以 1975 年在北海挪威海域的古德龙气田为标志，成功钻探世界上第一口深水探井，之后油气勘探的水深达到 500～1000m。进入 20 世纪 80 年代以后，海上油气勘探虽然受石油价格波动的影响较大，但在这一期间仍然发现了许多大型油气田。1980 年，海上石油产量达 6.5×10^8t，占世界总产量的 21.8%。到 1989 年，挪威附近海域、巴西东南海域的坎波斯盆地、澳大利亚西北部的戈根陆架区均发现了大型海上油气田。1990 年，海上石油产量已达 8.7×10^8t，占世界石油总产量的 26%。

自 1975 年第一口深水探井实施，深水油气勘探从第一个十年的起步探索，到第二个十年的稳步推进，再到 20 世纪 90 年代中期以来的快速发展，至今走过了 40 多年的发展历程。尤其是近 30 年来，在石油资源需求不断攀升和高油价的驱动下，深水勘探开发技术与装备日趋成熟，油气产量持续增长，开采作业范围和水深不断扩大，深水区域已经成为国际石油巨头激烈角逐的竞技场。

二、深水油气资源及其分布

全球海洋油气资源十分丰富，绝大部分位于深水区。据《中国海洋油气资源开发现状与未来前景预测报告（2018版）》，海洋石油资源量 $1350 \times 10^8 t$，约占全球石油资源总量的34%，已探明储量仅占28%；海洋天然气资源量 $140 \times 10^{12} m^3$，已探明储量也仅占29%。美国地质调查局（USGS）评估认为，全球海洋（不含美国）待发现石油资源量为 $548 \times 10^8 t$，天然气资源量为 $78.5 \times 10^{12} m^3$，分别占世界待发现油气资源的47%和46%。可见，海洋领域剩余石油、天然气的勘探潜力非常巨大。

据伍德麦肯兹（Wood Mackenzie）2019年统计，在过去十年全球油气发现中，深水领域占据45%的份额，发现总资源量达 1.24×10^{12} bbl油当量。实际上，近20年来，深水领域油气发现占比一直处于不断增长中，例如2000—2009年，深水油气发现储量占比平均约40%，而从2010年至今，深水油气发现储量占比已经超过50%（图1-1）。可见，深水领域已成为21世纪以来全球新增油气储量的主要领域。

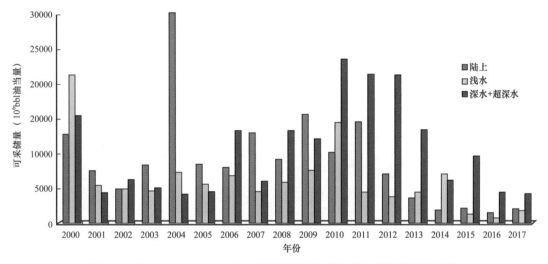

图1-1　全球2000—2017年年度新增常规油气储量分布领域统计柱状图

从油气田发现数量来看，深水领域也占有绝对优势。例如2000—2013年，全球新发现常规大油气田（指可采储量超过 5×10^8 bbl油当量的油气田）共计126个，其中深水领域达到68个，约占54%（田作基等，2019）（图1-2）。近几年来这种趋势更加明显，例如2014—2018年的5年时间，在全球新发现的1678个油气田中，深水领域高达1043个，占62%，而且深水油田主要分布在巴西东南海域、非洲西部海域和墨西哥湾海域（图1-3）。最近两年全球油气新发现、新增油气资源储量也主要集中在深水领域。据IHS（2019）统计，2018年全球（不含美国）新发现油气田226个，其中海上油气田68个，绝大多数属于深水环境，深水虽然数量上只占总数的30%，但新增油气可采储量高达

64.5×10^8bbl 油当量，约占新增总储量的 83%（当年全球新增油气可采储量为 77.8×10^8bbl 油当量）。2019 年，深水领域油气发现的消息仍然不断传来。2019 年 1 月 29 日，英国石油宣布在位于墨西哥湾深水区的 Thunder Horse 油田发现石油储量 10×10^8bbl。2019 年 2 月 7 日，道达尔宣布在南非 Outeniqua 盆地发现 10×10^8bbl 油当量的油气田。道达尔勘探高级副总裁甚至表示，"有了这一发现，道达尔开启了一个世界级油气新领域"。

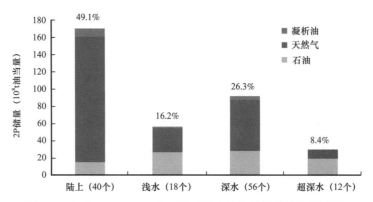

图 1-2　全球 2000—2013 年新发现的大油气田领域分布统计图

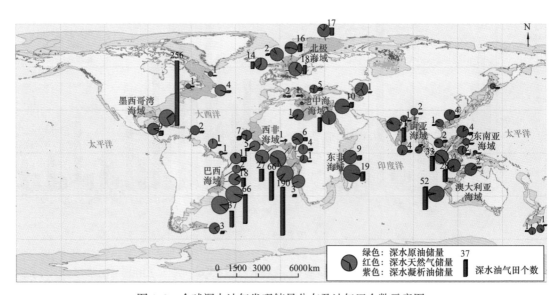

图 1-3　全球深水油气发现储量分布及油气田个数示意图

全球深水领域油气的产量也随之开始占据日益重要的地位，且增速较快。据统计，过去 30 年来，全球来自深水领域的油气产量，已经由 1990 年的日产 30×10^4bbl 油当量提高到 2019 年的日产 1030×10^4bbl 油当量，平均年增长高达 13%。2019 年，仅墨西哥湾海域的原油产量就已达到 180×10^4bbl/d，创下历史新高，占全美油气产量的 16%。巴西海洋油气产量更是后来居上，2019 年日均产量达 249×10^4bbl。随着未来几年盐下一批深水大油田的陆续投产，巴西海域油气产量峰值还将不断刷新。

总体来看，全球海域油气田经过多年的持续勘探开发，已从过去的"三湾、两海、两湖"逐渐向以"金三角"为核心的深水油气勘探开发新格局转换。其中"三湾"指波斯湾、墨西哥湾和几内亚湾；"两海"指北海和南海；"两湖"即里海和马拉开波湖；"金三角"指巴西东南海域、墨西哥湾和非洲西部海域。目前，波斯湾的沙特、卡塔尔和阿拉伯联合酋长国，里海沿岸的哈萨克斯坦、阿塞拜疆和伊朗，北海沿岸的英国和挪威，南大西洋西岸的巴西，还有美国、墨西哥、委内瑞拉、安哥拉、尼日利亚等，都已成为世界上重要的海上石油生产国。

三、深水油气领域发展的驱动因素

无论从剩余资源潜力还是从投资趋势来看，全球深水油气勘探开发的前景均十分广阔，分析多种有利驱动因素，归纳起来主要涉及四个方面（侯明扬，2018）：

一是资源驱动因素。全球海域待发现油气资源量高达 $1200 \times 10^8 t$ 油当量以上（童晓光等，2018），而且大部分都分布在深水领域。以巴西东南海域为例，仅在桑托斯（Santos）盆地和坎波斯（Campos）盆地，深海盐下就有近 $300 \times 10^8 t$ 油当量的油气资源尚待发现。在当前陆域油气资源勘探突破难度逐年加大的背景下，深水领域巨大的剩余油气资源潜力成为驱动各油公司激烈角逐的首要因素。

二是技术驱动因素。自深水油气勘探开始至今，40多年间经历了多轮次国际油价过山车式的变化，尤其在1998年和2020年两轮次国际油价一度低于20美元/桶的严峻形势下，国际油公司在面临生死考验的同时，采取大幅压缩油气项目钻井周期、减少有效开发钻井数量、减少耗材使用、实现项目设计标准化和模块化等优化措施，极大地促进了深水油气勘探开发业务的发展。

三是成本驱动因素。深水勘探开发成本相对较高，通过在技术层面优化项目设计，不断提升钻井效率，在管理层面压缩供应链及其他相关环节的成本，降低采购招标费用等，大幅降低了深水油气项目的整体成本。例如，通过成本的有效控制，埃克森美孚公司参与圭亚那深水油气开发的单桶完全成本已降至40美元；其他盆地很多新建的深海油气开发项目单桶完全成本也成功下降到39美元甚至更低。

四是政策驱动因素。为积极应对低油价对社会经济的负面影响，部分油气资源国主动放宽了深水油气资源对外合作的相关政策及财税条款，增加了对国际油公司投标的吸引力，从而积极吸引更多国际油公司参与深水油气勘探开发。例如，墨西哥、哥伦比亚、乌拉圭、巴西等海上油气资源国，都在多轮次的低油价阶段逐步放宽了招投标标准，进而推动了深海油气业务发展。

正是得益于上述各种有利驱动因素，近年来英国石油（BP）、道达尔（Total）、壳牌（Shell）、雪佛龙（Chevron）等国际石油巨头在深水领域的油气勘探开发成绩十分卓越。

壳牌不仅在墨西哥湾获得 Whale 深水油气重大发现，更是在墨西哥湾深水油气招标中，一举拿下 19 个区块中的 9 个。英国石油在遭受墨西哥湾泄漏事故的重创之后，仍旧保有持续深水油气勘探开发的战略定力，并在墨西哥湾深水区 Thunder Horse 获得新发现后继续大幅扩张。道达尔更是将深水石油和天然气资源作为未来增储上产的关键，目前其深水石油产量已经占到公司整体石油产量的 40%。

第二节　巴西深水油气资源

巴西油气勘探开发从陆上盆地开始，但是成果有限。海上勘探开发从浅海大陆架开始，真正取得重大突破是进入深水区以后。近年来，随着深水盐下世界级巨型油气田的不断发现，巴西已逐步成为世界深水油气勘探开发的领跑者。据美国能源信息管理委员会 2018 年 1 月统计，在 2017 年全球石油产量排行榜中，除了美国、沙特阿拉伯、俄罗斯等老牌石油产量大国外，巴西开始崭露头角，石油年产量首次超越拉美产油大国委内瑞拉和墨西哥，位列拉美首位、全球第九。

一、巴西深水油气资源概况

巴西陆上和海域共发育 29 个大型沉积盆地，其中海域范围的十多个沉积盆地大多数都具备较好的油气勘探潜力（Rodriguez 等，2009；Jones 等，2016）。在众多海域盆地中，东南部的桑托斯盆地、坎波斯盆地和圣埃斯皮图斯盆地是当前深水油气勘探的主力盆地（Zalán 等，2019），其中桑托斯盆地近年来的勘探发现最为突出，雄踞世界深水油气发现榜首（图 1-4）。

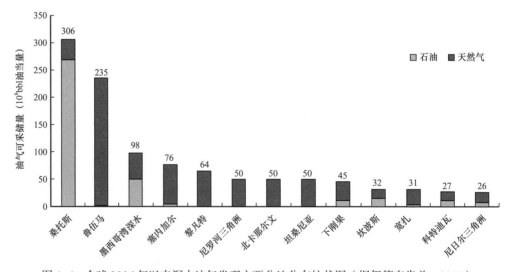

图 1-4　全球 2006 年以来深水油气发现主要盆地分布柱状图（据伍德麦肯兹，2017）

巴西海域油气勘探从浅水进入深水、进而到深水盐下，经历了 32 年时间。1974 年，坎波斯盆地 Garoupa 油田 RJS-9A 井成为该盆地的第一口油气发现井，水深 120m，属于典型的浅水区域。20 世纪 80 年代，巴西海域油气勘探开始向深水区拓展（Luciana，2019）。1984 年发现第一个深水油田 Albacora，水深 150~1100m。从 80 年代中期到 90 年代中期，巴西深水油气勘探不断拓展水深，继 Marlim 油田 MRL-9 井在 781m 的深水区钻获成功，Marlim Sul 油田水深拓展到 1709m，Roncador 油田水深达到了 1877m（Moczydlower，2014）。上述一系列油田的发现和深水勘探技术的进步，带动了周边其他盆地的深水油气勘探，并在进入 21 世纪的第一个 10 年期间新发现了十余个可采储量超过 5×10^8bbl 的深水油气田（Bruhn 等，2003；Carlotto 等，2017；Kattah，2017）。

从 2005 年开始，巴西深水油气勘探重心转向盐下，并于 2006 年在桑托斯盆地图皮区块 1-RJS-628 井中取得重大商业发现，在这一发现的推动下，Carioca（后命名为 Lapa 油田）、Guará（后命名为 Sapinhoá 油田）、Iara（现今的 Berbigão、Sururu、Atapu 油田）、Libra（西北区获得发现后命名为 Mero 油田）、Franco（现今的 Búzios 油田）等一批深水盐下巨型油田陆续发现（Carlotto 等，2017），再次推动巴西深水油气勘探迈上了一个新台阶。

巴西深水油气主要涉及两大领域：深水浊积砂岩和深水盐下碳酸盐岩。前者主要分布在巴西东部和东北部赤道附近海域，为上白垩统—古近系浊积砂岩；后者主要分布在巴西东南海域，为盐下下白垩统高品质的碳酸盐岩，属于最有潜力发现巨型、超巨型油气田的区域（Moczydlower，2014）。据《BP 世界能源统计》（2019）统计，截至 2018 年底，巴西石油和天然气探明可采储量分别达到 134.5×10^8bbl 和 4000×10^8m^3，分别排在世界第 15 位和第 31 位，其中深水领域油气田的贡献占 80% 以上（Deloitte Brazil，2019）。

二、巴西深水油气生产概况

回顾巴西海域油气生产历程，从 1974 年尝试浅水到 20 世纪 80 年代中期进入深水领域，历时 10 余年的时间，单井平均产量从过去的 120bbl/d 上升到 1200bbl/d。这期间的生产多集中在坎波斯盆地的盐上深水区。从 2006 年开始，由于以桑托斯盆地为主的盐下深水区勘探接连取得重大发现，盐下深水区的生产也随之快速提升。2014 年，盐下深水区单井平均产量已达 20000bbl/d（Rodriguez 等，2009；Moczydlower，2014）。

据巴西国家石油管理局（ANP）2020 年 1 月统计资料，巴西 2019 年原油总产量为 10.18×10^8bbl，平均日产油为 2.79×10^6bbl，较 2018 年增长 7.78%，历史上首次突破 10×10^8bbl 大关。巴西 2019 年天然气总产量 447×10^8m^3，平均日产气 1.22×10^8m^3。2019 年，深水盐下区域产量占到总产量的 62.28%，较 2018 年增加了 21.56%。

统计分析表明，自巴西深水盐下油气产量在 2017 年 3 月首次超过海域盐上油气产量后（Oddone，2017），两者的产量差距由 2018 年 1 月的日产 37.9×10^4bbl 油当量不断扩大到 2018 年 12 月的日产 59.5×10^4bbl 油当量,进而在 2019 年 12 月扩大到日产 159.9×10^4bbl 油当量。2019 年 12 月,深水盐下油气平均日产量为 265.5×10^4bbl 油当量,而同期陆上油气平均日产量仅为 26.3×10^4bbl 油当量。这种差异性在 2019 年巴西不同领域油气产量统计图上展示得非常清楚(图 1-5)。

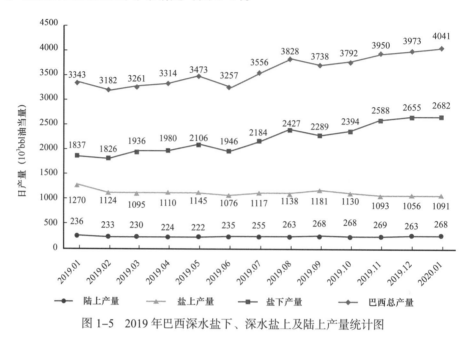

图 1-5 2019 年巴西深水盐下、深水盐上及陆上产量统计图

EIA 研究认为,巴西深水具备世界级油气资源基础,未来 20 年内仍将具备油气生产稳定增长的潜力,预计到 2040 年将达到约 3.7×10^6bbl/d(图 1-6)。IHS(2018)预测未来 10 年内巴西深水原油产量将从目前的 2.4×10^6bbl/d 跃升至 5.1×10^6bbl/d,占全球深水原油产量的一半以上,成为全球深水油气生产的龙头。伍德麦肯兹(2019)预测认为,未来 10 年全球深水油气日产量将达 1.45×10^7bbl 油当量,而巴西深水盐下油气日产量到 2026 年有望达到 4.0×10^6bbl 油当量(图 1-7)。

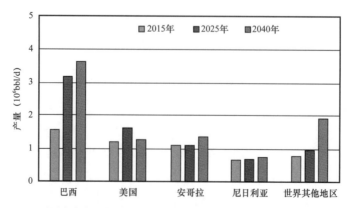

图 1-6 EIA 预测未来主要深水产油国生产情况对比图(据 Moczydlower,2014)

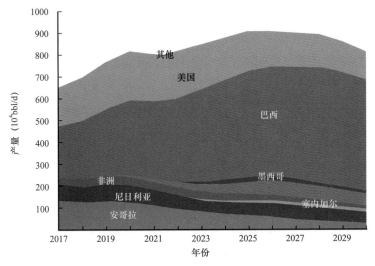

图 1-7　全球不同地区深水原油产量预测对比

第三节　巴西油气政策改革及区块招标

一、巴西油气政策改革

自 1953 年巴西国家石油公司（Petrobras，巴西国油）成立开始，在近半个世纪时间内，巴西石油行业处于一直国家垄断地位（Oddone，2017；Luciana，2019）。1989 年 10 月 5 日，《巴西联邦宪法》颁布，进一步奠定了巴西政府对境内石油勘探开发的垄断格局。直至 1995 年《第九条宪法修正案》（第 9/95 条修正案）实施后，允许巴西政府和那些总部或管理部门设在巴西的油气公司签订合同，巴西石油行业的垄断格局才有所改变。

在油气体制改革前，巴西国油是巴西油气生产的唯一作业者，油气产量一直相对平稳，但石油产量仅为 90×10^4bbl/d。1997—2002 年，巴西实施了一系列的石油改革和企业改制，打开了外资参与巴西石油勘探开发的大门，巴西油气产量也随之出现井喷式上升。

1997 年，巴西《石油法》（第 9478 号法律）颁布，采用了拉美地区盛行的矿税制合同，政府通过签字费、矿费、特别参与税、区块租金获得收益。随后，巴西第 9478 号法律将政治和企业彻底分开，国家能源政策委员会（CNPE）负责石油、天然气和生物燃料等能源政策制定，巴西国家石油管理局则负责对石油、天然气和生物燃料等能源行业进行规范和监管。

巴西从 1999 年的第 1 轮招标到 2008 年的第 10 轮招标，一直采用矿税制合同。矿税制持续了近 10 年，直到 2006 年在巴西里约热内卢州近海桑托斯盆地盐下发现储量可观的石油资源，尤其是发现拥有巨大石油储量的 Tupi 油田（现称为 Lula 油田）后，巴西政府采取多项措施进一步加强对盐下油田的掌控。

2010 年颁布的第 12351 号法律，要求盐下油田和其他战略性油田采用产品分成合同，并规定巴西国油必须担当作业者并控制至少 30% 权益。目前矿税制和产品分成两种合同方式都在巴西良好实施和运行，此外，巴西国油还独家持有与政府签订的专属经营区合同区块。

近年来，巴西经济增长放缓，国内政治环境不稳定。2014 年启动的大规模反腐败调查，许多大公司卷入巴西国油腐败案中。2015 年巴西通货膨胀率高达 9.0%。政治危机、腐败丑闻和经济下行共同冲击了巴西油气行业的发展，在此背景下，巴西政府为吸引国际投资，对油气财税条款和法规做了一些调整和修改。比如，2016 年 11 月，巴西政府立法废除巴西国油在盐下区块必须为作业者权利和至少 30% 权益保障的规定。2017 年 8 月，对于 2020 年底到期的 REPETRO 税收优惠机制延长至 2040 年，同时，大大降低了本地化率要求。

通过一系列政策调整和修改，当前巴西油气投资政策不断向好。巴西务实开放的油气政策吸引了越来越多的投资和合作伙伴，国际石油巨头竞相布局巴西并加快发展。自 2017 年 9 月，巴西国油先后与壳牌、道达尔、挪威国家石油公司（Equiner，挪威国油）、中国石油、埃克森美孚等公司签署了战略合作谅解备忘录（MOU）。在过去四年里，埃克森美孚、壳牌、道达尔和挪威国油通过资产交易及参与 2017 年、2018 年巴西政府公开招标，油气业务得到迅速扩张。巴西深水盐下巨大的油气储量、广阔的勘探开发前景、优惠的合同条款、相对稳定的投资环境吸引了绝大部分国际石油巨头积极置身其中（Rodriguez 等，2009）。

二、巴西对外油气区块招标概况

从 1999 年巴西开始对外进行油气区块招标，至 2019 年底，共开展了 16 轮矿税制合同区块对外招标、6 轮产品分成合同区块对外招标和 1 轮 TOR+ 区块对外招标。

巴西从 1999 年的第 1 轮招标到 2008 年的第 10 轮招标连续进行了 10 轮矿税制合同，中断 5 年后，2013 年 5 月和 11 月分别进行了第 11 轮和第 12 轮矿税制合同招标。2013 年 10 月 21 日，巴西政府举行第 1 轮产品分成合同盐下区块招标，巴西国油（30%+10%）、壳牌（20%）、道达尔（20%）、中国石油（10%）和中国海油（10%）组成的联合体以政府最低要求利润油分成比成功中标里贝拉（Libra）项目，巴西国油为作业者。

2015 年 10 月 7 日，巴西政府举行了第 13 轮矿税制招标。2017 年 9 月 27 日，在实施了一系列政策调整和修改后，巴西政府举行了第 14 轮矿税制区块招标，共推出海上、陆地区块 287 个，分别位于坎波斯、圣埃斯皮里图、巴拉那、巴内伊巴、佩洛塔斯、波蒂瓜尔（Potiguar）、雷孔卡沃、桑托斯、塞尔希培—阿拉戈斯（Sergipe—Alagoas）等盆地。本轮招标共有 37 个区块得以授出，国际石油公司中尤以埃克森美孚表现抢眼，其与巴西国油联手获得了多个位于坎波斯盆地的区块。

2017 年 10 月 27 日，巴西政府举行第 2 轮和第 3 轮产品分成合同盐下区块招标，招标区块主要位于桑托斯盆地的卡卡拉（Carcará）探区、Gato do Mato 探区、Sapinhoá 油田和坎波斯盆地的 TartarugaVerde 油田附近。第 2 轮竞标中，巴西国油、雷普索尔和壳牌组成的联合体中标沙坪霍边际区块（Entorno de Sapinhoá）。埃克森美孚、挪威国油和道达尔等企业亦有斩获。第 3 轮竞标中，壳牌、中国海油和卡塔尔石油公司组成的联合体中标 Alto de Cabo Frio Oeste 区块，巴西国油、英国石油和中国石油组成的联合体中标 Peroba 区块，巴西国油和英国石油公司组成的联合体中标 Alto de Cabo Frio Central 区块，Petrogal 中标北卡卡拉（Norte de Carcará）区块。

2018 年 3 月 29 日，巴西政府举行第 15 轮矿税制合同区块招标，招标区块位于塞阿拉（Ceará）盆地、波蒂瓜尔盆地、塞尔希培—阿拉戈斯盆地，以及坎波斯盆地和桑托斯盆地的深水区块。本轮招标共授标 22 个海上区块，总面积约 $1.64 \times 10^4 km^2$。来自 11 个国家的 13 个油公司参加了投标，12 家公司成功中标目标区块。

2018 年 6 月 7 日，巴西政府举行第 4 轮产品分成合同盐下区块招标。本轮招标共推出 4 个区块，其中仅 Itaimbezinho 区块无公司投标，其他 3 个区块均成功授标，分别是：Uirapuru 区块由巴西国油 30%，Petrogal 14%、挪威国油 28% 和埃克森美孚 28% 组成的联合体中标，Dois Irmãos 区块由巴西国油 45%、挪威国油 25% 和英国石油 30% 组成的联合体中标，Três Marias 区块由巴西国油 30%、雪弗龙 30% 和壳牌 40% 组成的联合体中标。

2018 年 9 月 28 日，巴西政府举行第 5 轮产品分成合同盐下区块招标，巴西政府成功授标 4 个区块。埃克森美孚、壳牌和英国石油获得了桑托斯盆地 3 个备受关注区块的作业股权。由壳牌和雪佛龙组成的 50 ∶ 50 联合体中标 Saturno 区块。埃克森美孚与卡塔尔国家石油公司组成的联合体获得 Tita 区块。Pau Brasil 区块被以英国石油为首的联合体获得，该联合体包括英国石油（50%）、中国海油（30%）和哥伦比亚国家石油公司（20%）。巴西国油独自投标并获得了坎波斯盆地 Tartaruga Verde 西南区域区块。

2019 年 10 月 10 日，巴西政府举行第 16 轮矿税制勘探区块招标，共推出 36 个区块，分布在 5 个盆地，面积合计 $2.93 \times 10^4 km^2$，区块分别是坎波斯、Camamu-Almada、Jacuipe、Pernambuco-Paraíba 和桑托斯盆地的海上区块。坎波斯盆地区块为重点目标。本轮招标共 11 家企业中标 12 个区块，中标者主要是国际石油公司。

2019 年 11 月 6 日，巴西政府举行专属经营区额外储量产品分成合同招标。本轮招标区块是巴西盐下核心资产，包括布兹奥斯（Búzios）、赛皮亚（Sépia）、阿塔普（Atapu）和伊塔普（Itapu）四个油田区块。中国石油（5% 权益）联合中国海油（5% 权益）和巴西国油（90% 权益）组成的联合体中标布兹奥斯油田。巴西国油独家中标伊塔普区块，其他两个区块流标未授出。

2019 年 11 月 7 日，巴西政府举行第 6 轮产品分成合同盐下区块招标，共 5 个区块，分别为阿拉姆（Aram）、Sudoeste de Sagitário、Bumerangue、Cruzeiro do Sul 和 Norte de Brava。本轮招标中，中国石油（20% 权益）和巴西国油（80% 权益）组成的投标联合体成功中标阿拉姆风险勘探区块，其他四个区块无公司投标。

巴西近年来历次油气区块招标一直都是国际石油巨头关注的焦点，从首轮盐下产品分成合同区块招标开始，吸引了包括壳牌、道达尔、埃克森美孚、英国石油、雪佛龙、挪威国油、雷普索尔、中国石油、中国石化、中国海油等各大石油公司争先参与。巴西深水盐下区块的投标公司基本都是以联合体方式参与投标，以达到强强联合、取长补短、降低投资风险的目的。每轮招标签字费基本都在 10 亿美元级别以上（Rodriguez 等，2009；Petersohn，2018），PSC 产品分成合同的唯一投标参数即政府利润油分成比一般都需高溢价才能保证中标，另外诸如第 14 轮矿税制区块招标的主要投标参数即签字费的溢价甚至达到 15.56 倍，可见竞争非常激烈，也反映出国际油气巨头踏入巴西深水盐下领域空前强烈的决心。

巴西国油及其他国际油公司截至 2020 年 1 月 1 日在巴西储量和油气产量排名情况如图 1-8 和图 1-9 所示。不难看出，巴西国油、壳牌当前在巴西的储量、产量均雄踞前两位，但在未来深水盐下领域激烈的角逐过程中，预计这种格局将会不断被刷新更替。

除了政府授权的区块招标外，巴西油气资产交易也非常活跃。2015 年 4 月，壳牌以约 700 亿美元收购 BG 公司（BG 核心资产为桑托斯盆地盐下油田资产），并于 2016 年 2 月完成交割。2016 年，巴西国油以 25 亿美元对价将所持有的桑托斯盆地 BM-S-8 区块 66% 权益和作业权转让给挪威国油。2016 年 12 月，道达尔以 22 亿美元的价格收购巴西国油桑托斯盆地两块优质盐下资产权益（Lapa 油田和 Iara 油田）、巴伊亚州两座热电联供电厂 50% 的权益和 LNG 再气化基础设施部分权益。2018 年 1 月，挪威国油以 29 亿美元收购巴西国油 Roncador 油田 25% 权益。

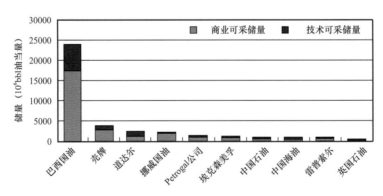

图 1-8　巴西各油公司拥有储量排名

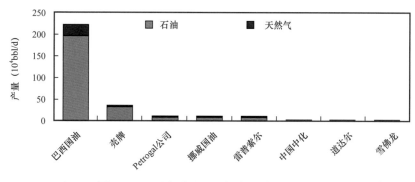

图 1-9　巴西各油公司油气产量排名统计图

第四节　深水油气勘探开发面临挑战及发展趋势

一、深水油气勘探开发面临的挑战

（一）深水油气工程方面的挑战

深水油气工程的水下作业环境特点及风险特征与浅海油气工程不同，更与陆地有着天壤之别，因此面临着比其他领域更多的困难和挑战。深水油气工程面对更为复杂的海洋环境和深水地层条件，既要"下深海"，又要"入地层"，常规的勘探开发技术手段施展非常受限，体现在如下四个方面：

第一，深水区自然气候条件差。深水工程作业面临着风、浪、涌、流、冰等更恶劣的自然及气候条件挑战，若遇极端恶劣环境时作业常常被迫停止，甚至造成灾难事故。

第二，受厚度可达数千米的水层阻隔。水层越深，由水深导致的一系列问题就越发突出。水越深，隔水管用量增加，对深水井控要求越高，对水下设备安装技术要求越高，对深水油气勘探、开采方式适应性要求越高。

第三，海底低温高压效应。海水温度一般随水深增加而降低，在 1000m 水深环境的温度约为 4℃，当达到 3000m 水深时，环境温度只有 1 ~ 2℃。低温严重影响钻井液性能，低温高压环境易在井筒中形成天然气水合物，进而可导致井控失效、阻塞隔水管，导致严重事故甚至灾难。

第四，作业安全要求标准高。为保护海洋环境，资源国往往对深水作业各项工艺及排放标准要求十分严苛，进而严重制约了深水作业的可操作性。深水作业安全一直是海洋作业的重点关注领域，如何保护海洋生态环境及避免作业人员伤亡是重中之重。

（二）深水地质方面的挑战

深水环境由于上覆地层被长长的水柱取代，导致海底表层胶结和成岩作用非常差，岩石疏松易碎，形成相应的低应力区，很容易造成井身的不稳定。另外，深水海底往往存在陡峭不稳定的斜坡、不规则地层和易分解的天然气水合物等复杂地质情况，都可能引起一系列的钻井灾难隐患。目前，应对这些挑战，一方面是充分采取先进的钻井工艺技术，另一方面就是作好预测，充分利用地震资料、声波定位、多束和基底剖面（SBP）技术优选井位和作好井筒质量控制（白云程等，2008）。

（三）深水后期保障方面的挑战

深水作业远离陆基，后勤保障面临着巨大挑战。建立有效的技术管理、后勤保障工作直接关系到钻井船的安全及所有在平台工作员工的生命保障。高效强大的后勤保障系统可以将深水作业事故所造成的损失降至最低，或者消除平台安全隐患，这将在第八章中详细阐述。

二、深水油气领域技术创新发展趋势

深水油气勘探开发活动是一项多领域、多学科、复杂的系统工程，集油气技术、信息技术、新材料技术、新能源技术等多学科于一体，涉及海洋地球物理、海洋钻完井、海洋油气探测、钻井及生产平台、船舶结构设计、油气外输（水下管道、油轮卸载过驳等）、海洋环境保护等多个技术领域。随着海洋油气勘探开发正从浅水走向深水，从一般海洋环境迈向恶劣和极端海洋环境，技术创新正朝着如下趋势发展。

（一）信息化、自动化和机械化方向

深水钻井作业及生产平台通常采用日费制核算成本，提高工作效率是节约深水勘探开发成本的关键所在。目前的深水钻井和生产平台基本都配备了高度信息化、自动化的装备，如钻井船自动排管系统、自动送钻系统等基本成为标配，水下机器人成为深水水下极限作业的利器。同时，双井架钻机的应用也是深水钻井装备提升自动化水平的重要手段。

（二）海底模块化方向

海底化，即通过将作业机械装置或生产设施布设在海底消除风、浪、流、冰等恶劣海洋环境对生产作业的影响，同时起到降低成本的作用。例如：OBN海底节点地震、海底钻机、海底生产系统等。在一些情况下，海底油气开采比陆上具有更大的经济优势，在深水中这种优势有时更加明显。除了比较成熟的水下生产系统，海底增压、海底油气水分离模块、水下油气处理模块等工艺也逐渐成熟，海上油气开采也在向着海底化发展，甚至有机构提出了抛弃海上平台的"全海底模式"设想。

（三）多样化和多功能化方向

深水技术和装备更多地体现出多学科技术的融合，出现了众多多功能化的深水装备。例如：FPSO（Floating Production Storage and Offloading，浮式生产储油卸油装置）广泛应用。FDPSO 即集钻井、生产、储卸油一体的浮式平台 FPSO 也应运而生。通过集成模块化设计，实现钻井作业功能和生产功能的灵活转换，这种一体化设计节约了钻井平台使用，具有较高经济性。

（四）新材料、新工艺快速革新性方向

深水是海洋装备革新技术的发源地，很多高新技术都是在深水领域试水并应用。例如无隔水管钻井、深水裸眼智能完井、超级双相不锈钢管材、深水数字化孪生模型技术、CO_2 高压分离技术、碳分子筛气体分离技术的使用极大降低了开发成本、提高了开发效率。

总之，随着技术的发展，技术创新与突破逐渐颠覆传统的勘探开发方式，深水油气勘探开发成本和风险在不断降低。美国墨西哥湾、巴西、西非等重点海域作业水深纪录不断刷新，目前全球最大水深探井 3400m，海底生产系统 2900m。全球油气工业正大跨步迈入深水时代。

参 考 文 献

白云程，周晓惠，万群，等 .2008. 世界深水油气勘探现状及面临的挑战 . 特种油气藏，15（2）：7-17.

侯明扬 .2018. 深水油气资源开发机遇与挑战并存 . 中国石油新闻中心 . http：//news.cnpc.com.cn/system/2018/08/14/001700969.shtml.

田作基，吴义平，王素花，等 .2019. 全球主要沉积盆地常规油气资源分布 . 北京：石油工业出版社，1-272.

张成功，屈红军，张凤廉，等 .2019. 全球深水重大油气发现及启示 . 石油学报，40（1）：1-34，55.

中国石油报 .2019. 世界海洋油气资源现状 . http：//www.cnpc.com.cn/syzs/yqcy/201908/1adc093a26fa4b0ead1c89f5a8a6a734.shtml.

Abelha M.2015. Brazilian Carbonate Oil Fields：A Perspective. ANP Website Data，1-86.

ANP.2017. Oil and Gas Opportunities in Brazil：2017—2019 Bidding Rounds. ANP Website Data，1-24.

ANP.2018. Opportunities in the Brazilian Oil and Gas Industry：Ongoing Actions and 2018-2019 Upcoming Bidding Rounds. 1-32.ANP website data.

Bruhn C H L，Gomes J A T，Lucchese Jr C D, et al. 2003. Campos Basin，Reservoir Characterization and Management– Historical overview and future challenges. OTC-15220，1-14.

Carlotto M A，Silva R C B, Yamato A A, et al.2017.Libra：A New Giant in the Brazilian Pre-salt Province.In Merrill R K et al.，eds.，Giang Fields of the Decade 2000-2010：AAPG Memoir 113：165-176.

Deloitte Brazil.2019. Brazilian E&P overview. Deloitte Website Data，www.deloitte.com.

EIA.2017.International Energy Outlook. EIA Website Data（http：//www.eia.gov/ieo），1–151.

Garcia C.2015.Mexico Series：Challenges in Deepwater Mexico. Meeting Mexico, Schlumberger，1–30.

Halliburton.2019. About Deep Water. https：//www.halliburton.com/en–US/ps/solutions/deepwater/about–deepwater.html.

Jone C M，Chaves H A F.2016.Assesment of Brazilian Pre–salt Yet–To–Find–Oil Potential Under A Low Oil Price Scenario. Rio Oil & Gas Expo and Conference，1–9.

Kattah S.2017. Exploration Opportunities in the Pre–salt Play，Deepwater Campos Basin，Brazil.SEPM：the Sedimentary Record，4–8.

Lavis J.2018. Shallow，Mid to Ultra Deepwater Definitions. https：//drillers.com/shallow–mid–to–ultra–deepwater–definitions.

Luciana B.2018.Oil in Brazil：Evolution of Exploration and Product. Encyclopédie de l'énergie. https：//www.encyclopedie–energie.org/oil–in–brazil–evolution–of–exploration–production/.

Moczydlower B. 2014. Brazilian Pre–salt & Libra，Overview，Initial Results and Remaining Challenges.https：//www.kivi.nl/uploads/media/565f1082c89da/Pre–Salt_Presentation_to_KIVI_ Oct14.

Oddone D.2017. The Petroleum Potential of the Brazilian Sedimentary Basins. 1–44.

Petersohn E.2018.Brazil's Oil Prospectivity Unveiled. ANP Website Data .1–24.

Rodriguez M R，Suslick S B.2009. An Overview of Brzailian Petroleum Exploration Lease Auctions. TERRAE，6（1）：6–20.

Somarin A.2014.Unconventional Oil Exploration，Part 3：Ultra–deepwater Oil. Thermo Fisher Scientific，2014. https：//www.thermofisher.com/blog/mining/unconventional–oil–exploration–part–3–ultra–deepwater–oil.

Zalán P V，Rodriguez K，Cvetkovic M.2019. Extraordinary Remaining Potential in the Pre–salt of Santos Basin. Sixteenth International Congress of the Brazilian Geophysical Society.1–8.

第二章　巴西深水油气地质特征

巴西作为南美洲面积最大的国家，共有 29 个沉积盆地，覆盖面积达 $843.7 \times 10^4 km^2$。巴西的油气勘探工作从 1865 年开始，由于陆上盆地勘探成果不理想，20 世纪 60 年代勘探重点从陆上向海上转移。随着海上勘探逐渐突破以及勘探不断向深水发展，巴西目前已成为仅次于委内瑞拉的南美洲第二大油气资源国，也是世界深水油气开发大国之一。

第一节　巴西地质概况

一、巴西区域地质

南美洲可分为五个大地构造区（朱伟林等，2011）：巴西克拉通构造区、次安第斯山（Subandes）前陆构造区、巴塔哥尼亚（Patagonia）增生构造区、太平洋俯冲带构造区和特提斯碰撞带构造区。前两个构造区合在一起相当于南美地台。

（一）巴西盾的形成及演化

巴西几乎完全位于南美洲板块古老而相对稳定的核心，即南美地台。南美地台被前寒武纪岩石所覆盖，并被大陆较年轻的地形所包围，以巴塔哥尼亚地台（Patagonian Platform）、安第斯链（Andes Chain）以及太平洋和大西洋大陆边缘体系为代表。前寒武纪基底暴露的平台区域统称为巴西盾。巴西盾由圭亚那（Guyanas）、巴西中部（或 Guapore）和大西洋盾等三个不同的形态构造域组成（图 2-1）。

根据 Almeida（1971）、Priem（1974）、Loczy 和 Laderia（1976）的研究，巴西盾的结晶岩石属于前寒武纪。在亚马孙州以南的地带内下前寒武统岩石出露于托康蒂纳河流域和其他地区，这一时期的大地构造旋回在巴西被称为古里亚—热基埃旋回。中前寒武统超亚马孙旋回形成的圭亚那地槽在巴西与委内瑞拉、圭亚那交界处有变质沉积岩、交代岩石和火成岩出露。上前寒武统可以划分为地槽环境下的三个大地构造旋回。最古老的 $1300 \sim 1800Ma$ 前的埃斯平亚斯旋回，以冒地槽条件下沉积的玄武熔岩为代表。稍后的 $800 \sim 1300Ma$ 前的乌鲁苏阿纳旋回，经受了变质作用、岩浆作用和局部的花岗岩化的地槽沉积。最后是 500～900Ma 前的巴西旋回，早期为正地槽沉积，由于变质作用、构造作用和岩浆活动的影响，这些岩石出露于巴西各地，同时以磨拉石建造覆盖了更古老的区域。后期非常强烈的造山运动，导致巴西盾不同地点上形成于前一个旋回的更老的地体发生强烈的复活。分割圭亚那和圣弗朗西斯科的克拉通区域的巴拉圭—阿拉圭造山带、巴西造山带和卡里利亚造山带，从巴西的东北部经过中部一直向马托洛索和巴拉圭的边界延伸。巴西盾结晶基底的大部分在巴西旋回中形成，寒武纪时，巴西盾最终固化。

图 2-1　简化的南美洲大地构造图及南美洲地台和巴西盾

（据 Fernando Flecha de Alkmim，2015）

显生宙的演化过程可以表现为三个阶段：第一阶段是最古老的寒武纪—奥陶纪过渡阶段。相当于巴西造山运动时褶皱基底的进一步固化时期，磨拉石沉积和中酸性火成岩充填了山前的洼陷。第二阶段是巴西盾的稳定阶段。岩浆活动停止，从早志留世到晚石炭世的造洋运动使四个大盆地中的沉积物堆积下来并开始被海水淹没，海相沉积物主要是碎屑岩。从晚石炭世到侏罗纪开始进入大陆环境，气候从寒冷变为温和。在这一阶段末期，巴西盾不再有沉积物的堆积，呈现为大面积的侵蚀。第三阶段是开始于侏罗纪末期的复活阶段。以大规模的地壳变动为特征，非洲和南美大陆开始分离，引起巴西盾构造单元的重新配置。伴随着断块运动和断陷构造，盆地中形成巨厚沉积，同时还出现强烈的以基性为主的岩浆活动。Asmus（1973）把这一阶段划分为前裂谷和裂谷构造幕、蒸发幕和完全海洋幕。前裂谷幕沉积物来自冈瓦纳基底，作为复活岩系的基性泥岩沉积下来。裂谷构造幕时的砂岩沉积物源为地表岩石的侵蚀，整个裂谷构造幕时南大西洋尚未形成。蒸发幕是在张开的小型海或海湾阶段断陷盆地淹没海水的结果，在这一幕中石灰岩和蒸发岩被沉积下来。最后一幕为持续至今的完全海洋幕，主要为以石灰岩沉积为主的陆缘盆地。

（二）巴西构造单元划分

根据南美大陆大地构造划分（Fernando Flecha de Alkmim，2015），巴西境内可识别出克拉通、巴西利亚诺造山系、古生代凹陷盆地、赤道边缘盆地及相关陆内裂谷、东部边缘盆地及相关陆内裂谷、亚安第斯英亩盆地、古近—新近纪裂谷 7 类构造单元（图 2-2）。

1. 克拉通

南美地台的克拉通，定义为不受新元古代碰撞过程影响的古老而稳定的岩石圈块体，对应于西冈瓦纳组合过程中会聚的板块内部，即南美和非洲。

南美地台包含亚马孙（Amazon）、圣弗朗西斯科（São Francisco）、圣路易斯（São Luis）、帕拉纳帕内玛（Paranapanema）四个克拉通（Almeida 等，1981，2000）。

巨大的亚马孙克拉通远远超出了巴西的边界，它由一个太古宇核心构成，其边界为东北和西南方向的古元古界和中元古界的地质体。穿过基底构造的索利莫斯克拉通内盆地和亚马孙盆地分隔了圭亚那和巴西中部地盾区。

圣弗朗西斯科克拉通是南美洲暴露最好、研究最深入的前寒武纪地形之一。它位于巴西东部，由超过 1800Ma 的太古宇—古元古界基底和包括元古宇和显生宇地层的沉积盖层组成。通过对西冈瓦纳的重建研究表明，圣弗朗西斯科克拉通与位于西非中部的刚果克拉通相连。

圣路易斯克拉通由古元古界花岗岩—绿岩组成，为西非克拉通的一小块碎片。

帕拉纳帕内玛克拉通是通过地球物理研究推断存在于巴西南部帕拉那盆地之下的克拉通体。

2. 巴西利亚诺造山系

所谓的巴西利亚诺 / 泛非洲造山系统，是指在克拉通之间形成的一个碰撞带网络，代表了这些板块的边缘（Campos Neto，2000；Almeida 等，2000；Alkmim 等，2001）。

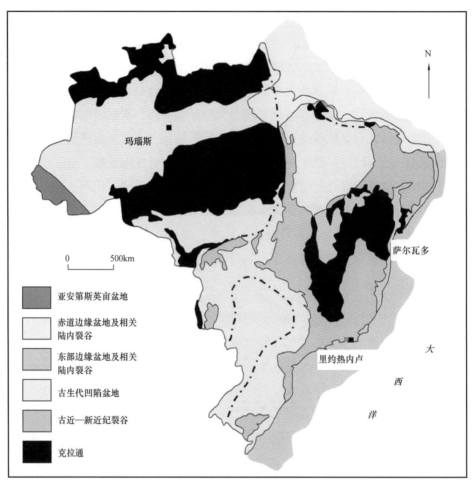

图 2-2　简化的巴西大地构造图（据 Fernando Flecha de Alkmim，2015）

　　克拉通和巴西利亚诺（Brasiliano）造山系是南美洲前寒武纪核的基本组成部分，它们对应于两种不同的岩石圈类型。在新元古代末期和古生代初期，大陆的前寒武纪核心由于各种板块的聚合和碰撞而合并成大型冈瓦纳大陆（Brito Neves 等，1999；Cordani and Sato，1999；Campos Neto，2000；Almeida 等，2000；Alkmim 等，2001）。在古生代末期大约 250Ma，冈瓦纳与劳亚古陆（Laurasia）合并形成泛大陆（Pangaea）。直到侏罗纪末期（145—130Ma），泛大陆开始分裂，形成今天的大陆和海洋。由于泛大陆的分裂和早白垩世南大西洋的生成，一些克拉通和巴西利亚诺 / 泛非洲造山系分裂为两部分，对应的沉积物分布在巴西东部和非洲西部（Porada，1989）。

　　3. 古生代凹陷盆地

　　西冈瓦纳的一些地区在其形成后不久就开始下沉，并最终转换成长期存在的大型陆内盆地的初始沉积中心，如索利莫斯（Solimões）、亚马孙（Amazon）、帕纳伊巴（Parnaíba）、帕拉那（Paraná）和帕雷希斯（Parecis）等盆地（Pedreira 等，2003；Milani

等，2007）。

这些古生代盆地具有一系列共同的特征。它们的整体结构是充填层向中心方向呈均匀的浅层倾斜，并存在区域性穹隆和高点（图2-3）。以大致相同年代的区域不整合面为界构成盆地的主要层序，如志留纪、泥盆纪和二叠纪早期的主要海侵期沉积，志留纪和石炭—二叠纪的冰期沉积（分别发育在索利莫斯和巴拉那盆地），以及二叠纪末、三叠纪和侏罗纪末干旱气候为主的沉积。除此之外，亚马孙盆地和帕拉那盆地还分布有厚层上侏罗统和白垩系—始新统玄武岩及相关侵入体（Zalan，2004；Milani等，2007）。

图 2-3　巴西境内盆地在南美地台中的展示图

（据 Fernando Flecha de Alkmim，2015）

4. 赤道边缘盆地及相关陆内裂谷

随着泛大陆的解体，西冈瓦纳从白垩纪到始新世的分解，导致了大西洋的扩张和沿着新形成的南美洲和非洲大陆边界的被动边缘盆地的形成。

在大西洋扩张期间，巴西赤道边缘演变为转换边缘，沿东西向延伸的右旋走滑运动揭示了赤道边缘盆地从阿普特期开始到古近—新近纪完全发育阶段的演化过程（Matos，2000；Mohriak，2003）。大陆内部相当大的地区也受伸展构造的影响，基底结构被重新激活，导致了陆内裂谷的成核作用，形成塔库杜（Tacutu）、波蒂瓜尔（Potiguar）等陆相盆地。

5. 东部边缘盆地及相关陆内裂谷

巴西东部陆缘由一系列典型的被动陆缘盆地组成，其发育由南向北演化，形成一个复杂的相互连接的裂谷系统。这些盆地的裂谷相是由一系列尼欧科姆阶（Neocomian）湖相沉积组成。随后的过渡阶段为阿普特阶的陆源沉积物和碳酸盐岩沉积。之后的漂移阶段，从形成巨大的含盐盆地开始，时间跨度从晚白垩世到新近纪，区域延伸从桑托斯到舍吉佩—阿拉戈斯（Sergipe-Alagoas）盆地以及在非洲边缘的相似盆地（图2-3）。

6. 亚安第斯英亩（Sub-Andes Acre）盆地

位于秘鲁边境，与邻近的索利莫斯盆地一样，经历了从志留纪末期开始的漫长发展历史。早白垩世末期，盆地被茹鲁阿（Jurua）造山带所捕获，该造山带沿逆断层和逆冲运动而变形，并在安第斯前陆盆地发生转换。在安第斯山脉隆升期间的古近—新近纪，特别是中新世—上新世盖丘亚期，盆地内沉积了一套较厚的陆源沉积物（Pedreira等，2003；Cunha，2007）。

7. 古近纪—新近纪裂谷盆地

自始新世末至中新世初，巴西东南部大部分地区受拉张变形的影响，东缘盆地构造的活化，形成陶巴特（Taubate）和雷森迪（Resende）等裂谷盆地。

二、巴西含油气盆地

（一）陆上盆地简况

巴西共有10个陆上盆地，面积达$400.9×10^4km^2$，按照形成时期可分为元古宙沉积盆地和显生宙沉积盆地；按照构造背景可分为内克拉通盆地和克拉通周缘盆地；按构造特征可分为坳陷型盆地、断陷型盆地以及叠合型盆地；还可按分布位置将众多沉积盆地分为几大克拉通沉积区（图2-4）。按照分布位置，简要概述如下：

1. 亚马孙流域地区

亚马孙河流域总面积$85×10^4km^2$，主要由亚安第斯英亩盆地（Sub-Andes Acre）、索利莫斯（Solimões）和亚马孙（Amazon）三个盆地组成。其中索里莫斯盆地和亚马孙盆地已经取得少量油气发现。

图 2-4　巴西主要盆地位置图

1）索利莫斯盆地

也叫上亚马孙盆地。位于圭亚那和巴西盾的克拉通地区之间，是一个东西走向、完全被繁茂的巴西亚马孙雨林所覆盖的 $45 \times 10^4 km^2$ 的古生代克拉通内盆地。它与西边的亚安第斯英亩盆地被伊基托斯穹隆（Iquitos Arch）隔开，与东边的亚马孙盆地被普鲁斯穹隆（Purus Arch）隔开。盆地的烃源岩为泥盆纪页岩，TOC 平均为 6%，最高可达 8%。石炭系侏罗组（Juruá Formation）风成砂岩是主要储层，次生孔隙度达 22%。油气的生成和运移主要发生在晚三叠世—早侏罗世。圈闭发育始于古生代，侏罗纪/早白垩世侏罗构造事件形成的较年轻的与逆断层有关的圈闭中，油气发生了再运移和聚集。该盆地是亚马孙河流域勘探最多的地区，已经发现 20 个商业油田。

2）亚马孙盆地

亚马孙盆地位于巴西东北部内陆，盆地呈 NEE 走向，总面积约 $50 \times 10^4 km^2$，是巴西东北部第一大内陆沉积盆地。亚马孙盆地与索里莫斯盆地有许多相似之处，上泥盆统海相黑色页岩为主要烃源岩，晚石炭世至二叠纪为生排烃的主要时期。新奥林达组（Nova Olinda）中发育较年轻的透镜状储层，宾夕法尼亚组（Pennsylvanian）蒸发岩为盖层。已发现的新奥林达 1 号（Nova Olinda 1）小型油田石油地质储量 $14 \times 10^4 t$。

2. 中南部沉积盆地

巴西中南部发育大量盆地，其中面积较大、开展勘探活动较多的主要有以下几个盆地：

1）圣弗朗西斯科盆地

位于巴西中部，属于元古宙的克拉通盆地，总面积约为 $37 \times 10^4 km^2$。如图 2-4 所示，盆地主体沉积充填序列形成于元古宇，之后盆地抬升并处于沉积缺失状态，只在晚石炭世—二叠纪和白垩纪再次接受沉积，形成顶部沉积薄层。盆地烃源岩在新元古代 Bambui 群沉积时期进入生烃门限，具有较高的成熟度，镜质组反射率（R_o）可达 2.0%。从地表发现气苗推断，圣弗朗西斯科盆地中烃源岩具备生烃能力，盆地中的储集条件优越，物性好的有利储层并不缺乏，圈闭发育较好，但是由于盆地年代久远，盆地中的烃源岩和已生成的烃类长时期受热，盆内液态石油储量可能不高，寻找天然气的潜力更大。盆地已钻探 59 口探井，部署了 25000km 二维地震，预计天然气资源量（1.5～4）$\times 10^{12} ft^3$（ANP，第 12 轮矿税制招标）。

2）帕纳伊巴盆地

位于巴西中北部，面积约 $60 \times 10^4 km^2$，盆地位置见图 2-4。盆地发育有机质丰富的泥盆纪页岩，类似于在亚马孙河流域发现的页岩。泥盆纪浅海和河流相砂岩以及早石炭世细粒砂岩是潜在的储层。盆地内丰富的火成岩侵入体是促进烃源岩成熟和生成油气的唯一热源。许多井中存在油气展布、渗流和地表地球化学异常。到 2017 年 5 月，共钻 93 口井。目前共有 25 个许可证，总面积约 $6.69 \times 10^4 km^2$。在 2010 年至 2014 年期间发现了 7 个天然气田。帕纳伊巴盆地是巴西陆上第二大天然气生产地，占巴西天然气产量的 7% 左右。已证实的 P_1 天然气储量约为 $153 \times 10^8 m^3$（2016 年 12 月 ANP 数据）。

3）帕拉那盆地

位于巴西南部，在巴西境内面积超过 $100 \times 10^4 km^2$，在巴拉圭、阿根廷和乌拉圭还有 $40 \times 10^4 km^2$。这个面积巨大的盆地沉积中心超过 7000m，发育石炭系—二叠系和三叠系两套有利的砂岩储层。该盆地共钻 100 多口井，仅发现了少量天然气（位置见图 2-4）。从 20 世纪 50 年代开始，随着巴西国油的建立，对盆地进行了密集系统和有组织的研究，包括地球物理测量、重力测量、二维和三维地震。已有 124 口不规则分布的勘探井，主要集中在帕拉纳州。钻探结果包括 16 口有气体证据的井，5 口石油显示井，最突出的是 1-BB-0001-PR（Bonita Bar）和 1-MR-0001-PR（Mato Rico）井，发现大量天然气，测

试产能超过 $20 \times 10^4 m^3/d$。

综上所述，巴西陆上盆地的勘探发现较为有限。HRT 公司副总裁、巴西陆地盆地勘探专家 Nilo Azambuja 博士认为巴西陆上没有发现大油气田的主要原因是最初勘探阶段技术落后。进入 20 世纪 70 年代以后，勘探热点转移到海域，导致至今陆上大部分盆地勘探程度仍很低。但是从陆上盆地多处发现油气苗以及存在较好的生储盖配置关系来看，陆上盆地仍有很大的勘探潜力（Tomas Smith，2008）。

（二）海域盆地简况

巴西共有 19 个海上盆地，面积 $442.9 \times 10^4 km^2$。其中浅水（水深小于 500m）盆地面积 $76.4 \times 10^4 km^2$，深水和超深水盆地（水深 500m 及以上）面积 $366.5 \times 10^4 km^2$。

巴西海陆油气资源分布不均，绝大部分资源位于海上，据 ANP 统计，截至 2017 年底，巴西油气证实储量为 $150 \times 10^8 bbl$ 油当量，其中原油 $128 \times 10^8 bbl$，天然气 $3670 \times 10^8 m^3$，海上储量占比 93%（盐下区块占到 56%，其余 37% 为常规海上区块）；2018 年巴西原油产量 $9.44 \times 10^8 bbl$，其中海上占比 93%（盐下区块占比 53%，常规海上区块占比 40%）。从 2016 年开始巴西原油产量超过墨西哥、委内瑞拉，成为拉美最大和全球第 10 大产油国，2017 年上升为第 9 位。

巴西 19 个海上盆地中，开展油气勘探较多、取得发现较大的盆地主要有福斯杜亚马孙（Foz do Amazonas Basin）、舍吉佩—阿拉戈斯、埃斯皮里图桑托、坎波斯、桑托斯 5 个盆地。坎波斯和桑托斯盆地将在后面详细描述，前 3 个盆地的主要特征及勘探情况概述如下：

1. 福斯杜亚马孙盆地

盆地位于巴西赤道边缘的北部，沿着阿马帕州（Amapá）和马拉若岛（Marajó），面积 $28.3 \times 10^4 km^2$，水深 50m 至 3000m 以上（图 2-4）。福斯杜亚马孙盆地的发育始于三叠纪赤道大西洋开裂的裂谷作用。早白垩世，第二期的阿普特—阿尔布（Aptain–Albian）海底扩张，形成了南中大西洋。盆地分为帕拉（Para）和阿玛帕（Amapa）台地、古近—新近系碳酸盐岩台地和亚马孙锥盆（Mello 等，2001）。在第一次裂谷期，盆地受正交和斜向拉张应力作用，发育了多个地堑系统，并在后期充填了同裂谷沉积。最上层的阿尔布阶浅海沉积可能是在晚白垩世塞诺曼阶—土伦阶期间先沉积，后被海侵性页岩和砂岩覆盖而成，该区域的最大厚度接近 6000m（Silva 等，1999）。这些充填裂谷沉积物由从大陆到海洋相的 Cacipore 组的页岩和砂岩组成。亚马孙锥体主要由泥质和孤立的中上新世砂体组成，具有较高的孔隙度，是主要的勘探目标。亚马孙锥北部主要储层为上白垩统和古近纪碎屑沉积。

在盆地的浅水陆棚区，已确定了 Valanginian/Albian（瓦兰今阶 / 阿尔布阶）Cassipore/Codo 组烃源岩和 Cenomanian–Turonian（塞诺曼阶—土伦阶）Limoerio 组烃源岩。在

1-APS-0018 AP 井和 1-APS-0049 AP 井中钻遇的 Codo 组湖相烃源岩，TOC 近 10%，有机质类型为 I 型，具有极好的生油潜力。在 1-APS-29AP 井中钻遇的 Limoeiro 组烃源岩，TOC 达到 3.5%，有机质类型为 II 型，具有好到极好油气生成潜力。在亚马孙锥的西北部和东南部的主要储层目标是上白垩统砂岩和次级古近—新近系砂岩，已被 1-APS-0045AP 井证实。白垩纪至古新世早期的陆棚砂岩在 1-APS-0045B AP 井中钻探，证实了浅水碎屑砂岩的存在。地震解释表明，该盆地大部分地区可能存在区域性晚白垩世盖层。地层圈闭的主要风险可能是上倾封闭性。

2. 舍吉佩—阿拉戈斯盆地

盆地位于巴西东北部地区的大陆边缘，盆地覆盖舍吉佩州和阿拉戈斯州，总面积 $7.3 \times 10^4 km^2$，其中海域面积 $6.1 \times 10^4 km^2$（图 2-4）。该盆地以北为伯南布哥—帕拉伊巴（Pernanbuco-Paraíba）盆地，南部则是雅库伊皮（Jacuípe）盆地。

盆地在前寒武纪的变质岩基底之上，经历了古生代早二叠世—石炭纪的残留沉积、侏罗纪的前裂谷期、贝里阿斯期—早阿尔布期的裂谷与过渡期、晚阿普特期—康尼亚克期的海侵漂移期、圣通期至今的漂移衰退期等五个沉积演化阶段。对于深水区，ANP 预计下白垩统的 Riachuelo 组和 Cotinguiba 组的页岩为主要烃源岩，上白垩统 Calumbi 组的浊积砂岩为主要储层。Calumbi 组的页岩为盖层，主要的圈闭类型为地层和河道尖灭砂体。

3. 埃斯皮里图桑托盆地

盆地位于巴西大陆边缘，总面积 $12.94 \times 10^4 km^2$，其中海上 $11.70 \times 10^4 km^2$。盆地以南与坎波斯盆地以 Vitória 高地为界，北边以 Abrolhos 火山复合沉积体与库木茹哈提巴（Cumuruxatiba）盆地相隔（图 2-4）。

埃斯皮里图桑托盆地地质条件与坎波斯盆地、桑托斯盆地极为相似，三个盆地一起常被统称为大坎波斯盆地。盆地经历了裂陷期和后裂陷期陆相沉积、裂陷后期海相沉积等 4 个演化阶段。盆地内下白垩统巴雷姆阶—阿普特阶的湖相泥岩 TOC 值可达 4%，有机质类型为 I 型，是盆地最主要的烃源岩。上白垩统的塞诺曼阶—土伦阶 Urucutuca 组的湖相烃源岩有机质类型为 II 型，TOC 在 2%～4% 之间，最大可达 8%。阿普特阶 Mucuri 组有机质类型 I—II 型，TOC≤2%，Sernambi 组 TOC 在 2%～7% 之间，均为盆地最主要的烃源岩。最重要的储层为上白垩统砂岩浊积岩，年代从阿尔布到马斯特里赫特。

第二节　坎波斯盆地油气地质特征

坎波斯盆地是巴西第一个取得重大勘探突破的海上盆地。盆地位于巴西被动大陆边缘东南部，里约热内卢州东北岸、圣埃斯皮里图州南部，以维多利亚隆起为界，北邻埃斯皮里图桑托盆地。以卡布佛里乌（Cabo Frio）隆起为界，南邻桑托斯盆地。盆地总面积为

$17.52 \times 10^4 km^2$，其中海上面积为 $16.94 \times 10^4 km^2$，陆上面积为 $0.58 \times 10^4 km^2$。盆地向东开启，沉积物向东变厚，形成一个沉积楔状体，如图 2-5 所示。

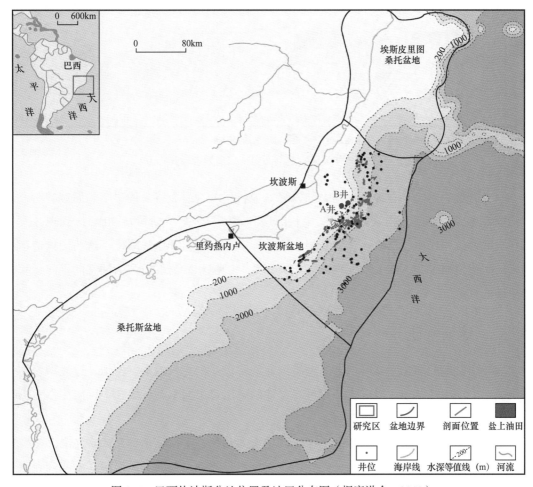

图 2-5　巴西坎波斯盆地位置及油田分布图（据康洪全，2018）

一、区域构造特征

坎波斯盆地的形成始于白垩纪时期南美洲大陆和非洲大陆的开裂。大陆的解体导致该地区形成一个北东—南西向展布的裂谷沉积体，形成了南美洲被动大陆边缘的雏形盆地——大陆裂谷盆地。盆地构造演化经历了 4 个阶段。

（1）前裂谷基底阶段；

（2）同裂谷阶段：盆地为原型裂谷盆地，发育了两隆两坳，东西跨度 200km，东部未发育明显的高地，沉积的大套陆相地层为盆地主要的烃源岩层（Lagoa Feia）发育期；

（3）过渡阶段：盆地为海陆过渡相盆地，发育阿拉戈斯（Alagoas）蒸发盐岩层，后期该盐岩层发生向上蠕动，形成盐底辟，由于盐岩活动较强烈，因而盐窗和盐焊接很发育，盐岩分布不连续（图2-6）；

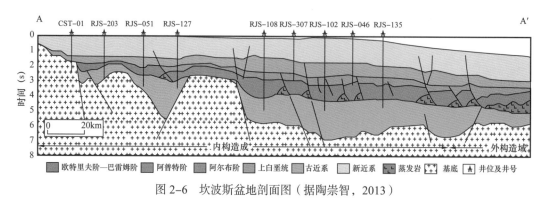

图2-6　坎波斯盆地剖面图（据陶崇智，2013）

（4）后裂谷阶段：盆地为被动大陆边缘盆地，可分为后裂谷阶段早期和后裂谷阶段晚期，前者主要形成滚动褶皱——背斜、生长断层和正断层，后一阶段从90.4Ma到现今发生了一次重力拉张作用，形成了铲状断层、滚动褶皱——背斜和生长断层，这两期构造运动形成的断层沟通了盐下的Lagoa Feia烃源岩和盐上的浊积砂岩储层，为油气的垂向运移提供了通道。

二、地层特征

坎波斯盆地的演化主要经历了3种类型盆地阶段：内克拉通裂谷盆地、过渡型盆地和海相被动大陆边缘盆地。以此为基础可将盆地的地层自下而上划分为3个巨层序。上白垩统——第三系海相巨层序（图2-7）。

（1）下白垩统同裂谷期陆相巨层序。沉积于大陆裂谷早期喷出的玄武岩之上，主要发育湖相沉积地层，其中Lagoa Feia湖相钙质泥页岩是盆地主要的烃源岩层，湖相介壳灰岩构成了盆地的一套储层。根据地震资料，此地层层序厚度可达4000m（据朱伟林，2011）。

（2）下白垩统海陆过渡期的过渡相巨层序。该巨层序标志着从陆相到海相沉积环境的过渡，底部为裂谷期一套砾石、砂岩和页岩混合地层，上部发育一套蒸发盐岩，为良好的区域性盖层。

（3）上白垩统——新近系海相被动大陆边缘盆地时期的海相巨层序。包括浅海Macae组碳酸盐岩层序、晚阿尔布期和晚塞诺曼期和早土伦期之间沉积的半远洋层序、晚土伦期到早古新世时期沉积的深水海洋层序和古新世到现今的浅水海洋层序，海相地层中发育的Carapebus浊积砂岩体是盆地主要的含油气储层，是盆地主要的目的层。目前发现的浊积砂岩体有两种展布方式：同沉积断槽中发育的横向展布受限的厚砂体；断槽被填平后横向上延展很广的席状浊积砂体。

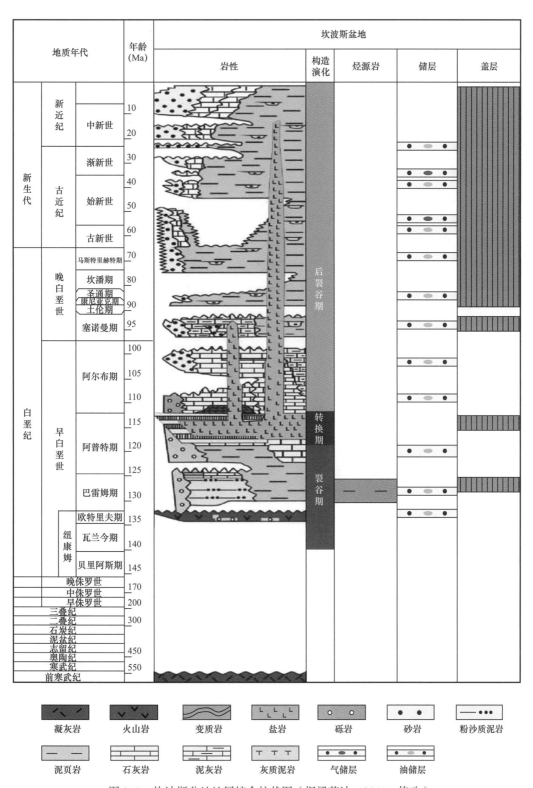

图 2-7　坎波斯盆地地层综合柱状图（据梁英波，2011，修改）

三、生储盖特征

（一）烃源岩

坎波斯盆地的主力烃源岩是盐下层系的下白垩统 Lagoa Feia 组湖相黑色钙质页岩，厚度在 100～300m 之间，平均 TOC 含量一般在 2%～6% 之间，局部可达 9%，氢指数（HI）高达 900mg/g，有机质类型主要为Ⅰ型。有机岩石学特征表明，这些有机质主要为一些藻类和细菌，倾向生油，无定形有机质质量分数平均为 90%（马中振等，2011）。根据烃源岩热演化历史模拟结果，盆地发育的 Lagoa Feia 组湖相页岩层在始新世时达到生油窗，中新世达到生油高峰，现仍在生油窗内，是盆地最主要的烃源岩层。目前，盆地存在 3 个主要的生烃中心：东北部有效烃源岩区、中东部有效烃源岩区和中西部有效烃源岩区。3 个有效烃源岩区的分布与盆地裂谷期沉积地层的发育有关。

下白垩统 Macae 组海相页岩是盆地内次要烃源岩，主要在浅海陆架环境沉积，TOC 含量较低，一般小于 1%，R_o 在 0.85%～1.8% 范围内，有机质类型以Ⅰ型和Ⅱ型干酪根为主（张金虎等，2016）。尽管有观点认为该套烃源岩在盆地内的成熟度过低，但若干井资料显示在深水区已到生油窗，且该套烃源岩主要以产油为主。

（二）储层特征

坎波斯盆地拥有 4 套储层，整体在地层和空间分布上都十分广泛，其中盐上层系的上白垩统—中新统厚层海相浊积砂岩储层物性非常好，是盆地内的主要储层。

1. 下白垩统 Cabiunas 组储层

岩性主要为瓦兰今阶的玄武岩，孔隙类型主要分为原生孔隙、次生孔隙和裂缝。虽然玄武岩原生孔隙的渗透率和孔隙度极低，但在微裂缝作用下孔隙间的连通性增加，使之成为有效储层。次生孔隙主要受到构造活动与溶蚀作用的影响，玄武岩中的方解石充填物被溶解，使其具有一定的孔隙度和渗透率，构成有效储层，该套储层主要分布在巴德若（Badejo）油田。这套储层的油气储量仅占油气总储量的 0.1%。

2. 下白垩统 Lagoa Feia 组储层

以阿普特阶的介壳灰岩、砂砾岩为主，其中粒屑灰岩是较好储层。成岩作用使得鲕粒灰岩储层非均质性很强，垂向很短距离内物性相差很大，但是该套储层中也存在连续性很好的岩层，渗透性岩层单层纯厚度可达 20m。在这些好储层中孔隙度很高，通常会达到 20%，最大可达 25%，渗透率一般为 120～1000mD（张金虎等，2016）。代表性油藏为盆地北部的朱巴特（Jubarte）油藏。

3. 下白垩统 Macabu 组储层

主要以阿尔布阶—塞诺曼阶的浅海相碳酸盐岩为主，岩性包括泥晶颗粒灰岩和鲕状粒屑灰岩，其中高能粒屑灰岩为高孔高渗储层，原生孔隙较发育，渗透率达 50～2400mD，最大孔隙度为33%（张金虎等，2016）。随着水体加深，该套储层虽保持着较高的孔隙度，但连通性逐渐变差，成为高孔低渗储层。代表性油气藏为马林南（Marlim Sul）、孔格若奥（Congro）等，主要分布在盆地陆架边缘区。

4. 上白垩统—中新统 Carapebus 组浊积砂岩

Carapebus 组主要由三套富砂的浊积岩系统组成，这些浊积岩是坎波斯盆地内的最重要储层，其中已发现的油气占整个盆地总探明储量的70%以上。代表性油藏为罗尔卡多（Roncador）和马林（Marlim）油藏，平面上，以该套浊积砂岩体为储层的油气藏主要分布在大陆架以下的深水地区。

1）上白垩统浊积岩

由土伦阶—塞诺曼阶 Namerdo 段砂岩和圣通阶—康尼亚克阶 Carapebus 段浊积岩组成。其分布与盐运动形成的凹陷有关，浊积岩沉积于广阔的凹陷，并且连续展布。在局部地区，单体砂体可以复合起来形成一个砂体，厚度超过100m。砂岩通常为块状长石砂岩，局部为砾质砂岩，孔隙度为20%～30%，渗透率可达1000mD（朱伟林，2011）。

2）古新统—始新统浊积岩

这套浊积岩主要由块状中粒砂岩组成，单层厚度为1～3m。在维赫迈里奥（Vermelho）油田，平均孔隙度24.4%，平均渗透率700mD（朱伟林，2011）。

3）渐新统—中新统浊积岩

这套砂岩储层或分布局限（如局限于 Enchoza 峡谷的浊积岩）或呈广泛分布的席状体展布（如分布于盆地东北部的浊积岩）。块状、富砂的浊积岩沉积于深水环境，厚30～100m，在平面上连续分布且面积超过6000km²，孔隙度25%～30%，渗透率最高为5400mD（张金虎等，2016；朱伟林，2011）。

（三）盖层

坎波斯盆地的上白垩统—新近系 Ubatuba 组页岩和 Carapebus 组页岩是 Macabu 组碳酸盐岩的局部有效盖层。Lagoa Feia 组湖相泥岩和阿普特阶蒸发岩是白垩系 Cabiunas 组玄武岩和 Lagoa Feia 组介壳石灰岩的区域盖层。此外，储层中的多套薄层页岩也可以作为局部有效盖层。

四、油气藏特征

坎波斯盆地内主要发育地层圈闭、岩性圈闭、构造圈闭和构造—地层复合圈闭。盐上层系受到浅海裂后期盐体活动的影响，主要发育地层圈闭；而开阔海裂后期构造活动持续消亡，但残留的盐构造运动仍然存在并在深水区域得到加强，主要发育构造—地层复合圈闭，也是盆地内油气储量最多的圈闭。盐下层系主要受到同裂谷期断裂构造运动的影响，发育背斜构造、断块构造和过渡期的盐构造等一系列构造和地层圈闭。

圈闭类型的多样决定了坎波斯盆地的油气藏类型十分丰富，有地层圈闭油藏、岩性圈闭油藏、构造圈闭和复合型圈闭油藏。

区域上，坎波斯盆地已发现的油气田主要分布于蒸发岩不连续分布的盐窗发育区，而在蒸发岩连续分布的区域内，油气田发现的个数较少。这些盐窗和盐焊接是在盐岩活动过程中盐岩厚度减薄和撤退形成的，结果造成盐上层系与盐下层系发生沟通。当两套层系中同时发育渗透性地层，油气可以穿过盐窗运移至盐上层系中。除此之外，这些油气田还可能受到基底断裂的控制。油气田分布于基底断层附近，这些基底断裂在被动陆缘演化阶段经历了多期的构造活化，它们的再次活化为盐下的油气垂向运移提供了有利的通道。

层系上，坎波斯盆地内的油气主要分布于盐上浊积砂岩中，即上白垩统浊积砂岩、古新统—始新统浊积砂岩和渐新统—中新统浊积砂岩是主力储层，这 3 套浊积砂岩储层的油气储量分别占盆地油气总储量的 25.6%、13.2% 和 33%，总计 71.8%（陶崇智，2013）。此外，下白垩统巴雷姆阶—阿普特阶 Lagoa Feia 群介壳石灰岩和阿尔布阶 Macae 组碳酸盐岩构成了另外两套重要的储层，其油气储量分别占盆地油气总储量的 16.1% 和 11.8%。

从油气藏特征来看，坎波斯盆地内主要有构造—岩性油气藏和岩性油气藏，构造油气藏较少。由于浊积砂岩是坎波斯盆地最重要的储层，构造—岩性和岩性圈闭中储集了盆地内绝大部分的油气储量。如阿巴克拉（Albacora）复合油田包含阿尔布阶、始新统、渐新统和中新统油藏，这些油藏的总体构造为一个发育于盐枕之上的平缓的北东—南西走向背斜。始新统和渐新统浊积砂岩储层呈透镜体被泥岩包裹而形成了构造—岩性油气藏和岩性油气藏，其下的阿尔布阶油藏则是上盘地层倾斜和断层形成的构造圈闭（图 2-8）。

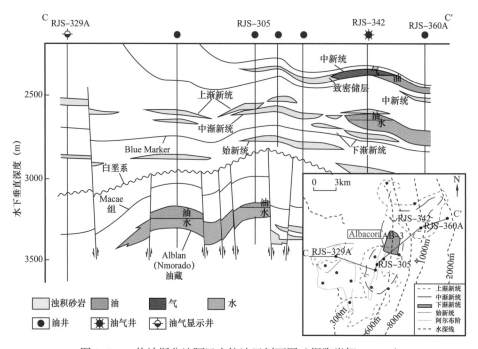

图 2-8   坎波斯盆地阿巴克拉油田剖面图（据陶崇智，2013）

第三节　桑托斯盆地油气地质特征

桑托斯盆地位于巴西东南海上，盆地北部以卡布弗里乌（Cabo Frio）隆起的外延线与坎波斯盆地为界，南部以弗洛里亚诺波利斯（Florianopolis）隆起与佩罗塔斯盆地（Pelotas）相邻。盆地东边以圣保罗（Sao Paulo）台地东南缘为界，圣保罗台地主要展布在水深2000m到3000m的地区，沉积有厚层的盐岩地层和密集的盐构造。盆地西部向陆地地区地层沉积厚度小，呈北—北东走向的Serra do Mar前寒武基底将盆地与古生界的帕拉那盆地分隔（图2-9）。盆地横跨南纬23°～28°30′（达600km），纵跃西经39°30′～48°30′（达800km），总面积约35.2×10^{4}km^2，是巴西面积最大的海岸盆地。盆地地理位置位于巴西东南海上的大陆架区，临近圣卡塔琳娜州（Santa Catarina）、帕拉那州（Parana）、圣保罗州（Sao Paulo）和里约热内卢州（Rio de Janeiro）。

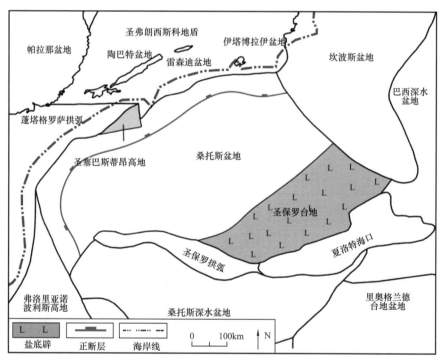

图2-9　桑托斯盆地位置图

一、区域构造特征

（一）构造单元划分

桑托斯盆地平面上具有两坳两隆构造格局、垂向上呈现断坳双层结构。盆地由岸向海可划分为四大构造单元：西部隆起带、中央坳陷带、东部隆起带和东部坳陷带（图 2-10）。垂向上盆地盐下构造以掀斜断块、地堑、地垒为主。裂谷期早期发育的一系列北东—南西方向高角度正断层在裂谷后期封闭成为湖盆。一些由于构造作用形成的地垒或岩浆作用间歇性出露水面的基底高地，形成生物碎屑滩坝。因此盐下圈闭类型主要为与正断层有关的倾斜断块、地垒和铲状断块以及与火山作用有关的底辟背斜、断背斜和古潜山等，盐上构造以各类盐构造为主（图 2-11）。

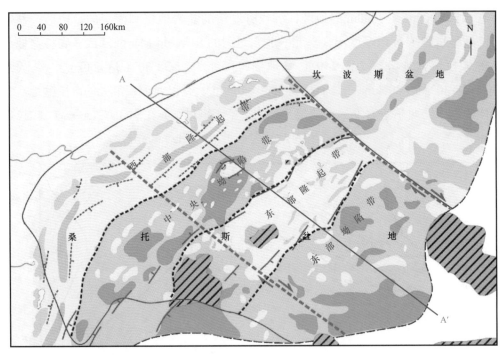

图 2-10　桑托斯盆地构造纲要图

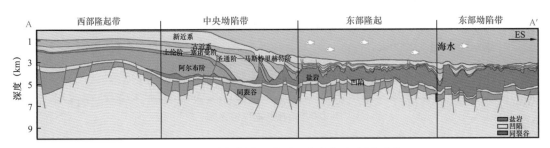

图 2-11　过桑托斯盆地北西—南东向地质剖面图

（二）区域构造演化

桑托斯盆地演化与坎波斯盆地类似，也经历了四个阶段：裂前演化阶段、早白垩世欧特里夫期—早阿普特期同裂谷演化阶段、阿普特期过渡演化阶段、阿尔布期—全新世后被动大陆边缘演化阶段。由于裂前演化阶段资料较少，且后三期演化对油气资源的形成具有重要影响作用，因此，对后三期演化阶段简述如下：

1. 裂谷期（135—124.5Ma）

裂谷作用开始于早白垩世，为南大西洋形成初期的克拉通内裂谷。早期裂谷为北东—南西方向，这条北东—南西向的裂谷使冈瓦纳超大陆分裂为南美洲和非洲。早阿普特期底部的区域不整合指示了一次贯穿桑托斯盆地的构造活动，而随后大多数裂谷断层不再活动（何娟等，2011）。

裂谷期主要为欧特里夫阶—下阿普特阶陆相沉积。该时期火山喷出活动强烈，发育大量基底卷入断层及地堑，因此，快速沉降的地壳沉积了尼欧克姆阶玄武岩和Camboriu组火山碎屑岩，之上为冲积—河流相砂岩、湖相浅水碳酸盐岩及湖相泥岩沉积，这些陆相砂岩及湖相碳酸盐岩物性良好，是优质的储层，湖相泥岩是桑托斯盆地最重要的烃源岩（图2-12）。

2. 过渡期（124.5—112Ma）

到了晚阿普特期，陆壳的拉伸作用和张裂作用结束，盆地进入一个构造稳定期，随后剥蚀作用的发生也标志着同裂谷阶段的终止。该时期在Alagoas（相当于阿特普阶下部）的底部发育角度不整合，以发育一套厚层Ariri组蒸发岩为特征。蒸发岩的岩性为岩盐和硬石膏，是良好的区域盖层。

3. 裂后期（112Ma至今）

裂后期也叫漂移期，从阿尔布期至今，南大西洋被动大陆边缘形成。期间经历了热沉降和中立导致的拉伸、挤压作用，形成相应的正断层、生长褶皱及反转断层。由于岩石圈的冷却和收缩，南美洲和非洲大陆从洋中脊向两边分开，同时使海上的热沉降加剧，进而海底迅速下降。阿尔布期随着海盆的逐渐张开，在浅水陆架区发育了一个碳酸盐岩台地。晚阿尔布期至土伦期，该碳酸盐岩台地被海水淹没，形成一个开阔的深海区，期间还沉积了一套富含有机质的黑色页岩和浊积砂岩层序（朱伟林等，2011）。

二、地层特征

圣保罗地区发育的露头表明盆地基底是前寒武纪的花岗岩和片麻岩组成的结晶基底。与盆地的构造演化相对应，基底之上盆地内沉积了三套层系：裂谷构造演化阶段的裂谷期层系、过渡演化阶段发育的过渡层系和裂后期的被动陆缘层系（图2-13）。

裂谷期层系包括Camboriú组和Guaratiba群。Camboriú组由玄武岩和火山碎屑岩组成。Guaratiba群从下到上依次为Piçarras组的砂泥岩沉积、Itapema组和Barra Velha组的碳酸盐岩沉积。

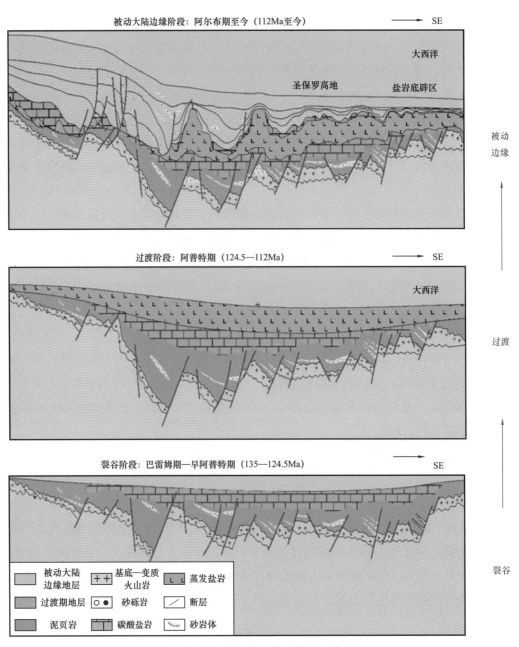

图 2-12　桑托斯盆地构造演化示意图

过渡层系沉积的地层为 Ariri 组，最大厚度 2500m，主要由盐岩、硬石膏沉积为主。

裂后层序可以分为四套层序：阿尔布阶浅海碳酸盐岩，上阿尔布阶—土伦阶半深海—深海泥岩和浊积砂岩沉积；塞诺曼阶—马斯特里赫特阶 Itajaí-Açu 组深水页岩和互层的浊积岩海退层序沉积；新生界开阔海碎屑岩、石灰岩及外陆架的进积泥岩层序沉积。

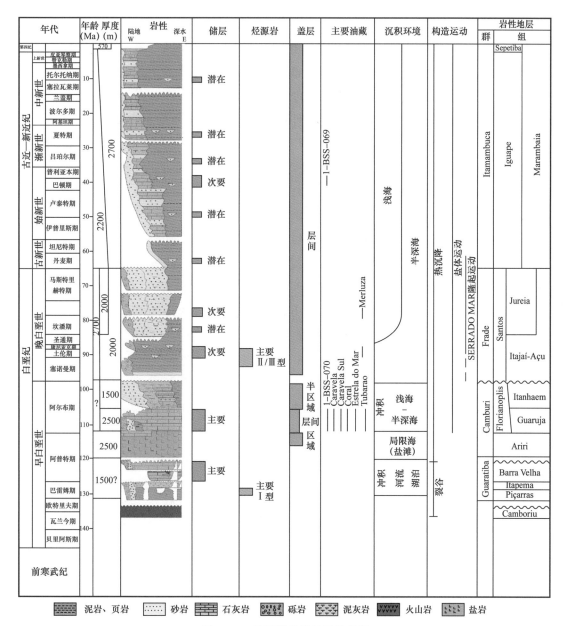

图 2-13 桑托斯盆地地层柱状图

三、生储盖特征

（一）烃源岩

桑托斯盆地发育两套主要的烃源岩：一套是巴雷姆阶—下阿普特阶盐下湖相暗色页岩（Guaratiba 群），该湖相页岩 TOC 含量为 2%～9%，有机质类型为 I 型，属于优质烃源岩；另一套是塞诺曼阶—马斯特里赫特阶 Itajaí-Açu 组深水页岩。

1. Guaratiba 群湖相烃源岩

该套烃源岩的岩性为湖相黑色页岩，具有分布广泛、厚度大、有机质类型好、丰度高、生烃潜力大等特点。目前已发现的原油有 95% 来源于该套湖相烃源岩，是桑托斯盆地乃至南大西洋两岸深水含盐盆地最主要的烃源岩。厚度 100～300m，沉积于同裂谷期湖相环境，具有全盆地广泛分布的特点，特别是中央坳陷带、东部隆起带和东部坳陷带 3 个构造单元中的各个凹陷烃源岩品质好，TOC 含量 2%～6%，局部地区可达 9%，氢指数 HI 普遍大于 700mg/g，生烃潜力 S_1+S_2 平均值为 42mg/g，干酪根类型为 I 型，有机质成分由藻类和细菌类的高脂物质组成，富含有机质的层位平均含有 90% 的无定形有机质，且烃源岩体积大，已得到盆地钻井取样分析结果证实。

盐下湖相烃源岩成熟度整体表现为"东部成熟、西部过熟"的分带特征：（1）东部隆起带和中央坳陷带东北部厚层盐岩分布连续，地温梯度较低，盐下湖相烃源岩现今 R_o 值介于 0.5%～1.3% 之间，大部分处于 0.7%～1.3% 的生油高峰阶段。（2）中央坳陷带西部盐岩厚度薄且不连续，地温梯度较高，盐下湖相烃源岩现今 R_o 值介于 1.3%～2.5% 之间，大部分处于 1.7%～2.2% 之间，处于生凝析气或干气阶段。目前已发现盐下油气田的含油气面积 50～1000km²，油柱高度 300～650m，绝大多数圈闭的油气充满度接近 100%，表明该套烃源岩的巨大生烃潜力。

2005 年巴西国油在 Tupi 高地上开钻的 1-RJS-628A 井，在 5957m 处钻遇 Guaratiba 群湖相页岩，厚 100～120m，TOC 为 2%～4%，含氢指数达到 500mg/g，属于 I—II 型干酪根，证实了该套地层是一套非常优质的烃源岩（Wood Mackenzie，2019）。

2. Itajaí-Açu 组页岩烃源岩

晚塞诺曼期、土伦期和圣通期，整个巴西被动大陆边缘盆地广泛发育厌氧环境，沉积了一套富含有机质的钙质泥岩和黑色页岩（Mello 等，1995）。该时期桑托斯盆地整体呈现为湿润温暖的气候，周期性的高水位期提供了丰富的有机质，上部地层中浮游植物的大爆发伴随局限环境的水循环和盐度增加，导致底部地层为极度的缺氧环境。通常塞诺曼阶—下土伦阶的中部层段 TOC 含量最高，达到 1%～2.5%，生烃潜力平均值为 3～4kg/t，最高可达 12.9kg/t，如 1-SCS-5 井，HI 值为 30～295mg/g（Gibbons 等，1983）。在盆地的中部和西南部地区，HI 值可以超过 200mg/g（Arai，1988）。

据 Gibbons 等（1983）的研究，Itajaí-Açu 组深水海相页岩以生油为主，有机质类型为混合型的 II 型和 III 型干酪根。Joyes 和 Leu（1998）的盆模实验结果表明，在大陆斜坡深水区，该烃源岩基本处于主力生油窗阶段，但是在圣保罗高地的次级盆地内，尚未进入生油窗。

（二）储层特征

盆地已证实发育盐上、盐下两套储层。盐上储层主要为 Guaruja 组台地碳酸盐岩、

Itajaí-Açu 组的浊积砂岩和 Jureia 组浅水台地砂岩。盐下储层为 Guaratiba 群湖相碳酸盐岩储层，是盆地内最重要的含油气储层。

1. 盐上储层特征

Guaruja 组碳酸盐岩储层：平均厚度达 30m，孔隙度在 5%~25%，渗透率 1~1300mD。其中杜巴拉奥（Tubarão）油田该段储层的孔隙度达到 12%~24%，在 4500m 以下储层仍然保留较好的孔隙度（De Carvalh 等，1990）。孔隙类型主要为原生粒间孔隙和次生粒间孔隙。

Itajaí-Açu 组浊积砂岩储层：细粒—粗粒、中等分选—差分选块状砂岩（Sombr 等，1990）。在 Merluza 气藏，4700m 处平均孔隙度为 21%，4900m 处平均孔隙度为 16%（Sombra 等，1990）。孔隙主要为原生孔隙，渗透率为 1.5mD（1-SPS-25B 井）和 15mD（1-SPS-20 井）。浊积岩的厚度可达 60m（Porsche 和 Lopez de Freitas，1996）。

Jureia 组砂岩储层：浅海相台地中细粒—粗粒砂、中等分选、交错层理砂岩（Sombra 等，1990）。砂岩由石英（53%）、长石（21%）和基性火山岩到酸性火山岩（10%）组成，分为长石砂岩或岩屑长石砂岩，其中的火山岩碎屑来自与帕拉那盆地的交界处。1-SPS-25B 井 4450m 深度的 Jureia 组平均孔隙度 12%，远小于该井下部 Ilhabela 段的浊积砂岩孔隙度，Merluza 油藏孔隙度为 21%，1-SPS-25B 井孔隙度为 16%。1-SPS-25B 井的平均渗透率是 30mD（Anjos 等，1998）。

2. 盐下储层特征

桑托斯盆地盐下湖相碳酸盐岩储层主要包括 3 类，从下到上依次为：

Itapema 组介壳灰岩：为滨浅湖高能滩相沉积环境，孔隙类型以铸模孔、粒间溶孔为主，储层孔隙度 6%~30%，平均值 16%，主要分布于盐下古隆起的顶部或中上部（图 2-14）。

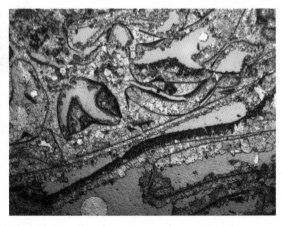

图 2-14 介壳灰岩岩心和铸体薄片特征（2A 井，左 5862.5m，右 5629.85m）

Barra Velha 组球粒灰岩：为高盐度的浅湖低能沉积环境，以粒间孔为主，储层孔隙度6%～25%，平均值14%，主要分布于盐下古隆起的中下部（图2-15）。

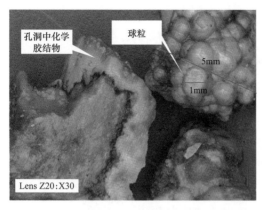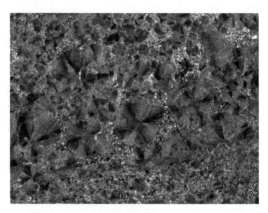

图2-15　球粒灰岩岩屑和铸体薄片特征（C1井，左5415m，右4942.35m）

Barra Velha 组藻叠层石灰岩：为高盐度的滨浅湖高能沉积环境，以生物格架孔、粒间孔为主，储层孔隙度6%～20%，平均值12%，呈大面积连片分布，沉积主体位于盐下古隆起的中上部（图2-16）。古地貌、藻丘—滩相和准同生溶蚀控制了优质储层的发育，火山热液和局部碎屑岩注入影响储层物性。此外，桑托斯盆地盐下可能发育热泉钙华沉积，表现为沿断裂带出现沉积厚度局部增大，比如 Itapu 油田。

图2-16　藻叠层石灰岩岩心和铸体薄片特征（C1井，左4936m，右4936.45m）

总体来说，桑托斯盆地盐下湖相碳酸盐岩储层规模大、物性好、分布广，单井油层最大厚度超过400m，单井原油日产超万吨能力。国内在四川、渤海湾、柴达木和准噶尔盆地等10多个盆地发现湖相碳酸盐岩储层，但一般单体厚度较小，储层物性较差，常作为致密油储层。与国内湖相碳酸盐岩相比，桑托斯盆地的有利条件主要表现在湖相碳酸盐岩发育的空间环境、营养物质补充及原生孔隙保存三个方面：（1）湖盆中央的宽缓水下隆起提供了广阔洁净的浅水环境，特别是基底古隆起和倾斜断块形成大缓坡背景，水体较浅，远离物源，藻丘—滩体呈大面积连片展布，横向迁移叠置形成巨厚规模储层；（2）间歇性的海侵和火山活动为生物的大规模快速繁育补充了盐分和营养物质；（3）巨厚盐岩盖层的强塑性和高热导率，降低了盐下地层压实程度，成岩作用减弱，有利于盐下原生孔隙的保存。

（三）盖层及保存条件

桑托斯盆地过渡期 Ariri 组盐岩具有分布范围广、厚度大、封盖能力强的特点。平面上盐岩呈北东—南西走向展布，南北向长约 650km，东西向宽达 380km。其中，厚度大于 100m（最厚可达 2500m）的厚层区分布在盆地东部，横向展布连续，面积约为 $5 \times 10^4 km^2$，构成盆地内稳定的区域性盖层（图 2-17）。油气被有效保存和封闭在盐下圈闭中聚集成藏。目前盐下发现的所有大油气田均位于厚层蒸发盐岩覆盖区，如卢拉（Lula）油田等。而盆地西部为过渡区，盐岩层厚度变化剧烈，从上百米到几米直至尖灭，局部伴随盐窗发育，油气通过盐窗和盐相关断层运移到盐上层系成藏，如迈赫卢扎（Merluza）油气田。

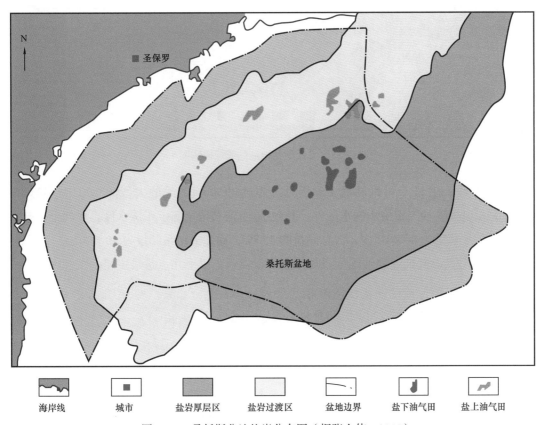

| 海岸线 | 城市 | 盐岩厚层区 | 盐岩过渡区 | 盆地边界 | 盐下油气田 | 盐上油气田 |

图 2-17 桑托斯盆地盐岩分布图（据张金伟，2015）

对于盐上油藏，Guaruja 组碳酸盐岩储层由层间页岩、灰泥岩和上覆 Itanhaem 组地层的页岩和灰泥岩提供封盖条件。Itajaí–Açu 组和 Marambaia 组的上白垩统—古近系浊积岩被深水海相泥岩所包围，这类泥岩在形成有效的地层间盖层的同时也是一套潜在的烃源岩。Jureia 组底部的海相砂岩由层间页岩提供封盖条件。

桑托斯盆地从白垩纪以后没有大的构造运动，油藏形成以后得到了较好的保存。

四、油气成藏模式及主控因素

桑托斯盆地盐下油气成藏主要发育在东部隆起带及中央坳陷带东北部的厚层盐岩分布区。裂谷期湖相页岩为烃源岩，古隆起构造上发育的湖相介壳灰岩、球粒灰岩、藻叠层石灰岩等碳酸盐岩为储层，阿普特期蒸发岩为区域性盖层。烃源岩在白垩纪晚期进入生油窗，开始向外排烃，生成的油气以裂谷期发育的张性断层、不整合面为主要运移通道，在盐下古隆起背景上形成的构造圈闭、构造—岩性圈闭中聚集成藏，形成"盐下生盐下储"的成藏模式（图 2-18）。

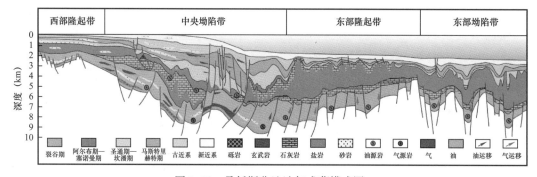

图 2-18　桑托斯盆地油气成藏模式图

统计发现，在 11 个可采储量（油当量）超过 $7950 \times 10^4 m^3$ 的大型油气田中，除迈希里奥（Mexilhão）油气田位于浅水区外，其他 10 个油气田全部位于深水区。纵向上，盐下阿普特阶储层储量为 $64 \times 10^8 m^3$，占总储量的 85.7%，而盐上层系储量为 $10 \times 10^8 m^3$，占总储量的 4.3%。分析桑托斯盆地油气分布规律和可以发现，以下几点是最主要的主控因素。

（一）裂谷期形成了一套优质湖相烃源岩

勘探实践证实，桑托斯盆地的主力烃源岩为裂谷期巴雷姆阶—下阿普特阶盐下 Guaratiba 组湖相暗色页岩，为微咸水—咸水湖相厌氧环境下的沉积产物，厚度为 200～250m，以暗色页岩为主，富含富脂类有机质，主要来源于藻类和细菌，以无定形有机质为主，其总有机碳含量为 2%～4%，属于 Ⅰ—Ⅱ 型干酪根。这套优质烃源岩广泛分布在西北凹陷带，成为盆地最主要的生烃灶，为大规模的油气生成提供了资源保证。

（二）裂谷晚期碳酸盐岩在圣保罗台地上广泛发育

盐下碳酸盐岩储层是盆地裂谷晚期沉积在断陷湖盆水下古隆起上的碳酸盐岩堤坝和生

物碎屑滩，这些隆起区远离陆源碎屑供给区，水体相对较浅，光照充足，水体温暖，湖浪和岸流作用较强，发育生物碎屑灰岩，局部构成生物碎屑滩和堤坝。碳酸盐岩厚度横向变化很大，从几十米到上千米。储集空间主要为粒间孔隙、粒内孔隙、粒间溶孔、溶洞和溶缝等，孔隙度为 5%～25%，渗透率分布在 80～1500mD 之间，为优质碳酸盐岩储层。

桑托斯盆地近年来发现的大油气田都是以盐下碳酸盐岩为储层，其储层均为非均质性较强的层状碳酸盐岩，位于 2000m 厚的盐层之下，埋深大都超过 5000m。2005 年至今，桑托斯盆地先后部署的近 30 口深海探井和评价井全部钻遇该套地层，足以证明其分布范围之广。

（三）过渡期厚层盐岩形成高效区域盖层

桑托斯盆地过渡期 Ariri 组厚层盐岩直接覆盖在碳酸盐岩之上，形成良好的储盖组合。厚层区盐岩更有利于大油气田的形成和保存，主要原因为：

1. 厚层盐岩有利于大型圈闭的形成

桑托斯盆地厚层盐岩区分布在水深超过 1500m 的区域，覆盖范围广，横向展布稳定，无盐窗发育，盐岩层直接覆盖在圣保罗台地上大面积发育的碳酸盐岩层之上，形成大型的构造圈闭或者地层圈闭，为油气的大规模聚集提供赋存空间。

2. 厚层盐岩有利于盐下油气的保存

一方面，盐岩层的非渗透性能遮挡油气的散失，使其成为油气的良好盖层；另一方面，盐岩对压实作用具有很强的抑制效应。盐岩本身并不随埋藏深度的增大而发生显著压实作用，致使其下伏地层经受的压力相对较小，抑制了储层的成岩作用，使得原生孔隙得以保存，有利于盐下油气的赋存聚集。

3. 厚层盐岩有利于烃源岩长期稳定生烃

盐岩的热导率是其他地层的 2～3 倍，大大加快了地热在垂直方向的散逸速度，有效降低了盐岩覆盖区的地温梯度值，延缓了盐下烃源岩的热成熟度，使烃源岩保持长时间较稳定的生烃过程。比如，图皮（Tupi）油田盐下烃源岩埋藏在 6000m 之下，地层温度仅为 70～80℃，明显低于正常值，导致烃源岩保持有较低的热演化史，从而延长了油气的充注时间，目前仍处于主生油窗内。

（四）盐下古隆起控制盐下油气的大规模聚集

桑托斯盆地裂谷期水下古隆起主要包括以下 3 种类型，即构造活动造成的隆起（地垒和倾斜断块等）、火山喷发形成的隆起以及持续性古地形隆起。一方面，这些隆起区紧邻盆地凹陷区，并伴生多条同向和反向正断层，为凹陷区油气向隆起高部位运移提供了通道，使古隆起区成为油气运移的最有利指向区。另一方面，古隆起为生物碎屑灰岩的发育提供了有利的条件和场所，这种在构造背景上发育起来的构造圈闭、构造—地层复合圈闭因其分布面积广、厚度大、圈闭幅度高等特点，为盐下大型或超大型油气田的形成提供了场所。

第四节　巴西深水油气勘探

一、坎波斯盆地主要勘探发现

坎波斯盆地自 1974 年首次勘探发现海域油气，20 世纪 70 年代末期开始扩展至深水区，之后相继发现了朱巴特（Jubarte）、罗尔卡多（Roncador）、马林（Marlim）、马林南（Marlim Sul）等一系列大型油气田（图 2-19）。到目前为止盆地内共钻有勘探井 495 口，其他钻井 596 口，探明和控制石油地质储量 $44.9 \times 10^8 t$，发现 164 个油气田（ANP，2015）。主要大油田特征如下：

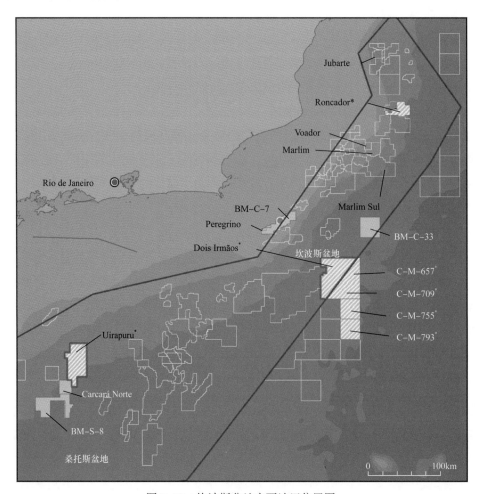

图 2-19　坎波斯盆地主要油田位置图

（一）朱巴特油田（Jubarte）

位于坎波斯盆地北部 Parque das Baleias 地区，水深从 1185m 到 1365m 不等，面积 143km²。巴西国油于 2001 年进行三维地震采集，2001 年 2 月，钻探的第一口井 1-BRSA-33-ESS 发现了 46m 的盐上油层，API 值 17°，为重质原油，随后在 2002 年发现盐下轻质原油，第一口水平井成功钻探后，确定了盐下储量的商业性。

朱巴特油田发育主要有盐上和盐下两套储层。盐上储层为晚白垩世马斯特里赫特晚期 Carapebus 组一段的浊积岩，浊积岩床和互层的泥岩组成的层序厚度可达 350m，储层平均净毛比为 73%，岩心孔隙度和渗透率分别为 21%～38%（平均 28%）和 10～2500mD（平均 340mD），GOR 平均为 250ft³/bbl。盐下储层为碳酸盐岩，厚约 200m，GOR 平均为 1200ft³/bbl。据伍德麦肯兹 2019 年 4 月数据（朱巴特油田之后的坎波斯盆地勘探发现以及后续桑托斯盆地勘探发现中的储量数据均来自伍德麦肯兹），油田原油可采储量 8.84×10⁸bbl，其中盐上 4.11×10⁸bbl，盐下 4.73×10⁸bbl。天然气可采储量 515×10⁹ft³，其中盐上 83×10⁹ft³，盐下 432×10⁹ft³。到 2019 年 1 月，剩余原油可采储量 3.1×10⁸bbl，其中盐上 0.74×10⁸bbl，盐下 2.36×10⁸bbl，天然气 227×10⁹ft³，其中盐上 16×10⁹ft³，盐下 211×10⁹ft³。

2006 年底，通过 FPSO P34 开始对盐上油田进行试采，日产量 6×10⁴bbl。2010 年 12 月，确定了日产 18×10⁴bbl 的针对盐上油田的长期开发方案。盐下油田的生产从 2014 年开始，是巴西第一个从盐下储层开采的深水油田。2008 年，最高日产量达到 4.6×10⁴bbl，2018 年日产量保持在 1.6×10⁴bbl。巴西国油作为作业者，拥有 100% 权益，特许经营权益到 2056 年为止。

（二）罗尔卡多油田（Roncador）

位于坎波斯盆地的深水区，面积 430km²，水深 1700m。在 20 世纪 80 年代进行了二维地震勘探后，初步确定了良好勘探前景，但由于附近地区的钻探结果令人失望，钻探工作被推迟。1996 年 10 月巴西国油钻探的 1-RJS-436A 井在上白垩统马斯特里赫特阶 Carapebus 组中发现 153m 的油层，为当时巴西获得的最大深水（1853m）发现。

该油田处于盐运动强烈的地区，油藏以构造圈闭、地层圈闭为主。上白垩统 Maastrichtian Carapebus 组浊积岩储层由 13 个砂岩单元组成的厚层序和 5 个互层泥岩组成 3 个层序，厚达 250m，油藏埋深 2957～3215m，API 值为 17°～31°，渗透率 263～2560mD，孔隙度 19%～29%，GOR 为 610ft³/bbl。原油可采储量 29.96×10⁸bbl，天然气可采储量 1490×10⁹ft³。2019 年剩余可采储量 16.91×10⁸bbl，天然气可采储量 827×10⁹ft³。

1999 年正式开始开发。鉴于油田的规模和每个特定区域储层的性质不同，计划采用四个开发单元生产。预计 2024 年高峰原油产量可达 37×10⁴bbl/d。2017 年 12 月，挪威国油以 29 亿美元从巴西国油手中收购油田 25% 的股份，成为油田唯一的合作伙伴。

（三）马林地区和瓦尔多油田（Marlim Area and Voador）

马林地区和瓦尔多油田位于坎波斯盆地的中心区域，水深从550m到1050m不等。马林地区包括马林油田和布拉瓦油田，面积约为145km²，瓦尔多油田面积约为90km²。1985年，巴西国油在马林合同区内发现了马林油田，1987年发现了瓦尔多油田，2010年发现了布拉瓦（Brava）盐下油田。

马林和瓦尔多油田的储层以渐新统—中新统 Carapebus 组的浊积砂岩为主，油层位于2500m 至2700m 之间。油层厚度大，横向连续，粉砂、黏土、方解石含量低，平均渗透率2000mD（最高2500mD），平均孔隙度30%。在油田的北部，净产层平均厚40m，最大厚度120m，均质性好，原油 API 值为18°～24°。油田初始原油可采储量31.96×10⁸bbl，天然气898×10⁹ft³。1991年开始生产，2002年高峰产量58.6×10⁴bbl/d。区块2052年到期，巴西国油为唯一权益拥有者。2019年1月剩余可采储量5.31×10⁸bbl，天然气237×10⁹ft³。

（四）马林南油田（Marlim Sul）

位于马林南区块，面积960km²，水深1159～1874m。巴西国油于1987年11月利用4RJS-0382-RJ 井发现了马林南油田。20世纪90年代，巴西国油在全部三个油田（马林、马林东和马林南）同时进行了评价钻井，原计划针对马林油田的几口井进入马林南进行勘探。2007年钻探的6BRSA-517-RJS 井在砂岩储层下方的碳酸盐岩段发现了 Jurara 深层油藏。随后又钻探了4口评价井，其中6BRSA-0647D-RJS 井发现了穆库阿（Mucua）油田，4-BRSA-1125D-RJS 井在近3000m 深的地方发现了始新世的砂岩，这一发现被命名为曼达林油田（Madarim）。2017年8月，6-BRSA-1349-RJS 井发现了 Poraquê Alto 45m 的盐下油藏。

马林南储层为渐新世 Carapebus 砂岩、盐上 Macae 组石灰岩。油田位于850～2400m 的水深范围内，原油 API 值在13°～27° 之间。油田初始原油可采储量14.46×10⁸bbl，天然气627×10⁹ft³。2019年1月剩余可采储量1.89×10⁸bbl，天然气56×10⁹ft³。虽然马林南的面积比马林油田大得多，但储层比马林油田薄很多，而且储层更不均匀，因此，与马林油田相比，该领域没有进行优先开发。2007年初产产量为16.6×10⁴bbl/d，2010年高峰产量达到25×10⁴bbl/d，2019年日产为13×10⁴bbl/d。

（五）佩雷格里诺油田（Peregrino）

佩雷格里诺油田位于盆地西南部大陆架浅水区，水深约100m，是一个拉长的 NE—SW 向构造，长度可达30km，面积583km²。

Encana 公司于2004年发现了佩雷格里诺油田。2011年挪威国油发现了皮塔安哥拉油田（在宣布商业开采之前，该油田名为佩雷格里诺南）。油田储层为上白垩统—中新统 Carapebus 组浊积砂岩，API 值为14.5°。油田初始原油可采储量5.32×10⁸bbl。2011年初始

产量 2.6×10^4 bbl/d，2014 年高峰产量 7.4×10^4 bbl/d。2019 年 1 月剩余可采储量 3.5×10^8 bbl。

2000 年 6 月，作为政府第 2 轮招标的一部分，PanCanadian 在支付了 2.6 亿美元的签字费后获取了 BM–C–7 区块 100% 的权益。2010 年，中化集团以 31 亿美元获取了该区块 40% 的权益。目前另外 60% 权益为挪威国油持有。

二、桑托斯盆地主要勘探发现

桑托斯盆地的勘探始于 20 世纪 30 年代，2000 年以前，油气勘探主要局限于水深约 400m 以内的浅水陆架斜坡区，仅发现诸多可采储量在 1×10^8 bbl 以内的中小型油气田，发现的油气多位于盐上浊积砂岩和碳酸盐岩中，且多数产凝析气或干气。2000 年以后，油气勘探主战场陆续转移至水深 2000m 左右的深水区，在深水—超深水的盐下层系接连发现了 Tupi、Carioca、Jupiter、Iara、Franco 等多个超大型的油气田（图 2–20），使该盆地成为了全球瞩目的油气勘探热点区域。到 2014 年年底，桑托斯盆地完成地震采集工作量 45.06×10^4 km，共有勘探井 240 口，其他钻井 150 口，发现 79 个油气田。过去 10 年，巴西国油在盐下共发现了 745×10^8 bbl 的石油地质储量（根据 ANP 公布的各油田数据储量累加），已发现的重要油气田主要有：

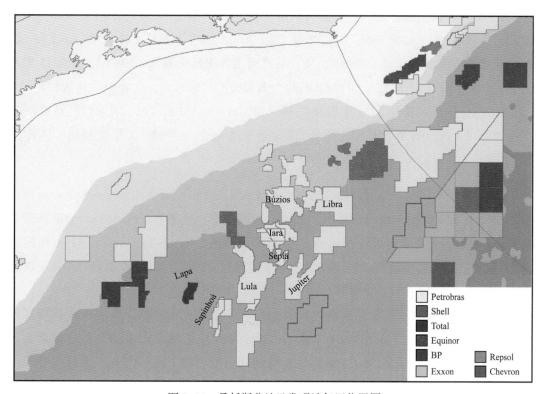

图 2–20 桑托斯盆地已发现油气田位置图

（一）卢拉油田（Lula）

卢拉油田原名图皮（Tupi）油田，位于巴西桑托斯盆地东部深水区（2000~2400m），距离里约热内卢海岸线 248km，区块面积 1690km²，2000 年 6 月，作为第二轮招标的一部分，BM-S-11 区块被授予由巴西国油公司组成的联合体，其中巴西国油占股 65%，BG 占股 25%，Galp Energia 占股 10%。

2006 年 10 月，巴西国油在该区钻探的 1-BRSA-369ARJS 井发现轻质原油，测试日产 4900bbl。初步估算整个区块拥有（50~80）×10⁸bbl 油当量的储量，被认为是西半球 30 年来最大的油气发现。2009 年 6 月巴西国油在图皮油田西北部延伸方向发现了伊拉希玛（Iracema）油田。经过几年的勘探、开发积累，图皮油田于 2010 年 12 月 29 日正式宣布商业发现，并重新命名为卢拉油田，同时伊拉希玛油田也重新命名为塞赫纳姆比（Cernambi）油田。

2011 年 12 月，中国石化以 37.4 亿美元收购 Galp 在巴西全资子公司 Petrogal Brasil 30% 的股权。2015 年 4 月，壳牌以 700 亿美元收购 BG，因此卢拉油田的股权结构变更为巴西国油占股 65%，壳牌 25%，Petrogal Brasil 占股 10%。

卢拉—塞赫纳姆比（Lula-Cernambi）是桑托斯盆地发现的第一个盐下大油气田，也是世界上最大的深水油田之一。原油可采储量 55.36×10⁸bbl，天然气 2471×10⁹ft³。原油 API 28.8°，GOR 值 1470ft³/bbl。CO_2 含量 2%~20%。2009 年 5 月 1 日开始 EWT 测试，2010 年 10 月开始试采。从 2009 年以来，共进行了 5 次延长测试（EWT），从 2013 年开始进行了 10×10⁴bbl/d 和 12×10⁴bbl/d 的两个大规模的长期试采，全面开发阶段将启动 8 个 FPSO 进行生产。预计 2021 年原油高峰产量 108×10⁴bbl/d，2017 年天然气高峰产量 572×10⁶ft³/d。到 2019 年该油田的剩余可采储量原油 44.8×10⁸bbl，天然气 1886×10⁹ft³。

（二）布兹奥斯油田（Búzios）

布兹奥斯是桑托斯盆地继卢拉油田之后发现的又一个巨型盐下油气田。位于 Iara 油田东北 41km 处，水深约 2200m，面积 852km²。以前被称为佛朗哥（Franco），ANP 在宣布其商业化后更名为布兹奥斯。2010 年 9 月 ANP 钻探的 2-ANP-1-RJS 发现 315m 厚的净储层。原油原始可采储量 86.25×10⁸bbl，天然气 5432×10⁹ft³。2019 年剩余原油可采储量 85.93×10⁸bbl，天然气 5432×10⁹ft³。

2010 年 9 月，作为专属经营区（TOR）的一部分，巴西国油获得了布兹奥斯区块 100% 的权益。2015 年 3 月开始 EWT 测试，2018 年 4 月开始首次采油，布兹奥斯油田预计采用 11 个 FPSO 开发，2033 年预计高峰油日产量可达 126×10⁴bbl，天然气日产量 840×10⁶ft³。

布兹奥斯油田的石油地质特征和卢拉油田类似。阿普特期蒸发盐层作为区域盖层，Piçarras 组和 Itapema 组的湖相烃源岩生成油气，下白垩统巴雷姆阶—阿普特阶的微生物灰岩是最主要储层，介壳灰岩为次要储层。原油 API 值为 28°，GOR 值 1440ft³/bbl，CO_2 含量 22%～25%。

（三）拉帕油田（Lapa）

拉帕油田是桑托斯盆地的一个大型盐下油气田。它位于盐下核心区，在 2013 年 12 月宣布商业化之前被称为 Carioca 发现。水深约 2140m，面积 254km²。原油原始可采储量 3.49×10^8bbl，2019 年 1 月剩余原油可采储量 3.17×10^8bbl。

2000 年 6 月，作为第二轮区块谈判的一部分，BM–S–9 勘探许可证授予了由巴西国油组成的联合体，其中巴西国油占股 45%，担任作业者，BG 持股 30%，Repsol YPF 持股 25%。

2011 年 12 月，中国石化以 37.4 亿美元收购 Galp 在巴西全资子公司 Petrogal Brasil 30% 的股权。2015 年 4 月，壳牌以 700 亿美元收购 BG。2016 年 12 月道达尔收购了巴西国油在拉帕油田 35% 的权益。2018 年 12 月，巴西国油将剩余 10% 的股份出售给道达尔。从此，道达尔成为作业者，占股 45%，壳牌占股 30%，Repsol Sinopec Brazil 占股 25%。

拉帕油田于 2007 年 9 月 1-BRSA-SPS 井钻探发现，测试日产 2900bbl，原油 API 值 27°，CO_2 含量 16%。2011 年 9 月开始延长测试，2016 年 12 月开始生产，预计 2021 年日高峰产量 8.9×10^4bbl。

拉帕油田原油低酸，低黏度，和相邻油田最大的区别在于原油高含石蜡组分，这给开发流动保障带来挑战。

（四）沙坪霍油田（Sapinhoá）

沙坪霍油田原名瓜拉（Guara），面积 233km²，位于盐下核心区，周边有卢拉、拉帕等大型盐下油田，2008 年 7 月发现。原油原始可采储量 1387×10^6bbl，天然气原始可采储量 765×10^9ft³，2019 年 1 月剩余原油可采储量 1005×10^6bbl，天然气可采储量 586×10^9ft³。

2000 年 6 月，作为第二轮招标的一部分，BM–S–9 勘探许可证授予了由巴西国油组成的一个联合体，其中巴西国油权益 45%，担任作业者，BG 权益 30%，Repsol YPF 权益 25%。2010 年 12 月，Pepsol YPF 将其巴西子公司雷普索尔巴西公司（Repsol Brasil）40% 的股权以 71 亿美元出售给中国石化。2014 年，巴西国油与巴西国家盐下监管公司（PPSA）签署了沙坪霍油田的跨界油藏协议。2017 年 10 月，沙坪霍联合体支付 6200 万美元的签字费后获得了 Entorno de Sapinhoá 区域的作业权益。

沙坪霍油田和拉帕油田极为相似，也具有高含蜡的特点。该油田 2010 年开始 EWT 试采，2013 年初投产第一艘日产 12×10^4bbl 的 FPSO，2014 年 11 月投产第二艘日产 15×10^4bbl 的 FPSO。2017 年高峰原油日产 25×10^4bbl。预计 2026 年高峰原油日产量可达 4.1×10^4bbl。

（五）伊阿拉油田（Iara）

位于桑托斯盆地的盐下核心区，靠近卢拉—伊拉希玛（Lula-Iracema）油田，水深 2224～2230m，面积 355km²。伊阿拉油田发育同断陷期和凹陷期的微生物岩以及次生的介壳灰岩储层，原油重度为 25～28°API，CO_2 含量 25%，由 Berbigao、Sururu 和 Oeste de Atapu 三个油田组成。

2000 年 6 月，作为第二轮招标的一部分，BM-S-11 区块被授予由巴西国油（65% 权益和作业者）、英国天然气公司（25% 权益）和 Galp Energia（10% 的权益）组成的联合体，签字费仅 800 万美元。之后，BM-S-11 许可证被分成两个单独的小块：面积较大的为图皮区块（1974km²），面积较小的为伊阿拉区块（331km²）。2008 年，1-BRSA-618-RJS 井在伊阿拉盐下获得原油发现。2011 年 12 月，中国石化以 37.4 亿美元收购了 Galp 巴西全资子公司 Petrogal Brasil 30% 的股权，2015 年 4 月壳牌收购英国天然气公司，2016 年道达尔收购了巴西国家石油公司在伊阿拉的部分股权以后，伊阿拉目前的股权构成为：巴西国油 42.5%，壳牌 25%，道达尔 22.5%，Petrogal Brasil 10%。

2014 年，巴西国油在宣布上市时，估计该地区的储量为 5×10^8bbl，其中包括 Iara Entorno。2019 年 1 月，油田剩余原油可采储量 6.43×10^8bbl，其中 Berbigao 2.64×10^8bbl，Oeste de Atapu 1.24×10^8bbl，Sururu 2.55×10^8bbl。预计 2019 年开始生产。

（六）赛比亚油田（Sépia）

宣布商业发现前该区块叫东北 Tupi，位于桑托斯盆地盐下油藏分布区，面积 174km²，水深 2131m。2012 年 4 月发现，巴西国油拥有 100% 权益。油藏和盆地内其他盐下油藏类似，微生物灰岩和介壳灰岩为主要储层，原油重度为 26°API，CO_2 含量 20%，唯一不同的是含有相当高的石蜡含量，增加了开发的难度。

2010 年 9 月，巴西政府与巴西国油签署了《专属经营区协议》（TOR），根据 TOR 协议，巴西国油有权在赛比亚开发 4.28×10^8bbl 原油。2012 年获得商业发现，2019 年评价原油可采储量为 14.62×10^8bbl，天然气 460×10^9ft³。预计 2021 年开始开发。

（七）朱比特油气田（Jupiter）

朱比特是桑托斯盆地东南缘的一个盐下油气田，位于巴西最大油田卢拉油田以东 38km 处。该区块原属于 BM-S-24 勘探区块，2008 年发现。由于其储层具有挑战性，目前巴西国油将其归类为技术油田。

2001 年 6 月，作为第三轮招标的一部分，BM-S-24 区块被授予巴西国油（100% 权益）。2002 年 1 月，Galp Energia 出资拥有区块 20% 的权益。2011 年 12 月，中国石化以 37.4 亿美元收购 Galp 在巴西的全资子公司 Petrogal Brasil 30% 的股权，间接参股该区块。

朱比特生储盖条件和其他油田类似。盐层厚约 2000m，气油界面 -5370m，油水界

面 –5435m。2008 年的发现井 1-BRSA-559-RJS 共钻遇 65m 的含油地层和 285m 的气层，由于高含 CO_2，最后未进行测试。Jupiter 联合体尚未公布官方储量结果。Galp 表示，该油田拥有近 50×10^8bbl 石油当量的 3C 资源量，鉴于该油田面临的巨大技术挑战，技术储量估计约为 6.66×10^8bbl 原油。

朱比特的储量估计有不确定性，最大的问题是 CO_2 含量过高（79%），过高的 CO_2 产生了巨大的技术、环境和成本挑战。油井和井下都需要使用耐腐蚀材料生产设施。此外，朱比特的原油重度为 18°API，属于重油，不同于桑托斯盆地其他油田（重度平均约 30°API），这也将带来额外的开发挑战。巴西国油最初计划 2019 年开发，由于技术原因，目前开发计划继续推迟。

（八）梅罗油田（Mero）

梅罗油田位于里贝拉（Libra）区块西北部，属于里贝拉合同区的一部分。里贝拉合同区位于巴西里约热内卢市东南的海上，面积 1548km²，水深约 1800～2200m，距离海岸线约 164km。里贝拉合同区邻区已发现的油气田有卢拉、伊阿拉、塞赫纳姆比、沙坪霍、卡里奥卡（Carioca）、卡卡拉、朱比特、布兹奥斯等。2001 年，当时区块作业者壳牌公司在该构造钻探一口探井 1-SHELL-5-RJS，钻探目标位于盐上，完钻深度 3986m，未获得油气发现，宣布退出区块。2010 年 6 月，巴西石油管理局 ANP 在该区块钻探 2-ANP-2A-RJS 井，2011 年 2 月完钻，完钻深度约 6029m，在坳陷期微生物灰岩和裂谷期介壳灰岩中均获得油气发现，DST 测试 5548～5560m 井段，32/64in 油嘴日产油 3792bbl，48/64in 油嘴日产油 6610bbl，采油指数为 11m³/（d·bar）；2011 年 2 月，ANP 宣布里贝拉盐下碳酸盐油气田获得发现，该发现为巴西深水盐下近年来最重要的发现之一。

2013 年 10 月 21 日，在巴西政府举行的首轮盐下区块招标中，由中国石油（10%）、巴西国油（40%，作业者）、壳牌（20%）、道达尔（20%）和中国海油（10%）五家公司组成的投标联合体成功中标该项目。2013 年 12 月 2 日，巴西里贝拉项目产品分成合同正式签署，合同期 35 年。其中勘探期 4 年，开发期 31 年。

截至 2013 年底联合体运作之前，里贝拉工区内有多条二维测线和两块三维地震资料。二维测线 35 条共 993km，主要位于工区西北部。三维地震资料有两块。一块是 GECO-PRAKLA UK LTD 公司于 2000 年采集的 SPEC-B-4 三维资料，时间偏移处理资料面积约 3765km²，其中 511km² 位于工区西北部；另一块三维是 2011 年 CGG 公司采集的 2847km² 的 Santos-6A 多用户三维地震资料。该资料覆盖整个工区，有 Kirchhoff、RTM、CBM 三种处理方法的 PSDM 数据体，是项目实施初期使用的最主要地震解释数据体。

里贝拉区块地震解释使用 Santos-6A 多用户三维地震数据体。经过精细标定和层位解释，利用已钻井 VSP 资料进行校正，对盐层底界即 BVE 组顶面、Coquinas 顶面进行了构造成图。里贝拉区块整体为背斜构造，平面上被北东—南西向的区域断裂分割为西北区、中区和东南区三块（图 2-21）。以 2-ANP-2A-RJS 井揭示的油水界面（-5702m TVDSS）线以上统计三块圈闭面积分别为 436.5km²、185.2km² 和 40.9km²，北西、中、东南三个背斜—断背斜构造目的层高点分别为 -5150m、-4900m 和 -4950m，构造圈闭最高点位于中部，其中北西和中部构造成像清楚，构造落实，而东部受上部火成岩的影响，盐下成像品质较差，构造有一定风险性。

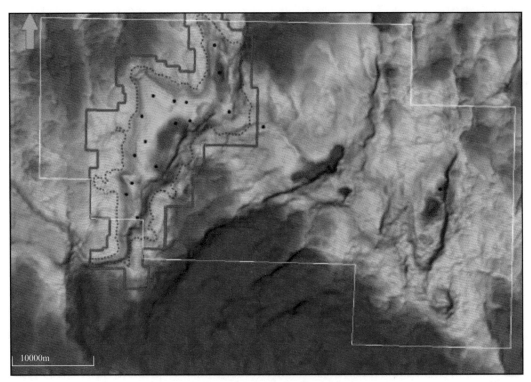

图 2-21　里贝拉区块盐底顶面构造图

（据 Bruno Moczydlower，2019 年美国休斯敦 OTC 会议）

里贝拉项目是巴西政府 2013 年底签署的第一个盐下产品分成合同，也是中国石油参与运作并获得成功的第一个超深海巨型勘探开发项目。2014 年项目开始运作，到 2018 年 8 月 1 日，共完钻探 17 口井，其中探井 12 口，评价井 5 口。勘探期内西北区探明石油地质储量 16×10⁸t，可采储量 4.8×10⁸t，桶油发现成本仅 0.8 美元，创造了超深海低成本勘探的奇迹。勘探期共对 6 口井进行了测试，均获得高产。多口探井测试日产产能接近或超过万吨。2017 年 11 月 26 日，项目 1 口井开始试采，高峰日产原油 4.47×10⁴bbl 并保持稳产，创出巴西单井最高原油日产量新纪录。

里贝拉西北区为大型块状整装油藏，MDT/DST 测试分析知原油重度为 27.6～29.2°API，CO_2 含量较高，约为 45.5%，H_2S 含量为 40～46μg/g，高气油比，为 326～421m³/m³。油藏具有正常的温压系统，油藏压力均值 9200psi，温度均值 78℃。

中区为独立的气顶油藏。中区 C1 井微生物灰岩段从测井、MDT 测压及岩心等方面表现为油的特征，但 MDT 取样为气，且未进行 DST 测试，当前已有资料判断其流体性质还有一定的不确定性。MDT/DST 测试分析知原油 API 值为 36°～38°，CO_2 含量较高，约为 67%，高气油比，为 2797～3091m^3/m^3。

东南区 SE1 钻井无油气发现，该井钻井部位位于东南构造的北斜坡，钻井部位盐底深度与南部的构造最高点约有 430m 的高差，构造高部位推测存在气顶油藏。全区油藏剖面如图 2-22 所示。

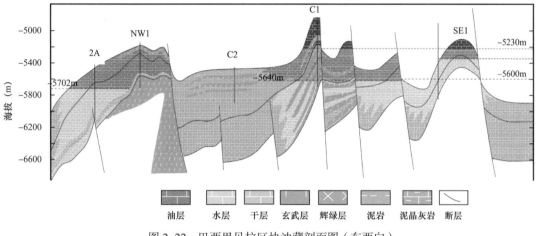

图 2-22　巴西里贝拉区块油藏剖面图（东西向）

2017 年 11 月 30 日宣布商业发现之后，里贝拉区块西北区进入开发期，命名为梅罗油田。根据项目开发评价计划，采用试采、先导生产、全油田开发等分步骤开发策略，分区宣布商业发现，分区开发，集中力量优先开发靠实的西北区，整体回收成本。梅罗油田进一步划分为 4 个生产单元：Mero1、Mero2、Mero3 和 Mero4。早期试采系统阶段设计三期，EPS0（早期试采系统 0）、EPS1（早期试采系统 1）、EPS2（早期试采系统 2），EPS0 于 2018 年 10 月结束，EPS1 目前正在进行。第二阶段为生产阶段，届时四个生产单元依次投入生产。预计 2023 年四个生产单元全面投产，可建设 4000×10^4t 的产能规模。

三、巴西其他海域盆地的勘探发现

巴西 19 个海上盆地中，有 5 个盆地开展了油气勘探活动。坎波斯盆地和桑托斯盆地的勘探相继取得重大发现，其他 3 个盆地虽然勘探工作开展较早，但是勘探发现较为有限。

福斯杜亚马孙盆地（Foz do Amazonas Basin）的勘探活动始于 1963 年。截至目前，共采集二维地震 153398km，三维地震 9500km²。共钻 95 口探井，其中 10 口井发现烃类显示。1976 年在皮拉佩玛（Pirapema）发现了天然气。ANP 在第 11 轮招标时曾称，该盆地勘探前景类型与西非盆地比如象牙海岸、加纳、法属圭亚那以及巴西舍吉佩和阿拉戈斯的盆地发现类似。在该盆地远端、晚白垩世/古近纪深水浊积岩中可能蕴藏 140×10^8bbl 原油和 40×10^{12}ft³ 的潜在地质资源量。

舍吉佩—阿拉戈斯盆地（Sergipe-Alagoas）1935 年开始物探工作，1939 年钻探了第一口井 2-AL-0001-AL，1957 年获得第一个发现后，开始了水下地震采集。1963 年发现卡莫波利斯（Carmópolis）油田，1968 年发现瓜里塞玛（Guaricema）油田。1987 年钻探第一口深水探井，2010 年获得第一个超深水发现。截至目前，共有水下多用户二维地震数据 54200km，三维地震 5680km²，水下钻井 272 口。该盆地预计有 4.1×10^8bbl 石油和 100×10^8m³ 天然气资源，目前已发现 32 个小油田，日产量 6.5×10^4bbl 原油。

埃斯皮里图桑托盆地（Espirito Santo Basin）1958 年开始勘探，1968 年钻探了巴西第一口水下钻井 1-ESS-1，1969 年发现陆上圣玛特斯（São Mateus）油气田，1977 年发现水下卡卡奥（Cacão）油田，原始原油地质储量（OOIP）5200×10^4bbl。1988 年发现坎高阿（Cangoá）气田，原始天然气地质储量（OGIP）为 115×10^9ft³。1996 年发现 Peróa 气田，OGIP 为 1013×10^9ft³。1999 年钻探第一口深水探井。2003 年发现印哈姆布（Inhambu）油田，OOIP 为 2.24×10^8bbl。2003 年发现高尔费尼奥（Golfinho）油田，OOIP 为 6.54×10^8bbl。2004 年发现卡纳普（Canapu）气田，OGIP 为 350×10^9ft³。截至目前水下钻井 205 口，预计风险前原油地质资源量 70×10^8bbl。目前，该盆地共有 43 个油气田，平均日产油 3.8×10^4bbl，日产气 500×10^4m³，是巴西第五大油气生产盆地。

四、巴西深水勘探主要特点

和陆上勘探相比，海上勘探特别是深海勘探具有高技术难度、高投资规模、高作业风险、高投资回报等普遍特点。巴西深水勘探和世界其他地区的海域勘探相比，除了具有这些共性之外，还具有以下几个方面较为鲜明的特点：

（一）巴西深水重大发现均集中在被动陆缘盆地，但是分布极为不均

巴西近海、美国墨西哥湾、安哥拉和尼日利亚近海是备受关注的世界四大深海油区，几乎集中了世界全部深海探井和新发现储量。巴西所处的南美东缘被动陆缘盆地群是全球重要的油气富集带之一。巴西深海的油气发现虽然均来自于被动陆缘盆地，但是平面分布上极不均匀。中南部的桑托斯盆地和坎波斯盆地集中了绝大部分发现（可采储量占总量的 96.32%），埃斯皮里图桑托、舍吉佩—阿拉戈斯和波蒂瓜尔这 3 个盆地也有少量发现，但是可采储量很小。南部的佩罗塔斯（Pelotas）盆地及其他 9 个盆地至今还没有油气发现。纵向上油气发育层位也相对集中，油气主要富集在白垩系（占总可采储量 69%）和古近—新近系（占总储量的 29%），此外侏罗系和基底还有部分油气发育（马中振等，2015）。

（二）巴西深水油气发现不仅储量整体规模大，而且单个油田规模也大

据 2003 年底的统计数据（江怀友等，2009），全球已发现的深海储量中巴西占到 146×10^8bbl，其中的 5 大发现就超过 100×10^8bbl。墨西哥湾有 140 个发现，储量达 115×10^8bbl。安哥拉近海有 41 个发现，储量 95×10^8bbl。尼日利亚的 25 个近海油田，储量达 83×10^8bbl。可以看出，巴西取得的油气发现不仅总规模大，而且单个发现规模也要远大于其他深海区域。

据 IHS 全球能源数据库统计，截至 2010 年底，坎波斯和桑托斯两个盆地累计探明石油储量 671×10^8bbl，天然气储量 1.63×10^{12}m³，发现油田 133 个，气田 21 个。巨型油气田（＞5×10^8bbl 油当量）是盆地油气储量的主要来源。根据 IHS（2011）数据库资料统计，自 1984 年坎波斯盆地发现首个巨型油田阿巴克拉以来，截至 2010 年底，两盆地合计发现巨型油气田 26 个。其中，坎波斯盆地发现 14 个巨型油田，油气储量合计 177×10^8bbl 油当量；桑托斯盆地发现 12 个巨型油气田，油气储量合计 314×10^8bbl 油当量。桑托斯盆地的油气田储量规模比坎波斯盆地更大（梁英波等，2011）。

（三）桑托斯和坎波斯两大盆地油气条件相似，但是油气成藏差异较大

巴西近海坎波斯和桑托斯盆地具有相似的构造和沉积演化阶段，但由于盆地形态、构造沉积演化特征、成藏要素、成藏模式和盐岩形变等的差异，导致两盆地呈现油气差异富集规律。两盆地均发育盐上和盐下 2 套成藏组合，但是坎波斯盆地以盐上浊积砂岩储层为主，浊积砂岩贡献了 83% 的油气储量，富重油和重质油；桑托斯盆地以盐下湖相介壳灰岩储层为主，富中质油、轻油和天然气。盐下 Guaratiba 群碳酸盐岩储层贡献了桑托斯盆地 74% 的油气储量。

（四）盐岩既是形成大油气田的根本保证，也是造成两个盆地成藏差异的最主要因素

坎波斯和桑托斯两盆地以广泛分布的盐岩为主要特征，盐岩类型及形成机理相同，但是上覆沉积物不均匀压实导致盐岩在纵向和平面上具有较大差异。纵向上，桑托斯盆地盐岩厚度较大，圣保罗地台盐岩厚度超过 2000m。平面上，桑托斯盆地盐岩可以分为盐焊接、盐窗区、伸展背景的盐枕发育区、伸展背景的盐底辟发育区、挤压背景盐底辟发育区等区带。盐岩连续、广泛分布，盐窗和盐焊接区相对较小，而坎波斯盆地盐焊接和盐窗区面积大，盐岩形变作用大。

盐岩形变和分布差异是坎波斯和桑托斯盆地油气差异富集的主要原因，桑托斯盆地拉格菲组同期沉积地层 Guaratiba 群生成的油气经盐岩封盖，难以通过盐窗向上运移，主要聚集在盐下隆起区周缘斜坡优质的介壳灰岩储层中，盆地大面积分布的连续盐岩是优质盖层，封盖盐下烃源岩生成的油气在盐下储层中富集。坎波斯盆地油气来自裂谷期拉格菲组

湖相烃源岩，油气经断层和不整合面向上运移，通过盐焊接区盐窗运移至盐上，再通过断层或砂体向储层运移，并在盐上储集层中聚集，形成坎波斯盆地典型的盐下生盐上储成藏组合。

（五）火成岩分布、CO_2含量及储层非均质性是影响勘探的最重要因素

南大西洋西缘巴西东南沿海，广泛分布的火成岩包括拉斑玄武系列和基性碱性系列，从老到新分别是瓦兰今阶—欧特里夫阶、阿普特阶、圣通阶—坎潘阶和始新统（Jobel 等，2007）。火成岩在桑托斯盆地盐下、盐内和盐上均有分布。目前已知的 Libra、Cacará、Biguá、Bem-Te-Vi、Abaré Oeste、Parati 等区块或油田均在储层段钻遇火成岩。研究表明，火成岩的空间分布与深大断裂关系密切，火成岩常常沿深大断层及附近分布。岩浆活动通道一般为断裂发育的区域或者靠近断层，通道相内部杂乱反射或空白反射，顶部喷出相呈丘状或蘑菇状反射，溢流相常常为楔状或层状反射。在盐下勘探目的层中，大量岩浆喷出物易形成丘状地貌，进而通过控制古地貌影响碳酸盐岩沉积，对优质储层发育具有建设性；侵入岩主要沿深大断裂或裂隙发育部位活动，侵位于碳酸盐岩地层中，产状有岩席、岩墙或薄层岩脉等，与围岩侵入接触，接触带附近岩浆热烘烤和伴生岩浆热液作用导致储层物性变差，具有破坏性。

盐下火成岩对碳酸盐岩储层品质发育有重要影响：早期喷出岩通过控制古地貌环境间接影响碳酸盐岩储层有利沉积相的发育；后期侵入岩通过对围岩直接烘烤大理岩化变质以及热液的硅化、云化等直接影响储层发育，是不利因素。对于桑托斯盆地许多区块而言，预测火成岩的分布是勘探的重要任务之一。比如，里贝拉区块中区因为火成岩的分布，至今未能取得勘探突破。

坎波斯盆地巴德若油田的第一口评价井 BD-1 井在玄武岩裂缝中首次发现 150m 厚的油层，测试获得日产 216m^3（1356bbl）33°API 的原油。帕姆普（Pampo）、林瓜多（Linguado）、巴德若油田已发现的 $142 \times 10^6 m^3$（$892 \times 10^6 bbl$）原油地质储量中，来自火成岩等非常规储层的储量占到 30%（Tigre 等，1983）。这表明火成岩分布、火成岩作为非常规储层和火成岩对于碳酸盐岩常规油气藏的影响也是坎波斯盆地油气勘探工作中的一项重要研究课题。

火成岩的分布以及深大断裂的延展同时带来了 CO_2 问题。桑托斯盆地盐下 CO_2 分布广泛，给勘探和开发都带来了巨大挑战。通过对盆内已发现油气藏梳理解剖可将其分为含 CO_2 溶解气的常规油藏、含 CO_2 气顶 + 油环型油气藏、CO_2 气藏（含溶解烃）三种类型。CO_2 含量高低决定了油藏的质量和开发难度。比如，2008 年发现的朱比特油气田，CO_2 含量高达 76%，至今尚未开发。Peroba 区块 CO_2 含量高达 96%，勘探前景尚无定论。里贝拉中区的 CO_2 含量高达 67%，虽然钻遇 186m 的油气层，但是 CO_2 以及油气藏特征决定了该区勘探的经济性尚无法确定。CO_2 含量、控制因素以及变化规律既是勘探研究的重大课题，也是影响油气藏质量的关键要素之一。

五、巴西深水油气勘探的经验启示

（一）巴西是全球为数不多的在油气领域继续采取合作开放的国家

纵观全球已证实的油气富集区，已经很难找到像巴西这样积极采取对外开放、且采用产品分成合同的整装油气藏。然而随着国际油价的逐渐回升企稳、盐下核心油田陆续投产、巴西政府及巴西国油财务压力逐步缓解后，难得的投资窗口期随时可能关闭。

巴西海域已经成为国际大油公司应对低油价的行业周期，把握难得机遇，积极优化全球布局和资产结构，抢占资源、技术和创新制高点，努力实现逆势增长的重点地区。对中国石油而言，同样是一次低成本获取优质资源、促进海外业务高效可持续发展的重要机遇。可以预测，巴西盐下招标将会随着深海勘探的发展，竞争更加激烈。

（二）巴西是深海油气勘探开发最为重要的区域，竞争日趋激烈

自 2000 年以来，海上油气新发现超过陆上，储产量持续增长，海洋已成为全球油气资源的战略接替区。特别是随着海洋油气勘探新技术的不断应用和日臻成熟，全球已进入深水油气开发阶段，海洋油气勘探开发已成为全球石油行业主要投资领域之一。据美国地质调查局评估，未来世界油气产量 44% 将来自深水。从新增储量看，近十多年来全球油气勘探大发现以海域为主，海域储量占总储量的 56%，其中深水、超深水占海域的 80%。近几年，埃克森美孚、英国石油、壳牌、雪佛龙、道达尔 5 大国际石油公司的海洋油气年产量均超过 $7000 \times 10^4 t$ 油当量，海洋油气年产量占公司总产量均在 50% 以上。

根据伍德麦肯兹统计，过去 10 年，全球深水油气勘探发现储量 $1392 \times 10^8 bbl$，其中 32.5% 来自巴西，巴西是海洋油气勘探取得最大发现的国家。2010 年以来，全球深水发现石油 $458 \times 10^8 bbl$，仅巴西桑托斯盆地盐下就达到 $337 \times 10^8 bbl$，占比 73.6%。产量方面，2017 年巴西原油产量 $1.4 \times 10^8 t$，超过墨西哥、委内瑞拉，成为拉美最大和全球第 9 大产油国。海上原油日产量位居世界第二，而且增长势头极为迅猛。巴西正在成为全球海洋范围内勘探开发最有活力、最为重要的领域。

巴西丰富的油气资源，吸引了众多油公司争相进入。截至 2018 年，有 105 家油气公司在巴西开展业务，其中 43 家公司拥有在产资产，29 家公司担任作业者，5 家公司担任深水在产区块作业者。世界顶级石油巨头争相布局巴西，巴西国油先后与道达尔、挪威国油、中国石油、埃克森美孚、英国石油等公司签署了战略合作协议。2016 年 2 月壳牌以700 亿美元收购 BG，引起业界巨大震动。2016 年 7 月和 2018 年 1 月挪威国油分别两次以54 亿美元获取巴西国油两个油田区块权益。2016 年 12 月道达尔与巴西国油签订 22 亿美元合作协议。2017 年以来埃克森美孚以进攻性姿态参与巴西所有轮次招标并斩获众多区块，强势回归意图明显。

巴西深海油气勘探的热度决定了国际大公司的角逐一浪高过一浪。据巴西国油数据，巴西盐下仍有 50% 以上区域尚未对外授标。但是不管怎么说，好的区块只能是越来越少，而且随着油价的触底回升，今后获得有潜力的勘探区块难度更大。对此，获取有潜力的区块就是新的"圈地运动"，形势非常紧迫。只有严格论证、当机立断、大胆出击才能在巴西市场获得长久的立足之地。

（三）巴西深海项目通过一系列的措施，已经呈现明显的低成本勘探优势

长期以来，提到深海勘探开发，人们首先想到的便是高成本、高投入、高技术、高风险。但是里贝拉项目的四年运作，在某种程度上颠覆了这一传统观念。里贝拉项目是在国际油价处于 90～100 美元的高价时获取的，在支付了较高签字费以后，经济评估认为，考虑签字费后的 10% 收益率盈亏平衡油价为 82 美元 / 桶。项目启动之后，国际油价便开始了漫长的下跌过程，对于这一高油价时收购的项目，大多数人都不看好发展前景，然而通过四年卓有成效的运作，项目地质储量从收购之初的 $2.74 \times 10^8 t$ 增加到 2017 年底的 $16 \times 10^8 t$。储量发现与新项目评价时的乐观预测相比没有丝毫减少，还创造了每桶 0.8 美元的超深海低成本勘探发现奇迹。与此同时，通过实施 Libra35 等大规模降本增效管理活动，2017 年考虑签字费后的平衡油价降为 56.4 美元，内部收益率在 12% 以上，2018 年平衡油价降为 35 美元，内部收益率达到 15%。储量、产量、投资、收益等多项指标表明里贝拉项目正在成为深海领域极为罕见的明星项目。里贝拉项目的运作实践也改变了超深海就一定是高成本运作的传统观点。

（四）与具有作业能力的油公司合作、主动和有针对性开拓勘探新项目是中国石油当前的最佳选择

深水油气勘探开发是一项高风险、高投入的系统工程，需要油公司多年的不断实践和逐步积累。巴西历次深海区块招投标情况表明，牵头联合投标体的油公司均具有深水作业和管理能力。中国海油在收购 Nexen 公司之后，也逐步具备了相关人才和实力。对于中国石油而言，具备独立的深水作业能力仍需较长时日，相关技术和管理人员也需逐步培养。因此，寻求与具有深水作业能力的油公司进行合作，并保持较低的投资权益和恰当的合作模式，是当前形势下参与深水油气业务的最佳选择。

通过多轮次的竞标锻炼，中国石油对关键地质风险的把握、资源量计算和开发概念设计、投资估算及经济评价结果已经接近其他竞标同行的水平，结合里贝拉项目的学习和运作实践，为在全球深海领域获取勘探优质资产积累了经验。而通过竞标勘探区块取得的储量发现成本远低于直接购买油田资产，也正是自主勘探更大的经济效益空间所在。因此，我们应有能力主动并针对性开拓勘探新项目，为公司优质高效可持续发展提供新动力。

（五）深刻分析深海勘探特点，合理部署钻井工作对于深海勘探尤为重要

海上勘探和陆上勘探虽然都遵从同一套石油地质理论，很多深海盆地在地质历史时期也是陆相的，但是由于勘探目标规模的不同、勘探成本的不同，海上勘探和陆上勘探有着明显的不同。比如，陆上盆地，一般圈闭面积小，同一个区域多个构造分布，在有二维地震资料的情况下，构造解释成图，之后快速上钻，根据钻探结果再决定是否部署三维以及后续工作，而有潜力的构造最终都要一个个靠钻头去落实。这时候快速上钻非常有必要。而海上勘探，针对的勘探目标多是巨型的，打一口井动辄上亿美元，因此，第一口探井一定要谨慎上钻，待第一口井钻探成功之后，后续钻探可迅速展开。比如里贝拉项目西北区在盐下部署的第一口探井 ANP-2A 井钻探取得发现之后，西北区的勘探部署迅速展开，钻探的 17 口探井评价井均取得成功，勘探取得了巨大成果。中区第一口探井 C1 井钻探之后，发现了高含 CO_2 的凝析气藏，油气藏特征比预想的更为复杂，紧接着，区内第二口探井 C2 井钻探失利，直接导致整个中区勘探陷入了停顿。同样还是里贝拉项目，东南区第一口探井 SE1 井钻探失利，导致整个东南区广大面积面临是否需要快速放弃的困境。假如这些井上钻之前，再进行更多的分析研究，将各种风险充分论证和排除以后，最终的勘探效果可能更好。从这些例子可以看出，海上勘探采取地震先行、充分论证、小心首钻、快速开展后续钻探的策略更为经济和合理。

参 考 文 献

何娟，何登发，李顺利. 2011. 南大西洋被动大陆边缘盆地大油气田形成条件与分布规律——以巴西桑托斯盆地为例. 中国石油勘探，3：57-67.

江怀友，潘继平，鲁庆江，等. 2009. 世界海洋石油工业勘探现状与方法，中国石油网站.

康洪全，孟金落，程涛，等. 2018. 巴西坎波斯盆地深水沉积体系特征，石油勘探与开发，45（1）：93-104.

梁英波，张光亚，刘祚冬，等. 2011. 巴西坎波斯—桑托斯盆地油气差异富集规律. 海洋地质前沿，27（12）：55-62.

马中振，谢寅符，耿长波，等. 2011. 巴西坎波斯盆地石油地质特征与勘探有利区分析，吉林大学学报，41（5）：1389-1396.

马中振. 2013. 典型大西洋型深水盆地油气地质特征及勘探潜力：以巴西桑托斯盆地为例. 中南大学学报（自然科学版），44（3）：1108-1115.

庞正炼，樊太亮，何辉，等. 2013. 巴西陆上盆地类型及油气地质特征，现代地质，27（1）：143-151.

陶崇智，邓超，白国平，等. 2013. 巴西坎波斯盆地和桑托斯盆地油气分布差异及主控因素. 吉林大学学报（地球科学版），43（6）：1753-1761.

张金虎，金春爽，祁昭林，等. 2016. 巴西深水含油气盆地石油地质特征及勘探方向. 海洋地质前沿，32（6）：23-31.

张金伟. 2015. 巴西桑托斯盆地盐下大型油气田成藏控制因素，特种油气藏，22（4）：22-26.

朱伟林，白国平，胡根成，等. 2011，南美洲含油气盆地. 北京：科学出版社.

Alkmim F F, Marshak S, Fonseca M A. 2001. Assembling West Gondwana in the Neoproterozoic：Clues from the São Francisco Craton Region, Brazil. Geology 29:319–322.

Almeida F F M, Brito Neves B B, Carneiro C D R. 2000. Origin and Evolution of the South American Platform. Earth Sci Rev 50：77–111.

Anjos S M C, Silva C M A, Almeida M S. 1998. Chlorite Prediction in Deep Reservoirs of Santos Basin, Brazil. AAPG Bulletin, 82（10）：1885.

Arai M. 1988. Geochemical Reconnaissance of the Mid Creaceous Anoxic Event in the Santos Basin, Brazil. Evolucao do Atlantico Sul. Revista Brasileira de Geociencias.

Asmus H E, Ponte F C. 1973. The Brazilian Marginal Basins, In：Nairn A E M, Stehli F G. the Ocean Basins and Margins；1, the South Atlantic, 87–133.

Brito Neves B B, Campos Neto M C, Fuck R . 1999. From Rodinia to Western Gondwana：an Approach to the Brasiliano/Pan–African Cycle and Orogenic Collage. Episodes 22：155–199.

Campos Neto M C. 2000. Orogenic Systems from Southwestern Gondwana. An Approach to Brasiliano–Pan African Cycle and Orogenic Collage in Southeastern Brazil. In：Cordani U G, Milani E J, Thomaz F A, Campos D A（eds）Tectonic Evolution of South America 31st International Geological Congress, Rio de Janeiro, 335–365.

Cordani U G, Sato K. 1999. Crustal Evolution of the South American Platform, Based on ND an Isotopic Systematic on Granitoid Rocks. Episodes 22：167–173.

De Carvalho M D, Praca U M, De Moraes Jr J J, et al. 1990. Reservatorios Carbonaticos Profundos do eo/meso Albiano da Bacia de Santos（Deep Carbonate Reservoirs of the eo/meso Albian of Santos Basin）. Boletim de Geociencias da Petrobras, 4（4）：429–450.

Fernando Flecha de Alkmim. 2015.Geological Background：A Tectonic Panorama of Brazil, B.C. Vieira et al.（eds.）, Landscapes and Landforms of Brazil, World Geomorphological Landscapes, DOI.10.1007/978–94–017–8023–0_2, Springer Science+Business Media.

Gibbons, M J, Williams A K, Piggott N, et al. 1983, Petroleum Geochemistry of the Southern Santos Basin, offshore Brazil. Journal Geological Society of London, 140（3）：423–430.

Joyes R, Leu W. 1998, Brazilian Basins, Deepwater Exploration Opportunities, Petroconsultants, Non–Exclusive Report, 1–250.

Mello M R. Telnaes N, Maxwell J R. 1995. The Hydrocarbon Source Potential in the Brazilian Marginal Basin；a Geochemical and Paleoenvironmental Assessment. In：Huc A Y. Paleogeography, Paleoclimate and Source Rocks, American Association of Petroleum Geologists Studies in Geology, 40：233–272 .

Milani E J, Rangel H D, Bueno G V, et al. 2007. Bacias Sedimentares Brasileiras – Cartas Estratigráficas. Boleti, de Geociências da Petrobras, 15：183–205.

Mohriak W U. 2003. Bacias Sedimentares da Margem Continental Brasileira. In：Bizzi L A, Schobbenhaus C, Vidotti R M, Goncalves J H（eds）. Geolegy, Tectonics and Mineral Resources of Brazil. Servico Gedogico–CPRM, Brasília, 55–85.

Porsche E, Lopez de Freitas E, 1996. Authigenic Chlorite as a Controlling Fator in the Exploration of Turonian/ Coniacian Turbidites in the Santos Basin. Bulletin American Association of Petroleum Geologists, 80（8）: 1325.

Sombra C L, Arienti L M, Pereira M J, et al.1990. Parameters Controlling Porosity and Permeability in Clastic Reservoirs of the Merluza Deep Field, Santos Basin, Brazil, Boletim de Geociencias da PETROBRAS, 4（4）: 451–466.

Zalán V. 2004. Evolução Fanerozóica das Bacias Sedimentares Brasileiras. In: Mantesso-Neto et al.（eds）Geologia do Continente Sul-Americano. Evolução da obra de Fernando Flávio Marques de Almeida. Becca, São Paulo, 596–612.

第三章 巴西深水油气地震

随着陆地油气勘探开发难度日益加大，海洋正逐渐成为油气资源勘探开发战略接替区。特别是进入 21 世纪以来，全球深水领域的油气勘探与开发，正随着地震、钻完井、海洋工程等技术的日益发展逐渐进入兴盛期。目前，已经在包括巴西、墨西哥湾、西非、东非、北海及中国南海等在内的深水领域，取得了一系列重大勘探突破，发现并投产了一批大型油气田。近二十年来，国际地球物理公司和油公司为降低深水油气勘探开发风险、降低投资成本，积极致力于先进地震勘探开发技术的研发和应用，以应对深水领域埋藏深、构造复杂油气藏所面临的技术挑战。

第一节 深水地震勘探开发概述

深水地震勘探开发技术是指在水深大于 500m 的海域进行地震数据的采集、处理和解释，进而研究地质目标的构造、岩性、物性、流体等在三维空间的分布特征，从而为油气勘探开发工作提供依据。勘探开发地震数据的采集、处理和解释三个重要部分紧密相连、彼此制约，按照行业标准，客观、真实地刻画地质目标体的特征，支撑新区块招投标、井位论证、储量计算和开发方案编制等工作，共同影响油气勘探开发的效果。

一、深水地震勘探开发技术分类

地震勘探开发技术包括采集、处理和解释三部分，其分类如下：

（一）地震数据采集分类

（1）根据拖缆缆数，分为二维地震（单缆）和三维地震（多缆）。

（2）根据检波器部署位置，分为拖缆地震和海底地震。其中海底地震又分为海底节点地震和海底缆线地震，海底缆线包括海底光缆和海底电缆。

（3）根据地震数据方位角，分为窄方位地震、宽方位地震、多方位地震、富方位地震及全方位地震。

（二）地震数据处理分类

（1）根据处理地震数据维度，分为二维地震处理和三维地震处理。

（2）根据偏移成像理论，分为克希霍夫（Kirchhoff）偏移和逆时偏移。

（3）根据偏移输入数据类型，分为叠前偏移和叠后偏移。

（4）根据地震数据偏移域，分为时间域地震处理和深度域地震处理。

（三）地震数据解释分类

（1）根据解释数据体维度，分为二维地震解释和三维地震解释。

（2）根据解释数据类型，分为时间域地震解释和深度域地震解释。

（3）根据解释地震反射信息，分为构造解释（运动学信息）、岩性解释（动力学信息）及地震地层解释（反射波特征信息）。

（4）根据地震反演数据类型，分为叠前反演和叠后反演。

二、深水地震勘探开发技术发展历程

根据海洋地震技术发展特点，可以归纳为四个发展阶段：

（一）启动阶段（20世纪早期至中叶）

早在1937年，人类首次在墨西哥湾实施了海上地震勘探；到1944年，海上地震勘探技术初步得到了应用推广。

（二）快速发展阶段（20世纪中叶至90年代）

（1）地震采集。这一阶段地震采集方面的技术发展呈现出日新月异的特点：1956年，研究推出CDP地震数据采集技术；1958年，开始数字地震数据采集和处理；1965年，海上地震开始采用气枪震源；1971年，开始应用控深度二维拖缆地震数据采集；1976年，开始三维地震数据采集；到20世纪末，开始将高精度全球定位系统应用于海上地震数据采集等。

（2）地震处理和解释。在快速发展阶段，地震数据处理由二维向三维发展、由叠后向叠前发展，但成像理论则以单程波动方程为主。地震解释以构造解释为主，但自从1982年兰德马克公司（Landmark）引入三维地震解释工作站后，地震解释工作得到了较好的推动，这一期间的地震反演以叠后反演为主。

（三）高质量发展阶段（21世纪第一个十年）

（1）地震采集。这一阶段的地震采集技术又有质的飞跃：20世纪末，四分量海底电缆地震勘探技术首次在墨西哥湾应用；2000年，地震拖缆扩展到十四缆，开始了宽方位地震数据采集；2003年，墨西哥湾首次开展四维地震；2007年，开始应用双枪拖缆技术，同期，海底节点和圆环形地震技术也得到快速发展。

（2）地震处理和解释。在高质量发展阶段，地震数据处理以三维叠前处理为主，而且广泛应用高精度网格层析成像开展速度建模，开始应用基于双程波动理论的地震数据处理技术、多波多分量地震处理技术等。地震解释技术集成化发展趋势显著，地震可视化应用发展快，储层预测叠前反演技术成熟，开始地震定量解释。

（四）高质量地震技术成熟推广阶段（2010 年至今）

（1）地震采集。各种高质量地震采集技术广泛得到推广：2013 年，变深度拖缆地震数据采集技术开始应用；2014 年，全方位地震数据采集技术得到推广，四维地震开始采用海底缆线和海底节点地震技术，油藏地震永久检测技术得到应用推广，基于光学理论的海底光缆地震技术取得较好应用效果等。

（2）地震处理和解释。在这一阶段，开始全面应用三维自由表面相关多次波压制（SRME）、深度域克希霍夫偏移、深度域逆时偏移和全波形反演建模等技术；推广普及储层预测叠前反演技术和地震定量解释等。

三、深水地震勘探开发技术难点

深水地震数据采集处理解释技术由于海洋水域环境动态变化、地震数据采集装备、作业方式和海洋沉积等原因，相关工作存在一系列难点。

（一）深水地震数据采集难点

相对于陆地地震而言，深水地震数据采集难点如下：

（1）作业环境变化大、环保要求高。海洋环境变换因素多，主要包括潮汐、涌浪、洋流、钻井船、大型海洋生物、海底地形突变等，给采集系统定位带来一定难度，因此编制采集方案时要充分考虑这些因素，并做好环境保护工作。

（2）导航定位难度高。深海探区一般远离海岸，气枪和拖缆处于动态环境中，为实现精准定位，需要全球定位系统或差分全球定位系统，同时配合作业船定位软件、操作系统及接收点定位装置，才可以实现气枪和检波点精确定位。

（3）后勤补给问题面临较大困难。由于远离海岸，后勤补给路途较远，补给船要求吨位大，投资成本增加；当作业船出现故障时，调配难度大、维修成本高，影响作业进度。

（4）气枪和检波点方案要考虑多种因素。为降低气枪激发时气泡产生的虚反射，提高地震数据信噪比，要优化设计好气枪和检波器方案，同时保证气枪激发的稳定性。

（5）海况多变导致数据处理难。深水海况受天气影响较大，海平面起伏较大，海底与海平面之间的多次波反射较强，传播路径多变，增加地震数据处理的难度。

（6）海底节点或海底电缆与海底耦合性问题。由于海底节点或海底电缆是自动放置或通过海下机器人放置，同时海底地形比较复杂，会导致检波器海底耦合不佳的问题。

（二）深水地震数据处理难点

深水地震数据采集炮点、检波点定位难度大、环境多变，特别是存在深水海底和海平面强反射形成的多次波、气枪的陷波作用等，这些因素均给地震数据处理带来较大挑战，具体表现为：

（1）一致性处理受限。由于采集受海洋环境影响大，作业周期较长，潮汐、海浪等不确定性强，使基于陆地静态和相对稳定的地表一致性处理假设条件无法满足，处理方法受限。

（2）洋流等引起采集装备的漂移问题。深水地震数据采集时受洋流影响大，拖缆漂移严重，节点部署与设计有偏差，造成空间反射分布不规则、覆盖次数不均匀、反射点偏离面元中心点等，影响地震数据处理精度。

（3）鬼波和气泡问题。由于气枪激发形成多个气泡现象无法避免，形成地震低频域的陷波现象，如果处理不当，就会降低地震数据分辨率，特别是深层数据的分辨率。此外，震源鬼波、检波点鬼波及其形成的陷波作用，也会污染地震数据的高低频成分，降低地震信噪比，增加处理难度。

（4）多分量地震数据的各个矢量存在一定差异。多分量深水地震数据在采集过程中，受到海底起伏、节点耦合、洋流和复杂施工条件等因素的影响，使得每个矢量与设计存在差异，从而发生混跌现象，增加地震数据处理难度。

（5）多次波问题。由于海平面和海底的强反射作用，多次波广泛发育且能量强，而埋藏较深、反射较弱的地震信号很容易被多次波混淆，同时海底畸变产生的复杂绕射多次波也会增加多次波压制的难度。因此，如何快速高效压制多次波，增强深层有效反射信息，突出高分辨、保真处理在叠前道集处理中的作用就十分重要，否则将会对成像产生不利影响。

（三）深水地震数据解释难点

由于陆地地震和深水地震在解释理论方面基本一致，因此，目前国际上不存在针对深水地震的配套解释技术和规范，实际应用中，通常借鉴陆地地震数据解释技术。随着深海地震采集和处理快速发展，实际解释中仍存在以下难题：

（1）储层、盖层完整性受复杂地质因素影响表现出不确定性。海洋沉积环境中，储层、盖层一般比较厚，但由于超压和断层作用，其完整性往往具有不确定性，这就要求在勘探过程中，正确加强储层浮力和超压、上浮地层压力和岩石破裂压力之间关系的研究，同时深化侧翼断层或岩性封堵性的认识，这将增加深水地震数据解释的难度。

（2）巨厚盐岩、强非均质性碳酸盐岩的影响大。巴西深海盐下碳酸盐岩储层之上的巨厚盐层，横向变化剧烈，盐丘和悬空凸起广泛发育，致使盐下成像困难，致使构造断裂体系多解性强。强非均值性碳酸盐岩，特别是生物灰岩受古环境、生物成长影响及后期外部环境改造，致使储层纵横向变化快，同时储层埋藏深，地震分辨率相对较低，这将增加碳酸盐岩高精度解释的难度。

（3）海洋沉积储集类型相对现代沉积难以观测和研究。海洋沉积储集体同时受盆地构造、海平面沉降变化、沉积物供给等诸多因素控制，这些作用共同影响沉积盆地的形成。古今沉积体系刻画技术的解释精度不同，导致现代沉积扇体形态与地下沉积体系和实际储集体形态之间存在差异，因此，利用简单解释技术开展研究具有一定的局限性。

第二节　深水地震数据采集

深水地震数据采集是地震勘探开发的首要环节，地震采集数据的品质直接影响后续地震处理和解释的品质，关系着勘探开发的成败。全球油公司非常注重海洋地震数据采集和地震新技术的研发和应用。巴西大规模海洋地震开始于 2001 年，PGS 公司在舍吉佩（Sergipe）盆地开展的三维拖缆地震数据采集。目前，巴西海域盆地都实现了二维地震数据采集，且南北海域均匀分布（图 3–1），而三维地震主要集中在桑托斯和坎波斯这两个盆地（图 3–2）。地震采集主要为拖缆地震，同时正在加大海底节点和海底缆线地震数据采集技术应用。

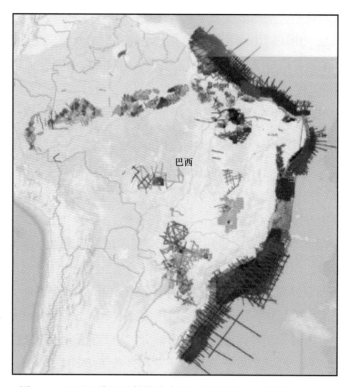

图 3–1　巴西二维地震数据分布图（据巴西 ANP 网站，2019）

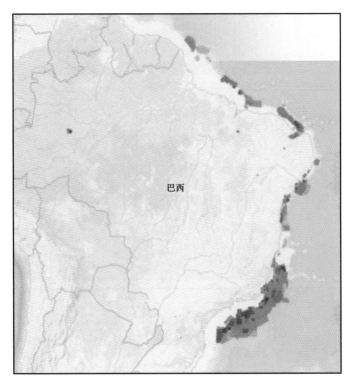

图 3-2　巴西三维地震数据分布图（据巴西 ANP 网站，2019）

一、拖缆地震数据采集技术

拖缆地震数据采集技术是最早发展起来的、适用性最广的海上地震勘探技术（图 3-3），该技术是将一定数量的、具备接收地震信号的电缆和气枪震源阵列按设计方案，沉放至设计深度，由一艘或多艘作业船按照设定航线和航速拖拽，气枪震源激发、检波器接收地震信号并通过电缆传送至拖缆作业船上的处理储存系统。拖缆地震数据采集适用于任何水域，一般要求拖缆和气枪震源沉放度不大于 20m。地震拖缆技术历时数十年发展，已成为海洋油气勘探的主力核心技术，是获取深水多用户地震资料的首选。拖缆地震数据采集技术发展快、技术成熟、稳定性好、作业效率高。

（一）拖缆地震数据采集技术简介

1. 拖缆地震数据采集技术分类

（1）拖缆地震按照地震数据方位角可分为窄方位、宽方位、多方位、富方位和全方位（图 3-4）：

① 窄方位拖缆（图 3-4a）：一般由一艘船拖拽气枪震源和多条接收缆线组成。该技术作业成本低，多应用于勘探期。

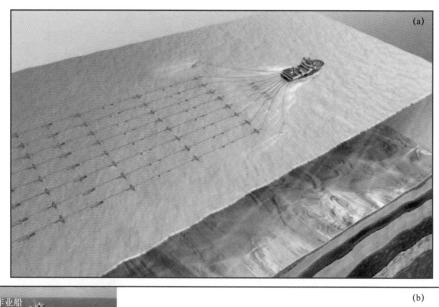

图 3-3　拖缆地震数据采集立体图（a）和剖面示意图（b）

② 多方位拖缆（图 3-4b）：这种技术在多个方向上作业，一般包括一个主方向和两个辅方向。多方位拖缆地震品质高于窄方位，投资低于宽方位，常用在勘探末期或开发期。

③ 宽方位拖缆（图 3-4c）：作业船不少于三艘，沿一个方向作业，其组合方式多（图 3-5）。宽方位拖缆地震品质高于多方位，采集成本较高，一般用于精细勘探或开发。

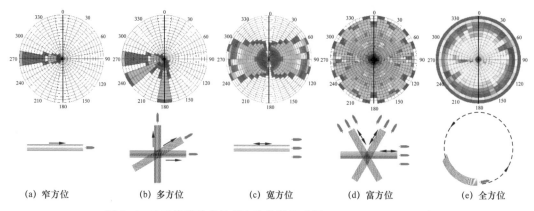

图 3-4　地震拖缆技术及其方位角特征（据 Michele Buia，2008）

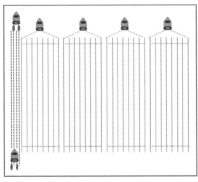 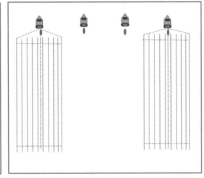 

(a) 4套拖缆+2套震源　　　　　　(b) 2套拖缆+4套震源　　　　　　(c) 1套拖缆+2套震源

图 3-5　不同宽方位角拖缆地震采集作业船组合方式

④ 富方位拖缆（图 3-4d）：该方法在至少三个方向上采集地震数据。地震资料品质高，几乎实现地质体的全方位照明。其采集成本高于宽方位，接近于海底节点地震数据采集的成本，多用于油田勘探末期和开发阶段。

⑤ 全方位拖缆（图 3-4e）：该方法实施全方位地震数据采集（360°），地震资料品质高，实现地质体全方位照明。其采集成本高于窄方位，多用于油田开发阶段。

（2）根据拖缆船作业运行轨迹分为直线形拖缆（作业轨迹为直线）和圆环形拖缆：

① 直线形拖缆（图 3-6a）：气枪震源方向与拖缆方向一致，一般拖缆方向垂直构造走向，其设计方案灵活多变，对应采集成本和地震数据品质有较大差异。

② 圆环形拖缆（图 3-6b）：为新发展的地震数据采集技术，其最大优势为全方位、高覆盖，能对地下目标全方位照明，成本一般高于多方位，低于宽方位。

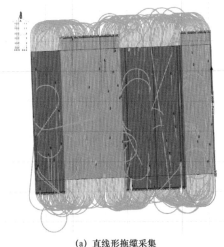 

(a) 直线形拖缆采集　　　　　　　(b) 圆环形拖缆采集（据Michele Buia，2008）

图 3-6　不同拖缆采集方式

2. 拖缆地震数据采集激发和接收装备

拖缆地震数据采集系统主要包括拖缆和气枪震源两大核心装备，气枪震源激发效果直接影响地震数据品质。气枪激发过程类似一个逐渐衰减的阻尼震荡弹簧，由于单个气枪激发，后续的气泡震荡影响远场地震数据的高低频信息，为降低这种影响，近些年采用组合相干气枪。组合相干气枪由不同型号的单个气枪组合而成（图3-7），同时冲压、同步激发，作用效果类似单枪，但可以有效压制激发后的气泡作用，还能满足环保要求。

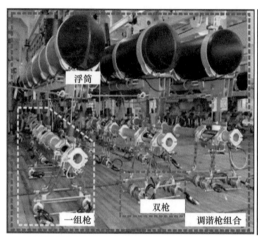

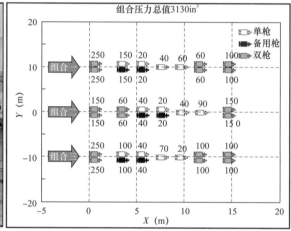

（a）实际组合相干气枪　　　　　　　　　　（b）组合相干气枪组合平面图

图3-7　组合相干气枪（据Derman，2018）

实际气枪作业时，一般要求沉放深度不宜过深。如图3-8所示，通过在6m、9m和12m沉放深度的记录测试，可以看出，随着深度的增加，震源子波脉冲振幅没有明显变化，但主频带变窄趋势十分明显。因此，一般推荐气枪水深在6m左右，不超过10m。深水地震数据采集设计时，为提升地震横向覆盖次数，通常采用双组合相干气枪交替激发方式。如图3-9所示，当右舷气枪A激发时，左舷气枪B充压，反之亦然，这种模式不但作业效率高，而且可以提高地震横向覆盖次数。

地震采集拖缆主要包括检波器、供电电缆和数据传输电缆等，拖缆设由于统一供电，致使带道能力受限，即单个作业电缆不能过长，一般拖缆内部充填胶体，检波器为压力检波器。为进一步提高拖缆地震数据品质，法国Sercel公司新发展了固体充填Sentinel拖缆系列（图3-10），代表了当今海洋地震采集装备的先进水平。Sentinel固体拖缆主要包括RD、MS和HR三个产品，其中MS为三分量检波器拖缆，该系列具有出色的抗震性和声学工作性能，信噪比更高、低频信号更丰富、信号能量更强，可以全天候作业。

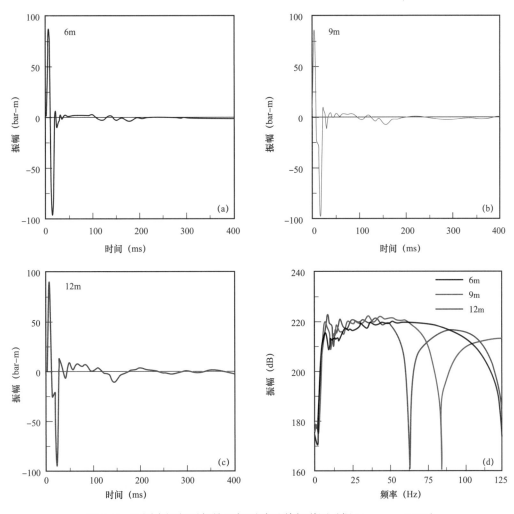

图 3-8　不同水深相干气枪远场子波及其频谱图（据 Derman，2018）

（二）拖缆地震数据采集技术应用实践

宽方位拖缆和圆环形拖缆是拖缆地震发展的趋势，在全球深水域得到广泛应用，助推油气田的勘探开发工作。

2001 年以来，巴西海域基本实现了主要盆地二维地震数据的全覆盖、重点盆地重点构造三维数据的全覆盖，此外巴西还云集了全球主要海洋地震数据采集服务公司，进行了大量多用户地震数据的采集。例如 CGG 公司在 16 个工区进行三维多用户地震数据的采集，包括 10 个常规三维拖缆和 6 个宽方位拖缆；多用户地震集中在桑托斯和坎波斯盆地，包括 6 个常规三维拖缆，3 个宽方位宽频带拖缆，高品质地震面积约 $10 \times 10^4 \mathrm{km}^2$（图 3-11a）。PGS 公司的地震采集业务也主要集中在桑托斯和坎波斯盆地，共在 54 个工区进行三维拖缆地震数据采集，其中有 4 个工区的高密度多分量拖缆地震，在桑托斯盆地地震

数据采集面积 $4.9 \times 10^4 km^2$（图 3-11b）。BGP 公司已在 6 个工区开展了 $5.5 \times 10^4 km$ 二维多用户地震数据的采集（图 3-11c）。

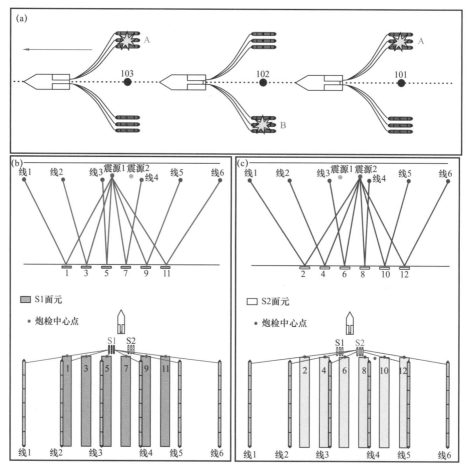

图 3-9　交替激发提升横向覆盖次数（据 Derman，2018）

图 3-10　法国 Sentinel 系列固体拖缆

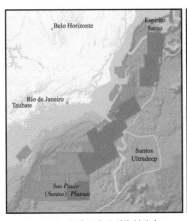 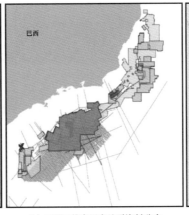 

(a) CGG三维多用户地震资料分布　　　　(b) PGS三维多用户地震资料分布　　　　(c) BGP二维多用户地震资料分布

图 3-11　巴西拖缆地震采集工区分布图

1. 宽方位拖缆地震数据采集

宽方位拖缆地震采集思想起始于 1984 年，旨在通过圆环形放炮技术提高盐丘侧翼的成像效果。该技术 1988 年首次在布温克里（Bullwinkle）油田进行采集测试，证实了该技术的潜力非常巨大。1998 年至 2002 年，提出 4 艘船的宽方位拖缆地震采集方案。2004 年、2006 年，BP 公司和 CGG 合作分别在墨西哥湾深水域麦德道格（Mad Dog）油田和普玛（Puma）油田进行宽方位拖缆地震采集（图 3-12），进而取得勘探开发重要成果。2009 年，BP 公司在安哥拉西非深水域的 31 区和 32 区进行宽方位拖缆地震采集，依托这些高品质地震数据，支撑了盐下砂岩油藏勘探的重要发现。2009 年，朗纳（Runner）油田联合体和壳牌公司分别在墨西哥湾深水油田进行宽方位拖缆地震采集（图 3-13），也获重大发现。2010 年，该技术先后在墨西哥湾的密西西比（Mississippi）、维奥斯卡（Viosca）和德索托卡依（De Soto Canyon）油田完成 7800 多平方千米的地震数据采集。截至 2016 年，在墨西哥湾深水域累计采集这类高品质地震数据 30000km²，基本覆盖了全部潜力区块。

2010 年，宽方位拖缆地震技术开始应用于巴西海域。Karoon 公司首先在桑托盆地 BM-S-61、62、68、69 和 70 区块开展 750km² 的宽方位拖缆地震采集，为 2013 年首批探井提供了高品质地震数据体，奠定了重要发现的基础。近年来，CGG 公司在巴西海域连续在 6 个区块进行了宽方位宽频带地震数据采集，并将在桑托斯和坎波斯的 Nebula 区块和 Santos Ⅷ区块开展 35806km² 和 9020km² 的三维宽方位宽频带拖缆地震数据采集。此外，WesternGeco 公司也将在桑托斯盆地北部深水域实施大规模三维宽方位地震数据采集。据 PGS 网站介绍，宽方位地震资料相对于窄方位的成像精度更高，目的层反射更清晰，波阻抗连续性更好，特别是深层目标的成像品质更高，断点干脆清晰，充分体现了宽方位地震技术的优势（图 3-14）。显而易见，宽方位拖缆地震技术必将在巴西深水域油气勘探开发中发挥越来越重要的作用。

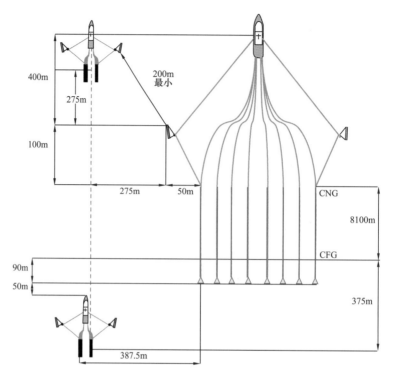

图 3-12　BP 公司宽方位地震数据采集方案（据 Michell S J，2007）

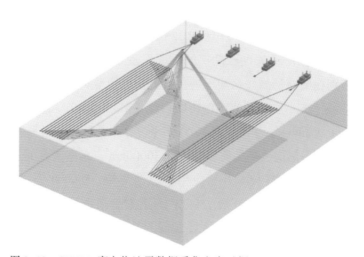

图 3-13　SHELL 宽方位地震数据采集方案（据 Michele Buia，2008）

2. 圆环形拖缆地震数据采集

圆环形拖缆地震数据采集是由 WesternGeco 公司研发的单船或多船联合作业技术，拖缆可达 10 条，作业圆环半径 5～7km。该技术旨在获取更宽方位角地震数据，提升复杂地质目标体成像精度。如图 3-15 所示，通过与窄方位地震资料的对比，验证了该技术提高了火成岩覆盖下生物礁灰岩的成像能力。

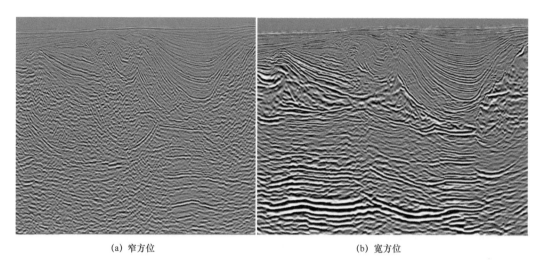

(a) 窄方位　　　　　　　　　　　　　　(b) 宽方位

图 3-14　宽方位和窄方位地震数据效果对比（据 PGS 网站）

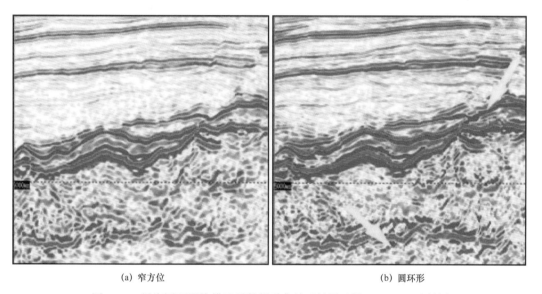

(a) 窄方位　　　　　　　　　　　　　　(b) 圆环形

图 3-15　黑海圆环形拖缆地震数据采集处理效果（据 Geo Expro 网站）

　　2008 年，圆环形拖缆地震采集技术首次在印度尼西亚海域 Tulip 油田的 Eni SpA 区块实施，WesternGeco 公司负责采集作业，单船作业，采集面积 563km²，作业周期 49 天。通过 TTI 速度模型和叠前深度域偏移成像，与早期窄方位拖缆成像对比，发现深层地质目标体成像的波阻抗连续性更好、更清晰，陡峭断层断点更干脆，其效果优于窄方位（图 3-16）。2010 年，第一个四船双圆环形地震数据采集项目在墨西哥湾实施（图 3-17），拖缆数 10 条、缆长 8000m、作业直径 12500m，作业面积 25600km²，本次采集的资料与宽方位的成像效果进行对比（图 3-18），再次验证了圆环形拖缆地震数据采集的技术优势。

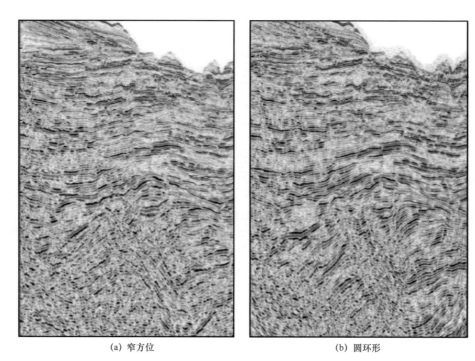

(a) 窄方位   (b) 圆环形

图 3-16　窄方位和圆环形采集处理效果对比图（据 Tim Brice，2013）

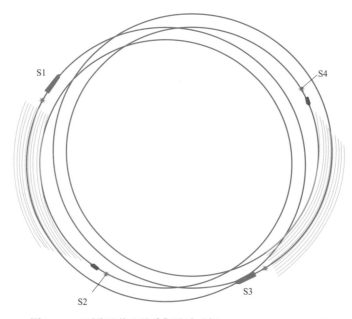

图 3-17　双圆环形地震采集设计（据 Michele Buia，2008）

　　巴西海域圆环形地震数据采集技术的应用始于 2010 年，由 WesternGeco 公司在巴西桑托斯盆地 B-11 区块进行圆环形地震数据采集（图 3-19），水深 2000~2300m，作业面积 625km²，采用 12 条拖缆，单条拖缆长度 8000m，拖缆间隔 120m，拖缆深度 12m；双气枪横向间隔 60m，每 37.5m 激发 1 次，目的层为盐下油气藏，采用克希霍夫深度域偏移成像，其效果如图 3-20 所示，圆环形地震数据成像效果远好于以往采集地震数据。

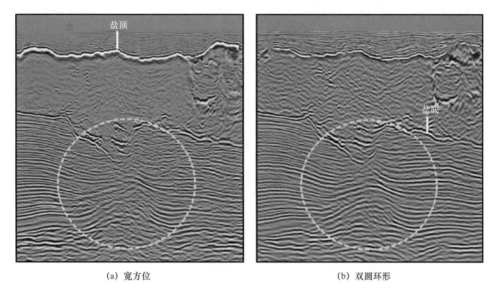

(a) 宽方位   (b) 双圆环形

图 3-18 宽方位和双圆环形地震数据成像对比（据 Tim Brice，2013）

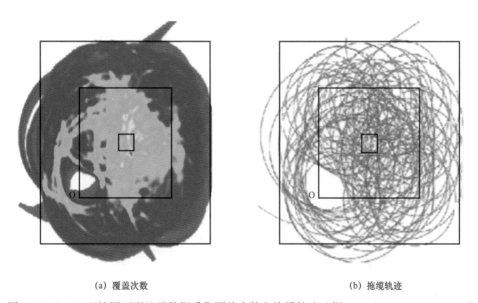

(a) 覆盖次数   (b) 拖缆轨迹

图 3-19 B-11 区块圆环形地震数据采集覆盖次数和拖缆轨迹（据 Daniela Amazonas，2013）

二、海底节点地震数据采集技术

海底节点地震数据采集是 20 世纪末发展起来的，是按照采集方案，通过专用装备将节点部署在海底，气枪船按照预定方案激发，通过地震节点实现地震数据的记录和存储，作业结束后，按预定方案回收地震节点。该技术一般运用于高效益、高投资深水项目的勘

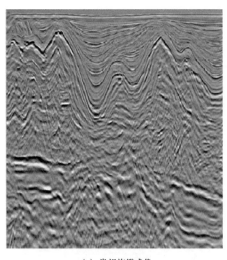 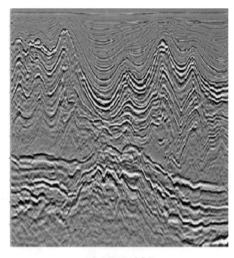

(a) 常规拖缆成像　　　　　　　　　　(b) 圆环地震成像

图 3-20　常规拖缆成像和圆环地震成像处理对比（据 Daniela 等，2013）

探末期或开发期，为精细勘探和开发服务。

该技术可以实现油田开发四维地震，监测油藏油气水动态分布规律，但该技术在海底最长连续工作周期不超过 500 天（ZLoF 节点），不能实现深水油藏地震的永久监测（大于10 年），因此又称为非永久油藏地震监测技术。海底节点地震数据采集技术的震源与拖缆地震相同，这里不再重复。

（一）深水海底节点地震数据采集技术简介

海底节点地震数据采集一般由两艘船共同作业，一艘船负责节点的部署、回收及数据质控等，另一艘船负责气枪放炮作业。节点部署船一般配备两个或三个水下机器人（图 3-21），其中一个负责在海底和作业船之间地震节点的搬运工作，另外一个负责对海底进行节点的部署和回收，这样可以提高地震作业效率，降低作业成本。为提高作业效率，也可以通过钢缆对特殊型号的地震节点进行快速部署和回收（图 3-22）。

图 3-21　海底节点地震采集示意图

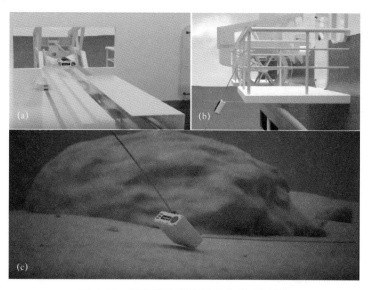

图 3-22　海底节点部署回收方式（钢缆）

1. 海底节点接收装备

海底节点结构如图 3-23 所示，主要包括地震信号接收模块、地震信号记录存储模块、蓄电池供电模块、节点倾角测量模块和单节点计时模块。节点外壳和底座一般通过排泄孔与海水或海底相互耦合，底盘和外壳底部一般设计为锯齿状或其他形状，以便增强节点与海底的耦合性，提高速度检波器地震数据记录品质。蓄电池一般设计为锂电电池，增加电池密度量，为检波器和硬盘数据及其他设备供电，电容量大小直接决定海底节点在海底的工作周期。节点中安装有罗盘和倾角仪，记录节点倾角等信息，确保节点放置倾斜时，可以通过这些信息实现地震数据的校正处理。每个节点内装备高精度原子计时器，确保每个

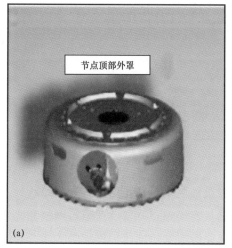

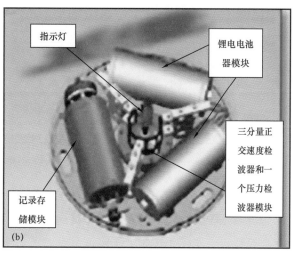

图 3-23　海底节点结构示意图

独立节点实现统一的精准计时，使节点每个月的系统误差小于 1.2ms。节点中央为 4 个相互垂直的检波器，可以接收纵波信息和转换横波信息。地震信号记录存储模块一般为固态硬盘，其读取速度快、体积小、重量轻。

每个地球物理公司根据其自身技术特点，设计不同的节点类型（图 3-24），一般有长方体、正方体和圆柱体及双圆柱体等。目前全球有 5 家地球物理服务公司具备较强的海底节点研发和地震数据采集能力，分别是：Fairfield、SBGS、MasSeis、Geospace 和 INAPRIL，作业水深达 3000m，主要参数指标见表 3-1。

表 3-1　超深水海底地震节点主要参数统计表

地球物理公司　　公司	节点型号	最大水深（m）	连续工作时间（d）	检波器	采样间隔（ms）	作业方式	净重量（kg）	尺寸（cm）
Fairfield	Z3000	3000	180	四分量	0.5，1，2，4	ROV	97	直径 53，高 26
Fairfield	ZXPLR	4000	100	四分量	0.5，1，2，4	钢缆或 ROV	21.8	直径 38，高 15
Fairfield	ZLoF	4000	300	四分量	0.5，1，2，4	ROV	77	直径 50，高 25
Seabed Geosolutions	Case Abyss	3000	120	四分量	2，4	ROV	165	长 100，宽 100，高 40
Seabed Geosolutions	MANTA	3000	120	四分量	1，2	钢缆或 ROV	18.3	长 35，宽 35，高 13
Seabed Geosolutions	Trilobit	3000	104	四分量	1，2，4	ROV	54	直径 59，高 19
Geospace	OBX-60	3450	60	四分量	0.25，0.5，1，2，4	钢缆或 ROV	16.5	长 47，宽 21，高 11
Geospace	OBX-90	3450	90	四分量	0.25，0.5，1，2，4	钢缆或 ROV	17	长 50，宽 21，高 11
INAPRIL	A3000	3000	100	四分量	0.5，1，2，4	钢缆或 ROV	21	长 30，宽 29，高 11

2. 海底节点地震数据采集技术特点

（1）节点地震数据采集常用两种观测系统。一般设计为平行和正交两种观测系统，其中平行观测系统要求地震部署方向垂直构造方向，都具有小炮点网格、大节点网格和高覆盖次数等特点。实际生产中，为降低节点需求，一般采取节点边回收边部署的方式分阶段滚动推进。

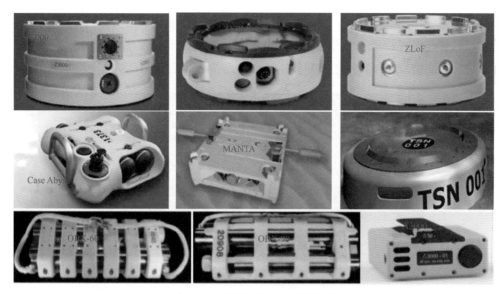

图 3-24　深水海底节点主要类型

（2）节点部署不受复杂海底设施限制。海底节点部署回收便捷，几乎不受海底电缆、海底管线、开发生产平台、水中生产管线、锚链等障碍物的限制，特别 ROV 作业方式，几乎可以满足任意复杂深水油气田高精度地震数据采集的要求。

（3）高精度节点定位系统。海底节点采用差分 GPS 和声学定位技术联合定位，避免涌浪、潮汐、船速等因素的影响，实现节点精确定位，使节点部署可重复性高达 97%，完全满足四维地震需求。

（4）四分量地震数据。海底节点获取四个分量的地震数据，包含拖缆的纵波信息和固体介质传播的转换横波信息，弥补拖缆地震信息的不足，拓展转换横波刻画地质目标体的能力，提高复杂油藏的研究能力。如图 3-25 所示，转换横波信息可以明显弥补纵波信息的不足，进一步精细刻画目标构造、岩性及流体特征。

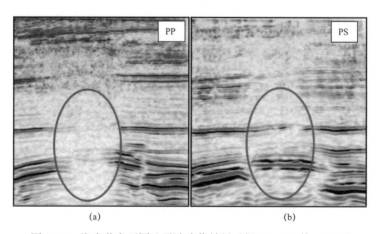

图 3-25　海底节点不同地震波成像效果（据 Ronholt 等，2018）

（5）全方位地震数据。海底节点可以实现对地质目标地震信息的全方位采集，对其进行全方位解释和描述，特别适用于复杂盐下油气藏的勘探开发。如图 3-26 所示，海底节点地震相对于拖缆地震在高陡断层和复杂盐丘成像方面具有显著优势。

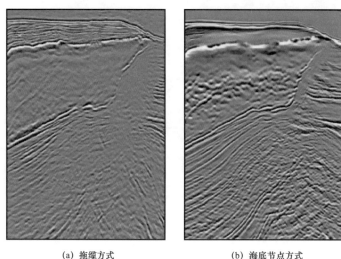

（a）拖缆方式　　　　　　　　　（b）海底节点方式

图 3-26　拖缆和海底节点地震剖面对比（据 Beaudoin，2011）

（6）最大偏移距不受限制。节点独立部署，最大偏移距原则上可以无限大，大偏移距设计有助于提高地震成像精度。

（7）原始地震数据信噪比高。海底节点部署在海底，特别是深水域，可以有效降低过往船只、平台、拖缆等外界环境噪声的影响，获取高信噪比地震数据。

（二）海底节点地震数据采集技术应用实践

海底节点地震数据采集始于 21 世纪初，先后在北海、墨西哥湾及西非等地区开始二维和三维地震的实验性采集：2004 年在南墨西哥湾开始三维海底节点地震数据采集。2008—2010 年，全球每年实施 1～2 个海底节点地震数据采集项目。2014 年，英国石油公司在墨西哥湾亚特兰蒂斯（Atlantis）油田和桑德—霍尔瑟（Thunder Horse）油田进行海底节点地震采集，分别投入节点 1912 个和 2031 个，通过全波形反演建模和偏移成像，大幅提高盐下油藏成像精度并获得油藏新发现，据估算亚特兰蒂斯油田新增油气当量 2×10^8 bbl，经济价值约 16 亿美元；桑德—霍尔瑟油田新增油气当量 1.15×10^8 bbl，经济价值约 10 亿美元（Kenneth Craft，2016）。2016 年，雪佛龙公司在杰克（Jack）油田和塔希提（Tahiti）油田运用该技术，预计将新增油气当量 9400×10^4 bbl。2019 年，埃克森美孚公司在尼日利亚西非海域奥威威（Owowo）油田的两个区块采用该技术，目的是进一步评价这两个区块的资源量，监控油藏动态，提高采收率。

巴西海域海底节点地震数据采集起始于 2013 年，Fairfield 公司在巴西海域首次采用海底节点地震技术进行海洋地震调查工作，雪弗龙公司在弗雷德（Frade）油田进行海底节点地震数据采集。2015 年，巴西国油在巴西桑托斯盆地盐下卢拉油田进行海底节点地震采集，作业水深约 2000m，作业面积 344km²，目的是为大规模开发的四维地震提供高品质标准基础数据，用于监控油藏动态变化，提高采收率。2019 年巴西国油在巴西桑托斯盆地盐下储量最大油田布兹奥斯（Búzios）进行海底节点地震数据采集，其目的是为油藏开发提供高品质地震数据，采用最新 Manta 节点，作业面积 2180km²，作业水深 2000m，采用缆绳和机器人联合作业模式，采集作业由 SBGS 承担，处理作业由 CGG 公司承担（João Montenegro，2019）。2019 年，挪威国家石油在巴西桑托斯盆地盐下卡卡拉油田进行海底节点地震数据采集，水深约 1800m，覆盖面积 2232km²。

2017 年，巴西国油在桑托斯盆地的梅罗（Mero）油田开展海底节点地震数据采集，其目的是为油藏永久地震监测提供高标准基础地震数据，为开发井设计和开发方案优化提供支撑。采集作业由 Fairfield 公司承担，处理作业由 ION 公司承担。海底节点地震采集方案如图 3-27 所示，炮点覆盖面积 1180km²，节点覆盖面积 734km²，满覆盖面积 282km²，节点网格 50m×500m，气枪网格 50m×50m，最大偏移距 8000m，节点密度 4.01 个 /km²，满覆盖次数 256 次。气枪类型为 Blot LL/LLX，压力 2000psi，体积 5110in³，沉放深度 8m，两套气枪交替激发。节点类型为 Z3000，最大作业深度 3000m。

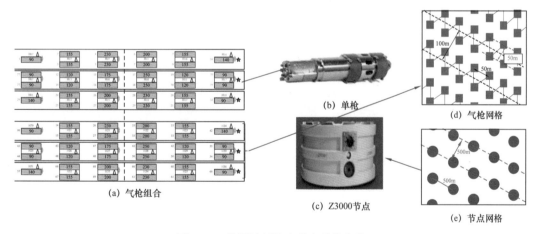

(a) 气枪组合　(b) 单枪　(c) Z3000节点　(d) 气枪网格　(e) 节点网格

图 3-27　梅罗油田海底节点采集方案

梅罗油田海底节点地震采集作业周期 343 天，分四个批次开展作业（图 3-28a）。节点采集部署如图 3-29 所示，实际部署节点 3968 个，炮点 686009 个，实际海水声波测量点 10 个，高品质单节点数据获取率超过 97%。节点数据为全方位角，如图 3-28b 所示，表示工区不同位置节点的偏移距和方位角玫瑰图，节点方位角为全方位，炮检距沿北东向对称分布。

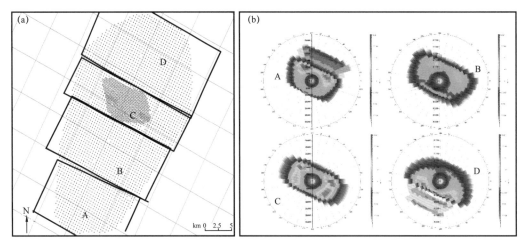

图 3-28　海底节点部署期次（a）、节点方位角及覆盖次数玫瑰图（b）

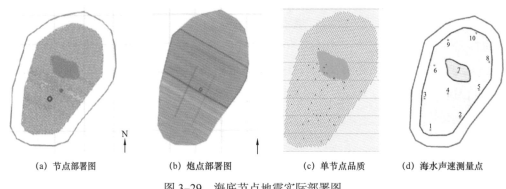

（a）节点部署图　　　（b）炮点部署图　　　（c）单节点品质　　　（d）海水声速测量点

图 3-29　海底节点地震实际部署图

目前，海底节点地震采集技术优势明显，市场潜力大，已成为全球深水油气田开发的重要地震数据采集技术。今后几年，墨西哥的 MC26、MC211、MC241、GC199 等深水老油田将加大海底地震数据采集作业，以期发现更多新油藏、新储量，提升老油田产能。该技术已在巴西深水油气田全面应用，根据巴西能源视角期刊预计，在 2020—2025 年期间，巴西将在赛比亚（Sépia）、沙坪霍（Sapinhoá）、卢拉（Lula）、伊塔普（Itapu）、特雷斯—马里亚斯（Tres Marias）、乌拉普鲁（Uirapuru）、萨格塔里卢（Sagitário）、伊阿拉（Iara）、朱比特（Jupiter）等 9 个深水油气田开展海底节点地震数据采集，水深 1700～2500m，采集面积 $1.7 \times 10^4 km^2$，提升深水油气田开发地震的资料品质，期望获得更多油气新发现、进一步提高采收率（João Montenegro，2019）。

三、海底缆线地震数据采集技术

海底缆线地震数据采集技术始于 21 世纪初，由海底电缆发展至海底光缆，由浅水发展至深水。该技术是按照采集方案，通过专用装备将缆线部署在海底，气枪船按照预定方案激发（图3-30），通过海底缆线及内置检波器同步接收和传输地震数据，通过生产平台上的接收和监控设备完成地震数据的采集（图3-31）。该技术一般用于深水油藏监测，故属于油藏地震永久监测技术范畴。

图3-30　海底缆线地震数据采集示意图

图3-31　海底缆线地震接收和监控设备终端（据 GeoSpace OptoSeis[TM] Permanent Reservoir Monitoring）

（一）海底缆线地震数据采集技术简介

海底缆线地震主要用于深水油藏开发，长期部署在海底，按照设计，定期进行地震数据的采集及对应的处理和解释，对比不同时间油藏动态分布形态，实现油藏动态的永久监测。特别是深水油气田进入大规模开发期后，海底采油树、生产单元、海底固定装置、生产管线、回注管线、服务管线和脐带缆等装备有序展布，形成海底复杂开发管网，为及时监控油藏变化、优化调整开发方案、提高采收率，深海油田作业者青睐海底一次性安装、多次采集的海底缆线地震数据采集技术。

1. 海底缆线地震数据采集技术分类

根据采集缆线类型，主要分为海底电缆地震和海底光缆地震（图 3-32）。该类技术与海底节点地震采集技术相似，都采用四分量地震检波器和相同的气枪作业。与海底节点相比，海底缆线地震检波器体积小，通过电缆或光缆相互连接，作业同步。

(a) 海底电缆　　　　　　　　　　　　　(b) 海底光缆

图 3-32　海底缆线地震采集缆线类型

海底光缆地震采集检波器和信号传输基于光学原理，海底电缆地震采集则是基于电学原理。海底光缆地震代表了地震永久监测技术的发展方向。分析对比二者的特征并结合缆线作业经验，它们的优势和不足之处表现为：

1）海底电缆地震技术优势

（1）占用生产单元（FPSO）上部模块较小空间；

（2）技术成熟，多年应用，经验积累多；

（3）供货商多，地震电缆制造能力强；

（4）服务商多，招标竞争力强，利于油公司。

2）海底电缆地震技术不足之处

（1）速度检波器低频对系统依赖性强；

（2）电缆型号大、重量大，加大深海作业难度；

（3）采集作业时需较大电力，增加生产单元电力负荷；

（4）电缆设备有时会发生漏电故障，影响采集作业，增加维护成本；

（5）大量电子设备长期部署在深水海底，技术要求高、后期维护成本高。

3）海底光缆地震技术优势

（1）光缆尺寸小、重量轻，作业便捷；

（2）光缆稳定性好，适合油藏长周期监控；

（3）光学传感器不需电力，降低上部模块电力负荷；

（4）接收地震信号低频段小于0.1Hz，有利于监控油藏微扰动。

4）海底光缆地震技术不足之处

（1）新技术推广阶段，经验积累少；

（2）尚未开展大规应用，装备制造和供货周期长；

（3）光缆地震制造商和服务商较少，竞标不激烈，不利于降低成本；

（4）大量地震装备集中在生产单元上（FPSO），占用上部模块较大空间。

2. 深水油藏地震永久监测技术

深水油藏地震永久监测技术的合同期一般要求十年以上，甚至长达五十年，缆线部署一旦完毕，原则上不再变动，即一次性施工、多次采集。缆线部署一般需要机器人辅助配合，确保缆线和检波器精准归位。用于永久油藏地震监测服务合同一般包括海底地震缆线、气枪作业船和地震数据处理三部分，其中缆线合同一般采用EPCI（Engineering,Procurement, Construction and Installation）合同模式，一次性安装，永久埋置在海底。因此，海底缆线在油藏地震永久监测方面长期综合成本低，经济效益好，已成为当前最具潜力的深水油藏地震永久监测技术。

综合分析，深水油藏地震永久监测技术可以实现以下目标（Jack Caldwell，2016）：

（1）探测剩余油气分布，为方案调整等提供依据；

（2）监测海底是否有油气泄漏，确保生产安全；

（3）优化钻完井设计和作业，提高井作业效率和效果；

（4）优化回注井管理，监测回注驱动剖面，提高驱替效率；

（5）优化开发井增产增注措施及其效果，提高开发效率；

（6）提高井管理和生产效率，优化油藏压力管理，保持高产；

（7）降低油藏上覆地层钻井风险，避免钻井过程受超高压力梯度影响；

（8）监测油藏上覆地震完整性和微地震形成裂缝的分布情况，降低风险；

（9）提供HSE优化的依据，保障油田安全生产。

（二）海底缆线地震数据技术应用实践

海底缆线地震技术在油藏地震永久监测中应用起始于2003年，当时的英国石油公司在北海瓦尔哈（Valhall）油田部署海底电缆系统，检波点间距 50m，电缆间距 300m，截至目前，已采集地震数据 17 次。

2010 年，康菲公司在北海 Ekofisk 油田首次安装海底光缆系统，光缆长度 199km，检波点间距 50m，光缆间距 300m，在 2011 年至 2013 年期间共计实施 6 次地震数据采集（表 3-2），并对比了海底光缆和海底电缆的地震资料品质，前者好于后者（图 3-33）。

表 3-2　Ekofisk 油田地震采集统计（据 A.Bertrand，2014）

工区作业期次	作业时间	作业周期（d）
Ekofisk-1	2011.01	71
Ekofisk-2	2011.06	33
Ekofisk-3	2011.11	43
Ekofisk-4	2012.07	38
Ekofisk-5	2013.04	36
Ekofisk-6	2013.11	56

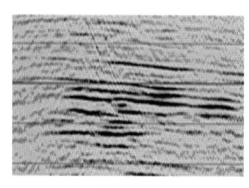

(a) 光缆系统　　　　　　　　　　(b) 电缆系统

图 3-33　Ekofisk 油田不同缆线地震采集效果对比

2014 年，挪威国家石油公司在北海 Snorre 油田实施了 568km 的海底电缆四维地震，电缆长度 539km，检波点间距 50m，电缆间距 400m，截至 2016 年已采集地震数据 7 次。2018 年，挪威国油与 ASN 公司签署合同，在北海 Johan Sverdrup 油田安装 380km 的海底光缆地震系统（图 3-34a），该项目有望帮助挪威国油实现 70% 的采收率目标；同期 Equninor 与 ASN 公司也签署合同在北海 Johan Castberg 油田安装 200km 的海底光缆地震系统（图 3-34b），目的是提升项目管理协同效应、降低管理成本。Sverdrup 油田和 Castberg 油田将共享油藏地震永久监测管理系统，这两个项目是全球首个在原油生产开始前，安装海底光缆地震采集系统并进行地震数据采集的典型例子。

(a) Johan Sverdrup油田　　　　　　　　　　(b) Johan Castberg油田

图 3-34　海底光缆地震数据采集示意图（据 SUBTELFORUM 和 ASN 网站）

巴西海域海底缆线地震数据采集起始于 2012 年，当时巴西国油在坎波斯盆地北部的朱巴特油田安装了海底光缆地震监测系统，用于油藏地震永久监测，水深 1350m，光缆长度 35km，712 个检波点，检波点间距 50m，光缆间距 300m。目前已采集地震资料十余次，其效果如图 3-35 所示，采集间隔近 2 个月。通过不同时间采集的地震资料剖面对比，发现回注井目的层周边存在明显的波阻抗变化，预示着回注驱替物在空间分布的变化，验证了海底光缆在油藏地震永久监测中的技术优势。2013 年，壳牌公司在巴西坎波斯盆地北部的 BC-10 油田安装了海底电缆地震系统，用于油藏地震永久监测，水深 1780m，电缆长度 98km，984 个检波点，检波点间距 100m，电缆间距 400m，目前已采集地震资料十余次。

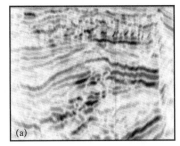
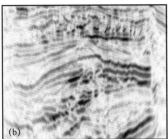
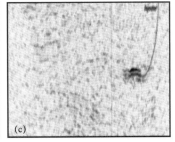

图 3-35　朱巴特油田地震检测前（a）、检测后（b）、差异对比（c）剖面图（据 D. Lecerf，2015）

巴西国油计划在巴西桑托斯盆地的梅罗油田大规模安装海底光缆地震系统，为监测其盐下碳酸盐岩油藏原油、回注水和回注气的运移状态，延缓气窜、水窜现象，延长高产稳产期，提高油藏采收率，在勘探末期就开展油藏地震永久监测的技术论证。在综合考虑长达 31 年的开发期、四维地震 NRMS 值、项目经济评价、采集处理解释一体化合同、开发海底生产设施、光缆市场及巴西海底电缆运营教训等十个方面因素后，最终计划选用海底光缆地震数据采集系统开展油藏地震永久检测。经过大量正演模拟，特别是油藏核心地震部署区不同外延方案照明分析（图 3-36a）、不同位置检波点对油藏照明度的贡献分析

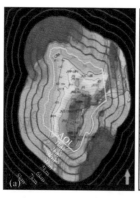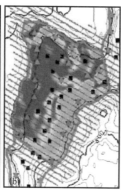

图 3-36 梅罗油田海底光缆地震采集方案论证

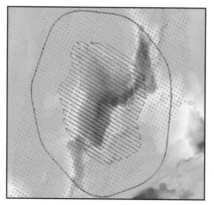

图 3-37 梅罗油田海底地震节点方案

（图 3-36b）、海底开发设备对采集方案安装的影响（图 3-36c）、海底开发装备对地震成像影响分析（图 3-36d）等，确定了采集技术方案；进而根据已完成的海底节点地震数据采集方案，最终确定地震节点方案为：光缆长度 336km，6730 个检波点，检波点间距 50m，光缆间距 500m，覆盖面积 159km²；炮点纵横距均为 50m，覆盖面积 404km²，满覆盖面积 90km²（图 3-37）。

2014 年以前，全球已安装 7 个海底缆线油藏地震永久监测项目（表 3-3），主要分布在北海和巴西，巴西作业区主要分布在深水域油田，其他地区多分布在浅水域油田。检波点间距以 50m 为主，检波点缆线间距以 300m 为主。2014 年以来，全球又新增加 20 余个项目安装了海底缆线油藏地震永久监测系统。

表 3-3 缆线油藏地震永久监测项目统计（截至 2014 年）

油田	作业者	设备供应商	技术类型	安装时间	覆盖面积（km²）	缆线长度（km）	缆线间距（m）	检波点距（m）	检波器数（个）
Valhall	BP	Geospace	电缆	2003	45	120	300	50	2520
Clair	BP	Geospace	电缆	2006	11	45	300	50	720
Ekofisk	ConocoPhillips	CGG	光缆	2010	60	200	300	50	3980
Snorre	Statoil	Geospace	电缆	2013—2014	190	480	400	50	10708
Grane	Statoil	PGS	电缆	2014	50	180	300	50	3458
Jubarte	Petrobras	Geospace	电缆	2012	9	36	300	50	712
BC-10	Shell	Geospace	电缆	2013	36	95	400	100	984

第三节　深水地震数据处理

深水地震数据主要有拖缆地震、海底地震两类，拖缆地震炮点和检波点间距比较小，而海底地震数据炮点间距小、检波点稀疏，此外圆环形拖缆地震数据由于其非线性观测系统，致使其处理相对特殊，但所有地震数据处理的思路和处理目的是相同的。地震数据处理主要包括数据加载质控、叠前道集处理、速度建模、偏移成像和叠后处理五个部分，叠前道集处理应用最多、最复杂、技术更新最快。由于篇幅限制，本节重点介绍叠前道集处理特色技术、全波形反演速度建模技术和地震偏移技术。

一、叠前道集处理特色技术

叠前道集处理主要包括数据规则化、噪声衰减、多次波压制、静校正、动校正、归一化处理等内容，根据深水地震数据特征，这里将介绍多次波压制、波场分离技术和去气泡等叠前处理技术。

（一）多次波压制

海洋地震数据多次波类型多，根据其传播路径可分为：全程多次波、短程多次波、微曲多次波、虚反射等；根据其反射次数分为一阶多次波和多阶多次波；根据多次波产生的不同界面，可分为表层多次波和层间多次波，表层多次波又称为自由表面多次波（陆基孟，2009）。由于海平面近似自由表面，因此海洋地震数据的自由表面多次波能量强、分布广、影响大。层间多次波虽然普遍存在，但能量弱、影响相对较小，因此，自由表面多次波的压制是海洋地震数据叠前处理的一项重要内容。

多次波压制历经数十年研究和应用，技术成熟、类型多，根据压制出发点和原理可分为两类：滤波类方法和波动理论相减法（Weglein，1999；李振春，2013）。滤波类方法是基于一次波和多次波之间的差异性，主要包含叠加法、预测反褶积、Tau-p 变换、傅里叶变换、Radon 变换、聚束滤波法等；波动理论相减法基于波动理论方程，通过多次波模型实现对多次波的预测，再利用自适应相减法压制多次波，主要有波场外推法、反馈迭代法和逆散射级数法等。滤波法原理简单、计算效率高、成本低、应用广，但需满足多次波和一次反射波在剩余时差或周期性等方面存在明显差异时才能取得较好效果。波动理论相减法计算复杂、计算量大、成本高，但不需要对地震波场作先验假设。近年来，随着计算机技术的快速发展，波动方程相减法得到推广和应用，自由表面多次波衰减技术已经成为海上地震数据处理的标配技术。

　　巴西海洋地震数据历时二十年的处理，特别是国际地球物理公司 CGG、WesternGeco、PGS 等深度参与后，地震数据处理工作得到快速发展，已形成以自由表面多次波衰减技术为核心的串联多次波压制技术：一是自由表面多次波衰减技术（SRME），压制海水自由表面多次波；二是 Radon 变换，压制层间多次波；三是 AVO 模型法或 f—x 投影法等，压制残余多次波和随机噪声。

　　巴西里贝拉项目针对窄方位拖缆地震数据特征，制定了针对性的串联多次波压制技术。首先，采用自由表面相关多次波压制技术，其效果如图 3-38 所示。压制前叠加剖面的自由表面多次波多且能量强，剖面信噪比低；压制后，自由表面多次波得到较好压制，信噪比得到提高，达到了预期目的。

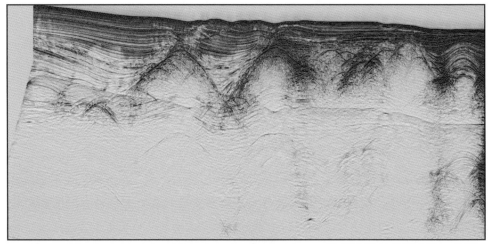

(a) 压制前

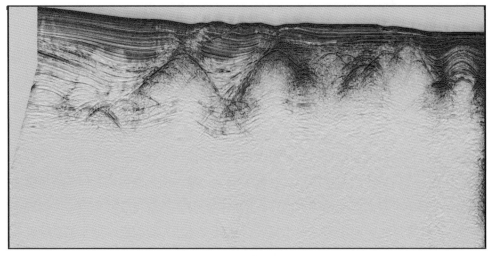

(b) 压制后

图 3-38　SRME 压制前和压制后地震叠加剖面

其次，为压制层间多次波，采用 Radon 变换，其效果如图 3–39 所示。Radon 压制后，层间多次波得到有效压制，中浅层和深层一次反射得到较好保护，信噪比进一步提高。

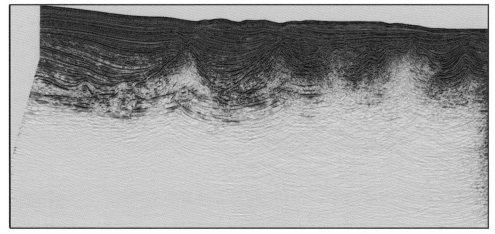

(a) Radon 噪声压制前

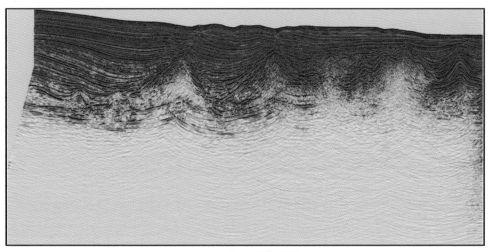

(b) Radon 噪声压制后

图 3–39　Radon 压制前和压制后地震叠加剖面

最后，为进一步提高信噪比，压制残余多次波，采用 f—x 域投影滤波法，其效果如图 3–40 所示。滤波后，残余多次波得到进一步压制。

（二）气泡噪声产生机制和压制技术

海上地震数据采集时，采用气枪作为震源，气枪激发后形成第一个大脉冲信号（第一个气泡），作为有效地震子波；后续形成系列小脉冲信号（后续气泡），影响检波点记录的地震反射波，表现为噪声特征。如图 3–41 所示，气枪高压空气进入水中，快速形成第一个

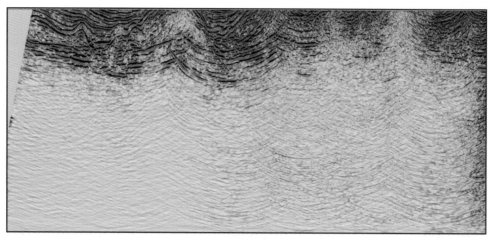

(a) 滤波前

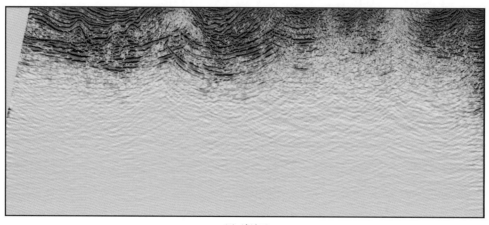

(b) 滤波后

图 3-40　$f—x$ 域投影滤波前和滤波后地震叠加剖面

"球形"气泡，即第 1 个正相位起跳的正压力脉冲（图 3-41a）；随后产生第二个气泡（图 3-41b），在地震记录上为负相位；此后，产生第三个气泡（图 3-41c）和第四个气泡（图 3-41d），直至气泡消失。气枪激发形成地震子波的频谱图可以在气枪近场记录得到，气泡对地震信号的污染可以在气枪远场地震频谱图上辨识（图 3-42），其影响主要集中在低频端，因此，气泡压制也是海洋地震数据叠前处理的一项重要内容。

　　海洋地震数据气泡影响的压制法主要为滤波法，其主要步骤为：

　　（1）提取地震子波。一般有三种方法：采集过程中直接接收、气枪阵列组合模拟、原始地震数据中直接提取。

　　（2）对获取地震子波进行处理，使其趋于真实确定性地震子波。

　　（3）设计气泡噪声压制滤波器，进行炮集域的气泡压制处理。

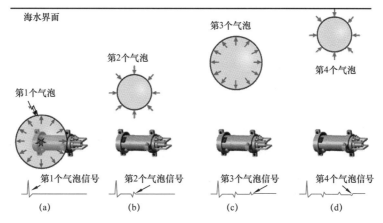

图 3-41 气枪形成系列气泡示意图（据 Derman Dondurur，2018）

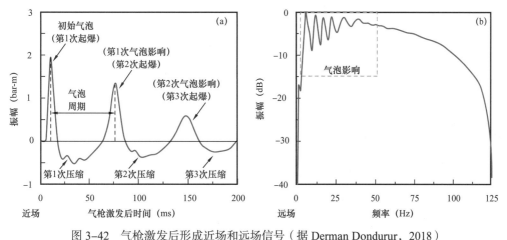

图 3-42 气枪激发后形成近场和远场信号（据 Derman Dondurur，2018）

实际应用中，单一滤波效果不佳，常用两步滤波，首先压制气泡主能量，其次压制残余噪声，从而达到较好的噪声压制效果。

这里以海底节点地震数据为例，其压制效果如图 3-43 和图 3-44 所示。图 3-43 为气泡压制前后的炮集数据和动校拉平数据，滤波后强能量气泡噪声和振幅跳动现象得到明显压制，中低频端的气泡陷波作用也基本消除。为进一步压制残余噪声，继续进行滤波，其效果如图 3-44 所示，对比发现，泡噪声基本消除，中低频端频谱比较光滑，达到预期目的。

（三）上下行波场分离技术

海底节点地震数据为多分量数据，为实现不同类型地震波的成像，需要对多分量地震数据进行上下行波场分离。分离原理如下：海底节点包括一个压力检波器和三个速度检波器，压力检波器和速度检波器对上行波场的响应是相同的，对下行波场的响应是相反的（图 3-45；刘玉莲，2017），因此，利用压力检波器和速度检波器的响应极性和振幅差异，对其进行比例求和，从而实现上下行波场的分离。根据分离后不同的地震数据类型进行不同类型偏移成像，因此，上下行波场分离是海底地震数据处理中非常重要的关键环节。

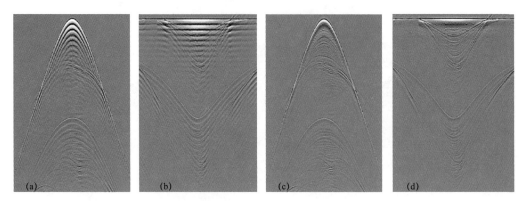

图 3-43　气泡压制前（a、b）和压制后（c、d）

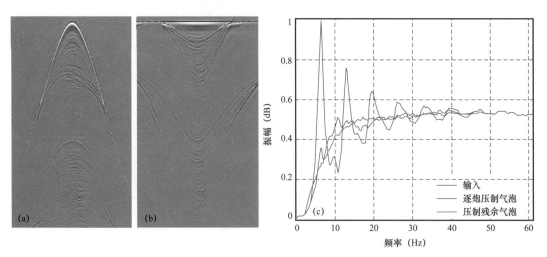

图 3-44　气泡残余噪声压制后（a、b）和气泡压制前后对应的频谱图（c）

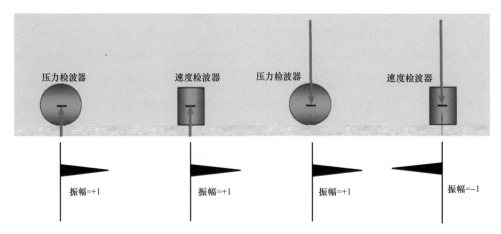

图 3-45　不同检波器对地震信号响应

速度检波器和压力检波器在接收地震信息方面产生差异的主要原因：一是速度对这两种检波器的响应系数不同；二是海底环境对每个检波器的影响不同，例如相位、倾角、耦合性、方位角和剪切噪声等。因此，为实现上下行波场分离，首先用仪器反褶积算法消除仪器响应；其次采用 $\tau\!-\!p$ 变换技术，将接收点的数据转化为 $\tau\!-\!p$ 域数据，压制噪声；然后对数据进行规则化处理和能量归一化处理；最后通过信号合并相加，分离出上下行波场。其作业流程如图 3-46 所示。

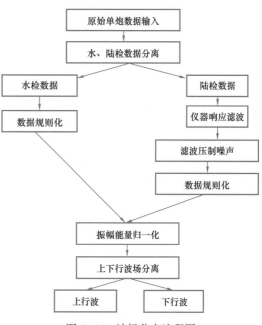

图 3-46　波场分离流程图

按图 3-46 所示流程对节点地震数据进行上下行波场分离：图 3-47 为输入原始 P 分量和 Z 分量，这两个分量能量差异大，噪声明显；图 3-48 为噪声压制后的 P 分量和 Z 分量，噪声压制后仍存在较大能量差异；图 3-49 为能量统一校正后结果，参照纵波分量校正 Z 分量，完成 Z 分量的一致性校正，校正后能量一致性好；图 3-50 为上下行波分离后的结果；图 3-51 为处理后的 P 和 Z 分量频谱图，可以清晰分辨出上下行波场分离处理后频谱一致性好，从而验证了波场分离的合理性。

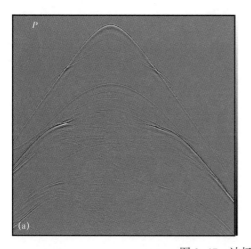

图 3-47　波场分离原始炮集

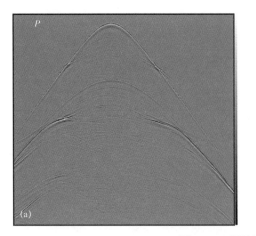
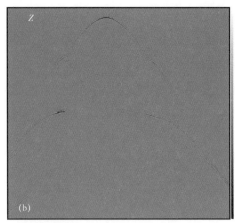

图 3-48　原始炮集噪声压制

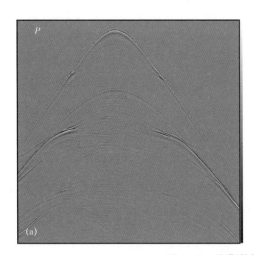
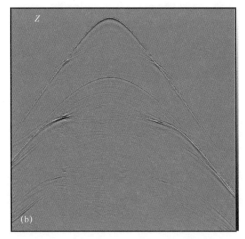

图 3-49　炮集数据振幅能量归一化

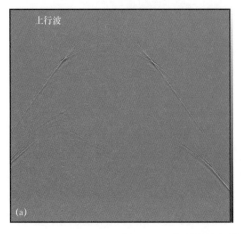
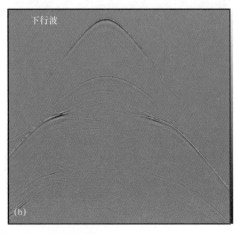

图 3-50　分离后的上行波场（a）和下行波场（b）

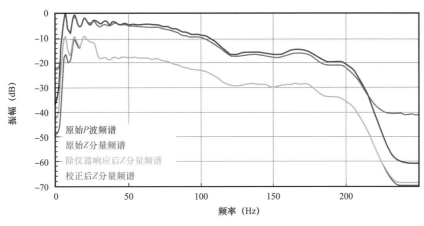

图 3-51　上下行波场分离的频谱图

二、全波形反演速度建模技术

三维地震速度模型是描述地下地质目标波阻抗和反射界面在空间上的展布规律，其精确度直接影响偏移成像效果，因此，速度建模是地震数据处理的一个重要部分。目前，常用速度建模方法主要有叠加速度分析法、层析成像法和全波形反演法（FWI）等（符力耘等，2013）。叠加速度分析法在获取深层速度场时较为困难；层析成像法仅利用地震波场的运动学信息，即旅行时信息；而全波形反演利用了地震波场的运动学信息和动力学信息（王连坤等，2016），具有解释复杂构造和岩性参数变化的能力，已成为当前深水地震速度建模的重要技术。

（一）全波形反演建模技术简介

20 世纪 80 年代，Tarantola（1984）首先他提出基于广义最小二乘的时间域全波形反演思想，Bunks 等（1995）提出了时间域的多尺度全波形反演方法，Pratt 和 Goulty（1991）将 Tarantola 的理论从时间域发展到频率域，Sirgue 和 Pratt（2004）提出基于频率迭代的多尺度全波形反演方法并提出反演频率选择标准，国内学者胡光辉、董烈乾、陈景波等对全波形反演理论研究也取得重要成果。

全波形反演根据其实现途径分为四类：一是时间域全波形反演，该技术利于地震数据预处理工作，但计算量大，便于大规模并行计算；二是频率域全波形反演，该技术具有多炮计算高效的特点，但所需内存大；三是拉普拉斯域全波形反演，该技术计算量小，适合建立初始速度模型；四是混合域全波形反演，该技术在时间域正演模拟和频率域反演，适合大规模多尺度建模。

全波形反演根据其最优化方法分为三类：一是梯度类方法，包括最速下降法和共轭梯度法等；二是牛顿类方法，包括牛顿法和拟牛顿法等；三是其他类方法，包括模拟退火法和遗传算法等。

全波形反演理论上非常完美，但对地震数据质量、初始速度模型、正演子波等方面有理论假设，要求满足以下条件：一是地震数据品质高、宽方位、大偏移距；二是地震低频信息丰富，否则反演时容易陷入局部极小值；三是地震子波空间一致性好；四是叠前道集处理做到保幅，保留地震动力学信息（崔永福等，2016）。当前深水宽方位拖缆、多方位拖缆、全方位拖缆、海底节点、海底缆线等方式获取的地震数据，均具有较高品质，基本满足全波形反演要求。

全波形反演建模精度影响因子较多，但低频信息和初始模型影响最大。为此，Chao Peng 等运用 BP 公司模型，进行模拟分析，结果如图 3-52 至图 3-60 所示。

图 3-52a 为 BP 公司速度模型，其盐体顶界面复杂、不规则，局部盐体悬空凸起，盐下地层横向变化快。图 3-52b 为高度光滑的沉积模型。图 3-52c 为全波形反演建模结果，其输入模型（图 3-52b）的低频为 0.5Hz。由此看出：初始模型与真实模型虽然差异大，但通过全波形反演仍可获得高精度速度模型，证明全波形反演建模的精度较高。

图 3-53a、图 3-53b 和图 3-53c 为不同低频和相同初始模型（图 3-52b）的全波形反演结果，低频分别为 0.5Hz、2Hz 和 4Hz。分析表明：不同低频对结果影响非常大，说明全波形反演建模要求较低频的地震数据。

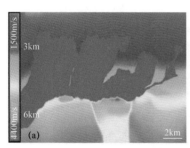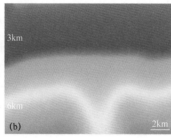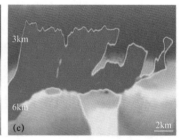

图 3-52　BP 公司速度模型（a）、光滑沉积模型（b）和 0.5Hz 的 FWI 模型（c）（据 Chao Peng，2018）

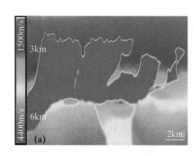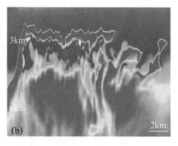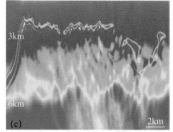

图 3-53　0.5Hz 的 FWI 模型（a）、2Hz 的 FWI 模型（b）和 4Hz 的 FWI 模型（c）（据 Chao Peng，2018）

图 3-54a 所示速度模型为图 3-54b 和图 3-54c 全波形反演结果的初始模型。图 3-54b 反演的低频为 2Hz、最大偏移距为 30km；图 3-54c 反演的频率为 4Hz、最大偏移距为

8km。分析表明：虽然低频端都不小于 2Hz，原则上不可能建立高精度模型，但由于初始模型接近实际模型，仍然获得高精度速度模型，验证了初始模型对全波形反演的重要性。

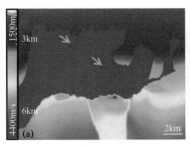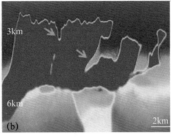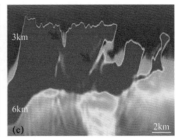

图 3-54　精确初始速度模型（a）、2Hz+30km FWI 模型（b）和 4Hz+8kmFWI 模型（c）（据 Chao Peng，2018）

（二）全波形反演建模技术应用实践

20 世纪 80 年代 Gauthier 等率先应用二维地震数据进行全波形反演，证实全波形反演建模潜力，同时指出全波形反演在缺少低频的情况下很难成功，这也是全波形反演在陆上地震数据处理中未得到普及的一个重要原因。2010 年，Sirgure 等在挪威北海油田对 OBC 数据进行全波形反演技术，建立高精度速度模型，实现对浅层气云和周边充气断裂构造的精细刻画，显示较大应用价值，助推全波形反演的研究热潮和应用热潮。目前，该技术已在巴西、墨西哥湾、西非及北海等地区得到广泛应用，已成为深水地震数据速度建模的标配技术。2018 年，Chao Peng 等为降低全波形梯度法反演对地震反射波长偏移距和折射能量的依赖性，在墨西哥湾深海宽方位地震数据处理中，混合应用全波形反演和反射波全波形反演技术，充分运用地震数据的低波数和高波数信息及回折波信息，提高深层地质体速度建模精度。

2016 年，在巴西桑托斯盆地里贝拉项目的处理中，采用全波形反演建模技术，一定程度上解决了盐上火成岩对能量的屏蔽作用，同时建立复杂盐下碳酸盐岩目的层的高精度速度模型，创建了盐上、盐层和盐下分层的网格层析成像和全波形反演联合建模技术，从此，全波形反演建模技术成为里贝拉项目地震数据处理招标的必配标准技术。2018 年针对埋藏深的盐下油藏速度建模问题，又发展了网格层析成像、全波形反演及反射波全波形反演联合建模技术，其作业流程如图 3-55 所示。

全波形反演联合建模的思路为：首先，按盐上地层、盐层和盐下地层三个主要层段分别进行速度建模；其次，每个层段采用高精度网格层析成像技术建立初始速度模型，提高全波形反演建模效率和精度；然后，针对每个地层的地质特点，采用不同的全波形反演技术和高精度网格层析成像技术建模；最后，在建模期间，多次解释不规则盐层顶界面、盐层底界面及盐上火成岩界面，旨在提高其速度建模精度，最终建立高精度速度模型。

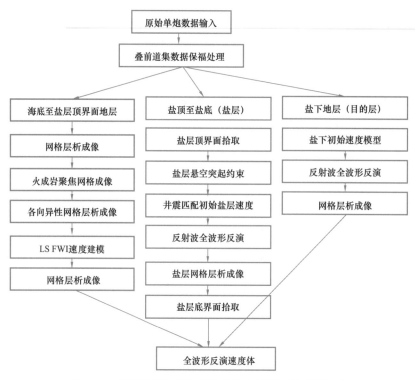

图 3-55　里贝拉项目盐下碳酸盐岩全波形反演建模流程

图 3-56 是不同建模方法的对比效果，其中图 3-56a 是全波形反演与网格层析成像的速度模型和偏移成果剖面的叠合图；图 3-56b 是以往层析成像的速度模型和逆时偏移成果剖面的叠合图。通过对比分析，明确全波形反演建模精度高于网格层析成像建模精度：其盐顶和盐底反射界面更清晰，连续性更好，盐下地层反射特征横向连续一致性好，断层断点更清晰、易于识别。

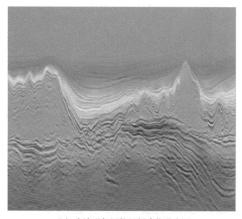

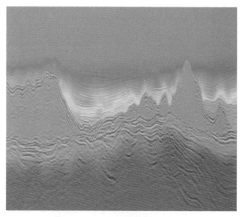

(a) 全波形与网格层析成像叠合图　　　　　(b) 以往层析成像叠合图

图 3-56　不同建模方法的对比效果

图 3-57 是全波形反演模型和声波测井曲线叠合图。通过对比分析，速度模型和声波测井曲线趋势一致，吻合度高，验证了全波形反演建模的高精度特征。

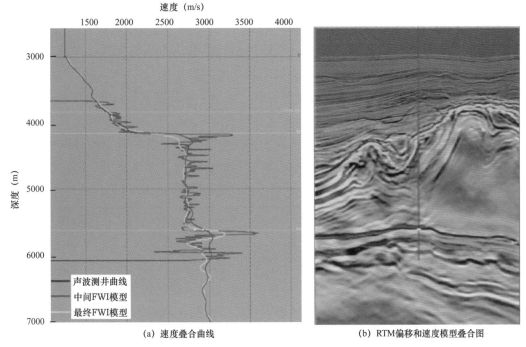

速度（m/s）

（a）速度叠合曲线　　　　　　　　　（b）RTM偏移和速度模型叠合图

图 3-57　全波形反演速度模型和声波测井曲线对比

三、地震偏移技术

偏移是在深度域或时间域内，输入处理后叠前道集数据或叠后数据体，将地震波信息重新编排，使绕射波收敛、反射波归位至真实位置，从而直观地展示其地下真实形态。偏移一般包括叠前偏移和叠后偏移、深度域偏移和时间域偏移。叠前偏移计算量远大于叠后偏移，但成像精度高于叠后偏移，构造、岩性和储层物性等细节信息也远多于叠后偏移。深度域偏移相对于时间域偏移更适合地层速度横向变化剧烈的构造，但对模型精度要求较高。

（一）叠前逆时偏移技术

逆时偏移技术（RTM）基于全波动方程理论，不受介质倾角限制，适用于任意变化的速度模型，弥补了传统单程波偏移中的倾角限制，理论上可以对回转波、棱镜波及多次反射波成像，从而获得地下地质体反射的动力学信息；而深度域偏移技术适合横向变化大的地质目标的成像。因此，采用深度域叠前逆时偏移技术对盐丘、复杂断裂带、地表起伏大、构造高陡、速度复杂地质目标进行精细成像，已成为当前深水复杂油气田勘探开发的重要成像技术。

逆时偏移方法具有高精度、高保真的成像能力，但基于互相关成像条件会产生干扰成像质量的低频噪声，特别是当速度模型中存在较强的速度梯度异常值或者较强的波阻抗反射界面时，成像中较强低频噪声更为明显。

为消除低频噪声，1984年，Baysal等将恒定波阻抗代入波动方程，得到垂直入射方向无反射的双程波动方程，以此压制波阻抗界面逆散射能量。1987年，Loewenthal等使用平滑模型的慢度来压制界面强反射能量，证实了平滑慢度可以有效压制逆散射能量。2006年，Fletcher等在无反射双程波动方程的基础上引入一个方向阻尼项作为边界条件，克服了无反射双程波方程在非垂直入射反射界面存在背向反射波场的缺点。同年，Yoon和Marfurt应用能流密度矢量构造大角度衰减因子来压制大角度成像低频噪声。2011年开始，Wong和Zeng等发展了最小二乘法逆时偏移（LSRTM），通过不断地迭代修正成像模型，拟合实际观测地震记录，减少常规偏移过程中产生的假象。2012年，Opt Root等提出了逆散射成像条件，可以显著压制低频噪声。同年，Whitmore等成功地应用逆散射成像条件压制逆时偏移算法中的低频噪声，再次提高成像质量。2018年，方修政等研究了基于线性逆散射成像条件的最小二乘逆时偏移法，有效地压制低频噪声对逆时偏移成像质量的干扰，将逆散射成像条件从逆时偏移扩展到最小二乘逆时偏移。

逆时偏移实现过程可认为是波场在时间轴上的逆向传播过程，当波场逆向传播至零时刻，则所有反射波与绕射波的能量都返回至最初被反射和绕射的空间位置，应用成像条件即可得到最终偏移成像剖面。如图3-58所示，其成像过程主要包括三个步骤（雷林林，2015）：一是震源波场正向延拓；二是接收波场逆向延拓；三是应用成像条件成像。前两个步骤的实现可以基于相同的数值方法。

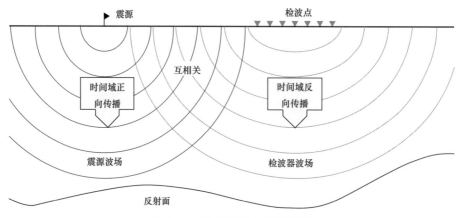

图3-58　逆时偏移成像示意图

2016年，CGG公司基于窄方位拖缆数据体，完成了里贝拉项目老地震数据的重处理工作。本次处理的重点是全波形反演速度建模和叠前深度域逆时偏移，其偏移成果如图3-59所示：盐底和盐下目的层成像品质得到明显提升，盐底界面更清晰，波阻抗连续性更好。在叠前逆时偏移成像的基础上，CGG公司进行最小均方根逆时偏移成像的测试，其结果如图3-60和图3-61所示。对比分析表明：最小均方根逆时偏移相对于常规逆时偏移，成像品质有所改善，细节更清晰，道集拉平效果更好，体现了最小均方根逆时偏移技术的优势。

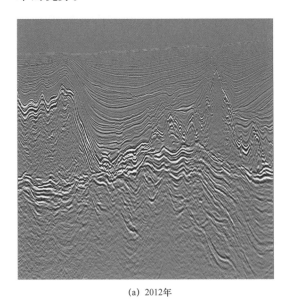 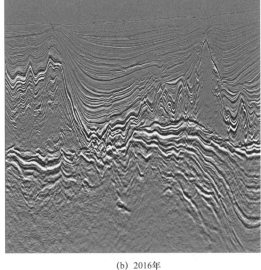

(a) 2012年　　　　　　　　　　　　　(b) 2016年

图 3-59　逆时偏移成果对比

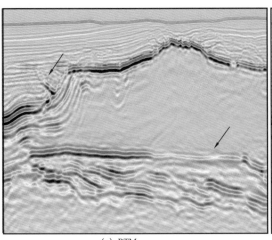 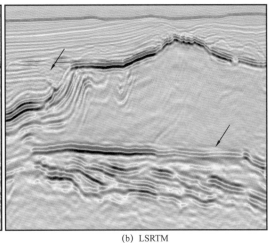

(a) RTM　　　　　　　　　　　　　(b) LSRTM

图 3-60　LSRTM 和 RTM 偏移剖面

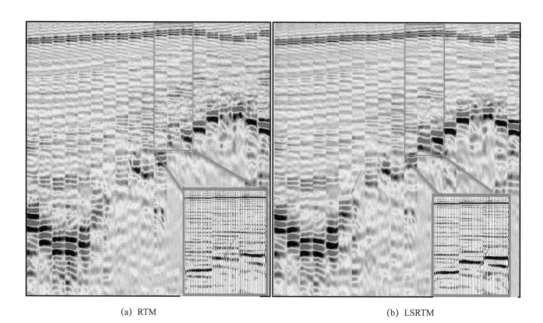

(a) RTM　　　　　　　　　　　　　(b) LSRTM

图 3-61　盐下 LSRTM 和 RTM 道集特征

由于窄方位拖缆地震的限制，使得最小均方根逆时偏移技术仅获得局部改善的效果，但仍然证明了该技术的潜力。因此，里贝拉项目 2018 年处理招标时，最小均方根逆时偏移技术成为核心竞标技术之一。2019 年，WesternGeco 公司已初步完成了最小均方根逆时偏移处理工作，其结果如图 3-62 和图 3-63 所示：最小均方根逆时偏移的成像结果明显好于逆时偏移，再次印证了该技术的重要性和技术优势。

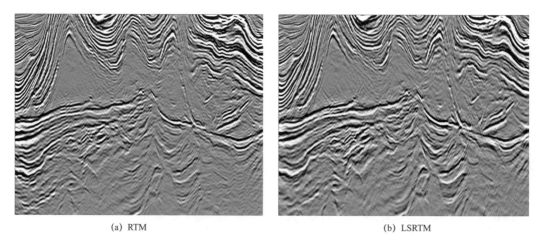

(a) RTM　　　　　　　　　　　　　(b) LSRTM

图 3-62　RTM 和 LSRTM 初步偏移成果地震剖面特征

（二）多次波叠前偏移技术

海洋地震数据由于海平面强反射作用，地震数据中包含直达波和强反射自由表面多次波，多次波信息丰富。一般拖缆数据处理将多次波作为噪声，而海底地震则是充分利用自由表面多次成像，并取得较好效果。

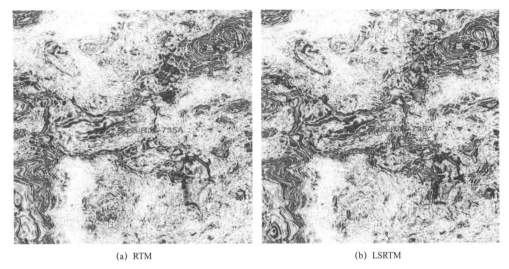

(a) RTM

(b) LSRTM

图 3-63 RTM 和 LSRTM 初步偏移成果 5000m 深度切片

多次波成像对于海底地震更有优势，成像效果更好。因为海底电缆和海底节点是将检波器置于海底，特别是深海地震数据，缺失海底和浅层反射上行波场信息，而多次波成像能够较好地弥补海底和浅层反射照明不足的问题。此外深海海底地震可以通过压力检波器和速度检波器对下行波场接收极性相反的特征，有效分离出上行波场和下行波场，根据不同成像方法进行多次波偏移。

巴西坎波斯盆地的朱巴特油田从 2010 年开始海底光缆地震数据处理，针对深水海底光缆地震数据成像问题，PGS 公司开展了自由表面多次波成像的研究。针对分离后的上行波场和下行波场，对上行初至波、上行多次波、下行一阶多次波和下行多次波进行偏移成像，其成像结果如图 3-64、图 3-65 和图 3-66 所示：图 3-64 为海平面以下 1335m 深度处的地震切片对比图，图 3-65 为地震剖面对比图，图 3-66 为地震角道集对比图。

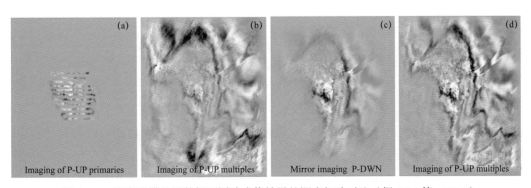

图 3-64 海底光缆地震数据不同波成像结果的深度切片对比（据 S.Lu 等，2015）

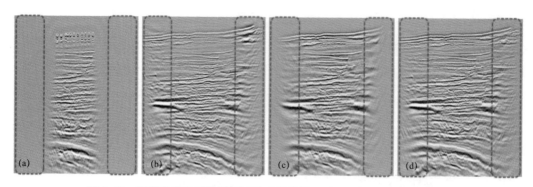

图 3-65　海底光缆地震数据不同波成像的剖面对比（据 S.Lu 等，2015）

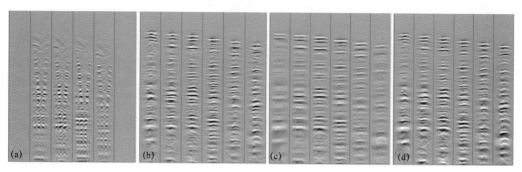

图 3-66　海底光缆地震数据不同波成像的角道集对比（据 S.Lu 等，2015）

对深度切片和地震剖面对比四种不同类型波的偏移成像范围，可以看出：上行多次波和下行多次波成像范围大小基本相同，都大于上行初至波偏移成像范围和下行一阶多次波镜像偏移成像范围，而下行一阶多次波镜像偏移成像范围大于上行初至波偏移成像范围。从地震剖面和地震角道集对比四种不同类型波的偏移成像品质，可以看出：上行多次波和下行多次波成像品质基本相当，略高于下行一阶多次波成像品质，都好于上行初至波成像品质，且上行初至波海底成像不均匀，划弧现象严重，规则缺失多。对比分析表明：深水海底地震数据多次成像有利于浅层照明和能量聚焦，成像效果好，偏移道集有利于 AVO 或 AVA 分析、有利于高精度速度建模等。

第四节　深水地震数据解释

地震数据解释是地震勘探开发体系最后一个环节，其成果直接关系到油气勘探开发成效，也是地质和地球物理结合最紧密、复杂的环节。地震数据解释运用有效波运动学（旅行时、速度）和动力学信息（振幅、相位、频率、波形及其他衍生属性等），结合地质、钻井和测井等资料，以地质思维为导向，将地震信息"译"（或转化）成地质成果，进而解释地下地质目标构造形态、地层岩性、厚度及其接触关系、储层物性、含油气性等。

海洋地区相对于陆地领域来说，由于构造活动频繁、受到水深影响大、海洋地质条件复杂，以至于形成地质体沉积或油气聚集形态与陆地有较大差异。例如，典型的生物礁岩、重力流沉积体和砂体等。针对海洋深水域特有沉积地质目标体的地震数据解释，充分借鉴陆地领域成熟地震勘探技术，在实践探索中逐渐形成了巴西深水地震数据解释技术（王学军等，2017）。

一、地震相识别技术

巴西盐下碳酸盐岩主要有介壳灰岩、藻类灰岩等，由于其特殊的岩石格架、沉积环境和内部结构，使其在地震波阻抗上与围岩有不同差异，通过钻井取心、地震波阻抗正、反演，可识别这类碳酸盐岩的地震反射特征，从而利用地震相变化特征识别有效储层。

根据巴西深海盐下碳酸盐岩空间分布样式和发育规模，通常将其分为四类（图3-67）：第一类发育在基底隆起之上，规模连片发育，分布面积大，储层厚度相对较薄，其斜坡部位储层变差，例如卢拉油田和伊阿拉油田；第二类发育在断块之上，规模连片发育，储层横向迁移叠置，厚度大，物性好，构造低部位储层物性差，例如里贝拉区块西北区；第三类发育在坳中断隆之上，呈条带状分布，地垒区储层厚度大，物性好，断层下倾方向储层物性快速变差，例如沙坪霍油田；第四类发育在火山隆起之上，点状分布，规模相对较小，储层横向变化快，例如卡卡拉油田和里贝拉区块中区。

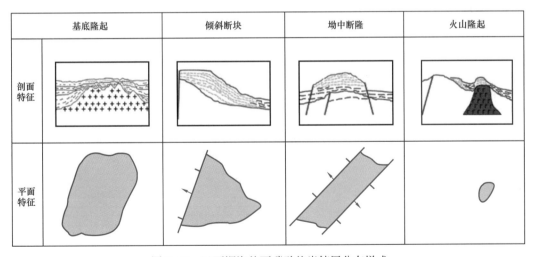

图 3-67　巴西深海盐下碳酸盐岩储层分布样式

根据上述典型碳酸盐岩储层发育模式和已钻井岩心、逆时偏移数据体及反演属性，总结了巴西深海盐下碳酸盐岩典型地震相类型（图3-68），识别出介壳滩、颗粒滩、藻丘和湖相泥岩四类主要的地震相。

微相类型	岩相类型	地震相特征	
介壳滩	介壳灰岩、介屑灰岩	丘状形态，低频杂乱不连续反射，中—弱振幅，向边部反射轴变连续（滩缘）	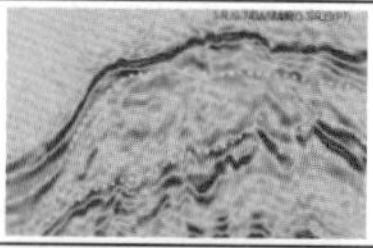
颗粒滩	砾屑灰岩、颗粒灰岩泥粒灰岩	中频、较连续反射，中等振幅，层状反射	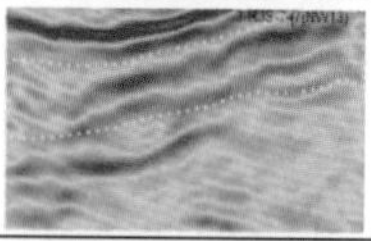
藻丘	藻灰岩、粒泥灰岩、泥质灰岩、泥晶灰岩	中低频、较连续反射，中—弱振幅，局部空白反射特征	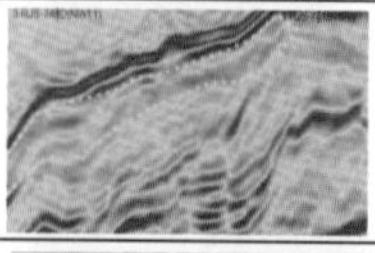
浅湖灰泥	泥质灰岩、泥岩泥晶灰岩	中高频、连续反射特征，中—强振幅，出现多层互层发育	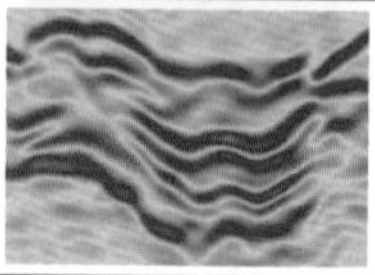

图 3-68　巴西桑托斯盆地碳酸盐岩地震相

二、高亮体属性分析技术

高亮体属性属于地震振幅属性范畴，主要用于区分反射波中主频振幅异常，反映频谱峰值与有效频带内平均振幅的差异，当优质碳酸盐岩储层或砂体的地震频谱与围岩表现不同时，可以进行储层预测。

根据高亮体属性原理和适用条件，里贝拉区块具有相似的地震频谱异常特征。如图 3-69 所示，优质储层表现为丘状弱反射和低频低能量，致密灰岩表现为强反射和高

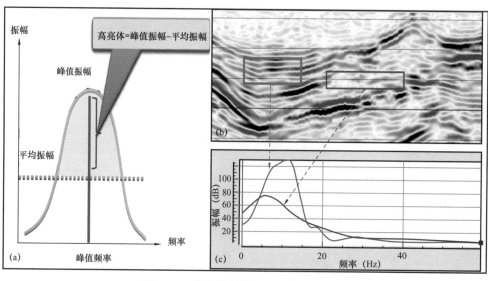

图 3-69　高亮体属性原理及应用实例图

频高能量。因此，可以基于上述特征识别高孔隙碳酸盐岩储层和致密灰岩，利于刻画碳酸盐岩储层边界及内幕特征，预测优质碳酸盐岩储层分布区。图 3-70 和图 3-71 为高亮体属性处理剖面及其内部刻画成果。可以看出，储层高亮体属性特征相对原始地震剖面特征更明显，更易于识别（图 3-72）。

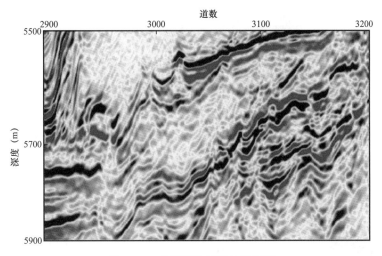

图 3-70　目标滩体原始地震剖面

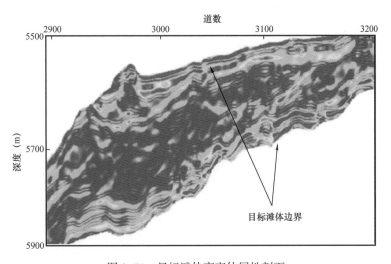

图 3-71　目标滩体高亮体属性剖面

　　为获得碳酸盐岩储层发育区高亮体属性平面分布图，首先将井旁道集的高亮体振幅值与测井孔隙度曲线进行交会（图 3-73），分析得出，储层孔隙度与高亮体振幅值呈负相关线性关系。进而把高亮体振幅转换为储层物性，得到目标区储层厚度分布趋势图（图 3-74）。该图中低值区（暖色）为厚储层分布区，高值区（冷色）为薄储层分布区。分析表明，颗粒灰岩层段构造主体部位较薄，介壳灰岩层段构造主体部位整体较厚。

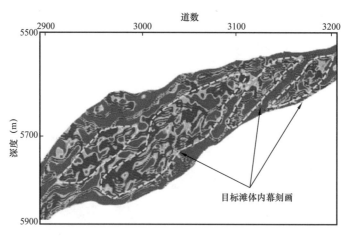

图 3-72 目标滩体的高亮体属性内幕刻画

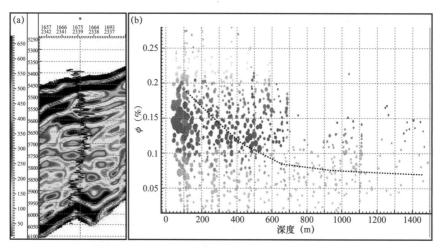

图 3-73 井旁道孔隙度—高亮体属性交会图

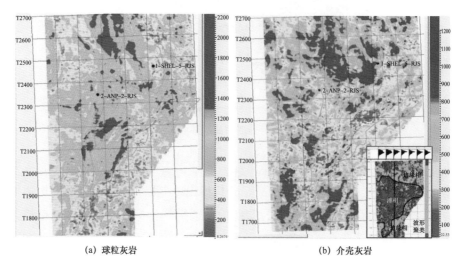

(a) 球粒灰岩　　　　　　　　　　　(b) 介壳灰岩

图 3-74 高亮体属性储层厚度趋势预测平面图

三、层拉平古地貌恢复技术

古地貌恢复技术是基于地貌学和现代沉积理论与实践的基础之上实现的。该技术通过恢复古地貌环境，研讨其对碳酸盐岩沉积环境、沉积相、储层物性及其分布规律的控制作用，协助寻找高孔高渗碳酸盐岩储层发育区带，支撑含油气盆地勘探开发工作（王学军等，2017）。

从沉积理论分析，古地貌是控制碳酸盐岩沉积规模和储层发育的主要控制因素之一，也影响着后期油藏的物性特征、储盖组合等。由于古地貌构造控制着不同类型碳酸盐岩的沉积相分布规律，因此有必要开展古地貌恢复，深化碳酸盐岩储层发育规律的研究。

常用古地貌恢复方法有残留厚度和补偿厚度法、回剥和填平补齐法、沉积学分析法以及层序地层学恢复法。近年来，在层序地层学理论和物探新技术（如三维可视化技术）基础上，发展形成了一种简易方法，即层拉平古地貌恢复法（李家强，2008）。目前该方法应用广泛，在碳酸盐岩沉积研究中发挥了良好的效果。

层拉平古地貌恢复技术假设各地层层序的原始厚度不变（未受压实作用）。在三维地震体中，参照沉积基准面或最大洪泛面，选取对比层序的参照顶底面，将底面时间（深度）减去顶面时间（深度），即将顶面拉平。将拉平的面视为古沉积时的水平面，就可以得到底面的形态，此时底面的形态近似认为是该层序地层沉积前的古地貌。这里以盐层底界面为沉积基准面，通过兰德马克软件层拉平技术进行层拉平，恢复盐下碳酸盐岩和基底古地貌形态。如图 3-75 所示，层拉平技术反映了古基底由左向右抬升，碳酸盐岩沉积则由低部位向高部位逐渐抬升且呈减薄的趋势。

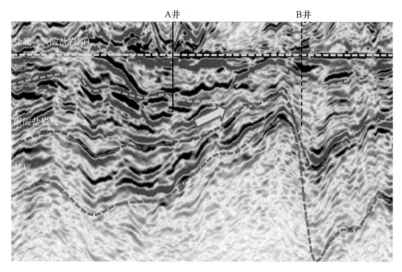

图 3-75　盐层底界面层拉平古构造恢复剖面图

四、叠前地震同时反演技术

（一）叠前同时反演方法原理简介

叠前同时反演基于约束稀疏脉冲算法，运用多个偏移距叠加数据体或多个角度叠加数据体进行同时反演，又称为 AVO/AVA 约束稀疏脉冲同时反演，最终生成纵波阻抗、纵横波速度比和泊松比等多个弹性参数数据体，降低单纯纵波阻抗识别储层的难度，提高多个弹性参数识别储层的可靠性。反演过程中每个叠加道集数据都应用相同褶积模型，并应用 Knott–Zoeppritz 方程或 Aki–Richards 近似方程，确定适合每个叠加道集数据的反射系数。同时反演与单道集数据体反演应用相同的约束稀疏脉冲反演引擎，但目标函数中有额外数据项。

AVO/AVA 约束稀疏脉冲反演算法生成的弹性模型比，应用 L1/L2 稀疏准则的各个输入角度叠加道集，具有更宽的频带。AVO/AVA 约束稀疏脉冲反演算法得到的是绝对弹性参数模型。实测地震数据中缺失的低频成分无法直接使用稀疏脉冲反演得到，需要建立低频趋势模型作为反演约束条件：在反射率域进行角度道集数据的非约束反射率反演；通过加权叠加，将得到的反射系数转换成为弹性差异；得到弹性差异，进一步与低频模型组合为弹性参数；对于弹性参数，开展完全约束同时反演，以提高合成地震记录与输入角度叠加道集数据之间的相关性；选择弹性差异与低频模型的合并频率，以保证从分角度叠加道集数据中得到更多的信息，而且能够避免频率谱出现间隙。

由于地震数据带宽受限，稀疏脉冲结果不唯一。为提高稀疏脉冲反演得到的弹性参数具有合理的地质和地球物理意义，应尽量减少反演结果中的随机噪声，这就需要增加合适的约束条件进行反演。

（二）叠前同时反演技术在里贝拉项目中的应用

建立岩石物理模板，根据实测弹性波曲线和正演合成曲线建立火成岩和碳酸盐岩及页岩等岩性的模板。如图 3–76 所示，通过波阻抗交会图，确定喷发岩、侵入岩、碳酸盐岩储层、砂岩的岩性特征，例如，侵入岩表现为高 P 波阻抗和高 S 波阻抗。

图 3–77a 是网格层析成像速度体，图 3–77b 基于倾斜横向各向同性介质全波形反演（TTI—FWI）的速度模型；图 3–78a 是基于网格层析成像逆时偏移剖面，图 3–78b 是基于 TTI—FWI 速度模型的逆时偏移地震剖面。对比发现，新的速度体和地震成像细节更丰富，品质更好。

在此基础上，采用均方根速度对速度体质控优化，减少地震速度异常值，使其更符合研究区构造形态。质控地震道集能量是否均衡，通过补偿技术获得能量均衡的 6 个角道数据体。根据图 3–79 所示的流程图，完成叠前同时反演和不同岩性定量解释。图 3–80 为叠前反演 P 波阻抗和 S 波阻抗与实测井阻抗的对比图，不难看出，反演结果与测井实际曲线

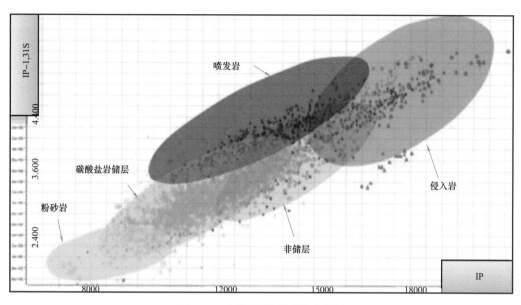

图 3-76 不同岩性岩石物理模板

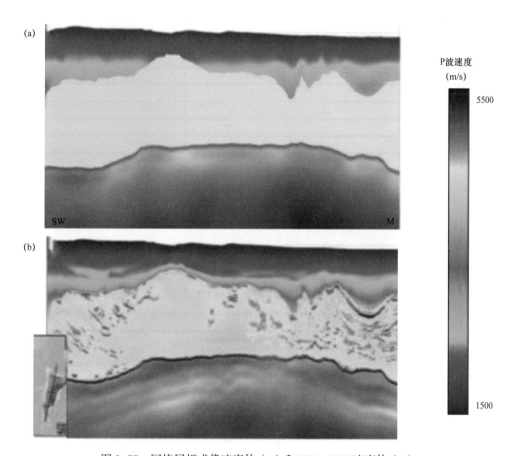

图 3-77 网格层析成像速度体（a）和 TTI—FWI 速度体（b）

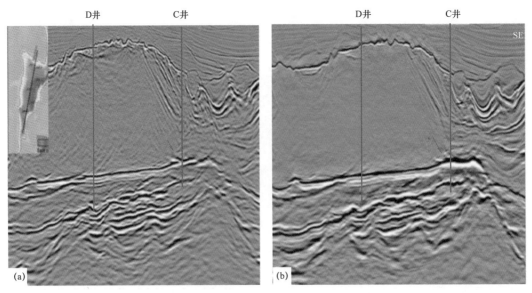

图 3-78　基于网格层析成像逆时偏移（a）和基于 TTI—FWI 的逆时偏移（b）剖面

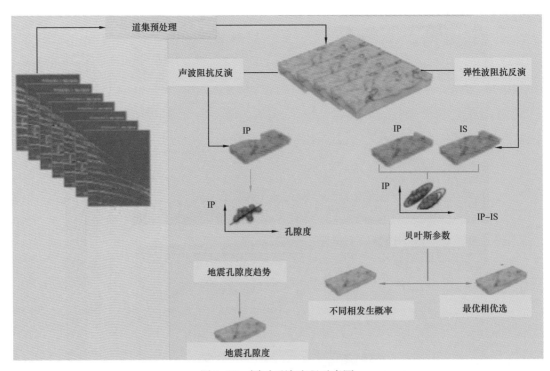

图 3-79　同时反演流程示意图

吻合度高，验证了反演结果的可靠性。图 3-81 为过井的反演 P 波阻抗和 S 波阻抗剖面，实钻结果与 P 波阻抗有一定吻合度，但 IP-IS 波阻抗吻合度更高，图中红色箭头指示侵入岩，黑色箭头指示喷发岩。图 3-82a 为储层最上层侵入岩定量解释成果，

图 3-82b 为储层最底层喷发岩定量解释成果，图 3-83 为两个不同碳酸盐岩储层段的定量解释成果，通过碳酸盐岩和火成岩的定量解释，为项目后续储量升级、勘探新发现及开发方案的优化等提供了有力支撑，且定量解释结果与实钻探井和开发井的钻探结果一致性好。

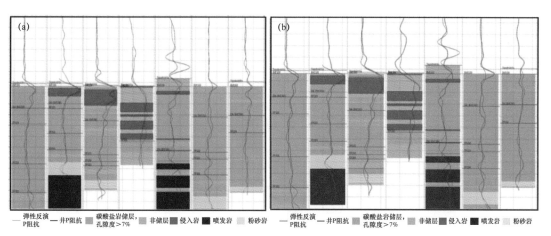

图 3-80 同时反演 P 阻抗（a）和 S 波阻抗（b）与测井曲线对比图

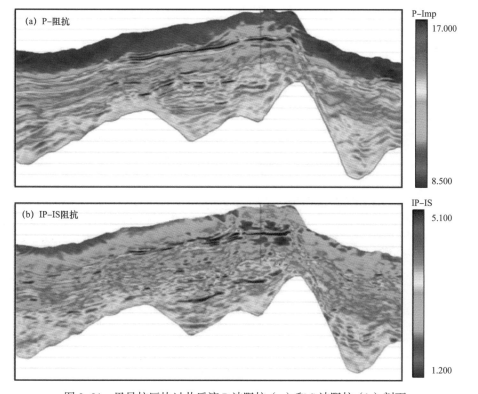

图 3-81 里贝拉区块过井反演 P 波阻抗（a）和 S 波阻抗（b）剖面

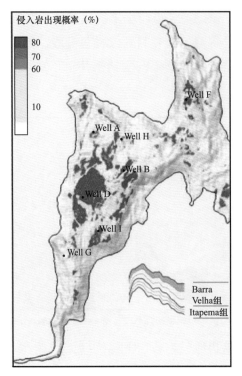
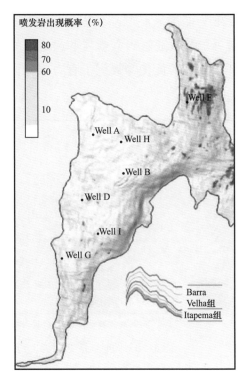

图 3-82　里贝拉西北区侵入岩和喷发岩定量解释（据 Rodrigo，2019）

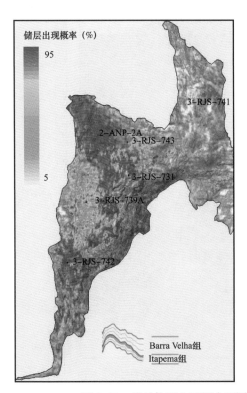
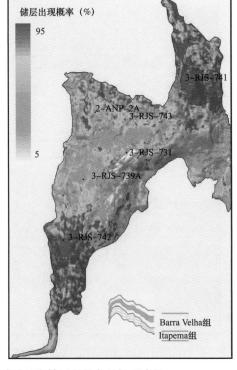

图 3-83　里贝拉西北区两个不同碳酸盐岩储层段的定量解释成果

第五节 深水地震勘探开发展望

深水地震勘探开发技术历时数十年的研究和应用，在地震采集、处理和解释方面取得大量理论和应用成果，形成不同地质目标、不同需求和不同作业环境的地震应用技术体系，有效支撑了油气勘探开发工作。随着油气勘探开发对象越来越复杂，常规水平层状均匀介质理论、各向同性理论、线性算法等地震勘探开发基础理论存在局限性。可喜的是，近年来的新地震勘探开发理论弥补了传统均匀层状介质理论存在的不足之处，更加逼近真实地质—地球物理条件的裂缝介质、多相介质、离散介质、黏弹性介质、各向异性及非线性算法等，这类新理论和新技术已逐渐发展起来，并在应用中逐步发挥重要作用，加快了地震采集、处理和解释一体化管理模式的应用（王炳章，2019）。

一、地震采集技术

当前，随着宽方位（或全方位）、宽频带、大偏移距、高密度地震技术的推广和实践，地球物理工作者和油气勘探开发专家越来越清楚地认识到此类技术的优势并加大投资力度。例如，宽频带地震子波主峰更尖、能量更强，有助于提高地震纵向分辨率、提高目标体勘探深度；低频信息的拓展，有利于提高深层地质目标成像精度，有利于提高地震反演精度和可靠性，特别是全波形反演，低频信息尤为重要；宽方位（全方位）地震数据体，有利于提高地质目标成像、解释和刻画描述的精度（王学军，2017）。

地震采集技术发展趋势如下：

（一）宽频气枪震源发展趋势

（1）提高气枪制造技术和阵列设计水平，降低气泡震荡周期和气泡对气枪子波低频端的污染，增强气枪子波低频端能量，同时拓展频宽、拓展低频，使地震子波主频带能量更高，子波脉冲更尖。

（2）充分利用气枪震源技术，优化气枪方案设计，考虑多套变深度气枪震源激发方案，提高道密度和地震数据品质。例如，发展多级深度沉放同步气枪阵列（压制炮点鬼波）和多套气枪震源交替激发设计（提高横向覆盖次数）方案等。

（二）宽频多分量地震接收装备发展趋势

（1）提高海上拖缆设计水平和制造工艺，加大检波器研发水平，加快基于光电理论的地震检波器研发应用力度，提高对弱低频信息的敏感度。例如，当前 Sercel 公司的宽频固体拖缆装备，理论上可以接收 0～500Hz 范围地震反射信号，同时组合压力检波器和速度检波器，获取更丰富的地震信息。

（2）利用当前地震拖缆和气枪震源技术，优化采集方案设计，降低地震虚反射，通过成熟技术应用方案的创新，形成新的地震采集方案，从而提高道密度和地震数据品质。例如，发展扇形模式地震采集方案、倾斜地震采集方案、CGG 公司的变深度宽频检波器地震采集方案（Broad-Seis TM）、拖缆位于震源正下方的地震采集方案（Topseis）和无鬼波干扰多分量拖缆地震采集方案等。

（3）加大拖缆长度和拖缆数，提高缆线组合纵横比或方位角，同时实现高覆盖、高信噪比地震采集。例如，拓展三维拖缆数至 24 缆，单缆长度达 12km，缩小拖缆间距至 50m，实现宽方位、大偏移距、小面元地震数据采集。

（4）优化海底节点设计，使其体积更小、连续作业周期更长、集成度更高、可靠性更高、作业成本更低。

（三）定位系统发展趋势

充分利用全球卫星定位系统、超短基声学定位系统及拖缆上的定位装置，实现拖缆和海底地震检波点和炮点的精确定位，同时，加快发展海洋大地测量基准建立理论与方法、海洋基准与陆地基准无缝连接技术与方法、海洋多传感融合导航核心技术，构建高精度海上地震数据采集系统（杨元喜等，2017）。

（四）地震采集方案应用发展趋势

（1）加快高精度拖缆地震数据采集的研究和应用。例如，宽方位、变深度拖缆等，丰富地质体反射信息，降低设备干扰，提高成像精度。

（2）加快海底光缆地震技术在深水油藏地震永久检测中的研究和应用。海底光缆独特的技术优势和高精度特点，可帮助进一步实现高精度描述油藏油气水动态运移、优化开发方案和措施、提高油藏采收率、延长油田稳产高产生产期等。

（3）加快海底节点地震采集技术在开发期的应用。通过全方位、高密度、高信噪比地震数据的采集，提高原油藏增储挖潜和新层系、新区带及新油藏发现的力度。

（4）发展分布式震源组合（Dispersed Source Arrays）地震采集技术。该技术用简单分布式窄带震源排列取代复杂局部宽带震源排列，其震源具有易实现、轻便化的单频或窄频带特征，检波器具有宽频带特征，采集方案具有震源和检波器随机分布特征，通过该技术发展海上百万道地震数据采集，实现高保真、高信噪比、高分辨率的地震数据（吴伟，2014）。

二、地震处理技术

地震采集技术进步和发展推动地震处理新技术和高性能计算及高速交互通信技术的应用，将以往不可能实现处理技术得以推广应用，例如基于双程波动理论的噪声压制技术、全波形建模技术和逆时偏移技术等，这些技术已成为当前深水油气田勘探开发地震处理的标配技术。

归纳起来，地震处理技术发展趋势如下：

（1）推广基于波动理论的 SRME 多次波压制技术、波动方程静校正技术，推广真振幅处理新技术、多波多分量处理技术等，进一步提高叠前地震数据信噪比和分辨率。

（2）研究新的全波形反演技术，推广应用成熟的全波形反演建模技术，优化不同全波形反演和网格层析成像融合技术，提高深海地震速度建模精度。

（3）研究并推广叠前深度域偏移技术，特别是最小均方根逆时偏移技术、镜像逆时偏移技术和多次波偏移技术，发挥技术优势，提高成像效果。

（4）加大海底四分量地震数据处理技术的研发和应用，强化转换波地震处理的应用实践，拓展开发地震处理新技术，提高四分量地震成像精度。

（5）强化各向异性地震数据处理新技术的研发和应用，提高地震成像精度。

三、地震解释技术

高精度、高品质地震数据体的发展，推动了地震解释技术由构造向岩性方向发展、由定性向定量方向发展，自动化识别解释局部得到推广应用，三维可视化得到全面推广，叠前反演技术在理论研究和实际应用中均发挥了重要作用，复杂地质体和复杂岩性体的解释能力得到进一步提高。

一般认为，地震解释技术发展趋势如下（王炳章，2019）：

（1）强化多波多分量地震解释和四维地震解释综合技术的应用，精细描述油藏流体和气体空间分布和运移规律，优化开发方案措施。

（2）强化碳酸盐岩储层的构造应力模拟、岩溶成因分析、地震沉积学和地震地貌学的综合解释。

（3）通过相邻地震道资料不连续性，研究特殊地质现象的第三代本征值相干技术，以及第四代几何张量相干技术。

（4）结合成因分析，发展预测礁体的地震反射结构分析技术，强化与方位角和入射角有关的各向异性叠前地震属性的分析和提取。

（5）强化叠前地震弹性参数反演技术的应用，开展碳酸盐岩和火成岩的分布预测和空间刻画，进行岩性体、流体等方面的定量解释。

（6）推广多学科、多信息裂缝储层综合描述技术，例如裂缝方位综合分析、裂缝平面和空间分布研究、裂缝连通性研究、流体饱和度等参数分析、裂缝性储层综合评价等。

（7）进一步推广高分辨层序地层学和地震沉积学（地震地貌学）在岩性油气藏描述中的应用。

总之，当前科技日新月异，随着量子计算、量子通信、5G万物互联、人工智能、大数据和新材料的快速发展，为地震勘探开发技术的进步和升级带来了新的机遇，经典地震算法将具有量子超快并行计算能力，新的勘探开发地震理论和技术也将快速发展，业界人才和经验将加快整合，采集、处理和解释将向综合一体化、实时可视化、智能化、自动快速化、方便简洁化、学科互联化、技术综合化、全球共享化、数据四维化等方向快速发展。

参 考 文 献

崔永福，彭更新，吴国忱，等.2016.全波形反演在缝洞型储层速度建模中的应用.地球物理学报,59（7）：2714-2725.

方修政，钮凤林，吴迪.2018.基于逆散射成像条件的最小二乘逆时偏移.地球物理学报,61（9）：3770-3782.

符力耘，肖又军，孙伟家，等.2013.库车坳陷复杂高陡构造地震成像研究.地球物理学报,56（6）：1985-2001.

贺兆全，张保庆，刘原英，等.2011.双检理论研究及合成处理.石油地球物理勘探,46（4）：522-528.

雷林林，刘四新，傅磊，等.2015.基于全波形反演的探地雷达数据逆时偏移成像.地球物理学报,58（9）：3346-3355.

李家强.2008.层拉平方法在沉积前古地貌恢复中的应用.油气地球物理,6（2）：46-49.

李振春，李志娜，郭书娟，等.2013.数据域与成像域多次波压制方法对比.地球物理学进展,28（6）：2901-2910.

刘玉莲，蔡希玲，吕英.2017.海底节点数据上下行波分离技术与应用.2017年物探技术研讨会.

陆基孟.2009.地震勘探原理（第三版）.东营：中国石油大学出版社.

王炳章.2019.全球地震勘探技术发展趋势分析.www.sohu.com/a/300808419_505855.

王连坤，方伍宝，段心标，等.2016.全波形反演初始模型建立策略研究综述.地球物理学进展,31（4）：1678-1687.

王学军，全海燕，刘军，等.2017.海洋油气地震勘探技术新进展.北京：石油工业出版社.

吴伟，汪忠德，杨瑞娟，等.2015.地震采集技术发展动态与展望.石油科技论坛,5：36-43.

杨元喜，徐天河，薛树强.2017.我国海洋大地测量基准与海洋导航技术研究进展与展望.测绘学报,46（1）：1-5.

A case study：The Leading Edge, 26, 470-478.

A. Bertrand, P.G. Folstan, B, Lyngnes et al. 2014. Ekofisk Life-of-field Seismic：Operation and 4D Processing.The Leading Edge, 33：142-148.

ANP website：http：//www.anp.gov.br.

ASN website：https：//web.asn.com.

Baysal E, Kosloff D D, Sherwood J W C.1983. Reverse Time Migration.Geophysics, 48（11）：1514-1524.

Beaudoin. 2011.Seismic Acquisition with Ocean Bottom Nodes. SeaBird Exploration, April 20th.

Chao Peng, Minshen Wang, et al.2018.Subsalt Imaging Improvement Possibilities Through a Combination of

FWI and Reflection FWI. The Leading Edge, January：51–57.

D. Lecerf, A. Valenciano, N. Chemingui, et al. 2015.Using High–order Multiples to Extend Reservoir Illumination for Time–lapse Monitoring –Application to Jubarte PRM. 77th EAGE Conference and Exhibition 2015.

Daniela Amazonas, Ricardo de Marco, et al.2013.Full Azimuth Towed Streamer Seismic：a Pre–salt Exploration Tool. Sociedade Brasileira de Geofisica.

Derman Dondurur.2018.Acquisiton and Processing of Marine Seismic Data. Elsevier Inc..

Jack Caldwel.2016.Seismic Permanent Reservoir Monitoring（PRM）–Major Multi Disciplinary Engineering Projects. SPG/SEG Beijing 2016 International Geophysical Conference.

João Montenegro.2019. Petrobras Concludes Big Seismic Study In Búzios. https://brasilenergy. editora-brasilenergia.com.br.

Kenneth Craft, Carsten Udengaard, et al.2016.4D Compliant Processing of OBN Data：Case Histories of the Atlantis and Thunder Horse fields, Deepwater Gulf of Mexico. SEG Technical Program Expanded Abstracts.

Michele Buia, Pablo E.Flores, David Hill, et al.2008.Shooting Seismic Survey in Cricles. Oilfield Review, 18–31.

Michell S, J Sharp, D Chergotis. 2007. Dual–azimuth Versus Wide–azimuth Technology as Applied in Sub–salt Imaging of Mad Dog Field–A Case Study. The Leading Edge, 26：470–478.

Pratt R G, Goulty N R.1991. Combining Wave–equation Imaging With Traveltime Tomography to Form High–resolution Images from Crosshole Data. Geophysics, 56（2）：208–224.

Rodrigo Penna, Sergio Araújo, Axel Geisslinger, et al. 2019. Carbonate and Igneous Rock Characterization Through Reprocessing, FWI Imaging, and Elastic Inversion of a Legacy Seismic Data Set in Brazilian Presalt Province. The Leading Edge, January, 11–19.

Ronholt G, Aronsen H A, Guttormsen, et al.2018. Improved Imaging Using Ocean–bottom Seismic in the Snohvit Field, 70th EAGE Conference & Exhibition, Extended Abstract.

S Lu, A A Valenciano, D B Lecerf. 2015. Separated Wavefield Imaging of Ocean Bottom Seismic（OBS） Data. 77th EAGE Conference and Exhibition.

Sercel website：https：//www.sercel.com.

Sirgue L, Pratt R G.2004. Efficient Waveform Inversion and Imaging：A Strategy for Selecting Temporal Frequencies. Geophysics, 69（1）：231–248.

Subtelform website：https：//subtelforum.com.

Tarantola A.1984. Inversion of Seismic Reflection Data in the Acoustic Approximation.Geophysics, 49（8）： 1259–1266.

Tim Brice, Michele Buia, Alex Cooke, et al. 2013.Development in Full Azimuth Marine Seismic Imaging. Oilfield Review, 2012/2013, 24（4）：42–55.

Weglein A.1999. Multiple Attenuation：an Overview of Recent Advances and the Road Ahead. The Leading Edge, 18（1）：40–44.

第四章　巴西深水油气田开发

从 20 世纪 70 年代开始，巴西开始试水深水油田开发，经过半个世纪的发展，已经成为世界最大的深水油气生产中心之一。从坎波斯盆地第一个商业开发的恩乔瓦（Enchova）油田，到第一个大型深水油田阿巴克拉，80 年代开发巨型油田马林油田，90 年代开发罗尔卡多油田，21 世纪第一个十年开发超深水稠油油田朱巴特油田，实现了一次次技术的飞跃。2006 年以来，随着盐下油田的发现和陆续成功开发，巴西深水油田开发进入全新纪元，油气产量创造历史新高。

五十多年的深水油气开发成功实践背后是深水油气开发技术的不断进步。巴西深水油气田的开发过程中，培育了大量独具特色的技术，形成了具备巴西特色的经验和做法。这些技术和经验将推动巴西深水油田持续向着更深的水域推进。

由于篇幅限制和资料公开程度，本章侧重从油田开发设计角度介绍以下内容：首先介绍了世界及巴西深水油田开发的一般情况，其次对巴西深水油田开发的特点和现状进行了介绍，然后分别对巴西两个主要产油盆地典型深水油田进行介绍，最后对巴西两个主要盆地的前景和技术进行了介绍，特别介绍了桑托斯盆地两个最具潜力的油田。

第一节　巴西深水油气田开发概述

一、海洋油气田开发特点

海洋油气田的开发与陆上油气田的开发一般是在完成勘探和评价工作后，证实了油气发现具备商业开发技术和经济可行性，宣布商业发现，进入开发。

海洋油气田开发与陆地油田开发的主要不同是地表环境。海洋有一层海水，随着水深增加开发难度增加。海洋油气田开发采用行业前沿的技术、设备和工具，解决海洋油气田开发中的矛盾。海洋油气田开发相较陆上油气田开发具有更高的资本密集、技术密集和风险密集等特点，且这些特点随着水深增加而增加。

因油气田开发环境不同，海洋油气开发从勘探、开发、工程建设、生产管理、物流服务等方面均呈现出较为独特的特点。关于地球物理勘探技术、方法和装备，本书前文已做介绍。海洋油气井钻探，根据水深不同，必须采用专门的符合技术要求和行业规范的钻井平台（船），以及与钻井船相适应的水面、水下设备。这就导致钻井成本与陆上相比在相似的深度情况下明显高，有时甚至差距达数倍。由于海上钻井、采油、集输、处理设备需要和海水接触，防腐等要求一般也高于陆上。钻完井、采油过程中，作业的要求和规范根据所处海洋环境不同，其要求也不同，一般比陆上油田类似作业要求高。海上油气生产与集输，都需要根据所处的海洋环境，采用与海洋环境相适应的生产采油、集输工艺与装备（如各类生产平台、海底采油装置、海底管线等），本书后续章节将介绍。海上油气田的钻完井、采油作业所需的各类设备、物资和生活物资，一般需要用船舶或直升机运送，受海洋环境（如水深、岸距、风、浪、涌、流等海洋气候等）影响大，物流费用高。

海洋油气田开发是一项高风险、高投入和高回报的系统工程，对参与公司要求高。在深水海洋油气田开发的这一前沿领域表现更为突出，参与的石油公司主要以巨型和大型公司为主。

海上油气田开发建设工程主要包括四方面内容：开发钻井、完井采油、油气分离处理和油气集输处理。从开发内容、开发目的等方面分析，海上油气田开发与陆上油田开发并无实质不同，采用的技术、工艺、设施也有相似性，但这种相似性主要在泥面以下表现，泥面以上差异性较为显著。

深水油田处在海洋油田开发的范畴内，因而具有海洋油气田开发的一般特征。但是由于水深加深，其技术难度大、投资高的特点表现得更加显著。由于深水环境工程作业环境复杂、技术要求高、可依赖的资源少和环保要求等原因，各类生产设施如海面上生产设施如浮式生产卸油装置（FPSO）、海底管线和生产井建设投资巨大。深水井建设成本高，单井钻完井投资甚至可达几亿美元；海面生产设施如 FPSO 投资约数亿至十几亿美元。技术难度大、投资额度高的特点对前期勘探和评价提出了更高要求，主要体现以下两个方面：

首先，勘探开发一体化程度高。勘探阶段即从开发的角度评价油藏，为开发设计采集参数，勘探开发紧密结合，探井评价井实现勘探评价目的同时，要具备转成开发井的条件，以降低开发期的投资。

其次，深水油田开发的特点要求油藏评价的精度高。油田生产单元设计和建设基本一次完成，后续进一步改变开发方式、更改正常单元处理能力的难度大，平台对油田生产影响大。这就要求在开发的投资决策前，对油田有全面而深入的认识，既要考虑油田开发初期充分发挥油藏的能力，又要为油田开发中期调整提供必要的余量，还要考虑保留油田后期挖潜和提高采收率的可能性。因此，在生产单元设计阶段需要更多的信息输入，也就需要对油藏有更加全面的认识。

二、深水油气田开发概况

20 世纪 70 年代以来，深水油气田开发成为海洋石油工业重要的前沿领域。深水油气田开发在北海、墨西哥湾、巴西以及西非等海域经历了四十多年的发展，技术不断地改进和发展，并以迅猛的速度向更深的海域推进。业界对海洋石油勘探开发的界定是以水深为依据的。实际上，随着技术的进步，深水、超深水的概念也在演变，向着更深的水深推进。为了便于叙述，本书按前文采用的界定标准是超过 500m 为深水。

由于深水勘探开发作业费用巨大，有实力（无论是资金或是技术实力）进行深水石油勘探作业的公司相对集中，例如英国石油公司、挪威国油、法国道达尔公司、巴西国油、荷兰壳牌公司、美国埃克森美孚公司、美国雪佛龙公司等。深水油气开发投资体量巨大、技术难度大，初期主要局限于大型石油公司，近年来中小型石油公司也开始参与进来。

随着技术的进步，新技术、新材料的不断研发和应用，深水油气田勘探开发的成本持续降低，油田建设周期呈加快的趋势，深水项目经济效益不断提高，进一步促进了深水油气开发。目前，全球深水油气开发的大部分活动集中在英国—挪威北海、墨西哥湾、巴西、东非、西非和西澳等地区。2015 年以来，南美圭亚那海域也屡屡获得重大油气发现，成为深水油气开发的新热点。根据 2017 年 EIA 预测，巴西是目前世界上最大的深水油气生产国，并将长期保持这一地位，且油气产量的上升态势强劲。

三、巴西海洋油气发展历程

巴西石油工业的发展经历了陆上、浅水、深水和超深水的发展历程。

早在 1939 年，巴西陆上的东北部巴伊亚（Bahia）州获得了油气发现，但规模较小。1953 年，巴西政府组建了巴西国家石油公司，当时巴西的石油日产水平不到 3000bbl。1960 年，巴西石油日产量在 4.3×10^4 bbl 左右，虽然巴西国家石油公司在陆上勘探，但一直没有获得较大的发现，逐渐将目光转向了近海大陆架。

1968 年，巴西第一口海上探井在舍吉佩—阿拉戈斯盆地开钻，虽然没有获得油气发现，但证实了大型盐丘的存在。随后的第二口探井获得油气发现，发现了瓜里瑟玛油田，并逐步发现了埃斯皮里图桑托盆地、坎波斯和桑托斯三个含油气盆地。这些发现极大鼓舞了巴西国油，但是距离真正的深水油气大发现还有差距。

（一）坎波斯盆地油气田浅水开发

巴西海洋石油的勘探开发与世界海洋石油勘探开发发展趋势基本一致。1971 年，巴西国家石油公司第一口探井（1-RJS-1）开钻，开始里约州大陆架上勘探。初期的勘探并不顺利，连续钻了 7 口干井。1973 年，海上探井 1-RJS-7 井获得油气发现，但该井产能低，难以开发。当时巴西石油产量达到 17×10^4 bbl/d，全部来自陆上油田。

1973 年，第一次石油危机爆发。当时巴西对外石油依存度达 80%，第一次石油危机使巴西保持高速增长的经济奇迹快速结束，经济增长变缓，对外支付账户失衡。第一次石油危机使得世界主要油气进口国意识到油气资源保障安全的重要性，巴西也是其中之一。巴西将石油供应上升到巴西国家能源安全高度，降低石油进口份额，提高巴国石油产量的诉求十分迫切。巴西政府一方面提倡能源节约，推广乙醇汽油。另一方面，巴西国家石油部门开始加大对油气行业投资，积极尝试海洋油气勘探开发（C.T. da Costa Fraga 等，2003）。

巴西当时面临的挑战是从未进行海洋油气田的开发。1974 年，1-RJS-9A 钻探发现第一个海上大型油田哥楼帕（Groupa）油田。1975 年和 1976 年，帕戈（Pargo）油田、巴德若（Badejo）油田、那莫拉多（Namorado）油田和恩乔瓦（Enchova）油田发现（Batalha M. 等，2018）。在石油危机的背景下，如何尽快开发已发现的油田是巴西当时政府迫切需要解决的现实问题。现在看来，恩乔瓦和哥楼帕油田水深仅 120m，但按当时定义属于深水油田，开发难度大。1977 年，恩乔瓦油田早期生产系统的 3-EN-1-RJS 井投产初期产原油 10000bbl/d，率先实现海洋油田商业开发。恩乔瓦油田早期生产发现了油井出砂的现象，出砂是此后坎波斯后续大量油田开发过程完井设计的主要挑战之一。恩乔瓦油田从北海引进的早期生产策略，在巴西海洋油田开发中虽然形式一直在变化，但策略一直延续至今。恩乔瓦等油田的成功开发，增强了巴西政府开发海洋油气的信心。

（二）坎波斯盆地深水和超深水油气田开发

1984 年，巴西国家石油公司发现了第一个真正意义上的深水油田——阿巴克拉油田，该油田水深 150～1100m。1985 年，巴西国油发现了巨型深水油田马林油田，随后巴西国家石油公司又相继发现了马林南和马林东油田（三个油田合称马林油田群）。巴西国油当时的开发水平限制在 400m 水深，因此这些巨型深水油田当时开发难度非常大（Roberto M 等，2018）。

随着阿巴克拉和马林油田群的发现，坎波斯盆地油田开发开始进入深水和超深水，巴西也开始将石油天然气行业重心转移到海上油田勘探开发。1986 年，巴西国油为了高效开发阿巴克拉、马林油田群等一批深水油田，加快深水油气田的开发，降低深水油气田开发的成本，使巴西国家石油公司具备 1000m 水深的油气田开发能力，启动了深水技术创新计划（PROCAP 1000，科技创新计划 1000），其中包含超过 100 项新技术的研发和推广。该计划的成功实施助推巴西国油成为世界前列的深海油气田开发者。1991 年，马林油田 3-MRL-3 井完井水深突破 721m，创造了当时的世界纪录。1992 年，马林油田 7-MRL-9 井工作水深达到 781m，再次刷新当时的世界纪录。同年，巴西国油的 PROCAP 2000（科技创新计划 2000）启动，以实现 2000m 工作水深的油气田开发。

1994年半潜式浮式生产平台首先在马林油田投产。同年马林油田的3-MRL-4井投产，该井工作水深达到1024m，实现第一个科技创新计划目标，也创造了当时的世界纪录。1996年罗尔卡多油田发现。1997年马林南油田开始生产。2000年，坎波斯盆地原油产量突破100×10^4bbl/d。同年，巴西实施PROCAP 3000（科技创新计划3000），以实现3000m水深油气田开发。

2001年，发现朱巴特油田；2002年，发现卡查洛特（Cachalote）油田；2003年，罗尔卡多油田的RO-21井水深1886m，创造了当时的水深纪录。2006年，阿巴克拉油田的P50 FPSO投产，处理原油达18×10^4bbl/d。2008年，朱巴特油田盐下油井开始生产。2009年，坎波斯盆地达到高峰产量164×10^4bbl/d。

2006年，巴西桑托斯盆地盐下卢拉油田获得油气发现。桑托斯盐下获得巨型发现，启示了坎波斯盆地的盐下油气勘探和开发。坎波斯盆地盐下区域勘探开发潜力广阔，2008年朱巴特油田第一口盐下油井利用现有设施投产，早于卢拉油田投产。随后，在马林油田盐下发现了Brava油藏，阿巴克拉油田盐下发现了盐下Forno油藏，马林东油田盐下发现了Tracaja油藏，在马林南油田盐下发现了Poraque Alto油藏。这些盐下油藏发现不仅提升了坎波斯盆地油气生产能力，夯实了坎波斯盆地开发基础，也揭示了坎波斯盆地勘探开发广阔潜力。

到2019年，阿巴克拉油田、马林油田、罗尔卡多油田、马林南油田、马林东油田和朱巴特油田等进入开发中后期，目前坎波斯盆地原油产量在100×10^4bbl/d左右。

坎波斯盆地经过四十余年的勘探、开发和生产，开发方式、开发模式成熟，逐步推进到更深的水域，油气田类型逐步丰富。回顾坎波斯盆地勘探开发历程，从1971年巴西决定开展里约热内卢州近海大陆架油气勘探起，到恩乔瓦油田第一个油田商业开发，到近十年的盆地盐上和盐下油藏共同开发，坎波斯盆地经历了浅水、深水和超深水及盐下新发现等阶段。到2018年，坎波斯盆地深水和超深水在产各类平台45个，位居海洋盆地世界第一，超过第二和第三的总和。

（三）桑托斯盆地盐下油气田开发

桑托斯盆地的油气开发与坎波斯盆地起步相近，虽然巴西石油工业界一直对桑托斯盆地的油气发现持乐观的态度，但当时受制于巨厚盐层钻井技术，深水、超深水盐下地层油气勘探受限。虽有一些盐上气田发现，但直到2006年图皮区块发现油气前，没有具有规模的大型油田发现。

2006年9月，桑托斯盆地图皮区块探井1-RJS-628发现API 28°的原油（CO_2含量为8%～12%），宣布商业发现后命名为卢拉油田。卢拉油田的发现拉开了桑托斯盆地盐下勘探开发的大幕，标志着桑托斯盆地进入全新的开发领域。此后，一系列巨型油气田相继发现。

2008 年 6 月，Guara 区块 P1S 井发现沙坪霍油田，2013 年首油；

2008 年 9 月，伊阿拉油田发现；

2010 年 9 月，布兹奥斯油田发现，2015 年 3 月首油；

2010 年，卢拉油田先导生产单元开始生产；

2010 年，里贝拉区块获油气发现，2017 年 11 月 26 日首油；

2012 年 4 月，赛比亚油田获发现；

2012 年 12 月，卡卡拉区块获油气发现。

到 2019 年 2 月，在产盐下油田主要包括卢拉油田、沙坪霍油田、布兹奥斯油田、拉帕油田和梅罗油田。桑托斯盆地日产油气合计 174×10^4bbl 油当量，盐下油田群日产油气合计 157×10^4bbl 油当量。卢拉油田日产原油近 90×10^4bbl，日产油气合计 112×10^4bbl 油当量；沙坪霍油田日产油气合计 32×10^4bbl 油当量；布兹奥斯油田日产油气合计 9.6×10^4bbl 油当量；拉帕油田日产油气合计 3×10^4bbl 油当量。

更重要的是，在产巨型油田后续在建生产单元持续上产的同时，一大批油田正在建设，盐下油田群集中进入开发建设期，未来有望创造巴西油气生产高峰。

四、桑托斯盆地深水油田生产现状

（一）盆地油气生产概况

桑托斯盆地和坎坡斯盆地是巴西主要的油气生产盆地，占巴西全国产量的 95%。2010 年以来，桑托斯盆地深水大型油田纷纷建设和投产，已经大幅超过坎波斯盆地产量。到 2019 年 2 月，桑托斯盆地油田油气日产量已达到 174×10^4bbl 油当量，其中原油日产量 134×10^4bbl；坎波斯盆地油气日产量 114×10^4bbl 油当量，其中原油日产量 102×10^4bbl。桑托斯盆地原油日产量比坎坡斯盆地多 32×10^4bbl。目前，桑托斯盆地有卢拉、沙坪霍、梅罗、布兹奥斯和拉帕等在产油田。

目前在产油田中，93% 的产量来自巴西国油作为作业者的区块，挪威国油、壳牌和道达尔作业的区块产量合计占 5%。

从权益产量看，巴西国油也是巴西最大的油气生产商，所占权益约占巴西油气生产产量的 73%；壳牌在收购 BG 后，一跃成为巴西第二大油气生产商，权益油气日产量达到 43×10^4bbl 油当量，其中原油日产量达到 34×10^4bbl，油气权益当量占巴西油气生产产量的 13%；道达尔和雷普索尔也是巴西重要的油气生产商，油气权益当量分别占巴西油气产量的 3.5% 和 2.8%。

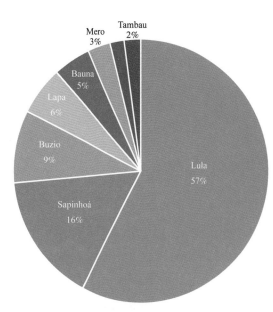

图 4-1 桑托斯盆地盐下油田群产量
比例饼状图（2018 年）

桑托斯盆地盐下油田群是未来巴西油气上产的主要盆地，下面简要介绍桑托斯盆地盐下主要在产油田的生产情况。

（二）卢拉油田生产

卢拉油田是桑托斯盆地盐下油田群中最大的在产油田，也是目前巴西最大的在产油田（图 4-1）。2018 年 12 月，其油气合计日产量达到 112×10^4 bbl 油当量，其中原油日产量达到 88.5×10^4 bbl。

到 2019 年 2 月，卢拉油田已投产 8 艘 FPSO（表 4-1），日产原油近 90×10^4 bbl，日产油气 112×10^4 bbl 油当量，占巴西油气产量的三分之一。卢拉油田后续 FPSO 继续投产后，日产原油产量有望超过 100×10^4 bbl。

表 4-1 卢拉油田生产单元生产情况统计表

生产单元	Angra dos Reis Pilot	Paraty NE	Mangaratiba Iracema S	Itaguai Iracema N	Marica Alto	Saquarema Central	P-66 Lula S	P69 Lula ES
油	10	12	15	15	15	15	15	15
气	177	177	280	280	212	212	212	
水	6		24		20	20		

注：油、水单位为 10^4 bbl/d，气单位为 10^6 ft³/d。

1. 卢拉 Pilot 生产单元

FPSO Cidade Angra dos Reis 于 2010 年 10 月投产，是卢拉油田的先导试验单元。该 FPSO 处理原油能力 10×10^4 bbl/d，处理气能力 150×10^6 ft³/d，注水能力 10×10^4 bbl/d，储存原油 160×10^4 bbl，作业水深 2149m，采用多点系泊，由日本公司 MODEC 承建，采用长期租赁模式。

经过近十年的生产，目前先导试验单元仍处于低含水阶段，无水采油期近八年。该生产单元为卢拉油田的全面开发积累了从地质、油藏、钻井、完井、流动保障、海工、FPU（生产设施）等专业大量的宝贵经验，也证实了盐下油田水气交替注入提高采收率开发方式和大井网稀井距开发井网的可行性，消除了盐下油田开发商业性的疑虑，探索出了适应盐下区域的全新开发模式。

2019 年 2 月 FPSO Cidade Angra dos Reis 连接 5 口油井在产,日产原油近 7×10^4bbl。7LL79D 井和 RJS646 井是主要油井。RJS646 井是卢拉油田 2009 年投产的第一批油井,投产近十年,目前日产水平仍超 2×10^4bbl。7LL79D 井 2016 年 5 月投产,投产近三年,日产油 2.5×10^4bbl。

2. 卢拉 NE 生产单元

FPSO Cidade de Paraty 是卢拉油田投产的第二个先导生产单元。该 FPSO 处理原油能力 12×10^4bbl/d,处理气能力 174×10^6ft³/d,注水能力 15×10^4bbl/d,具备 10 个生产立管和一套天然气外输立管,采用多点系泊,由 SBM 承建,采用长期租赁模式,租期 20 年。

FPSO Cidade de Paraty 投产于 2013 年 6 月,2014 年达到 12×10^4bbl/d 原油处理能力峰值,此后一直稳产。经过近 9 年的生产,日产原油仍保持在 12×10^4bbl 左右,满负荷生产。

截至 2019 年 2 月,FPSO Cidade de Paraty 目前仍满负荷生产,日产原油 12×10^4bbl。目前该生产平台共连 6 口油井。7LL15D 井、7LL28D 井和 7LL22D 井等主要生产井仍处于低含水开发阶段。

3. Iracema South 生产单元

FPSO Cidade de Mangaratiba 是卢拉油田投产的第三个生产单元。该 FPSO 处理原油能力提升至 15×10^4bbl/d,日处理气 280×10^6ft³,注水能力 24×10^4bbl/d。投产于 2014 年 10 月,2015 年达到 15×10^4bbl/d 原油处理能力峰值,此后一直稳产。至 2019 年 2 月该生产平台共连 6 口油井。

4. Iracema North 生产单元

FPSO Cidade de Itaguaí 是卢拉油田投产的第四个生产单元。该 FPSO 处理原油能力 15×10^4bbl/d,日处理气 280×10^6ft³。投产于 2015 年 7 月,2017 年达到满负荷运行。至 2019 年 2 月该生产平台共连 5 口油井。

5. 卢拉 Alto 生产单元

FPSO Cidade de Maricá 是卢拉油投产的第五个生产单元。该 FPSO 处理原油能力 15×10^4bbl/d,日处理气 212×10^6ft³。投产于 2016 年 2 月,2017 年达到满负荷运行。至 2019 年 2 月该生产平台共连 6 口油井。

6. 卢拉 Centro 生产单元

FPSO Cidade de Saquarema 是卢拉油田投产的第六个生产单元。该 FPSO 处理原油能力 15×10^4bbl/d,日处理气 212×10^6ft³。投产于 2016 年 7 月,2017 年达到满负荷运行。至 2019 年 2 月该生产平台共连 6 口油井。

7. 卢拉 South 生产单元（P66）

FPSO P66 是卢拉油田投产的第七个生产单元。该 FPSO 处理原油能力 15×10^4bbl/d，日处理气 212×10^6ft^3。投产于 2017 年 5 月，2018 年达到满负荷运行。至 2019 年 2 月该生产平台共连 7 口油井。

8. 卢拉 Extreme South 生产单元（P69）

FPSO P69 是卢拉油田投产的第八个生产单元。该 FPSO 处理原油能力 15×10^4bbl/d，日处理气 212×10^6ft^3。投产于 2018 年 10 月，该生产平台目前仍处于连井上产阶段。在 2019 年 2 月，仅连接 1 口油井，但之后陆续连接共计 6 口生产井。据公布的 2019 年 11 月官方生产数据，该生产单元已位于巴西生产平台产量首位。

9. 卢拉 North 生产单元投产（P67）

该 FPSO 处理原油能力 15×10^4bbl/d，日处理气 212×10^6ft^3。2019 年 2 月 1 日，巴西国家石油公司和其合作伙伴宣布卢拉油田第九个生产单元卢拉 North 正式由 FPSO P67 投产。P67 的投产将助力卢拉油田首油后 10 年实现日产原油产量突破 100×10^4bbl 大关。

卢拉 Oeste 单元正在建设，预计第十个生产单元（P71）将于 2020 年投产。该生产单元日处理原油 15×10^4bbl。卢拉油田的全部生产单元的投产将标志着巴西最大的超深海油田全部建设完成，全面进入开发生产管理阶段。该生产单元的持续投产将进一步提升卢拉油田产量，将桑托斯盐下油气产量提升到全新的高度。

（三）沙坪霍油田生产

沙坪霍油田是盐下油田群中第一个完成产能建设的油田，油田 2014 年完成两个生产单元建设。2017 年原油产量达到 26×10^4bbl/d，目前两个 FPSO 满负荷运行，天然气通过海底管线连接到卢拉油田外输。

FPSO Cidade de São Paulo 是沙坪霍油田的先导生产单元，也是桑托斯盆地盐下油田群的第二个先导生产单元。投产至今已经运行 6 年，目前连接油井 5 口，保持 12×10^4bbl/d 的原油生产能力，满负荷生产，生产时效保持在较高的状态，未出现递减，体现了沙坪霍油田开发的良好效果。

FPSO Cidade de Ilha Bela 是沙坪霍油田的第二个生产单元，设计原油处理能力 15×10^4bbl/d，2014 年 11 月投产，2016 年达到 FPSO 设计处理能力。到 2019 年保持在近 15×10^4bbl/d 的原油生产能力。该生产单元连接油井 7 口。

统计分析沙坪霍油田所有在产油井产量发现，该油田的一个显著特点是油井单井日均产量特别高，低于 2.2×10^4bbl/d 的油井仅 3 口，大部分油井日均产量在 $(2.2 \sim 3.0) \times 10^4$bbl 之间。

（四）布兹奥斯油田生产

2010年9月，ANP-1井钻遇油层厚度超300m，布兹奥斯油田获得发现。2013年12月，作业者巴西国油宣布商业发现。2015年，ANP-1井完成9个月的延长测试，日产原油 1.5×10^4 bbl（产量受天然气燃放量许可限制）。

根据ANP公开数据，布兹奥斯油田地质储量高达（260~300）$\times 10^8$ bbl，天然气量储量达 12×10^{12} ft³，是目前巴西储量最大的油田。该油田已建设生产单元4个，后续将计划6~10个生产单元，布兹奥斯油田将推动巴西油气产量达到历史新高。

该油田部分属于专属经济区（Transfer of Right Surplus）的合同模式。2018年4月布兹奥斯油田FPSO P74投产，到2019年2月，该油田4个生产单元在产。在产生产单元包括P74、P75、P76和P77，目前生产平台均在快速上产阶段。

（五）梅罗油田生产

梅罗油田原是里贝拉区块西北区，宣布商业发现后命名为梅罗油田，是巴西第一个产品分成合同模式下的油田。梅罗油田目前整体处于试生产阶段，梅罗试采（宣布商业发现后成为早期生产）是巴西第一个具备回注功能的早期生产单元。

据公开资料，虽然梅罗油田目前仅只有一口油井投入生产，但依靠其超高单井产能，在巴西盐下在产油田中位列第四，排在卢拉、沙坪霍和布兹奥斯之后。未来，随着梅罗油田四个正式生产单元陆续投产，油田年产量将达到（3000~5000）$\times 10^4$ t，是桑托斯盆地未来上产的又一主力油田。值得一提的是，该油田有中国石油和中国海油两家中国公司直接参股。

除这些油田外，道达尔在桑托斯盆地盐下油田群拥有拉帕油田，目前产量在 3×10^4 bbl/d 左右。

第二节　巴西深水油气田开发程序与策略

回顾巴西两个主要盆地主要在产油田的开发程序，内容上与海洋油气田开发一般程序保持一致，但又有其自身的特殊性要求。油田开发策略和模式需根据待开发油藏特点、油田开发设计时工艺技术水平决定，巴西两个主要产油盆地内表现出明显的差异性。坎波斯盆地内，开发历史长，不同油田发现时间不同，不同时期开发的工艺技术不同，油田开发模式也在持续演变。本节重点以桑托斯盐下油田群的开发策略和开发模式选择为主要介绍内容，这对正在进行开发设计的桑托斯盆地盐下油田群开发具有较强的参考和实用价值。

一、巴西深水油田开发程序

（一）一般海洋油气田开发程序

海洋油田开发的前提条件是获得油气发现后，油气储量评价证实达到最低商业开发储量，具备开采价值。发现后若不具备商业开发价值，或退出区块，或待技术经济性可行后，才进入开发。具备开采价值后，开发程序包括以下内容：权威的评审机构评审核实油气储量；开展预可行性或可行性研究；编制开发方案；根据批准的开发方案，开展油气田开发工程的基础设计；设立相应的开发项目管理机构；编制工程建设进度计划；进行工程设计和建设项目及关键设备的招标、评标、授标和合同签订；进行油气田开发工程的详细设计；进行油气田开发工程设施的施工建造及其海上运输、安装；实施海上结构物和设备的连接及试运转；进行油气田开发工程联合调试、验收和投产；油田的生产管理；油田的最终弃置。

深水油气田开发项目一般包括勘探、油藏地质评价和开发方案选择、工程可行性方案筛选、概念设计、环境安全经济评价、基本设计、详细设计、建造、安装和调试、投产、废弃等阶段。按照进程可划分为前期研究阶段、确立策略阶段、概念设计与实施阶段。

在项目前期研究阶段，勘探开发和工程是紧密结合的。通常在勘探和评价的基础上，进一步钻取资料录取井，认识油藏特征，作为编制地质油藏专业方案的基础。由于地质油藏方案是后续工程类方案的设计基础，必须全油气田整体研究、设计和优化。在确立策略阶段，主要是确立油气田总体开发策略，一般需要经过建立多个油藏地质模型，优化、筛选各种油藏开发方案和钻完井方案，研究满足油藏开发方案要求的各种工程模式，针对各种可能的方案开展技术、安全和经济性评价，通过综合研究筛选出最优的开发方案。

（二）巴西深水油田勘探转开发程序

巴西深水油田开发程序内容与海洋油气田的一般程序内容一致，也有其独特的要求。以产品分成合同为例，巴西政府部门规定了以下开发要求：（1）在宣布商业发现后180天，须提交开发区内油田的开发方案；（2）对于存在油藏延伸出合同区的跨界油藏，须依据跨界油藏联合开发的相关法律要求提交开发方案（盐下油田群中油田跨界较多）；（3）开发方案提交后，巴西国家石油局须在60天内正式反馈意见和问题，石油公司在收到反馈后60天内书面反馈，直至最终批复；（4）可在一定条件下，同步推进油气田开发建设。由于开发方案的审批周期根据开发方案内容与政府的反馈可长可短，而油气田各生产单元研究和建设工作具有连续性和时效性，开发研究和建设工作在开发方案审批过程中，只要在获得政府相关部门许可后，可在开发方案尚未获批时同步推进油气田开发建设。

（三）巴西深水油田生产单元决策程序

根据桑托斯盆地盐下油气田开发经验，对于储量规模大的油气田，单个生产单元无法发挥油田的产能时，采用分单元开发，这样可以逐步认识油藏和降低风险，在实践中较为常见；如果单个生产单元可以满足油气田开发时，一般采用单个生产单元的相关流程。

各个生产单元单独进行技术经济评价和决策。对于单个生产单元，按单个项目管理，分阶段管控。各生产单元根据所处海况、水深、规模和认识程度等分阶段、分专业逐步推进项目技术经济评价和决策：第一阶段重点研究项目本身能否具备经济开发的价值；第二阶段优选备选方案，提升项目经济效益价值，完成关键设备技术参数要求，启动长线采办设备招标；第三阶段项目持续优化开发井位，完成各专业设计，完成关键设备授标；第四阶段，启动油田各类生产设施的建设、安装与试运行；第五阶段，生产管理；第六阶段，弃置。这里介绍的各个阶段，更多的是从各个生产单元项目管理角度介绍。在具体油田的开发中，往往有多个项目同时推进，它们互相影响，共同推进整个油田的开发。

另外，油田开发不同阶段各生产单元的目的也有差异。先导生产单元一般更专注于新技术试验和评价，但后续全油田开发生产单元则更侧重于新技术应用、投资优化和效益最大化。

二、巴西深水油田开发步骤

深水油田常面临地质环境陌生、类比生产资料少、钻完井和工程成本高、原油和天然气外输受制约、海上应急救援难度大等问题。

经济有效的油田评价是深水油田成功开发的关键。深水油田的评价难度远大于陆上及浅水油田，主要原因在于：（1）评价成本高，一口深水评价井的费用超过1.5亿美元，一个深水油田的评价周期为2～5年；（2）油藏条件复杂，资料录取和解释难度大，巴西盐下深水区块尤为典型；（3）进度压力大。任何一个油田都不可能将开发不确定性全部消除，如何进行经济有效的资料录取，在降低和消除关键不确定性的同时，避免过度评价和资源浪费，是巴西盐下深水油田开发面临的核心问题。

要制订合理的油田评价方案，首先要对不确定因素进行评估，根据各因素的不确定程度、对开发效果的影响程度和迫切程度进行排序和筛选。对于关键不确定因素，通过直接的资料录取来降低风险；如不确定因素对开发效果影响较小，或者难以通过较为经济的手段将其抵御，则可以将其不确定性带入方案研究和编制阶段，通过增加适应性或灵活性来应对。

深水油田开发方式为整体设计、生产设施整体建设和投运，投资大、风险高。巴西海上油田开发借鉴世界其他地区海上油田开发经验，海上油田开发早期开展 EWT（试采）和先导生产单元动态资料采集。试采验证单井或井组层面技术可行性，获取动态资料。通过先导试验验证开发模式和设计，在验证成功的基础上，快速规模标准化建设产能，提升产量，回收投资。盐下油田的开发继承巴西国油在坎波斯盆地积累的经验和模式，也获得良好的开发效果。

回顾巴西深水油田开发过程，一般可以分为四个步骤：

第一步，在勘探和早期开发阶段，录取充足的静动态资料，特别重视试采工作；

第二步，通过先导试验采集充足的动态资料，同时提前回收投资；

第三步，充分考虑各种方案，持续优化开发井网，快速建设后续生产单元；

第四步，通过各类新技术应用，如四维地震监测技术和大规模使用智能完井阀等，提升油田生产管理水平。

在油田全面投入开发之前，率先建立井组规模的早期生产系统（EPS，Early Production System，即 EWT）是巴西盐下深水油田开发中一种较为成熟的风险应对手段。EPS 作为一种"动态评价"手段，能够在采出一定量原油的同时，观察长期的生产动态，获取关键油藏信息，为后续开发方案的研究提供支持。该模式对于巨型深水油田尤其适用。EPS 的成本与全油田开发投资相比非常小，而其获取的信息能够为全油田开发效果的提升提供良好基础。

分阶段开发作为重要的深水油田开发风险应对手段，被普遍应用于巴西盐下巨型深水油田开发。所谓分阶段开发，即针对深水油田开发风险，将油田开发分阶段进行，将复杂问题分解。对于先期投产区域，优先采用成熟资源和技术，争取尽早投产；对于后续生产系统，一方面借鉴早期生产区的生产资料，允许在本油田的开发过程中进行自我学习，另一方面针对油田开发风险与潜力设专题攻关，研究和储备潜力技术。

有效的风险把控是巴西盐下深水油田成功开发的关键，应用的成功经验包括：1 经济有效的资料录取；2 方案的适应性和灵活性；3 早期生产系统和分阶段开发。这也是巴西深水油田开发特有的开发程序与模式。

三、桑托斯盐下油田开发策略

巴西桑托斯盐下油田开发的有利条件是，在坎波斯盆地马林油田和罗尔卡多等巨型油田的开发过程中，积累了大量深海油气田开发经验和模式，已经实现了工作水深 2600m 的突破。

桑托斯盆地开发初期，也有其自身的挑战：地震解释盐层顶部及内部构造的复杂性造成地震波不均匀传播；碳酸盐岩中的高声速也降低了地震分辨率。总体来说，地震数据对构造的解释结果较为理想，但储层研究尤其是非均质性表征挑战较大。

巴西桑托斯盆地盐下已发现油气田整体规模大，埋藏深，埋深在 5000～7000m（包含水深），距离海岸在 150～300km，平均水深在 2000m 左右，盖层为几十米至几千米的盐层。储层是下白垩统阿普特阶的湖相微生物灰岩和介壳灰岩，非均质性强，储集空间以孔隙为主，局部存在少量裂缝。桑托斯盆地的盐下微生物灰岩储层罕见，无可供借鉴的相似油田开发经验，这也是该区域开发时面临的最大挑战。

从流体性质来看，桑托斯盆地盐下已开发油田的流体主要以中、轻质原油为主。流体中 CO_2 含量随着水深有增加的趋势，部分油田不含 CO_2，流体中 H_2S 含量低。桑托斯盆地盐下油田群由于处于开发初期，开展先导试验时天然气管线尚未建设完成，管网缺乏，对天然气的处理和外输形成挑战。

针对上述挑战，巴西国油在勘探开发中重点关注四个关键因素：（1）高质量的地震数据和有限的评价井；（2）EWT（Extended Well Test，延长测试）；（3）分阶段开发；（4）低资金敞口，尽早实现现金回流。简而言之，就是在识别影响油田开发效果关键因素的基础上，一方面通过经济有效的评价手段，直接降低油田开发不确定性；另一方面通过增加方案设计的适应性，以及提供在后期调整和应用新技术的灵活性，降低和消除可能的意外情形造成的影响；最后，通过 EWT 和分阶段开发等手段的应用，缩短资源量向储量、产量的转化时间，尽快投产实现现金回流，同时为后续开发优化提供必要信息，从而实现开发风险的有效把控。

巴西深水盐下油田群开发有以下特点：开发设计上，全油田开发单元全周期整体设计，生产单元的处理能力考虑油田开发全周期参数变化。由于生产单元一次建设完成，开发方式一步到位，油水（气）井同步部署，生产单元建设完成后开发连井投产，利用海上生产单元同时采油和补充压力。受投资限制，开发井数少，开发井网密度小，井网控制程度较陆上油田低。由于开发生产单元一次建设完成，需要在油田开发前中期充分发挥地下油藏的能力，还需要对油田中后期出现的见水、见气情况进行提前判断，为中后期的调整保留空间。因此要充分认识油藏的特点，提前识别开发全生命周期的不确定性，为油田的开发设计和建设提供可靠的输入参数。更需要更充分地认识油田开发的规律，为生产提供充足的支持。

巴西桑托斯盆地具有优越的油气成藏地质条件，盐下已发现布兹奥斯、卢拉、伊阿拉、朱比特和梅罗等世界级巨型油气田，储量基础巨大（表4-2）。卢拉、布兹奥斯等巨型油田相继投产，进入快速上产阶段。

表 4-2 巴西桑托斯盆地盐下油田储量统计表

序号	油田	原始地质储量		剩余 2P 可采储量	
		石油（10^8t）	天然气（$10^8 m^3$）	石油（10^8t）	天然气（$10^8 m^3$）
1	布兹奥斯（Búzios）	41.8	6409.6	9.8	3398
2	里贝拉（Libra）	39.9	5436.9	8.4	3188.5
3	卢拉（Lula）	24.9	6409.6	5.9	2712.3
4	赛比亚（Sépia）	8.5	1656.5	1.8	826.9
5	卡卡拉（Carcará）	5.1	2038.8	1.6	792.9
6	朱比特（Jupiter）	8.5	515.4	1.8	437.5

（一）开发方式

桑托斯盆地盐下油田距离陆地 100～300km，油藏气油比高，是巴西坎波斯盆地平均气油比的 2～4 倍，伴生气中 CO_2 含量中—高。目前桑托斯盆地油田基本采用 FPSO 作为海面设施。FPSO 上含 CO_2 伴生气采用 CO_2 聚合物分子膜渗透技术处理。CO_2 聚合物分子膜渗透技术处理的效率与处理量在 FPSO 上部空间有限的条件下，进一步提升天然气处理能力将限制原油的处理能力，亟须新一代的 CO_2 分离技术。目前桑托斯海域仅卢拉油田拥有一条天然气外输管线，成功实现了天然气外输。桑托斯盆地海底天然气管网系统建设尚处于规划阶段，天然气外输的基础设施资源有限。各主要油田的伴生气规模单独外输难以实现经济效益。含 CO_2 的天然气处理技术上存在挑战，外输设施、市场和经济性均充满不确定性。近年，随着环保要求提高，从巴西环保部门申请伴生气燃放配额难度加大，如何高效处理伴生气是油田开发需要解决的关键问题之一。

典型油田如卢拉油田 CO_2 含量在 0～20% 之间，采用 WAG 开发方式，分离的 CO_2 回注油田，产出伴生气处理后达标的天然气进管线外输。沙坪霍油田天然气通过管线连接到卢拉油田 FPSO Angra dos Reis 外输，CO_2 回注。布兹奥斯油田天然气计划外输，目前管线尚未建设，产出气回注。里贝拉区块由于含 CO_2 含量较高（40%～60%），区块西北区梅罗油田的伴生气，扣除少量燃烧自用气之外，考虑将其产出气回注来保持储层压力。朱比特油田由于 CO_2 过高（油层中 CO_2 含量 56%～60%，气层中 CO_2 含量 76%～78%），尚未宣布商业性。

油藏基础研究和数值模拟研究表明，采取水气交替注入（WAG）的开发方式，充分

利用产出气中 CO_2，地层压力位于最小混相压力之上的情况，回注 CO_2 以实现混相，在注水开发的基础上，可以进一步提高原油采收率。但是回注气中的天然气也会在油藏中产生重力分异，有可能形成气窜风险，需要研究设计应对措施。

采用水气交替注入采油开发方式需要考虑多项适用条件：（1）首先是 WAG 开发方式配套的各种设备及材料，将面临海上生产平台空间和物流等条件的限制。（2）油藏能否达到混相条件，也是研究工作的重点。根据盐下油田油品性质，混相需要达到的温压条件能否满足是必须充分考虑的。一般认为高压和低温有利于混相。混相对于油品的黏度也有要求，一般认为 $1\sim10\mathrm{mPa\cdot s}$ 是较适宜的范围。（3）气窜的控制等挑战。从注气的角度，油田的非均质性如果较弱，会更有利于抑制注入气体突进。水气交替注入，可以在油藏中形成水气交替的段塞，以抑制气体突进。同时注水注气又对管柱、管线、压缩设备提出更高的要求。

通过分析，发现卢拉油田油气藏具低温高压特点，符合注 CO_2 混相开发温压条件；室内试验也验证了 CO_2 混相的可行性；加之伴生气中含 CO_2，可以通过分离伴生气中的 CO_2 回注油藏开发，降低碳排放。由于气体压缩，补充的物质不足以弥补油气开采形成的物质亏空。为了满足物质平衡，需要通过注水补充压力。在油藏生产管理过程中，通过优化注气和补水的周期，可以避免气体突破。

为了进一步论证水气交替注入开发方式的可行性，也进行了大量的室内试验和数值模拟。在室内试验方面，重点刻画碳酸盐岩油藏连通性，研究了裂缝等大孔渗通道对气体突破的影响，还研究了碳酸盐岩胶结作用和缝合面对流动的影响。此外，还研究了碳酸盐岩润湿性对驱替的影响。桑托斯盆地湖相碳酸盐岩，特别是主力储层的高盐环境下生物成因的叠层石，垂向渗透率和平面渗透率具有较强的各向异性。数值模拟的过程中，采用组分模型，以准确表征注水注气过程中的相态特征。数值模拟的结果表明，相比注水开发，采用水气交替注入开发方式，适应油藏的低温高压条件，可以有效实现混相，达到进一步提高采收率目的。而且，由于油藏上覆盐层巨厚，可以实现有效的 CO_2 埋存。此外，利用数值模拟，还对不同的井网、井距和注采模式进行了研究，也确定了最大的气液比（Max GLR）、水油比（WOR）和最大注入压力以及最小注入速度等参数。模拟结果也表明，气体处理能力对油田开发至关重要，伴生气处理能力将限制原油的处理量，进而影响油井的生产能力。

水气交替注入混相驱能提高采收率，也会带来一系列挑战。气体的注入是否会导致原油中沥青质的析出，结蜡和水合物的形成、结垢？另外需要注意的是 CO_2 和水交替的回注对管线的腐蚀问题，为了达到防腐要求，需要采用特殊合金的油套管和海管等。

随着卢拉、沙坪霍、布兹奥斯、梅罗等盐下油田的开发，对水气交替注入开发方式的认识会越来越清晰。

（二）开发层系

一般来说，开发层系划分原则如下：

（1）同一开发层系各油层应该油层性质相近，即沉积条件相近、渗透率相近、油层分布面积相近、层内非均质性相近等；

（2）一个独立的开发层系应具备一定的储量，以保证油田满足一定的采油速度，并具有较长的稳产时间和达到较好的经济指标；

（3）各开发层系必须具有良好的隔层，以便在注入介质驱替时，层系间能严格分开，确保层系间不发生串通和干扰；

（4）同一开发层系内油层构造形态、油水边界、压力系统和原油物性应比较接近；

（5）在分层开采工艺能解决的范围内，开发层系不宜划分过细，以减少建设工作量，提高经济效果。

根据盐下油田群的地质情况，一般可以划分为 BVE（Barra Velha）组和 ITP（Itapema）组两个油层。从现有资料来看，盐下油田 BVE 组和 ITP 组均是一套层系开发。卢拉油田部分区域发育隔层，但上下两层水力连通，不能形成独立的开发层系。梅罗油田 BVE 组和 ITP 组两个油层之间没有明显的隔夹层。考虑到两个油田储层平均厚度较大，目前主要实施对生产井和注入井采用 2～3 段智能完井，实现对生产层位的控制，为后续高含水以及气体突破时进行产油和注气层位调整储备措施。

（三）单井产能

桑托斯盆地盐下油田直井单井超高产能特点突出，试油结果表明采油指数超高。目前卢拉、沙坪霍油田生产结果表明，单井不仅产量高，且长期稳产。盐下油田在产井单月日均产原油在 2×10^4 bbl 左右，最高产井超 4×10^4 bbl/d。卢拉油田主要油井日均产油集中在 1.6×10^4 bbl 以上。沙坪霍油田，主要油井日均产油量 2×10^4 bbl 以上，1×10^4 bbl 以下油井仅 1 口。布兹奥斯油田平均单井产量在 4×10^4 bbl/d，梅罗油田在产井产量 4.3×10^4 bbl/d，且已稳产两年多。

在油田开发井网优化过程中，根据油井高产稳产的特点，形成了大井距不规则井网的井网模式。该井网模式可以有效减少开发井数，大幅降低开发投资，在卢拉、沙坪霍和梅罗等油田得到应用。

（四）开发井网

巴西海上油田井网设计的发展随着钻井技术的进步、水深逐步加深，特别是开发油藏的特点越来越复杂，主要经历了三个阶段。

第一阶段：以坎波斯盆地浅水油田为代表，主要采用小井距直井和斜井井网为主进行开发。

第二阶段：主要以坎波斯盆地深水和超深水盐上油田为代表，代表性实例如马林油田、罗尔卡多油田和朱巴特油田等，主要开发井型是水平井、斜井整体开发，开发井网变稀，井网密度小。

第三阶段：主要针对桑托斯盆地超深水盐下中轻质原油巨厚碳酸盐岩油藏开发，代表油田包括卢拉油田和布兹奥斯油田等盐下巨型油田，开发井型以大井距直井和斜井不规则井网为主，井距大、井网稀。

桑托斯盆地盐下油田开发井网设计过程中，一个重要经验是重视油田的不确定性研究：一方面充分认识油藏特征的不确定性；另一方面是保留后续调整的灵活性，同时做好风险应对储备措施，持续优化开发井网部署，形成了不确定性识别、应对的方法和措施，积累了宝贵的经验，主要有以下四点：

（1）重视断层传导率的不确定性分析。通过历史拟合 DST、EWT 和先导试验结果，在先导试验单元注入示踪剂、开展地质力学的实验和模型研究，优化传导率认识。开发井网设计过程中，保留后备井位的可能性，优选对断层传导率适应性强的井网。

（2）重视裂缝发育情况的不确定性研究。通过地震属性和地震相（弹性反演）、探井成像测井和 PLT、RDA 井、取心、先导试验单元注入测试、历史拟合动态数据验证裂缝系统等手段，充分认识裂缝系统特征。开发井网设计过程中，通过针对性地设定最小井距为 1.5km 左右，可以降低因裂缝因素影响注入气 / 水突破的可能性；一旦发生提前突破，保留降低注入或者停止注入的可能性；同时保留将注入井改换为生产井的可行性。

（3）注重水气交替注入的不确定性研究。通过特殊岩性分析实验（包括三相渗透率分析实验），认识油气水渗流规律。同时，通过开发地震采集，认识流体在油藏中的运动规律。在开发井网设计过程中，注水井毗邻注气井，一旦生产井和注入井间发生指进，可以通过邻近注入井调节注入量，也可以重新钻生产井，充分考虑补钻油井的可能性。

（4）注重流体组成的不确定性研究。为了认识流体组成，在多口探井和评价井取样，通过 EWT 生产认识流体性质是否随着生产发生变化，通过流体模型研究认识流体组分，采用组分模型充分反映研究认识。

四、桑托斯盐下油田开发模式

（一）深水油田开发模式优选

深水油气田开发明显有别于浅水油气田开发的方面，主要在于深水油气田开发具有更高的技术和经济风险。一般来说，深水油气田开发具备以下特征：

（1）海洋环境恶劣；

（2）离岸远；

（3）水深增加将使平台负荷增大；

（4）平台类型多种多样；

（5）钻井难度大和费用高；

（6）海上施工难度大、费用高和风险大；

（7）油井产量高。

需要指出的是，单井产量高的特点是深水油气田开发筛选的结果。正是由于深水油气田受海洋环境、岸距、设计等方面影响，其建设和施工因此具有难度大、投资大的特点，要求开发井单井产量高。如果单井产量达不到经济评价要求，那么在设计阶段这类井就会被优化取代，或最终由于经济效益不可行、项目不具备商业性，而将它们排除在统计数据之外。

由于上述特点及浮式平台的多样性，深水油气田开发的工程模式也呈现多种多样的特点。因此，深水油气田开发模式面临更多的方案选择，如何确定经济合理的油气田开发工程模式是前期研究阶段的主要任务。

深水油气田开发模式可以根据采油方式不同分为：湿式采油、干式采油和干湿组合式采油三种。干式采油是将采油树置于甲板，井口可作业，井口布置相对集中。湿式采油是将采油树置于海底或水中，井口作业均需要在水下进行，水下井口分散布置。干湿组合采油模式是将湿式采油和干式采油联合应用的开发工程模式。不同采油方式选择，需根据油气藏特征筛选。

每个深水油气田开发项目都需要根据油气田的具体情况，从各种类型的浮式结构中筛选出较为优化的平台类型。上述要求有些是互相矛盾的，比如稳性优异的平台可能导致过大波浪运动。因此，为了解决和平衡矛盾，海洋石油工业开发了各种类型的浮式平台概念，这些概念呈现出不同的特点，表现出不同的优势和不足。下面将专门介绍各种油气田开发工程模式的选择方法。

开发工程模式均必须符合上述油气田开发条件和要求，基于油气田离岸距离、开发井的布置方式、修井作业频率等，优选开发工程模式。深水油气总体开发模式的选择需要考虑如下因素：油藏规模、油品性质、钻/完井方式、井口数量、开采速度、采油方式（干式或湿式开采）、原油外输（外运）方式、油（气）田水深、海洋环境、工程地质条件、现有可依托设施情况、离岸距离、施工建造和海上安装能力、法律法规、公司经验与技术、经济指标等。深水油气总体开发模式的确定是综合考虑上述各种因素的结果，同时还要考虑技术上的可行性，最大限度地降低技术和经济上的风险，使得油气田在整个生命周期内都能经济有效地开发，如取得最大的净现值、最大的内部收益率、最短的投资回收期和最高的投资效率等。

巴西深水油田数量多，类型多样，油田开发工程模式也一直在发展，但总体来说，巴西主要以浮式生产设施与湿式采油树相匹配的开发工程模式较为多见。早期坎波斯盆地开发以半潜式平台 +FSO+ 湿式采油树为主，逐步过渡到 FPSO+ 湿式采油树的开发模式，干式采油树较为少见，深水张力腿平台巴西仅一艘。

（二）盐下油田开发模式优选

在借鉴坎波斯盆地深水油田开发经验的基础上，巴西桑托斯盆地深水油气田开发模式优选主要考虑因素如下：

（1）油藏储量规模巨大，丰度高且分布较广，水下采油树可以保障开发井网部署的灵活性，充分动用储量；

（2）油藏巨厚，最厚处净厚超 400m，单井油气产量超高，采油直井日产原油（2~4）× 10^4bbl；

（3）油藏单井产量高，单个生产单元开发井数量在 16 口左右（其中油井 7~8 口），初期甚至 4~5 口油井即可以实现 FPSO 满负荷生产；

（4）水下生产管线回接 FPSO 可以保障油井产量充分释放；

（5）大部分油田含不同程度的 CO_2，考虑 CO_2 的处理工艺和对外输管线的要求高，采用含 CO_2 伴生气回注提高采收率；

（6）海域环境相对温和，FPSO 可以较好地适应海况；

（7）距离海岸线较远，无现成可用的海上处理设施依托；

（8）目前虽然已经有两条天然气回输至陆地的管线，但整体上该盆地还缺乏天然气外输管线，正在规划的天然气外输管线进度较慢；

（9）缺乏从生产平台外输原油的管网系统，只能通过动力定位穿梭油轮卸油。

总之，"FPSO+ 水下生产系统"的开发模式在坎波斯盆地多个油田实践已成功检验，该模式在桑托斯盆地卢拉油田和沙坪霍油田先导生产单元试点应用也取得了良好的效果，之后在卢拉、布兹奥斯、梅罗、赛比亚等油田也得到推广应用。在桑托斯盆地盐下油田群开发过程中，这一开发模式也逐步得到完善、标准化，从而加快了油田产能建设速度。

第三节　坎波斯盆地深水油气田开发实例

回顾巴西海洋石油工业的发展历程，坎波斯盆地的开发历史至关重要。从 1977 年恩乔瓦油田率先实现商业开发，到马林油田、阿巴克拉油田、罗尔卡多油田和朱巴特油田等一批巨型油气田投产，坎波斯盆地的勘探开发促使巴西石油工业实现浅水、深水、超深水、超深水盐下复杂油田的连续跃迁，完成了技术经验积累，也为桑托斯盆地盐下巨型油田的快速规模开发完成了技术积累，建立了工业体系，储备了专业人才。认识坎波斯盆地的开发历程对了解巴西深水油气田的开发具有十分重要的意义。本节挑选了马林油田、罗尔卡多油田和朱巴特油田三个不同时期不同类型的典型油田进行简要介绍。

一、第一个特大型深水油田开发——马林油田

（一）马林油田勘探开发历程

1985 年，探井 1-RJS-219A 在水深 850m 海域发现 70m 厚的渐新世 / 中新世浊积砂岩，原油重度为 20°API，马林油田获得发现。1987 年 11 月，探井 RJS382 发现马林南油田。马林南油田水深 1000～2600m，原油重度为 13～29°API，该油田 API 值平面和纵向分布差异大。1987 年 1 月发现马林东油田，平均水深 1240m。

马林油田位于桑托斯盆地东北部，面积 165km²，水深 600～1100m。原油重度在 18～21°API 之间，黏度为 4～8mPa·s，饱和压力 22kgf/cm²，原始地层压力 287kgf/cm²。

主要储层属于始新世到近代海退巨层序——渐新世 / 中新世浊积砂岩。该层序由一套完整的滨海平原—河流三角洲—扇三角洲—大陆架—碳酸盐台地—斜坡—深盆体系组成。储层平均厚度在 50～60m，多由宽 2～8km、长 5～12km 的浊积朵叶体组成。浊积朵状体聚集在盆地内斜坡，压实下部蒸发盐层滑动。测井和高质量地震解释结果表明，马林油田的浊积体系根据层序不整合可以分为九期。浊积朵叶体叠置厚度最厚可达 125m。浊积砂岩胶结差，分选差，泥质含量低。储层物性极好，平均孔隙度高达 27%～30%。室内岩心分析结果表明，平均渗透率达 1000～2000mD。评价后落实探明地质储量 64×10⁸bbl。

马林油田开发时，主要挑战来自水深。

后续勘探结果表明马林油田群由多个油田组成，各油田包含油藏多、流体差异大。马林油田储量大，油藏多，展布面积广，需多个生产平台开发，油田开发建设分生产单元逐步建设并投产。为了逐步克服水深的挑战，平滑投资强度，持续优化开发设计方案，由浅到深部署开发平台。为了认识油田特征，开发初期开展了延长测试，结果表明油藏水体能量不强，需注水补充能量。

经过几十年的开发，开发单元几经优化。为便于读者理解，本节对马林油田开发过程进行简化，仅介绍发现初期开发设计和生产情况。

巴西当时不具备开发这些深水油田的技术实力，随着一大批深水和超深水油田的发现，对更深水域油气田开发技术的需求非常迫切。为了推动马林油田的开发，巴西国家石油公司启动了 PROCAP1000 计划，以研究马林油田第一个浮式生产平台的所有技术。全油田最初的开发设计包括 9 个浮式生产单元，油井 135 口，注水井 20 口，高峰产能 43×10⁴bbl/d，经济极限寿命 20 年。

1991 年 3 月，预先导生产系统（Pre-Pilot）实现首油，该预先导系统通过 P13 半潜式

平台连接 3-MRL-3 井生产。

为了进一步认识油藏特征，评价油井产能，试验完井技术，验证海洋工程技术，马林油田开展了先导试验。先导生产单元定于油田水深最浅的北部，可以进一步认识油田开发生产的特征，提前识别开发风险，加快投资回收，降低工程建设难度，同时对整个油田的开发影响小。

先导生产单元位于油田北部，7 口生产井连接到半潜式生产平台 P20，7 口生产井均优选油井上段完井。先导生产单元日处理原油能力 5.2×10^4bbl，原油通过管线外输。天然气通过管线输至阿巴克拉油田平台再外输。

1992 年 7 月，第一个先导试验单元开始生产，获得了大量认识。先导试验进一步认识了油田的纵向和平面连通性，油田南部后续钻井过程中测压监测到先导生产单元生产带来的压力降，进一步证实了油藏的整体连通性。先导试验单元在较长的海底流动管线中认识到结蜡现象影响了油井产能，提前识别了结蜡的风险。先导生产单元还加快了投资回收速度。此后，油田进入全面开发阶段。

马林油田正式生产单元开发设计分为两个阶段：

第一阶段包括 Module 1 和 Module 2。其中，Module 1（模块 1）包括 P18 和 FPSO Petrobras 32，Module 2 包括 P19 和 FPSO P33，开发油田北部。1994 年，Module 1 的第一个生产平台 P18 投产，水深 940m，位于油田东北投产。P18 设计处理能力 10×10^4bbl/d，注水能力 15×10^4bbl/d。P18 连接 16 口油井，12 口注水井。FPSO Petrobras 32 具备原油脱水和卸油功能。投产几个月后，Module 1 的处理能力达到 10×10^4bbl/d。

1997 年，Module 2 的 P19 生产平台投产，水深 940m，连接油井 12 口，注水井 7 口。随着开发过程的深入，发现油田的物性好于预期，对马林油田的开发计划进行了优化，在油田东北部增加了 FPSO P33。油田东北的注水井连接到 P33 和 P19。

第二阶段包括 Module 3、Module 4 和 Module 5。P26、P35 和 P37 开发油田南部。随着生产平台陆续投产，油田开发进入第二阶段。1998 年 2 月，Module 3 的 P26 半潜式生产平台投产，工作水深 990m，日处理原油能力达 10×10^4bbl，连接 12 口油井，8 口注水井。Module 4 的单点系泊 FPSO P35 工作水深 860m，处理原油能力 10×10^4bbl/d。通过水下节流管汇，P35 连接油井 14 口，水井 6 口。Module 5 的单点系泊 FPSO P37 工作水深 905m，2000 年 7 月投产，日处理原油能力 15×10^4bbl，连接油井 16 口，水井 10 口。

2001 年，马林油田已经形成了 9 个生产平台的布局，生产原油超过 54×10^4bbl/d，注水 64×10^4bbl/d，油田综合含水 3.7%，气油比与原始气油比基本一致，保持在 $80m^3/m^3$，在产油井 60 口，注水井 32 口。

2002 年，马林油田达到高峰产量，生产原油达 65×10^4bbl/d。油田高峰产量大幅超过初期设计的高峰产量，主要得益于水平井技术应用大幅提升单井产量。油田南部油藏的精细刻画也进一步清楚认识了油田的潜力。

2004 年，马林油田有 8 个生产单元在产，生产井 129 口，其中油井 86 口，注水井 43 口。马林油田的成功开发，为坎波斯盆地深水油田开发提供了大量的经验和宝贵的技术试验环境。

（二）马林油田开发生产认识

渐新统 / 中新统浊积砂岩具有三个突出特点：（1）可预测性，可以从地震解释结果上较好的识别；（2）极好的油层物性；（3）较好的油藏连通性。开发过程中，三维地震技术的应用，大幅降低了开发风险，为持续优化开发井网，特别是加密井部署提供了重要指导。

马林油田相渗特点表明，注水开发是最切实可行的开发方式。注水井完井选择井段下部完井注水，油井选择上段完井，有效延缓见水时间。详细分析每口井的注入量，严格控制注水水质，保障足够的注入量。

马林油田开发过程中，形成了一批深水钻井和海洋工程技术。在钻井过程中，优化钻井设计，大幅缩短开钻时间；应用 PDC 钻头、防砂技术、水平井技术、应用动力定位钻机等技术。应用新型海底湿式采油树、新型采油树和流动管线连接装置、柔性管线、新型油管、海底节流管汇等获得良好开发效果和经验。

马林油田开发过程中，出现了海上生产平台建设滞后的问题。为了解决这一问题，降低由于生产平台建设进度对油田生产的影响，提前了生产井的钻井计划和下部完井计划，通过临时设施，连接到海底节流管汇再连接到现有生产平台生产，这一做法取得了良好的效果。

在油田的生产管理过程中，也形成了大量有效的做法和经验。相比于浅水，深水油田数据录取的难度大，作业成本高，为此形成了按月开展生产测试，定期研究更新的做法。通过开展四维地震采集和解释，精细刻画油藏属性和水驱前缘，为加密钻井和补孔等提供依据和指导。

马林油田是巴西第一个特大型深水油田，油田的开发初期，巴西国油缺乏深水技术和深水油田开发经验，随着油田由浅入深逐单元开发，巴西国油完成了浅水到深水的飞跃。

二、断块油气藏开发——罗尔卡多油田

（一）罗尔卡多油田勘探开发历程

罗尔卡多（Roncador）油田是巴西国油 20 世纪 90 年代获得的最大发现，属于深水—超深水复杂断块油气田（图 4-2）。需要指出的是，罗尔卡多油田油藏类型的认识经历了一个较长的过程，作业者巴西国油是在勘探和评价过程中逐步才认识清楚的，在开发设计的时候并不是一开始就认识清楚的，因此油田开发的思路和过程也是几经优化。

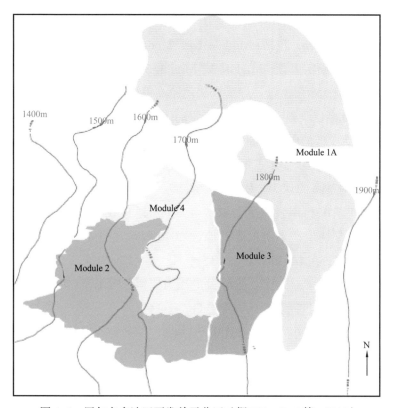

图 4-2　罗尔卡多油田开发单元分区（据 E.Bordieri 等，2008）

罗尔卡多油田位于坎波斯盆地东北部，距离海岸线约 125km，水深 1500～1900m，油田面积 110km²，原油重度为 18～31°API，地质储量 75×10⁸bbl，可采储量（19～37）×10⁸bbl。

1996 年，该区块第一口探井 1-RJS-436A 发现了油气显示，原油重度在 28～31°API 之间，罗尔卡多油田被发现。1997 年 10 月，第二口探井（1-RJS-513）部署在区块西南部，也获得油气发现，但原油与发现井不同（API 18°），该探井钻探结果揭示了油藏流体的复杂性。随后探井发现了与 1-RJS-436A 井不同的油水界面，进一步揭示了油水界面的复杂性。

油藏埋深 2900～3600m，油藏被主控断层分割为南北两块，形成不同的油藏。断层断距最大 200m，油藏既受构造控制，又受岩性控制。储层以早白垩世硅质浊积砂岩为主，夹杂泥岩页岩互层。储层孔隙度在 24%～30% 之间，平均孔隙度 25%，渗透率在 400～5000mD，平均渗透率 800mD。

在评价过程中，发现多个油水界面和一个气顶。随后的进一步勘探和评价结果表明，油田的原油品质差异较大，后续评价井相继发现断层下盘油藏油品重度在 18～22°API 之间，且含少量 CO₂（4.5%）。

罗尔卡多油田的开发区面积 111km²。开发生产单元划分几经调整，最终形成了 4 个生产单元（上图生产区域），包括：Module 1A、Module 2、Module 3 和 Module 4，其中：Module 1A 位于主控正断层上盘，Module 2、Module 3 和 Module 4 位于断层下盘。Module 1A 生产单元在区块东部断层上盘，埋藏较深，原油重度在 28～31°API 之间；Module 2 和 Module 4 在区块西北断层下盘，埋藏较浅，原油属于 API 值为 18° 重油；Module 3 在区块中部，生产 API 值为 22° 的中质原油。

1998 年，随着勘探逐步揭示了油藏的复杂性，巴西国油决定开展早期生产测试，录取生产数据，加深对油藏的认识，提前回收投资。1999 年，罗尔卡多油田的早期生产系统投产。早期生产系统利用发现井 1–RJS–436A 井通过 $6^5/_8$in 立管系统连接 FPSO Drill Pipe Riser 生产。该早期生产系统最高产原油 20000bbl/d。此后 FPSO DPR 在 Module 1A 区域继续生产 24 个月，在 Module 3 生产 15 个月。1–RJS–436A 井早期生产创造了巴西当时直井高产纪录。早期生产测试后，实钻井的压力资料证实了断层的封堵性。早期生产表明水体能量一般，开发通过同步注水补充能量。

在早期生产系统生产同时，半潜式生产平台 P36 和 FSO–47 作为 Module 1A 区域正式生产单元建造。P36 半潜式生产平台可以处理原油 18×10⁴bbl/d，处理天然气 480×10⁴m³/d，注水 15×10⁴bbl/d。2000 年 5 月，P36 和 FSO–47 投产，此后数月内达到 18×10⁴bbl/d 处理能力。2001 年 3 月，生产平台 P36 沉没。Module 1 生产单元重新命名为 Module 1A，2002 年 FPSO Brasil 连接此前 P36/FSO–47 的水下生产系统生产。2004 年，FPSO Brasil 达到设计产量。Module 1A 第二阶段设计由 P52 后续投产。同年，FPSO Brasil 结束合同期。

2005 年，罗尔卡多油田采集了三维海底电缆地震资料。三维海底电缆地震资料解释结果，大幅提升了油藏构造认识，提取地震属性广泛应用于油层物理性质预测。

2007 年，P52 和 P54 分别在 Module 1A 和 Module 2 生产区域投产，罗尔卡多油田产量在 2008 年达到了 25×10⁴bbl/d。

2013 年 12 月，半潜式生产平台 P55 开始生产。P55 工作水深 1800m，原油处理能力 18×10⁴bbl/d，天然气处理能力 400×10⁴m³/d。P55 生产平台设计生产井 17 口，其中油井 11 口，水井 6 口。

2014 年 5 月，Module 4 的 FPSO P62 开始生产。FPSO P62 工作水深 1600m，原油处理能力 18×10⁴bbl/d，天然气处理能力 600×10⁴m³/d。Module 4 设计生产井 17 口，其中油井 12 口，注水井 5 口。17 口井中，15 口为水平井，定向井 1 口，直井 1 口。为了保障单井产能，水平井水平段平均设计长度约 1000m，采用砾石充填完井。产出天然气通过 12in 管线外输。2014 年，随着 P55 和 P62 投产，罗尔卡多油田产量再次超过 35×10⁴bbl/d。

到 2018 年 12 月，罗尔卡多油田仍保持生产能力 19.4×10⁴bbl/d。

P52 生产单元从 2007 年投产以来，经过 12 年的生产，到 2019 年 2 月日处理原油近

8×10^4bbl，日处理产出水 5×10^4bbl。P54 生产单元从 2007 年投产以来，经过 12 年的生产，到 2019 年 2 月日处理原油近 4×10^4bbl，日处理产出水 6×10^4bbl。P55 生产单元从 2014 年 1 月投产，2014 年 11 月日产原油 8×10^4bbl，到 2019 年 2 月，日产原油仍保持在 4×10^4bbl 以上。

（二）罗尔卡多油田开发生产认识

罗尔卡多油田开发过程中，主要做法和经验如下：

（1）综合地震、测井、录井、岩心和实验室流体物性结果，重点刻画了断层特征。在地质建模的过程中，针对断层上下盘性质的差异性，分别对断层上下盘建立地质模型。根据新钻井及时更新地质模型，持续优化开发井位。流体模型采用黑油三相角点网格模型，对井筒内流动、海底管线和立管内的流动进行耦合。断层模型对油藏整体模型的约束是数值模型研究重点。在坎波斯盆地大量岩心试验基础上，开展了油田相渗研究，形成了适合本区的相渗模型。根据新取心，开展实验完善了残余油饱和度的标定。

（2）采用大井眼长水平井段整体开发的井网模式。生产井井型中，以水平井和斜井为主。单井产能 / 注入能力评价既应用了坎波斯盆地的经验公式，又结合油田建设规模及早期生产的生产数据。在低渗层段和薄层应用水平井，提升单井产量和注入量。新井投产初期日产平均在 10000～25000bbl。水平井采用砾石充填完井。

（3）优选适合的生产平台。在 Module 1A 生产单元海上生产平台的选型过程中，巴西国油进行了大量优选。由于水深限制，当时能满足 1500～1900m 工作水深的平台主要是半潜式生产平台、FPSO、TLP 和 SPAR。由于罗尔卡多油田建产周期紧的要求和对油藏认识的不充分，TLP 和 SPAR 的灵活性有限，TLP 和 SPAR 很快被排除出考虑范围。随后，FPSO 也被排除，是因为 FPSO 在当时的技术条件下，在 1500～1900m 水深，FPSO 的立管根数受限，而采用水下管汇减少立管根数也将影响油井产能。最终选择了半潜式生产平台。罗尔卡多油田投产初期单井产量高，须采用 6in 海底管线，采用更大的海底管汇在当时技术上存在较大难度。最终，罗尔卡多油田采用半潜式生产平台 +FSO+ 水下采油树的开发模式。值得一提的是，2001 年，罗尔卡多油田卧式水下采油树工作水深达 2500m，创造了当时的世界纪录。

（4）分阶段、分单元生产充分认识油藏特征。由于断块油藏的复杂性，开发整体思路分为早期生产单元和正式生产单元两部分。早期生产系统充分认识了油田的主要风险。Module 1 区域的早期生产试验，论证了油田开发规模，证实了单井产能和注入能力，检验了新的完井工艺。在 Module 2 开展的早期生产试验，验证了大井眼长水平井段的开发井设计。Module 3 早期生产试验，证实了断层下盘油藏的连通性。基于早期生产获得的认识，认为 Module 4 与 Module2、Module 3 连通，继续开展早期生产试验意义不足。所有的生产井都安装了井下压力计和温度计，实现了及时获取温压信息。

（5）采用了早投产、早回收策略。在罗尔卡多油田开发策略设计过程中，采用了及早投产尽早回收投资的策略，即在油藏认识尚不是很清楚的情况下，和早期生产单元同步启动了正式生产单元建设的策略。采用提前建设正式生产单元策略是基于油田的整体储量、产量规模足以支持正式生产单元规模的判断的基础上的。实际生产的结果也证实了此策略的正确性。虽然P36沉没，但及早建设生产单元回收投资的策略在后续开发中继续得到了贯彻。第一个正式单元Module1（Module 1A）部署在油田油品较好的轻质油区。整个油田的开发根据断块油田开发特点，分断块开发，设计正式单元。此后，在断层下盘率先开发水深较浅的Module 2区域。整体采用分块滚动开发的策略，大幅降低了开发难度和风险。

（6）生产井在完井后均立即进行了测试。测试准确认识了油藏物性和生产井的生产能力，既提升了模型的精度，又为下一步开发井部署提供指导。通过测试，进一步认识了油层的有效渗透率、生产井距离断层的距离、单井生产和注入能力。罗尔卡多油田开发过程中，还形成一系列钻井、完井新技术和新方法，推动了油田的经济高效开发。

罗尔卡多油田的顺利开发，为巴西深水断块油田开发提供了宝贵的实践经验和教训。

三、第一个大型深水稠油油田——朱巴特油田

（一）朱巴特油田勘探开发历程

2001年，发现井ESS-100钻遇油层，朱巴特油田发现。油田位于坎波斯盆地北部，距离Espirito Santo州海岸线约80km。油田面积555.9km²，水深在1000~1500m之间。

油藏构造是一个北东向的背斜，东北部被全区发育的南北向断层切割，是早白垩系油气向上运移形成油藏的主要通道。朱巴特油藏的储层是马斯特里赫特阶浊积长石砂岩，胶结差，分选差，后期受盐构造作用倒转。高密度流体将沉积物从浅水搬运到深水，多期叠置形成厚达350m的储层，发育泥岩隔夹层，平均净毛比78%；岩心分析结果表明储层平均孔隙度高达21%~38%。盐上原油的重度约18.5°API，密度0.95g/cm³，饱和压力18MPa，饱和压力条件下黏度14mPa·s，脱气原油黏度3000mPa·s，是巴西当时开发深水油田中原油黏度最大的。可采储量约7×10^8bbl，是巴西第一个成功开发的大型深水重油油田。

勘探评价阶段对探井进行试油，结果表明单井产能较低，不具备商业开发价值。油田开发设计初期主要解决的矛盾除了常规油田开发需要考虑的一般问题外，单井产能、人工举升方式等是需重点研究关键问题。随后研究并设计一口水平井开展延长测试。2002年，油田第一口水平井（ESS-110HP）开钻，该井水平井段1076m，裸眼砾石填充完井。产能测试结果是直井的12倍，从而确定了朱巴特油田的开发井型，也找到了油田开发的途径，

还为后续延长测试提供基础。

在勘探和评价的基础上，为了推进对深水重油油田开发，按照逐步认识和开发的策略，设计一个延长测试。通过延长测试，可以进一步认识油藏特征，进一步证实水平井单井产能和整体水平井开发重油的可行性。通过分析延长测试的结果，可以初步认识油藏水体能量情况。

延长测试：2002 年 10 月，朱巴特油田延长测试水平井通过立管连接 FPSO Seillean，单井自喷日产原油 16500bbl。两个月后，电潜泵投入使用，油井产量提升至 FPSO 处理能力上限 20000bbl/d。2002 年 12 月 12 日该区块宣布商业发现后，延长测试改名先导试验。2003 年 4 月，通过对处理模块进行扩能，FPSO 处理能力提升至 22000bbl/d。单井日产原油达到 22700bbl。测试至 2006 年 1 月结束。

延长测试（此处包括上述的先导试验，均是同一试验单元）进一步认识了油藏的连通性，论证单井产能。通过试验，进一步明确了地质储量、断层性质、井筒多相流动规律及电潜泵和水下采油树性能。

为了进一步降低深水重油油田的开发风险，试验开发技术，在延长测试的基础上，正式生产单元设计两个阶段：第一阶段从 2006 年开始，早期生产系统 FPSO P34 投产；第二阶段从 2011 年开始，油田正式开发的第二阶段 FPSO P57 投产。

1. 第一阶段——早期生产

为了进一步认识朱巴特油田的水体能量、单井产能的特点，提前回收资金，优选人工举升方式，提高油气处理效率，降低对第二阶段开发的影响，开展了早期生产。朱巴特油田第一阶段早期生产包括 FPSO P34，处理原油能力 6×10^4bbl/d，连接水平井 4 口。早期生产阶段在延长测试基础上，重点研究优选不同的举升方式。虽然电潜泵在延长测试取得良好效果，第一阶段 4 口油井设计采用两种电潜泵举升方式和布局，试验适合朱巴特油田的第二阶段开发的人工举升方式。其中，一种是电潜泵安装在井筒内，另一种是电潜泵安置在井筒外。电潜泵安装在井筒外的布局，既便于高功率电潜泵安装更换，也降低对井径的要求，还便于后期作业。电潜泵安装在井筒内的布局，采用的是巴西国油研发的新型高功率高可靠性的新型电潜泵，以测试新型电潜泵的性能。两种电潜泵布局方式均设计了气举作为后备举升方式。另外，在生产平台 FPSO P34 上保留了空余空间，为后续新技术如三相分离器的试验和应用保留了灵活性。

在早期生产阶段，从投产伊始，对生产井的井底压力进行了监测。通过拟合生产井井底压力，提升对水体能量的认识，提高拟合精度，为下一阶段正式生产单元开发井，特别是注水井的部署数量和方式提供了重要指导。第一阶段开发通过研究水体能量，优化第二阶段开发生产单元的注水系统。

测试高功率的电潜泵对钻井提出了更高的要求。朱巴特油藏的储层胶结差，对水平井完井和防砂技术也提出了更高的要求。为了应对上述挑战，新的钻完井方式也在早期生产阶段 4 口油井中进行了试验。

2. 第二阶段——正式生产单元

朱巴特油田在开发模式优选过程中，就各类海上生产平台进行了优选，包括 FPSO、TLP，干式或湿式采油树，人工举升方式，柔性管线或刚性管线等。根据原油低 API 值高黏特点和对油田开发后期产液产水量较大的预测，优选 FPSO 加湿式采油树的开发模式，FPSO 采用多点系泊方式锚泊。

FPSO P57 工作水深 1260m，原油处理能力 18×10^4bbl/d，天然气处理能力 200×10^4m³/d，最大处理产液能力达 30×10^4bbl/d，为巴西当时最大产液处理能力的 FPSO。30×10^4bbl/d 的产液处理能力是根据油藏特点、重油特点和整个油田生命周期产液特点设计的。开发方式选择注水开发，产出水处理后回注地层，同时考虑处理海水回注补充地层能量。FPSO P57 生产单元设计连接油井 15 口，均为水平井，以发挥水平井高产的特点。水平井水平段平均长度 1000m，采用裸眼砾石充填方式完井。设计连接注水井 7 口，采用 6in 柔性立管与生产平台连接。注水井数量随着对水体能量认识的逐步优化。

油田开发第一阶段经过试验的高功率海底电潜泵将投入应用。早期生产阶段试验的布局（水下采油树与电潜泵距离 200m 的布局）模式进一步推广，高功率海底电潜泵在正式开发单元推广应用。采用这一布局，大幅降低修井作业的成本。同时，在海底电潜泵出现故障时，可以转入气举方式举升。

FPSO P57 于 2010 年 12 月投产，2012 年 2 月产量达到 14.8×10^4bbl/d。

FPSO P58 原油处理能力 18×10^4bbl/d，天然气处理能力 600×10^4m³/d。FPSO P58 于 2014 年 3 月投产，2017 年 1 月达到峰值产量 16.8×10^4bbl/d。

（二）朱巴特油田开发生产认识

延长测试和先导试验期间，录取了生产井井底温度和压力、水下采油树的温度和压力、FPSO 上部模块的温度和压力、油嘴上下游压力和油气水产量数据。通过对延长测试和先导试验期间采集的数据分析，形成了大量的基本认识。通过对井底流压的分析，优化油藏数值模型，实现了对井底压力的拟合，结果表明虽然油藏内部发育着泥岩隔夹层，在一定程度上影响了油气的垂向流动，但是在整个油藏范围内，泥岩隔夹层没有形成全区的隔挡。油水界面附近的沥青层影响了水体向上流动，底水水体较大但补充能量能力有限。油藏北东—南西向主断层不封闭。通过对油气产量的拟合，优选适合的相渗曲线。

长水平井段的油井设计，生产测试结果表明 1076m 的水平段中，约 850m 水平段对油井生产有贡献。延长测试和早期生产，摸索出水平井整体开发的开发井型井网，找到了实现单井高产的技术路线，扫清了朱巴特油田经济高效开发的障碍。生产过程中，认识到油井产能有缓慢下降的趋势，为下一步单井产能评价提供了重要依据。

延长测试在钻完井工程方面，长达 1000m 的水平井钻井和完井（裸眼完井砾石充填）在三年实际生产过程中，运行平稳，检验了钻完井技术的可靠性。油井长期生产过程中未出砂，证实了防砂技术的有效性。电潜泵在实际生产过程中运行平稳，未出现故障，增强了使用电潜泵作为人工举升方式的可信性。在生产过程中，同时还发现了水下采油树和电潜泵间的温差远小于预测的现象（温度对于稠油流动性影响巨大），这一发现为下一步电潜泵布局优化提供了契机。此外，延长测试还观察到海底采油树中的原油在停井测试期间也未固结，这为油田开发提供了重要信息。

FPSO 上分离设施内，延长测试和先导试验期间发现了较为严重的起泡现象，影响了油气水分离设施的效率。针对这一现象，初步测试优选了适用的抑泡剂，气泡得到一定抑制，为下一步 FPSO 上部模块优化方向提供指导。在延长测试阶段，基于在电潜泵的叶轮上出现了硫酸钡和硫酸锶的结垢现象，在早期生产阶段对不同类型的防垢剂进行了试验和优选。

在第一阶段，重点测试了人工举升的新技术，为第二阶段开发试验技术积累经验。优选出与水平湿式采油树匹配的井下高功率电潜泵是新技术试验的主要内容。早期生产阶段最重要的一项任务是试验海底电潜泵的效果。4 口油井中，设计 3 种举升方式。第 1 口油井设计试验新的胶囊式模块化电潜泵，该泵额定功率 1200HP，长 33m，工作水深 1400m，位于海床之上。该井设计人工举升方式为电潜泵，同时配备气举模块备用，在电潜泵故障时可以使用。该电潜泵距离海底井口 200m，以降低安全生产风险。如此设计的另外一个原因是在油田第二个开发阶段可以通过特种船安装而不再需要钻机安装。第二口井也采用电潜泵举升，电潜泵安装在井筒内，功率相同。第三口井和第四口井采用气举作为举升方式。

为了降低成本，设计并安装了集成液压控制和电缆脐带缆系统。该脐带缆系统可以满足高功率电潜泵的电力需求，也可以满足生产井长回接时的电控需求。对于重油油田，在流动保障角度，进行了各种工况的流动管线温压模拟，设计了足够的保温层，避免了结蜡和水合物形成。

朱巴特属于深水重油，重油流动性差开发难度大，储层胶结程度差，易出砂，水体能量需要进一步认识，重油举升难度大，需要验证技术可靠性。油田开发过程为了降低风险，采用分阶段逐步开发的策略，逐步认识油田，降低不确定性，验证新技术释放油井产能，逐步消除开发风险。研发应用新型电潜泵、后备气举工艺、油水乳化规律、长水平井防砂固井工艺、新的油水分离工艺，成功实现巴西最稠深水油田的商业化开发。朱巴特油田的成功开发既是分阶段开发策略成功应用结果，又是针对深水重油特点研发新型人工举升技术进步的结果。

21 世纪以来，随着桑托斯盐下油田的发现，朱巴特油田的盐下 Macabu 层也获得油气发现，储层为下白垩统阿普特阶的湖相碳酸盐岩。盐下油藏原油 API 值约 28.5°。2008 年，巴西第一口盐下油井在朱巴特油田投产，朱巴特油田的开发领域进一步拓宽。

第四节　桑托斯盆地深水油气田开发实例

巴西海洋石油工业体系在坎波斯盆地完成了浅水、深水到超深水的连续突破，实现了开发油田类型从常规油藏、断块油藏、到稠油油藏的技术进步。2006 年开始，桑托斯盆地盐下巨型油气田陆续被发现，各大石油公司纷纷进入这一海域。在桑托斯盆地盐下油气田的开发过程中，成功借鉴坎波斯盆地积累的经验。随着近年中国主要油气公司均在巴西深水布局，对桑托斯盆地的油田开发情况进行介绍，具有十分重要的现实价值。

到 2019 年 2 月，桑托斯盆地目前最大的卢拉油田的生产单元仍在建产和上产；沙坪霍油田两艘 FPSO 生产已经投产，持续稳产；布兹奥斯油田已投产 3 个生产单元，正在上产；其他油田如伊阿拉、赛比亚、阿塔普、伊塔普等还处于设计或建设阶段。巴西国家石油管理局计划于 2019 年 11 月 7 日就布兹奥斯油田超额储量部分（TOR+）进行招标。本节重点介绍已公开的卢拉油田、沙坪霍油田和梅罗油田的试采和先导试验等情况。

一、卢拉油田开发

早在 2006 年之前，桑托斯盆地探井较少时，业界就认为该盆地勘探前景广阔，当时未能开展勘探开发主要受制于地震资料品质差，对盐下油田的油藏特征、非均质性认识尚不清和深水巨厚盐层钻井技术难度大等因素。2006 年，Tupi 区块（现卢拉油田主要部分）获得发现，随后桑托斯盆地盐下发现了一大批巨型 / 大型湖相碳酸盐岩油田群。这些油田的发现，促使巴西深水油田开发重心由坎波斯盆地转移到桑托斯盆地。但桑托斯海域油田在储层、流体、水深、海况等方面均与坎波斯盆地有较大差异，巴西油田开发进入新环境，面临新对象。

卢拉油田作为桑托斯盆地盐下油田群中第一个开发的油田，开发初期面临一系列的挑战：（1）地质油藏角度，坎波斯盆地储层主要是砂岩，认识和刻画湖相碳酸盐岩的储层特征充满挑战；（2）盐下油田流体特征复杂，与坎波斯盆地油田流体差异大，高气油比，原始气油比超 200m³/m³，且含 CO_2 等特点；（3）水深超 2000m。此外，桑托斯盆地海况复杂，盐下油田距离海岸线远。

如何批判性地继承坎波斯盆地的开发经验，结合卢拉油田自身的特点，找出适合卢拉油田，乃至桑托斯盆地盐下油田的开发策略和技术，需要通过卢拉油田进行开发试验和探索。为此，在开发初期制定的开发策略是首先通过各种试验和测试手段，认识油田的不确定性，包括油藏特征的评价、储层非均质性、流体组分、开发方式、裂缝对流动的影响等。开发初期需要解决的具体问题包括：如何认识油田的不确定性；认识到何种程度，并做好应对方案，同时保留后续调整的灵活性；采用何种手段认识油藏特点；如何整体设计取心、取样、实验、DST 测试、EWT 和评价井等。

坎波斯深水油田开发实践经验表明，试采可以获取大量认识，也有力地支撑了马林、罗尔卡多和朱巴特等油田的开发。试采和先导试验单元的目的是采集动态数据，认识油藏特点，降低油藏开发不确定性，认识油藏连通性优化地质模型，认识单井产能及生产特征、流体特征、注入能力等，验证单井层面开发概念设计的可行性，完成义务工作量，推进油田单元整体开发。试采或延长测试和先导生产单元采集动态资料可以逐步降低开发技术不确定性，持续优化全油田开发设计。从经济角度，试采和先导试验可以提前回收资金，提高项目经济效益。因此，认识桑托斯盆地主要油田试采过程十分有价值。

这里需要简单说明的是，巴西对于延长测试的定义是油井连续生产超过 72 小时的测试，直译为延长测试，意译为试采。在宣布商业发现后，EWT 须要改名为早期生产单元（Early Production System，简写 EPS）。改名是巴西法律的要求，从技术上内涵仍是一致的。本章根据油田开发历史分阶段进行表述。

（一）卢拉油田试采——桑托斯盆地首个试采

2006 年 8 月，Tupi 区块（BM-S-11）探井 1-RJS-628A 在约 2000m 厚盐层下方获得油气发现，测试结果表明原油重度为 28°API，气油比 240m³/m³，储层物性好，试油产量高。2007 年 7 月，距离发现井 1-RJS-628A 约 10km 的评价井 3-RJS-646 开钻，该井证实了 1-RJS-628A 井的认识，在盐下碳酸岩储层钻遇油层，油层物性较发现井 628A 更好。该井在微生物灰岩油藏下还发现了介壳灰岩油藏。两个探井均在盐下发现油藏，盐下油田由此得名。此后，盐下陆续发现的油藏和卢拉油田被巴西业界称为盐下油田群。

Tupi 区块宣布商业发现后，命名为卢拉油田。卢拉油田是盐下第一个开发油田，区块距离海岸约 230km，水深在 2100～3000m 之间。主要目的层是阿普特阶 Barra Velha 组湖相碳酸盐岩。盖层为巨厚盐层，平均厚度约 2000m。流体 CO_2 含量 0～20%，且平面上南北差异特征明显，在北部 CO_2 含量接近 0，南部的主体构造 CO_2 含量达 20%。储层顶部深度 4900～5200m（包含水深），储层厚度 50～250m，净厚度 20～100m，含油饱和度 70%～85%。油藏孔隙度 8%～14%，平均孔隙度约 11%；渗透率普遍为 1～100mD；地层压力 55MPa，饱和压力 39MPa；油藏温度 60℃。卢拉油田的这些特点，与坎波斯盆地已开发油田差异大。

在勘探的基础上，根据勘探评价计划，对该区块展开评价，钻探评价井，开展 DST，并进行高精度地震采集，初步认识了油藏的特点。为了进一步认识油田的油藏特征，试验钻完井、海工和 FPSO 等专业各项技术，设计设施了试采单元。

卢拉油田的试采是桑托斯盆地盐下油田群的第一个试采。该油田开发之初，面临来自油藏认识、开发方式、井网井型、钻完井工程、流动保障和 FPSO 上部处理模块等方面的不确定性。通过试采可以获得油藏、井筒、海底管线、FPSO 等方面的认识，也为整个盆地内盐下油田开发提供重要参考。

卢拉油田试采设计油井两口，依次试验。整个试采周期设计 15 个月。第一口油井为 RJS-646 井，第二口油井为卢拉 P1 井，每口油井设计生产 6 个月，移船作业 3 个月。试采单元的两口油井均为直井，测试层位为盐下碳酸盐岩储层，生产平台为 FPSO BW Cidade de Sao Vicente，该 FPSO 为转塔式 FPSO，原油处理能力 30000bbl/d，存储能力 35×10^4bbl/d。生产管线为 6in，服务管线为 4in。

卢拉 EWT 期间，油井日产原油水平稳定在 1.5×10^4bbl/d（日产受限于火炬燃放限制），证实了油井良好的生产能力。卢拉 P1 EWT 高峰期日产油 2.87×10^4bbl。两口油井试采生产结果表明，单井产量可达 2.0×10^4bbl/d。油田投产后生产情况表明卢拉油田单井日产平均在 2×10^4bbl 以上，试采认识经受住实践检验。

卢拉 EWT 试采通过压力监测数据验证了油藏平面和纵向的良好连通性。在距离生产井 3km 的邻井对应层位压力监测表明压力明显低于地层原始压力，验证了相邻井层位的连通性。在距离生产井 32km 的一口观测井，随着 EWT 试采井的生产，观测井也监测到连续的压力下降响应，证实了整个卢拉油田的平面上大范围的连通性。在卢拉 EWT 测试过程中，还开展了同井不同层位的干扰测试（Interference Test）。通过应用不同层位的干扰测试，拟合压力数据，优化了垂向渗透率和垂向传导率拟合。

在卢拉 EWT 试采过程中，发现在油藏上部层段生产时，GOR 和 CO_2 上升，提前识别了流体组分在不同层段呈现纵向分异的特征。流体纵向分异的发现，直接改变了卢拉油田的开发策略，优化了开发概念设计，优化了生产单元投产顺序。此后，在卢拉先导生产单元 FPSO Angra dos Reis 的完井层位优选时，设计生产层段位于油井的下部层段，避免油藏上部高气油比段油气产出影响 FPSO 上部模块处理能力，从而影响油田生产。根据卢拉 EWT 试采结果，优化了油田生产系统布局；优化整个油藏的地质模型和数值模型；变更了射孔和完井层段；验证了柔性海底管线布局和余量空间的必要性。

试采发现了卢拉油田复杂的流体平面和纵向分异性，优化了油藏地质模型和流动模型，验证了油藏整体连通性，在此基础上优化了开发策略和生产单元个数，达到设计目的。

（二）巴西桑托斯盐下油田先导试验

1. 卢拉油田先导试验的必要性

通过延长测试/试采，进一步认识了卢拉油田单井产能和油藏连通性等关键问题，但延长测试/试采规模较小，井数较少，获得的认识能否在更大规模的开发单元上得到验证需要检验。开展先导试验，可以在近似正式开发单元的生产过程中对开发方式、开发井网、钻完井工程、海底工程、FPSO 设计及运行等方面进一步验证油田开发的技术可行性，特别是探索适合卢拉油田的开发方式。

由于卢拉油田流体中含 CO_2，如何利用 CO_2 是当时筛选开发方式的关键问题之一。能否在卢拉油田回注 CO_2 提高采收率（EOR），充分发挥油田潜力，提高合同期内油田的采出程度，提升项目经济效益，是该油田开发伊始就须研究和决定的问题。卢拉油田开发方式研究考虑提高采收率的条件是流体中含 8%～20% 的 CO_2，且 GOR 较高。室内实验和模拟的结果表明通过 CO_2 和天然气回注，可以在注水的基础上进一步提高采收率，将采出更多的原油，还可以降低 CO_2 排放。在上述研究基础上，获得开发方式优选等关键认识，也需要矿场试验验证，因此先导试验就显得十分必要。

但深水环境下直接应用三次采油开发油田成功经验还比较少。三次采油开发方式技术实施难度大，深水作业环境对 EOR 技术应用限制多。如果盐下油田群选择采用提高采收率（EOR）的开发方式，对海上生产设施的设计和优化要求更高，更需要进行先导试验。从经济角度看，油田采用三次采油技术提高采收率项目投资增大，在深水/超深水环境实施提高采收率项目由于生产处理平台更加复杂，前期投资进一步加大，项目经济效益受到更大挑战，先导试验可以进一步认识各类开发方式的投资特点。此外，先导试验也可以提前回收投资，平滑项目投资强度。

采用水气交替注入虽然可以提高采收率，但在深海环境上实施需要应对多方面的挑战。先导试验可以验证各类开发方式，获取动态生产数据，加深对油田的风险认识，降低油田开发的不确定性。通过先导试验可以认识、探索和验证各专业方案和技术，筛选注水、注气或者水气交替等开发方式。

卢拉油田作为盐下油田群中率先开发的油田，开发工作需要认识上述不确定性，应对技术和经济的挑战，降低开发风险。卢拉油田开发时，桑托斯盆地已经发现了一批巨型油田，均为湖相碳酸盐岩油藏，水深、岸距均与卢拉油田相近，也不同程度含有 CO_2，卢拉油田的开发，为后续盐下油田群开发积累经验。

2. 卢拉先导试验

为了深入认识卢拉油田特征，提前识别油田开发过程的主要矛盾，探索开发策略、开发方式，验证各类开发技术，油田在开发过程中先后开辟了两个先导试验单元，分别是卢拉先导试验（Lula Pilot）和卢拉北东先导试验（Lula NE Pilot）。在先导试验单元设计过程中，为了识别主要开发风险，应对各种不确定性，筛选和评价不确定性对开发投资和收入的影响，油藏方面主要考虑了以下不确定性：

（1）油藏的构造、断层封堵性、沉积相变化、平面连通性和纵向连通性、油藏的整体连通性；

（2）岩相及岩石物理性质认识和表征，包括静态特征（孔隙度、束缚水饱和度、净毛比）、渗流特征（水平渗透率、纵向渗透率、相渗、润湿性和毛细管压力）及与岩石类型的关系；

（3）水气交替开发方式的效果及影响。

针对卢拉油田的特点，还开展了以下研究：

（1）裂缝系统发育情况及裂缝的传导率；

（2）注入流体与储层的配伍性，与砂岩相比，碳酸盐岩储层的敏感性更强；

（3）地层水的组成及和注入海水的配伍性；

（4）油藏中 CO_2 的含量及流体组分；

（5）油藏的应力分布、巨厚盐层的蠕变及巨厚盐层与油田开发的相互影响；

（6）开发生产过程中结蜡可能性、原油中的含蜡量及海底管线的低温影响等。

卢拉先导生产单元（试验）面积 $9 \times 13 km^2$，包含 9 口井：5 口油井，2 口注水井，1 口注气井；可以测试水气交替注入开发方式；FPSO 设计处理能力为 $10 \times 10^4 bbl/d$（FPSO Cidade de Angra dos Reis）。2010 年 10 月投产，2011 年 4 月注气井投注。从 2011 年 9 月开始，天然气处理达标后加压通过海底管线外输，分离的 CO_2 可以通过回注油藏实现混相，以提高采收率。2011—2012 年卢拉先导单元经过一年半年的逐步上产，2013 年 FPSO 满负荷生产，到 2018 年底已经稳产六年。

该项目前期设计时充分考虑了深海实施水气交替混相面临来自油藏、钻完井、海底工程和 FPSO 等多专业的挑战，卢拉先导试验单元因此成功证实了超深水油田水气交替混相驱的可行性。

先导生产单元的每口井井下均安装了压力计，生产过程中采集了大量的产量和压力数据，为后期优化模型和实现稳产提供了重要指导。注气回注过程中，利用示踪剂检查井间连通性。先导生产单元注入井和生产井录取的压力数据表明了先导生产单元注采井组间良好的连通性。通过卢拉先导单元生产数据，进一步优化地质油藏模型，提升了模型精度。

卢拉先导试验单元初步回答了包括：CO_2 回注对钻完井技术和工艺的要求、柔性立管（Flexible Riser）能否耐高压耐腐蚀性产出和注入流体、FPSO 分离 CO_2 的复杂模块长期运行的稳定性、后勤如何及时保障巨型项目的需求、超深水作业的安全性等在内的一系列问题。

3. 卢拉北东先导试验

卢拉北东先导试验是卢拉油田的第二个先导试验单元。由于卢拉油田的规模巨大，设计分 10 个生产单元分区开发，而先导生产卢拉 Pilot 位于区块南部。为了进一步提升先导单元在整个油藏中的代表性，进一步认识卢拉北东区域的油藏特点，进一步核实开发方式，增加现有开发模式和技术的稳健程度，为后续整个油田模块化快速开发提供基础，设计了北东先导试验。卢拉北东先导试验也为整个桑托斯海域盐下油田群其他油田的开发提供指导。在卢拉北东先导试验时，整个盐下油田群均处于开发早期，可以借鉴的开发经验少，继续开展先导试验十分必要。

2009 年，卢拉北东第一口探井（3-RJS-662A）顺利完成钻探目的，该井 DST 结果表明产能高且与卢拉先导试验区域压力连通。由于 3-RJS-662A 井处于构造高部位，而流体性质的分异一般在油藏的低部位表现得更加明显。为了进一步认识卢拉油田流体的分异特征，在距离 3-RJS-662A 井 4.2km 的低部位提前钻取了油藏资料录取井（RDA）8-LL-1D-RJS 井，该井注入测试表明该传导率较高，据此进一步优化了卢拉油田开发井网部署。

在钻 LL-1D 井的同时，对 RJS-662A 井开展了 EWT 测试。卢拉 NE EWT 测试的目的是进一步证实油藏的整体连通性。2011 年，结合 RJS-662A 井和 LL-1D 井测压结果，整个卢拉 NE 生产单元区域的连通性得到证实。在卢拉 NE 先导生产单元 3 口井进行了 6 次 DST 测试，证实了卢拉北东先导与卢拉先导区域的连通性，进一步认识了该生产单元的产油能力和注入能力。

卢拉北东先导区域 2011 年 RAD 井开钻，2013 年 6 月开始投产。卢拉北东先导试验包括 8 口生产井，部分智能完井；5 口 WAG 井和 1 口注 CO_2 回注井。生产单元为处理能力 12×10^4bbl/d 的 FPSO（FPSO Cidade de Paraty）。

在实际生产过程中，仅 4 口油井就实现了卢拉北东先导试验的高峰产能，平均单井产能近 3×10^4bbl/d。设计的 8 口油井，成功实现了卢拉北东先导试验区的稳产。

卢拉北东先导试验距离卢拉先导试验约 20km，先导生产单元的原油处理能力由 10×10^4bbl/d 进一步提升到 12×10^4bbl/d。该先导试验区的开展，可以进一步降低卢拉 Alto 和卢拉 Central 区域开发的不确定性。

分阶段分单元开发，大幅降低了开发的风险。生产过程积累了盐下油田群开发和生产的宝贵经验。卢拉北东生产单元仅 4 口井就达到 FPSO 满负荷生产，进一步证实了油井的生产能力。卢拉北东先导试验借鉴卢拉先导试验的经验，重视信息采集。实现了数据采集、开发优化和油田开发节奏的良好平衡。

为了认识流体的平面和纵向分异性，70% 的开发井都进行了流体取样，进一步通过实验室 PVT 分析，逐步优化了开发设计，根据 GOR 上升特点，优化部署 FPSO 连井顺序，调整了开发区域划分范围。

通常认为，高渗层在油藏生产早期有助于生产，在油田生产中后期会影响油井生产和注入流体波及效率。在对比 LL-1D 井的生产测井结果和核磁测井结果后，认为钻遇油层物性较为均质，虽然在高渗层射开可以提高注入能力，但是为了降低注入流体沿高渗通道快速指进的风险，实际设计完井井段时，选择了渗透率较低的下部完井。此项做法在卢拉油田的其他注入井完井井段选择时得到推广应用。

伴生气处理方面，产出的天然气分离 CO_2 后外输，分离的 CO_2 回注。进一步优化后，实现一口注入井回注全部分离的 CO_2。回注时，为了避免回注 CO_2 集中在局部和提前见气突破，在更大的范围试验 WAG 开发方式，除了在 CO_2 回注井回注外，还在不同井间歇注入 CO_2，以实现回注 CO_2 的均匀分布，保障水气交替一定水气注入比。

通过认识 GOR 上升规律，优化连井顺序，卢拉北东生产单元实现了稳产。将此经验应用到卢拉油田，有望实现油田的整体稳产。在卢拉北东先导试验过程中，为了应对可能的地质油藏不确定性，在设计之初保留了灵活性。

4. 卢拉油田开发策略

从 2006 年 7 月发现井 1-RJS-628 井钻探发现油气到 2010 年 12 月宣布商业发现，到两个先导生产单元投产，到 2018 年 6 月累计投产 7 个正式生产单元，油田产量快速上升，建成世界最大海上油田。

卢拉油田的开发策略分为四步：第一步，在勘探和开发早期，录取充足的基础资料；第二步，通过勘探阶段和开发早期录取的动静态资料，开展先导试验，在更大的范围内录取动态资料，提前回收投资；第三步，在吸收先导试验认识的基础上，快速建设正式生产单元，模块化标准化生产单元，部署稳健的开发井网，以实现快速上产的目标；第四步，通过应用新技术，如四维地震监测、水气交替注入和大规模使用智能完井技术等提升油田管理水平，以实现稳产增产。到 2019 年年初，油田整体处于第三步，已陆续有 9 个生产平台投产；部分先导试验单元已率先进入第四步，通过新技术提升油藏管理水平，以期实现稳产。第四步由于目前公开资料较少，且实际生产管理效果又需要足够的时间检验，本章不作进一步介绍。

在正式生产单元设计、建设和投产过程中，不断克服技术挑战，进一步提升生产单元的产能规模，从 12×10^4 bbl/d 提升到 15×10^4 bbl/d，减少了生产单元个数，大幅降低开发投资，提升项目经济效益。

根据先导试验结果，油田整体设计优化为 10 个浮式生产存储卸油装置（FPSO）。在油田产能建设过程中，重点是根据新钻井获得信息，全程优化原开发井网，实现了所有开发井位的持续优化。典型的开发井位优化的决策逻辑如下：（1）持续优化钻井次序，根据已钻井信息动态更新计算每口井的钻探价值；（2）核查是否有其他在钻井处于同一地质相带，防止风险放大；（3）根据已钻井信息持续优化下一步钻井目的。

井位优化实例如下：图 4-3a 是原始开发井位部署，其中黑线是油藏边界，在不同的假设中，C1 和 D1 井位可能会有一定的非储层的风险。钻井次序最初设计是：A->B->C1->D1，C1 和 D1 的井位依赖于 B 井的钻探结果。如果 B 井钻探结果低于基础方案，C1 井和 D1 井的井位将重新评价（图 4-3b），通过重新评价，C1 和 D1 井位优化到 C2 和 D2（图 4-3c）。在实际井位优化过程中，一般从 B 井的钻探完成到井位重新优化需要两个月。

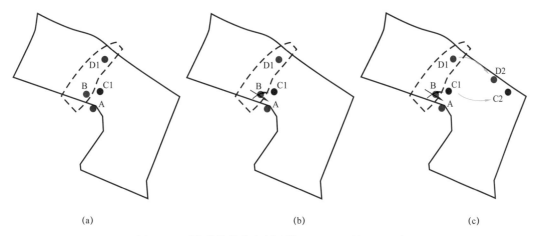

图 4-3 开发井位优化实例（据 Rosa M B 等，2018）

在开发井的钻井过程中，油藏评价团队根据油藏特点确定了基础测井序列和完整测井序列两套评价方案。在生产单元开发井钻井初期，采用完整测井序列以获得更多认识，在该生产单元钻井后期，随着认识深入，逐步采用基础测井序列。此外，每口开发井都安装了井下压力计（PDG），实时监测井底压力。

在正式生产单元建设过程中，充分考虑地质油藏方案的不同可能性。在不同开发设计的筛选过程中，并不是选择基础方案净现值（NPV）最大的方案，而是选择考虑不同地质油藏方案分布概率后期望值最大的方案，从而增强正式生产单元建设的可靠性。

截至 2018 年 6 月，7 个 FPSO 已经投产，分别是 FPSO Cidade Angra dos Reis（卢拉 Pilot）、FPSO Cidade de Paraty（卢拉 Nordeste）、FPSO Cidade de Mangaratiba（Iracema 南）、FPSO Cidade de Itaguai（Iracema Norte）、FPSO Cidade de Marica（卢拉 Alto）、FPSO Saquarema（卢拉 Central）和 FPSO P66（卢拉南）。

以卢拉油田的开发为代表，盐下油田群开发形成了良好的经验和做法：

（1）实施分阶段、分步开发策略。卢拉油田开发过程根据在坎波斯海域油田开发经验和技术，结合桑托斯盆地盐下油田的特点，阶段上主要分为四步：首先，在勘探和早期开发阶段，部署探井、评价井和油藏资料录取井，开展 EWT 测试，录取充足的动静态资料；第二步，通过先导试验采集充足的动态资料，同时提前回收投资；第三步，充分考虑各种方案，持续优化开发井网，快速建设正式生产单元；第四步，通过水气交替注入开发方式、四维地震监测技术和大规模使用智能完井阀，提升油田生产管理水平，实现油田快速上产和稳产。从 2006 年卢拉油田发现伊始，油田开发工作就同步启动，明确了早期的开发策略，按照开发策略实施，实现了较好的开发效果。

（2）高度重视基础数据录取。盐下油田勘探开发高度重视各类资料采集和录取。勘探初期，早在 2001—2002 年，桑托斯盆地盐下就采集了地震资料。从 2003—2009 年，巴西国油进行多次地震资料处理。在油田的勘探阶段，即部署了 11 口评价井，认识油田特点。2009—2010 年，在卢拉进行了延长测试，采集了动态资料。结合卢拉油田流体分布的差异性，大量采集流体样品，为研究和认识流体特征打下基础。

（3）应用四维地震技术。进入开发生产期后，通过四维地震监测技术，有效识别和提升巨厚盐层下方油藏刻画的精度。通过实施油藏资料录取井和延长测试，可以评价关键的油藏区域，验证不同区域、不同层段油藏的连通性。

在卢拉油田开发的过程中，针对大量的不确定性，形成了信息策略、稳健策略和灵活策略开发经验。

（1）信息策略是三个策略的核心。信息策略是为了获取更多的油藏认识，录取更多资料，降低不确定性。分为两个方面：一方面是最低信息量；另一方面是信息获取判断流程。

首先，明确盐下油田开发项目所需的最低信息量，包括整个油田和每个正式生产单元两个层次。整个油田采集高精度地震资料。针对每个生产单元，确定最小信息量，包括：① 至少钻探两口井，已钻井的完整测井序列、取心和井壁取心、不同深度流体的取样；② 不同井的钻杆测试或者注入测试；③ 至少 6 个月以上的延长测试，包括延长测试期间的压力恢复试井；④ 针对具体油藏的其他测试。

其次，获取信息的判断策略。针对具体油藏的特点，为了获取更多需要的信息，通常需要部署油藏资料录取井（RDA）、采集地震资料等。通过估算资料录取成本，计算信息产生价值，减去信息获取成本，计算信息净值。如果信息净值为正，则进行相应的信息录取。当然，信息价值的估算及概率往往难以十分准确，通常只需确认新录信息的价值大于成本即可。

（2）稳健策略是指采取兼容性强的方案。如在原始地质储量不确定性较大时，产能建设规模须考虑所有可能，对悲观方案要有较强的兼容性。即使在悲观方案发生时，也能具备基本的经济性。稳健策略是一种被动保护。在油田开发方案设计过程中，最稳健的设计采用 EMV（Expected Monetary Value，期望现金价值）方法计算所有可能的方案，选取可以使 EMV 值最大的方案。

（3）灵活策略是指在油田开发的过程中，主动创造灵活性，应对可能发生的不确定性。灵活策略的灵活性包含两个方面的含义，一方面是在现有项目设备或能力具备一定变更的灵活性；另一方面是指生产设施可以为后续新技术应用的灵活性。灵活策略是一种主动保护。在油田生产单元建设过程中，通过配备完全不同的后备处理方式，保留多种可能的灵活性。以开发方式为例，油田开发设计基础方案考虑采用水气交替开发时，生产单元在实施水气交替注入的同时，还完全具备单独注水保压能力灵活性。

二、沙坪霍油田开发

沙坪霍油田（原名 Guará）位于 BM-S-9 区块，处于桑托斯盆地中央，距离巴西海岸线约 310km。区块水深 2140m，油藏埋深在 5000～6000m（包含水深），盖层为盐层，平均厚度 2000m。随着卢拉油田的发现，2008 年 6 月，Guará 区块第一口探井在 RIFT 层和 SAG 层也获得油气发现。沙坪霍油田发现时，桑托斯盆地处于勘探早期，卢拉油田尚未开发，巨厚盐下湖相碳酸盐岩油藏表现出较强的非均质性，全世界范围内可与之类似油田的勘探开发经验非常少，盐下油田群采用何种开发模式面临很大的不确定性。

沙坪霍油田构造地垒是浅水环境形成的孤立碳酸盐岩台地。地震振幅和波阻抗资料分析结果认为，油藏物性与构造高部位呈相关性。地震成像显示沙坪霍油田呈长条状，受 NE—SW 方向断层和断裂控制。

为了识别和应对开发风险，降低开发不确定性，沙坪霍油田开发采取了和卢拉油田开发一致的程序：延长测试→先导生产单元→正式生产单元。

在沙坪霍油田的开发过程中，贯彻了桑托斯海域盐下油田群的开发策略，也实施了延长测试。2010 年 12 月至 2011 年 7 月，在 P1S 井进行了 8 个月的延长测试。测试期间日产原油水平在 1.6×10^4bbl（产量受环保许可限制）。通过延长测试，进一步认识了油田底水性质、流动保障特点（结蜡、结垢等）、压力恢复情况、油藏的传导率、纵向和平面的连通性、GOR 和 CO_2 含量等信息。

为了快速推进项目，制定了详细的评价计划，油田勘探开发工作快速推进，取得了良好的效果。在勘探、评价过程中，在常规测、录、试基础上，进一步录取了大量基础资料，以支撑项目快速决策和建设。沙坪霍油田 2008 年 P1S 井获得发现，提交评价计划。2009 年 9 月，在 P1S 井进行 DST 测试，测试结果证实了该井良好的生产能力。2010 年 3 月 P1N 井完钻，该井累计取心 95m，P1N 井验证了油藏向北的展布范围，该井流体取样还发现了流体的平面差异和纵向分异。P1N 井的 DST 结果表明，钻遇油层物性良好、油品更轻、气油比和 CO_2 含量略高。后续钻探的 P2S 井和 I1S 井也进一步证实了 SAG 层和 RIFT 层油藏的特点。综合 P1S 井、P1N 井、P2S 井和 I1S 的测井、岩心、流体取样、井壁取心及井震标定，为沙坪霍油田建立可靠的地质模型和流动模型打下了扎实的基础。

沙坪霍油田开发遵循盐下油田群开发的整体策略，提前实施先导试验单元以认识油藏特性、验证钻完井技术、验证海底工程设计和 FPSO 处理能力。评价井和延长测试取得良好结果同时，先导试验单元的建设也在快速推进。沙坪霍先导试验单元建设除了包括油井、海底管线、FPSO 外，还包括一条天然气外输管线。

从前期地质油藏不同假设条件下模型的研究表明，沙坪霍油田地质油藏方面主要有以下三个方面的不确定性：

（1）地质储量存在不确定性，主要原因是受地震资料品质和时深转换影响；

（2）可能存在的断层和裂缝认识具有不确定性，而它们可能导致油井提前见水，降低采收率；

（3）油藏低部位物性变差的可能性存在不确定性，储层变差会影响注入井注水／注气的效果。

油藏原始压力 $550kg/cm^2$，饱和压力 $385kg/cm^2$，约占原始压力 70%，加之高 GOR，溶解气驱采收率较低。底水水体虽然较大，但延长测试结果表明底水提供的能量有限，这主要是由于水层和油层的纵向传导率较差，无法提供有效的能量补充。试验研究表明注水可以有效保持地层压力。沙坪霍油田流体中含有 CO_2，CO_2 回注有望实现混相。油藏数值模拟的结果表明 CO_2 回注可以提高采收率，因此水气交替补充能量的方式也是试验的重点目的。在先导试验单元井和海底管线建设时，部分注入井既连接了注水管线又安装了耐 CO_2 腐蚀的注气管线，建设过程为后续先导试验单元的生产管理保留了转换不同开发方式的灵活性。

沙坪霍先导生产单元是巴西桑托斯盐下第二个生产单元（第一个是卢拉 Pilot，第三个为卢拉北东 Pilot）。该先导试验单元的主要目的是：评价生产井的产能和注入能力，获取动态资料，为沙坪霍油田的开发和桑托斯盆地盐下油田群的开发提供参考。通过先导试验可以确定沙坪霍油田最优开发方式、开发策略、优化井位、井型和井数，评价油藏的连通性、估计垂直和水平渗透率等。

2009 年完成技术和经济评价第一阶段研究（FEL1）；2010 年，P1N 井完钻，完成先导生产单元 FPSO Cidade de São Paulo 授标；2011 年两口评价井（P2S 和 I1S）完钻，同年 P1S 开始延长测试，技术经济评价第二阶段通过（FEL2）；2012 年完成技术经济评价第三阶段（FEL3，基础设计），FPSO 锚泊和天然气管线铺设；2013 年 1 月，沙坪霍先导试验单元投产。

沙坪霍先导生产单元设计建造了日处理原油能力 12×10^4bbl，可以选用不同开发方式（注水／注气）的 FPSO。从发现到投产，经过五年的研究，应用了大量的新技术，开发建设取得了良好的效果。该先导试验的重要特点是创新性设计了一个全新概念的立管支撑系统。

沙坪霍先导试验取得了良好的效果，沙坪霍先导试验单元从 2012 年开始钻开发井；2013 年 1 月 FPSO Cidade de São Paulo（圣保罗号）投产；2014 年 7 月，圣保罗号 FPSO 在仅连 4 口油井时日产原油达到 12×10^4bbl，达到 FPSO 处理能力上限，单井日产最高可达 3.5×10^4bbl，12×10^4bbl 日产水平稳产至 2018 年。此后，第二个生产单元 FPSO Ilha de Bela 投产，油田建设完成。截至 2018 年 12 月两艘 FPSO 在产。

三、梅罗油田开发

梅罗（Mero）油田（里贝拉区块内）位于桑托斯盆地盐下油田群东北部，距离海岸线约160km，水深在1900～2300m之间。主要储层为湖相碳酸盐岩，已钻井生产测井资料表明油藏油层纵向非均质性强。

与盐下油田群其他油田相比，梅罗油田具有以下特点：

（1）油层巨厚，油层最厚超500m，净厚度超400m，创桑托斯盆地钻遇油层最厚纪录；

（2）流体特点明显，原油重度为26～29°API，与盐下油田群基本一致，但高气油比（420m³/m³），且高含CO_2（44%），气油比和CO_2含量在已投产油田中均是最高；

（3）DST结果揭示了油井的超高产能；

（4）区块内火成岩发育，特别是薄层侵入岩和喷出岩准确预测较难。

由于梅罗油田上述特点，如何进一步认识油藏特征，降低开发的不确定性，既充分发挥梅罗油田的能力，又降低和消除不利因素，在风险可控的范围内高效快速开发油田，开展试采工作显得必不可少。

梅罗油田特点给油田开发带来了更高的挑战，为了提前识别梅罗油田开发的风险，基于以下因素，设计了巴西第一个具备回注功能的试采单元：（1）流体高气油比、高含CO_2的特点；（2）充分认识巨厚油藏产能；（3）试验注气的可行性，论证水气交替注入开发方式的可行性；（4）缺乏外输管线和市场；（5）合理地降低矿税，提前回收投资；（6）实现绿色环保开发。

梅罗油田试采设计一采一注的方式，试采周期12个月。生产平台为先锋号FPSO，该FPSO原油处理能力5×10^4bbl/d，天然气处理能力400×10^4m³/d，是巴西第一个具备回注功能的试采单元。

2017年11月26日，梅罗试采投产。2018年3月，梅罗油田试采达到峰值产量。试采生产井在油嘴全开的情况下，瞬时产量折算日产为4.8×10^4bbl，全天累计产油4.47×10^4bbl，产气290×10^4m³，油气合计5.5×10^4bbl油当量。整个试采期间，生产井生产原油长期保持在4.3×10^4bbl/d。

该井试采期间连续占据巴西油井产量排行榜第一名，油井长期高产，刷新了巴西海上油井高产的新纪录。相比其他盐下油田，试采结果表明梅罗油田油井高产稳产的特点更为显著。

在试采工程设计、建设和实施过程中，充分结合了梅罗油田高气油比、高含CO_2的特点，设计、建设并投产了巴西第一个具备伴生气回注功能的试采单元，既达到了研究目的，又取得了良好的经济效益。

试采过程中采集了观测井的井底压力数据。压力数据表明，在观测井均观测到与生产情况一致的压力降，最远的观测井距离生产井达 10km。6 口井分布在不同的开发单元，观测到的压力降表明梅罗油田的油层是连通的，论证了整个梅罗油田的连通性，大幅降低了油田开发的不确定性。

通过试采，进一步从动态数据角度认识了油藏特点，获得了大量生产数据，形成了一系列新认识，达到了预期目的。油井长期高产稳产证实了油藏具备长期生产能力。随着注入井投注，注入井的运行结果表明注气设计可行，初步验证了 WAG 开发方式中注气的可行性。采用智能完井试验成功，为后续生产层位调控储备了措施。监测生产井不同层位的压力数据，证实了油层的纵向连通性。平面上，通过监测分布在不同开发单元的 5 口观测井压力数据，证实了整个油藏平面上的连通性。在此基础上优化了整个油藏地质模型和流动模型，排除了低方案的可能性，为全油田开发井网部署提供重要指导。

梅罗油田目前处于开发早期，在进行早期生产测试。该生产测试是巴西第一个具备回注功能的测试单元。未来，梅罗油田全面开发后，将建成（3000～5000）× 10^4t 年产油规模，成为桑托斯盆地的主力油田之一。

第五节 巴西深水油气田开发前景

一、坎波斯盆地开发生产前景

过去的四十年中，坎波斯盆地扮演着至关重要的角色，是巴西主力产油盆地。1977 年，恩乔瓦油田早期生产系统投产，带动了帕戈油田、巴德若油田、那莫拉多油田、西恩乔瓦（Enchova Oeste）油田、博尼托（Bonito）油田和潘坡（Pampo）油田的开发。1978 年，三维地震技术在东北坡（Northeast Pole）油田应用。1984 开始，特大型油田阿巴克拉和马林油田群陆续发现，这些油田的发现和开发将巴西油田开发技术推向更深的海域。到 2000 年，坎波斯盆地连续 10 次创造了世界深水完井的新纪录，日产油气达到 100 × 10^4bbl 油当量。注水开发经受住了实践的经验。开发井型、完井方式都经历较大的转变。2009 年，坎波斯盆地油气产量达到峰值，产量开始递减。到 2019 年，坎波斯盆地年产量仍占巴西原油产量的 40%（图 4-4）。

经过近四十年的开发生产，技术难度小、经济效益好的油藏（或区域）已经开发，已发现油藏中剩余的未开发的油藏均是开发技术难度大、经济效益边际的油藏。随着在产油田递减，现有油田生产设施处理能力出现富余，加上新技术的投入应用，为这些已发现未开发的边际油藏开发创造了可能。

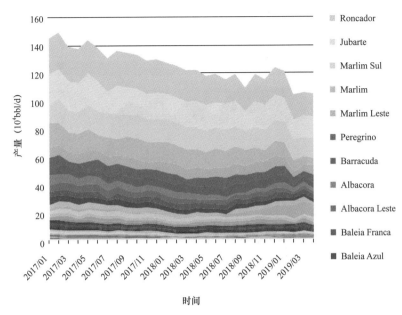

图 4-4 坎波斯盆地油田 2017—2019 年产量变化趋势

虽然已开发油田陆续进入中后期，油田开发面临生产设施老化、油藏含水高等多方面的挑战，但整个盆地未来开发前景仍然十分广阔：

（1）已开发成熟油田整体二次开发潜力大。目前，坎波斯盆地整体的采出程度约20%，据巴油预测未来有望提高到31%，这一数据远低于北海海域油田的采收率（46%），未来坎波斯盆地整体提高采收率的空间巨大。

（2）在产的区块内，除了已发现油藏外，继续获得新发现的潜力大。受桑托斯盆地盐下油田开发的启示，坎波斯盆地油田盐下层位也相继获得发现。2011 年，阿巴克拉油田盐下发现了 Forno 油藏，增加地质储量约 30×10^8 bbl。2017 年，马林油田发现了盐下孔渗物性极好的轻油油藏 Brava，到 2018 年日产量达 6000bbl（图 4-5）。同年，马林南油田在盐下发现了 Poraque Alto 油藏。这些发现增加了原油田开发的储量基础，目前已形成可观规模的产量，特别是朱巴特油田、巴雷安祖（Baleia Azul）和巴雷安弗兰卡（Baleia Franca）等。坎波斯盆地盐下油气新发现开辟了坎波斯盆地油田的开发新领域，为盆地开发注入了新活力。

（3）已授标的勘探区块发现后转开发的潜力大。例如塔尔塔鲁加—威尔帝（Tartaruga Verde）油田、塔尔塔鲁加—梅斯奇卡（Tartarruga Mestica）油田等于 2018 年完成勘探转开发，开始生产，未来产量有望达到 10×10^4 bbl/d 的规模。

（4）巴西政府积极推动矿税制合同的延期和招标，也为成熟油田提高采收率创造了有利的外部条件。同时巴西国家石油公司近年积极推动的资产剥离计划，为其他石油公司进入创造了可能。如挪威国油等拥有丰富的海洋油田提高采收率经验公司的进入和巴西国油积极的老油田二次开发计划将为盆地内成熟油田开发带来新的活力。

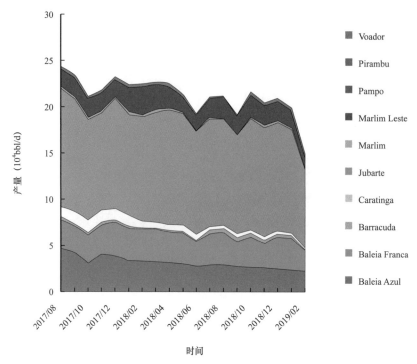

图 4-5　坎波斯盆地盐下油井 2017—2019 年产量趋势图

二、桑托斯盆地深水油田开发前景

（一）盆地整体前景

巴西桑托斯盆地盐下已发现油气田整体规模大，埋藏深，埋深在 5000～7000m，距离海岸在 150～300km，平均水深在 2000m 左右，盖层为几十米至几千米的盐层。储层是下白垩统阿普特阶的湖相微生物灰岩和介壳灰岩，非均质性强，储集空间以孔隙为主，局部存在少量裂缝。

桑托斯盆地盐下油田群由于处于开发初期，开展先导试验时天然气管线尚未建设完成，管网缺乏对天然气的处理和外输也形成挑战。巴西桑托斯盆地具有优越的油气成藏地质条件，盐下已发现布兹奥斯、卢拉、伊阿拉、朱比特和梅罗等世界级巨型油气田，储量基础巨大（表 4-2）。卢拉、布兹奥斯等巨型油田相继投产，进入快速上产阶段。

2010 年以来，桑托斯盆地深水大型油田纷纷建设和投产，已经大幅超过坎波斯盆地产量。到 2019 年 2 月，桑托斯盆地油气日产量已达到 174×10^4 bbl 油当量，其中原油日产量 134×10^4 bbl；坎波斯盆地油气日产量 114×10^4 bbl 油当量，其中原油日产量 102×10^4 bbl。桑托斯盆地原油日产量比坎坡斯盆地多 32×10^4 bbl。

目前，桑托斯盆地有卢拉、沙坪霍、梅罗、布兹奥斯和拉帕等在产油田，这些在产油田将持续上产。此外，桑托斯盆地还有伊塔普、阿塔普、伊阿拉等油田正在建设中，未来也将陆续投产。

（二）重点油田前景

1. 布兹奥斯油田

布兹奥斯油田 2010 年 9 月发现，发现井是 ANP-1 井，发现油层厚度超 300m。2013 年 12 月，巴西国家石油公司宣布商业发现。2015 年，ANP-1 井完成 9 个月的延长测试，日产原油 1.5×10^4 bbl（由于天然气燃放量限制）。

根据 IHS2017 年统计数据，布兹奥斯油田地质储量高达（260～300）$\times 10^8$ bbl，天然气量储量达 12×10^{12} ft^3，是目前巴西储量最大的油田。该油田计划建设生产单元 11 个，日产原油有望超百万桶。该油田属于专属经济区（Transfer of Right）的模式，目前政府已完成该油田超额储量（Transfer of Right Surplus）的招标。

油田开发工作推进迅速。2018 年 4 月布兹奥斯油田 FPSO P74 投产，到 2019 年 2 月，该油田 4 个生产单元在产。在产生产单元包括 P74、P75、P76 和 Helix-2，目前生产平台均在快速上产。

2. 梅罗油田

梅罗油田伙伴众多，是巴西第一个产品分成合同模式下的油田。梅罗油田目前整体处于试生产阶段，是巴西第一个具备回注功能的早期生产单元。由于此前章节已经对梅罗油田的试采进行了介绍，此处不再详述。

据公开资料，虽然梅罗油田目前仅只有一口油井投入生产，但依靠其超高单井产能，产油量在巴西盐下在产油田中位列第四，排在卢拉、沙坪霍和布兹奥斯之后。

值得一提的是，该油田由中国石油和中国海油直接参股，两家中国公司深度参与联合体的各项事务，为中国公司积累巴西超深水巨型油田勘探开发经验提供了宝贵的试验场。

三、巴西桑托斯盐下油田开发新技术

目前深水勘探和开发不断向更深的水域推进，深水油田的开发技术需求推动技术进步，深水油田建产周期逐步缩短，在世界油气产量中的份额逐步扩大。巴西深水油气田开发在坎波斯盆地完成了技术飞跃，桑托斯盆地盐下油气田获得发现后，快速实现了盐下油气田群的商业开发，实现了第二次飞跃。桑托斯盆地盐下油田开发促使新技术和新工艺试验与应用，提升了开发水平，降低了开发成本。

近十年来，巴西海上油田格局发生了巨大变化，桑托斯盐下油田产量已经大幅超过盐上油田，成为巴西油田的主力军。各种新技术、新方法在盐下油田群进行研究、测试和应用。也正是得益于各种新技术的成功应用和推广，才使得盐下油田开发成为现实。相关新技术、新方法的发展及应用简述如下：

（1）促进了数值模拟技术的快速发展。深水盐下油藏特点突出，湖相碳酸盐岩油藏非均质强，流体组分复杂，高气油比，高含 CO_2，采用水气交替注入开发方式，数值模型网格多，机制复杂，对油藏模拟器要求计算速度快。超级计算机及配套模拟软件的应用，加快了数值模拟计算的速度，使复杂模型的大量优化成为可能。

（2）发展了水气交替注入开发方式。该开发方式可以实现产出 CO_2 的地层回注，室内试验和模拟均验证 CO_2 混相的可行性。为了进一步充分识别气窜的风险，卢拉油田通过先导生产单元，梅罗油田通过早期生产单元充分认识水气交替开发方式的风险，结合智能完井技术，有望实现气窜的有效控制。已有的井组试验结果表明通过水气交替注入，可以有效降低含水。

（3）应用四维地震技术。四维地震技术已经在盐下油气田应用，该技术可以提高油藏流体识别精度，准确识别注入流体分布，提高注入流体的波及效率，优化后续开发井位。

（4）应用智能完井技术。智能完井技术可以根据生产需要实现油井和注入井不同层段的开启和闭合。在卢拉油田的开发过程中，智能完井技术开始试验。从油田开发初期，尝试使用智能完井阀，到在油田大规模应用智能完井阀，到推广到其他油田，智能完井阀的应用，为油田生产管理和后期稳产提供了重要调节措施。

（5）人力研发油气海底水下分离技术和 CO_2 分离技术。桑托斯盆地油田原始气油比高，实现高压海底分离技术可以减轻 FPSO 上部模块天然气处理压力，进一步增加原油处理能力，充分释放油田产能。目前该项技术正在研发中。盐下油田群中大部分油田均不同程度含有 CO_2，进一步提升现有 CO_2 分离技术的效率，可以有效降低 FPSO 上部天然气处理模块的面积和重量。

（6）建成了巴西第一个具备回注功能的试采单元。梅罗油田根据自身特点在试采阶段创新地设计了具备回注功能的试采单元，建造了首个具备回注功能的试采 FPSO。通过回注伴生气及其中的 CO_2，实现了 CO_2 的埋存，既满足了环保的要求，又为油井产能释放创造了前提条件。率先在该海域测试 8in 海底生产管线，降低流动阻力，进一步释放了油井产能。实际生产也创造了巴西深海油气单井高产的新纪录。

巴西深海油气田的开发，不仅是典型的资本密集和技术密集行业，也促进了各种前沿技术在深海培育、试验和应用，同时前沿技术的应用也推动了盐下油田的快速高效开发，也将为世界其他地区深水油气开发提供巴西技术和经验。

参 考 文 献

周守为等 . 2011. 海洋石油工程设计指南（第 12 册）：海洋石油工程深水油气田开发技术 . 北京：石油工业出版社 .

Barbosa V C，Dias R. 2008. An Overview of the Roncador Field Development, a Case in Petrobras Deep Water

Production. Offshore Technology Conference. doi : 10.4043/19254–MS.

Barroso A S, Bruhn C H L, Lopes M R F, et al. 1997. The Impact of Reservoir Characterization on Oil Exploitation from the Namorado Sandstone, Albacora Field, Campos Basin, Offshore Brazil. Society of Petroleum Engineers. doi : 10.2118/38987–MS.

Batalha M, Cunha V. 2018. The Big Journey of a Giant : The Campos Basin's History. Offshore Technology Conference. doi : 10.4043/28781–MS.

Bezerra M F C, Pedroso C, Pinto A C C, et al. 2004. The Appraisal and Development Plan for the Heavy Oil Jubarte Field, Deepwater Campos Basin, Brazil. Offshore Technology Conference. doi : 10.4043/16301–MS.

Bonesio P A, de Vasconcelos A C M. 1999. Marlim Field Development Overview. Offshore Technology Conference. doi : 10.4043/10716–MS.

Boyd A, Souza A, Carneiro G, et al. 2015. Presalt Carbonate Evaluation for Santos Basin, Offshore Brazil. Society of Petrophysicists and Well–Log Analysts.

Bruhn C H L, Pinto A C C, Johann P R S, et al. 2017. Campos and Santos Basins : 40 Years of Reservoir Characterization and Management of Shallow– to Ultra–deep Water, Post– and Pre–salt Reservoirs–Historical Overview and Future Challenges. Offshore Technology Conference. doi : 10.4043/28159–MS.

Bybee K. 2000. Roncador Field Development : An Overview. Society of Petroleum Engineers. doi : 10.2118/0900–0054–JPT.

Bybee K. 2008. Innovations for Deepwater Jubarte Heavy Oil. Society of Petroleum Engineers. doi : 10.2118/0708–0065–JPT.

Bybee K. 2009. Santos Basin Presalt–Reservoirs Development. Society of Petroleum Engineers. doi : 10.2118/1009–0035–JPT.

Capeleiro Pinto A C, Branco C C M, de Matos J S, et al. 2003. Offshore Heavy Oil in Campos Basin : The Petrobras Experience. Offshore Technology Conference. doi : 10.4043/15283–MS.

Capeleiro Pinto A C, Guedes S S, Bruhn C H L, et al. 2001. Marlim Complex Development : A Reservoir Engineering Overview. Society of Petroleum Engineers. doi : 10.2118/69438–MS.

Daher B, Siqueira C A M, do Nascimento I, et al. 2007. Jubarte Field–Development Strategy. Offshore Technology Conference. doi : 10.4043/19088–MS.

De Abreu Campos N, da Silva Faria M J, de Moraes Cruz R O, et al. 2017. Lula Alto–Strategy and Execution of a Mega Project in Deep Water Santos Basin Pre–salt. Offshore Technology Conference. doi : 10.4043/28164–MS.

De Moraes Cruz R O, Rosa M B, Branco C C M, et al. 2016. Lula NE Pilot Project –An Ultra–deep Success in the Brazilian Pre–salt. Offshore Technology Conference. doi : 10.4043/27297–MS.

Denney D. 2008. Roncador Field Development : Reservoir Aspects and Well–development Strategy. Society of Petroleum Engineers. doi : 10.2118/1008–0044–JPT.

Denney D. 2010. Presalt Santos Basin–Extended Well Test and Production Pilot in the Tupi Area : The Planning Phase. Society of Petroleum Engineers. doi : 10.2118/0210–0066–JPT.

Figueiredo F P, Branco C C M, Prais F, et al. 2007. The Challenges of Developing a Deep Offshore Heavy–

Oil Field in Campos Basin. Society of Petroleum Engineers. doi：10.2118/107387-MS.

Formigli J M, Capeleiro Pinto A C, Almeida A S. 2009. SS：Santos Basin's Pre-salt Reservoirs Development：The Way Ahead. Offshore Technology Conference. doi：10.4043/19953-MS. http：//www.anp.gov.br/ exploracao-e-producao-de-oleo-e-gas/gestao-de-contratos-de-e-p/dados-de-e-p.

Lorenzatto R A, Juiniti R, Gomes J A T, et al. 2004. The Marlim Field Development：Strategies and Challenges. Offshore Technology Conference. doi：10.4043/16574-MS.

Moczydlower B, Figueiredo Junior F P, Pizarro J O S. 2019. Libra Extended Well Test -An Innovative Approach to De-Risk a Complex Field Development. Offshore Technology Conference. doi：10.4043/29653-MS.

Moczydlower B, Salomao M C, Branco C C M, et al. 2012. Development of the Brazilian Pre-salt Fields -When To Pay for Information and When To Pay for Flexibility. Society of Petroleum Engineers. doi：10.2118/152860-MS.

Nakano C M F, Capeleiro Pinto A C, Marcusso J L, et al. 2009. Pre-salt Santos Basin-Extended Well Test and Production Pilot in the Tupi Area-The Planning Phase. Offshore Technology Conference. doi：10.4043/19886-MS.

Pizarro J O D S, Branco C C M. 2012. Challenges in Implementing an EOR Project in the Pre-salt Province in Deep Offshore Brasil. Society of Petroleum Engineers. doi：10.2118/155665-MS.

Pádua K G O, Stank C V, Soares C M, et al. 1998. Roncador Field, Strategy of Exploitation. Offshore Technology Conference. doi：10.4043/8875-MS.

Ribeiro N, Steagall D E, Oliveira R M, et al. 2005. Challenges of the 4D Seismic in the Reservoir Management of Marlim Field, Campos Basin. Society of Petroleum Engineers. doi：10.2118/94905-MS.

Roberto M, Coutinho A B, Santos A R D. 2018. Campos Basin Technologies Yard：40 Years of Lessons Learned. Offshore Technology Conference. doi：10.4043/28716-MS.

Rosa M B, Cavalcante J S de A, Miyakawa T M, et al. 2018. The Giant Lula Field：World's Largest Oil Production in Ultra-deep Water Under a Fast-Track Development. Offshore Technology Conference. doi：10.4043/29043-MS.

Schnitzler E, Silva Filho D A, Marques F H, et al. 2015. Road to Success and Lessons Learned in Intelligent Completion Installations at the Santos Basin Pre-salt Cluster. Society of Petroleum Engineers. doi：10.2118/174725-MS.

Vieira De Macedo R A, Asrilhant B. 1990. Marlim Field Development：A Challenge in Deepwaters. Society of Petroleum Engineers. doi：10.2118/21148-MS.

Wilson A. 2016. Sapinho&aacute；Field, Santos Basin Presalt：From Design to Execution and Results. Society of Petroleum Engineers. doi：10.2118/1016-0049-JPT.

第五章 巴西深水钻完井

本章基于巴西深水油气勘探开发作业实践经验，重点对深水钻井前期准备、钻完井程序设计、相关技术应用和特殊作业进行介绍。需要说明的是，本章内容并不是约束性的，虽然可普遍适用于世界各地深海油气勘探开发作业，但在其他地区作业时应根据当地政策和相关规定进行调整。

第一节 深水界定与钻完井挑战

一、钻完井深水界定

正如第一章所述，石油工业界迄今对于深水并没有权威界定，深水界定是随时间、区域和专业在不断变化的。随着科技的进步和石油工业的发展，钻完井工程对深水的界定也在不断发展。

实践表明，钻完井工程对深水的界定主要是根据作业区域、设备和已有的环境条件而进行限定的，没有硬性或固定的规则。前文对浅水、深水、超深水的定义是一般性界定，本章基于巴西的钻完井作业需要，对深水、超深水额外做如下说明：

（1）深水范畴的钻完井是指在水深超过 450～600m（1476～1969ft）但小于 1000～1500m（3281～4921ft）的相关作业。主要两个方面的考虑：

① 传统的水下设备系统能够在 450～600m 的水深下开展相关作业；

② 当水深超过 500m（1640ft）时，钻完井作业需要有特殊的浮动船舶系统和设备。

（2）超深水钻完井是指在水深超过 1000～1500m（3281～4921ft）的相关作业。在水深超过 1000～1500m 时，由于作业环境发生了显著的变化，相关的作业系统和设备也需要进行相应的调整。

二、深水盐下钻完井挑战

本章所述钻完井工程内容是以巴西东南部海域为例，工区地层系统包括盐上、盐层和盐下三大部分，有关地质特征已在第二章进行了阐述，本节为便于阐述盐下钻完井的挑战，简要列出各部分的宏观岩石（或岩石组合）类型：

（1）盐下石油地层系统。巴西深水盐下石油地层系统的储层岩性主要包括两组：

① 碎屑岩类，包括砂岩和泥（页）岩，岩石组构特征相对简单；

② 碳酸盐岩类，主要由碳酸钙组成的岩石，岩石组构特征较复杂。

盐下地层之上发育有巨厚的、分布广泛的膏盐岩层，与储层直接接触，形成了以膏盐岩为盖层的良好圈闭。

（2）盐上石油地层系统。巴西深水盐上石油地层系统可划分为两个主要单元：

① 浅水碳酸盐岩，主要是盐层顶部的粒状岩石；

② 较新的碎屑岩系统部分，在各种油气圈中都有砂岩储层。

根据大量的实践作业经验，深水盐下钻完井作业面临诸多挑战和困难，这些挑战不仅仅局限于巴西海域，在墨西哥湾、西非和世界其他相似区域也会遇到相同的问题：

不同的盐层具有不同的特性：

（1）简单的盐层，如岩盐，钻井作业中保持相对稳定；

（2）复杂的盐层，如杂盐、溢晶石，蠕变速度更快。

井筒条件影响盐层蠕变：

（1）温度。温度越高，盐层蠕变移动就越多；

（2）压差。钻井液密度与地层压力压差越大，盐层蠕变运移能力越强。

由于盐层蠕变移动的趋势，作业时进入、通过和钻出盐层时的问题很多。勘探技术上对盐层的成像能力有限，也可能导致对盐的基部深度错误判断，意外遇到盐下异常或低于正常压力的地层。为了克服由盐蠕变引起的非均匀载荷的影响，需要水泥完全上返到盐层的顶部。在移动"塑性"盐层作业，可能会造成如下井下复杂情况：

（1）井眼钻进困难、质量低和作业延误；

（2）卡钻；

（3）套管变形；

（4）井眼不稳定；

（5）钻进碎石和裂缝地层。

解决措施包括：

（1）提高钻井液密度；

（2）固井设计减少荷载（抗拉强度高，柔韧性好）；

（3）厚壁（高强度）套管；

（4）多层套管；

（5）专业的工具程序和指南。

第二节　深水钻完井前期准备

本节主要阐述深水钻完井前期准备工作中的井场勘察、深水钻机选择等内容，有关钻完井作业后勤支持的内容将在第八章中统一阐述。

一、井场勘察

深水钻井相比浅水区面临着更多的风险因素，深水钻井事故会引起巨大财产损失，对环境造成严重污染，甚至造成人员伤亡，产生极大的社会影响。在钻井之前，需对拟钻探的井场进行调查，探测识别井场工区存在的灾害性地质和水文气象环境因素，从而可以通过调整井位规避风险或提前作出预案和应对措施。深水钻井环境因素调查评价是保障深水钻井安全的关键技术。

（一）影响深水钻井安全的主要环境因素

对钻井平台自身安全和钻井作业产生危害的潜在致灾因素有：水面以上的气象致灾因素，如台风、飓风等灾害性天气；与海水水层有关的海洋水文致灾因素，如波浪、潮汐、海流、海啸、内波流、等深流、近底强流等；海床及地层中的地质致灾因素，对于深水区而言，主要的地质致灾害因素包括海底不规则地形地貌、海底障碍物、海床的冲刷侵蚀、浅表地层的不良工程地质条件、斜坡失稳和海底重力流、浅水流砂体、天然气水合物、浅层气、古河、浅部断层和气液逸出等。

（二）钻井环境调查主要内容

深水钻井环境调查内容主要包括作业海区的气象水文特征、海底地形地貌、海底地质类型及其物理特性、海底泥面以下一定深度范围内地层特征及土层的物理力学性质和海底泥面以下 1000m 深度范围内地层中潜在的各种不稳定地质灾害因素。

1. 作业区气象和水文特征预测

对作业区的气象和水文特征预测以收集为主，在此基础上加以整理和综合研究，预测其月变化特征和最佳作业窗口，尤其注意对平台安全产生影响的灾害性气象和水文条件发生的季节和频率。主要包括风向风速和频率及其最大值，海流的路径、流速流向和频率及其最大值，大风浪的频率及其最大值，强热带风暴和台风的季节性变化规律，以及深海内波流等特殊水文灾害。

2. 海底地形地貌调查

这是深水井场调查中必不可少的一项基础性调查内容，包括测区水深、地形变化和地貌形态特征，尤其注意识别海底浊积体、海底蠕动、海底滑坡、陡坡、海底异重流引起的冲沟，活动断裂引起的海底断裂沟和地层中气体逃逸产生的海底麻坑等海底异常地貌形态。

3.海底地质类型及物理力学性质

主要包括海底表层的沉积物类型及其物性，海底以下5m深度范围内土的物理力学性质，为石油勘探开发的水下设施提供必要的物理力学参数。

4.海底浅部地层及其物理力学性质

海底浅部地层结构及其分布特征，以及与其有关的物理力学特征。

5.海底面以下1000m深度范围内地层中的地质灾害

在钻井作业过程中，一般在一开、二开井段的钻进中采用裸眼钻进工艺，所以如果在井深500～1000m间钻遇高压浅层气、浅层水、天然气水合物的地层等，将可能对钻井安全产生极大的影响。另外某些穿越井位地点附近的活动断裂构造同样可能带来地质灾害，需要予以识别。

（三）深水钻井环境因素调查评价

深水钻井环境因素调查评价主要包括地质因素调查评价和水文气象因素调查评价，其中灾害地质因素评估是深水钻井环境因素调查评价的主要内容。调查评价的主要方法有两种：一是在收集、分析已有资料的基础上，进行室内的桌面研究，包括水文气象桌面研究和利用油气勘探三维地震资料进行浅层地质致灾因素评价等；二是进行户外作业调查（包括工程物探调查、工程地质勘查和海洋水文气象现场观测），进一步获取实测数据和样品后对井场的致灾地质因素、工程地质条件和水文气象条件进行精细评估。

1.深水井场调查

对于初次开展工作的油气田区，首先需要对环境、地形地貌、地质和水文气象进行必要的研究和了解。收集工区所在海域的历史水文气象资料，分析井场区海域的气象、水文背景条件；分析工区特征性的气象和水文致灾因素（如台风、内波等）；计算分析井场区海域不同季节风、波浪和海流的平均值及极值。

将油气调查中获得的二维或三维地震资料，抽取近道数据进行"三高"处理，经对区域高分辨率地震资料的解释研究，初步了解油气田区的区域地质环境及可能存在的灾害类型和分布，编制一定比例尺的海底地形图、地貌图和地质灾害分布图，为井场调查设计提供基础资料。

2.水文气象现场观测

当认为海洋气象、水文桌面研究获得的结论不满足需要时，或是发现工区气象、水文条件复杂，在钻井期间有可能出现灾害性的气象、水文因素时，有必要布点进行有针对性的观测。通过较长周期（一般需一年或以上）的现场定点观测，获得实测气象水文数据，在此基础上进行统计和模拟分析，精确计算工区风、浪、流等要素的平均值、极值等，研究掌握工区灾害性气象水文因素的规律。

3. 利用油气勘探三维地震资料进行浅层地质致灾因素评价

通常在水深较深的工区，才能使用三维地震资料进行浅部地层的解释。水深在 750m 以上时，利用常规三维地震资料评估浅层地质灾害取得的效果比较好。其主要原因是水深较浅时，海水中的一次交混回响在地震道上会和浅部地层的信号叠加在一起。在地质灾害评估中，主要关注的是海底以下 1000m 以内地层，海底浅部地层的声速一般在 2000m/s 左右，海水中的声速一般在 1500m/s 左右，为此水深一般应在 750m 以上，这样海水的一次交混回响才能在时间上滞后于浅部地层的有效信号，从而不对浅部地层的有效信号造成干扰。

4. 工程物探调查

工程物探调查的目的是：调查井场水深、地形地貌，了解井场内有无影响钻井的异常地貌和海底障碍物；探测浅部地层中有可能产生钻井灾害的地质因素。

深水井场调查所采用的物探调查内容和浅水区并无太大差异，但一般需要采用深拖拖体或水下自主机器人（AUV）作为载体，将各种物探设备组合在其中，以靠近海底的方式进行勘察，获取高分辨率、高信噪比的调查数据。深拖的作业效率较低，是一种过渡型的调查方式。

深水井场调查中，有两种多波束测深作业方式：一是船载多波束测深。通过在船底或船舷安装深水多波束测深系统。二是将高分辨率多波束测深系统安装在深拖或 AUV 中作业，施放至距海底数十米的高度贴近海底作业。后者的水深测量精度高于前者，是深水井场调查中水深测量的主要方式。前者，主要用于正式作业前踏勘或水深较浅（数百米）时的井场调查。深水井场调查中，侧扫声呐有两种作业方式：一是声呐拖鱼加装重型沉深器，利用长缆单独拖曳作业。二是将侧扫声呐置于 AUV 或深拖拖体中以贴近海底方式作业，相对前者可获得较高分辨率的声呐影像，作业效率更高。

如发现海底出露或浅埋的铁磁性障碍物或疑存物时（海底管道、电缆、光缆、铁质沉船等），可通过磁力仪进行探测。深水井场调查中的磁力调查，主要有长缆单独拖曳和在深拖拖体的尾部拖曳两种作业方式，作业效率均较低。采用长缆单独拖曳的作业方式时，由于要求采用深拖的作业方式，拖体一般离船较远，故无须考虑船舶磁性的影响；采用在深拖拖体的尾部拖曳的作业方式时，一般与深拖拖体的距离应在 8m 以上，以降低深拖拖体对磁力仪的干扰。

5. 工程地质勘查

工程地质勘查的目的是：调查海床及浅表地层的土的物理力学性质，以对钻井平台水下设施的基础或浮式平台锚泊系统的基础进行稳定性分析和评价。深水工程地质勘查的主要内容和浅水区基本上是一样的。主要方法有：一是海底地质取样：采用重力、重力活塞、振动活塞、蚌式、箱式等取样器；二是工程地质钻探取心：采用旋转钻进绳索取心方式，全取心或按一定间距获取岩土样品；三是土工原位测试：主要有静力触探（CPT）、十字板剪切试验等方法，最常用的是静力触探（CPT）试验；四是土工试验：在现场或陆地实验室进行土工试验，获取岩土物理及力学参数。除此以外，必要时需要采集底层水和土样品进行腐蚀性参数测定。和浅水区不同的是，由于水深巨大，取样或原位测试设备在海面释放后，经过巨大的海水，在海床上的落点与释放点会有较大偏移。需要在取样或原位测试设备上安装水下声学定位系统，才能获得采样或原位测试点的准确位置。同时深水取样和原位测试设备的体积、重量均较大，对绞车功率、缆绳张力均有较高要求，同时巨大的水深对缆绳长度也有较高要求（张异彪，2017）。

6. 深水井场调查范围

深水井场调查范围主要根据油气田区海底地质环境复杂程度，结合拟采用的石油钻井平台类型确定。以锚泊系统固定位置的半潜式及浮式平台装置，设计的井场范围相对较大，井场调查区以正方形设计，最大外围边长以水深的6倍为宜。浮式动力定位钻井装置和张力腿钻井装置相对设计的井场范围较小，一般最大调查范围为3000m×3000m。实际上，调查范围的布设并没有规定的模式，如对于FPSO浮式装置，调查范围可根据地质构造的形态，海流和海底的地形地貌布置成长方形区域，锚泊区根据锚泊群组的分布布设成若干条块区，一般一艘平台有6～9组锚泊群组，每群组可有2～4个锚组成。

深水井场调查物探测线的布设，在设计的井场调查范围内，测线以网格状布设，测线间距以井场中心密、外围疏为原则。锚泊型平台装置，在每组锚位中心和井场中心的1000m×1000m范围内测线网度为100m×100m，至近中心500m×500m范围内测线网度为50m×50m。动力定位型平台装置，在距井场中心1000m×1000m范围内，测线网格也按照上述原则分级加密。

对于需要开展二维高分辨率地震探测的井场区，地震测线一般布置在井场中心区3000m×3000m范围内为宜，距井场中心1000m×1000m范围内，测线网度为100m×100m。

7. 地质取样站位点布设

勘探井阶段：一般使用动力定位装置进行钻井作业，此类装置由于不采用锚泊就位，在井场调查中不建议采用工程地质钻探取样，工程地质评价往往只需要了解海底地质的成分和颗粒级配，所以多采用抓斗式、箱式获取表层样或柱状样，取样站位一般不少于5个。

开发井阶段：如果采用锚泊定位的半潜式或浮式装置，地质勘查还要兼顾海底管线路由的调查，井场区的柱状取样和地质取样（箱式或抓斗）各一半布设，站位密度为300～1000m，每个锚位应布设一个取样站位或原位测试点。

8. 浅钻及CPT测点布设

采用吸力锚（Suction Anchor）固定的装置，需要提供海底下土层的物理力学参数，用于计算锚固力。地质钻探孔需布置在设计井场中心和各设计锚位区，钻孔数视装置类型确定；CPT 测点可以替代部分钻孔，两者可交替布设，互相验证；也可布设少量钻孔，其余以 CPT 测试点替代（杨文达，2011）。

（四）环境因素调查评价的实施流程

在制定井场调查方案时，要综合考虑钻机类型和性能、作业区域可能出现的不同情况，钻井概念设计和项目开发现场布局计划，这将有助于界定井场调查数据需求。

通常，井场调查项目启动至少要在钻井作业开钻前 6 个月启动。按照此时间计划，井场调查技术要求和作业计划书以及采办招标在前 5 周内完成，现场勘察和数据采集作业 3 周，数据处理 4 周，数据解释和报告 5 周时间，提交作业者进行审查，根据勘察结果制定钻井作业计划 10 周，整个井场勘察执行期约 26 周时间。井场调查时间计划如图 5-1 所示。

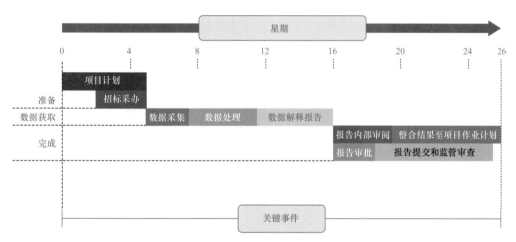

图 5-1　井场调查时间计划

在井场勘察期间，如果需要，还可以根据项目实际情况，增加备用井位的调查，以便应对不可预见的事件发生。

在制订计划时必须考虑天气情况。由于勘探船相对钻井船对天气情况更敏感，在安排勘察船作业窗口时，不能因为需要最大限把好的作业窗口期留给钻井作业，而把勘察作业安排到坏的作业窗口期，这样反而可能会导致整个项目延期。

深水钻井灾害地质因素调查评价实施可分为以下几个步骤：

（1）收集工区所在海域的地质、构造等资料进行桌面调查研究，概略了解工程地质条件、灾害地质因素类型、分布等。

（2）评估、处理三维地震资料，分析其是否满足进行灾害地质因素评价的条件，若是满足，则以三维地震资料为基础，进行水深、地形地貌、浅层灾害地质解释以初步了解工区范围灾害地质因素分布特征和复杂程度。

（3）在第二步得到的灾害地质因素约束条件下，决定是否对已确定的井位进行微调。在最终井位确定后，以三维地震资料为基础对每个井场进行较为细致的灾害地质因素解释评估。

（4）根据三维地震资料进行地质灾害因素评价，若对钻井安全方面没有足够的信心，则需要进一步进行外业深水井场调查。设计深水井场调查方案时，要充分利用已掌握的工区地质灾害因素特征，有针对性地进行设计。一般来说，进行深水井场调查时，工程物探和工程地质勘查应分步进行，有先有后。在工程物探结束后进行处理解释，对工区地质情况有更深了解后，再进行更有针对性地设计工程地质勘查方案。

（5）对采集的工程物探、工程地质资料进行处理解释，进行综合分析，形成最终评估报告，评估井场的工程地质条件和灾害地质因素，指导平台就位和钻井。同样，深水钻井水文气象因素调查评价也是在收集井场所在海域的水文气象已有资料基础上，重点分析工区有无灾害性水文气象因素如台风、内波等，分析其时空分布特征，根据需要进行现场观测，最后编制报告和相关图件。

（五）巴西坎波斯盆地和桑托斯盆地海洋地貌基本情况

巴西坎波斯盆地和桑托斯盆地是位于南大西洋西岸巴西东南部海上的两个主要含油气盆地。两大盆地虽然毗邻，但在地貌、气象、水文方面的特征差异还比较大，叙述如下：

坎波斯盆地位于里约热内卢州北岸、圣埃斯皮里图州南部，以维多利亚隆起为界，北邻圣埃斯皮里图盆地。以卡布佛里乌隆起为界，南邻桑托斯盆地，盆地总面积为 $17.52 \times 10^4 km^2$，其中海上面积为 $16.94 \times 10^4 km^2$，陆上面积为 $5800 km^2$，水深最深达到 $3400 m$。

桑托斯盆地位于最南部海域，盆地面积为 $35.2 \times 10^4 km^2$，最大水深超过 $4000 m$。

1. 坎波斯盆地

坎波斯盆地地区主要天气条件为东北风，风速 $13 \sim 24 kn$，海浪高 $1.2 \sim 1.8 m$，周期 $7 \sim 8 s$。

洋流剖面速度从水面到泥线呈现近似线性。通常在这一地区出现的海洋表面和海底流速分别为 $0.5 \sim 2.5 kn$ 和 $0 \sim 0.5 kn$，由于来自南大西洋的洋流在 $200 \sim 400 m$ 深度之间流动，引起洋流方向的意外倒转可以显著地改变这一速度。

海底剖面情况：钻井井场位于大陆架与深海带之间的陆坡上，大陆架呈一个平缓的倾斜度，斜坡有倾角从 $3°$ 到 $7°$ 不等，一些区域存在断层和峡谷。盆地中已开发的油田中海底表面具非常软的黏土，随着深度的增加阻力也越来越大。表层黏土中发现高达 70% 的水分，这是土壤软弱的原因。

2. 桑托斯盆地

桑托斯盆地的主要风向为东北风（0°～60°），平均风力强度在 2.3m/s 至 3.4m/s 之间（分别为秋季和冬季），4.4m/s 和 4.8m/s（分别为夏季和春季）。现场 90°—180°—270°（东南—西南）风向的发生频率也较高。在秋季、冬季和春季，会出现强烈的西南风和东南风（风速可达 10m/s），但在夏季和春季，会出现非常强烈的东北风（风速可达 15m/s）。

海浪高普遍范围在 0.8～2.2m 之间，其中平均浪高 1.5m（周期为 11s），最大浪高 7.0m（周期为 14s）。典型的海浪周期从 5s 到 13s 不等，最长的纪录是 19s，浪高值为 0.5m。在 7 月、8 月及 9 月会发生最高的浪高，周期最长的浪高则出现在 12 月。浪高显著高于 1.5m 的情况常发生。高度为 2.0m 和 3.0m 的较高波浪分别出现的频率为 50% 和 8%。最大平均显著高度发生在 9 月（4.94m），在 5 月至 9 月之间，显著波高超过 4.0m 的可能性很大（＞50%）。

桑托斯盆地洋流呈现出强洋流方向上的突变性。秋季在 0～150m 和 250～400m 水深处是方向改变事件最多的季节，冬季在 150～250m 水深处是方向改变事件最多的季节。在 600～1200m 之间，方向改变数量显著减少，在某些季节趋于零。所有季节在 1550m 水深处的方向改变事件量都比其他水深多。

桑托斯盆地油气田水深多在 2000m 左右，与坎波斯盆地油气田水深 1000～2000m 的海底地貌相比相对平缓，但海洋海况和作业环境相对较为恶劣。

二、深水钻机选择

（一）海洋钻井平台发展历程

近海石油的勘探开发已有 100 多年的历史。图 5-2 为最早的海上油井。

图 5-2　最早的海上油井（加州圣巴巴拉郡萨默兰码头，1901 年）

1897 年威廉姆斯在加州圣巴巴拉海峡利用 76.2m 长的木制栈桥作为支撑，把陆地钻机放在上面钻井，在海中钻出了第一口井。

1932 年，美国得克萨斯公司造了一条钻井驳船 "Mcbride"，这种移动式钻井装置设计很简单，它是把钻井设备安装在驳船上，钻井时通过注水等增加压载的方式将驳船下沉坐落在海底，钻完井后减轻驳船的压载使其再浮起移到另一个井位。这是人类第一个 "浮船钻井平台"，这个驳船在平静的海面上可以漂浮，用锚固定进行钻井，它的使用标志着现代海上钻井作业的诞生。

1946 年，世界上第一座用于油气田勘探和开采的海上钢质平台由 Kerr–McGee 石油公司在墨西哥湾近岸 20ft 左右水域地区建立。这座平台的所有打桩、安装等建造作业都是在海上进行的，此时间点也被业界认为是海上油气工业开展的起始时间。

随着勘探水深的增加，由于驳船式钻井平台已经难以满足使用要求，这时，在驳船式钻井平台的基础上，发展了一种称之为 "坐底式钻井平台" 的钻井装置。坐底式钻井平台所受的海洋环境载荷比驳船式钻井平台要小得多，作业水深也增大了很多，这为当时海洋油气勘探向外海迈进提供了一个可靠的作业平台。第一座坐底式钻井平台为 1949 年开始在墨西哥湾进行钻井作业的 "环球 40 号"，该平台的工作水深为 3～30m。

随着经济的发展和需求，为了适应在更深的水深范围内钻井，在坐底式钻井平台设计概念的基础上又发展了 "自升式钻井平台"。1954 年，第一条自升式钻井船 "迪龙一号" 问世，配有 12 个圆柱形桩腿。随后几条自升式钻井平台，皆为多腿式。1956 年造的 "斯考皮号" 平台是第一条三腿式的自升式平台，该平台用电动机驱动小齿轮沿桩腿上的齿条升降船体，桩腿为桁架式。

1953 年，Cuss 财团建造的 "Submarex" 钻井船是世界第一条浮式钻井船，它由海军的一艘巡逻舰改装建成，在加州近海 3000ft 水深处钻了一口取心井。

1962 年，壳牌石油公司用世界上第一艘 "碧水一号" 半潜式钻井平台钻井成功。"碧水一号" 原来是一条坐底式平台，工作水深 23m。

现代半潜式钻井平台和钻井船自 20 世纪 50—60 年代出现以来，经历了从一代到七代的发展历程。第 6 代半潜式钻井平台出现在 2005 年以后，几乎完全取消了撑杆和节点，立柱数量减少，增大立柱截面积，以此来提高平台的漂浮稳定性。船体结构更为优化，质量减轻，配置双联井架，第三代动力定位（DP3），全自动化控制的钻井系统操作和甲板操作，平台可变载荷更大，作业水深达到 3048～3812m，最大钻井深度 12000m，其井架承载能力达到 11340kN，钻井绞车功率达到 5292kW，钻机顶驱和钻井泵的驱动方式为交流变频驱动或静液驱动。

第 6 代钻井船设计工作水深大于 3048m，装备最先进、大功率、高精度的 DP3。超大

型钻井船装备大功率双井架超深井钻机（5000～7200hp），钻井深度范围 10668～12200m
（35000～40000ft）乃至更深。采用高强度钢和优良的船型及结构设计，将总排水量与船总
用钢量的比值进一步优化。具有良好的安全性、抗风暴能力，全球、全天候的工作能力和
长时间的自持能力。

半潜式钻井平台和钻井船根据建造年份和设计作业水深划分为七代。

（1）半潜式钻井平台分代划分：

第一代：1961—1972 年建造。

第二代：1973—1979 年建造。

第三代：1980—1985 年建造。

第四代：1986—1997 年建造。

第五代：1998—2004 年建造。

第六代：2005 年起建造，最大作业水深 10000ft。

第七代：2015 年起建造，最大作业水深 12000ft。

（2）钻井船分代划分：

第一代：1961—1970 年建造。

第二代：1971—1979 年建造。

第三代：1980—1985 年建造。

第四代：1986—1997 年建造。

第五代：1998—2005 年建造。

第六代：2006 年起建造，最大作业水深 10000ft。

第七代：2010 年起建造，最大作业水深 12000ft。

（二）深水钻机选择

深水钻机的选择和使用主要基于承包商以前的经验，钻机类型、特定作业规程、钻机
系统、操作人员、作业者提供的作业表现经验证明等因素，同时还需要考虑项目设计的复
杂性、作业环境和可能产生的特定要求。作业者使用内部或第三方检验公司来协助进行钻
机选择和验收，目的是确保整个合同期内，钻机作业安全、无损失、不间断。

钻机选型是一个项目成败的关键，全球深水（500m 作业水深）和超深水（1800m 作
业水深）钻井平台总数 183 个，其中全球超深水钻井平台约有 160 艘。就钻机市场而言，
钻机数量饱满，但仍有必要从技术上确定哪些钻机是可用的，以便获得最适合钻井作业计
划的钻机。

1. 水深和海洋环境条件

海洋钻井的环境决定了可以执行钻井（作业）的钻机类型，钻机的类型和设备能力完
全取决于项目的复杂性和要求，目前市场上，可以实施钻井的钻机类型如图 5-3 所示。

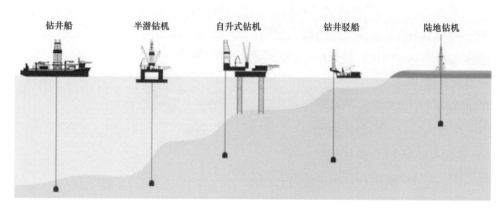

图 5-3　海洋钻井钻机类型

在海洋环境中，钻机的选择首先要考虑的因素是水深，这不仅是因为这是作业项目选择的关键因素，而且因为它是已知的，而不是假定的项目要素之一。随着水深的确定，可以缩小钻井设备可使用范围。图 5-4 是一些钻机水深适用等级例子，我们可以用它来指导选择合适的钻机。

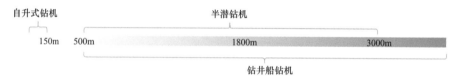

图 5-4　海洋钻机水深适用范围（据 Seadrill 公司海洋钻机划分）

对于水深 500m 和 3000m 海洋环境，可以看到有重叠的适应钻机，然而当到达极限水深窗口时，可以确定一个单一类型的钻机类型以满足项目需求。

除了水深外还需要考虑作业期间将要遇到的海洋气象、水文情况、升沉、浪高和涌流等，这些也会影响钻机的选择。

（1）海洋环境条件下的风、波浪、海流主要影响深水钻井装置定位。

（2）海流可能造成的管柱破坏性振动。浮式钻井装置的隔水管在深水作业时易发生涡激振动。发生涡激振动时应根据海流分布计算涡激振动发生的可能性，确定是否采用涡激振动抑制装置。

2. 钻井项目计划

在深水钻井作业中，随着水深增加，井身结构设计也趋于复杂，正确选择深水钻井装置极为重要。从钻井项目计划方面对钻井装置的选择需考虑以下关键问题：

1）井的类型

为具体的钻井项目选择合适钻机，很大程度上要依据所钻井是探井还是开发井，以及钻井数量。为探井选择钻井装置时通常应优先考虑以下几点：

（1）动复员时间和移动性；

（2）操作的适应性；

（3）负载能力；

（4）在恶劣海况下工作能力。

为开发井选择钻井装置通常应优先考虑以下几点：

（1）最大日费率/有效工作天数；

（2）钻井平台稳性；

（3）甲板（可变载荷）和舱室储存能力；

（4）完井和修井的作业效率；

（5）设备安装能力。

一般来说，钻井船运移性能好，适合钻探井；半潜式钻井平台具有良好的环境适应性，抗风、浪、流的能力强，适合钻开发井。但这都是不绝对的，需要根据钻井项目作业实际情况而定。

2）钻井程序设计

钻井程序设计直接从以下几个方面影响到深水钻井装置的选择。

（1）孔隙压力和破裂压力。

深水环境下，孔隙压力和破裂压力之间的关系是影响钻机能力需要的关键因素之一。水深增加，孔隙压力和破裂压力之差减少，井眼压力安全作业窗口变窄，影响到对钻井液的要求、套管设计和钻井作业。

（2）最大预测地面压力。

通过最大预测地面压力来确定防喷器组的额定工作压力，通常深水作业防喷器组压力等级是 15000psi。

（3）钻井液类型和密度。

作业水深确定后，最大钻井液密度决定了钻井隔水管设计及隔水管张力器的能力。深水钻井较多使用合成基钻井液。如果一些作业要求零排放，钻井装置上就需要更多的空间放置岩屑干燥、存储和处理的设备或岩屑处理设备。要求合成基钻井液零排放的地区，排放设备、处理工艺以及相关文件都必须满足当地环境要求规范，如果不能满足规范要求，则必须升级固控系统。

（4）套管设计。

深水钻井作业压力窗口窄，深水钻井往往要求更多的技术套管。这些重型、大直径的管柱需要存放、输送以及特殊的下套管工艺，而且下套管时容易遇到问题而产生大量非钻进时间，所以任何能改进下套管效率的方法都能很大程度上改善作业的效率，双井架钻机或者具有预接 20in 套管系统的一个半井架钻机在深水作业中具有一定优势。井架立根盒容量必须满足摆放的管柱尺寸、井底钻具组合和其他工具的要求。提升能力（绞车、游车、顶驱、升沉补偿、钻井大绳等）必须能够承受套管载荷和钻柱载荷。

（5）钻井深度。

除了水深因素以外，钻井平台在垂直和水平方向的钻井深度也是钻机选择的关键因素，这与大钩载荷、旋转载荷、扭矩载荷、井架和下部结构额定载荷密切相关。深水钻井的最大大钩载荷通常发生在 $13\frac{5}{8}$in 套管或 $9\frac{5}{8}$in 套管全部下钻到位，套管柱内充满水泥的情况。基本上，通过综合考虑以下因素对钻机进行评估，可以确定是否满足钻井深度的需要。

① 隔水管张力系统；

② 升沉补偿系统；

③ 钻井和起下钻大钩载荷；

④ 立根盒容量和载荷；

⑤ 套管载荷；

⑥ 旋转和扭矩载荷；

⑦ 井架和底座额定载荷；

⑧ 提升和制动能力。

预期钻井深度可在项目初期进行预先设定，在勘探或开发方案中，最终的钻井深度或批准钻井深度与井位一起确定。与水深一样，对于不同类型的钻机也可以建立一个钻井深度等级图，如图 5-5 所示。

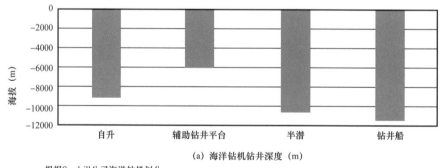

(a) 海洋钻机钻井深度 (m)

根据Seadrill公司海洋钻机划分

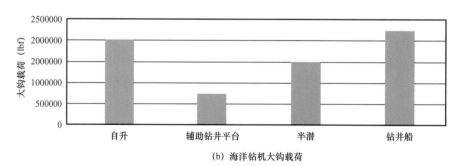

(b) 海洋钻机大钩载荷

图 5-5　海洋钻机钻井深度与大钩载荷对应关系

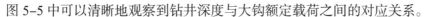

图 5-5 中可以清晰地观察到钻井深度与大钩额定载荷之间的对应关系。

3）钻机技术参数优选

一般来说，虽然可以通过钻机的主要特征作为钻机选择预选条件，但是必须清楚的是，需要从多个方面综合考虑钻机的作业能力以最优的选择满足钻井项目的需求。深水钻井装置有锚泊定位和动力定位，井架有单井架、双井架和一个半井架。

（1）钻机定位类型。

锚泊定位钻机。深水锚泊钻井装置多用于悬链线锚泊系统，悬链线锚泊系统一般适用于小于 1500m，但是通过复合尼龙缆代替钢缆，也能够扩展到 2000m 水深使用。锚泊系统重量主要取决于作业水深和锚泊系统类型，锚泊系统重量较大时需要大型抛锚作业。随着抛锚水深的增加，能够作业的抛锚船数量大大下降，而且租金很高，也限制了锚泊钻机的使用。

动力定位钻机。大型钻井船和一些半潜式钻井平台都采用动力定位。动力定位钻机的日费、保养费、燃料费要高于锚泊系统的钻机，但是移动性能好、操作效率高。在飓风和龙卷风频发的地区更适合采用动力定位钻机。飓风或者强风暴到来前停止钻井作业、解脱隔水管，动力定位钻机航行离开该区域，而锚泊定位钻机，则是钻机停止工作不撤离，船上人员撤离。由于动力定位的钻井船和半潜式平台不需要带锚机和锚链，所以可变载荷比锚泊定位钻井平台大，而随着水深和井深的增加，对钻机可变载荷需要更大。

（2）井架类型。

双井架钻机和一个半井架可平行进行作业操作，因此节约了大量的作业等待时间。双井架钻机的最重要的一个功能是可以同时起下两套管柱，或者下套管柱的同时下防喷器和隔水管；一个半井架钻机可以预接套管、钻杆。一个半井架和双井架钻机的比较见表 5-1。

表 5-1 海洋钻机井架类型对比

井架类型	一个半井架	双井架
是否用于深水	是	是，仅用于深水
绞车、天车	1 套	2 套
顶驱、转盘	1 套	2 套
钻井液系统	1 套	2 套
功能	可同时钻井和接管柱	可同时钻井和接管柱，可同时钻井和下 BOP 作业，可两口井协同作业
效率提升	10%～20%	20%～60%

（3）钻机的设计作业水深。

作业水深直接或间接的影响钻机的动力、控制和机械系统。钻机的额定作业水深取决于隔水管长度、隔水管张力器能力、环境标准、钻井液密度和连接水下防喷器的脐带缆等。

（4）钻井隔水管／张力系统。

钻井隔水管设计必须根据最大作业水深和预期的环境条件，保证为隔水管提供足够的能力和机械强度。每口井都要进行隔水管分析。隔水管要有足够强度支撑阻流和压井管线、增压管线、液压管线、双梯度管线和复合电缆，并且必须保证张力器和浮力块能够支撑隔水管重量（在确定的钻井液密度和船体偏移范围内）。

深水隔水管重量很大，对隔水管张力器能力要求高，隔水管张力器的能力要根据作业水深、钻井液密度、环境条件、张紧装置布置、摩擦力和导向角度等因素来进行校核，并且要有足够的安全系数。如果张紧装置要在大于等于75%额定张紧力的情况下工作，就会导致加快磨损和破坏。升沉补偿、补偿绞车和隔水管张力器的额定张紧能力必须能够满足钻井船的偏移和动态响应。

（5）防喷器组。

水下防喷器组的尺寸、结构和压力等级必须适合计划作业井的钻井液、地层压力、钻柱设计要求和承受作业水深的净水压力要求。

（6）钻机钻井液处理设备。

包括钻井液池、固相控制设备、气体控制处理设备、管道、化学处理系统和仪器仪表，对于海上钻井平台可能尤其重要，特别是作业中如果需要处理多种流体类型（水基和油基钻井液）。钻机选择中，要为海上钻机指定的钻井液处理设备包括钻井液池的数量和体积、钻井液搅拌系统、振动筛、集砂器、除泥器、除砂器和离心机。钻井液处理系统中的大多数设备是作为钻机系统的一部分配置的，在租用钻机之前，需要根据项目的要求对该系统进行相应的改造。

（7）低压钻井液系统。

钻井液池容量和配浆效率是钻机选择的一个重要因素。钻井液池容量应和钻井作业时钻井液净化效率、井眼容积、混浆设备和补给时间等匹配。配浆效率和速度必须和钻井液类型、井眼尺寸、机械钻速、钻井液净化设备和漏失速度等匹配。以下因素将导致深水钻井作业时需要更大的钻井液池容积：隔水管段大容积、根据钻井设计使用两种钻井液体系、批钻井、钻遇浅水流和后勤支持周期等。

（8）固控系统和岩屑处理设备。

固控系统和岩屑处理设备包括：刮泥器、钻井液分流器、振动筛、水力旋流器、离心机、除砂器、除泥器、钻井液清洁器、离心泵、岩屑传送带和岩屑收集罐等，固控系统和岩屑处理设备的合理配置能够改善深水钻机的操作效率、HSE，降低钻井液相关的费用。固控和岩屑处理设备的管线直径尽可能最大，从而能保证有足够的流量。水力旋流器的尺寸通常由系统最大流量确定，水力旋流器允许的最小处理流量是系统最大流量的100%，一般推荐的是系统最大流量的125%。零排放或者其他的环境法规可能要求岩屑回收存储而不能排海，这时选择的钻井装置必须有足够的甲板空间来放置岩屑处理设备。

（9）高压钻井泵。

钻井泵的能力影响到钻井机械钻速。深水作业需要钻井泵具有更大水力能力，以保证长隔水管段的钻井液上返。钻井设计须通过数值模拟确定井眼的水力特性，确保钻井时压力和流量需求，以确定钻井泵性能。第5/6代深水钻机一般配置3～4台2200hp的钻井泵，根据井眼尺寸，在4000～6000psi范围内提高输出压力。

（10）可变甲板载荷。

可变甲板载荷是钻机可以承受的最大可变载荷。一些设备载荷和钻井操作载荷会影响可变甲板载荷（表5-2）。随着作业水深的增加，对可变甲板载荷的要求也增加。

表5-2 可变甲板载荷变化影响因素

钻机操作	对可变载荷影响	备注
管材堆放区布置附加操作设备	降低	甲板载荷不变化，可变载荷减少
起钻	降低	增加甲板载荷重心高
下隔水管和防喷器	增加	
隔水管替海水	不变化	隔水管张力器载荷和甲板重量替换
增加钻井液密度	不变化或者降低	根据稳性和压载情况
下套管	增加	下钻过程中是将甲板载荷替换到大钩上
下钻	不变化	立根载荷和大钩载荷互换
管材堆放区钻杆接到井架立根盒	减少	增加了甲板载荷重心高度，降低了可变载荷
使用的钻井液存储到备用钻井液池	不变化	
固井	增加	减少了固井材料
拉紧隔水管和防喷器	不变化	
隔水管上流力增加	不变化或降低	有可能导致张力器张力增加

钻机的离岸距离也是考虑可变载荷大小的一个因素。如果钻机离岸很近，支持船可以很快达到，则可变载荷就不是影响钻机选择的主要因素，如果钻机离岸很远，钻机必须存储大量材料，可变载荷就成为主要考虑因素（刘健，2010）。

（11）钻机旋转扭矩能力。

钻机选择需要考虑的另一个关键项目是旋转扭矩能力。完成钻柱设计后，确定了上扣扭矩，也就确定了钻具的最大可施加旋转扭矩（上扣扭矩的80%），如果无法满足动力提供，将导致钻井时扭矩或旋转速度的折中，钻井速度降低或甚至钻柱无法旋转。除了旋转扭矩能力，提升和制动能力同样重要。提升系统由绞车（驱动器，滚筒和制动器）、天车和游车以及钻井大绳（以及吊环，吊卡和吊钩等辅助设备）组成。这些设备必须能够以所需的速度处理所需的负载。

海上钻机都在井架上安装了顶部驱动系统。顶部驱动系统动力水龙头由 1000hp 直流电动机驱动。该动力水龙头连接到游车上，两个部件可沿垂直导轨运行，导轨从天车下方延伸至钻台面 3m 以内。电动机提供超过 25000ft·lbf 扭矩，可在 300r/min 运行。动力水龙头由司钻控制台远程控制。顶驱和转盘是深海半潜式钻井平台钻机旋转系统的两个互补设备。正常钻井作业时，顶驱用于带动钻具进行钻井工作，而转盘则用于悬持管柱和钻具（仅限于处理井内事故和下放水下设备），可作为备件。目前，深海钻机转盘的额定静载荷为 1125×10^4kN，通径已达 1534mm。

第三节　巴西深水钻完井工程设计

一、钻井工程设计方案

（一）地层特点和地层温度及压力

以桑托斯盆地某油田为例，该油田地层主要分为新近系、古近系和白垩系。通过对油田已有地质资料分析，将该地区地层分为下阿普特阶和上阿普特阶两部分。下阿普特阶以陆相沉积为主，在地层形成过程中，产生了一个轴向位移的断层；上阿普特阶是典型的沉积过渡环境，在近端部分沉积主要发生在边缘海盆，在远端部分沉积主要发生在浅陆缘海洋环境，下部有较厚的膏盐岩 Ariri 地层。地质分层图、井身结构如图 5-6 所示。

桑托斯某油田典型地层压力曲线如图 5-7 所示。从图 5-7 可以看出，该地层压力预测最大孔隙压力当量密度为 1.19g/cm^3，平均压力梯度为 1.05psi/m，油水界面位于 5475m。根据该地温梯度预测，储层温度在 86.5～103.2℃，盐层温度在 39～82℃（图 5-8）。

（二）井身结构和套管程序

基于钻井工程适应性评价，结合地层压力预测结果，采用从下往上的井身结构设计思路，生产井以 $9\frac{7}{8}$in$\times 10\frac{3}{4}$in 套管完井，采用四开井身结构。注入井以 $8\frac{1}{2}$in 裸眼完井，采用四开井身结构。其基本设计原则为：

（1）导管和表层套管：导管选择 36in，下至泥线以下 110m，支撑后续开次套管、固井和水下防喷器重量，提供井口横向和竖向稳定性；表层套管选择 22in 套管，下至泥线以下 1000～1100m，确保最小破裂压力梯度满足下部井眼作业，同时实现安装水下井口和防喷器组的功能。

（2）中间套管：$13^5/_8$in 套管下至盐层顶部，封隔盐膏层，以确保下部油层钻探顺利。

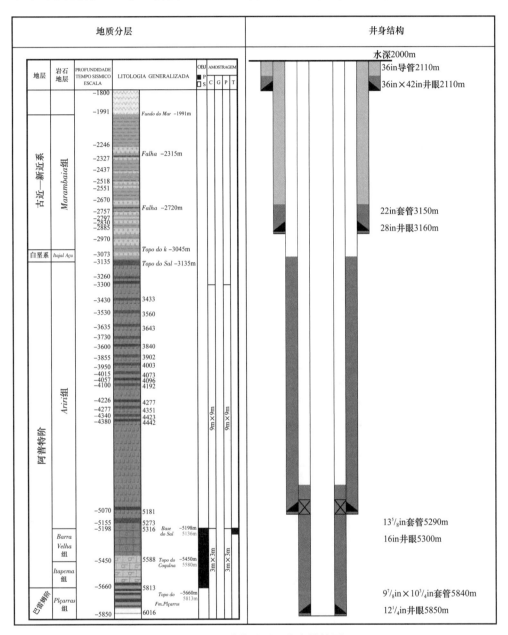

图 5-6　地质分层图和井身结构图

（3）生产尾管：选择 $9^7/_8$in 尾管以满足完井的要求，设计下至油层底部，$10^3/_4$in 套管回接至井口，复合套管则满足测试、生产要求，尾管悬挂器位置设计在上层套管鞋以上 100m。

（4）注入井采用 $8^1/_2$in 井眼裸眼完井，以满足生产需求。

以 2000m 水深为例，生产井和注入井典型井身结构见表 5-3、表 5-4 和图 5-9、图 5-10。

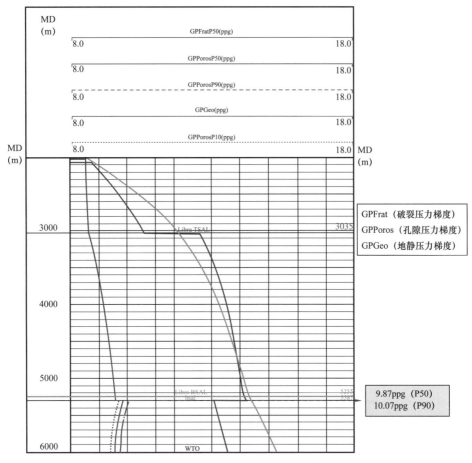

图 5-7　桑托斯某油田典型地层压力曲线图

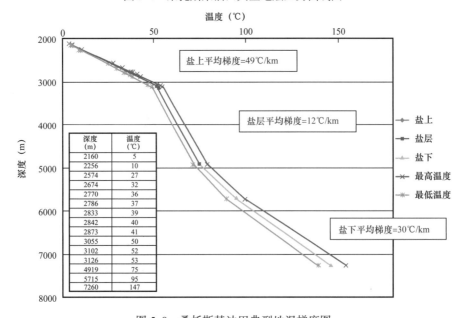

图 5-8　桑托斯某油田典型地温梯度图

表 5-3 生产井典型井身结构设计

套管类型	套管尺寸（in）	井眼尺寸（in）	垂深（m）	套管下深（m）TVDSS	水泥返深（m）TVDSS
导管	36	42	2110	2110	泥线
表层套管	22	28	3160	3160	泥线
中间套管	$13^5/_8$	16	5300	5300	4850
生产尾管	$9^7/_8 \times 10^3/_4$	$12^1/_4$	5850	5850	5100

表 5-4 注入井典型井身结构设计

套管类型	套管尺寸（in）	井眼尺寸（in）	垂深（m）	套管下深（m）TVDSS	水泥返深（m）TVDSS
导管	36	42	2110	2110	泥线
表层套管	22	28	3160	3160	泥线
中间套管	$13^5/_8$	$14^3/_4$	5300	5300	4850
裸眼		$8^1/_2$	5850	5850	5850

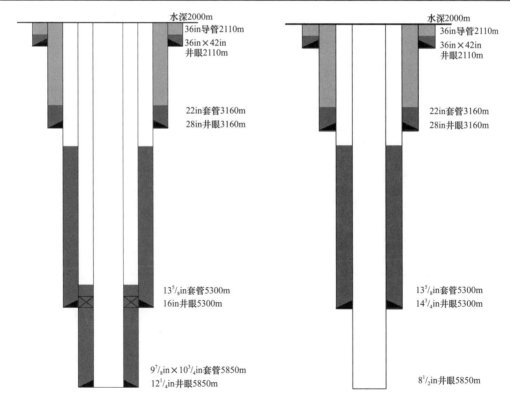

图 5-9 生产井典型井身结构图　　图 5-10 注入井典型井身结构图

表层套管和导管不存在暴露在储层流体中的可能性，选用满足 API 5CT 标准的普通低碳钢套管，中间套管考虑盐层地层蠕变和塑性变形影响，采用高抗挤材质。

桑托斯盆地各油田储层流体中 CO_2 及 H_2S 最大含量不同，某油田储层流体中 CO_2 及 H_2S 最大含量为 37.9mol%、0.003mol%。油井 CO_2 腐蚀环境严重，生产井储层段套管（ $9^7/_8$in 尾管段）管柱材质采用 13Cr，螺纹要满足气密性的要求。表 5-5、表 5-6 是某油田的套管选材示例。

表 5-5　生产井典型井的套管选型

套管类型	套管尺寸 / 线重 / 钢级	螺纹	套管段（m）TVDSS
导管	36in/554ppf/X60	D-90MT	2000～2110
表层套管	22in/251ppf/X70	XLW	2000～3160
中间套管	$13^5/_8$in/88.2ppf/VM-110HCSS	SLIJ2	2000～5300
生产尾管	$9^7/_8$in/66.9ppf/SCr13	Vam Top SC80	5000～5850
	$10^3/_4$in/85.3ppf/VM-110HCSS	Vam21	2000～5000

表 5-6　注入井典型井的套管选型

套管类型	套管尺寸 / 线重 / 钢级	扣型	套管段（m）TVDSS
导管	36in/554ppf/X60	D-90MT	2000～2110
表层套管	22in/251ppf/X70	XLW	2000～3160
中间套管	$13^5/_8$in/88.2ppf/VM-110HCSS	SLIJ2	2000～5300

（三）钻头选型及钻具组合

通过对已钻井的钻头使用情况分析，结合地层岩性的特点和不同井眼的钻进深度，优化设计钻具组合见表 5-7、表 5-8。

表 5-7　生产井钻具组合

作业阶段	钻具组合	钻头类型
一开	36in 钻头 + 42in 扩眼器 + 马达 + 转换接头 + 4 根 8in 钻铤 + 转换接头 + 8 根 $5^7/_8$in 加重钻杆	牙轮
二开	28in 钻头 + $27^3/_4$in 扶正器 + MWD + LWD + $27^3/_4$in 扶正器 + 4 根 $9^1/_2$in 钻铤 + $27^3/_4$in 扶正器 + 4 根 $9^1/_2$in 钻铤 + 转换接头 + 6 根 8in 钻铤 + 8in 震击器 + 5 根 8in 钻铤 + 转换接头 + 8 根 $5^7/_8$in 加重钻杆	牙轮

作业阶段	钻具组合	钻头类型
三开	16in 钻头 + 马达 + 旋转导向工具 + 1 根 $9\frac{1}{2}$in 钻铤 +MWD+LWD + 11in 扶正器 + LWD + 11in 扶正器 +4 根 $9\frac{1}{2}$in 钻铤 + 转换接头 + 旁通短节 + 1 根 $8\frac{1}{2}$in 钻铤 + $15\frac{7}{8}$in 扶正器 +1 根 $8\frac{1}{2}$in 钻铤 + 8in 震击器 + 1 根 $8\frac{1}{2}$in 钻铤 + 转换接头 + 20 根 $5\frac{7}{8}$in 加重钻杆	PDC
四开	$12\frac{1}{4}$in 钻头 + 马达 + $12\frac{1}{8}$in 扶正器 + MWD + LWD + $12\frac{1}{8}$in 扶正器 + LWD + $12\frac{1}{8}$in 扶正器 + 转换接头 + 旁通短节 + 9 根 8in 钻铤 + 8in 震击器 +2 根 8in 钻铤 + 转换接头 +8 根 $5\frac{7}{8}$in 加重钻杆	PDC

表 5-8　注入井钻具组合

作业阶段	钻具组合	钻头类型
一开	36in 钻头 + 42in 扩眼器 + 马达 + 转换接头 + 4 根 8in 钻铤 + 转换接头 + 8 根 $5\frac{7}{8}$in 加重钻杆	牙轮
二开	28in 钻头 + $27\frac{3}{4}$in 扶正器 + MWD + LWD + $27\frac{3}{4}$in 扶正器 +4 根 $9\frac{1}{2}$in 钻铤 + $27\frac{3}{4}$in 扶正器 + 4 根 $9\frac{1}{2}$in 钻铤 + 转换接头 + 6 根 8in 钻铤 + 8in 震击器 + 5 根 8in 钻铤 + 转换接头 +8 根 $5\frac{7}{8}$in 加重钻杆	牙轮
三开	$14\frac{3}{4}$in 钻头 + 马达 + 旋转导向工具 + 1 根 $9\frac{1}{2}$in 钻铤 + MWD + LWD + 11in 扶正器 + LWD + 11in 扶正器 +4 根 $9\frac{1}{2}$in 钻铤 + 转换接头 + 旁通短节 + 1 根 $8\frac{1}{2}$in 钻铤 + $14\frac{5}{8}$in 扶正器 +1 根 $8\frac{1}{2}$in 钻铤 + 8in 震击器 + 1 根 $8\frac{1}{2}$in 钻铤 + 转换接头 + 20 根 $5\frac{7}{8}$in 加重钻杆	PDC
四开	$8\frac{1}{2}$in 钻头 + 马达 + $8\frac{3}{8}$in 扶正器 + MWD + LWD + $8\frac{3}{8}$in 扶正器 + LWD + $8\frac{3}{8}$in 扶正器 + 旁通短节 + 9 根 $6\frac{3}{4}$in 钻铤 + 震击器 + 2 根 $6\frac{3}{4}$in 钻铤 + 8 根 5in 加重钻杆	PDC

（四）钻井液

参照某油田区块地层压力预测结果和已钻井的钻井液使用情况，综合考虑井眼清洁，维持井眼稳定所需的密度窗口和地层岩性特征，开发井的各井段钻井液设计可参考见表 5-9 和表 5-10。

表 5-9　生产井各井段钻井液设计

套管类型	套管尺寸（in）	井眼尺寸（in）	钻井液密度（lb/gal）	钻井液类型
导管	36	42	8.6	海水 + 稠塞
表层套管	22	24	8.6	海水 + 稠塞
中间套管	$13\frac{5}{8}$	16	10.5～12.5	合成基钻井液
生产尾管	$9\frac{7}{8} \times 10\frac{3}{4}$	$12\frac{1}{4}$	9.2～10.3	合成基钻井液

表 5-10 注入井各井段钻井液设计

套管类型	套管尺寸（in）	井眼尺寸（in）	钻井液密度（lb/gal）	钻井液类型
导管	36	42	8.6	海水 + 稠塞
表层套管	22	24	8.6	海水 + 稠塞
中间套管	$13\frac{5}{8}$	$14\frac{3}{4}$	10.5～12.5	合成基钻井液
裸眼		$8\frac{1}{2}$	9.2～10.3	合成基钻井液

为了满足当地的环保要求，使用合成基钻井液时，实现零排放。钻井过程中合成基钻井液回收至钻井液池经过分离处理，岩屑烘干后运送至岸上处理。钻井作业结束后，回收全部钻井液，支持船进行性能和无毒处理后于后续钻井作业继续使用，待合同期结束后统一运回岸上处理。

钻井液设计基本原则为：

（1）导管和表层套管阶段：无隔水管阶段采用海水 + 稠塞开路钻进，通过扫稠塞的方式来清洁井眼，并且补垫稠塞稳定井壁。

（2）中间套管阶段：有隔水管阶段采用合成基钻井液，与水基钻井液相比，具有良好的流变性、润滑性、稳定性、页岩抑制性、抗有害固相污染能力强等优点，采用 MPD 控压钻井系统，实时调整井筒循环当量密度，避免压漏地层或发生溢流，采用低密度钻井液，钻井液中加入适量堵漏材料，备好足量堵漏剂。盐层段采用较高密度钻井液，以防止地层蠕变和塑性变形，提高矿化度，尽量保证钻井液饱和状态，防止盐岩地层溶解，发生复杂情况，同时钻进过程进行倒划眼，保证井径尺寸。

（3）生产尾管和裸眼阶段：由于储层漏失压力较低，为了保护储层，防止漏失，选择较低密度合成基钻井液。

（五）固井

按照巴西石油行业和作业者的标准，某油田固井设计见表 5-11、表 5-12。

表 5-11 生产井各层套管的固井设计

套管类型	套管尺寸（in）	井眼尺寸（in）	套管下深（m）TVDSS	水泥返深（m）TVDSS	水泥浆类型	固井方式
导管	36	42	2110	泥线	领浆 12.2lb/gal 尾浆 15.8lb/gal	内管固井
表层套管	22	28	3160	泥线	领浆 12.2lb/gal 尾浆 16.2lb/gal	常规固井
中间套管	$13\frac{5}{8}$	16	5300	4850	16.5lb/gal	常规固井
生产尾管	$9\frac{5}{8} \times 10\frac{3}{4}$	$12\frac{1}{4}$	5850	5100	16.5lb/gal	常规固井

表 5-12　注入井各层套管的固井设计

套管类型	套管尺寸 （in）	井眼尺寸 （in）	套管下深（m） TVDSS	水泥返深（m） TVDSS	水泥浆类型	固井方式
导管	36	42	2110	泥线	领浆 12.2lb/gal 尾浆 15.8lb/gal	内管固井
表层套管	22	28	3160	泥线	领浆 12.2lb/gal 尾浆 16.2lb/gal	常规固井
中间套管	$13^5/_8$	$14^3/_4$	5300	4850	16.5lb/gal	常规固井

（六）钻机及井控设备

1. 钻机选择

考虑作业水深在 2000m 左右，开发井井深 5800m（TVD）左右，根据当地海流和气候特点，选择作业水深 2500m，钻井能力不小于 7500m 的 DP3 动力定位钻井船或半潜式钻井平台。

2. 水下防喷器选择

深水钻井平台或钻井船建议采用深水钻井标准配置的 $18^3/_4$in×15000psi 水下防喷器组。壳体、闸板及密封件的材料规范要求满足以下的作业条件：非酸性介质，温度 2～121℃。

（七）钻井周期

按照某油田实际作业设计，井深 5800m，生产井和注入井均采用四开井身结构，其中生产井为 $9^7/_8$in×$10^3/_4$in 套管完井，注入井为 $8^1/_2$in 裸眼完井，生产井单井钻井周期约 90 天，注入井单井钻井周期约 75 天，作业周期明细见表 5-13 和表 5-14。

表 5-13　生产井的钻井周期估算

作业内容	作业时间（d）	累计时间（d）
平台拖航、钻前准备	0.80	0.80
钻 42in 井眼	0.70	1.50
下 36in 导管，固井	1.80	3.30
钻 28in 井眼	4.50	7.80
下 22in 套管，固井	3.50	11.30
安装防喷器和隔水管	16.50	27.80
钻 16in 井眼	10.50	38.30
下 $13^5/_8$in 套管，固井	12.00	50.30

续表

作业内容	作业时间（d）	累计时间（d）
钻 $12\frac{1}{4}$in 井眼	15.00	65.30
下 $9\frac{7}{8}$in $\times 10\frac{3}{4}$in 套管，固井	13.00	78.30
附加 15% 的 NPT 时间	11.70	90.00

表 5-14　注入井的钻井周期估算

作业内容	作业时间（d）	累计时间（d）
平台拖航、钻前准备	0.80	0.80
钻 42in 井眼	0.70	1.50
下 36in 导管，固井	1.80	3.30
钻 28in 井眼	4.50	7.80
下 22in 套管，固井	3.50	11.30
安装防喷器和隔水管	16.50	27.80
钻 16in 井眼	10.50	38.30
下 $13\frac{5}{8}$in 套管，固井	13.00	51.30
钻 $8\frac{1}{2}$in 井眼	13.50	64.80
附加 15% 的 NPT 时间	10.20	75.00

（八）钻井设计要点

桑托斯某油田钻井设计要点如下：

（1）生产井和注入井均采用四开井身结构，其中生产井为 $9\frac{7}{8}$in $\times 10\frac{3}{4}$in 套管完井，注入井为 $8\frac{1}{2}$in 裸眼完井。

（2）上部非储层主要以砂岩、泥页岩和膏盐岩为主，主要目的层为生物灰岩 Barra Velha 和介壳灰岩 Itapema 地层，以碳酸盐岩为主；储层温度 86.5～103.2℃，地层压力梯度为 1.05psi/m。

（3）一开和二开采用牙轮钻头，其余开次采用 PDC 钻头。

（4）钻井液设计中，在导管和表层套管作业中，采用海水 + 稠塞钻进，之后采用合成基钻井液。

（5）固井设计中，导管和表层套管水泥浆返至井口，中间套管段严格控制水泥浆的返深保持在上层套管鞋以下 250～300m，生产尾管固井作业完成后回接 $10\frac{3}{4}$in 套管至井口，在尾管挂位置注水泥浆封固。

（6）采用随钻测井加电缆测井方案，储层段固井结束后测固井质量。

（7）选择作业水深不小于 2500m，钻深能力不小于 7500m 的 DP3 动力定位双钻机钻井船或半潜式钻井平台进行钻井作业，满足安全作业要求。

（8）配置的 $18\frac{3}{4}$in×15000psi 水下防喷器组可以满足作业要求。生产井单井钻井周期约 90 天，注入井单井钻井周期约 75 天。

二、完井工程设计方案

（一）完井方式

完井工程是连接钻井和生产的关键环节，是影响油田开发效益的关键技术。常规的完井方式大致分为：套管射孔完井、裸眼完井、割缝衬管、砾石充填和防砂筛管完井。现有的各种完井方式都有其各自适用的条件和局限性，目前巴西深水油田均采用智能完井，可以实现 1 口井独立开采多个油层，避免不同压力导致窜流。另一方面开采后期通过远程控制含水较高油层，重新分配各层产量，节省修井时间。该完井方式可以实现分采分注、实时监测远程控制、提高采收率。

（二）完井工程设计

1. 油藏流体特征和生产要求

某油田盐下油藏流体特征和开发生产方案要求见表 5-15 至表 5-18。

表 5-15　油藏流体组分表

组分	摩尔分数（%）	组分	摩尔分数（%）
CO_2	37.49	C_9	1.11
N_2	0.23	C_{10}	0.93
C_1	36.27	C_{11}	0.8
C_2	4.85	C_{12}	0.73
C_3	3.4	C_{13}	0.72
IC_4	0.6	C_{14}	0.6
NC_4	1.37	C_{15}	0.57
IC_5	0.42	C_{16}	0.44
NC_5	0.68	C_{17}	0.36
C_6	0.88	C_{18}	0.39
C_7	0.81	C_{19}	0.36
C_8	1.24	C_{20+}	4.74

表 5-16　地层水特征表

组分	值（mg/L）	组分	摩尔分数（%）
钠	96918	氯化物	161000
钾	5770	溴化物	760
镁	420	硫酸盐	69
钙	4000	碳酸氢盐	705
钡	14	醋酸盐	370
锶	3020	甲酸盐	43
铁	<10	丙酸盐	18
矿化度	265662	pH（25℃）	6.1

表 5-17　PVT 测试分析结果

井号	Well-1	Well-2		Well-3
API 重度（°API）	27.2	27.6	25.6	28.2
饱和压力（MPa）	49.0	49.2	47.9	
黏度（mPa·s）	0.4	0.4	0.4	
GOR（m³/m³）	415	380	381	385.3
气相 CO_2 含量（%）	43.6	44.1	44.2	44.1
H_2S（ppm）	<5	<11	<12	<5

表 5-18　生产单元开发指标

采油井	最大单井产油量（bbl/d）	44000
	最大单井产水量（bbl/d）	35500
	最大单井产液量（bbl/d）	55800
WAG 注入井	最大单井注水量（bbl/d）	50318
	最大单井注气量（106ft³/d）	141

2. 完井设计

1）生产井

采用常规智能完井方式（图 5-11），$9\frac{7}{8}$in 套管固井，射孔打开 2 个或 3 个油层，层与层之间下入膨胀封隔器，利用 ICV（流量控制阀）实现分层开采。各层均安装井下压力温度计，实时监测储层温度压力。管柱结构为：油管、井下安全阀、生产封隔器、压力温度计（电控）、ICV（液控）、化学剂注入阀（液控）。

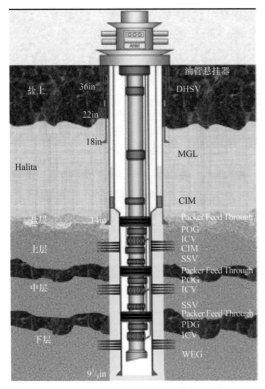

盐上 36in 油管悬挂器 DHSV
22in
18in
Halita MGL
CIM
盐层 14in Packer Feed Through
POG
上层 ICV
CIM
SSV
Packer Feed Through
POG
中层 ICV
SSV
Packer Feed Through
PDG
下层 ICV
WEG
$9\frac{1}{8}$in

Packer Feed Through：层间连通封隔器
DHSV：井下安全阀
PDG：井下压力计
ICV：层间流量控制阀
SSV：机械滑套
WEG：喇叭口
MGL：气举阀工作筒
CIM：化学注入工作筒

图 5-11　生产井完井管柱示意图

射孔工艺采用电缆射孔，射孔枪选择 7in 高密射孔枪，布孔密度 12 孔 /ft，射孔弹选择深穿透型射孔弹，射孔液选择无固相盐水射孔液体系。

2）注入井

注入井采用裸眼智能完井（图 5-12），该种完井方式不下套管固井，在 $8\frac{1}{2}$in 裸眼下 $6\frac{5}{8}$in 或 7in 筛管，节省了完井时间及费用。两个注入层之间利用管外封隔器实现分层注水。管柱结构为：油管、井下安全阀、封隔器、压力温度计（电控）、ICV（液控）、化学剂注入阀（液控）、机械滑套。

3）完井管柱材质

根据测试结果（表 5-19），储层流体中 CO_2 及 H_2S 最大摩尔含量为 44.2%、0.0012%。油井 CO_2 腐蚀环境严重，采油井完井管柱材质采用 L8013Cr。考虑到注入井需要进行 WAG，采用 25Cr。

4）井口装置

巴西深水油田项目开发井均采用水下采油树。水下采油树是放置在海床水下井口上的由阀门、管线、连接器和配件组成的一种井口装置，承托油管柱重量，密封油套管的环形空间，控制和调节油井生产，以保证作业安全。除此之外，水下采油树还可以控制化学试剂注入，在发生故障的情况下关闭井口、停止生产。

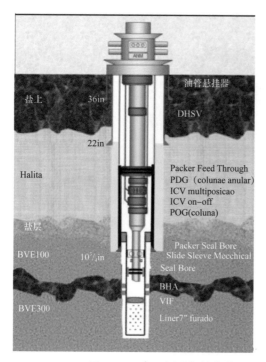

| Packer Seal Bore：密封筒封隔器 |
| Seal Bore：密封筒 |
| BHA：机械式环空封隔器 |
| VIF：流体分隔阀 |
| Slide Sleeve Mecchical：机械滑套 |
| DHSV：井下安全阀 |
| Packer Feed Through：层间连通封隔器 |
| DHSV：井下安全阀 |
| PDG：井下压力计 |
| ICV：层间流量控制阀 |

图 5-12 $8\frac{1}{2}$in 裸眼智能完井 / 注入井完井管柱示意图

表 5-19 生产单元储层流体特征

油藏温度（℃）	泡点压力（MPa）	CO_2（%）	H_2S（%）	CO_2 分压（MPa）	pH 值
80～120	48.7	37.4～37.9	0.002～0.003	18.2～18.5	4.5

所有井都安装盐下油田标准的水下采油树（图 5-13）。选择标准的水下采油树（厂家都有标准的水下采油树设计），其优点是采用成熟的标准设计，交货期相对较短，水下采油树的整体费用相对较低，并且该种标准采油树已在巴西深水区盐下油田广泛应用。

采油树主要技术要求如下：

（1）设计水深：2500m；

（2）5in 生产通道 ×2in 环空通道：铬镍铁合金；

（3）工作压力：10000psi；

（4）传感器：1 个压力温度传感器、2 个压力传感器；

（5）电液复合式水下控制系统。

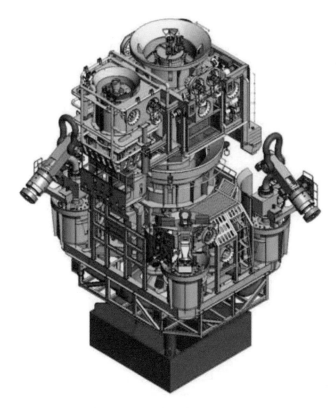

图 5-13　油田标准水下采油树

5）增产措施

深水油田投资成本大，开发风险高。部分井需要进行酸化作业，解除井底附近的污染，从而实现增产增注，降低开发风险。本油田实际作业测试结果，酸化前井底表皮系数在 1.8～35 之间，进行酸化后表皮系数下降明显（–2.64～–2），酸化效果较好。

酸化作业的酸液体系选择 15% 盐酸，通过试验确定最优酸化强度和酸液配方。

根据巴西深水碳酸盐岩油藏酸化实践经验，通过智能完井管柱完成分层酸化作业，连续油管酸化工艺作为备用增产工艺。

酸化主要工艺流程：打开下部层间流量控制阀（ICV），进行吸水测试，挤入酸液，注入海水顶替，完成底部储层酸化；关闭下部 ICV，打开中部 ICV，完成吸水测试，挤入酸液，之后注入海水顶替，完成中部储层酸化；关闭中部 ICV，打开上部 ICV，向上部储层挤入酸液，完成上部储层酸化。

连续油管酸化工艺是使用连续油管对井储层进行定点注酸作业，以提高地层渗透率，达到增产的目的。同常规油管作业相比，连续油管酸化不需要起出生产管柱，作业时间短、安全可靠，特别是对深水油田，减少作业成本。此外，由于储层纵向上的非均质性，连续油管酸化可以实现转向，达到均匀布酸的目的。

6）注入工艺

根据油藏工程研究结果和开发设计要求，注入井采用水气交替注入工艺，油田所有注入井分层配注。注水水源为处理合格的海水，水质标准见表 5-20。

表 5-20　注水水质标准表

指标	单位	最大值
悬浮固体（SS）	mg/L	1.5
大于 5μm 的颗粒含量	ppm	10
溶解氧	ppb	10
硫化物含量	ppm	2
m-SRB	MPN/mL	50
SO_4^{2-}	mg/L	100

注气气源为生产井采出 CO_2 和天然气，酸性气体会对生产管柱带来腐蚀风险，因此需要注意管柱材质的选择，满足防腐的要求。

主要注入工艺参数如下：

（1）注入井油管选择：$6\frac{5}{8}$in；

（2）由于油井高含 CO_2，注入管柱材质 25Cr；

（3）单井最大注入水量：50318bbl/d；

（4）单井最大注气量：$141 \times 10^6 ft^3/d$；

（5）最大注入压力：800kgf/cm²（5452m）。

（三）完井作业程序

生产单元完井作业流程主要包括：

（1）完井动复员。完井动复员包含拖航平台到达目的位置、安装灯塔、DP 校准、卸料等。

（2）防喷器安装。将防喷器移至月池中心，连接柔性接头，连接隔水管下放防喷器。安装和测试压井、阻流软管。连接伸缩隔水管，安装隔水管张紧环，将钻机移至井口上方，下放防喷器与井口连接并锁紧。

（3）防喷器试压和井况检测。下钻具组合，对水泥塞、套管和管柱进行防喷器试压，然后钻水泥塞、循环洗井、流量检测、替液、起钻。

（4）电缆测试、射孔。先下测井工具完成测井作业，然后进行目的层射孔作业。完成射孔作业后起并卸测井工具、关闭防喷器。

（5）安装生产管柱。生产管柱安装主要包括：生产管柱下入准备、下入生产管柱、地面设备安装测试、电缆锁定及拉伸测试、DHSV 检测、管柱加压安装封隔器、评估井筒、检查封隔器密封情况、封隔器试压、采油树安装准备。

（6）安装采油树。起出防喷器，移动钻机，将采油树移至井口，装在 BAP 上并完成测试。

（7）酸化。完成酸化注入测试，打开 DHSV；打开下部 ICV，进行吸水测试，挤入酸液，注入海水顶替，完成底部储层酸化；关闭下部 ICV，打开中部 ICV，完成吸水测试，挤入酸液，之后注入海水顶替，完成中部储层酸化；关闭中部 ICV，打开上部 ICV，向上部储层挤入酸液，完成上部储层酸化。

（8）临时关井。注入水合物抑制剂，关闭 DHSV 及采油树阀门，临时关井。

（9）投产及注入。按照油田生产部门要求，开井投产。使用小尺寸管柱或者连续油管向井内注入氮气等物质顶替出完井液，开井清井返排，待井筒中完井液返排完毕后投产。

（10）作业时间。采油井平均完井时间约为 47 天，注入井平均完井时间约为 42 天，详细作业周期见表 5-21。

表 5-21 完井作业时间预测

作业内容	采油井作业时间预测		注入井作业时间预测	
	作业时间（d）	累计时间（d）	作业时间（d）	累计时间（d）
清洗井眼，置换钻井液为完井液	2.9	2.9	2.9	2.9
射孔	3.6	6.5	0	0
连接上部生产管柱	3.5	10	3.5	6.4
完成生产管柱安装作业	4.5	14.5	3.9	10.3
起出防喷器组	3.5	18	3.5	13.8
安装采油树	3.9	21.9	3.9	17.7
酸化	15.5	37.4	15.5	33.2
注入水合物抑制剂	3.2	40.6	3.2	36.4
附加 15% 的 NPT 时间	6.09	46.69	5.46	41.86
合计	46.69		41.86	

（四）完井工程小结

（1）采油井采用套管智能完井、注入井采用裸眼智能完井。

（2）选择 $6\frac{5}{8}$ in 油管，采油井完井管柱材质采用 L80 13Cr，注入井考虑到需要进行水气交替，采用 25Cr。

（3）采油井完井管柱为：油管、井下安全阀、生产封隔器、气举阀、压力温度计（电控）、ICV（液控）、化学剂注入阀（液控）；注入井完井管柱为：油管、井下安全阀、封隔器、压力温度计（电控）、ICV（液控）、化学剂注入阀（液控）、机械滑套。

（4）采用自喷采油，当自喷能量不足时采用气举采油，气举阀工作筒下入位置为3500m左右。

（5）注入化学剂至井底防垢、防治沥青，同时也可以注入化学剂至水下采油树防蜡、沥青和水合物沉积。

（6）采油井平均完井时间约为47天，注入井平均完井时间约为42天。

第四节　巴西深水钻完井相关技术应用

一、表层动态钻井液钻进技术

在深水钻井钻进上部地层时，通常采用无隔水管钻井方式，将海水作为钻井液并直接返至海底。随着钻井深度的增加或钻遇高压地层时，需要更高密度的钻井液，则不再以海水作为钻井液。为了在下隔水管和水下防喷器之前钻进至预计的最大井深，常采用表层动态钻井液钻进技术（Pump and Dump，P&D），通过加重钻井液进行无隔水管钻井，将加重钻井液返至海底，如图5-14所示。

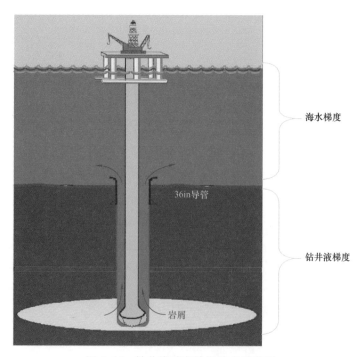

图5-14　钻井液动态钻进技术示意图

动态钻井液钻进技术被广泛应用于存在潜在浅层危险的深水钻井中，在未安装隔水管及防喷器的条件下，钻井液从钻柱泵入并从环空返至海底泥线，而不返至钻台面。这属于双梯度钻井，但无法实现钻井液的循环使用。与利用海底泵及钻井液回收管线以实现钻井液循环的无隔水管钻井相比，采用 P&D 则不需要过多的额外设备，因此更容易实现。

由于采用了加重钻井液，P&D 技术可以更好地平衡地层压力，减小井眼坍塌风险，改善井壁稳定性。因此，与常规深水无隔水管钻井技术相比，P&D 技术可以增加表层套管的下深，简化井身结构，提高钻井效率，降低作业工期和成本，其优势主要体现在以下几个方面。

（1）控制浅层气、浅层水等浅层灾害。采用了加重钻井液，能够更好地平衡地层压力，防止钻井过程中的井控风险。

（2）提高井壁稳定性，保证套管能够顺利下入。相比海水钻井而言，采用钻井液钻井能够在井壁形成滤饼，从而提高井壁稳定性，减少下套管摩阻。

（3）增加套管下深，减少套管层次。钻井液钻井更容易携带井底岩屑，提高机械钻速，从而在一定程度上增加表层套管的下深，甚至节约一层技术套管，有助于简化井身结构。

（4）增大井眼尺寸，增加可钻井深。钻井液的携岩能力比海水好，因此利用 P&D 技术可以实现更大尺寸的上部井眼钻井，从而增加可钻井深。

（5）有利于提高机械钻速，从而缩短工期、降低成本（岳家平，2018）。

无隔水管钻井方式在墨西哥、巴西和西非等地有广泛的应用。为了确保表层大井眼井段钻进至设计井深，P&D 钻井需要的钻井液量较大，以满足井眼循环和井眼稳定，这就给钻井液储备等后勤支持增加了难度，钻井液供应和管理是无隔水管钻井的主要问题。

深水钻井，首先碰到的浅表地层相对疏松，需要保持一定的钻井液排量以清洁井眼。表层井段的钻井，机械钻速也较高，钻井时间通常较短，因此钻井液的单位时间用量也较大。表层动态压井技术成功的关键，便在于钻井液设计、钻井液现场混配及相应的后勤保障。

常规作业程序是：钻井液在作业前加重超过设计密度需要，作业时与海水混合达到作业所需密度。通过间歇泵入高密度钻井液不仅对钻井岩屑进行清扫，还能根据使用的钻井液类型，对于易反应的地层产生反应抑制作用，提高井壁稳定性。

P&D 作业需要在现场处理大量的钻井液，由于钻井液成本和后勤支持原因，一些作业者不倾向使用此技术。深水作业地点远离后勤补给点，作业所需的钻井液必须提运送至作业地点。如何满足快速配浆和钻井液具有较好的抑制、高黏度和滤失性，主要通过两种方式实现：

（1）两相混合。将海水和高密度预混合钻井液进行混合，得到需要的钻井液密度，增加钻井液体积量。首先将加重钻井液混合到比设计所需钻井液密度要高得多的密度，然后将高密度的预混钻井液与海水"动态"或"回调"稀释到设计的钻井液密度，通过这种技术确保了无隔水管作业中泵入井内的钻井液量比在现场储存的钻井液量大得多。

（2）三相混合。将 $CaCl_2$、高密度钻井液和海水进行混合。在使用无隔水管钻进盐层时，海水稀释钻井液会导致钻井液不饱和，会使钻井液溶解盐层，井眼扩大，从而影响固井质量，最终需要固井补救措施甚至需要增加额外套管。

回调稀释法对于浅水层应用效果好，钻井液的关键参数是钻井液密度。盐层无隔水管钻井，钻井液的关键参数是含盐量，使用海水稀释预混合钻井液，会降低钻井液的含盐度。当设计使用高含盐量的钻井液或饱和钻井液进行钻井作业时，如果预混合钻井液以饱和钻井液开始时，回调作业的优势就会丧失。

因此，使用 P&D 技术时，盐层钻进需要解决的问题是改变钻井液的含盐量而不是密度。巴西桑托斯盆地深水作业通过采用过饱和盐水稀释措施进行 P&D 作业，达到使用饱和钻井钻进解决井眼扩大问题。

P&D 技术对于钻井液用量估算。由于钻井液无法循环使用，采用 P&D 技术需要大量的钻井液。随着钻井深度的增加，所需要的钻井液密度增加，需要的超高密度水基钻井液量也会随之增加。钻井液用量的确定，可依据井深、排量、机械钻速进行估算后，额外附加 25%～50%。此外，需要附加四倍于标准井筒容积的压井液，用于补偿短起下和下套管过程中的冲刷和循环所需。

P&D 技术钻井液现场混配及后勤保障。钻井过程中，钻井液无法回收和重复利用，在短起下及下套管过程中钻井液的损失也较大，因此需要大量的钻井液。由于海上钻井井场条件的限制，无法提前在钻井船上准备大量的钻井液，现场可以通过以下几种方法实现：

（1）利用支持船或半潜式钻井船的浮筒来存储一定量的加重钻井液。

（2）平台现场安装一套钻井液快速混配系统，将预备的加重钻井液与海水快速混合，得到所需密度的钻井液。该系统的各条管线配有流量计和压力表，其内部导流板结构可以让液体处于紊流状态，在最短时间内充分混合。

（3）加强后勤保障工作，采用大型的钻井船或支持船。供应船上的钻井液供应能力会受到泵能力、钻井液泵送系统、安全条款、天气变化等因素的制约，在制定后勤保障计划时，应充分考虑这些因素。

二、控压钻井

控压钻井技术（Managed Pressure Drilling，MPD）是一项解决复杂钻井问题的重要技术，国际钻井承包商协会对 MPD 的定义为：MPD 是一种经过改进的钻井程序，可以精确地控制井筒环空压力剖面，其目的是确定井底压力，从而控制环空液压剖面。也就是使用该技术精确控制整个井筒环空压力剖面自适应，以确保井底压力环境极限和控制环空水力压力剖面的一致性。MPD 技术起源于欠平衡钻井技术，但与欠平衡钻井不同，MPD 不会积极地促进地层流体进入井筒，MPD 的意图是避免连续的流体涌出地层。

大多数 MPD 实践开始于应对陆上钻井作业的问题，如卡钻、井漏和窄密度窗口等。近年来 MPD 技术在海上的应用日益广泛，其应用已成为石油工业的一大挑战。成功应用该技术的关键是旋转控制头（RCD）的使用。该技术能有效应对使用传统钻井方法无法钻进的地层，减少井漏、井涌、压差卡钻和井壁失稳等钻井复杂情况和钻井事故，降低成本，简化操作，缩短非生产时间。

MPD 技术优点主要表现在以下几个方面：

（1）通过精确的井底压力检测和水力学模型解决窄密度窗口层段的钻井难题。可以对井口环空压力、钻井液密度和流变性、岩屑载荷、环空摩擦、井眼几何形状、钻杆旋转速度和起下钻速度、节流阀回压等因素进行控制。当井底压力发生变化时，MPD 系统通过旋转控头（RCD）和节流管汇控制井眼压力。通常 MPD 系统会通过控制井口回压或泵压调整井底压力。井底压力是井口压力与环空压力之和，环空压力可以通过钻井液流态、流速和环空压力大小来调节。

（2）MPD 技术能避免井筒压力超过地层破裂压力，减少井漏、井塌事故，同时可以控制和处理钻井过程中可能引发的溢流事故，延长事故多发井段的裸眼段长度，简化井身结构，减少套管下入的层数，通过较少的套管层数到达指定目的层或井深，从而减少管柱费用，降低作业成本。

（3）解决隔水管进气对深水钻井的影响问题。当使用油基钻井液和混合基钻井液进行深水钻井作业时，气侵很难在第一时间被检测到。当隔水管长度大于 1200m 时，直到气体溢出海底防喷器时才能够察觉到气侵，这就导致了隔水管中进入气体。隔水管中的气体通常是通过平台上的分离器排出，但因其排量很小，所以在气量较大的情况下会有风险。深水钻井作业中大都需要安装隔水管气体控制系统（Riser Gas Handing System），通过人为调节节流管汇来排出隔水管中的气体，对隔水管进气的判断依赖于平台上的常规气体检测系统，环空进气的反映和排气的操作都比较慢，易出现风险隐患。海洋控压钻井过程中对井底压力实时监测，可以第一时间发现气侵，实时进行压力控制，减少隔水管中进气的可能性，并与相关装备结合，形成一种新的隔水管气体控制系统（Riser Gas Risk Mitigation，RGRM），即：通过地面的压力控制避免气体进入隔水管，在隔水管进气后通过自动节流管汇调节压力，平稳地循环排出隔水管中的气体，保证钻井作业安全。

（一）MPD 系统设备

MPD 系统设备主要有 MPD 隔水管接头（MPD Riser Joint）、旋转控制头、隔水管气体控制系统、缓冲管汇（Buffer）、节流管汇（Choke）、监测计量系统（Metering Manifolds）和入口流量监测系统（Inlet Flow Meters），除此外，服务公司还提供一套集成的监测应用程序来调节和校准 MPD 系统（图 5-15）。

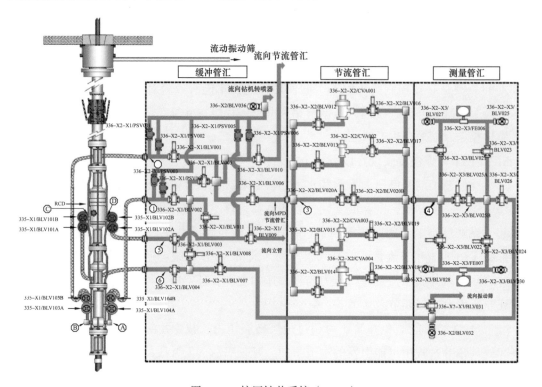

图 5-15　控压钻井系统（MPD）

1. MPD 隔水管接头

深水钻井船 MPD 系统使用一套特殊的隔水管接头，该接头包括旋转控制头、一个隔水管顶部环形接头和一个流量滑阀（Flow Spool），用于钻井液从隔水管环空直接返回到钻井船循环系统。MPD 作业期间的钻井液返出通常通过缓冲器、节流管汇、计量管汇进行，允许地面施加一定的回压，并测量返出钻井液的密度和流速。MPD 隔水管接头承受隔水管整体张力和所有相关载荷。第三方服务公司专门针对 MPD 作业产生的额外载荷（包括连接过程中的压力循环）进行了立管分析，以确认不会存在任何潜在的疲劳问题。

2. 旋转控制装置

旋转控制头（RCD）是 MPD 系统保持井底压力恒定的主要设备之一，如图 5-16 所示。旋转控制头允许在下钻作业和正常旋转钻井作业时，实现对环空进行增压。在现在使用的安装有旋转控制头的隔水管接头上，以下特性还未能实现：

（1）旋转密封总成应该能够像陆地作业一样，使用钻杆工具接头完成拆卸和回收，而不需要使用专用的下放/回收工具。

（2）应对锁紧装置保护不受钻井液或岩屑的侵蚀，减少由于锁紧装置无法释放而导致旋转密封在 RCD 中卡住的可能性。

（3）当旋转密封总成未使用时，其内径应无限制，与隔水管内径相同。

（4）旋转密封拆卸时，其密封表面不应存在磨损或损坏的风险。

（5）所有内部密封表面都应该是可更换的，而不需要对 RCD 本体进行重新加工。

（6）旋转密封应该是现场可维修的。RCD 包括两个 2in 出口，每个出口上安装两个球阀。在更换 RCD 部件时，通过球阀可以释放 RCD 和隔水管顶部环形空间之间的压力。此配置为该功能提供双重冗余，并允许在需要时冲洗流量滑阀和 RCD 之间的空间。

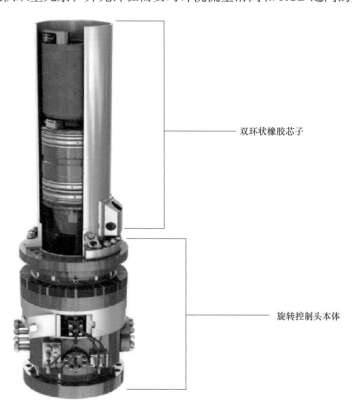

图 5-16　旋转控制头（RCD）示意图

3. MPD 隔水管

MPD 隔水管气体控制系统主要包括 $21\frac{1}{4}$in 环形密封，两个 6in 出口，相比 4in 出口，两个 6in 出口可以满足钻上部大井眼时的大流量要求（图 5-17）。

MPD 隔水管的安装与普通隔水管一样，可以从钻机隔水管滑道一次性提起进行安装。当 MPD 隔水管下放通过转盘时，5in 回流软管上的鹅颈和缓冲管汇中的 2in 排气 / 平衡压软管上的两根鹅颈就会插入隔水管接头上相应阀门的接收器中，并由井队钻工进行固定。

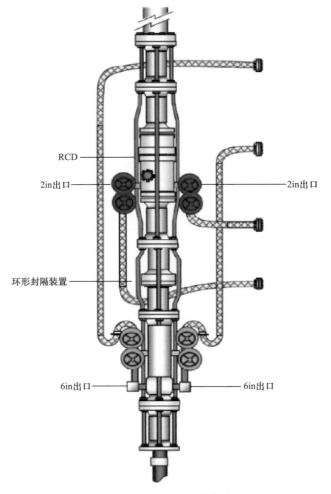

RCD

2in出口

2in出口

环形封隔装置

6in出口

6in出口

图 5-17　MPD 隔水管接头

在安装过程中，将所有部件连接到 MPD 隔水管后，对 MPD 立管接头的所有功能进行测试，对流量滑阀、旋转控制头和软管进行压力测试，然后再将隔水管下入水中和钻井井口头连接。

在 MPD 隔水管还要安装一条脐带缆，该脐带缆与月池甲板上的液压动力单元（HPU）连接。脐带缆内包含 MPD 隔水管的所有液压控制线和仪表电力线。这种将所有控制管线集成在一个脐带缆中的设计减少了 MPD 隔水管起下过程中在月池进行安装的作业时间。

4. 缓冲、节流和监测计量系统

管汇的设计要符合月池旁边设备布置需求，易于维护和维修。为了最大限度地减少高流速下的摩阻和侵蚀，流体模型表明需要 8in 管汇和阀门。这些管汇的设计同时要考虑在部件发生故障时，能够有 MPD 系统冗余以便对钻井作业的影响最小；服务和维修不需要在高处工作。由于尺寸和位置的限制，管汇需要组装到位。除了两个科氏流量计外，所有管汇都采用额定工作压力为 2000psi 的 8in 管道。管汇中包含有多处低压排水管和锤击活接头（由壬），以方便维护。压力传感器分别安装在四个进入缓冲管汇的入口、节流管汇入口和计量管汇入口，以测量压降。所有阀门可以从钻台上远程操作，也可以现场电动操作和手动操作。

1）缓冲管汇

缓冲管汇通过两根 5in 和两个 2in 软管作为 MPD 隔水管的连接点。普通的旋转软管不适合在有任何气体存在的情况下使用。大多数设计用于天然气的包皮软管尺寸大，僵硬，难以安装处理。这里使用的软管是带有特殊衬里的旋转软管，不透气，尺寸更小，更容易安装处理。缓冲管汇的流体路由设计为井内流体可以经缓冲管汇到钻机节流管汇、钻机立管管汇或直接流向振动筛。

进入缓冲管汇的两条 6in 管线中的每一条都在管汇中的第一个阀门的上游安装了两个 4in 泄压阀（PRVs）。提供了总共有四个 4in 的泄压阀来保护隔水管免受超压，其中任何一个泄压阀都可以处理最大的泵排量。两个独立的液压动力装置（Hydraulic Power Unit，HPU）各自控制每条线路上的阀门，提供额外的冗余。

缓冲管汇与钻机立管管汇相连，通过钻机钻井泵或固井泵可以对 MPD 管汇进行测试和冲洗清管；在进行旋转密封更换过程中，可以通过缓冲管汇向隔水管环空泵送钻井液以平衡隔水管顶部环空压力。专用的 3in 泄压阀用来保护缓冲管汇免受来自立管超压的影响。

缓冲管汇与钻机节流管汇相连，使得 MPD 隔水管可以作为一个隔水管气体处理装置，允许流体被引导到钻机的节流管汇和钻井液气体分离器。另一个专用的泄压阀可保护缓冲管汇免受来自钻机节流管汇的超压影响。

所有泄压阀通过一条 8in 管线向分流器排气。当分流器打开时，从泄压阀排出的液体都将进入钻井液补给罐。在紧急情况下，可以关闭分流器，从泄压阀释放的任何液体都将被导向舷外。泄压阀可以设置为在一个设定的压力下关闭，以防止地表回压（SBP）完全损失。

缓冲管汇与振动筛连接，允许 MPD 节流管汇和计量管汇在其中任何一个出现问题时，钻井液可以绕过问题管汇，直接返回到振动筛。

在 MPD 作业期间，返回钻井液路径是通过 MPD 隔水管从缓冲管汇、节流管汇和计量管汇，最后返回至振动筛。

2）节流（阻流）管汇

为了能够处理钻井作业时上部大井段中所需的高流速和多岩屑负载，并为高流速下钻进提供所需的回压，安装了新的全开放的 6in 节流阀。对于下部井段的钻进、起下钻和其他需要低流速的作业，在节流管汇中安装了 3in 节流阀。所有阀门和节流阀都是电动驱动的。

节流管汇包含两套或两个支路节流系统，每套节流阀包含一个 3in 和一个 6in 节流阀，并由单独的人机界面（HMI）控制，提供完全冗余。这些人机界面可以完全独立地操作，也可以同步，任何一个支路中的一个节流阀与另一个支路上的节流阀配对，两个同时操作，以最大限度地减少阻力或优化节流反应。例如，这种配置允许操作一个 6in 节流阀，两个 3in 节流阀，或一个 3in 节流阀，从而产生很大的灵活性。阻流管汇配置一条还包括旁通管线，该旁通管线可绕过 MPD 阻流管汇将流体直接导向计划管汇。

3）测量管汇

MPD 测量管汇由两套仪表支路和一条旁通线路组成。这两套仪表支路各有一个 8in 科里奥利仪表，用于测量出口流体密度、流速和温度。这些仪表中的任何一个都能够处理最大设计的循环速率，可提供完全冗余。仪表也可以在小于 300gal/min 的最小循环速率下准确测量。计量管汇的出口与钻机回流管线连接，流体可流向振动筛。

4）入口流量计

MPD 系统中，钻机的每台钻井泵上都安装了科里奥利流量计，用于测量所有泵入井内流体的密度和流量，从而能够准确、可靠地测量井的进口、出口流量。这些信息被实时输入到水力学模型中。通过测量所有泵入井内流体的密度，跟踪不同密度流体在井筒中的位置，大大提高了钻井液柱作为主要井控屏障的可靠性。以往作业中，流入量是通过计算泵的冲程和测量泵的效率来计算的。虽然这是有效的，但经验表明，它只是理论上可靠的，因为泵的效率经常会随着时间的推移而变化。最重要的一点是这种方法不能测量密度。钻井泵吸入口和出口（测量管汇）上的科里奥利流量计将实时测量数据发送到控制系统，对吸入口和出口流量进行精确比较，从而使操作者能够检测出即使小于 1bbl 的流量增加或减少。由于这些流量计同时测量流量和密度，因此用于水力学模型的数据可以提供实际进入井下的钻井液真密度的实时信息，从而提高维持所需井下条件的能力。

这种能力尤其重要，因为它使系统能够在改变钻井液密度或流速的同时自动维持特定井深地层所需的压力平衡。这使得在钻井作业中能够更精确的控制钻井液的替换。

（二）设备控制

MPD 隔水管由位于月池前方的液压动力装置（HPU）控制，液压动力装置通过单根脐带缆连接到 MPD 隔水管。液压动力装置包括用于提供备用能量的蓄能器。脐带卷筒设置在液压动力装置旁边，只有当卷筒锁定在合适的位置时才能连接 MPD 隔水管和液压动力装置。旋转控制头、隔水管顶部环形、隔水管上的 2in 和 6in 球阀的功能均由该液压动力装置控制，它们可以通过钻台上的远程控制面板或液压动力装置控制面板进行控制。该MPD 系统的控制分为节流控制、隔水管控制、管汇阀控制和泄压阀控制。MPD 系统配备中央服务器，用来接收来自 MPD 设备的所有数据，也包括来自钻机钻井系统的数据。

MPD 设备的所有动作都可以从钻台进行控制，除了对泄压阀设定值设置外，泄压阀设定值设置需现场控制盘完成。MPD 管汇上的所有阀门都是电动驱动的。这些阀门可以由钻台上司钻室的 HMI 和管汇"U 形"甲板上的 HMI 进行电动操作，或者由阀门进行手动操作。

　　MPD 系统有自己的不间断电源（UPS），提供足够的电力关闭阻流管汇和阀门，以确保在钻机断电的情况下油井处于安全状态。液压动力装置控制的隔水管短节和泄压阀都有蓄能器，也可以在断电时起到保护油井的作用。如图 5-18 所示。

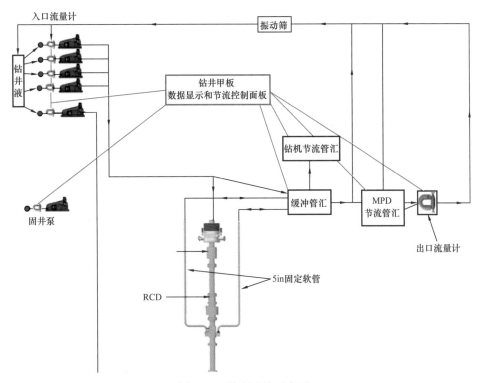

图 5-18　控制系统示意图

（三）压力控制

　　MPD 系统使用先进的水力模型，可以通过内部网或互联网与其他网络共享数据。该模型接收来自不同数据源的所有所需数据，并根据计算结果控制扼流圈。两个 HMIs 安装在司钻室的控制台上，显示选定的数据，并允许司钻控制节流管汇。每组节流管汇分别由一个单独的 HMI 控制，每组节流管汇包括一个 3in 节流阀和一个 6in 节流阀。

　　节流阀在以下三种模式下进行操作：地表回压（SBP）模式、井底压力（PAD）模式或手动模式。

　　在地表回压模式下，用户设置一个所需的地表回压，系统调整节流阀开度，即使在钻井泵泵速变化或节流阀部分堵塞的情况下也能达到该压力。

在井底压力模式下，用户设定目标地层所需的目标压力。节流阀控制软件使用来自钻机数据采集系统、入口流量计和系统水力模型的实时数据来控制节流阀，使其达到并保持目标深度地层的压力。该软件可自动调整泵速、岩屑负荷、钻井液密度等相关参数的变化，并根据这些数据调整 MPD 节流阀的节流设置，即使条件发生变化的情况下，也能在选定的井深保持所需的压力。为了用节流器自动控制压力，业界传统上使用比例积分导数（PID）控制器。这些控制器与液压节流阀共同使用于 MPD 系统，使用效果良好。然而当压力或流速超出控制器调整的相对较小的范围时，现场仍需要专业工程师进行调整和微调。该系统在两个基本方面与传统系统有所不同。与传统的液压控制相比，电动伺服电机的位置控制精度更高。智能预测控制（IPC）通过将各种动作的真实响应与模型预测响应进行比较，使系统能够从预设起点提高性能。虽然这种类型的系统比比例积分微分（PID）复杂得多，可以开发并集成到控制系统中，但操作起来更简单，并且在各种参数变化范围内更精确。电节流阀和智能预测控制相结合的结果产生了一种系统，只需极少的培训或经验即可轻松准确地操作。

当选择手动模式时，用户可以完全控制节流管汇，可以选择立即进入选定的节流阀位置，或者根据需要逐渐调节节流阀开度，就像传统的远程操作节流阀一样。

（四）设备安装

将 MPD 系统安装到钻机中是一个复杂的工程。虽然理想的情况是在钻井平台建造期间进行 MPD 系统的安装，但在现有的钻井平台上，即使在钻井平台作业期间，也是可以实施安装的。在钻井作业期间完成 MPD 系统的安装需要作业者、承包商和项目团队之间进行适当的规划和协调。许多与钻井平台系统的连接只能在钻井平台移位或进行无隔水管作业期间完成。

除 MPD 系统外，还在钻井立管上增加了一条带有手动节流阀的管道，连通到钻机计量罐，在钻柱连接时以可控和可测量的方式释放钻柱压力。

当在起下钻过程中，环空施加维持了一定回压，钻柱内也圈闭了相同的压力，钻柱内的压力必须在断开顶部驱动连接之前进行泄压。环空回压通过钻柱底部的浮阀（止回阀）与钻柱隔离。通过钻柱连接时的压力释放可以直观地确认浮阀是否起作用（C.R.Reimer，2016）。

（五）巴西深水项目钻机 MPD 系统集成及应用

West Tellus 和 West Carina 两条钻井船从 2015 年开始为巴西某深水项目提供钻井服务。这两条钻井船是第六代动力定位（DP3）钻井船，由韩国三星造船厂分别于 2013 年和 2014 年建造，设计为 Samsung12000。两条钻井船是姊妹船，技术参数相同。

1. West Tellus 深水 MPD 系统简介

West Tellus 钻井船使用的 MPD 系统如图 5-19 所示。旋转控制头（RCD）为钻井作业提供闭路或限制循环回流的能力，在能够旋转钻进的同时控制和保持井底压力。动力定位钻井船上，旋转控制装置安装在张力环（BTR）下方，方便顶驱旋转。

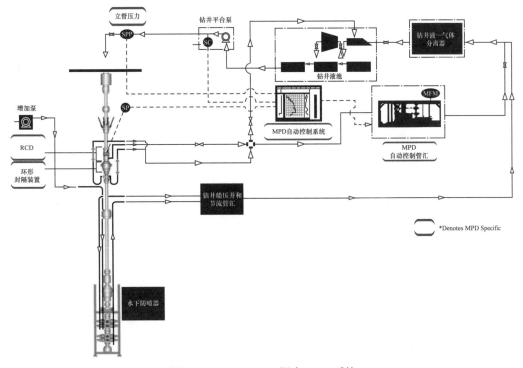

图 5-19　West Tellus 深水 MPD 系统

在张力环下方安装旋转控制头，有助于对钻井船做最少的改造，实现 MPD 设备与钻机进行集成化安装，并保持钻井船原设计应对海洋环境变化和紧急断开能力。

旋转控制头与深水控压钻井隔水管接头组合，集成连接到钻井隔水管系统中，深水控压钻井隔水管接头（图 5-20）由一个环形隔离装置（AID—安装在隔水管顶部的环形防喷器，用于辅助旋转控制头密封元件在带压下进行更换）、控压旋转头流量滑阀（用于流体导向）和隔水管接头短管组成。

图 5-20　深水隔水管设备

旋转控制头与 MPD 自动节流管汇连接（图 5-21），MPD 自动节流管汇配有科里奥利质量流量计，获得准确和可靠的测量数据。通过旋转控制头和 MPD 节流管汇，MPD 系统可以精确的监测质量平衡及时发现早期井涌和漏失。闭路循环形成了一个不可压缩钻井液的回路，井筒内因流体流入或漏失引起的井底压力的微小变化会在几秒钟内通过流体传递到地面，并且还可以方便地测量确定微小的流体循环漏失或井筒进入流量。

图 5-21　MPD 自动管汇

钻井作业期间，MPD 系统通过自动节流阀在井口环空施加或释放回压，达到及时调整井底压力，从而实现控压钻井。同时，系统中安装了高精度的流量和压力传感器（立管压力和地表回压），可提供更高的数据分辨率，进一步提高钻井作业的安全性和效率。

深水钻机集成 MPD 系统能够执行多种功能，不仅能够进行早期井涌和漏失检测，还能够进行 MPD 控压钻井，如恒定井底压力（CBHP）和加压钻井液帽钻井（PMCD）。

MPD 系统配置的先进流量检测功能通常被用来避免隔水管进入气体，但如果发生气体进入隔水管，MPD 系统也能通过控制节流管汇排出隔水管中的气体。

在以恒定井底压力模式进行控压钻井时，井口回压用于补偿起下钻期间钻井泵停泵期间的环空流体摩阻缺失，确保钻井作业在窄密度窗口地层安全实施。

钻井液帽钻井技术作业是向环空注入高密度钻井液，钻杆中注入"牺牲流体"，牺牲流体密度较低，以此获得较高的机械钻速。牺牲流体与环空注入的高密度钻井液在环空相遇，形成钻井液—牺牲流体界面，界面以上的高密度钻井液被称为钻井液帽。钻井液帽钻井技术（Pressurized Mud Cap Drilling，PMCD）主要用于钻较深且严重漏失地层。

2. 深水 MPD 系统永久钻机集成安装

深水 MPD 系统被设计成永久钻机集成安装在钻井船上（Deepwater MPD Permanent

Rig System Integration），目的是能够容纳所有所需的 MPD 设备和技术，并能够使用上述各项技术执行所有可能的 MPD 功能。更重要的是，永久 MPD 系统的设计是为了在钻井条件相同的情况下，方便快捷地从一种 MPD 技术过渡到另一种 MPD 技术（图 5-22）。

图 5-22　深水 MPD 钻机一体化示意图

MPD 系统的永久钻机集成安装主要是由巴西油公司作业者推动的，巴西盐下油田钻井遇到的很多地质挑战通过使用深水 MPD 技术得到了解决，因此巴西国油对推动 MPD 系统钻机集成化十分积极。在某深水油田项目设定钻井船技术规范要求时，要求钻井船配备并能够提供 MPD 服务作业。Seadrill 公司根据需求，与 Weatherford 公司确定合作，以购买设备的方式要求其提供 MPD 系统所需的设备。

之前的 MPD 技术服务合同模式是作业者从第三方服务公司租用 MPD 设备，MPD 设备临时安装到钻井平台上，只在预测窄钻井液密度窗口或严重漏失的井段，进行精确井筒控压钻井服务。服务提供商还将提供专业人员赴现场进行操作服务。租赁服务的商业模式一直被服务商采用，West Tellus 和 West Carina 两艘钻井船直接购买深水 MPD 设备，通过钻井船拥有集成安装提供服务的方式是首次应用。

MPD 服务提供商意识到，深水 MPD 设备集成和租赁的短期成本之所以居高不下，是因为相关技术成本只是在很短的时间内进行分摊。相比之下，如果将 MPD 设备的成本和集成度分摊到设备使用寿命内，与钻机设备及钻机成本相似，该技术的成本将会大大降低。

最小化安装、集成、动员和复员成本（只收取一次费用，而不是多次），以及 MPD 设备和钻机设备之间的维护和维护协同作用，也将推动进一步的技术成本优化。作业中，MPD 设备的钻井船所有权给予了钻井船人员对钻井船所有井控设备操作的权利，而在 MPD 设备租赁模式中，钻井平台承包商视为允许第三方人员控制钻井平台的主要井控设备。

钻机承包商决定为钻井船开发的完整 MPD 钻机一体化的理念是将 MPD 相关设备（缓冲管汇、MPD 泄压阀、钻井液气体分离器等）和 MPD 管道永久安装在现有的钻机系统中。深水 MPD 设备由钻井平台拥有，并由钻井平台的工作人员操作，这种模式使钻井平台拥有更大的自主权，并以尽可能安全的方式提高了作业效率。需要说明的是，在这个项目执行中，按照巴西油公司作业者的要求，除了自动 MPD 管汇外，所有深水 MPD 设备都被永久地集成安装到钻机系统中，自动 MPD 管汇由服务公司以租赁方式单独提供。

为了提高钻井船 MPD 技术平台集成的效率，提出了这种将所有设备叠加安装到 MPD 集成的新方法。图 5-23 显示了 MPD 集成安装到钻井船时的图纸和实际图片。

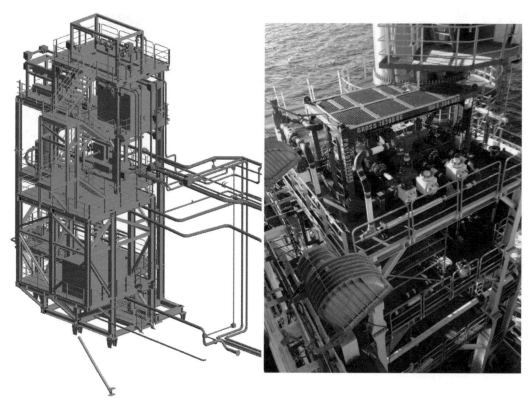

图 5-23　West Tellus 和 West Carina 钻井船永久安装集成 MPD 系统图纸和照片

在此项 MPD 钻机集成过程中进行的另一项创新是钻机改造，使其能够将 MPD 隔水管接头组件作为一个整体接头进行起下的能力，而不是以前由于钻机提升和操作限制而将其分成两部分进行装卸。这种改进减少了 MPD 隔水管接头的操作和安装时间，并通过减

少所涉及的设备和将其集成到钻井平台隔水管中所需的步骤来提高其安装效率。

3. 深水 MPD 钻机作业集成

在巴西，MPD 钻井平台作业集成（Deepwater MPD Rig Operational Integration）面临的主要挑战是客户验收测试和启动现场作业。West Carnia 钻井船在进行了大量的预先规划和准备工作后，首先部署了永久集成的 MPD 系统，以确保作业能够正常和安全地进行。

在首次安装 MPD 隔水管接头之前，对钻井船工作人员进行了 4h 的安装作业安全会，对操作的所有程序和相关问题进行了预演。当 West Tellus 钻井船进行 MPD 隔水管接头第一次安装时，总结了 West Carina 的经验教训，安装时间节省了 30h。首次安装和操作 MPD 系统对两艘钻井船来说都是一个挑战，但两艘钻井船工作人员都无 HSE 事故完成了整个安装作业。

West Carina 钻井船在 2015 年第二季度 / 第三季度完成 MPD 设备的全面集成安装，于 2015 年 8 月开始钻探第一口井，以应对该井窄密度窗口的挑战。West Tellus 钻井船于 2015 年 9 月开始第一次使用 MPD 设备进行钻进作业，该井使用 PMCD 方法应对钻进过程中的严重漏失。

4. 现场应用

在该项目初次使用 MPD 系统时，通过前期培训，确保了现场钻井操作人员和服务商熟悉 MPD 系统的操作。制订了进入关键井段前提前使用该系统的策略，在 16in 盐层段下段钻进，进入 $12\frac{1}{4}$in 储层段前，开始启用 MPD 系统。

在项目钻井作业过程中，一些井在储层段发生了严重的漏失（300bbl/h），现场工程师通过 MPD 系统，将钻井液密度调整到接近地层平衡值，从而更精确的控制井底压力，解决了钻进过程中的漏失。在过去，处理严重井漏是通过打水泥塞进行补救，除了耗费大量服务和材料费用外，还占用了大量的钻井时间。使用了自动化 MPD 系统，使作业者能够避免这些问题，从而节省了大量的时间和成本。

MPD 系统的使用证明了对于巴西深水盐下漏失油藏安全钻进是有价值的，钻进过程中钻遇多个漏失区，但都通过软件应用程序快速识别了这些事件，并允许钻井团队相应地调整井底压力，成功地完成了水深 2000m（6562ft）的四个井段共计 3785m（12418ft）的钻井作业，每口井节省了大约 3000 万美元的钻井液，明显高于 MPD 服务的相关成本，为整个项目节省了大量资金（David Gouldin，2017）。

三、智能完井

储层的不确定性管理，尤其是对碳酸盐岩储层，是一项重大挑战。智能完井技术的产生使作业者能够实现对生产井不同储层的生产或注入监测和控制，加强对储层的管理，提高产量，保护生产免受早期水或气侵带来的风险，以及同一口井产层之间的交叉流动风险。

智能完井采用井下传感器远程收集流体和储层数据，通过远程开启的井下流体控制阀调节单个产层的流量。远程控制传感器消除了多层井段对常规修井作业的需求，能够确定抑制生产问题的位置，比如水侵、气窜问题，工程师通过传感器测量特定井深处流量、温度和压力的变化，来实时判断某个层位的产量或压力正在下降，确定问题的根源，通过调节安装在每个产层段的流量控制阀开启或关闭产层，实现加大或降低任一产层的排液量、重新配置完井装置。使用智能完井技术的另一个优势在于，它已经成为提高采收率的一个重要手段。在某些情况下，采取生产储层干预，如封堵和放弃产水区，可能是适当的。然而，机械干预可能成本高昂，因为它可能需要钻井船支持作业，并在作业过程中造成生产损失。然而通过智能完井阀的使用和调整，以最大限度地减少水和其他不需要流体的产生，最大限度地提高采收率。井下传感器提供流量、压力和温度的实时采集，可以对每个生产区域进行分析。这些数据可用于以下两种方式之一："反应模式"（检测到问题时重置阀门），或者不太常见的"防御模式"（将数据与生产模型和模拟结合使用，用于优化生产和减少操作成本）。智能完井的这种功能不仅可以独立控制井的不同储层，也可为复杂小而密的储层管理提供了解决方案。在智能完井之前，这类油藏通常必须按顺序开采，这是一种浪费，有时在经济上是不可行的。然而，随着智能井技术的发展，这样的储层可以混合在一起，每个生产层都可以通过井下可变阀门单独控制。

智能完井技术利用液压和电力，提供了一种无须直接干预就能调整井下流体阀门的方法来进行储层生产管理，既经济又方便。

（一）智能完井设备

智能完井系统由井下流量控制装置、传感器、电源、通信系统以及相关的完井设备组成。这些设备用于优化生产、提高采收率和管理井的完整性。

可以将智能完井的主要功能和要素分为：流量控制、永久监控、穿通式区域隔离、化学品注入系统、设备附件、服务设备和数字基础设施。

1. 流量控制设备

作为智能完井的一部分，流量控制阀是自动远程控制，用于选择性地控制多个产层。作为应急措施，这些阀门还包含一个机械操控装置，以便在液压驱动系统发生故障时使用。

这些阀门通过液压控制线进行操作，可分为两种类型：

（1）多位置阀（图5-24）。是一种带有位置控制模块的阀门，该模块允许阀门按照节流设计以预先设定的步骤打开。节流剖面可根据流量保障或油藏需求进行设定，并可与服务公司讨论，以开发更适合生产要求的节流剖面。

图 5-24　多位置控制阀

（2）开—关阀（图 5-25）：顾名思义，它只有两个位置，全开和全关。开—关阀可以连通油管与环空，与多位置阀不一样，它没有一个增量级控制模块，以球体机构方式工作实现关闭和打开阀门，控制流体进入油管。

图 5-25　开—关阀

对于生产井，建议在完井时加入化学品注入系统，以防止智能开关阀系统结垢后影响开关。此外，建议定期对阀门进行"维护"，进行一个完全关闭的循环，清洗内部机构中任何类型的碎片沉积，然后再重新打开到以前的工作位置。

在决定安装流量控制设备时，下述这些因素需要确定：

（1）使用地面设备提供的压力进行驱动阀门；

（2）安装深度；

（3）控制线流体所需的流体清洁度；

（4）阀门开启的类型确认（开关或多位置）。

2. 永久监测设备

"智能井"是一种能够监测信息并自动调整的井，永久安装的传感器提供的信息使智能井技术成为可能，这些调整将优化生产或保护油井。世界上绝大多数生产油气井都没有这种仪器或能力。永久井下压力计（PDG）是优化生产和保护不可再生资源的重要工具（图 5-26）。

图 5-26　永久井下压力计

通常，永久井下压力计安装在生产管柱上可以测量油管或环空压力和温度值。安装在井筒内的压力计可以直接读取地层压力，它也可以通过悬挂系统和内置在连续油管中进行数据测试获取。井下压力计最主要的功能是监测井中单点或多点的压力，温度是第二个监控的数据，所提供的数据对于油藏工程师在确定油藏中石油或天然气的数量以及以哪种生产方法最佳是非常重要的。

压力计安装在生产管柱的芯轴上（图 5-27），可以通过环空与油管的通孔进行数据测量。芯轴可加工成最多可容纳 4 个压力计，每个压力计都具有读取值和传输数据的冗余度。

图 5-27　安装压力计的芯轴

3. 连通分层封隔器

为了分层控制流量，必须将各个储层隔离。在智能完井系统中，分层封隔器（Feedthrough Zonal Isolation）将每层流体和压力隔离，每个储层通过智能完井系统的液压系统和电力系统进行控制和数据传输。封隔器提高了油井安全性，防止破坏地层，减少昂贵的修井需求，并保护油藏的完整性和生产率。

分层封隔器允许光纤电缆、安装在油管上的油层检测设备、地下流量控制阀和其他需要与地面设备连接的电气和液压管线通过（图 5-28）。

图 5-28　分层封隔器与控制管线连接

（1）坐封方式。一般情况下，分层封隔器是用液压坐封。可由油管加压坐封，也可以通过坐封封隔器的专用控制线来坐封。

（2）回收方式。封隔器回收的方式有几种：剪切、移位和打压。在设计阶段应该正确评估最好的回收方式，例如，对于采取切割和释放方式回收的封隔器，必须考虑切割区域，还有在修井阶段如何准确的定位切割区域（如在生产管柱中的定位接头等）。

分层封隔器（控制线通道）外部可承压 10000psi，其坐封通过油管打压完成，回收可通过切割完成释放（电缆 / 连续油管切割特定套筒完成释放封隔器）或移位和打压（通过电缆 / 连续油管打开释放打压室，然后往其内部打压完成释放）。

4. 化学品注入系统

化学品注入系统（Chemical Injection Systems）为生产管理人员提供精确的井筒化学管理，优化生产，并帮助减少昂贵的修井作业费用等。该系统由化学品注入芯轴（图 5-29，高或低轮廓的阀芯）、双止回阀、耐腐蚀注入管线等组成，下入时有标准的铸造或冲压钢缆保护器保护控制管线。

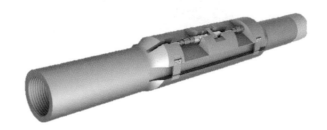

图 5-29　化学品注入芯轴

通过化学品注入芯轴，操作人员能够处理沥青质、腐蚀、乳剂、发泡、水合物、石蜡、水垢和清除剂。一般来说，系统中有两种类型的化学注入芯轴：一种坚固耐用的、经过机械加工的、非焊接的整体芯棒，适用于包括深水生产井；另一种是焊接衔接接头芯轴，用于低风险环境，如浅井、无斜度井或陆地井应用。

5. 智能完井设备配件

扁平集成管束（图 5-30）（Flatpack）允许液压流体压力从地面传输到井下流量控制阀，并携带电线连接井下压力计。它由 1～7 条管线组成，采用卷筒结构包装，便于现场安装。

图 5-30　各种不同类型扁平集成管束和卷筒上扁平集成管束

智能完井的另一个重要配件是交叉耦合卡箍，用于在完井管柱下放时固定、保护液压和电气控制线路免受轴向和压缩负载的影响（图 5-31）。每个卡箍都根据将通过它的扁平集成管束厚度以及它将暴露的环境进行个性化设计制造。卡箍通常由铸造碳钢制成，如果卡箍位于与生产流体接触区域中，需要进行特殊的防腐处理。

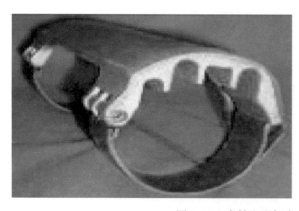

图 5-31　卡箍和现场安装示意图

6. 数字地面基础设施

数字地面基础设施控制和监控系统（Digital Infrastructure-Surface Installations）允许生产管理人员监控井下压力计并从地面控制井下流量控制阀（图 5-32）。数字地面基础设施由电气和液压系统组成，为生产管理人员提供了远程配置井下流量控制阀，扩展部署系统和解释系统获取的模型数据的方法。

图 5-33 是安装在巴西某深水油田先导试验浮式生产储油船（FPSO）上的数字接口软件界面。它允许生产管理人员监视井下压力计数值，并通过自动化接口打开和关闭阀门，它还显示了 FPSO 的供应系统信息，井下压力计信息和阀门位置。

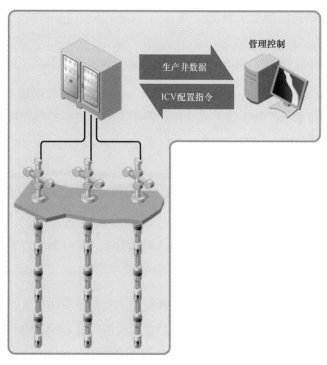

图 5-32　数字地面基础设施

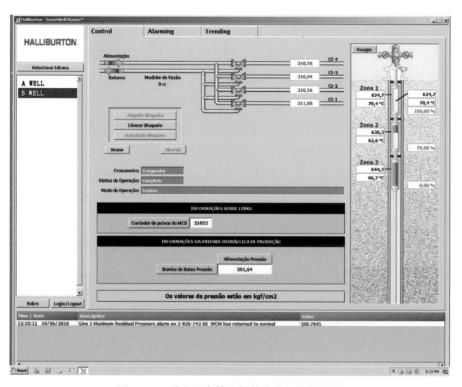

图 5-33　浮式生产储油船数字接口软件界面

（二）巴西深海油田智能完井的应用

1. 巴西现场智能完井主要设备

智能完井管串每层之间由拼接接头、可连通（控制线通道）封隔器、层间控制阀（Interval Control Valve）、永久井下压力计和专用化学品注入系统组成（图 5-34）。智能完井的地面控制系统与水下控制系统集成一体，液压流体通过扁平集成液压线路从井口传输到井下工具，这些管线由专用的保护夹进行保护。

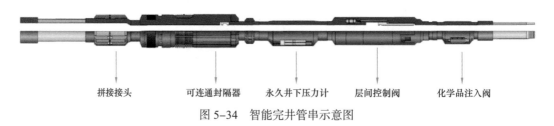

| 拼接接头 | 可连通封隔器 | 永久井下压力计 | 层间控制阀 | 化学品注入阀 |

图 5-34　智能完井管串示意图

作业时，按照每个生产层设计所需的设备要求，完井设备在岸上车间进行组装，做到最大限度地减少占用钻机时间，同时也减少沿着封隔器、流动控制阀和压力计工作筒安装和下入控制管线的风险。所有扁平集成液压线路和各组件的连接都以拼接接头方式连接，节省钻机时间，连接操作可以由海上现场人员执行。

图 5-35 标示出智能完井的各条管线，每条管线都有其特定的功能，例如打开特定的层间控制阀，或关闭所有层间控制阀，功能以彩色编码标示便于识别，对将控制线连接到油管悬挂器产生连接错误的风险最大限度地减少。在岸上车间预装前，所有管线必须进行合理设计规划，以确保所有管线在安装时无交叉。

智能完井中的压力计设计需考虑冗余功能，也就是具有双记录功能。每层有两个专用传感器，每个仪表有两个专用传输电子设备。如果任何一个压力计或一个传输电子设备发生故障，另一个压力计就会在井的整个寿命期间继续获取值。只需要一根电线来连接压力表并获得压力 / 温度值。因此，位于上部或中间层的传感器具有电反馈特征，以允许继续电线连接直到生产管柱中的最底层的压力计。图 5-36 为双压力计芯轴示意图，带有管道端口传感器和环形端口传感器。

层间流量控制阀（Interval Control Valve–ICV）主要功能是通过智能完井动态管理达到改变每层流体的流入或流出。智能完井型号用 N+1 型定义，其中 N 是阀门的数量，1 是表示关闭阀门管线数量。每个层间流量控制阀的打开间隔可根据需求定制。如图 5-37 所示，层间流量控制阀设计为 8 个打开间隔。

2. 智能完井作业程序

智能完井设备管串的安装主要是对智能完井设备的控制管线通过扁平集成管束的安装连接。安装连接类型有两种：

图 5-35　可连通封隔器

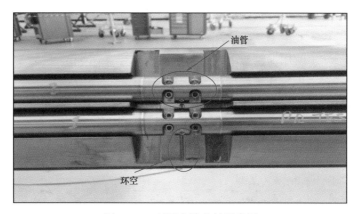

图 5-36　双压力计芯轴示意图

图 5-37　层间流量控制阀

（1）智能完井管串顶部的连接。智能完井设备上部管串组件上部连接或下层部件的上部连接，智能完井管串的下部组件也就是油藏最下层的智能完井管串组件，只有上层部分连接，无下层部分连接。对于上层部分连接，以拼接接头形式制造，拼接接头以安全的方式容纳这些管线接头连接，坐落在智能完井管串中封隔器的正上方（图 5-38）。

（2）智能完井管串底部的连接。有两种方式进行连接：一种是使用智能完井管串下层拼接接头进行快速连接；另一种是将控制管线现场逐一连接到完井管串生产车间内设定的分配位置。例如，电力线直接在仪表上，液压线直接在阀门上。

完井作业程序如下：

（1）按照服务公司工程师的指导，在生产管柱上

图 5-38　扁平集成管束和智能完井上部
接头连接示意图

组装完井工具；

（2）连接和测试各层智能完井设备的电气和液压管线；

（3）下入生产管柱＋智能完井设备和安装接头夹具；

（4）对每层智能完井设备的安装重复上述三项作业；

（5）连接组合生产管柱和油管悬挂器，在油管悬挂上连接扁平集成管束；

（6）使用油管挂下入工具下油管悬挂；

（7）坐落油管悬挂并测试油管悬挂；

（8）压力测试油管和井下安全阀；

（9）坐封和测试连通封隔器；

（10）压力测试油管和井下安全阀（屏障测试）；

（11）起送入工具。

3. 巴西深海油田智能完井情况

巴西盐下油田的开发时间相对较短，地下油藏具有独特的挑战和许多不确定性。许多因素，如厚盐层下的低地震分辨率、可变 GOR、高 CO_2 含量等，使得动态生产条件下的环境难以预测。为了优化产能、提高油藏管理和现金流周期的改善的需要，将智能完井技术引入巴西盐下油藏。

智能完井应用的最终价值来自于预期的最终采收率的增加，通过延长设计井的产量，提高油藏波及效率，减少不需要流体的产量。巴西的沙坪霍和卢拉盐下油田已经使用了智能完井技术。事实证明，即使钻井数量减少，该技术也能有效提高油田生产率和加速油田开发（图 5-39）。

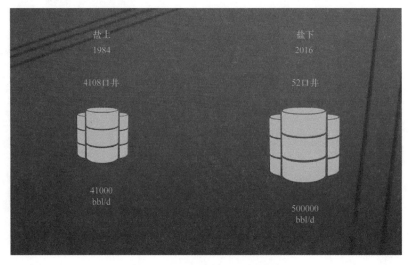

图 5-39　巴西盐下原油产量

尽管盐下油藏的开采具有高挑战性，但与其他浅水或深水和超深水项目相比，盐下开采显示出更高的盈利能力，这增强了盐下开采的价值，同时证明了在油井中使用高端技术的合理性。

截至 2018 年 8 月，巴西前 10 个最大在产油田全部是盐下油藏，80% 的生产井采用两层智能完井方式进行混采。其中，连接里贝拉先锋号 FPSO 的生产井单井日产峰值 5.5×10^4 bbl 油当量，是巴西日生产量最高的生产井，拥有了巴西有史以来最大的油井日产量纪录，此前该纪录由沙坪霍油田保持。

4. 巴西桑托斯盆地完井设计特点

桑托斯盆地盐下完井基本采用两层或三层智能完井，每层智能完井包括拼接接头（Splice Subs）、可连通（控制线通道）封隔器（Multi-feed-through valve）、分层控制阀（ICV）、永久井下压力计以及生产井的专用化学品注入系统，如图 5-40 所示。

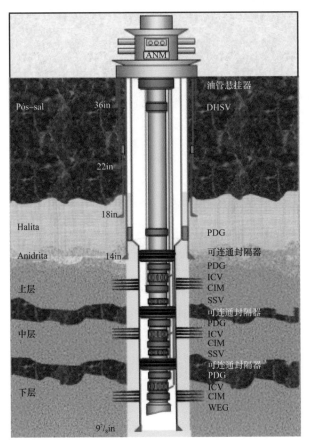

图 5-40　三层智能完井示意图

设计人员根据油藏地层性质，引入了两层裸眼智能完井设计理念，这项技术将在今后大规模开发期应用。它由上部完井管柱和下部完井管柱两部分组成，裸眼段完井为下部筛管完井，上部完井为智能单层智能完井管柱，通过分层控制阀的多位置开关达到控制不同流量。相似设计在卢拉和布兹奥斯油田对一个生产层和注入层进行了试验，分层控制阀只有开关两个位置设置，如图 5-41 所示。

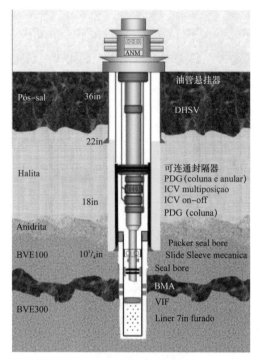

图 5-41　裸眼智能完井示意图

1）三层智能完井

生产井和注入井完井管柱工具如下：

（1）每个产层及上部封隔器上方的井下压力和温度传感器，用于监控产层和环空温度、压力。

（2）层间流量控制阀（ICV），远程辅助各产层油藏管理。

（3）化学品注射芯轴（MIQ），允许向每个区域的环空注射阻垢剂。

（4）上部和中部机械滑套阀（SSV），用于 ICV 故障应急或酸处理发散（SSV 位于各区域底部，ICV 位于顶部）。

（5）在下部产层的切断堵塞阀，通过压力循环剪切打开。该阀用于连续油管作业时的应急。

（6）安装在切断堵塞阀上方的接头，如果使用连续油管，则允许安装插头。

（7）油管悬挂器，9 个液压孔，1 个电力孔。这些通孔的用途如下：

① DHSV 液压孔 2 个；

② 4 个遥控阀液压孔；

③3 个插入孔；

④1 个电孔监测压力和温度传感器。

根据实际生产经验，在盐下生产井完井管柱设计中，需重新考虑的一个项目是拆除完井气举阀。在某些情况下，它的安装仅仅是为了能够释放油管和套管之间的环空压力。但由于气举阀故障率高，目前正在评估消除环空压力积聚的替代方案，如在 FPSO 上释放环空压力，或在生产管柱安装过程中环空注入氮气。此外，对于需要满足流动保障要求的气举作业井，计划气举作业通过水下采油树的 X-OVER 阀执行。这两项措施的目的都是将气举阀从盐下完井管柱设计中移除。

2）裸眼智能完井

与传统的智能完井相比，裸眼智能完井（Open Hole Intelligent Completion）有以下优点：

（1）下部完井采用预射孔尾管 $6\frac{5}{8}$in 或 7in，减少了套管、水泥用量，不需要射孔。可在钻井施工过程中降低成本，缩短工期。

（2）由于不采用固井可减少产层的污染。

（3）下部完井允许在不需要控制漏失的情况下对上部完井管串进行分离作业。

（4）下部完井与上部完井之间由套管内的封隔器实现密封分隔。

（5）远程控制 ICV 安装在封隔器以上的上部完井管柱中，上部产层流量由多位置 ICV 控制。

（6）下部产层流量由 ICV 开 / 关（VHIF）控制。

（7）使用可连通封隔器（电动和液压），允许化学品注入，并在生产封隔器下方安装永久井下压力计。

（8）油管悬挂器，9 个液压孔，1 个电力孔。这些通孔的计划用途如下：DHSV 液压孔 2 个、4 个遥控阀液压孔（1ICV、1VHIF）、3 个插入孔和 1 个电孔监测压力和温度传感器。

四、水下采油树的选装

水下采油树（湿式采油树）用于控制从油藏或地面注入的流体流动，主要包括采油树连接器、采油树本体、采油树阀组、采油树大四通、导向架等部件。安装在海底采油树组件上的控制盒为脐带缆提供插座，并容纳控制采油树的电子和液压元件。

按照水下采油树上生产主阀、生产翼阀和井下安全阀三个主要阀门的布置方式可分为立式采油树（Vertical Tree）和卧式采油树（Horizontal Tree）。

（一）立式采油树

1. 主要特点

（1）立式采油树（图 5-42）的生产主阀 / 生产翼阀和井下安全阀安装在一条垂直线上，生产主阀位于油管悬挂器上方。

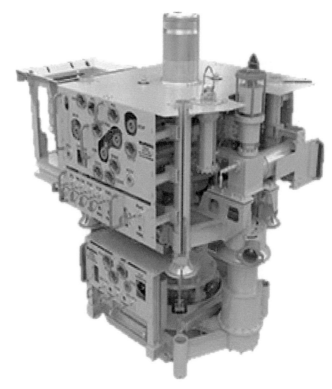

图 5-42　立式采油树

（2）油管悬挂器位于水下井口内，油管悬挂器的安装在采油树安装之前完成。油管和环空通道垂直穿过采油树的主体。

（3）立式采油树结构相对简单，是早期水下采油树的主要形式，立式采油树主要适用于油管尺寸较小、高压油气藏、井控复杂、修井作业少的水下油气田开发工程。

2. 优点

（1）两道闸阀（清蜡阀 Swab Valve）作为井筒压力屏障，相比于卧式采油树现场安装的两个堵塞器更可靠，更适合于高压气井。

（2）钢丝及连续油管等干预作业用轻型修井船进行，不需要钻井防喷器组。

（3）需要起出采油树时，无须起出生产管柱。

（4）立式采油树的购买成本较低。

3. 缺点

（1）大修井回收生产管柱时，必须先回收采油树。

（2）回收生产管柱前，需先回收采油树。

（3）可能需要使用昂贵的双通道安装及修井立管。

（4）对于多通道油管挂，需在防喷器组内部安装定位销钉。

（5）下生产管柱前，需下钻打铅印确认坐挂位置。

（6）采油树和不同供应商的井口界面如不兼容或井口头内部剖面损坏，需安装转换接头（Tubing Spool）用于坐挂油管挂。

（二）卧式采油树

1.主要特点

（1）卧式采油树（图5-43）生产主阀和生产翼阀均在采油树体外侧水平方向。

图5-43 卧式采油树

（2）相对于立式采油树，增加了内部采油树帽和顶部阻塞器。

（3）油管悬挂器安装在采油树上，需在完井前把采油树安装在井口上。

（4）卧式采油树便于水下修井和回收，主要适用于中低压油气藏、需要频繁修井的油井。

2.优点

（1）可直接回收生产管柱，不需先回收采油树，适合大修井（电泵井，复杂储层）与侧钻井。

（2）送入管柱简单：可用钻杆安装采油树，可用油管或套管安装油管挂。

（3）油管挂安装于采油树本体内，已知的坐挂位置和新的密封面，不需要下钻打铅印。导向筒安装在树本体内部，容易实现定向和坐挂密封。

（4）采油树与不同厂家的井口兼容。

（5）内通径大，更适应于电潜泵完井。

（6）上部完井结束后即可进行清井返排。

3. 缺点

（1）钢丝修井作业、诱喷清井返排、测试通常需使用钻井船（平台）。

（2）钻井隔水管内的碎屑可能积累在油管挂顶部，可能导致采油树帽安装存在风险。

（3）安装油管挂时，采油树顶部的防喷器载荷使采油树和井口同时承受弯矩载荷。

（4）回收卧式采油树时，需要先回收生产管柱。

（三）采油树选型考虑因素

水下采油树的选型设计首先要针对油气田的操作和完井设计进行初始确定，需要考虑的因素如下：

（1）油气田类型：按油气田类型可分为油田采油树、气田采油树或注水树。油气田类型将影响系统的材料、采油树结构和密封选择。油田水下采油树是最普通的类型，气田水下采油树通常包含了最苛刻的设计环境，注水树结构最为简单。

（2）作业环境：水下采油树作业环境可分为不含 H_2S 和 CO_2 环境、含 H_2S 环境、含 CO_2 环境、含 H_2S 和 CO_2 环境。这对于采油树的阀门、组件、密封材料的选择将有不同要求。

（3）压力：关井压力和采油树开启时的井口流压都应该作为评估和决定经济材料和密封设计时的重要因素来考虑。

（4）水深：根据 ISO13628-4 标准，水下采油树的额定压力等级分为 5000psi、10000psi、15000psi。额定压力等级为 5000psi、10000psi 的采油树普遍应用于水深 1000m 以内。另外水深对采油树的安装影响较大，对采油树本身设备费用影响不是很大（周凯，2015）。

（5）水下采油树对费用影响较大因素主要是采油树压力等级，其次是生产通道尺寸大小、材料选择，采油树的额定温度等级对总成本没有太大影响。采油树典型的生产通道尺寸为 5in，卧式采油树可达到 7in，当内径小于 5in 时，价格变化不大，但当内径大于或等于 7in 时，不仅成本增加，而且还需要新的技术。采油树压力等级不同，费用不同，采油树标准压力等级为 5000psi、10000psi、15000psi，由于可以设计和制造大于或等于 15000psi 采油树的设备商很少，此时成本会有较大提高。

水下采油树功能设计要根据项目具体情况进行，包括：

（1）采油树总体功能要求：设计原理、功能要求、载荷标准、IMR（检查、维护、修理）原理、材料要求、腐蚀防护、液压清洁要求、水下标记、保护和包装要求。

（2）采油树设备要求：采油树系统总体设计要求、采油树装配要求（包括采油树连接器、阀门和执行器、油嘴、用跨接管回接的出油管、控制设备和仪表、采油树管件和电缆铠装、螺栓、ROV 操作面板、采油树机构框架和保护结构）、油管悬挂器总装要求、内部采油树帽总装要求、碎屑帽要求、导向基座要求。

（3）完井工具要求：采油树安装与回收工具、采油树测试桩、采油树操作工具、油管悬挂器安装工具、模拟的油管悬挂器、油管悬挂器操作工具、紧急油管悬挂器解脱工具、油管悬挂器的坐放轴衬要求。

（4）工程要求等。

（四）巴西盐下标准水下采油树

由于水下采油树的适用范围不确定性和制造供货期长，巴西国家石油公司对盐下采油设计定义了标准盐下采油树，该水下采油树采用了单一的水下采油树设计，适用于生产井、注水井、注气井和 WAG 井，功能良好。因此，即使没有完全确定井的施工参数或顺序，也可以提前下达采购订单；更重要的是，作为采用整体盐下项目的开发模式，可以综合考虑所有巴西国家石油公司油产品组合，具有更多的灵活性。

巴西盐下油田开发使用标准的水下立式采油树（Pre Salt Standard X-MAS Tree or Deepwater Vertical X-mas Tree），该采油树由立式采油树和油管挂四通组成（Tubing Hanger Spool），巴西国家石油公司对于油管挂四通命名为 BAP（Proudction Adapter Base）。油管挂四通安装在钻井井口和采油树之间，油管挂坐落于四通内的坐落台阶，如图 5-44 所示。

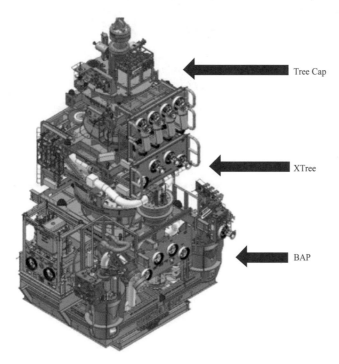

Tree Cap

XTree

BAP

图 5-44　巴西深水标准水下立式采油树

油管挂四通集多功能于一体，包括自动导向油管挂定位，为采油树安装定位导向和装有环空隔离阀。其中环空隔离阀的配备使得采油树从油管挂四通上回收时，不需要再安装环空堵头。此外，油管挂四通还为完井作业提供了灵活性，允许在完井作业前就可以进行各种控制管线的安装，同时也允许回收采油树时，不需断开控制管线。

该采油树参数是 $18^3/_4$in—5in（生产）X 2in（环形）—10ksi。有些井的水下采油树配备了直接液压控制系统，但标准配置是电—液压多路控制系统。采油树具有标准的机械接口，允许主要模块之间的可互换性，以提供操作的灵活性。这种独特的标准化理念，在巴西坎波斯盆地成功应用，该标准理念从盐下采油树扩展到海底控制模块的设计。

标准盐下采油树主要由以下部件组成：

1. $18^3/_4$in 油管挂四通

用作油管悬挂器的坐挂基座，为海底管线提供连接点。配有环空阀、采油路径隔热、清管器 X-over 阀，可实现清管器的往返清管。油管挂四通钻头可通过内径为 $16^3/_4$in，如图 5-45 所示。

图 5-45　标准油管挂四通

2. 油管悬挂器

（1）八个管线通道，两个用于井下安全阀（DHSV），六个用于智能完井控制（3 或 4）和井下化学品注入（3 或 2）。

（2）一个电气管线通道，用于井下压力和温度（DHPT）传感器。

3. 立式水下采油树。

立式水下采油树配有：

（1）液压驱动阀（主阀、翼阀、X-over 和 Swab 阀、化学品注入管线隔离阀）。

（2）绝热隔离生产通道。

（3）一个压力和温度传感器（TPT）和两个压力传感器（PTs）。

（4）双孔内部采油树帽，可由水下机器人安装和回收。

（5）化学品注入点和井下化学品注入的路径。

（6）水下控制模块（SCM）。

（7）I-Mux 模块（用于连接、控制井下压力温度传感器和智能完井）。

（8）RSCMMB（用于 SCM 和 I-Mux 的可回收的安装基础模块）。

（9）用于柔性生产管线的垂直连接模块。

（10）用于服务 / 气举柔性流动管线的垂直连接模块。

（11）用于电动—液压脐带的垂直连接模块，配有 4 个 $\frac{1}{2}$in 液压软管用于控制，6 个 $\frac{1}{2}$in 高抗挤（HCR）软管用于化学品注入，4 个 $6mm^2$ 电气双绞线用于控制和数据采集。

4. 水下控制系统和水下控制模块

水下控制模块（SCM）是水下采油树控制的核心设备，是连接水上和水下的关键，喻为采油树的大脑，其主要有两大功能：一是执行控制系统的控制指令；二是将监测到的各类信息向控制系统反馈。水下控制系统主要通过安装在采油树上的水下控制模块（SCM）来控制水下采油树。

水下控制系统发展至今，常用的控制方式有三种：直接液压控制方式、混合电液控制方式和全电气控制方式。液控的技术难点少，可靠性高，但是由于受到控制距离（也就是操作点到控制点之间的距离）流动阻力的影响，动作较为迟缓，一旦发生意外很难做到及时有效的控制，因此在深水作业中，单纯的液控方式少为采用；全电气控制方式由于受到目前技术条件的限制，在国际上只有少数的厂家可以提供这方面的设备；混合电液控制方式集合了两者的优点。

巴西深水油田标准盐下水下采油树当前水下控制系统采用混合电液方式，设计与智能完井兼容，最多可实现生产井或注入井的三层智能完井控制，通过采油树水下控制模块（SCM）可提供 20 种液压功能控制（图 5-46）。

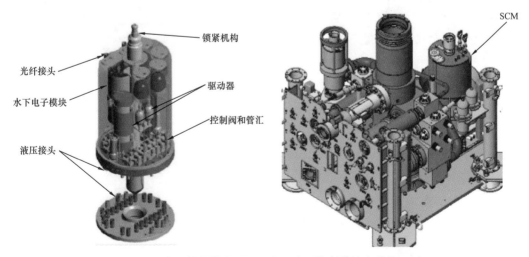

图 5-46 水下控制模块（SCM）和水下控制模块安装位置图

水下控制模块中的四个方向控制阀（DCV）负责驱动井下智能完井阀。为了读取多达四个双井下压力和温度传感器的压力和温度数据，设计安装了 I-MUX 的海底电子模块，该模块也与水下控制模块安装在同一个安装基座中（图 5-47）。I-MUX 模块负责井下压力和温度传感器与采油树控制系统之间的接口和通信。

液压动力装置（HPU）和控制柜安装在 FPSO 上，用于为水下采油树和管汇提供液压、电力和通信。HPU 由 FPSO 提供（在 FPSO 工作范围内），控制柜由水下采油树制造商提供。在同一个项目中可能有多个水下设备供应商，需要对控制柜的机械和电气接口进行标准定义。

通过使用水下控制模块的标准安装基础模块，海底采油树可以配置为直接液压控制或电液复合控制海底采油树（图 5-48）。垂直连接模块、安装底座模块和海底采油树之间的所有电气和液压连接都使用"飞行引线"和水下机器人进行。此外，通过安装基座模块上的标准机械接口，可以实现使用不同生产商制造的配有水下控制模块的水下采油树，与已经安装的水下生产系统互连。

图 5-47　I-MUX 插入安装底座模块　　　　图 5-48　可回收安装基座模块和 SCM

（五）水下采油树下入安装

水下采油树和油管挂四通可以通过钻井 / 修井钻机、钢丝绳安装，也可以使用专门的海底设备支持船（SESV）进行安装作业。

1. 采油树配套工具

水下采油树配套工具主要用于吊装、运输、保护、安装 / 回收、测试和维护等，根据用途不同，可以分为以下几类：吊装工具、下放 / 回收工具、紧急脱离工具、安装前准备工具和测试工具等。水下采油树在进行下放安装时，需要应用到相应的配套工具，按用途不同主要可分为采油树下放工具、油管挂下放工具和采油树帽下放工具等。

（1）采油树吊装工具，用于采油树的装卸和运输。采油树本体内有防旋转键槽，通过防旋转键使工具外筒与采油树周向固定，旋转芯轴并推出锁块与采油树径向锁紧。

（2）采油树下放工具，用于采油树的下放安装，在采油树的修井以及测试过程中也会使用。有外抓式和内卡式两种，采用钻杆进行操作。

（3）油管挂下放工具，下放/回收油管挂和采油树帽总成，以及井下测试采油树。

（4）双臂导向架总成，在采油树安装或回收过程中提供导向，装配在采油树下放工具上。

（5）防腐帽操作工具，用于安装和回收防护帽的专用工具。

（6）采油树测试桩，用于采油树、采油树送入工具等的压力试验。

（7）顶部堵塞器下放工具，下入、回收、安装和运输顶部堵塞器。

（8）紧急脱离工具，用来紧急情况下脱离油管挂及采油树帽，在紧急情况下的备用工具，不带任何液压功能。

2. 水下采油树安装作业

海洋环境复杂，海上安装的设备具有体积大、重量大、结构复杂等特点，使得海上安装作业过程变得极其复杂，在整个水下设备安装技术的发展过程中，传统的安装方法主要可以分为钻杆安装和钢丝绳吊装安装。

1）钻杆安装

采用钻杆安装法进行采油树的安装，可以直接选用钻井船作业平台，这样就节省了重新选用作业平台的时间。采用钻杆安装法安装采油树，一般先将采油树系统由驳船运输到作业平台月池的下方并进行固定，然后用接单根的方法逐步将采油树下放至海底井口，并通过下放工具完成采油树的坐放、锁紧。此外可以进行海上深水钻井作业的钻井船安装有动力定位系统，可以对采油树系统下放安装过程提供可靠的支持。钻井船上的升沉补偿装置可以为采油树系统下放过程所要求的受力和下放速度提供保障，确保下放管柱的受力稳定，达到安全稳定快速地完成采油树系统安装的目标，如图5-49所示。

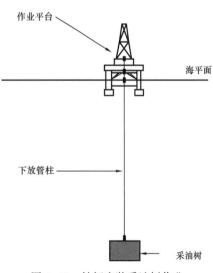

图 5-49　钻杆安装采油树作业

有两种不同的钻杆下入（Drill Pipe Riser）系统可用于水下采油树下放安装和修井作业：一种是直接液压控制系统的钻杆下入系统；另一种是电液多路（EH-MUX）控制系统

的钻杆下入系统。当使用直接液压控制 DPR 系统时，水下采油树需要安装好水下控制模块，以便控制实现采油树的所有功能。在使用电液多路（EH-MUX）控制系统的情况下，DPR 下入系统已经配备了钻杆下入的功能，能够驱动所有阀门实现控制采油树的功能。这两种钻杆下入系统使用同一类型的水下采油树下入工具。

2）钢丝绳吊装安装

传统钢丝绳吊装安装法，将采油树系统通过钢丝绳直接连接在作业平台的吊机或绞车上，缓慢吊放至海底的安装方法。常见的作业平台有普通的锚固浮吊和动力定位浮吊。锚固浮吊在动力定位方面很难满足要求，动力定位浮吊传统钢丝吊装安装法主要应用于水深小于 1000m 的情况。深水采油树的安装对安装设备和方法有比较苛刻的要求，首先采油树需要准确的定位和稳定的受力，这就要求作业平台同时具有升沉补偿和动力定位的能力；其次由于采油树本身的体积和重量都较大，这就给作业平台提出了更高的要求，如足够的甲板面积、较大的提升能力等诸多条件；再次钢丝绳本身结构的限制，随着水深的增加，需要更长的钢丝绳，使绞车或吊装设备负载显著增加，这就要求绞车或吊桩设备能够承受更大的载荷，因此该方法主要应用于水深较浅的安装作业中（王涛，2014）。

（1）水下设备支持船安装（SESV）。

为了符合盐上和盐下设计的要求，巴西国家石油公司综合考虑安全性、效率、可靠性和成本，通过总结移动式钻井装置的湿式采油树安装作业中的经验，形成了一套安装技术规范，按照技术规范要求，开发了一种新型可用于湿式采油树安装的船舶，这种船被命名为 SESV，或水下设备支持船（图 5-50）。挪威公司首先提出了这个概念，该概念已被接受，并在 2010 年初开始在巴西的里约热内卢海岸作业。由于水下作业要求很高，因此租用专门从事这类作业的船只是十分合理的。

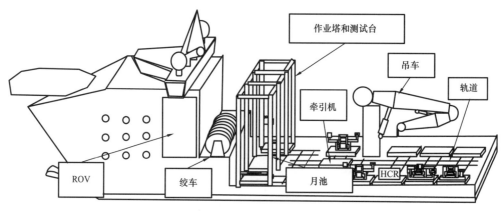

图 5-50　SESV 甲板布局

SESV 作业塔（图 5-51）由三个主要作业区域组成：月池和两个测试区，测试区位于月池两侧。根据作业计划，设备通过任一测试区进入作业塔内，然后对其进行全面测试，并准备好与水下设备定向系统（SOES）下面的下入工具进行组装。常规安装程序，首先是安装下入工具（RT），然后是设备，进行最后的检查，打开月池舱口，进行采油树下入部署工作。每个 Cursor 由其绞盘固定，钢丝绳穿过 Main Cursor 连接 SOES 连接工具。

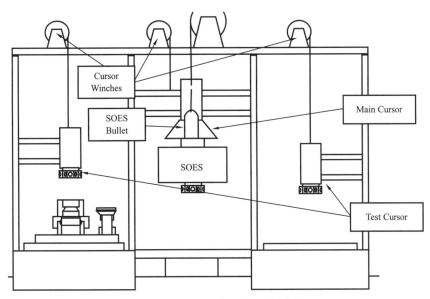

图 5-51　SESV 作业塔机示意图

对于 SOES 的驱动系统，设计了 ROV 组块驱动系统。ROV 组块在 ROV 和 SOES 之间提供机械接口，用来传输动力和信号。SOES 把它们转换为液压，由多路复用系统引导，以驱动水下采油树及其下入工具的所需功能。常规作业中使用两种工作级别 ROV。通过使用配有主动升沉补偿的纤维绳缆绞车，可以在很短的时间内完成水下采油树部署安装。PAB 海底系统的安装如图 5-52 所示。

相比移动式钻井装置，使用 SESV 进行采油树和 PAB 安装作业，不仅节约了钻机时间，同时在安装作业时间上也显著减少。根据坎波斯盆地 2010 年作业数据，钻机安装采油树平均时间为 178h，SESV 安装时间 75h，时间上减少 62.4%，成本上减少 76.7%。

与 2016 年桑托斯盆地 PAB 安装作业数据相比，在双井架钻机条件下 PAB 安装平均时间 33.3h，SESV 安装时间 36h，比双井架钻机时间上高出 8.1%，但总成本比双井架钻机低 45%（Ubirajara Lima，2017）。

（2）支持船钢缆安装。

目前，海洋石油行业中，已经成功的使用无钻机和钢缆进行水下采油树的安装。2017 年至 2018 年初在巴西深海油田，安装作业利用水下机器人支持船，铺管船的起重机和钢缆安装水下采油树的技术解决方案已成功实施。

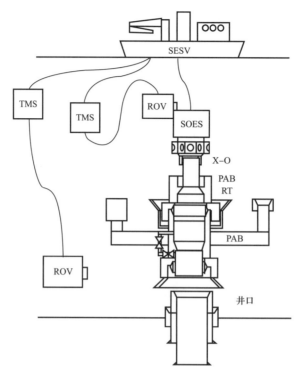

图 5-52 SESV 水下机器人和 SOES 布局示意图

方案设计和实施方法主要设备包括：由船舶提供一台能够承担水动力载荷的水下起重机；配备通过 ROV 能够实施水下采油安装作业的简单工具，例如可以加压完成连接锁紧器锁定，管线密封测试，打开或关闭液压阀。

在设计作业方案时，首先要建立计算模型，对标准水下采油树的吊点、卸扣和吊索进行分析，并与安装荷载进行了比较；同时还要分析起重机在特定海洋条件下的极限升力和船舶的水动力响应，获得系统在运行过程中动态载荷的大小，以及突然加载的可能性。

为了实现作业的需要，设计了专用多功能快速连接工具（The Multi Quick Connector, MQC）。水下机器人使用 Hot Stab 工具在 MQC 上执行对水下采油树和油井的某些控制功能，如图 5-53 所示。

专用的工具应用使水下机器人能够执行所有安装功能，例如锁定 / 解锁连接器和密封测试，此外还可以操作水下采油树上的一些阀门，以防止水合物在井中产生和释放压力。为了读取 PT，PTT 和永久井下压力计传感器的数据，对水下采集系统进行了改造，允许水下机器人与水下采油树面板连接，通过水下机器人的脐带缆传输并实时显示所有数据。

在 2017 年 12 月，巴西国油在 Búzios 油田使用 RSV 的起重机和钢缆在 1950m 水域成功安装了第一台水下采油树（图 5-54）。2018 年 1 月，按照此方法的第二次安装使用 PLSV 船起重机。在这两次安装作业中，水下采油树从船甲板上吊起，放入海中，起重机有效载荷满足采油树达到最终水深。所有安全屏障和指示均获得实施。

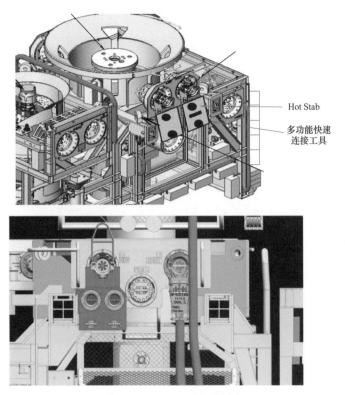

图 5-53 MQC 工具示意图

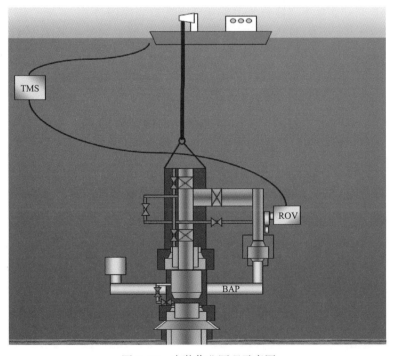

图 5-54 安装作业原理示意图

锁定水下采油树后，ROV 通过海底采集系统读取 PDG 和采油树传感器数据。ROV 可以使用 MQC 工具进行井下安全阀门的开启。图 5-55 是水下采油树现场作业的照片。

图 5-55　水下采油树安装作业照片

与浮式钻井装置和 SESV 安装相比，这些装置为海底安装设备方式的创新开辟了一条充满希望的道路，使其更便宜，更快捷。此外，新的安装方式，增加了船舶可服务范围，使服务船队作业可以整合达到最大的作业时间利用率。

第五节　深水钻完井专项技术进展

一、环空压力增加解决措施

深水油气井异常环空压力（Annular Pressure Buildup）可分为流体热膨胀引起的密闭环空压力和气窜导致的持续环空压力。受固井技术及地层信息不确定性的影响，深水油气井形成多层次的密闭含液环空，在投产以后产生密闭环空压力。墨西哥湾、巴西、西非和南中国海海域的深水油气井均存在不同程度的密闭环空压力。与陆上或近海平台不同，深水油气井所采用的水下井口无法释放套管环空压力。BP 公司马林油田深水井生产套管破裂并最终导致油井废弃，环空压力就是原因之一。墨西哥 Pompano A-31 井在钻进过程中，套管在环空压力作用下变形致使卡钻。此外，井筒内压力的变化会破坏井筒密封完整性，诱发持续环空压力。

深水油气井在固井后形成多层次的密闭环空，环空内充满残留的钻井液或完井液。投产后液体与套管之间的热物性差异导致环空难以容纳受热膨胀的液体，进而环空压力上升以压缩液体。

在巴西桑托斯已有的油田典型的完井方式为智能完井，智能完井管柱上在井下安全阀位置装有一个气举阀，完井示意图如图 5-56 所示。

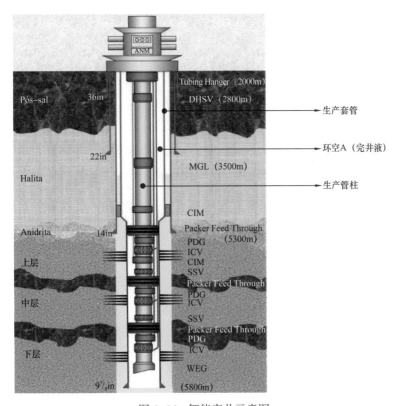

图 5-56 智能完井示意图

按照流动保障设计，生产不需要气举采油，如果采用气举，可以从采油树稳定注入气体举升至生产 FPSO。该油田完井管柱上的气举阀为了释放生产套管和油管之间的环空压力而设计增加。

在实际的应用过程中，气举阀由于本身功能问题，易产生泄漏问题，降低了生产井安全屏障。为了确保上述问题解决，在巴西作业的各油公司应用了以下技术措施解决环空压力增压问题。

（一）气举阀放压

此方法是在完井管柱上安装一个气举阀，其位置在井下安全阀以下。设计的初衷是当油管和生产套管之间的环空压力增加到预警时，可以通过打开气举阀释放环空压力。而在实际的生产过程中，发生了在未使用气举阀进行气举作业的情况下，气举阀发生泄漏。气举阀的泄漏导致了井的主要安全屏障减少。

（二）通过脐带缆在 FPSO 上放压

此措施是通过与采油树连接的服务管线在 FPSO 上进行环空压力释放。此方法可以消除气举阀泄漏的风险，但同时需要现场人员执行作业，存在人员操作的风险。

此方式通过以下方式进行环空压力检测和释放：在水下采油树上安装环空压力检测设备并连接到中控室，当环空压增加到极限值，中控室收到报警并关井，现场操作人员通过脐带缆服务管线释放压力。

除通过服务管线释放压力外，也可通过采油树设计的与井筒相同的 XO 阀进行压力释放。

（三）减少井口以下环空圈闭的静液压力

这个措施是在完井时在环空注入一段氮气，达到减少环空圈闭液体的静液压力。但在今后需要打开环空后，通过服务管线进入环空的液体将使环空液体恢复原静液压力。

（四）环空用低密度绝缘完井液替代盐水完井液

用低密度完井液替代环空完井液需要形成成熟的作业程序，避免在坐封封隔器前，替换过环空钻井液的过程中已经射开的储层发生井涌。

上述解决措施是巴西当地各油公司基于各公司技术标准制定的解决方案，在业界还未有一个统一的解决标准，现各公司正通过专门的技术会议进行讨论，制定安全、标准和高效的解决方案。

二、复合智能完井 / 多路智能完井（Multiplex Intelligent Completion（IC MUX））

一般来说，对于典型的化学品注入和流量控制的两层智能完井管柱，液压直接控制以最低的成本提供最佳的可靠性，需要 8 条液压管线用于控制井下安全阀、流量控制阀和化学品注入，1 条配电电路用于井下永久压力计，油管挂上需要最多 9 个导孔。

作为直接液压系统的替代品，出现了复合智能完井系统。也就是使用固定数量的管线控制多个阀门。控制管线可以是电动液压的或者全电动的。在第一种情况下，单压供应管连接到所有阀门，以及单个回流管路。在阀门中，电动先导电磁阀通过电子控制器接收指令并将阀门驱动到所需的节流位置；控制器板通过与 PDG 系统相同的电缆供电，接收命令并传输反馈信息。在全电动控制管线中，电动机取代了液压动力，单个电线可用于监控和控制智能完井系统。

2003 年，巴西国家石油公司开发并安装了一个全电气系统（贝克—休斯充电系统），现在仍在运行使用。由于生产商的兴趣较低，该产品线已停产，主要原因是成本高且缺乏适当的解决方案。哈里伯顿公司开发了一套名为 SCRAMS 的电液系统，该系统在巴西国油安装测试了一套，该套系统在砾石充填阀部分出现故障，在挪威国油北海生产井的几次安装中也出现了故障。

巴西某油田作业者正在与哈里伯顿公司合作，开发该技术并计划在现场测试使用。目前只有哈里伯顿公司通过这项技术的资格认证（图 5-57），同时该油田作业者也在与斯伦贝谢公司和贝克休斯公司合作，预计在 2019 年底达到更成熟的开发阶段，并可能在 2020 年形成完全合格的系统。根据目前的项目进度，该油田可以将该技术应用于试采单元和先导生产单元完井。

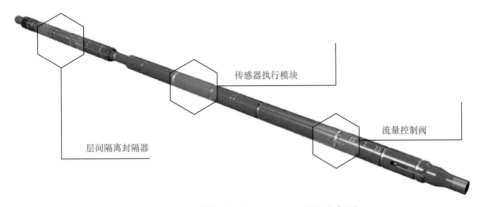

传感器执行模块

流量控制阀

层间隔离封隔器

图 5-57 哈里伯顿公司 IC-MUX 项目示意图

现在哈里伯顿公司的现场测试存在一些挑战，主要是由于生产流体的特性和性质影响了工具，这些问题仍在研究中并逐步解决。

三、湿式断开工具（Wet Disconnect Tool（WDT）with Expansion Joint（EJ））

盐下生产井一般采用多段完井和井下安全阀（DHSV）作为基础设计。在井的生产周期中，完井部件或 DHSV 总有失效的可能。然后通过修井作业来替换发生故障的组件。通常情况下，需要将所有完井管柱起出井口更换失效的部件，长时间占用钻机时间。修井作业中，井控也是重要的挑战。

湿式断开工具（WDT）可以用来解决这个问题。这种断开工具将完井管柱变成上部完井管串和下部完井管串，上部完井管串一般包括完井油管、液压管线和电气管路，下部完井管串一般包括封隔器、压力计和 ICV 等。该工具可实现在无须进行任何破坏性或机械性干预的情况下，上部完井管串和下部完井管串断开，并起钻回收或重新连接到下部完井管串中。

哈里伯顿公司已经完成一个适用于 7in 套管中 $3\frac{1}{2}$in 直径的电液概念工具的测试

（图 5-58）。2012 年 12 月，第一个 WDT 装置在巴西 Carapeba 油田安装。在这个完井管柱中使用了 ESP 泵。WDT 工具可以在不用起钻下部智能完井管柱的情况下，更换 ESP 泵。对于盐下生产井，这种技术有望使用于井下安全阀的替换。下步需要开发和认证更大直径的工具（用于 $9\frac{5}{8}$ in 套管中的 $4\frac{1}{2}$ in 公称直径），同时考虑与相应尺寸完井管柱相匹配的特殊合金材料以及密封。

图 5-58　哈里伯顿公司湿式断开工具

另外，考虑在重新连接操作期间，上下部分的完井管柱由于热变化会产生长度变化，因此需要一个伸缩接头提供间隔补偿，以满足生产管柱、液压和电气线路的长度变化。这个工具计划在 2021 年后进行现场测试。

参 考 文 献

畅元江，陈国明，鞠少栋 . 2008. 国外深水钻井隔水管系统产品技术现状与进展 . 石油机械，36（9）：205-209.

畅元江，陈国明，许亮斌，等 . 2009. 超深水钻井隔水管设计影响因素 . 石油勘探与开发，36（4）：523-528.

刘健，殷志明 . 2010. 深水钻井装置的选型方法 . 中国造船，51（2）：229-233.

雒晓康 . 2014. 南海深水水下井口与采油树应用技术研究 . 中国石油大学（华东）.

任可忍，沈大春，王定亚，等 . 2009. 海洋钻井升沉补偿系统技术分析 . 石油机械，37（9）：125-128.

沈雁松，赵立中 . 2013. 海洋动力定位钻井平台失控漂移的安全应急处置对策 . 钻采工艺，2013（1）：118-120.

王明田 . 2005. 深水井场工程勘察技术探讨 . 中国造船，46（增刊）：62-70.

王涛 . 2014. 深水采油树下放安装关键技术研究 . 中国石油大学（华东）.

王宇，张俊斌，蒋世全，等 . 2016. 深水水下采油树系统的选型方案研究 . 海洋工程装备与技术，3（2）：85-92.

许亮斌，张红生，周健良，等 . 2012. 深水钻井防喷器选配关键因素分析 . 石油机械，40（6）：49-53.

杨文达，李斌，张异彪，等 . 2011. 深水油气田井场调查内容及方法技术研究 . 海洋石油，31（2）：1-7.

袁冲 . 2016. 水下采油树安装及力学研究 . 西南石油大学 .

袁飞晖，熊勇，宋金扬 . 2010. DP-3 动力定位控制系统在钻井平台上的应用 . 上海造船，（1）：42-45.

张异彪，黄涛，李斌，等 . 2017. 深水钻井环境因素调查评价方法和流程研究 . 中国海洋大学学报，47（10）：

154–161.

郑伟 . 2018. West Hercules 深水钻井平台的隔水管系统简介 . 中国石油和化工标准与质量，（18）：109–110.

C R Reimer，D D Meere，R Dysart，et al. MPD Equipment Selection for a Deepwater Drillship. SPE/IADC–179182–MS.

Gouldin，David，Lancaster，et al. Realizing Rig Integration：Implementing Deepwater MPD Technology in 6th Generation Ultra–Deepwater Drillships. SPE/IADC–185298–MS.

J F Brett，K K Millheirm. The Drilling Performance Curve：A Yardstick for Judging Drilling Performance. SPE 15362.

Lima，Ubirajara，Dendena，et al. SESV Operations – Seven Years of Highly Reliable Solution. OTC–27959–MS.

Peter Aird，2019. Deepwater Drilling. Gulf Professional Publishing.

第六章　巴西深水水下系统

深水油气田开发是综合一体化系统工程，需考虑油气田特征类型、油气藏特点、开发方式、钻完井方式、海洋环境、依托设施、流动保障、水下生产设施类型和部署方式等各个方面内容。在确定开发工程方案后，还需要再根据管线回接距离、井数、海底地貌、监测数据、井下控制要求、远程控制信号以及需要注入的化学药剂等信息确定水下控制系统，从而确定整个水下生产系统开发设计方案（William L.L 等，2011）。

本章首先阐述水下设施发展历程；接着简要介绍水下主要设施，包括水下采油树、管汇、海底管线、立管、增压器、分离器及水下控制系统的特点和在巴西深水的应用，结合巴西盐下深水油藏特征、海洋环境特征等因素，以具有代表性的巴西盐下某油田为例，阐述其水下设施部署特点和适用性；接着介绍巴西流动保障特点、消除水合物和结蜡的方法；最后一节介绍深水水下设施安装和作业特点。重点介绍深水水下设施、深水流动保障研究、深水水下设施安装三部分内容。通过以上阐述，期望能为深水油田水下设施开发部署提供借鉴和启示。

第一节　水下系统及发展历程

深水水下系统包括水下生产设施、水面依托支持设施、海底管道和立管、安装维护设施以及水下油气处理系统等。

（1）水下生产设施指在水下完井设备、海上控制技术基础上逐步开展完善的水下生产系统的基本组成设备。包括水下井口、水下基盘、水下采油树、水下管汇、水下控制系统等。

（2）水面依托支持设施包括水面控制单元、所依托油气水处理设施、电力供应单元、所需化学药剂注入单元等。

（3）海底管道和立管包括生产管道、脐带缆、海底电缆、注水管道、注气管道等。

（4）安装维护设施包括安装水下井口采油树等的钻井平台、远程操控作业机器人（ROV）、遥控作业工具、修井控制系统以及相应的安装工具和测试系统等。

（5）水下油气集输处理系统指在水面油气集输处理技术基础上发展起来的水下油气水分离技术、水下多相增压技术和水下电力分配系统等。

　　本节介绍的水下系统涉及水下生产设施、海底管道和立管，包括生产系统和控制系统两部分。水下系统为水下采油树到生产平台的全部连接部分，按照功能划分为生产系统和注入系统。生产是将井口产出物输送至生产平台上进行处理、存储、外输；注入是将水、气等注入到储层，保持储层压力，在储层形成驱替作用，提高采收率，同时也是生产平台产出水和伴生气处理的一种主要方式。水下控制系统主要是对安装在采油树、管汇和管道上的阀门和节流器进行控制操作，它也可以用于水上和水下之间接收和传送数据。通过对温度、压力等数据监测，方便操作人员了解整个系统运行情况，并根据实际情况进行控制操作。

　　对于巴西深水油田，大多数水下生产系统是生产井通过各自的湿式水下采油树，将生产油气通过水下管线系统流入水面浮式生产平台进行处理。尤其是巴西盐下深水油田，由于单井产量高，经过比选，考虑管径的限制条件等，一般不使用水下管汇将生产井串联或并联部署。同时考虑到盐下油田具有地层压力高等特点，不设水下增压装置，而是通过单口生产井直接回接到浮式生产平台，被形象地称为"卫星井"模式。随着技术进步和科技创新，当前为降低浮式生产平台载荷、减少占用空间和上部组块的体积和重量，专家们正想方设法将油气水分离设备从水面移到海底，将多相流增压泵送系统、多相流分离系统和生产水回注系统以及湿气压缩系统等转移到海底，实现海底处理和回注，从而提升生产效率和经济效益。

　　上述生产系统发展经历了由简单到复杂，由复杂再到智能化、数字化和简便化的过程，向着成本更节省、技术更智能、应用更简便和功能更实用的方向发展。

　　1943 年，在加拿大伊利湖水下 10m 处安装了世界上第一个水下完井系统，开启了水域油气田开发的历史。1947 年，世界第一座水下低压气井在美国伊利湖应用，业界第一次提出水下井口的概念，该水下井口利用凯利钻探阀作为主控阀，橡胶软管为水下管线，拉开了水下生产系统应用序幕。自此以后，水下生产系统经历了由浅水到中深水域（100～500m），再到深水（500～1500m）和超深水（1500m 以上）的发展历程。在作业方面也相应地经历了从有潜水作业到无潜水作业不断发展和完善的过程。1961 年，壳牌在墨西哥湾首次安装第一口水下完井井口。1963 年，雪佛龙公司安装了水深仅 6.096m 的水下井口，使用了液阀驱动器和远程控制系统，推动了水下控制系统的发展。20 世纪 60 年代，壳牌在美国加利福尼亚海岸建造了第一代水下采油树，该系统持续生产了 20 年。70 年代，洛克赫德（Lockheed）公司研发了潜水舱作业。同期，菲利浦（Philips）公司对北海的艾克费斯克（Ekofisk）油田进行经济评价，提出了改装固定钻井平台与多口井相连接的设计构想。1975 年位于英国北海，水深 75m 的阿格油田采用一艘半潜式生产平台和水下生产系统进行开发，标志着水下生产技术由单纯的水下完井系统向水下油气生产系统的转变。

　　进入 20 世纪 80 年代，挪威国油在巴西引领了水下系统和水下生产技术的发展，水下关键设备如海底丛式井口，干式、湿式采油树，多井管汇，海底计量装置等得到了应用和迅猛发展。水下增压、水下油气处理等创新技术逐步进入现场试验和工业化应用阶段，水下油气田开发模式日益丰富，水下油气田回接距离纪录快速刷新。20世纪80年代末，菲利普公司在西非象牙海岸油田使用海底完井技术，水深243～762m。1992年，埃克森（Exxon）公司着手开发墨西哥湾咨柯（Zinc）油田，水深518.16m，该水下系统应用了整体管汇概念，加快了水下生产系统开发进程。2000年以来，阿莫科公司（Amoco）致力于开发墨西哥湾深水油田，水深1645.92m。当前应用水下生产系统开发的油气田水深纪录为墨西哥湾佩蒂道（Perdido）油田，该油田最大水深2943m。世界上回接距离最长的管线是由挪威国油作业的斯诺维特（Snohvit）气田，回接距离143km，应用全水下生产系统开发油气田并通过143km的海底多相输送管道直接回接到陆上终端成为现实。

水下系统是深海海洋工程技术的重要组成，是对浮式生产设施，张力腿、半潜式、立柱式和浮式生产储卸设施的重要支持。水下系统通过海底管线和立管与水面平台建立联系，可以搭建灵活多样的深水油气开发模式。由于油田特征、地理位置和海洋环境的不同，采用某一种单一的生产系统不可能满足油气田开发的需要，有时需要采用几种生产系统的综合形式来满足开发生产需要。常用的生产系统组合类型有：固定平台＋浮式、固定平台＋水下、浮式＋水下、固定平台＋浮式＋水下等。在选择采用何种技术开发时一般根据各油田具体情况，考虑水深、油田地理位置及规模、开发油田所需井数、海况条件、修井要求、海底地形、生产介质及采油工艺等方面，通过技术经济对比分析，选择综合有效的技术方案进行开发。

水下生产技术不断发展和进步，使得深水油气田开发模式有了更多的选择和适应性。其中一个未来发展方向是应用"海底工厂"，即将全部的生产设施部署到海底；另一个发展方向是水下设施和设备向集成化、简约化和数字化方向发展，减少深水设备的体积和重量，同时实现数字化、智能化。综合考虑各类因素，一个深水油田总会找到适用于自身的开发模式，并随着认识的深入，进行不断调整和优化，直至在技术、安全和成本、经济之间达成平衡，获得最优解。水下生产系统的进步和应用是众多生产设施各自发展进步、创新实践，最终将各个设施元素节点整合发展，并相互影响，共同实施，最终促成水下生产系统综合发展的结果。

第二节　巴西深水水下系统概述

水下生产系统因具有适应性强、水上空间占用小、油田开发速度快、经济效益好等诸多优势，其与浮式生产平台的结合成为目前深水油气开发主要模式。深水油田常用开发模式包括独立开发、依托开发和直接回接至陆上开发三种方式。独立开发包括"水下生产

系统 + FPSO""水下生产系统 + 半潜平台 +FSO"等开发模式，水下生产系统 +FPSO 模式在巴西深水盐下油田得到了广泛应用，被业界称为"巴西模式"。该模式通过水下完井系统、水下采油树、海底管线、立管等水下生产设施将采出的油、气、水多相流体输送到海上大型浮式储卸油装置处理，然后通过动力定位穿梭游轮进行原油提卸和运输（A. S. Paulo Cezar 等，2015）。

巴西桑托斯盆地典型盐下项目采用基于卫星生产井独立连接到 FPSO 的生产模式，注入井考虑独立连接至 FPSO 或者先接入水下管汇，然后接入 FPSO 两种方式。立管选择方案有两种，一种是刚性立管，另一种是柔性立管。"水下生产系统 + 半潜生产平台 +FSO 模式"主要应用在开发较早的巴西盐上油田。依托开发是充分利用油田周边现有或在建平台，如水下生产系统回接到周边已建成的海底管汇、固定平台及深水平台等模式，多用于老油田开发，对于老油田一般来说，采用深水水下生产设施回接到浅水固定平台是一种较为经济的开发模式。直接回接至陆上终端的方式大多应用于海上气田，需要一个直接的集输系统。

水下生产系统部署一个重要的环节是设计，水下生产系统设计需要综合考虑水下生产设施系统安装、操作、检测、维护、维修和废弃要求，初期还要考虑到将来扩大生产需求，如后期调整井或周边小区块并入开发等方案。

一、系统部署原则

水下生产系统设计综合考虑油气田发展各个阶段的需要、油田运行需要、设计基础数据和水下系统安装位置设计载荷等因素。而且需要综合考虑海洋数据（地形学、海床）、气象数据、油藏和流体数据、完井数据、工艺和运行数据、依托设施数据、安全因素。另外，需具体考虑复杂的设计因素，包括浅层气、渔业活动特点、船只活动、军事活动、海床冲刷、冰山活动、海底滑坡、火山活动、沙波、管线路由、海床特性、环境保护、应急预案以及其他配套的基础设施。

按照油气田开发计划明确已有勘探井可转为生产井的个数、计划钻开发井的数量、产出液回接到平台方式、预留井及连接方法等，根据试井和钻修井工作量、油井增产要求、所有海管压力保护系统要求、油藏地层压力和温度参数等，预先考虑防止水合物生成、结垢、结蜡和腐蚀等对材质的要求，建立油气田开发全过程中流动保障安全策略。

国际上通用的水下生产系统的设计制造标准规范为 API 17A、B、C 系列。美国石油学会 API 标准已成为石油行业事实上的国际标准，是国际标准化组织 ISO 制修订石油石化设备标准的主要参考对象。世界上水下生产系统设计制造大部分采用了 API 17 系列，其中直接与水下采油树相关的标准为 API RP 17A、API Spec 17D、API Standard 17F、API RP 17H、API RP17N 和 API Spec 6A（《海洋石油工程设计指南》编委会，2009）。

水下生产系统设计首先要满足上述设计标准或规范，其次还要综合考虑油气田开发周期内各阶段的需要、油田运行需要、设计数据和水下系统安装位置设计载荷。在满足功能和安全的同时最大限度简化水下生产设施，使得开发合同期内的利益最大化，在设计初期就需要考虑将来扩大生产的需求，充分利用周边基础设施，综合考虑水下生产设施与依托设施、钻完井工程的界面，考虑水下生产系统的安装、操作、检测、维护、维修和废弃期间的要求，还要考虑渔网、锚区、落物、浮冰等潜在风险，敏感设备设施保护装置和环境保护等问题。生产系统按照工艺设计流程，分为四个阶段。第一阶段：前期研究、可行性研究、总体开发方案；第二阶段：基本设计；第三阶段：详细设计与建造；第四阶段：安装调试与运行管理。

水下生产系统设计基础包括海底环境、系统环境、设计载荷等基础参数和内容，具体如下。

（1）系统环境：水下结构和管线海底布局、渔业活动和海上交通法规、液压液排放、置换或清管液处理、钻井液和岩屑处理。

（2）设计载荷：在制造、储存、测试、输送、安装、钻／完井、操作和拆除等各个相关阶段，所有可能影响水下生产系统的载荷在设计基础中予以明确，并作为设计基础。

巴西深水油气田开发除了满足上述设计标准和原则外，在水下系统选型、采办、安装和作业施工等过程也要符合作业者和承包商的标准。一般作业者的指导文件包括详细设计、采办、作业和安装指南、脐带缆和柔性管线及水下分配单元安装程序、水下设施材质选择、复合立管监测系统文件，水下设施部署、环保和法律要求，水下设施材料表、地质和环境数据表等。通过设计标准和设计文件，完成水下设施的设计、采办、作业和安装等各项工作。

水下生产系统总体部署是海洋工程重要环节，其目的是定义结构安装间距和误差，确保海底管道和脐带缆有足够的进入空间，方便管线安装，最大限度的方便跨接管和飞线的安装及回收等。

水下生产系统布置方案比选从技术、HSE、安装、操作、费用、计划等各方面综合考虑，最终选择制定出最佳方案。

（1）技术：包括成熟度、复杂度、开发阶段／井序、后期扩展等。

（2）HSE：包括风险等级、对环境影响以及安全并行操作。

（3）施工与安装：包括外输海管施工、内部连接海管的施工、井口连接、控制系统连接、水下设备设施的建造。

（4）水下生产系统操作：高效性、灵活性、简要性。

（5）井口操作：包括钻井、井口维修、钻井液及切削物的处理。

（6）费用及计划：包括设备清单及费用、初始投资。

在确定水下生产系统基本设计原则后，接下来就是对各类生产设施进行细致的选型、采办、安装、施工和试运行直至投产。

水域油田开发考虑因素众多，水下井口必须回接到主平台，不管是固定平台、浮式平台还是陆上处理厂，平台的空间和负载能力、作业和上部组块的限制、平台的所有权是属于作业者还是供货商等因素都要考虑。除此之外，还需要考虑水下开发系统后期扩展能力、开发系统的完整性管理和可靠性评价以及相对应的技术经济评价。

巴西深水开发水下部署方案可以分为三种基本类型：一是卫星井单井回接到生产平台，生产流体通过单井采油树、海底管线和立管流至生产平台进行处理；二是环式布置，深水生产平台通过柔性管线串接两口或多口井，然后回接到平台，这种方式能使生产流体从两个方向输送到平台，生产井可以形成清管通道；三是丛式布置，多口井通过一个水下管汇，单井通过柔管线或者跨接管连接到水下管汇，然后从水下管汇通过一条或者两条管线回接到生产平台。

二、主要水下设施

水下采油树、水下管线、水下连接系统、水下管汇、水下分离器、增压装置等是主要水下设施，以下详细介绍。

（一）水下采油树

水下采油树是水下生产系统核心设备之一，放置在海床水下井口上方，由阀门、管线、连接器和配件组成的一种井口装置。具备承托油管柱重量、密封油套管的环形空间、控制和调节油井生产、保证生产作业安全等作用。

水下采油树系统包括水下采油树本体、生产适配系统（油管挂四通系统，见第5章）和控制系统三部分。采油树向下连接水下井口系统，水下井口系统是水下完井的基础，安装在泥线附近，完井后用于支撑和密封水下采油树、水下油管挂等。油气井生产液经过采油树阀组连接海底生产管线，生产井采油树向上连接生产管线、服务管线和脐带缆。注入井采油树连接注入管线、脐带缆，水或气通过注入管线流经采油树阀组，流入井筒最终到达地层，完成回注。采油树除了是生产和注入的控制通道外，还为井控装置、压力监测、气举工艺等提供环空通道，为井下安全阀和井下流量控制阀提供电/动力系统，控制化学试剂注入提供控制通道，在发生故障的情况下关闭井口、停止生产，完成安全保护。

水下采油树是由各种部件组成的复杂设施，总体上主要组成包括：

（1）油管挂四通连接器。用于连接四通和水下井口系统。

（2）采油树本体。采用承压设计，巴西深水盐下油田采用的采油树设计标准压力等级为69.0MPa（10000psi）或103.5MPa（15000psi）。

（3）采油树四通。

（4）对接接头和密封头。

（5）采油树阀组及 ROV 面板。阀组包括生产主阀、生产翼阀、环空主阀、环空翼阀、四通阀、修井通道阀、转换阀、清洗阀、化学剂注入阀和压力传感器隔离阀。

（6）井筒延伸短节。

（7）上部四通及密封短节。

（8）出油管线连接系统。

（9）导向架与控制系统接口。

（10）节流阀及驱动器。

（11）水下控制模块。

对于巴西深水采油树，上述各部分是由众多零部件组成的。TechinipFMC 公司生产的巴西盐下标准采油树零件超过 10000 个。

深水采油树分为湿式采油树系统（水下）和干式采油树系统两类。湿式采油树的水下井口远离主船体，通过生产管线或注入管线连接于浮式生产平台上；而干式井口是一种把采油树布置在水面以上的方式（D. Reid，2013）。采油树的发展经历了干式、干 / 湿混合型、沉箱式以及湿式 4 个发展阶段。2008 年壳牌在墨西哥湾 Perdido 项目的 Tobago 油田使用 TechnipFMC 公司生产的深水采油树，安装水深创造了世界纪录，达到 2934m。

湿式采油树按照生产主阀、生产翼阀和井下安全阀 3 个主要阀门的布置方式分为立式采油树和卧式采油树。水下立式采油树按照环空和生产通道配置分为单通道、双通道和多通道。

典型的立式采油树如图 6-1 所示，其主要特点为：

（1）生产主阀 / 生产翼阀和井下安全阀安装在一条垂直线上，生产主阀位于油管悬挂器上方。

（2）油管悬挂器位于水下井口内，油管悬挂器的安装需在安装采油树本体之前完成。其主要作用是承托井下管柱重量，是各类井下阀门（安全阀、完井控制阀）和压力温度传感器的控制管线、化学药剂注入管线的通道。

（3）油管和环空通道垂直穿过采油树的主体。

立式采油树结构相对简单，是水下采油树的主要形式，主要适用于修井作业少的水下油气田开发工程。巴西盐下的主力油田一般采用标准化的立式采油树，也被称为"巴西标准盐下采油树"，这类采油树是巴西国油统一设计、统一采购，并建立各类标准模式化的采油树，便于巴西国油统一管理和在各个油田或生产单元灵活使用。

典型的卧式采油树如图 6-2 所示，其主要特点为：

（1）油管挂安装在采油树本身，而不是井口。

（2）生产主阀和生产翼阀均在采油树体外侧水平方向。

（3）与立式采油树相比，增加了内部采油树帽和顶部阻塞器。

（4）油管悬挂器安装在采油树内，需在完井前把采油树安装在井口上。

卧式采油树便于水下修井和回收，用于频繁修井的油气田。考虑到深水油气田的修井成本等经济因素，卧式采油树在深水油气田的规模使用受到限制。

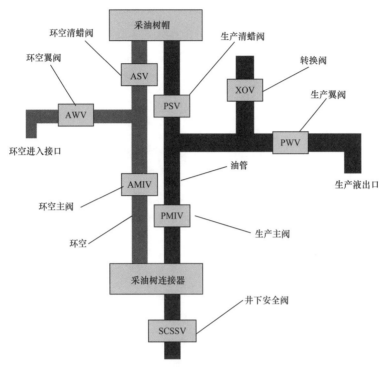

图 6-1 典型立式采油树示意图（据卢沛伟，2015）

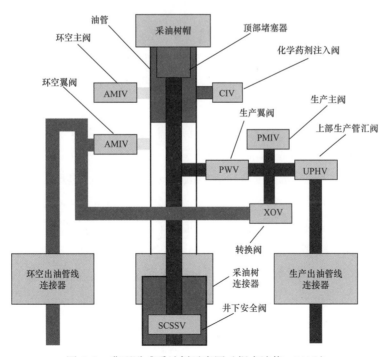

图 6-2 典型卧式采油树示意图（据卢沛伟，2015）

国际上，采油树的主要生产厂商有 TechnipFMC、Onesubsea、GE 和 Aker Solutions 4 家公司。

2017 年 Technip 和 FMC 合并，两家公司优势互补成为世界主要的水下生产系统的制造商和供应商。1967 年，FMC 公司生产出全球第 1 套水下采油树，用于墨西哥湾海域，适应水深 20m。截至 2019 年底，TechnipFMC 公司在全球总共提供水下井口及采油树 3000 余套，其中巴西地区约 600 套。TechnipFMC 一直致力于改善井下控制解决方案，推动行业向前发展。其深水水下采油树拥有近 3000m 的最深海底完井纪录，积极推动了全球海洋油气工程技术和设施的发展。

Onesubsea 是 Schlumberger 和 Cameron 成立的合资公司，主要从事与水下油气生产有关的产品建造及项目开发，于 2013 年 6 月正式运营。该公司水下采油树主要分为 4 类：卧式采油树、立式采油树、全电驱动采油树以及高压高温采油树。

GE Vetco Gray 公司的采油树产品主要有两大类：D 系列深水卧式采油树（DHXT）和 S 系列浅水立式采油树（SVXT）。

Aker Kraemer Subsea 公司在水下采油树研究方面已有超过 20 年的经验，目前在全球已有 700 多套水下采油树服役，主要包括卧式采油树、立式采油树以及用于复杂深水油田的高温高压采油树。

自 20 世纪 80 年代以来，随着巴西深水油田的陆续发现，如何在如此水深的情况下将原油开采出来是亟待解决的问题。巴西国油勘探开发研究中心（CENPES/PETROBRÁS，Centro de Pesquisas Leopoldo Américo Miguez de Mello）始终致力于解决上述问题，首先设计和规范采油树作业安装指南，设定采油树主要参数，材质要求是适应 H_2S 的耐硫腐蚀，水下采油树中设计一个 $4\frac{1}{16}$in 的生产通道和一个 $2\frac{1}{16}$in 的环空通道，所有的水下阀门安装是通过 ROV 进行液压控制，油管悬挂器连接 $9\frac{5}{8}$in 的完井管柱。采油树设计寿命 20 年，所有的设备材质适应油藏流动特征。设计准则：（1）阀门尺寸 4in 或 2in；（2）井口的尺寸为 $16\frac{3}{4}$in，设计压力 69MPa；（3）完井管柱使用于采油树和油管挂通道；（4）采油树的重量低于 20t；（5）高度低于防喷器的高度。

1993 年，随着一批深水油田 Marlim、Albacora 和 Barracuda 的开发进程，并以此为契机，巴西国油以 CENPES 为研发主体，启动研发标准化采油树。标准化采油树第一部分包括油管悬挂器、生产适配器基座和流动管线通道，第二部分是采油树本身和采油树帽。2000 年以来，随着桑托斯盆地的勘探开发进程的加快，在前期采油树标准化的基础上，巴西国油开始启动盐下油田标准采油树研制，并在 2008 年成功应用于巴西深水盐下油田。巴西深水巨型盐下碳酸盐岩油田采用巴西国油制定标准盐下采油树，具有以下特点：

（1）选型为立式采油树，标准体现在生产井、注入井使用相同规格采油树，可以通用。

（2）巴西国油提出制造要求，不同厂家采购按照要求制造，应用相同技术规格生产出通用设备。

（3）采油树节流装置—油嘴设置为可动部件，可根据油藏压力安装油嘴节流或不安装油嘴节流。一般来说，由于巴西盐下油田水深约 2000m，原油从油嘴进入管道后需要足够的压力克服高差，水下节流会造成压力损失，且油嘴为可动部件，一旦损坏后维修更换成本高，而在 FPSO 上进行节流操作更为简单，故一般可以不必设计油嘴。

当前采油树向集成化、简单化和数字化方向发展，例如 TechnipFMC 公司提出了水下系统 2.0 发展规划，致力于采油树技术发展革新。

巴西某一深水巨型油田 E 油田开发采用巴西盐下标准采油树，可应用于生产井、注水井、注气井和水气交替注入（WAG）井。盐下标准采油树为立式结构，单通道结构，尺寸为 $18^3/_4$in–5in×2in，压力标准为 69MPa，采用电液复合控制系统。盐下标准采油树由以下部件组成：$18^3/_4$in 生产适配基座和采油树本体。油管悬挂器包含在基座内，除此之外，基座还提供水下管线的连接部件。生产适配基座包括环空控制阀、热绝缘材质和清管阀门。油管悬挂器为 8 条液压控制管线和 1 条电力通信控制线提供通道：2 条控制井下安全阀 DHSV（Downhole Safety Valve）和 6 条智能完井控制管线（主要用来控制智能完井阀和井下化学剂注入）；1 条电力控制线，用来监测井下压力和温度计。

采油树配备主阀门、翼阀、X—O 阀门、止回阀以及化学剂注入管线隔离阀等。在生产油通道上配备热绝缘，设有一个压力温度传输器和两个压力传输器，双孔内部采油树帽，由水下机器人安装和取回。水下采油树也是化学剂注入点和连接井下化学剂注入的通道。除此之外，部件还包括水下控制模块 SCM 和 I-Mux 以及与其相应的可回收安装基座模块。I-Mux 模块负责传输井下压力温度传感器和智能完井。该采油树带有隔热功能的垂直方向生产柔性管线模块、服务管线和气举柔性管线接入模块、电液复合动力装置的脐带缆的模块。

对于巴西深水油气田，采油树可通过钻井船钻井隔水导管进行安装，也可以通过水下设备支持船进行安装。两种安装方式优劣在第五章进行了系统介绍，在安全可靠条件下，相较于日费较高的钻井船，使用水下设备支持船进行安装作业可以节省成本，但考虑到安全及钻井船利用效率等因素，某些油田仍采用钻井船安装采油树。对于巴西深水油气田，水下采油树是否配置节流油嘴这一节流装置取决于地层压力、沿程压力损失、单井产量等因素。E 油田深水油田水深约 2000m，原油从储层进入生产油管至生产管线，直至登陆 FPSO 需要有足够的压力克服沿程损失，水下采油树处节流会增大举升难度；另外，水下采油树中油嘴一旦损坏后，维修成本高，因此，E 油田采油树基础设计是不设油嘴节流装置，生产控制是在 FPSO 上设置节流阀，控制产量。

（二）深水水下管线

深水水下管线在业界内一般称为 SURF（Subsea Umbilical Riser Flowline），对应于水

下脐带缆、立管和海底管线。上述脐带缆、立管和海底管线构成了深水水下管线系统，是生产油气从海底输送到浮式生产平台的重要通道，脐带缆是生产控制系统最重要管线系统。水下管线的规格和性能决定了深水油田单井产量、油田规模。据不完全统计，在巴西浮式生产设施FPSO等采用日费租赁模式，产生的成本归类于操作费的情况下，SURF材料和安装费用占整个投资的25%~45%。

水下管线按照功能和用途可分为控制脐带缆、生产管线、注水/气管线、动力电缆和化学药剂注入管线。

1. 脐带缆

脐带缆是深水油气田开发中水下控制系统的重要组成部分，按照巴西深水油田应用实践，将脐带缆分为主脐带缆和油田单井脐带缆，主脐带缆连接水下分配单元，通过分配单元后分出单井脐带缆连接到各个井口采油树。水上控制设备通过脐带缆为水下生产设施提供电力支持、液压动力支持、注入化学药剂以及温度、压力等数据信号的传输，脐带缆已成为海洋油气田开发生产中必不可少的重要连接设施。

脐带缆有两种材料类型，即钢管和软管。钢管主要采用碳钢、不锈钢和钛合金三类金属材料，软管的材质主要为热塑材料。近年来，随着技术进步，相继开发出脐带缆新型材料，如芳纶纤维、交联聚乙烯等。一般来说，对于浅水油气田，热塑软管应用普遍，但随着海洋油气田不断向深水领域延伸，热塑软管遇到了许多可能导致服务中断的失效问题，包括化学药剂腐蚀热塑软管、流体渗透、软管破裂以及热塑软管的使用寿命有限等。据了解，脐带缆工作压力超出34.5MPa或者操作温度超出50℃时，热塑软管将失效，深水环境下热塑软管脐带缆的高频失效使得其越来越不能满足深水开发的要求。20世纪90年代以来，钢管脐带缆和近年来新型软管的迅速发展，尤其是不锈钢材料的发展，使得热塑软管在深水中的应用逐渐被取代（吴露，安维峥，2018）。

例如，在某个水深超过2000m的巴西深水盐下油田中采用钢管脐带缆STU（Steel Tube Umbilcal）和电液复合动力脐带缆EHU（Electrichydro Umbilical）相结合的方案，STU设计作为主脐带缆连接生产平台和水下分配单元SDU（Subsea Distribution Unit），然后通过EHU电液复合动力脐带缆作为内部脐带缆连接到水下采油树进行控制阀门、反馈参数信号和回注化学药剂等，从而实现水下生产系统的控制。

2. 立管和海底管线

立管和海底管线是生产油气的主要通道。立管和海底管线按照功能划分生产管线、注入管线和服务管线，按照材质分为柔性管和钢管。立管指管线从海床触地点TDZ（Touch Down Zone）到浮式生产平台部分，海底管线是TDZ到采油树或水下管汇等的管线部分，可以按照以下标准对立管和海底管线加以区分，立管承受动态力，接受水深浪、涌和洋流以及随着平台而上下或左右浮动的力，海底管线是依附于海底，为静态管线部分。立管和海底管线是一体和连续的，共同提供了生产油气和注入水或气的有效通道。

深水立管系统作为深水油气勘探开采设备的关键组成部分，在深水钻井、采油、回注和产品外输等方面起着不可或缺的作用。按照结构形式分为：钢悬链线立管（Steel Catenary Riser）、刚性惰波型立管（Rigid Lazy Wave）、顶部张紧立管（Top Tension Riser，TTR）、自由站立式混合立管/塔式立管（Hybrid Riser/Riser Tower）、浮力块支撑立管（Buoy Supporting Riser）、柔性悬链线（Flexible Catenary）和柔性惰波型立管（Flexible Lazy Wave）7 种形式，国际上知名的立管供应商有 Aker solutions、SBM、TechnipFMC 等，上述 7 种类型立管根据其形态特点应用于不同的生产平台。

1）刚性悬链线立管

悬链线立管集海底管线与立管于一体，一端连接井口，另一端连接浮式生产设施，无需海底应力接头或柔性接头的连接，大大降低了水下施工量和难度。它与浮式平台的连接是通过柔性接头（Flexible Joint）自由悬挂在平台外侧，无须液压气动张紧装置和跨接软管，节省了大量的平台空间。悬链线立管设计和安全服役主要考虑立管顶部和海底接触点部分的疲劳损伤和使用疲劳寿命。钢悬链立管通常与浮筒支持立管系统进行组合使用，可以应对较为恶劣的深水环境。

2）刚性惰波型立管

刚性惰波型立管在巴西盐下沙坪霍油田第二个生产单元 FPSO Cidade de Ilhabela 上首次应用。在该生产单元设计中，生产管线和注气管线采用刚性惰波型立管模式，注水和气体举升管线和服务管线采用柔性立管。该类型立管直接登陆 FPSO，FPSO 船体的纵向、横向载荷直接传递到立管，上述方式对立管长时间服役带来了挑战。为降低上述影响，在该生产单元通过增加浮筒个数，减少立管顶部张力和降低立管与海底接触区的应变。立管的底端为 PLET（Pipeline End Terminit，管线终端），通过柔性管线连接到采油树。经过分析比选和设计需要，E 油田也采用了类似的刚性惰波型立管（Rohit S 等，2017）。

3）顶部张紧立管

顶部张紧立管是连接水下生产系统与浮式平台的长挠性圆柱筒，一般用于干式采油树，如张力腿平台（TLP）和深吃水立柱平台（SPAR），需要经受住各种定常流载荷的影响。和其他类型的立管相比，TTR 顶部承受张力的作用，随着水深的增加，顶部张紧立管的升沉补偿更加困难，需要更大的张紧力，因此无法适应浮式生产平台较大幅度的漂移运动。

4）混合塔式立管

混合塔式立管是刚性立管和柔性立管的结合，主要包括自站立式（Free Standing Hybrid Riser）和捆绑式（Bundle Hybrid Offset Riser）两种。混合立管基础连接到钢质吸力锚上，由浮力罐（Buoyancy Can）提供张紧力，通过挠性跨接管（Flexible Jumper）连到浮式装置上。这样从本质上把立管与浮式结构运动形成耦合作用，减少了动力响应，但其生产和安装成本较高。

5）柔性立管

柔性立管主要有三类型：悬链型、惰波型和浮力块支撑立管。

柔性立管的主要特征是弯曲刚度相对轴向刚度较低，通过使用不同材料的层构造来实现这一特征。在外部和内部荷载条件下，这些层互相间可滑动，从而造成低弯曲刚度的特性。柔性立管合成结构中由高刚度的螺旋加强金属层提供强度，具有低刚度的聚合密封层保证流体流动的完整性。

惰波型结构可减轻负载的分布和在立管顶部连接处的腐蚀疲劳风险，同时减少与海底接触部位的水动力特征以及在管线内衬层产生的疲劳腐蚀风险，酸性气体 CO_2 和 H_2S 等产生环空压力容易造成这种疲劳腐蚀风险。同时柔性管线在应用前需通过拉伸测试、海水浸泡测试、动力疲劳测试等多种测试。在实际应用中，惰波型柔性立管根据管线功能不同进行相应的浮力调整，例如，注水管线为 40 个浮筒、气体举升管线 50 个浮筒、注气管线 130 个浮筒，深水气田外输管线需要 190 个浮筒。柔性管连接到 FPSO 采用了具有喇叭口结构的 I 形管。考虑到成本因素，柔性管结构和附件系统尽可能标准化，比如内径、设计压力、设计温度、水深适用性、CO_2 和 H_2S 的含量以及热交换系数等参数进行统一，可以实现制造、采办和安装的标准化，从而形成规模化优势。

浮力块支撑立管在巴西盐下沙坪霍项目得到应用，由于其材料成本和安装复杂，目前在巴西应用较少。

3. 管线材质

柔性管线是深水油气田开发中连接水下生产系统和浮式生产装置的重要部分。1972年，海洋柔性管在石油工业领域得到应用，在巴西柔性管的最大应用水深可达到 2500m，管内径范围从 2in 到 19in 不等，所承受的最大设计压力可达到 103.15MPa，最大操作温度为 130℃。深水工程中使用的柔性管一般用作动态立管，通常用来连接水下管道终端管汇（PLEM-Pipeline End Moudule）和浮式生产系统（如 FSO、FPSO、TLP 等，将在第 7章详述）。但柔性管还可作为静态立管、静态输送管、水下跨接管及膨胀接头等多种用途。图 6-3 为典型柔性管线结构图。

深水海洋工程领域常用的管道类型主要包括柔性管和刚性管两类。刚性管即钢制管道，其材质通常为低合金碳钢或不锈钢，其特点是生产工艺成熟，制造成本低，采购方便。柔性管，由金属和聚合物复合而成，根据制作工艺，柔性管可分为非黏结性柔性管和黏结性柔性管。黏结性柔性管道制作过程需要硫化，其制造长度受到限制，所以常用于要求管线较短的工程应用，如漂浮软管、立管跨接管等。非黏结性柔性管由几个独立的层组成，层与层之间没有固定的连接，允许层相对位移，能更好地满足现场应用的特殊要求，因此，广泛用于深水立管和海底管线。

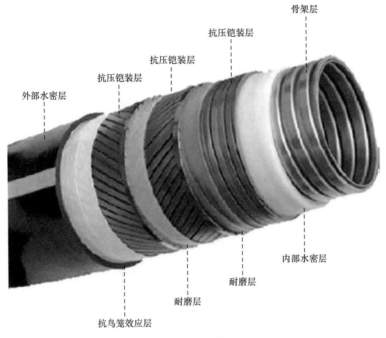

图 6-3　典型柔性管线结构图

应用柔性立管是与巴西盐下油藏特征和深海环境特性密不可分的。盐下油田流体一般含 CO_2 和 H_2S，输送管线工况要克服高压、输送临界流体、水深和较为复杂的海洋地质环境等困难。为了克服上述挑战，巴西国油按照 API RP 17B 的标准进行设计，在设计阶段，管线材质的要求列为优先考虑要素，要求所应用柔性管通过了 ISO 13628—2 和巴西国油专家及柔性管生产商专家的三重测试和评估（图 6-4）。

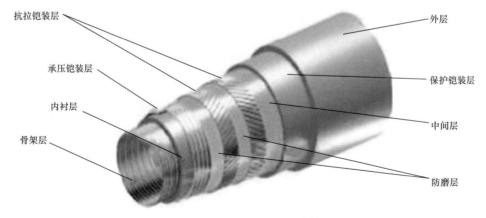

图 6-4　巴西盐下柔性管道结构图

（1）骨架层：不锈钢制成，用于支持内管，防止静水压或操作时外压压溃。

（2）内衬层：聚乙烯挤出成型，用于密封、抗外压。

（3）承压铠装层：由碳钢缠绕成型，用于承受来自内部和外部的压力。

（4）抗拉铠装层：由扁钢缠绕而成，用于承受拉力和压力。

（5）中间层和外层：聚乙烯挤出成型，用于防止软管磨损，海水渗透、磨损等外部破坏。

（6）管线可以盘绕在滚轮上，安装速度快，一次安装管线长。

柔性管给油田的快速、高效开发带来了灵活性的水下部署方案，海底柔性管线通过顶部法兰与柔性立管相连，在立管为刚性的情况下，海底管线也为刚性的情况下，其通过垂直模块连接到立管管线终端。由于柔性管线在高气油比和高含 CO_2 盐下油气田容易产生 CO_2 脆性腐蚀断裂现象，综合考虑安全和成本因素，一些油田选择惰波刚性立管和海底管线组成的生产管线进行开发生产。

对于巴西盐下油田，生产管线一般内径设计为 6in 满足生产需要，而在盐下某油田试采中根据采油指数预测，单井产量超过 4×10^4 bbl/d。因此在该试采单元首次部署了 8in 生产管线，通过流动保障计算、泄压和清管环路等，服务管线内径 4in 可以满足流动需求，因此选择内径为 4in 的服务管线，既能实现备用生产管线、清管环路、泄压环路等功能，又能以较小内径节省材料费用。注水管线和注气管线一般为 6in，全部考虑为柔性管线材质（Bruno L 等，2018）。

刚性管为内衬复合管，该管道是在普通石油碳钢管内覆上一层薄壁耐腐蚀合金，管道两端采用特殊方法焊接或特殊结构连接。巴西国油此前多采用柔性管模式进行开发，主要考虑柔性管对于后期油田开发调整方便和灵活性部署，并获得了成功。随着近年来盐下油田开发，为克服油藏高气油比和高含 CO_2 带来的挑战，从技术安全层面考虑，要避免因 CO_2 含量高在柔性立管和平台连接段，产生脆性腐蚀，影响立管寿命，若更换立管将影响生产和加大投资，进而影响油气田开发效益。当前巴西国油对盐下油田开发选用刚性管，虽然增加了安装费用，但由于刚性管制造工艺相对简单，同样长度的管线本身较柔性管价格低，并一般采取 EPCI 总包合同采办，减少了设计、采办、制造和安装的中间界面管理，实现整体规模效益，因此当前巴西国油对盐下油田开发多采用刚性管部署。综上，刚性管系统在巴西深水盐下油田应用越来越广泛，体现了深水开发安全至上、效益为先的原则。

对于柔性立管，复合材质制造是未来发展方向。但在巴西，复合材质悬链性立管不符合当前巴西深水油田开发安全规定和设计标准。尽管如此，考虑到自由悬链式立管降低柔性立管的安装费用，节省管线长度等诸多优势，复合材质的自由悬链式立管仍将是深水油气田开发的重要发展方向。

自 2013 年开始，采用复合材质制造立管在节省成本和提高立管性能方面表现出强大的吸引力。制造公司一直在投资开发由聚合物和复合层黏合在一起的复合管材，并将其作为重点研究对象，业界将这些复合结构称为热塑性复合管。同时，一些创新公司致力于投资研发用复合增强聚合物代替传统柔性管材的可行性，通过改变柔性管线中的一层或几层来达到应用目的，还有一些专门研究，例如将热固性和碳纤维复合材料作为铠装层，上述采用复合材料的柔性管被称为混合柔性管。

深水油气行业一直致力于采用不同的纤维和基质组合材质立管研究工作。此前已经研究和提出了热塑性和热固性聚合物、环氧树脂、聚乙烯、聚酰胺。上述材质是迄今为止讨论的主要基质材料，甚至一些研究论证了拉胀（负泊松比）材料应用的可行性，然而上述研究仅处于概念设计阶段。巴西国油及其合作伙伴针对盐下高含 CO_2 的特征，正在研发复合材质立管，以适应油田开发需要，复合材质管主要优点在于耐腐蚀性和卓越的抗拉伸和抗疲劳性能，若研究成功将为悬挂悬链线立管在深水应用提供基础和信心。热塑性复合管可用于减轻重量并增加对拉伸和压力载荷的抵抗力，混合柔性管可用于减轻重量并增加对压力载荷的抵抗力，并且铠装层将增加对拉伸载荷的抵抗力而不限制弯曲半径。

从惰波型到自由悬挂式的变化是复合技术最具吸引力的方面之一。若复合材质成功应用，自由悬链式立管可用于巴西盐下深水油气田，一旦成功，预计与当前通用方案相比，水下管线费用可以减少 30% 左右。与柔性材料相比，复合材质管线重量较低，可以在卷轴上制造和交付管径更大的管材，一些研究报告称，使用现有设施的热塑性复合管长度可能有 3000～6000m，而应用 2000 多米水深的传统柔性管道长度限制在 1000～1500m 之间，通过使用更少的管间连接和减少安装时间来节省安装和铺设成本。

当深水深度与高压相结合时，标准柔性管在疲劳和腐蚀疲劳方面受到挑战，主要原因是深水高压不仅要求高强度拉伸铠层，而且压力对铠层也会产生影响，虽然采用惰波式或双惰波式配置会降低顶部张力，但其对减轻铠装层疲劳没有效果。在这种情况下，热塑性复合管和混合柔性管在实验室被证明是在高压深水情况下应用的有效管材。与标准柔性管相比，目前正在开发热塑性复合管和混合柔性管已经表明需要更大的最小弯曲半径进行存储、安装和操作，通过复合材质的应用，将降低立管的使用成本、增加作业安全和生产安全、满足油田生产技术要求。

虽然研发在不断进行，但复合材质立管应用仍面临巨大挑战，在过去 40 年中，各向同性、延性材料一直是柔性管设计要遵循的主要规则，要突破这些条件和思维定式，需要做大量的工作。首先，复合材质不仅取决于纤维和基质材料本身，还取决于复合材质不同层之间的界面。其次，为了解决质量问题，进行质量控制，需要用各种尺度的样品进行测试，而且测试内容多样，需要测试纤维、基质、施胶、层板、层压板、多向层压板、管状样品、中间规格样品和全管样品。另一个关键方面是必须表征复合材质耐用性，测试必须处理原始的、饱和的（在目标应用环境中）和老化的样品，纤维、基质各层之间界面具有时间依赖性，需要进行寿命评估。与金属不同，当承受持续负荷时，复合材质会随时间的推移而失去强度，同时复合材料断裂曲线也需要较长时间来发现，因此在测试中必须考虑环境、老化状态和疲劳的综合影响。其他方面包括纤维和基质之间界面影响的响应时间，蠕变导致形状随时间的变化，不同材料对连接器界面的影响，黏合材料界面中热负荷影响等均限制了复合材质的应用。

应用新技术关键因素之一是存在相关标准并且被业界认可。对于立管材质选择，主要遵循 API 17J 标准，其次是 API 17B 的推荐做法。然而，对于海底复合材料海底管线和立管，可用的规范性文件非常有限。 DNVGL-ST-C501 是开发复合材质管线的首批文件之一，C501 一直是整个行业复合材料的认证指南，该指南对复合材料鉴定和表征特征具有严格的规定，因此该指南已成为复合材质水下管线小规模试验的基石。关于复合材质，最新的规范性文件是 2018 年的 DNV GL-ST-F119 规范，该规范由 2015 年 DNV GL-RP-F119 的基础上发展而来，尽管这是一个相对较新规范，但因为该方案侧重于对热塑性复合管的要求，应用受到限制。

鉴于缺乏明确的综合要求和复合材质管线设计指南，该技术大部分开发和鉴定工作都是通过广泛失效模式分析（FMEA/FMECA）来进行的。这些故障模式分析由涉足该领域的运营商、供应商和第三方机构的专家共同完成。需要从故障模式分析中，总结出适用的标准和设计规则。

从降低成本和灵活部署方案方面考虑，复合材质是推动材料研究的强大动力。目前，行业内大多专注于对材料、部件和管道样品进行筛选和长期测试，以识别管道相关属性，这项工作需要数年时间和大量资源才能完成。在过去的十年中，油田作业者越来越关注复合材料技术应用，越来越多的供应商致力于研发来满足这些需要，未来仍需要大量工作来论证巴西深水油田中使用复合材料的可行性。

广泛采用该技术的途径是明确设计规则和应用标准，截至当前，没有"一个"单一标准或推荐的做法可以解决复合材质管线设计问题。但未来，复合材质立管仍将会成为深水油气田应用主要方向之一。

当前，巴西国油对于巴西桑托斯盆地不同油田部署了不同的立管系统。首先是全柔性立管系统，例如卢拉油田的先导生产单元 FPSO Cidade de Angra dos Reis 和 Icacema 生产单元 FPSO Cidade de Mangaratiba ；其次还有部署在 BSR（Tethered Buoy Supporting Risers）浮块支持立管系统在应用钢悬链立管 SCR（Steel Catenary Risers）方式，应用实例为沙坪霍油田先导生产单元 FPSO Cidade De Sao Paulo 和卢拉 NE 生产单元 FPSO Cidade de Paraty（J. Gouveia 等，2015）。还有一种较为普遍的立管形式为刚性惰波型立管，用于生产和气体回注管线。典型应用案例是在沙坪霍 N 生产单元。

（三）水下管汇

在深水油气田开发建设中，对于单井产量低的油气田，水下管汇是重要组成部分。管汇是管道和阀门的排列布置，设计用于联合、分配、控制以及监控流体流动，主要作用是简化水下系统，减少水下输送管线和立管的使用，优化井流物在系统中流动。管汇的一般构件包括：生产或注入管系与阀门组件、结构框架、管汇基础、控制系统设备和连接系统（李华，2018）。

管汇所采用的管道结构决定了其整体质量。管道结构设计的优缺点有多重指标衡量，主要体现在流动安全保障等方面。井口产出液是一种多相态混合物，含有原油、天然气和水等介质，流动形态复杂多变。这些流体也会随温度的变化改变其物理性质，随压力和温度变化产生流动保障问题突显，包括：水合物形成、结蜡、结垢和沥青质形成等，因此在有保温层的基础上保持结构紧凑，进而减少热传递损失至关重要。管道的结构也会影响流体流场，常见的问题包括乳状液、起泡、结垢和段塞流等问题，管路设计过程中应尽量避免使用可能引起上述问题的管道。

水下管汇阀门装配在管道系统里，用于控制生产和注入流体。由于流体直接从水下阀门通过，所以水下阀门在很大程度上决定了水下管汇的可靠性。管汇上阀门类型选择和位置至关重要。阀门类型、大小、压力等级和驱动功能的设计说明在管汇详细布置前由设计人员提出技术标准。按阀门阀体的种类，可以将阀门分为闸阀和球形阀。按驱动方式又可分为 ROV 驱动、液压驱动、ROV 液压双驱动 3 种类型。目前现有水下管汇绝大多数使用闸阀，但在某些深水油气田，球阀比闸阀具有更好的操作性和经济性。

管汇基础设计基于海底土壤情况和装载量，大致可分为三类：防沉板、吸力桩和普通桩。海底地貌和土壤情况确定了底座类型，用于水下设备的底座可以是防沉板或吸力桩。防沉板结构取决于管汇系统和附加设备的重量及其整体的重心位置，挡板渗入到土壤以下来抵抗水平力和某些部分的垂直载荷。

随着水下生产系统工程建设的不断增多，在此基础上总结以往项目研发经验和在新环境工况下的不断创新对于行业发展至关重要，管汇技术也在不断革新。推动管汇技术不断进步的两个主要因素是操作方便性和成本控制，因此，一些中小型公司在总结以往工程经验的基础上形成标准化、系列化设计。在巴西深水油气田水下管汇也在向智能化和简约化发展，以 TechnipFMC 为代表的制造商致力于研发，正在将大型的、笨重的水下管汇向智能化、简约化和紧凑化的方向迈进，据 TechnipFMC 公司统计，自 1996 年到 2018 年该公司在巴西共生产 60 座水下管汇，当前实现相同功能水下管汇的体积已经是最初水下管汇的三分之一，技术进步效应凸显。

（四）水下分离器

随着海上油气田开发水深和回接距离不断增加，深水低温高压的环境，以及复杂油气藏特性、海底地貌、运行操作等使得深水水下设施、海底管道面临严重挑战，流动保障中段塞、水合物、结垢和结蜡等安全问题出现，严重影响了各类设备运行和生产效率的提升，因此近年来，水下油气水三相处理的创新技术研究和应用成为业界重点关注问题之一。采用水下生产系统进行深水油气田开发时，各井采出油气水处理有两种方案可选，一种是传统模式，利用水面浮式生产设施或者陆上终端进行油气水处理。该方法充分利用已有设施，最大限度减少水下生产设施直接费用和安装时间，方案技术成熟，得到广泛应用。另一种是采用水下油气水分离与增压／回注设备，采出水和伴生气就地回注，最大限度减少水面浮式设施工艺处理负担，控制多相流流动，通过增压设施增加相关管线回接距离。

水下油气水分离设施与水面分离设施工作原理相同，但作用有所不同。水下油气分离系统需要结合具体油气田特点综合考虑应用条件、技术可行性、经济性和安全性等各个方面。

通过调研国内外标准／规范，研究对比后得出水下分离器设计标准主要依据以下三个标准／规范进行：DNV–RP–F301 水下分离器标准、GB 150 压力容器标准、ASMEVIII 压力容器规范。巴西深水油田采用巴西国家 NR13 系列标准和 DNV–RP–F301 水下分离器标准。

水下分离器分离方式有很多种，根据分离原理的不同可分为重力式、离心式和碰撞聚结式三类（高峰，2007）。在巴西，陆续投入实际运营的水下分离器系统大概有 6 套，分别是：马林穆巴（Marimba）油田气液两相分离与液相电潜泵（葡语全称，VASPS）系统，BC–10 油田沉箱分离与增压系统，陶若尔（Troll）油田水下分离与注水系统，佩富劳（Pazflor）油田气液分离系统，陶迪斯（Tordis）油田海底分离、增压和注水系统和马林油田海底分离系统。

（五）水下多相增压装置

水下多相增压泵是多相混输技术关键设备，通过水下增压技术可以使油气田的寿命大幅延长，从而提高油气田开发收益。水下多相增压技术是集水下增压、多相混输、设备集成、水下输配电、水下控制、水下分离、水下安装等多个方面技术于一体的综合性技术。多相混输技术是以一台多相混输泵取代传统工艺中的泵和压缩机，并将传统管道中的油管和天然气管合并为一条。目前获得广泛应用且比较成熟的技术主要有双螺杆式多相增压技术、螺旋轴流式多相增压技术、对转叶轮多相增压技术、半轴流式叶片技术、离心式增压技术等。水下多相泵的选用，需要根据油田现场实际情况和多相泵的特性决定，通常较大、中流量时采用螺旋轴流式多相泵，小流量时采用双螺杆式多相泵，含砂较多时采用螺旋轴流式多相泵（徐孝轩，2018）。

通过调研，水下增压泵正在服役的油田包括挪威北海的 Draugen 油田、墨西哥湾 King 油田、中国南海的陆丰油田、西非 Topacio、Zafiro 和 Ceiba 油田等。水下增压泵最深安装纪录是 BP 公司在墨西哥湾的 King 油田，水深达到 1670m，水下增压泵站距离平台 24km，单体设备水下多相增压泵采用 Bornemann 公司生产的双螺杆多相泵，泵站的整体部分由 Aker Solutions 公司建造。水下增压系统能够实现水下长距离管输，通过提供可实现的技术方案，论证经济效益的可行性（J. Davalath 等，2017），对开发小型、边远的成熟油田产生经济效益。巴西深水油田由于油藏地层压力较高，地层压力和饱和压力相差较大，因此当前水下增压装置技术较少应用。

（六）深水水下连接系统

水下连接系统主要用于水下生产设施之间的连接，如水下采油树与水下管汇、水下管线与水下采油树、PLET 与管道终端管汇（Pipeline End Mainford，PLEM）等，是深水油气安全生产的重要保证。

深水水下连接是构建完整水下生产系统不可或缺的一个环节。深水跨接管作为水下采油树、管道终端管汇、管道终端及输油管线间的连接管段，是深水水下生产设施重要组成部分，深水油气开发中必不可少设备，在水下生产系统中广泛应用。

水下连接器可以从两个方面来分类：根据连接原理，水下连接器可以分为套筒式连接器和卡箍式连接器两类；对于套筒式连接器，可以根据驱动方法将其分为液压式和机械式两类。从连接方向分类，分为垂直连接器和水平连接器两种（董衍辉，2012）。

实现跨水下连接的核心和高科技装置是水下连接器。水下连接器用于跨接管与水下设备（管汇、采油树、PLET、PLEM 等）的连接。水下连接器可以在水下环境中快速连接或脱开，并在连接后建立有效的密封，与上下设备之间形成封闭通道。浅水油气田水下设备的连接通常采用螺栓和法兰，并由潜水员进行连接作业。对于潜水员难以到达的深水油气田，依靠 ROV 进行作业。

三、水下控制系统

水下控制系统分为全液压控制、复合电液控制、全电气控制 3 种模式。全液压控制系统是一种传统的、相对可靠的水下控制系统，通常适用于回接距离短、井数比较少的情形，且投资费用较低。与复合电液控制系统相比，全液压控制所提供的远程测试功能非常有限且响应速度较慢。复合电液控制方式要求每个水下执行机构设有独立电控线路，虽然在响应速度上有所提高并且具有一定的灵活性，但该系统水下电力配置复杂。随着数字技术的成熟以及水下生产系统向深水发展，复合电液控制系统具有较明显的优势。水下全电气控制系统省去了液压液，在环境和经济上具有优势，但基于全电气控制的可靠性较差，故目前应用有限。对于巴西深水油气田，一般采用复合电液控制系统，实现对整个生产系统的有效控制。

深水水下生产系统需要及时的信号响应、信息传输和控制，需要配置相应的水下控制模块。目前，国外在水下控制模块（Subsea Control Module，SCM）的研发上已经形成了独有专利和知识产权，世界上生产水下控制模块的厂家主要有 TechnipFMC、Cameron、GE、Aker 等。TechnipFMC 生产的水下控制系统采用了标准化模块设计，并且具有可升级和可扩展的特点。其设计的水下控制模块工作水深 3000m，最长控制距离 120km，最高工作压力达到 103.4MPa。水下控制模块主要产品型号为 MK IV SCM 和 SCM 600，MK IV SCM 主要是为解决距离水上浮式生产设施较远的采油树工作，SCM 600 是新一代产品，具有很好的兼容性。图 6-5 所示为 TechnipFMC 水下控制模块。

MK IV SCM　　　　　　　　　　SCM 600　　　　　　　　　　SCM 导向筒

图 6-5　TechnipFMC 水下控制模块

Cameron 公司涉足水下控制系统已超过 30 年历史，目前可提供技术先进，兼顾灵活性和可靠性的模块化控制系统。

GE 公司为海上与陆上石油与天然气田提供钻探与生产设备，在休斯敦、阿伯丁、苏格兰、新加坡以及挪威的斯塔万格与奥斯陆设有办公室。其生产水下控制模块（图 6-6）具有以下特点：

（1）可以提供 18 路低压控制和 6 路高压控制，高压控制系统可以选择增压器；

（2）采用单轴锁紧方式，蓄能器和内外压平和器处于保护罩内部；

（3）在保护罩顶部具有可供 ROV 操作接口；

（4）顶盖上安装有两个水下连接器，一个用于水下控制模块供电输入，另一个用于光纤信号传输。

Aker Solutions 公司在全世界范围内为石油和天然气工业提供油田产品、系统和综合服务，是一家全球领先的集成水下控制系统的供应商。Aker Solutions 公司新一代水下控制模块具有开放性、可靠性、坚固性和商业可用性等几大特点。该公司从 1975 年开始生产水下控制系统，目前已经发展到第五代产品。

ModPod 系列 SCM

SCM 内部结构

SCM电子模块

图 6-6　GE 公司生产的 SCM

Aker 公司生产的 SCM 特点如下：

（1）单点固定 SCM 成熟度高；

（2）可以提供更加先进的复杂电液功能来控制和监视水下控制系统；

（3）外形尺寸 1970mm×ϕ860mm；

（4）设计水深：3048m；

（5）低压 379bar，高压 1034bar；

（6）支持 Tronic DigiTRON 或 Ocean Design inc.Nautilus 电力/光纤接头。

上述四家公司生产的水下控制模块各具特色，能够满足各类需要，是深水油田水下控制模块主要供应者。国内在水下控制模块方面起步较晚，在水深、功能、现场等方面与国际先进水平差距还很多。

巴西深水项目水下生产控制系统从浮式生产平台发出控制指令，实现对生产的有效控制，同时储层、采油树和浮式平台的压力、温度等信号也实时的反馈到生产平台，并传输到陆上的生产中心。陆上生产中心通过对生产流量、压力和设备型号的监测，对生产进行有效控制，从而提高生产效率。

水下生产控制系统（Subsea Production Control System，SPCS）接收来自浮式生产平台主控站的指令，控制系统对水下生产系统的控制、操作和监控命令，通过脐带缆与各个采油树连接，对采油树上的液压阀门进行控制，并同时采集采油树上各个仪表的数据以及井筒内各温度和压力传感器的参数（吴露，2018）。

SPCS 设施包括水下安装控制模块、浮式生产平台上部组块安装的水下生产控制设备以及连接水上水下设备的脐带缆，具体包括以下设备：

（1）电液复合控制系统（Subsea Control System，SCS）控制柜（浮式平台上部组块安装）；

（2）主控站（Master Control Station，MCS）（浮式平台上部组块安装）；

（3）SPCS 液压站（Hydro Pressure Station，HPS）（浮式平台上部组块安装）；

（4）上部脐带缆终端单元（Top Umbilical Termination Unit，TUTU）（浮式平台上部组块安装）；

（5）脐带缆；

（6）水下分配单元（SDU–Subsea Distribution Unit）（水下安装）；

（7）水下采油树电液复合控制系统（SCS）设备（水下安装）。

水下生产控制系统通过控制网络与浮式生产平台的控制系统连接，为水下生产系统提供数据采集和监控功能。水下采油树采用电液复合控制系统。当系统发出阀门操作指令时，通过电信号将指令通过主脐带缆传送到水下分配单元，再通过内部脐带缆输送到水下采油树上的水下控制模块，通过水下控制模块内电磁阀驱动液压，进行水下采油树阀门开关操作，同时完成电力、液压动力及化学药剂传输。

巴西深水油气田脐带缆为电液混合动力型，包括：热力材料管线用作液压控制；电缆用来电力供应和水下模块与上部组块控制系统之间的信号传递；高抗软管用作化学剂注入。盐下某油田电液混合动力控制系统的脐带缆，连接水下采油树或者水下管汇，包括 4 条 $^1/_2$in—7500psi 的液压控制管线，6 条 $^1/_2$in—7500psi 的高抗管化学剂注入管线，4 条 $6mm^2$ 的双绞线电缆用于电力传输和数据信号传输。上述水下控制系统为巴西深水油田典型模式。

四、未来发展趋势

随着巴西深水油气田不断开发，水下生产系统的设计标准、设计原则、选型等各个方面已经与世界接轨，未来将会在应用创新等方面实现大发展。

水下采油树、深水水下管线、水下管汇、水下跨接管、水下分离器和水下增压装置，再加上水下控制系统构成了水下生产系统。水下生产系统是深水油气田开发关键系统，其设计、采办、制造生产和应用构成了深水油气田开发期间的重点工程。水下生产系统也正在向高科技、简约化、集成化和智能化方向发展，随着科技发展和进步，越来越多先进的生产系统将应用于深水油气田开发。同时，深水油气田的快速开发，获得的收益也将持续投入到技术研发中去，最终形成油田开发和技术进步相辅相成、螺旋上升、共同良性发展的局面（F. Hutanlt de Ligny 等，2018）。

从事水下生产设施技术研发的主要有 TechinipFMC、Subsea7、Aker Solutions、GE 等公司。深海油气田开发的作业的领先者是国际大公司 ExxonMobil、Shell、BP、Total、

Equinor 以及巴西国油等。深水生产系统的发展需要上游作业者和生产制造供应服务商的共同努力，上游作业者提出技术要求，并愿意投入研发和尝试新的技术应用，生产服务商愿意投入更多的研发资金和研发力量，致力于新技术研究、试验和应用。只有形成类似合作模式，才能实现深水水下生产系统的良好发展，实现深水油气田开发的蓬勃发展。

第三节　巴西深水水下系统实例

巴西盐下深水油藏开发存在巨厚盐层、巨厚储层、高气油比、CO_2 含量高、单井超高产能等诸多挑战，需要先进开发技术与之匹配，用来克服深水盐下开发带来的挑战。

首先，盐下生产流体中含有不同含量的 CO_2，需要使用防腐材料应对 CO_2 产生的腐蚀。一般来说采用高级合金材料用于深海完井，在巴西深水盐下油气田生产管线一般采用 625 合金钢，并通过阴极保护等措施来降低腐蚀带来的危害。巴西国油和合作伙伴致力于绿色环保开发，在生产过程中尽可能减少温室气体排放，因此，在浮式储卸油装置 FPSO 上部处理模块中采用分子膜技术分离 CO_2，并将其回注到储层中，形成混相或近混相以提高采收率。在一些盐下油田 H_2S 的含量分布不均，也要求水下设施和水下管材在防腐性选择时给予充分考虑。

其次，盐下油田水下管线内部承压能力高，这些管线包括生产立管、气举管线、服务管线、注水管线和注气管线等，尤其对于注气管线，有的作业压力高达 55MPa。因此需要材质和较大规格的管径与流体流动相匹配，并且在设计之初，需要事先考虑油田在整个生命周期对管径和材质的要求。

再次，巴西盐下油田水深大多超过 2000m，并且海洋条件较为恶劣，给立管系统的设计和安装带来了挑战。为保障流体流动，海底管线和立管均要考虑保温措施，防止结蜡和水合物的生成。盐下油田生产井一般都设计考虑化学剂注入，来缓解沥青凝结、结蜡、结垢以及形成水合物等流动保障问题。

最后，物流后勤支持也是一大挑战，这主要表现在首先盐下油田距离海岸线平均约 300km，新油田无基础设施。其次油田规模巨大，水下设备和管线需求量大，并且安装作业涉及各类船型，如钻井船、铺管船、系泊辅助船和供应船。最后需要大量直升机运输，原材料库房到码头的陆路运输配合生产作业和生产运行等，工作量巨大。

尽管面临上述种种挑战，巴西国油和各合作伙伴经过十多年的不断探索，形成了特有的深水盐下水下生产系统开发作业模式，并取得了巨大的成功。自 2009 年巴西深水盐下首口井投产以来，历经 10 年，至 2019 年 12 月底，巴西盐下油田日产油气 262.5×10^4 bbl 油当量，占整个巴西产量 66%，其中盐下原油 211.8×10^4 bbl/d，天然气 8538.2×10^4 m³/d，实现了跨越式增长。巴西盐下油田成功的开发经验离不开水下生产系统技术的不断创新和实践，通过持续发展，在巴西逐步形成了特色鲜明的海洋工程技术方案和开发模式。总体来说，巴西盐下资产的众多参与者，尤其是巴西国油通过对众多巨型盐下油田的开发实践，致力于水下生产设施的标准化发展，成为深水勘探开发领域的佼佼者，巴西深水海洋工程技术方案和生产系统的成功部署和应用，为世界其他具有类似特征的深水油田提供借鉴和启示。

早在 1986 年巴西国油就开始实施"深水油田开采技术创新和开发计划"，目前已形成 3000m 水深油气田开发技术能力，在深水石油勘探开发和生产技术方面处于世界领先地位。巴西国油分别于 1992 年、2001 年和 2015 年三次获得海洋技术大会（OTC）颁发的"深海石油开采技术"证书，特别是在使用 FPSO 和水下生产系统开采深水油气方面作业经验丰富、技术成熟。

以下以巴西深水盐下某油田——E 油田为例介绍巴西深水油田海洋工程特点。E 油田为巴西典型深水盐下油田，具有巨厚盐层、巨厚碳酸盐岩储层、单井产量高、单井控制储量大、高气油比、高含 CO_2 等特征。根据 E 油田油藏特征及巴西国油在相邻海域油田的开发生产经验，选择"FPSO 作为浮式生产系统 + 水下生产系统"的模式进行开发。对于水下生产系统，基础方案是采用卫星井单井单管布置，水下注入系统采用单井双管和单井水气交替（Water Alternative Gas，WAG）单管混合的部署方式。

FPSO 是本项目海上油气集输、处理、外输以及水下控制的核心设施之一，FPSO 部署位置与海底地形地貌、水下井口布置及风浪流条件都有关系，具体考虑因素包括：

（1）与水下井口相对位置合理，水下管线、脐带缆总长度最短，投资低；

（2）海底地貌及工程地质条件符合 FPSO 系泊安装要求；

（3）综合考虑风浪流、立管登陆、卸油及支持船靠泊等因素。

巴西典型深水油气田水下系统包括生产系统、注入系统和控制系统，主要生产和控制设施包括水下采油树、生产管线、注入管线、深水主脐带缆和内部脐带缆、跨接管线、管线终端等。采用刚性惰波型立管部署方式，服务管线和跨接管采用柔性管线，上述方案的选择充分考虑油田特征、流动保障安全因素和成本效益，在开发方式比选的过程中，将此前成功应用方案和优化方案进行全方位对比分析，最终确定最佳油田实施方案。

根据 E 油田储层条件、钻完井布井方案，目标油藏为盐下储层，埋深大，地层情况复杂，造斜难度大等，因此，生产井全部为直井部署，井间距大，平均为 1.5km，水下系统采用卫星井单井回接至 FPSO 方式。

E 油田水深介于 1890～2050m 之间，海底地貌高差约 150m，并不平整。此外，根据海底地形调查报告，该油田某一个生产单元的北侧、东侧和南侧，工程地质条件较差，地质灾害风险等级较高，无法满足 FPSO 锚泊要求，综合考虑海底地形地貌，选择部署 FPSO 系泊于生产单元西侧。

确定了各水下井口和 FPSO 位置后，水下生产管线及脐带缆在避开地质风险的前提下按照最短路径铺设。立管全部从 FPSO 左舷侧登船，右舷侧用于支持船舶靠泊，动力定位穿梭油轮（Dynamicl Position Shuttle Tank，DPST）卸油从 FPSO 尾部进行。本节将进一步针对巴西深水油田开发特点，以具体的某一生产单元为例进行阐述，详细阐述一个生产单元的水下系统开发概念设计，从而对水下生产系统进行具体介绍。

巴西深水油气田开发分开发单元实施，主要由以下几项重要特点决定的，一是 FPSO 投资大，单井建设成本高，生产单元开发建设投资巨大，一艘 FPSO 对应一个生产单元；二是油田单个生产单元设计和建设基本一次完成，后续进一步调整单元处理能力、改变开发规模和方式灵活度有限；三是一艘 FPSO 受生产规模和生产井 / 注入井距离的限制，考虑管线长度、成本和流动保障的影响，必须要分单元开发。除了上述三项原因外，分开发单元还便于生产组织和项目管理。这些特点客观上要求在 FPSO 建设前对生产单元有比较全面而深入的认识，一个开发单元方案成熟后，立即着手准备开发，有利于尽快回收投资，是科学有序的开发方式，能增加项目经济效益，边认识、边开发是深水全油田分阶段分生产单元，进而全面开发的一个渐进过程。

巴西国油对每个开发单元按照项目管理实施，对每个开发单元采用项目前期决策模式，项目前期分为三个阶段：FEL1（机会筛选阶段）、FEL2（方案选择阶段）和 FEL3（方案终定阶段）。与国内项目前期管理相比，其大致对应国内预可行性研究、可行性研究和总体开发方案制定三个项目前期阶段。关于水下生产设施，在 FEL2 和 FEL3 阶段进行概念设计及方案优选，需要确定水下各设施的选型和部署（Luigi Saputelli 等，2013）。

下面以某个巴西深水油田的生产单元为例，重点阐述水下设施的概念设计和方案选择。

一、开发单元概况

巴西深水盐下 E 油田的开发模式为"水下生产系统 +FPSO+ 动力定位穿梭定位油轮（DPST）"。FPSO 采用多点系泊，系泊位置水深 2000m。FPSO 的油处理能力为 $18 \times 10^4 \text{bbl/d}$，产出水最大处理能力为 $15 \times 10^4 \text{bbl/d}$，天然气日处理能力 $12 \times 10^4 \text{m}^3$，储油能力为 $140 \times 10^4 \text{bbl}$。FPSO 为旧船改建模式，采用期租建造模式，FPSO 为船东所有，油田作业者承诺以日费的形式支付船东费用，合同周期 22 年。目前暂未规划外输管线，原油通过 DPST 外输。生产的天然气部分（最多不超过伴生气 20%）进行脱 CO_2 处理后作为 FPSO 上的燃料气，其余天然气经过增压、脱水、脱 CO_2 后回注储层。

生产井采用卫星井单井部署方式，每口井通过海底管线、生产立管直接连接到 FPSO，海底管线与生产立管均为刚性管，内径 8in，总传热系数 4W/（$\text{m}^2 \cdot \text{K}$）。每口生产井同时连接 1 条服务管线，服务管线为内径 4in 柔性管，服务管线与生产管线通过采油树连接成清管环路，使用变径清管器进行清管作业。

所有的注入井设计均为 WAG 井，每口井连接一条注入管线，相邻的两口井通过跨接管连接成环路，进行清管和两端泄压作业。注入管线海底部分与立管均为内径 6in 钢管，总传热系数 8W/（m²·K）。两口注入井之间跨接管为内径 4in 柔性管，无保温需求。

除服务管线、WAG 井之间跨接管以外，其余管线全部采用钢管，钢管采用 CRA（Inconel 625 合金）内衬。生产立管与注入立管采用惰波型布置，柔性服务管线立管采用自由悬链线布置。生产立管的长度为 2500~3600m，注入管线的立管为 3000~3500m，海底管线长度为 1600m~4300m。

水下控制以及供电使用主脐带缆、SDU（水下脐带缆分配单元）和内部脐带缆来完成，每个 SDU 可以控制 4~5 口井，生产井最多连接 2 口。

该生产单元开发方案计划部署 16 口井，包括 8 口生产井和 8 口注入井，为提高采收率和经济效益，所有注入井采用水气交替模式。考虑到单井高峰日产超过 40000bbl 等因素，分两批部署上述 16 口井，第一批部署 12 口井，包括 6 口生产井和 6 口注入井，第二批部署 4 口井，包括 2 口生产井和 2 口注入井。由于油田高气油比（约 400m³/m³）和高含 CO_2（约 40%）的特征，基础方案考虑生产伴生气全部回注。

二、水下系统选型

E 油田生产系统主要包括水下管汇、生产管线、立管、服务管线。针对巴西深水油气田具体特征对 E 油田水下生产系统部署方案进行优选，水下生产系统按照其部署方式分为单井单管布置、双管环路布置、混合布置、环形布置四种部署方式。

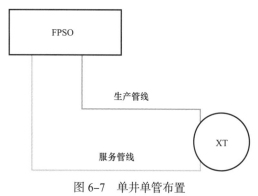

图 6-7　单井单管布置

（1）单井单管布置。每口生产井通过 1 条生产管线和 1 条服务管线与 FPSO 进行连接，不部署水下管汇。生产油气通过生产管线输送到 FPSO 上，生产管线和服务管线组成清管环路和泄压通道，如图 6-7 所示。

（2）双管环路布置。每 4 或 6 口生产井通过跨接管连接到一个水下管汇，水下管汇通过 2 条生产管线串联在一起与 FPSO 相连，管线终端管汇处通过 U 形弯将生产管线连接成通球环路。可在 FPSO 上发送和接收清管器，如图 6-8 所示。

（3）混合布置。结合了双管环路布置和单井单管布置的特点，每 4 或 6 口生产井通过跨接管连接到一个水下管汇，水下管汇通过 1 条生产管线串联在一起与 FPSO 相连，终端管汇通过 1 条服务管线与 FPSO 相连形成环路，如图 6-9 所示。

（4）环形布置。生产井通过水下三通串联在1条生产管线，生产管线两端分别与FPSO相连形成环路（Kevin Buckley 等，2017），如图6-10所示。

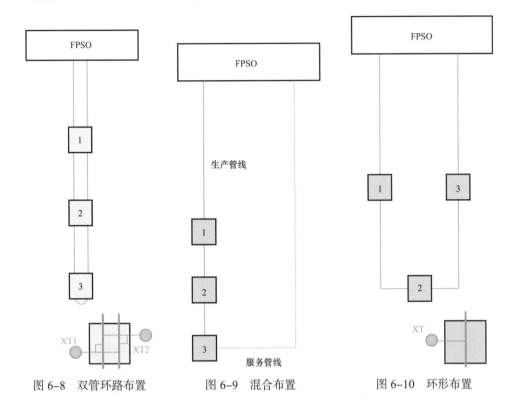

图6-8 双管环路布置　　　图6-9 混合布置　　　图6-10 环形布置

针对以上四种布置方式，分别从水下结构、管线长度、立管数量、富余输送能力、方案成熟度、流动保障及施工难度进行比较分析，进行选型，各布置方式对比结果见表6-1。

表6-1 水下生产系统比选

项目	单井单管布置	双管环路布置	混合布置	环形布置
水下结构类型	较少	较多	较多	较多
通球环路	有	有	有	有
管线总长	较多	较少	较少	较少
立管数量	较多	较少	较少	较少
富余输送能力	较多	较少	较少	较少
方案成熟度	成熟	不成熟	不成熟	成熟
流动保障风险	较低	较高	较高	较高
施工难度	较低	较高	较高	较低

单井单管布置总工程量相对较大，但是水下结构种类少，富余输送能力大。适用于单井产量高，井间距较大，容易进行井位部署的巨型高产油气田。该方案成熟度高，流动保障风险及施工难度相对较低，是巴西国油在盐下油气田推广的标准化方案，前期在卢拉等油田已验证并成功实施，获得较好应用效果。

双管环路布置水下结构种类和总工程量都相对较少，但富余输送能力较少，不适用 E 油田较高单井产量，且方案成熟度低，连接井口与管汇的跨接管长度超过 2km，存在流动保障风险，而且由于管线较为复杂，铺设会发生交叉，施工安装难度较大。

混合布置总工程量相对较少，但是水下结构种类相对较多，采购水下设施和施工难度较大。E 油田生产井单井产量高，设置 1 条生产管线，管线直径需非常大，制造存在难度及运行风险较大。同样连接井口与管汇的跨接管长度需要超过 2km，存在流动保障风险。管线有可能发生交叉，施工较复杂。

环形布置总工程量相对较少，方案也较成熟，该方案虽然有应用先例，但是富余输送能力较低，且存在流动保障风险。

综上分析，由于 E 油田各生产单元生产井数量较少，单井产量人，对操作弹性和井位灵活性及稳定性要求高，为避免因水下管线故障而对 FPSO 正常生产造成重大影响，推荐单井单管方案，如单条生产管线发生故障，仅关闭一口生产井，其他井可以正常生产，可保持 FPSO 正常生产。

E 油田注入系统选择采用水气交替注入方式，主要原因一是保障伴生气回注，尤其是高含 CO_2 的伴生气；二是 CO_2 注入储层，形成混相或近混相以提高采收率。注入井可以单独接入 FPSO 或者先接入水下注入管汇，然后回接至 FPSO。水下注入系统布置方式主要有 5 种，分别为单井双管布置、串联布置、WAG 管汇布置、注水管汇 + 注气管汇布置、单井单管 WAG 布置。

（1）单井双管布置。每口注入井通过 1 条注水管线、1 条注气管线、1 条脐带缆与 FPSO 直接相连，如图 6-11 所示，单井通过两根注入管线接入 FPSO。

（2）串联布置。FPSO 通过 1 条注水管线和 1 条注气管线同时连接多口注入井，每口注入井通过串联在管线上的分流器与注水管线和注气管线相连，如图 6-12 所示。

（3）WAG 管汇布置。FPSO 通过 1 条注水管线和 1 条注气管线与 1 个水下 WAG 管汇相连，每个 WAG 管汇连接 4 口注入井，每口注入井通过 1 条跨接管连接到 WAG 管汇上，如图 6-13 所示。

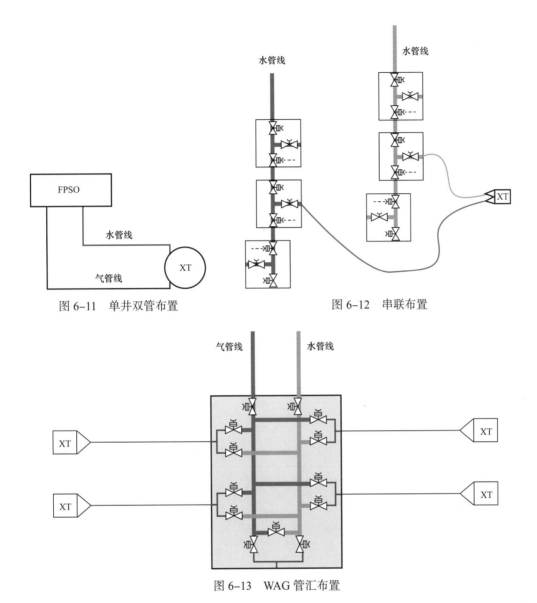

图 6-11 单井双管布置

图 6-12 串联布置

图 6-13 WAG 管汇布置

（4）注水管汇＋注气管汇布置。FPSO 通过 1 条注水管线和 1 条注气管线分别与水下注水管汇和注气管汇相连，每个管汇通过跨接管连接 4 或 6 口注入井，如图 6-14 所示。

（5）单井单管 WAG 布置。两口注入井为一组，注入井间通过管线连接，每口注入井与 FPSO 通过 1 条注入管线连接，每组注入井形成 1 个管线回路，注入水和注入气可相互转换，如图 6-15 所示。

针对以上 5 种部署方式，分别从水下结构类型、管线长度、立管数量、富余输送能力、方案成熟度、流动保障风险、施工难度及成本进行比较分析，为 E 油田进行选型。各部署方式对比结果见表 6-2。

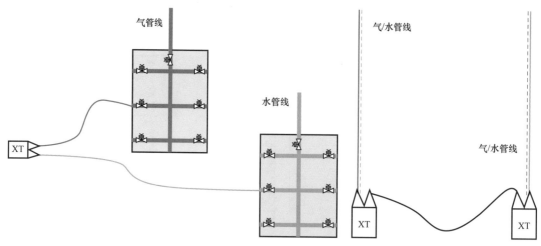

图 6-14　注水管汇 + 注气管汇布置　　　　图 6-15　单井单管 WAG 布置

表 6-2　水下回注系统比选

项目	单井双管布置	串联布置	WAG 管汇布置	注水管汇 + 注气管汇布置	单井单管 WAG 布置
水下结构类型	较少	较多	较多	较多	较少
管线总长	较多	较少	较少	较少	较少
立管数量	较多	较少	较少	较少	较少
富余输送能力	较高	较低	较高	较低	较高
方案成熟度	成熟	不成熟	不成熟	不成熟	不成熟
流动保障风险	较低	较低	较高	较低	较高
施工难度	较低	较高	较高	较高	较低
成本	较高	较高	较高	较高	较低

　　单井双管布置水下结构种类少，富余输送能力大。方案成熟度高，该方案是巴西国油在盐下区块的基础方案，流动保障风险及施工难度都较低，在此前开发的卢拉等盐下油田获得可行性验证。但是对于 E 油田来说，总工程量相对较大，成本较高。

　　串联布置及注水管汇 + 注气管汇布置总工程量都相对较少，流动保障风险较低。但是水下结构种类较多，采办和施工难度较大，注入管线需要满足高流量要求，管线直径要求较大，存在安装及运行风险。方案成熟度低，且成本较高。

　　WAG 管汇布置总工程量相对较少，富余输送能力较高。但是水下结构种类较多，采购施工难度较高，并且存在较高的流动保障风险，方案成熟度低。

　　单井单管 WAG 布置水下结构种类及总工程量都相对较少，富余输送能力较高，虽然存在一定的流动保障风险，且成熟度较低，但是方案经过多次设计论证和可行性研究，可以满足生产需要。最主要是施工难度较低，且成本较低，可显著提高经济效益。

　　根据以上对比分析结果，结合 E 油田油田自然环境及技术论证。最终推荐水下注入系统采用单井单管 WAG 布置（图 6-16）。

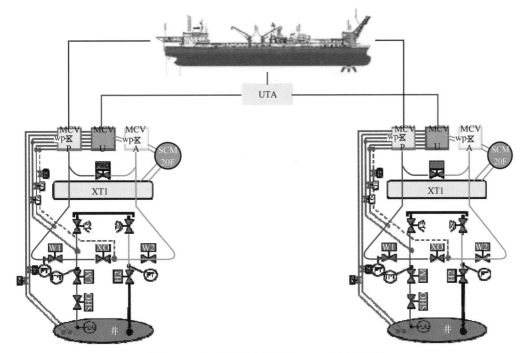

图 6-16　注入系统单井单管 WAG 布置示意图

三、水下系统实施

　　水下生产系统共包括 16 口井，全部井回接到 FPSO。生产井采用卫星井部署模式，通过一条生产管线、一条服务管线回接到 FPSO。WAG 注入管线如图 6-17 所示，单根 WAG 钢管注入管线连接井口采油树，1 组注入管线间通过跨接管线相连，形成两口注入井和 FPSO 之间的回路。每两口 WAG 井通过跨接管回接至 FPSO 的注入管线形成一个回路，并与 FPSO 上一组收发球筒连接，每条注入管线分别与 FPSO 上的注水管汇和注气管汇连接，既可作为注水管线又可作为注气管线。水气交替注入时，须注入柴油间隔，或注入水合物抑制剂，以防止产生水合物等流动保障问题。

　　水下控制系统采用 1 根主脐带缆，通过 SDU、分配单口井脐带缆连接到水下采油树的水下控制方式（图 6-18）。

　　当两口 WAG 注入井间不能形成回路时，则采用传统的卫星井回接模式，通过一条注入管线和一条服务管线回接到 FPSO。在该生产单元中，考虑一条海底光纤连接至 FPSO，用于将生产单元数据传输到岸上生产作业中心。

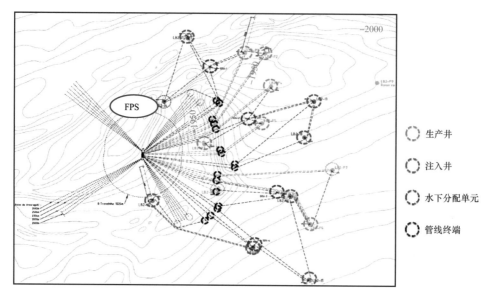

生产井

注入井

水下分配单元

管线终端

图 6-17　生产单元水下设施部署图

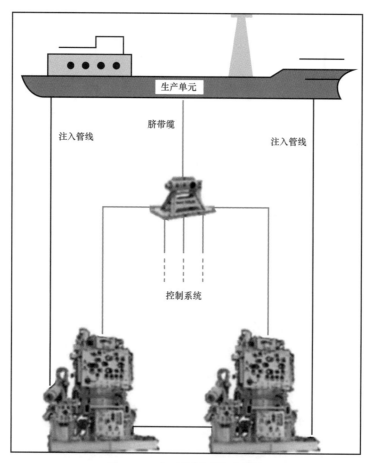

图 6-18　水下控制系统示意图

下面介绍该单元概念设计的主要原则和基础方案。

（一）设计要求

概念方案是充分考虑海底环境、基础设计要求以及油田特殊要求等因素综合形成的方案。

1. 海底环境

在部署该生产单元水下生产系统前，充分了解该单元已有钻井和完井的坐标非常重要，设计时该生产单元已完钻 4 口井，其中 2 口完井，已形成 1 采 1 注的小型试采 FPSO。此外，海底地形地貌和地质危害等数据通过水下自动勘测器（Autonomous Underwater Vehicle，AUV）形成的勘察报告和分析化验取样研究形成的地质危害评估报告来评估。

2. 基础要求

首先通过取样和实验室数据，获得油田流体特性，考虑油藏高气油比和高含 CO_2 实际情况，此外考虑水下生产设施的服役寿命和可靠性，水下生产系统设施在采办需求时要考虑全合同周期的寿命，保证至少服役 26 年的使用寿命，保障在 FPSO 退役后，水下管线仍具备能力回接至已有的海上生产设施，管线的相应配件也要考虑使用寿命，满足全生命周期的要求。

在实际生产作业中，生产管线具备输送生产油气至 FPSO 的能力，也具备从 FPSO 注入化学药剂等功能。服务管线用于生产管路循环，清管防止水合物生成，必要时还可以作为备用生产管线。注入管线通过注气和注水保持油藏压力，两口井通过柔性跨接管连接两口井采油树形成闭环回路，通过该设计方式，加快试运行速度并降低形成水合物风险，注入管线该部署方式与卫星井单井连接相比，节省了管线长度及安装时间，减少了投资。考虑到该生产单元采用两批次钻完井，水下生产系统进行设计、采办、施工和安装（Engineering，Procurement，Construction and Installation，EPCI）总包、优化钻井顺序等措施，综合考虑了采办合同的灵活性，保障了优化投资节奏。

所有生产管线在 FPSO 上拥有清管系统，一般设计为泡沫清管器，服务管线端为发球系统，生产管线为收球端。在 WAG 注入管线井间跨接管线情况下，在 FPSO 上立管槽的一端为发球系统，另一端为收球系统，清管时用于更换管线流体的介质包括气体、柴油和海水。根据设计要求，生产管线和注入管线刚性管需符合巴西国油标准，采用 625 铬镍铁合金内衬。清管收发球筒按照 ABNT NBR 16381 标准设计建造。水下生产设施安装检测系统遵循巴西国油 DI-IPBR-0018-A 标准进行获取生产控制作业信息和管线完整性评估信息。

所有水下管线、脐带缆和水下设备以及配件必须满足各自作业资质要求。柔性管线必须考虑 CO_2 脆性腐蚀断裂（CO_2 Stress Corrosion Cracking，SCC-CO_2）风险以及充分考虑各种推荐和优化方案。

3. 其他要求

为合理部署水下生产设施，必须综合考虑以下原则：首先以减少管线长度和实现生产井流动保障为主要原则确定 FPSO 位置，为保持后续井位优化的可能性，所有生产井采用卫星井回接模式，本生产单元水下设施部署不考虑水下管汇方案，WAG 注入井采用井间连接方式。FPSO 采用多点系泊方式，最多不超过 24 条锚链固定，FPSO 和水下生产系统与其他单元不存在干扰，未来钻井全部考虑为直井模式，分两批进行完井回接，所有立管均连接 FPSO 左舷。按照 FPSO 总体技术规格书要求，每个立管平台最多接入 4 条刚性立管，电液复合动力脐带缆通过水下分配单元后经过主脐带缆回接至 FPSO。8 口注入井中两两配对，通过采油树环空跨接管柔性管进行井间连接，另外各自有一条钢性注入管线回接至 FPSO，形成泄压和清管回路，注入管线内径 6in 和跨接管线尺寸内径 4in，采油树之间的跨接柔性管在作业期间，可以用作流体替换和清管循环。

WAG 注入井配对后，接入同一个水下控制分配单元，根据油藏特征，水下生产部署可以考虑定向井，井口和目的层之间的水平位移距离不得超过 1000m，但部署定向井必须满足相关设计标准，明显减少管线长度，这样可以避免海底地质灾害，保持与其他管线或设施有一定安全距离，避免干扰。

（二）控制系统

脐带缆用于连接水上安装的 SPCS 和水下安装的 SPCS 设备，是集合了液压和化学药剂管线、电力和通信电缆的管束。SPCS 需为 16 座水下采油树提供控制功能，共 4 条主脐带缆和 16 条内部脐带缆。脐带缆数量及长度见表 6-3。

表 6-3　脐带缆统计表

序号	类型	始端	终端	长度（m）
1	主脐带缆	FPSO	SDU-1	5000
2	主脐带缆	FPSO	SDU-2	4500
3	主脐带缆	FPSO	SDU-3	5300
4	主脐带缆	FPSO	SDU-4	5400
5	内部脐带缆	SDU-1	P1	1000
6	内部脐带缆	SDU-1	P2	1600
7	内部脐带缆	SDU-1	I1	1000
8	内部脐带缆	SDU-1	I4	1600
9	内部脐带缆	SDU-2	P3	1400
10	内部脐带缆	SDU-2	P4	1100
11	内部脐带缆	SDU-2	P5	380

序号	类型	始端	终端	长度（m）
12	内部脐带缆	SDU-2	I3	1800
13	内部脐带缆	SDU-2	I8	3000
14	内部脐带缆	SDU-3	P6	1500
15	内部脐带缆	SDU-3	P7	3100
16	内部脐带缆	SDU-3	P8	1600
17	内部脐带缆	SDU-3	I7	400
18	内部脐带缆	SDU-4	I2	3500
19	内部脐带缆	SDU-4	I5	1800
20	跨接缆	SDU-4	I6	200

水下安装的 SPCS 设备是水下分配单元（SDU）和水下采油树电液复合控制系统（SCS）设备，其中 SCS 包括水下采油树上的 SCM 和各种传感器。

该生产单元设计 4 条脐带缆。每条脐带缆在水下与一座 SDU 连接，根据设计要求，每个 SDU 最多控制 5 口井，其中最多两口生产井。脐带缆接入 SDU 后通过 SDU 将脐带缆分成多条内部脐带缆，每条内部脐带缆与一座采油树连接。脐带缆中包含金属化学药剂注入管，采用两种不同结构的脐带缆，分别是：主脐带缆，12 液压功能 + 控制电缆，连接 SDU 和 FPSO；单井脐带缆，9 液压动力功能 + 控制电缆，可以在卫星井模式下直接连接采油树回接至 FPSO，一端连接采油树，一端连接 SDU。

电液复合控制系统提供了水下采油树的控制和监控功能，完成该功能的设备为水下采油树上的 SCM。SCM 与脐带缆连接，通过脐带缆中的通信线接受来自 FPSO 的阀门操作指令，通过操作相应的电磁换向阀，来控制液压管线的通断，进而完成对被控阀门的开关操作。另外，SCM 还能采集水下传感器和 SCM 自身的数据，并通过脐带缆中的通信线将数据传送到水上 SPCS（图 6-19）。SCM 具有冗余的液压系统和电子单元，单个单元的失效不会引起 SCM 的失效（Murilo Campos 等，2018）。

（三）FPSO 立管平台

该生产单元立管平台需要连接所有生产井、注入井、脐带缆及光缆等，该单元可以连接 12 口生产井（8 用 4 备用），13 口注入井（8 用 5 备用），光纤、水下密相分离装置和水下永久检测系统各设计一个立管平台。经过设计不断优化，共减少 3 个脐带缆槽和 2 个立管槽，共形成 28 个立管平台，对应 51 个立管槽，每个立管平台按照设计最多容纳 4 个立管槽，具体分配见表 6-4。

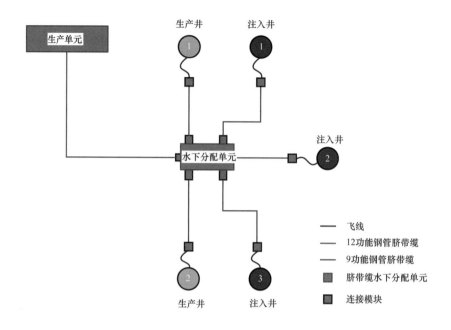

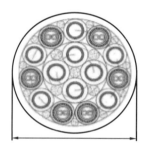

9根金属管+6根电力绞线（6mm²）

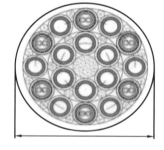

12根金属管+6根电力绞线（6mm²）

图 6-19　水下控制系统脐带缆分配

表 6-4　FPSO 立管槽分配表

序号	井型	立管槽	连接管线
1	生产井（确定）	1	原油生产
		1S	锥形 SLWR 原油生产备用
		2	脐带缆 STU/TPU
		3	服务管线
2	生产井（确定）	4	原油生产
		4S	锥形 SLWR 原油生产备用
		5	脐带缆 STU/TPU
		6	服务管线

续表

序号	井型	立管槽	连接管线
3	生产井（确定）	7	原油生产
		7S	锥形 SLWR 原油生产备用
		8	脐带缆 STU/TPU
		9	服务管线
4	生产井（确定）	10	原油生产
		10S	锥形 SLWR 原油生产备用
		11	脐带缆 STU/TPU
		12	服务管线
5	生产井（确定）	13	原油生产
		13S	锥形 SLWR 原油生产备用
		14	脐带缆 STU/TPU
		15	服务管线
6	生产井（确定）	16	原油生产
		16S	锥形 SLWR 原油生产备用
		17	脐带缆 STU/TPU
		18	服务管线
7	生产井（确定）	19	原油生产
		19S	锥形 SLWR 原油生产备用
		20	服务管线
8	生产井（确定）	21	原油生产
		21S	锥形 SLWR 原油生产备用
		22	服务管线
1	生产井（备用）	23	原油生产
		23S	锥形 SLWR 原油生产备用
		24	服务管线
1	注入井（确定）	25	WAG 注入管线
		25S	锥形 SLWR WAG 注入管线
		26	脐带缆 STU/TPU

续表

序号	井型	立管槽	连接管线
2	注入井（确定）	27	WAG 注入管线
		27S	锥形 SLWR WAG 注入管线
		28	脐带缆 STU/TPU
3	注入井（确定）	29	WAG 注入管线
		29S	锥形 SLWR WAG 注入管线
		30	脐带缆 STU/TPU
4	注入井（确定）	31	WAG 注入管线
		31S	锥形 SLWR WAG 注入管线
		32	脐带缆 STU/TPU
5	注入井（确定）	33	WAG 注入管线
		33S	锥形 SLWR WAG 注入管线
6	注入井（确定）	34	WAG 注入管线
		34S	锥形 SLWR WAG 注入管线
7	注入井（确定）	35S	锥形 SLWR WAG 注入管线
8	注入井（确定）	36S	锥形 SLWR WAG 注入管线
1	注入井（备用）	37	WAG 注入管线
		37S	锥形 SLWR WAG 注入管线
2	注入井（备用）	38	WAG 注入管线
		38S	锥形 SLWR WAG 注入管线
3	注入井（备用）	39	WAG 注入管线
		39S	锥形 SLWR WAG 注入管线
4	注入井（备用）	40	WAG 注入管线
		40S	锥形 SLWR WAG 注入管线
5	注入井（备用）	41	WAG 注入管线
		41S	锥形 SLWR WAG 注入管线
6	注入井（备用）	42	WAG 注入管线
		42S	锥形 SLWR WAG 注入管线

续表

序号	井型	立管槽	连接管线
2	生产井（备用）	43	原油生产
		43S	锥形 SLWR 原油生产备用
		44	服务管线
3	生产井（备用）	45	原油生产
		45S	锥形 SLWR 原油生产备用
		46	服务管线
4	生产井（备用）	47	原油生产
		47S	锥形 SLWR 原油生产备用
		48	服务管线
1	光纤	49	光纤电缆
1	PRM（油藏永久监测）	50	光纤电缆
1	Hi-Sep（高压密相分离备用）	51	服务管线

　　从表6-4中可以看出，为了确定电液复合动力脐带缆在立管平台的数量，第一批6口生产井每口对应1个确定的脐带缆，每一对注入井共用一条脐带缆，该设计充分考虑了在共用主脐带缆 STU 的安装风险，且能够保障第一批生产井保持卫星井回接模式。立管平台设置为两层内侧"bellmouth（钟口）"供柔性立管（服务管道）及脐带缆通过，外侧"receptacle（可转化通道）"供钢制立管（生产管道及 WAG 管道）通过。这样最大程度保证了方案灵活性（图6-20）。

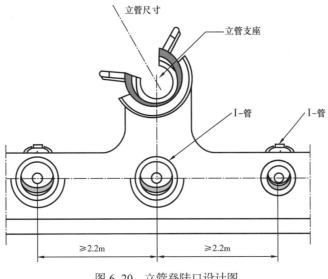

图 6-20　立管登陆口设计图

水下生产系统设计原则是考虑油田基本参数、基础方案、已有井数、海底地形地貌特征、流动保障安全、立管及海底管线材质，部署安装方式以及与FPSO立管平台登陆方式，系泊系统等各个方面的因素，遵循各类技术规格和标准，最大限度地保持深海油气田开发的确定性和灵活性。最终该生产单元水下生产系统设计完井采用标准盐下采油树，工作压力69MPa，内径8in刚性生产管线和内径4in柔性服务管线，生产井采用卫星井模式回接至FPSO，生产管线材质满足60% CO_2 和60ppm H_2S 的流体性质要求。WAG注入管线内径6in，柔性跨接管线内径4in，基础方案考虑全部伴生气回注方案。注入管线材质可以满足60% CO_2 和60ppm H_2S 的流体要求。第一批生产井服务管线不具备气举功能，要根据油田生产情况，在第二批钻井中将用带气举功能的服务管线替代普通服务管线。采用钢管主脐带缆连接水下分配单元，分配内部脐带缆连接各个井口的控制系统，所有管线的最低使用寿命为26年。

本节通过对单个生产单元水下生产系统部署的特点和特征的总结，对巴西深水水下系统的设计和研究，以及对其他生产油田设计和部署具有一定的参考价值。

第四节　巴西深水流动保障研究

如何保障海底以下几千米储层中的原油和天然气顺利开采出来，保障油气产品连续举升到浮式生产设施，流动保障研究十分关键。流动保障的研究是深水生产系统一个必要的关键环节，首先保障流体在水下管线的顺利流动，合适管径实现产量规划要求，同时要保障流动安全，避免结垢、结蜡和水合物的生成等风险。

20世纪80年代随着深水油气田的开发，流动保障的概念最早由巴西国油提出，逐步发展成目前的流动保障专业。流动保障是深水油气田设计中的关键环节，与地质油藏、钻完井、水下设施等共同构成工程设计系统，是水下设备部署方案设计的主导因素之一，涵盖内容包括从井筒、水下采油树、管汇、海底管线、立管到浮式生产处理设施所有流体流动保障和安全。在巴西深水油气田开发中，流动保障对深水油气田的开发具有重要的影响，水合物堵塞、蜡沉积、水垢沉积、段塞和冲蚀，是油田开发中重点关注的因素。

在巴西深水油气田开发中，流动保障主要表现为以下两个方面：一方面，蜡沉积、水垢沉积、水合物堵塞是油田开发中重点关注的因素。考虑这些问题在同一个油田同时出现，以及化学药剂的配伍性，流动保障研究在油田开发中非常重要。另一方面，面临超深水带来的流体流动挑战，流动保障研究对如何选择合适的部署方式，水下管线规格、立管形态以及气举时机也起到指导作用（John Boma Genesis等，2018）。

在巴西深水油气田开发中，水合物是值得关注的问题之一。在稳定生产时，一般生产管线沿程温度较高，无水合物生成的风险。但是在关井工况下，由于温度和压力的降低，容易生成水合物。尤其是在注气管线、注水管线中，由于管道中的压力高，海底温度低，在气体脱水程度不足、有游离水出现时，容易产生水合物，产生堵塞的风险。管道中出现水合物需要采取措施进行控制，主要措施包括注入水合物抑制剂、流体置换、降压等。

巴西深水油气田原油一般为含蜡原油，与水合物相比，蜡沉积速度较缓慢，但是如果不进行控制，也可能导致堵塞的发生。控制蜡沉积采用的方法主要是管道保温、周期性清管以及注入石蜡分散剂。另外，还可能会出现的问题是在生产管线长时间关停时，管道中原油可能出现胶凝现象，导致管道重启失败。另一个问题是盐下油田的采出水中一般含有高浓度的钙离子，存在结垢的风险，此时常采用向井中注入阻垢剂的方法防止水垢沉积。

在生产管线长时间关停时，管道中的原油可能胶凝，导致管道重启失败。因此，需要确定合理的允许停输时间，并采用服务泵来进行管道重启。

一、解决流动保障问题研究

（一）水合物消除方法

在管道中形成水合物后，一般使用降压的方法消除。降压原理是将管道中的压力降低到水合物生成压力以下，促使水合物自然融化，在极端情况下，有时甚至将管道的出口压力降低到大气压。

降压一般有两种方式，采用管线一端降压和两端降压。如果有两条管线可以形成回路，采用两端降压的方式，这种方法简单有效、所需要时间短。如果无法实现双向降压，则可以使用单向降压方式，在此情况下，需要分析保证安全的情况下的最优降压方案，包括考虑下游压力与上下游的体积比、管道材料、管径、厚度以及上游压力。例如生产管道下游降压时，应缓慢降压，最终压力降至生成水合物形成压力之下。

在消除水合物时，还要注意冰堵现象，这是由于水合物融化吸热，分解出的游离水可能会形成冰，造成冰堵。降压过程中，水合物部分溶解后，在段塞前后压差的推动下，段塞产生运动，如压差比较大，段塞可能获得很高的速度，若和管道发生撞击，会产生管道冲蚀，导致管道损坏。若管道两端的压力相等，且只有一处段塞，则水合物段塞在分解过程中可以避免段塞的高速运动，保证降压安全，但在实际的堵塞中，水合物柱塞可能分成几段，各段之间为天然气气包，在降压过程中，气包中的气体会通过堵塞段泄漏到气体段中，因此一定要控制降压的速度，以免造成安全事故。注入化学药剂是消除流动保障隐患的方法之一，该方法成功应用于巴西深水油气田，能够融化管道中的蜡沉积，分解管道以及阀中的水合物，也可以用于融化蜡堵，释放被卡堵的清管器，保障流体流动安全。

（二）清蜡方法

常用的清蜡方法有热溶剂熔化、溶蜡剂、化学防蜡剂、通球、磁处理防蜡以及自生成氮气系统（Nitrogen Generation System，NGS）除蜡。泡沫清管器清理硬的蜡沉积效果不好，变径清管器容易损坏，而且效果不好。在巴西海上油田清管中 NGS 方法应用的比较广泛，其中 NGS 仅在巴西坎波斯盆地的应用就有数百例。

1. 自生成氮气系统（NGS）清除蜡堵

自生成氮气系统，即两种含氮盐混合后会生产水、盐及氧气，并放出大量的热。该反应对环境无污染。巴西国油已经大量应用这种系统，并成功的用于巴西深水油气田，融化管道中的蜡沉积，分解管道以及阀中的水合物，也可以用于融化蜡堵，释放被卡堵的清管器。

NGS 的发热反应原理为：

$$NaNO_2+NH_4Cl \longrightarrow N_2\uparrow +NaCl+H_2O$$

$$H=-312.5kJ/mol$$

NGS 乳状液是一种有效的热化学方法，可以进行化学反应发热，以融化管道中的蜡。基本原理是向用于发热的氮盐溶液中加入有机溶液，形成油包水乳状液，这样的乳状液可以延迟化学反应，保证在流动的过程中对有机溶剂以及管道进行均匀加热，使管壁上沉积的蜡可以较好地溶解在有机溶液中，实现蜡的清除。NGS 有两种使用方法：一种是向管道中注入 NGS 乳状液，这种方式适用于管道未发生完全堵塞的情况；另一种是在堵塞部位直接加热溶解段塞，这种方法用于管道完全堵塞的场合。使用 NGS 乳状液在清除蜡的过程中，不会在管壁上产生新的蜡沉积。即使管道中的蜡没有完全清除，使用 NGS 乳状液处理方法也可以提高管道输送能力。在管道堵塞部位直接加热方法是在堵塞点加装套管，向套管中注入 NGS，利用化学反应产生的热量融化段塞，反应产物直接排入海中。但这就需要采用预先确定堵塞位置，并有船舶作业，水下机器人辅助，具体实施比较复杂。

NGS 方法应用较为广泛，其中仅在巴西坎波斯盆地就有数百例成功案例。在清蜡前、后都需要确定管道的容积，以评价管道中沉积的蜡量以及清蜡效果。对于管道中剩余体积的确定，向管道中加入黏性物质以及染色剂，从染色剂进入管道到管道出口监测到染色剂时间段内进入管道中的流体就是管道剩余体积，而且这种方法精度很高。在评估最初以及最终的管道剩余体积时，向管道中轮流注入两种不同的稠化染色剂，可以高精度的评估管道中的蜡沉积量，并保证结果的准确性。

巴西比久皮拉（Bijupira）油田管道曾发生蜡沉积封堵，通过 NGS 方案成功解堵。首先在确定了堵塞的位置后，然后采用套管型 NGS 进行局部加热，在加热 8h 之后，通过提高井口压力，推动堵塞段完成解堵。

另一个实际案例发生在巴西巴哈库达（Barracuda）油田，该油田 1997 年投产，水深约 1000m。平时使用清管泡沫球通球，但投产几个月后，由于清除的蜡过多，蜡与清管器同时堵塞在管道。在使用加压的方法无法将堵塞解决后，经过认真研究决定使用 NGS 方案解堵。通过压力脉冲方法定位，确定堵塞位置距离平台为 1100m。然后向管道中注入 NGS 乳状液，在重力的作用下自然沉降到堵塞处，反应发热，消除蜡堵，成功解堵。本次解堵成功取决于科学方法及其有效实施，首先进行了实验，确定了操作参数，具体实施作业为先注入活性剂，然后再向管道中注入 NGS 乳状液，乳状液到达蜡段后，和活性剂产生化学反应，发热，溶解蜡堵。溶解的蜡在自生氮气的作用下混入油相，同时为了避免局部加热损坏管道内涂层，在作业过程中实时优化和调整 NGS 的浓度。在进行了几天作业后，成功融化了部分蜡塞，剩余的堵塞段被所产油气携带至 FPSO（图 6-21 和图 6-22）。

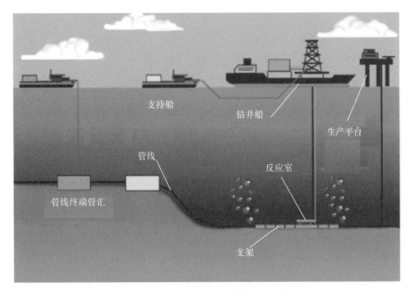

图 6-21 NGS 消除管道中堵塞

图 6-22 溶液清除管壁积蜡

还有一个实际案例是巴西坎波斯盆地某油田，水深 900m，使用泡沫清管器清除管道中沉积蜡时，也发生了清管器与蜡同时堵塞。首先应用压力脉冲方法测出堵塞位置距离 FPSO

890m，通过工具测量出堵塞位置距离 FPSO 900m，两种方法相互印证了堵塞的大致位置。

在确定堵塞位置后，向管道中注入 NGS，利用气举管线在堵塞后部制造高压力，在 NGS 注入几小时后，蜡块松动，管道中的清管器，蜡块以及 NGS 反应剩下的液体被携带到 FPSO 上。

总结上述成功案例，使用 NGS 应注意的问题是：首先要精确确定堵塞位置；其次要精细作业，在注入 NGS 时防止局部反应过热，避免对管道造成损害。

2. 泡沫清管器清除蜡堵

泡沫清管器通过能力好，并有一定的沉积物清除能力，在水下管线清管中应用广泛。巴西国油研制了泡沫清管器用于水下生产系统与管道的清管，取得了较好的效果。

在巴西坎波斯盆地海上油田中有很多复杂的设备，而且很多是不能使用常规清管器清管的管道系统，这些系统的管径、水下采油树和管汇规格不一、变化较多，为解决这些复杂管道系统的清管问题，巴西国油曾专门研究并开发了低密度泡沫清管器用于天然气管道清液和原油管道、多相流管道清蜡，并进行了实验室试验以及现场试验，效果良好。

初期实验是在一条直径为 4in、长 157ft 的实验环路中进行的。该环路由一个小规模的玻璃管汇和一个 6in 钢管汇组成。试验证明这些清管器效果良好，此后还进行了三次现场试验（表 6-5）。

表 6-5 试验管道数据

管线	长度（mi）	直径（in）	平均压力（psia）	流量（10⁶ft³/d）
Merluza/RPBC	126.8	16	850	14.1
Namorado/Garoupa	5.6	12	114	7.1
Pargo/Garoupa	2.0	4	15	5.8

第一次试验在长 126.8mi、外径为 16in 天然气海底管线中进行了首次低密度泡沫清管器作业。与常规膨胀式通球相比，泡沫清管器的清液效率更高。

第二次是在长 5.6mi、外径为 12in 的海底多相流生产管线中实施的。此前 4 年的运作中该管线从未清理过，此次清蜡约 200t。

第三次作业成功地清洗了一口采用卫星井连接的柔性海底管线，其长度为 2mi。泡沫清管器经过 2.5in 的气举管线和湿式采油树，然后通过 4in 的生产管线返回，形成循环。

在前两条管线中，泡沫清管器清除冷凝物效率高于常规聚氨酯清管球的效率。在第三条管线中，由于内径的变化阻碍了常规通球运行，不能比较其性能，但清管作业后管线压差降到了干气管线的水平。在这些现场试验中观察到清管器磨损情况比实验室中观察到的磨损要小得多，其原因在于管线是湿的，泡沫清管器的速度低于实验室试验的速度。Namorado/Garoupa 海底管线 6mile 长，管径 12in 多相生产管线，它连接着两个生产平台，在为期 9 年作业中，从未清过管。清管作业前压力损失表明管线内有大量的是蜡沉积，用 18 个泡沫清管器通球并逐渐增加直径的方式进行清洗作业，第一个清管器直径为 6in，最后一个清管器直径为 13in 清蜡约 200t，压差恢复正常。

RJS-274 生产井位于坎波斯盆地马来亚（Moreia）油田，它通过 4in 的柔性管线采油。该井产量递减说明管线中存在着结蜡问题，在本例中采用气体作为通球介质依次下入 8 个泡沫清管器，清除了大量固体石蜡。第一个清管器直径为 3in，最后一个直径为 6in，经过清管作业后，生产数据表明生产工作性能明显增强，当量管径从 2in 增至 3.6in。

根据实验室以及现场试验可以发现目前已投入使用的低密度泡沫清管器技术具备下列优点：

（1）除去管道系统中冷凝物、石蜡、液体和生成物，管径发生明显变化。

（2）清理复杂的管道系统。

（3）清理易被石蜡严重堵塞的管道。

（4）降低了清管作业成本、海上管线装置的成本。

巴西 A 油田对低密度泡沫清管器进行了两年试验。现场试验在 A 油田一条长 20km 与一条 10km 的柔性生产管线上进行，清管器清管路径比较复杂，首先通过一条长 20km，内径为 2.5in 的服务管线进入采油树（内径为 1.8in，40mm），然后进入长 20km，内径为 6in（150mm）的生产管线，该生产管线由于受蜡沉积的影响，在 45d 的时间里输送能力下降了 30%。在两年的清管试验中，每 2 周清管一次，结果显示泡沫清管器清除结蜡效果良好。

二、巴西深水流动保障实例

（一）A 油田流动保障分析

在世界上深水油气田开发中，水合物堵塞问题是常见的问题。根据巴西国油统计的修井记录，在 2011—2017 年，多次出现水合物堵塞问题，合计出现因水合物修井 23 次，累计修井时间 613d，平均单次 26.7d。水合物堵塞导致了停产，并且增加修井费用。

1. 水合物风险分析

针对水合物问题，通过现场实际作业、不断摸索和探索，A 油田群有一套管理和作业流程来预防水合物生成，以及一套水合物形成后的消除方案。首先预防措施是对气举气进行脱水处理，脱水后水露点温度为 -15℃（压力为 19.5MPa），以避免在气举管线中有水析出，从而避免水合物在气举管线中的生成。

通过深入研究，发现对于该油田生成水合物的风险来自于井下生产油管与生产管线：

（1）生产井、油管与生产管线中为油、气、水三相流动，且压力较高，在温度较低时，存在水合物生成的风险。

（2）在正常的生产工况下，油管及生产管线中沿程温度高，无水合物生成风险。

（3）在关井时，采油树及管线中的流体温度降低，存在水合物生成的风险。

在采取措施后，仍可能在注入管线和采油树处发生水合物堵塞，分析主要是因为：

（1）注气管线。浮式生产装置上脱水系统效果不好，脱水天然气中的水露点未达到作业设计要求，在气举管线中有水析出，造成水合物生成，产生管道堵塞。

（2）采油树。使用柴油置换采油树及生产管线中的流体不及时，造成采油树中生成水合物。采油树处流动通道复杂，柴油置换过程后，采油树中仍存有天然气和水，在长时间关停条件下，存在水合物生成的风险。

具体采取的措施是从气举管线向采油树、生产管线中注入柴油，置换出采油树与管道中的原油、天然气、水。经过多年的积累，2014—2017 年，A 油田年水合物修井次数控制在 1～2 次，水合物问题得到有效的控制。

总结上述经验，该油田生产运营中加强对水合物问题的监控，可继续优化水合物堵塞预防策略，对于注气管线，增强对脱气后天然气水露点的监测，确保脱水深度达到预期，防止气举管道中形成水合物。对于采油树，进行关井后无操作的周期分析，并在周期内尽快置换采油树与生产管线内流体，进行采油树内部流道中置换效果分析，并根据结果适当调整置换方案。

2. 预防结蜡

清管用于清除管道的中的积液、固体沉积物，以保障管道的流通面积，减缓腐蚀。A 油田群中有 5 种管线，管线类型及其中的沉积物见表 6-6。

表 6-6　管线类型及沉积物

序号	管线	液体沉积物	固体沉积物	是否有收发球筒	是否清管
1	原油外输管线	—	蜡、沥青	有	是
2	天然气外输管线	水、液烃	—	有	是
3	生产管线	—	蜡、沥青	有	否
4	气举管线	水、液烃	—	否	否
5	注水管线	—	水垢	否	否

针对清管问题，巴西国油在该油田形成了一套完整的做法。

气举管线，天然气进行水露点、烃露点控制，在正常生产工况下，不会有积液产生，即使有积液，也会进入油井中油管与套管之间的环空，对生产无影响，故无须清管。

注水管线，由于注海水，同时加注了阻垢剂，结垢量少，也无须清管，注气管线、原油管线周期性清管。对于生产管线中沉积的蜡、沥青，采用热柴油循环清洗的方法，可以得到改善，清管器从浮式生产装置上发出，经过气举管线，在采油树处进入生产管线，然后回到浮式生产装置。气举管线的管径一般小于生产管线，同时采油树转弯地方较多，一旦发生清管器卡堵在管道中的问题，将导致管道停产，且修复费用较高；热柴油清洗的方法虽然耗时较长，且费用较高，但不存在管道堵塞风险，因此热柴油清洗方法得到广泛应用。

（二）E油田试采流动保障研究

下面以E油田试采期一口生产井生产为例，阐述流动保障计算方法和计算结果。在试采期间，E油田单口生产井，产量基本分为两个等级，产油量为3000m³/d与7000m³/d（图6-23），气油比保持在400m³/m³（图6-24）。流动保障分析中，水力热力计算是分析的基础，计算中有两类模型可以选择，黑油模型与组分模型。

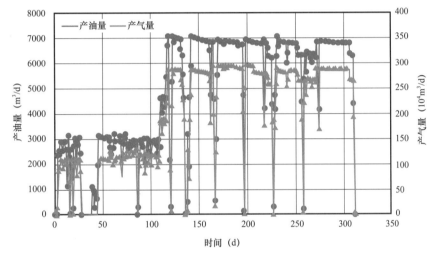

图6-23　试采期间油气产量

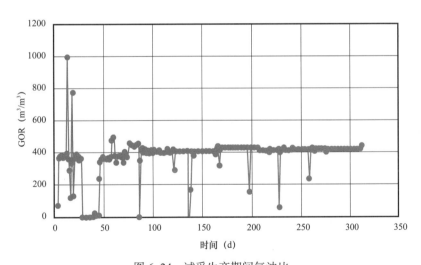

图6-24　试采生产期间气油比

由于从井筒底部到管道出口，压力从60MPa变化到2.4MPa左右，压力变化剧烈，而且CO_2含量高，在井以及大部分管道中CO_2处于超临界流动状态，黑油模型难以较好地反映流动状态，因此使用组分模型。在目前给出的实验室检测结果中，有 C1～C29 之间各组分的组成以及 C30+ 组分处理，进行了多种组分模型、流动模型组合计算，初步筛选出较好模型组合。

计算中以管道登陆 FPSO 压力、井底温度为输入边界条件进行计算。

计算得到的井下压力与检测值基本相同。在产量为 3000m³/d 时，计算得到的井口压力较检测值高 1MPa 左右；在产油量为 7000m³/d 时，采油树处压力计算值较检测值低 2.5～3.0MPa。从井筒到管道出口两个压力节点来看，计算结果较好，下一步对水下采油树处的计算进行深入的分析（图 6-25）。

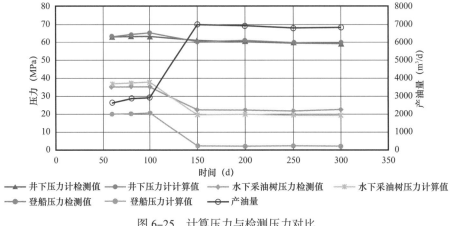

图 6-25　计算压力与检测压力对比

在产量为 3000m³/d 时，采油树处温度、登陆 FPSO 温度计算值与检测值吻合较好。在产油量为 7000m³/d 时，采油树处温度计算值较检测值高 5℃左右，登船温度计算值较检测值高 5℃左右（图 6-26）。

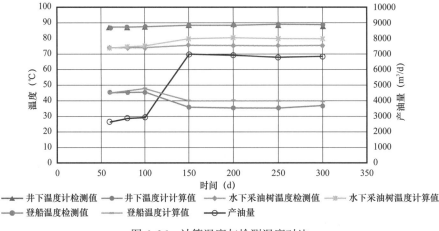

图 6-26　计算温度与检测温度对比

通过上述分析，组分模型可以较好地模拟流动保障状态，在 E 油田试采期间模拟流动保障得到了验证，从而预测油田未来开发流动保障状态。

三、巴西深水流动保障特点

在巴西海上油田开发早期（1977—1987 年），油田的水深一般在 300m 以浅，主要流动保障问题是：

（1）蜡沉积问题，如某油田的部分生产管线，该油田原油含蜡量高，采用周期性向管道中注入溶蜡剂方法清除蜡沉积。

（2）水垢沉积问题，如在那莫拉多油田，产出水中钡离子、锶离子含量高，而且注入的海水中硫酸根离子高，导致油管中结垢严重，采用的方法是向油管中注入阻垢剂。

（3）水合物生成，如在那莫拉多油田部分管线中出现水合物堵塞的问题，采用管线降压的方式得到解决。

20 世纪 80 年代初，巴西国油开始开发深水油田，深水油田开发的策略均是先早期生产，获得储层以及流体的信息后，再进入全油田开发阶段。早期生产一般采用水下采油树＋柔性管线＋浮式生产平台模式。

在巴西盐下油田开发中，常见的深水流动保障问题是蜡沉积、原油胶凝、水合物堵塞。在稳定生产过程中，一般油管与生产管道沿线的温度较高，无水合物生成的风险。但是在关井工况下，水合物容易生成。但是在注气管线、回注管线中，由于管道中的压力高，海底温度低，在气体脱水程度不足，有游离水出现时，存在水合物生成与堵塞的风险。需要采取措施进行控制，这些措施主要包括注入水合物抑制剂、流体置换、降压等。

巴西盐下原油一般是含蜡原油，与水合物形成速度相比，蜡沉积速度较缓慢，但是如果不进行控制，也可能导致堵塞发生。蜡控制采用的方法主要是管道保温以及周期性清管。对于蜡沉积风险较大的油田，如果管道中的流体温度低于析蜡点温度，还需要加入化学药剂以减少蜡沉积量。化学药剂效果与原油的组分、化学药剂的配方、生产状况有关，化学药剂需要根据原油特性进行筛选。

另一个需要关注的问题是不同化学药剂的配伍性，目前井与管道中加入各种化学药剂是通过脐带缆中各自专用化学药剂管线注入的，脐带缆成本较高，如未来能够研制成功配伍性较好的化学药剂，则可以减少脐带缆中化学药剂管线数量，降低脐带缆成本。

第五节　深水油田水下设施安装

海洋工程安装作业主要包括深水水下采油树、生产管线、注入管线、脐带缆、水下管汇和终端等作业安装，深水安装作业要求技术水平高，安全标准高，是完成深海油气田开发中重要一环，作业效率是影响深水项目经济效益的重要指标。

一、水下设施安装方式

水下生产设施具有多种安装方式，包括垂直下放法、滑轮辅助安装法和下摆安装法，所需的主要设备包括吊机、ROV、收放绞车系统、辅助转向设备和深水信号定位系统。

垂直下放法是指直接将水下设施垂直下放安装，对于深水油田，常采用钻机用垂直下放方法安装水下采油树，具体方式参见第 5 章。

滑轮辅助安装法多用于采用辅助船的安装模式，如图 6-27 所示，半潜钻井平台提供升沉补偿；三用辅助船 AHTS1 同半潜钻井平台一起下放管汇；AHTS2 控制管汇的运动方向，实现滑轮辅助安装。

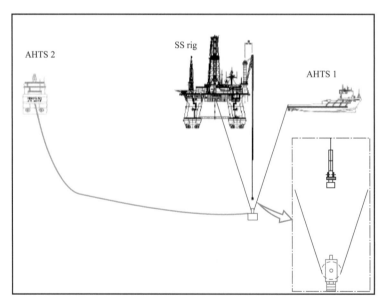

图 6-27　滑轮辅助安装法示意图

2003 年，巴西国油安装系泊系统时提出下摆安装法，其安装利用立管浮筒浮力和安装支持船的相互作用，形成像钟摆一样的安装方式。通过 Orcaflex 数值分析法论证了主要变量的可行性研究；2004 年在里约联邦大学进行模型测试，2005 年 12 月进行了 1∶1 模型样机试验，如图 6-28 所示。

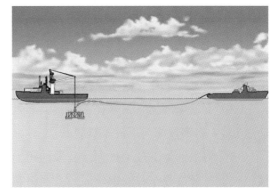

图 6-28 水下管线下摆安装法示意图

二、水下设施安装方法

（一）水下采油树安装方法

在巴西深水油田，水下采油树一般使用钻机进行安装，设备主要包括移动式钻井平台、定位桩、抛锚、动力定位导向索或采油树底部设计导向漏斗。钻台上升沉补偿器，从运输船吊装到平台，安装工具运输到月池。浅水深水均能下放安装，难度随水深增加，速度较慢，并由钻杆下放速度决定，潜水员辅助安装或 ROV 辅助安装。所需设备：钻杆或完井立管、采油树下放工具、导向索。

另外一种方式是利用水下设备支持船进行安装，巴西国油 2015 年首次在沙坪霍油田 7-SPH-2D-SP 井（水深 2130m），使用了水下设备支持船（Subsea Equipment Service Vessel，SESV）安装水下采油树，一口井总共节省了 10d 时间，节约 500 万美元。与钻机下放安装相比，使用钻柱下放采油树，速度慢；支持船使用钢丝绳下放，速度快。但 SESV 只能安装水下采油树本体，不能安装采油树相关的其他设施，未来也许可以考虑与钻机配合使用。

设备支持船安装分为以下三项作业步骤：

（1）将采油树下放工具连接到采油树上，绞车上部滚筒钢丝绳和悬挂索都连接到下放工具上，通过绞车释放钢丝绳，采油树和下放工具的重量全部维系在钢丝绳上。

（2）下放采油树直到悬挂索到达上部索节，悬挂索上部连接浮筒下部的三角板，此时通过 ROV 将钢丝绳与下放工具脱开。

（3）将采油树下放工具连接到采油树上，绞车上部滚筒的钢丝绳和悬挂索都连接到下放工具上，通过绞车释放钢丝绳，采油树和下放工具重量全部在钢丝绳上。然后将悬链连接到浮筒下部的三角板上，浮筒上部连接到绞车的下部滚筒上的钢丝绳，释放钢丝绳，浮筒从船尾入水；悬链形成"腹部"后，浮筒停止下沉，此时通过 ROV 将钢丝绳从浮筒上部脱开；升沉补偿坐放系统布置完成，最后通过 ROV 将采油树移动到井口上，锁紧测试后，与下放工具脱开，逆序操作回收下放工具（图 6-29）。

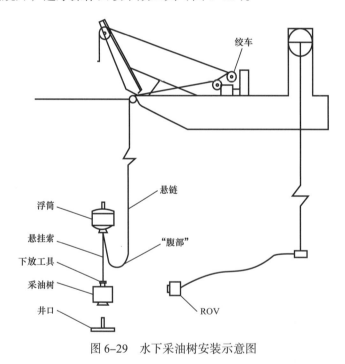

图 6-29　水下采油树安装示意图

（二）深水海底管线安装方法

深水管线、立管的安装是通过铺管船等专用海上铺管船进行的。铺管船由运货驳船改造演变而来，并成为当今世界上最复杂、技术含量最高、最昂贵的船只之一。第 1 代的铺管船有一个传统船体，待铺设的管线集中放置在铺管船一侧；第 2 代铺管船则有一个半潜式平台的船体，待铺设的管线集中放置在铺管船一侧，并拥有一个铰接的船尾托管架；第

3代的铺管船把待铺管线集中在船体中央,并有一个固定的悬臂式托管架;第4代的铺管船则使用了动力推进装置。

由于海流和波浪的存在,铺管船在波浪中的运动将导致管道应力的变化等,因此形成了不同的立管铺设方式,最常用的安装方法包括S形铺设、J形铺设和卷管铺设,如图6-30所示。

(a) S形铺设　　　　　　　　(b) J形铺设　　　　　　　(c) 卷管铺设

图6-30　海底管道铺设安装示意图

1. S形铺设

采用S形铺设法时,管道在下水输送过程中,在托管架的支撑下自然弯曲成S形曲线。这种铺设方法在深水海域通常采用动力定位船进行铺管作业。开始作业前,需要将1个锚定位在海床上,然后将锚缆引过托管架并系到第1根管子的端部。管道下海过程中的张紧力和管线变形必须有监控,防止应力应变超过管线设计允许值。S形铺设时管道可分2个区域:一段为拱弯区,是从船甲板上的张紧装置开始,沿托管架向下延伸到管道开始脱离托管架支撑的抬升点为止的一段区域;另一段为垂弯区,是从拐点到海床着地点的一段区域。管道在垂弯区的曲率通过沿生产线放置的张紧器产生张力来控制,管道在拱弯区的曲率和弯曲应力则一般依靠合适的滑道支撑和托管架的曲率来控制。一旦管线离开托管架之后,垂弯区的允许应变决定着管线离开托管架时的分离角度,分离角度和托管架长度共同决定着托管架的弯曲半径,而托管架的弯曲半径决定着拱弯区应力应变,拱弯区应变要对照业主提供的许用值或者国际规范中给出的标准进行校核。

S形铺管法是管道铺设市场上主流方法。就墨西哥湾来说,1000m水深以深的海底管线超过3/4是由S形铺管法完成的。S形铺管需要配备张力很大的张紧器和很长的托管架,为了能够充分发挥张紧器作用,管线在托管架末端分离角度几乎是垂直的,所以需要很长的托管架来完成管线从水平到几乎垂直的过渡。另外,铺设大尺寸管线时,管线弯曲半径也会很大,同时为了限制上弯段应变,要求托管架具有一定长度。托管架末端几乎垂直的分离角度还可以有效降低管线张力,从而降低已铺设管线在不平坦海床上的残余张力,避免管线自由悬跨。

业界广泛遵照作业标准，比如 DNV-OS-F101，要求在管线铺设时都要进行铺管过程中的极限状态分析，比如局部屈曲、托管加持到管道椭圆化率等，这样会明显提高拱弯区允许应变。对于拱弯区高应变造成的另一个风险是铺设过程中管线可能出现扭转，但是通过广泛的海床调查经验来看，承受较大残余应变管线在海床上一般处于直线形状态。

钢性悬链线立管安装是典型的 S 形铺管方式，该型立管通过柔性接头将钢质悬链线立管自由悬挂在平台外侧，完成管线海床铺设以后，进行立管安装，最后完成立管末端与平台的悬挂连接。

一般立管安装有两种模式，首端安装和末端安装。首端安装模式是指生产设施已经安装就位，把钢性悬链立管的首端安装到生产设施之后，再进行钢性悬链立管铺设作业的安装方式；末端安装模式是按照铺管船朝向生产设施进行铺管作业，并最终将立管安装在生产设施之上的安装过程。S 形铺管更倾向使用末端安装模式，使用 S 形铺管船进行安装钢性悬链线立管时，一般会在管道终止铺设之后，将管线从托管架放置海床，再将其末端通过舷侧的吊架回收，通过平台和铺管船上绞车配合作业船吊机完成钢性悬链线立管柔性接头与平台的连接。

2. J 形铺设

J 形铺设法是从 20 世纪 80 年代以来为了适应铺管水深的不断增加而发展起来的一种铺管方法。通过 J 式托管架上的张紧器，将管线几乎是垂直于铺管船送入海中。这种铺管法实质上是张力铺管法的一种，在铺设过程中借助于调节托管架的倾角和管道承受张力来改善管道受力状态，实现安全作业。到目前为止，J 形铺设法主要有 2 种形式：一种是钻井船 J 形铺设法；另一种是带斜形滑道的 J 形铺设法。在中国南海海域，Saipem 公司使用半潜式 J 形铺管船 FDS1 和 FDS2 进行 22in 海底管线的铺设，作业水深约从 200～1500m，单根海管的铺设长度约 80m，取得成功。

J 形铺管法的管段在铺管船的立式塔架上进行组对、焊接和检验等，该塔架几乎是垂直的，其倾斜角度可调整至 $10°～15°$，这样铺管时管道就只有下弯段，而无上弯段。J 形铺管法降低了管壁弯曲应力，也最大限度地减小了张紧器的张紧力，从而 J 形铺管法弥补了 S 形铺管法的不足。因为 S 形铺管法有上弯部分及下弯部分两段，随着水深的增加，管壁将产生过大的应力，若增加托管架长度、增加管壁厚度，则将使铺管船和海底之间的悬空段很重，给张紧器设计带来困难。

J 形铺管法从技术上，非常适合深水管线铺设，但是这种方法本身铺管速度相对较低。因此，当深水管道很重或者很短时，这种铺管方式拥有很大竞争力，尤其是对于配备重型吊装作业来说，使用这种方法可以节省船队动员费用，J 形铺管法主要用于深水管道末端安装。

3. 卷管铺设

卷轴式铺管法是 21 世纪开始发展起来的一种新型铺管法，这种铺管法是将管道在陆地预制场上连接，然后卷在专用滚筒上，运送到海上进行铺设作业。具体是先在陆上把一定长度预制好的管子连续地卷绕在卷筒上，并吊装到卷管船的固定架上，卷筒铺管船抵达海上作业现场后，将管子从卷筒上退卷，校直后，通过张紧器、船尾斜滑道将其铺设到海底。卷轴铺管法安装所需的设备主要有吊机、铺管船、卷轴、张紧器、校准器和船尾斜坡道。

卷管式铺管法通常是比较经济的铺管方法，铺管效率高，既能铺设钢管也能铺设柔性管，适合深水区域的管道铺设，但是由于受管线可弯曲能力限制，管道直径通常控制在 18in 以内。

与 S 形铺设和 J 形铺设相比，卷筒铺设优点是大部分焊接工作可以在陆地完成，海上铺设时间短，成本低，每段管道（一个滚筒的管段）可连续铺设，铺管效率高，铺管费用低，作业风险小，适用于深水区域各种管线铺设。每个专用的卷管滚筒都和特定的铺管船一起搭配使用，普通卷管的管径可以从 2in 到 12in 不等，单层管最大铺设管径可以达到 18in，最大作业水深可以达到 3000m。

目前 Subsea 7 和 TechnipFMC 公司均获得了 DNV 颁发卷管铺设安装资质认证，Subsea 7 和 TechnipFMC 目前拥有卷管铺设方式安装柔性管的经验和技术，能够采用卷管铺设方式安装柔性管，既能节省安装时间，又能减少深水油气田开发成本。结合相关经验，适用于巴西深水卷管铺设铺管船资源见表 6-7。

表 6-7　卷筒铺设铺管船资源

船名	船型（长 × 宽 × 吃水）（m×m×m）	最大作业水深（m）	定位	最大铺管直径（in）	张紧力（t）	所有者
Deep Blue	206.5 × 32 × 10	3000	DP3	18	450	TechnipFMC
DEEP ENERGY	194.5 × 31 × 8.8	3000	DP3	18	450	
SEVEN OCEANS	157.3 × 28.4 × 7.3	3000	DP2	16	400	Subsea 7

（三）主要管线安装

1. 深水惰波型立管安装

惰波型立管安装包括柔性管线、浮力模块等。深水立管安装一般有以下两种情况：一种是浮力模块先到位，铺管时直接进行安装；另外一种是先铺管，浮力模块后到位，回收管线进行安装。

惰波型立管安装：卷管铺管船先进行管线预铺设，铺设至 FPSO 附近海域，在预定的位置将浮力模块安装到管线上，卷管铺管船进入弃管状态；FPSO 下放钢缆；驳船靠近铺管船，将钢缆与铺管船上的管端连接头相连；钢缆逐渐增大牵引力实现与铺管船上绞车的牵引互换；钢缆牵引立管进入 FPSO 舷侧的连接孔，完成立管连接（S. Laquini Jr P 等，2017）。

2. 深水悬链线立管安装

深水悬链线立管安装方案基于 FPSO 预先就位情形，具体分以下 6 步骤：卷管铺管船正常铺设至 FPSO 附近海域；卷管铺管船进入弃管状态；FPSO 下放钢缆；驳船靠近铺管船，将钢缆与铺管船上的管端连接头相连；钢缆逐渐增大牵引力实现与铺管船上绞车的牵引互换；钢缆牵引立管进入 FPSO 舷侧连接孔，完成立管连接。与惰波型相比减少了预先将浮力模块安装到管线的作业，其他安装步骤一致。

3. 脐带缆安装

脐带缆一般通过卷管法安装，过程包括上卷、退卷、矫直、张紧下放等过程。安装中脐带缆承受较大弯矩和拉力，易发生结构破坏，脐带缆通过张紧器下放时，水中悬垂的脐带缆产生较大拉力，为避免结构的拉伸破坏，张紧器夹紧脐带缆，二者之间摩擦力平衡脐带缆下放拉力；张紧器在提供足够摩擦力同时，应保证脐带缆不会被压坏。主要承受载荷包括海水中结构自重、波浪和流载荷。脐带缆的深水安装面临着诸多技术挑战，其中一个便是安装中承受巨大拉力，需要通过张紧器与脐带缆之间的摩擦力平衡，张紧器下放过程中既要求构件不能发生滑脱，又保证脐带缆内部钢管和电缆等构件不被压坏。

脐带缆安装过程分几个阶段进行。脐带缆的铺设可以分为起始、正常、终止 3 个阶段。在铺设过程中应保证脐带缆的曲率和张力。铺设方式分为滚筒式铺设和退扭架式铺设。

脐带缆安装是静态部分与动态部分同时安装，先进行预铺设临时弃置在海底保存，等平台部署就位后回接。具体步骤是先连接脐带缆分配终端（Umbilical Terminaion Assembly，UTA），ROV 连接吊索与脐带缆，绞车吊索将 UTA 向上拉起，安装船移动，脐带缆铺设，脐带缆动态部分顶端安装封头后放置在海底临时弃置。回接安装船将脐带缆顶端从海底提起，FPSO 下放吊索，ROV 协助，FPSO 吊索连接脐带缆顶端，向 FPSO 提拉脐带缆，回接安装到立管槽，完成脐带缆安装。

4. 管线敷设和作业载荷

在铺管过程中，如果管道内部压力为零，管道将完全承受上覆水压力；在管壁薄的位置，会出现安全问题。除非管壁厚度持续增加，否则外部压力会将管壁压塌。另外，在管线铺设过程中，不管是何种铺设方法，管道都会承受较高的拉伸应力、弯曲应力和外部压力，这些都增加了管线不稳的可能性，甚至导致垮塌等事故。如果在铺管过程中，由于众多载荷的存在，引起管道变形，这种形变将会沿着管道延伸，直到某一深处的外部压力小于引起变形所需压力。

为了避免上述情况出现，深水管道安装时需安装止屈器。止屈器的功能相当于每隔一定距离，增加管道厚度，以防止管道形变传导，或者在管道上焊接钢圈或者套筒。

三、巴西深水作业优化

试采生产单元是巴西深海盐下油田开发的重要组成部分，对降低开发风险，获得动态参数，优化生产流程作用明显。巴西某超深水油田，水深1800~2200m。试采由一采一注两口井、FPSO和水下生产设施组成。生产井通过一条8in水下生产管线和6in服务管线组成，立管采用惰波式结构，注气井连接两条6in注气管线，同样采用惰波型结构，生产管线和注入管线均为带浮筒管线，在水下形成惰波式结构。在项目设计初期，保障项目尽早投产是主要目的之一，因此考虑在FPSO就位前，预铺水下生产和注入管线。

对于该生产单元预铺带浮筒的惰波型水下管线创造了深海作业纪录。一般对于深水项目首先考虑预铺设管线，按照作业计划和进度安排再回接作业。与自由悬链方式相比，惰波型方式在作业和铺设过程中受到诸多限制，因此带浮筒的惰波型柔性管线不采用预铺作业，更何况是2000m水深。

巴西国油首次预铺带浮筒惰波型生产管线是在Cidade de Itajai FPSO生产单元，油田水深270m。生产管线采用惰波型设计，28个浮筒。与当前生产单元在2000多米的水深预铺带80个浮筒的管线相比，不可同日而语。除了在巴西浅水区域，从未再进行过带浮筒的管线预铺，若该项目成功，则开创了巴西水下管线作业的新局面。

为加快作业，尽早投产，项目作业者决定对服务管线首先进行预铺，在具体实施过程中，综合考虑材料、人工时和作业环境的诸多挑战。服务管线内径6in，84个浮筒，总长6000m，分为10段，包括4段海底管线、3段底部立管、2段中间立管和1段上部立管，本次预铺作业不包括上部立管段的预铺设，主要是由于该段安装有MODA（立管光纤监测）系统，MODA系统是立管完整性检测，不允许该段管线接触海底，浮筒需要在中间段立管安装。

管线预铺初步设计包括设计、作业、技术等各个方面初步可行性研究，通过降低水下生产设施安装时间来节省成本，预铺重点考虑该段管线长时间弃置在海底的可行性，同时要充分考虑临时弃置在海底与其他管线干扰。通过上述初步评估后，作业者也认为预铺带浮筒的管线具有可行性。初步评估通过后，在实施阶段，作业者积极制定相关策略，包括与柔性管线生产商确定、分析和评估柔性管线预铺程序，执行预铺安装作业和分析生产管线安装的可行性，为顺利完成本次创纪录的海管铺设提供了有效保障，做好了充足的准备和具体实施。

作业者在要求生产商进行作业分析可行性的同时进行了详细评估分析，包括多项研究和模拟证实临时弃置作业、连接临时弃置管线连接作业，在 2000m 处重新预铺惰波型管线，最后回接至 FPSO。采用 Orcaflex 有限元模型模拟作业，开展水下管线机械性能、铺管船结构特征和海底参数、作业动态模拟预测，对水下管线整体性和接口重新验证，预铺管线的回接作业程序波动分析。技术研究重点是预铺管线在海底拱形高度位置。通过模拟验证顶部最大负载超过最大预铺张力可行性，同时考虑确定管线顶部最小 5t 负载，主要目的是避免铺管船悬浮拉紧器的压力。在整个作业过程中，管线顶部不允许产生压缩作用，作业满足最小安装半径要求，作业窗口满足铺管船预铺评估，评估水下立管海底接触区位置，浮筒通过改变位置减少带来的损失。

铺管作业中最大的风险来自浮筒负载波动，张紧器控制系统最大的敏感性来自负载震动和压缩负载，管线完整性受压缩承载的选择，最大临时弃置水深和在不同阶段最小弯曲半径，管线稳定性和回接可行性与海底接触点管线维护相关，服务管线模拟显示震动负载在 $-24 \sim +66$tf 之间，在海底部模拟一条管线直线拉伸，保持位置并允许采用提升式捕捉末端连接顶部提升器。

实际惰波型预铺安装过程中，首先预铺服务管线，从 FPSO 通过垂直连接至生产井，然后按照设计铺设管线，按照惰波模式安装 84 个浮筒，通过系泊锚链和鱼雷锚将服务管线末端固定，并将管线一端临时弃置，预铺时间共计 12d。临时弃置惰波型管线需要同时检测两段，因此需要第二艘铺管船通过其水下机器人将第一艘负责预铺管线铺管船的实际作业图像输出。在预铺过程中，产生两个海底接触区域，最后形成一个伞状管线，临时弃置后，对管线进行监测，对采油树和生产适配基座进行监测，对浮筒和管线锚泊强度监测。通过上述预铺优化措施，节省作业天数 46d，实现了尽早投产和降低作业成本的双重目的。

深水油气田开发实际使用中，有的油田水下生产技术和系统可以把一些船上部组块移到水下，有的可以通过增加平台上部处理能力，减少上部组块重量和空间，可以使得深水生产平台覆盖更大的油气藏面积和井数，虽然有的新技术当前不适用于巴西深水油田，但随着技术进步和工艺提升，却是未来的发展方向之一。

巴西开发模式主要采用水下生产系统 +FPSO 的全海式开发模式。水下生产系统是深海油气生产和开发的关键设施，根据油田开发实际选择不同的生产系统模式。巴西盐下具有相当成熟的水下设施部署开发模式，为其他深水油田的开发部署提供可借鉴的经验和方法。巴西深水领域具有丰富的流动保障研究经验，但针对油田的高产量、高 CO_2 含量的特征，流动保障要继续深入研究，以保障生产安全。深海安装作业方法也在不断优化和创新实践之中，为保障项目经济效益提供支持。

参 考 文 献

《海洋石油工程设计指南》编委会 . 2009. 海洋工程设计指南（第九册）. 北京：石油工业出版社 .

董衍辉 . 2012. 深水水下连接器的对比与选择 . 石油矿场机械，41（4）：6-12.

高峰 . 2007. 深水重力式水下分离器系统关键技术及试验研究 . 哈尔滨：哈尔滨工程大学 .

李华 . 2018. 水下管汇的应用现状及发展趋势 . 中国海洋平台，2018，3（4）：1-4.

卢沛伟 . 2015. 水下采油树发展现状研究 . 石油矿场机械，44（6）：6-13.

吴露，安维峥 . 2018. 水下生产控制系统比选及分析 . 石化技术，（9）：17-19.

徐孝轩 . 2018. 水下多相增压泵选型设计 . 石油矿场机械，47（6）：20-25.

A S Paulo Cezar，A Rabello Pereira，L Lima Daniel，et al. 2015. Subsea Solutions in the Pre–Salt Development Projects. OTC–MS.

Bruno L，Renaud P，Matthieu D，et al. 2018. Enhance Flow Assurance in Large Diameter Gas Flexible Pipes OTC–28739–MS.

F Hutanlt de Ligny，I Roberts，D James，et al. 2018. Integrated Subsea Supplier–Led Solution: A Case Study. OTC–28920–MS.

J Davalath，D Wiles. 2017. Significant Cost Reduction of Subsea Boosting Systems by Innovative Technologies. OTC–27639–MS.

J Gouveia，T Sriskandarajah，D Karunakaran，et al. 2015. The Buoy Supporting Risers（BSR: Steel Catenary Risers（SCRs）from Design ToInstallation of the First Reel CRA Lined Pipe.OTC–26332;

John Boma Genesis，Doreen Chin SET，Ashutosh Kak，et al. 2018. Flow Assurance Engineering in Deepwater Offshore–Past，Prsent，and Future. OTC–28704–MS.

Kevin Buckley，Rocardo Uehara，2017. Subsea Concept Alternatives for Brazilian Pre–Salt Fields. Subsea Concept Alternatives for Brazilian Pre–Salt Fields. OTC–1051–MS.

Luigi Saputelli，Alan Black，Herminio Passalacqua，et al. 2013. Front–End–Loading（FEL）Process Supporting Optimum Field Development Decision Making. SPE 167655.

Murilo Campos，Simao Silva，Matthew Smith，et al. 2018. Umbilical Cost Reduction and System Availability Improvement with Use of Chemical injection Valves. OTC–28670–MS.

R Caldeira de Oliveira，V Gasparetto，E V Oazen，et al. 2017. Developments and Optimizations in the Pre–Salt Risers Systems: From Initial Challenges up to Future Expectations.OTC–28101.

Reid D，Dekker M，Nunez D. 2013. Deepwater Development: Wet or Dry Tree? OTC 24517–MS.

Ricardo L B，Cristiano L S，Antonio C L. 2009. Pre–salt Santos Basin–Challenges and New Technologies for the Development of the Pre–salt Cluster，Santos Basin，Brazil，OTC–19880–MS.

Rohit S，Hugh H，Marcelo L，et al. 2017. Application of Steel Lazy Wave Riser Solution in Deepwater and Comparison to other Riser Types. SPE 186122–MS.

S Laquini Jr P，Travares Fernandes，B P M da Costa，et al. 2017. Pre–Lay of Flexible Risers in Lazy Wave Configuration in Pre–salt Projects:Overcoming Technical Challenges and Enabling Installation. OTC–28114–MS.

William L L，Richard Pattarozzi，Gordon Sterling. 2011. Deepwater Petroleum Exploration and Production: a Nontechinical Guide（2nd Edition）.

第七章 巴西深水生产平台

深水油气田生产是将原油或天然气开采出来，经过采集、油气水初步分离与加工、短期储存、装船运输或经海底管道外输的过程。深水生产平台主要从事海上油气开采、处理、储存、监控、计量等作业，一个平台有的只具有一种功能，有的具有多种功能，也有由几种不同功能的平台相连组合成多平台生产系统。

在海洋平台或其他海上生产设施上进行油气生产与集输，要满足恶劣海况和海洋环境要求、满足安全生产要求及满足海洋环境保护要求，因此深水平台布置紧凑、自动化程度高，拥有可靠、完善的生产生活供应系统，具备独立的供配电和通信系统。当前世界深水油气开发项目主要集中在巴西、墨西哥湾、西非、北海。开发工程模式选择受自然地理环境、油藏特征、周围设施、开发技术装备状况、平台弃置、政策法规及经济性等多因素影响，每个区域具有各自的特点。

墨西哥湾气候条件恶劣，夏季强台风、灾难性飓风多发。同时由于美国对 FPSO 应用有限制，油气只能通过海底管道输送上岸，所以墨西哥湾建立了发达的海底管网系统，为生产平台的油气外输创造了便利条件。在墨西哥湾深吃水立柱平台（SPAR）、张力腿（TLP）平台应用较多，从而形成了以 SPAR/TLP+ 外输管道为主的开发模式。

北海的气候条件也比较恶劣。北海油气开发历史较长，浅水油田开发以固定式平台为主，深水油田主要采用半潜生产平台（Semi-FPS）+ FPSO 或 FPSO + 水下井口模式，深水气田采用海底管线连接陆上终端集输模式。

巴西和西非海域生产环境和海洋开发条件相对比较温和，对浮式平台选择要宽松一些。巴西深水油气开发主要采用 FPSO、半潜生产平台，通过技术研究和生产实践，形成了"Semi-FPS+FPSO/FSO"和"FPSO + 水下生产设施"等开发模式。

第一节 深水生产平台概述

世界水域油气开发经历了一个由浅水到深水、由简单到复杂的发展历程。1887 年钻探第一口海上钻井，标志着海上石油工业的诞生。1911 年出现固定式平台，1961 年开始应用半潜式平台，发展到目前半潜平台应用最大水深 2414m。1976 年 FPSO 开始应用，发展到当前最大应用水深 2895.5m。1981 年张力腿平台开始应用，当前应用最大水深 1581m。1996 年 SPAR 平台开始应用，最大应用水深 2383m（图 7-1）。

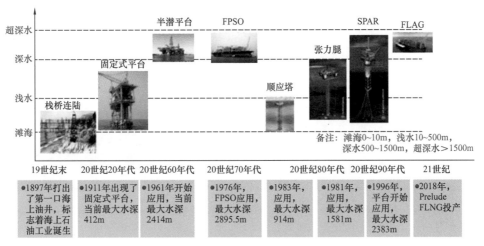

图 7-1 世界水域油气田开发生产平台发展历程

海洋油气工程建设的目的是为油气田的生产提供必要的生产设施与设备，海上油气田生产设施主要有海底管线、海上油气田集输与储运生产系统等。水上平台的建设是海洋油气工程建设的重要组成，按照用途水上平台分为井口平台、生产处理平台、储油平台、生活动力平台、综合平台（集钻井、井口、生产处理、生活设施于一体）。按照是否与海底进行直接接触，水上平台分为固定式平台和浮式生产平台两大类。

固定式平台按照结构分为桩基式平台、重力式平台、人工岛以及顺应式平台。桩基式平台通常是钢质固定平台，一般从导管架腿内打桩，使平台固定在海底。重力式平台按照建造材料不同，分为混凝土重力式平台、钢质重力式平台和钢—混凝土混合重力式平台。人工岛是指为了在浅水区进行海上油气开发，采用沉箱结构、砂石抛填、泥沙吹填等方法建成的岛式油气生产基地。在人工岛上可以设置钻机、油气处理设备、公用设施、储罐以及卸油码头。人工岛分为护坡式和沉箱式两类，护坡式人工岛由砾石筑成，沙袋或砌石护坡；沉箱式人工岛由一个整体沉箱或多个钢或钢筋混凝土沉箱围成，中间回填砂土。人工岛具有稳定性能好，设计简单，钻采工作操作安全的特点，但同时前期成本高，只适用于近岸油田开采，应用并不广泛。顺应式平台是指在海洋环境载荷作用下，围绕支点可发生的允许范围内某一角度摆动的深水采油平台。顺应式结构是利用拉索、张力腿、万向接头等构件，对结构物在外荷载作用下产生六个自由度的运动加以某种限制和约束，以满足定位与运动要求的半固定式结构。顺应式平台可分为绷绳塔平台、浮塔式平台等。

上述固定式生产平台，除了顺应式平台外，其他平台用于浅水生产。在深水中应用最为广泛的是浮式生产平台。典型的浮式生产系统指半潜式钻井平台、张力腿平台、半潜平台或油轮放置采油设备、生产和处理设备以及储油设施的生产系统——FPSO。浮式生产设施最大的特点就是可实现油田全海式开发。由于其可重复利用，因此被广泛用于早期生产、延长测试和边际油田的开发过程，目前许多大型油田采用浮式生产系统。

当前应用于水深超过 500m 的深水平台共 6 类，分别是顺应塔生产平台、张力腿生产平台、深吃水立柱生产平台、半潜生产平台、FLNG 和 FPSO（图 7-2）。

图 7-2　深水生产平台类型

一、顺应塔生产平台

随着油气勘探和开发不断向更深的水域（500m）迈进，使用导管架平台和钢筋混凝土平台成本上升，超出了作业者经济承担能力，为改进底部结构巨大等缺点，专家们产生了建造顺应塔平台的理念。与导管架和钢筋混凝土平台等相比，顺应塔平台结构相对纤细。

顺应塔平台指在海洋环境载荷作用下，围绕支点可发生允许范围内某一角度摆动的深水采油平台，英文是 Compliance Tower，缩写为 CT。与桩基式平台和重力式平台相比，顺应塔平台的一个特点是仍采用圆形钢管建造，但是整体形态变纤细；另一个特点是虽然还是通过桩基固定到海底，但是底座面积变小了。由于底座比较小，顺应塔平台没有导管架或者钢筋混凝土平台的强度，会随着水流、洋流和波浪产生摆动。

顺应塔平台集钻井、修井、生产、生活居住和动力平台于一体，不需要辅助钻井船和外部设备，结构轻、用钢量少，相同重量的平台允许作业水深更大，通常被用作中央平台，容易建造。配套设施采用干式采油树及钢悬链立管，这样降低成本且方便控制和维护，还可以与浮式生产设施相结合充分发挥各自优势，进行海上油田开发。其经济水深不超过 1000m，适用于大、中型海上油田，不适合于储量小、开发寿命较短的小油田。

顺应塔平台属于固定式平台，该平台利用顺应塔开发深海油气田一般分为"CT + 干式井口 + 海底管线""CT + 水下生产管线 + 海底管线""CT + 水下生产系统 +FPSO+ 穿梭油轮"等模式。当前应用最大水深在美国墨西哥湾，水深为 914m。

二、张力腿生产平台

张力腿生产平台（Tension Leg Platform，TLP）是一种垂直系泊的顺应式平台，经过在实践中不断发展，已成为一种典型生产平台。它一般由五大部分组成，包括平台上体、立柱（含横撑和斜撑）、下体（沉箱）、张力腿系泊系统和锚固基础。从结构特点看，张力腿平台就像一个倒置的钟摆，是一个刚性系统和弹性系统两者综合的复杂非线性动力系统。通过自身结构形式，产生远大于结构自重的浮力，浮力除了抵消自重之外，剩余部分称为剩余浮力，这部分剩余浮力与预张力产生平衡，预张力作用在张力腿平台的垂直张力腿系统上，使张力腿时刻处于受拉的绷紧状态。较大的张力腿预张力使平台平面外的运动（横摇、纵摇和垂荡）较小，近似于刚性，张力腿将平台和海底固接在一起，为生产提供一个相对平稳安全的工作环境。另外，张力腿平台本体主要是直立浮筒结构，一般浮筒所受波浪力的水平方向分力较垂直方向分力大，因而通过张力腿在平面内的柔性，实现平台平面内的运动（纵荡、横荡和艏摇），即为顺应式。这样，较大的环境载荷能够通过惯性力来平衡，而不需要通过结构内力来平衡，张力腿平台这样的结构形式使其具有良好的运动性能。张力腿平台按照结构分为常规型、海星型、延伸型和简易型。常规型张力腿平台一般由 3 个立柱和 4 个连接的下部设施组成。立柱的水切面较大，自由浮动时稳定性较好，并通过张力腿固定在海底。一般采用上部组块安装后拖至预定安装场地连接到张力腿上完成安装作业。

在浅水区域或者没有进一步钻井计划的深水小规模区域，许多油田采用小型张力腿平台。这些小型的张力腿平台包括海星型（或者称为单柱式张力腿平台）、延伸型和简易型（也可称为迷你型）。

海星型的名称来源于水下浮箱的结构形态，平台底部是一个巨大中央圆柱和三个星状悬臂，故形象地称之为"海星型"。海星型平台是一种安全、可靠、稳定和经济的张力腿平台形式。其主体采用了独特的单柱式设计，这一圆柱体结构成为中央柱，中央柱穿过水平面，上端支撑平台甲板，下端连接固定了三根矩形截面浮筒，各浮筒向外延伸成悬臂梁结构，彼此成 120° 夹角的辐射状，且浮筒末端横截面逐渐缩小。这三根浮筒向平台本体提供浮力，并在外端与张力腿系统连接。

延伸型张力腿平台（Extended Tension Leg Platform，ETLP），与常规张力腿平台相比，主要在平台主体结构上做了改进，其主体由立柱和浮箱两大部分组成。保留了 3 个或者 4 个方向的立柱，但在每个柱子上面都增加了浮筒，立柱有方柱和圆柱两种形式，上端穿出水面支撑平台上体，下端与浮箱结构相连，首尾相连形成环状基底结构，在环状基座的每一个边角上，都有一部分浮箱向外延伸形成悬臂梁，悬臂梁的顶端与张力腿相连。与常规张力腿平台相比，ETLP 规模较小，但具备常规张力腿平台所有的性能。ETLP 是具备全方位提供钻井、生产和员工休息场所的设施，采用干式采油树生产，具有辅助钻井功能。

简易型张力腿平台 Mini-TLP 是为低成本开发小型深水油气田而研制的浮动小型张力腿平台，可以作为多用途平台、卫星井平台，还可以作为前期采油平台为大型深水勘探开发服务。除了规模小一点，简易张力腿平台具有张力腿平台同样的性质和功能，例如简易型系泊系统、立管和上部组块与常规型张力腿平台类似。但由于没有钻井设施，有助于降低上部组块的重量，比常规型张力腿平台更简便，更灵活。

由于张力腿平台不具备储油功能，深海油田开发要与海底管线或者具有储油功能的FSO（浮式储油装置）或 FPSO 联合应用。一般有"TLP+ 外输管道 / 海底管线""TLP + FPU + 外输管道""TLP+FPSO/FSO + 水下系统 + 穿梭油轮"等模式进行深海油气田开发。

三、深吃水立柱生产平台

深水油气生产的另外一种优秀平台是深吃水立柱生产平台，称为 SPAR 平台。1987年，美国人 Edward E. Horton 首次提出了深水立柱生产平台即 Spar Platform 概念，Spar这个词来源于船舶术语，指帆船的吊杆、桅杆或者其他杆状物，但深吃水立柱生产平台还是展示了浮式系统大致的轮廓。深吃水立柱生产平台呈一个长形圆筒状结构，直径80～150ft，长 700ft 左右，漂浮在海上像一座冰山，具有足够的干舷高度。封闭式的圆筒可以对立管和设备起到很好的保护作用，使得 SPAR 平台成为深水开发不错的选择方案之一。1996 年在墨西哥湾的 Neptune（海王星）油田，成功建造了世界上第一座单柱式生产平台，工作水深为 588m。

SPAR 平台一般由平台上部组块（Topside）、主体外壳（Hull Shell）、浮力系统（Buoyancy）、中央井（Centerwell）和立管系统（Risers）组成。深吃水立柱式平台的系泊系统使用钢缆或尼龙缆与底部锚链相连，尼龙缆在水中具有一定的浮力，可以避免圆筒建造得更大。SPAR 平台水下体积巨大，是一个垂向运动非常小的稳定平台。为了确保SPAR 平台重心位于浮力中心点之下，其底部通常安装一些较重的压舱物。这种设计确保了平台在恶劣气候中或者断开系泊系统等偶然性事件情况下也不会翻转。

SPAR 平台设计经历了三代演变，包括常规型、桁架型和分筒集束型。适宜深水作业，水深范围为 500～3000m。第一代为常规 SPAR 平台，在役平台工作最大水深为1463m，它于 1999 年安装在墨西哥湾的 Hoover 平台，由一个圆筒船体组成，其最主要的特征就是主体为大直径、大吃水的封闭式单柱圆筒结构，体型比较巨大。第二代为桁架式，其最大优点是运动性能更好且造价更低。常规 SPAR 平台的壳体是一个吃水深的、中空的垂直圆筒，而桁架式 SPAR 的壳体是一个吃水浅的、中空的圆筒与向下扩展的桁架结构组合。与同等规模常规 SPAR 平台相比，桁架型平台具有更优良运动性能和更低的造价。2001 年，世界上第一座桁架式 SPAR 平台（Nansen SPAR）在墨西哥湾安装下水。2004 年，BP 公司在墨西哥湾建造了 Mad Dog 桁架式 SPAR 平台，工作水深 1347m，其最大特点是采用尼龙缆系泊，从而显著减轻了主体重量。第三代为分筒集束型（Cell SPAR），也被称为多柱型 SPAR 平台，其建造安装便利，费用相对低。其主体也分为上部硬舱、中段和软舱三个部分，由若干个小型的、中空的圆柱形主体组成。这些部分主体可以在不同的地点独立建造，然后再组装起来形成完整的平台主体。世界上第一座 Cell SPAR 平台在美国得克萨斯州的 Aransas 建造，主体高度 171m，工作水深 1500m。

SPAR 平台的主要优点是在深水环境中运动稳定，安全性良好。在系泊系统和筒体浮力作用下，SPAR 平台在六个维度上运动固有周期远离常见海洋能量集中带运动周期，显示了良好运动性能，灵活性高；采用缆索系泊系统固定，SPAR 平台便于拖航、安装和动态定位；有的筒体内部可以储油，深吃水对立管形成有效保护；支持水上干式采油树，可直接进行井口作业，便于维修；对上部组块敏感性小，规模增大，投资增加不敏感。主要缺点是井口立管和立管支撑疲劳严重，筒体涡流振动较大，会引起各部分构件的疲劳，如立管浮筒、立管和系泊缆等；另外，由于主体浮筒结构较长，需要平躺制造，给安装和运输造成很多困难，海上不能整体安装，需要较大的施工机具组合。

SPAR 平台在深海油田开发模式可分为 "SPAR+ 干式井口 + 海底管线" 和 "SPAR + 水下生产系统 + 海底管线"。SPAR 也可与不同设施联合使用。以 SPAR 为主的开发工程模式需要满足下述条件：第一，属于预钻井或 SPAR 钻井；第二，采用干式采油，也可回接水下井口；第三，具备钻（修）井和生产功能；第四，具备原油管道外输或浮式储油单元（Floating Storage Unit，FSU）储油的配套设施。

四、半潜生产平台

半潜生产平台（Semi-FPS）也称为半潜式钻井船浮式生产系统，其主要特点是将采油设备、注水设备、注气设备和油气处理等设备，安装在一艘改建或者专建的半潜式钻井船上。油气从海底井经采油立管（刚性或柔性）流至半潜式钻井船的处理设施，分离处理合格后的原油经海底输油管线或者穿梭油轮运走。

浮式生产系统所用的半潜式平台，目前大多是用半潜式钻井船改装而成。该类平台由平台甲板、立柱和下船体三部分构成。平台甲板提供海上工作面，上部组块安放生产和油气水处理等工艺设备，平台高出水面一定高度。立柱主要是连接平台甲板和下船体，用于支撑平台。立柱与立柱之间具有适当的距离，便于提高生产作业的稳定性能。下船体有沉箱式和下体式两种，主要作用是提供浮力，沉没于水下减少波浪扰动力。沉箱式即将几根立柱布置在同一圆周上，每一根立柱下方有一个沉箱，其剖面有圆形、矩形和靴形。沉箱数目有 3 到 6 个或 10 个不等。下体式剖面有圆形、矩形或四角有圆弧的矩形。为减少拖航或自航时的阻力，下体首尾两段也有做成流线型的。

半潜式钻井平台（SEMI）由坐底式平台发展而来，上部为工作甲板，下部为两个下船体，用支撑立柱连接。工作时下船体潜入水中，甲板处于水上安全高度，水线面积小，波浪影响小，稳定性好、自持力强、工作水深大，新发展的动力定位技术用于半潜式平台后，工作水深可达 3000m。半潜式与自升式钻井平台相比，优点是工作水深大，移动灵活；缺点是投资大，维持费用高，需有一套复杂的水下器具，有效使用率低于自升式钻井平台。到目前为止，半潜式钻井平台已经历了第一代到第六代的历程。半潜式钻井平台稳定性好，可适用于恶劣的海况条件，具有一定的储油能力，可利用船上的钻机进行钻井、完井和修井作业。但需要新建系泊系统完成穿梭油轮提卸油作业，改装时间长，成本较高。

半潜式钻井平台适应水深 80～3000m，钻井船是浮船式钻井平台，它通常是在机动船或驳船上布置钻井设备，平台是靠锚泊或动力定位系统定位。按其推进能力，分为自航式、非自航式；按船型分，有端部钻井、舷侧钻井、船中钻井和双井架钻井；按定位分，有一般锚泊式、中央转盘锚泊式和动力定位式。浮船式钻井装置船身浮于海面，易受波浪影响，但它可用现有船只进行改装，因而能以最快的速度投入使用。

半潜生产平台一般采用扩展式锚固，不需要特殊转塔锚固系统，大部分用于生产的半潜式平台由钻井平台改建而成，先进的半潜式平台采用动力定位，初始投资少。相对于 FPSO 而言，比较稳定，易于连接钢制悬链式立管。但其需要与水下采油配合使用，需采用水下湿式井口，不易于井口操作和维修，当需要对油井直接操作时，费用高，大部分没有储油能力。Semi-FPS 是深水油气开发中常用的浮式设施之一，在巴西深水油气田开发中得到了广泛应用。

五、FLNG

FLNG（浮式 LNG 船）具有开采灵活、可独立开发、可回收和可运移、无须管道输送等优点，是未来深水气田开发必不可少的设施。FLNG 主要用于开发深水远海气田、边际气田，具有天然气液化、储存和外输功能，可实现海上天然气全海式开发。2011 年 5 月全球第一艘超大型 FLNG "Prelude" 号建造，2018 年投产。海上特殊的作业环境要求 FLNG 液化流程具备如下条件：

（1）流程简单、设备紧凑；

（2）对天然气组分适应性强、效率高；

（3）性能受船体运动影响小；

（4）操作简便；

（5）自动化程度高、运行可靠。

FLNG 不需要管线等其他设施，LNG 在海上直接外输。目前 FLNG 应用较少，技术难度大，成本高。但 FLNG 是未来深水远海气田、小型气田开发的重要工程应用模式之一。

利用 FLNG 的最适合、最经济开发模式是 FLNG+ 水下井口模式，采用此模式需要满足下述条件：第一，预钻井；第二，湿式采油树；第三，钻（修）井由钻井船完成；第四，生产的 LNG 通过 LNG 穿梭船运输。澳大利亚的 Prelude 项目采用了该开发模式，水下井口产出的天然气回接到 FLNG 进行处理、液化，之后通过 LNG 穿梭船运输上岸。

六、FPSO

FPSO 是浮式生产储卸油装置的简称，英文全称为 Floating Production，Storage and Off-leading System/Unit，具备生产处理、储油和卸油功能（图 7-3）。FPSO 是海上生产处理核心单元，集生产、储存和卸油为一体。适用于各类海上油田，能重复利用，对远离陆地、敷设海底管道成本过高的油田开发优势明显，储油能力大，甲板面积宽阔，承重能力与抗风浪环境能力强，投资成本低。油气经水下生产系统，通过立管平台登陆 FPSO 上油、气和水处理工艺模块，经脱水、脱气和脱盐处理后等达到稳定的商品油储存于 FPSO 储油舱内，然后通过穿梭油轮等定期卸载原油销售，满足 FPSO 在海上连续生产作业（Carlos F. M 等，2000）。

图 7-3　深水 FPSO 图

FPSO 是漂浮在海面上的浮体，通过系泊系统锚泊在海底，虽然有别于一般船舶，但具有船舶的安全特性、浮性、稳定性、耐波性和一定的船舶强度等。因此 FPSO 配备了完善的压载系统、扫舱系统、海水系统、淡水系统、燃油系统、润滑系统、消防系统、救生系统及航行信号系统等。

FPSO 上面除了配备原油生产处理、储存和卸载系统外，还配备有大功率的电站与热站，为油气田生产开采和油、气、水处理提供能量。另外还配备有生活模块，为生产作业和管理人员提供较为舒适的生活、办公和娱乐环境。

FPSO 自动化程度高，配备有中央控制室、无线电通信设备、光纤通信设备、自动电话和火气监测系统，保障海上正常操作与安全作业。

截至 2018 年 7 月 1 日，全球共有深水浮式平台 327 艘，其中 FPSO 215 艘，占比 66%，处于绝对优势地位。巴西共有深水浮式平台 73 艘，其中 FPSO 56 艘，占比为 77%，也处于绝对地位。巴西深水是目前世界上 FPSO 最集中的区域，巴西境内全部 56 艘 FPSO 均投入在深水区，占全球的总量的 26%，其中在运行 50 艘，在建 5 艘，已下订单 1 艘（表 7-1）。FPSO 有两种合同模式，即自建和租赁，全球 215 艘 FPSO 中，有 119 艘为自建，占比 55%。在巴西 56 艘 FPSO 中，25 艘为自建，占比为 45%，低于全球平均水平。

表 7-1　全球及巴西深水浮式平台统计（截至 2018 年 7 月 1 日）

类型		FPSO	FPU	TLP	SPAR	CT（顺应塔）	FLNG	合计
数量（艘）	全球	215	47	30	23	5	7	327
	巴西	56	16	1	0	0	0	73
占比（%）	全球	65.75	14.37	9.17	7.03	1.53	2.14	
	巴西	76.71	21.92	1.37	0	0	0	100

除了船型 FPSO，还有圆形 FPSO，第一个安装在北海的圆柱形 FPSO 可适应恶劣海况，原油处理能力为 4.5×10^4 bbl/d。目前圆形 FPSO 包括的系列有 FPSO Sevan Piranema，FPSO Sevan Hummingbird，FPSO Sevan Voyageur，Sevan 300 no.4，Sevan 300 no.5 以及 SSP（Sevan Stabilised Platform）等（Michael Wylie，Andre Newport，Carlos Mastrangelo，2017）。巴西 Piranema 油田，水深 1090m，安装了巴西第一艘圆筒形 FPSO，2018 年投产，原油处理能力为 2.5×10^4 bbl/d，储油能力为 25×10^4 bbl。

自 1977 年 FPSO Castellon 投入使用以来，FPSO 技术发展迅速，统计表明，FPSO 原油处理规模范围为（$2.1 \sim 22.5$）× 10^4 bbl/d，原油储存容量覆盖范围（$24 \sim 220$）× 10^4 bbl。目前 FPSO 应用水深最深的是壳牌在美国墨西哥湾的 Turitella 油田，水深 2895.5m。分析 FPSO 40 多年的发展，全球 FPSO 发展大体经历了早期发展阶段、成长期、扩展期及多类型多功能发展 4 个阶段。

1976—1985 年为早期发展阶段，借助于单点系泊系统的应用使 FPSO 成为一种海上油气生产装置。1986—1994 年为 FPSO 发展的成长期，这一期间 FPSO 技术得到迅速推广，数量以平均每年 2 艘以上的速度增加；1995—1998 年属于 FPSO 扩展期，以平均每年 8 艘以上的速度增加。1999 年以来是 FPSO 多类型多功能发展阶段，FPSO 数量迅速增加的同时，类型和功能也进一步多元化发展，特别是 2002 年以来，海上油气开发又在向 LNG-

FPSO\FLNG–FPSO、LNG–FSRU\EPDSO 等形式发展（谭家翔，2016）。

在 FPSO 40 多年的发展历程中，最初 10 年为 FPSO 概念形成阶段，逐步开始商业应用；中间 20 年 FPSO 的概念和技术得到稳步发展并广泛采用；最近 10 年 FPSO 的数量迅猛增加，技术迅速提升，FPSO 的应用领域也在不断扩展。

巴西深水盐下油田采用"水下系统 +FPSO"的开发模式，FPSO 是开发生产的核心设施（Luis F. B. T 等，2015）。下面章节重点介绍 FPSO 设计、组成以及功能和巴西深水 FPSO 特点和开发油田的适应性。

第二节 FPSO 设计概述

FPSO 是集油气水处理、生活、发电、热站与原油储存和卸载为一体的多功能综合性开发生产装置，要求其使用寿命 20～30 年，为满足长时间的海上连续作业和安全，其设计要严格遵循有关规范和标准。

一、设计流程

FPSO 设计一般分为概念设计、基本设计、详细设计与加工生产设计。深水油气田勘探阶段就需要考虑概念设计，该阶段需要初步确定 FPSO 的储油量、载重量、主尺度、总体布置方案、船体基本结构形式、各个系统简要设计原理、FPSO 系泊方式和外输油轮系靠方式等。概念设计主要编制的文件和设绘的图纸有：全船技术规格书、总布置图、型线图及型值表、纵横剖面结构图、电站容量、热站容量、主要液体舱容积和功能要求。

基本设计是在概念设计的基础上，进入正式工程设计后的第一个阶段。通常基本设计应在工程建造招标书编制前进行，建造合同签订前完成。部分基本设计文件作为工程建造招标书一部分，主要的基本设计文件将作为 FPSO 船体建造合同的技术附件。若在建造合同签订前来不及做基本设计，建造合同中所附的技术文件为概念设计文件或功能规格书，基本设计由建造承包商来完成，也可由船东来继续完成，这些会在合同中给予约定。巴西盐下油田 FPSO 部分采用期租建造模式，在此模式下，基本设计由 FPSO 建造承包商或船东完成，作业者负责提供技术规格书，并监督和在 FPSO 期租合同中约定检验接收事项和满足条件。

基本设计要解决设计中的重大技术问题，包括主尺寸的确定、总体布置的确定、型线的绘制、基本结构的确定、总固体性能与主要技术指标的确定、各系统设计原理的确定、主要设备的选型、主要构件尺寸的选取等。

详细设计通常由建造承包商完成，也有的是由船东提供详细设计图纸的，这些取决于详细设计是依据建造合同及合同技术附件，还是要依据工艺设施要求来设计。详细设计要解决设计中的全部关键技术问题，最终确定 FPSO 全部技术参数、技术性能、结构形式与尺寸、材料类型、设备选型、订货要求、各系统设计原理、绘制总布置图、型线图、主要结构图纸、各系统原理图、电气单线图等，以便满足：

（1）向入级检验部门（船级社）和法定检验部门提供送审图纸和技术文件；

（2）向船东提供合同规定的送审图纸和技术文件；

（3）提供材料、设备订货清单和订货所需的技术文件；

（4）为建造和加工设计提供必须的图纸和技术文件。

加工（生产）设计也可称为车间设计，通常由船厂的工艺科或设计所来完成。加工设计是在详细设计的基础上，按施工的工艺要求绘制施工图纸、编制工艺文件和管理图表等，施工图纸包括零件图、放样图、三维图和安装图等。业主除了要求建造承包商提供基本设计图纸、详细设计图纸和设备厂家图纸之外，还要求提供完工图。完工图是在产品建造完工阶段、反映产品的实际施工状态，在详细设计图纸的基础上修改而成的（《海洋石油工程设计指南》，2009）。

设计和建造后，需要满足第三方检验机构的入级等验收标准。国际上 FPSO 第三方检验工作机构主要有：中国船级社（CCS）、英国劳式船级社（LR）、美国船级社（ABS）、挪威船级社（DNV）、法国船级社（BV）、德国劳氏船级社（GL）及日本海事协会（NK）。

二、设计基础资料

FPSO 设计是多专业、多学科综合类的过程，需要众多的基础资料，要综合考虑油田最高日产油量、最大日产液量、油田寿命、FPSO 设计处理能力、设计寿命、外输油轮吨位、外输油目的地、生活楼、直升机平台设计要求、入级规范、对动力模块的设计要求、船体中设置工艺油舱和水处理工艺舱、注水 / 注气要求、脱盐要求、工艺脱盐对淡水的要求、生活楼位于船首还是船尾、遇飓风是解脱还是不解脱、FPSO 在何种情况下解脱，以及工艺模块、动力模块与热站模块的估计重量（干重和湿重）要求和对设计的其他特殊要求。

除上述资料外，还要搜集设计环境数据，包括油田地理位置、水深、潮位、风浪流设计极值、风浪流条件极值、风浪流方向极值、强风向、强浪向与强流向、气温极值、水温极值、湿度极值、海生物厚度和海冰厚度及冰的抗压强度等。提供油田寿命期内的分年产油量、产液量及注水量，不同温度下的原油密度和黏温曲线，原油析蜡点、凝固点和闪点等（Michel Francois 等，2002）。

FPSO 建造模式也是重点考虑的设计因素之一，FPSO 一般采用新建和旧油轮改建两种模式，对于旧油轮改建一般是旧油轮选择和结构改造设计。

旧油轮选取：根据油田日产量、油田海况和运输油轮载重量确定旧油轮吨位，筛选几艘比较合适的油轮，组织考察，进行详细资料、价格对比分析，根据船龄、船况、设备状况和价格等各方面因素综合考虑。

结构改造设计：根据原有结构设计图纸和结构检测提供的钢板测厚报告，建立船体结构模型，校核船体总强度、船体疲劳寿命和局部强度，确定船体换板、补强的范围。根据结构探伤报告，确定船体修复范围和方案。根据FPSO要求，设计新增加船体结构内容，包括新增舱壁、舱段、系泊围井、系泊基础结构等；设计模块甲板结构及其支撑结构、火炬塔；改造或新设计飞机平台结构；局部加强结构设计，包括甲板吊机、模块甲板支腿、火炬塔、外输装置等处甲板结构的局部加强；新增大型及旋转设备的基座设计等。

FPSO的租赁业务有两种模式：一种是旧FPSO的租赁使用，主要是一些海上油气田寿命结束，但FPSO状况良好，经过适当改造，还可以用于其他油气田的生产开发，发挥FPSO的最大作用；另一种是由租赁公司新建或者改造一艘FPSO用于出租，以收取日租费的形式来获取效益。在FPSO租用中，业主只需按油田开发要求，提供详细技术要求和操作要求，承包商会按照技术要求改造或者新建FPSO，并将这些工作最终反映到日租费。租赁主要分为湿租和干租两类。湿租是包括FPSO、操作人员、日常消耗品、供应品和相应备品备件等。干租是租赁公司只提供FPSO，而操作人员、日常消耗品等由业务自行解决。租赁模式是将工程的初始投资转化为操作费，可以降低作业者初期投资压力。当前巴西深海盐下油田，采用租赁FPSO建造模式已成为发展趋势。

三、设计原则

FPSO船型和主尺度是设计时主要考虑的因素。船体长度的变化主要取决于FPSO工艺流程舱的数量和容积要求，在满足FPSO货仓舱容的基本要求和主尺度合理范围的前提下，尽量增加船宽和型深，控制船长，以降低建造成本。满载吃水载重量也是重要因素之一，包括货物满载重量、100%油水重量、调载用压载水重量和系泊力。

FPSO总体布置与作业海域、油品特性、生产流程、动力配置方案以及外输油方式等因素密切相关。FPSO总体布置依赖于设计基础、船型总体方案以及遵循的设计规范。根据国际上FPSO总体布置设计理念，在设计初始阶段利用全船HAZID（风险识别研究）和HSE指导FPSO的总体布置，先确定设计的合理性，再进行深化设计。

深水FPSO货油舱区域可为单底结构；舷侧为双壳结构，并延伸到整个货油舱区域；机舱区用双底双壳结构保护，提高该段的结构抗剪切力。甲醇舱需通过隔离主舱与其他货油舱完全隔离。机舱区需通过隔离空舱或泵舱与货舱区完全隔离。工艺流程舱一般包括2个生产水舱和2个脱盐水舱，合理分舱对FPSO总纵向强度有相当大的影响。一般在满载工况出现最大中垂静水弯矩和剪切力，所以除满足基本舱容要求外，分舱的目的要能够尽量降低静水弯矩和剪切力。

外输油总管在 FPSO 艉部舷侧向下与外输立管相连接，外输油立管从海底或水面下足够深的位置延伸至穿梭油轮接收来自 FPSO 的原油。

生活楼布置的原则是降低潜在危险源对生活楼及安全控制设施的影响，其途径是：增加分隔空间、使用防火墙或隔离舱和利用主导风向。多点系泊一般尾部朝向主导向 / 浪向，而船首部处于下风向。从船尾到船首的总体布置流程如下：生活楼 / 直升机甲板 / 主机舱 / 动力模块 / 热站—油水处理工艺模块—火炬塔和艉部串靠外输油装置。生活楼远离油气密集的立管区域和外输油区域，并位于工艺模块区的上风向较为安全（童波，2016）。

第三节　FPSO 系泊系统

FPSO 主要功能有油气水处理、储油、卸油、生活、发电、自控、通信等。按照由水下到水上，FPSO 主要包括三大系统：系泊系统、船舶系统和上部组块。本节重点介绍系泊系统。

一、系泊系统

FPSO 的系泊系统是用于海上定位系泊，根据不同海域和海况条件，目前世界上的 FPSO 主要采用如下的系泊方式：单点—转塔系泊系统（Single Point Mooring Sytem-turret Mooring）、多点—伸展系泊系统（Spread Mooring）及动力定位系统（Dynamic Positioning），其中以单点系泊系统的应用最为普遍，如墨西哥湾、中国南海等。在这种情况下，FPSO 可以根据风向调节对地静止的转塔以使环境载荷最小。在良好海况及风浪流具有高度定向性的环境下，如巴西海域的桑托斯盆地，可以采用多点系泊系统，降低建造和使用成本。系泊系统的设计要满足船级社及相关规范的要求，也要满足具体使用要求。

（一）船级社及规范要求

巴西深水 FPSO 系泊系统的设计、分析、安装等需要满足拟入级的船级社的技术要求，同时要满足 ISO 19901—7 的要求。如果上述两个规则要求有冲突，则选取更加严格的要求，并报巴西国油批准。

巴西国油认可的船级社包括：挪威船级社 DNV、法国船级社 BV、美国船级社 ABS和英国劳埃德船级社 LRS。

船级社对系泊系统设计与选型、单点系泊与多点系泊系统的特点和应用条件、系泊线布置方式和设计考虑因素、系泊线组成方式的特点、转塔位置的影响、准静力和准动力计算分析方法等制定了相应规范。要求系泊设计既要具有良好的顺应性，以避免对 FPSO 产生过大的力，又要有足够的刚度，以避免过大的偏移造成立管损坏。系泊设计还要考虑作业模式、设计环境条件、单点系泊或多点系泊、系泊线布置、系泊线组成、转塔位置的影响、计算状态和方法等。

DNV OS E-301 规定在典型设计环境条件下，台风期间不解脱的永久性系泊，至少按100 年重现期的海洋环境条件设计，包括浮体稳定、耐波性、总纵强度等均须满足船级社规范要求，设计要求远远高于常规运输油轮的设计要求。系泊系统设计是一项复杂系统性工程，是针对具体项目分析和设计的、高度定制化的方案，并且还需要应用模型和计算机软件分析，以得出最佳设计方案。

设计中要充分考虑设计环境、船体特征、船体位移和运动、转塔位置和船体风向标效应、系泊缆材质及系泊缆分布。系泊缆材质类型主要有锚链、钢缆和聚酯纤维缆，具体选择受油田海况影响比较大，悬浮部分使用局部钢缆代替锚链，以增加系泊缆的强度，并减小顶部张力。在巴西超深水系泊中，通常采用更轻的聚酯纤维替代钢缆，聚酯纤维的优点是强度 / 重量比大、弹性好，成本也比钢缆低得多（J. Saint-Marcoux，J. Legras，2014）。

（二）系泊系统使用要求

巴西国油是众多油田的作业者，根据该公司在巴西深水区域的作业经验，对系泊系统的要求主要有：

（1）FPSO 采用多点系泊，系泊缆为非解脱式，保证设计寿命内不需解脱维修。

（2）考虑到立管系统悬挂在 FPSO 舷侧，系泊缆采用组式系泊模式。这样的设计可以在同样条件下提高最大张力，降低 FPSO 的最大偏移量。

（3）FPSO 系泊分析需要与模型试验结果进行对比，分析的结果需要经船级社审核。系泊分析需要采用巴西国油和船级社所认可的软件，包括 ARIANE、MIMOSA、DYNFLOAT 和 SIMO，如果采用其他的分析软件，则需要巴西国油和船级社的认可。

（4）FPSO 系泊系统分析中需要考虑的工况如表 7-2 所示。

在表 7-2 所示工况中，FPSO 定位需要明确所需的最小系泊缆数，并且在完整工况下，泥面处系泊缆拉力不超过 6400kN，在一根系泊缆破断工况下，泥面处系泊缆拉力不超过7500kN。

（5）根据水下井口、立管等设施的布置情况，系泊缆的布置要保证在任何状态下，系泊缆与立管、系泊缆之间、系泊缆与其他的附属结构之间不会发生碰撞。

（6）由于水深较深，故系泊缆采用锚链、钢缆、聚酯缆的组合形式。海底部分采用锚链形式，以上部分采用锚链、钢缆和聚酯缆。聚酯缆段不得与海床直接接触，防止聚酯缆发生摩擦损坏。

表 7-2　系泊系统考虑工况

设计工况	系泊系统	偏移量（%）	立管系统是否连接	浪	风	流
极限风暴	完整工况	9	所有立管连接	百年一遇	百年一遇	十年一遇
				十年一遇	十年一遇	百年一遇
	一根系泊缆破断	9.5	所有立管连接	百年一遇	百年一遇	十年一遇
				十年一遇	十年一遇	百年一遇
临时	完整工况	9	无立管连接	五十年一遇	五十年一遇	十年一遇
				十年一遇	十年一遇	五十年一遇
	一根系泊缆破断	9.5	无立管连接	五十年一遇	五十年一遇	十年一遇
				十年一遇	十年一遇	五十年一遇
风暴自存	完整工况		无立管连接	一年一遇	一年一遇	一年一遇
首油	完整工况	9	一根生产管汇	十年一遇	十年一遇	一年一遇
				一年一遇	一年一遇	十年一遇
	一根系泊缆破断	9.5	一根生产管汇	十年一遇	十年一遇	一年一遇
				一年一遇	一年一遇	十年一遇
作业工况	完整工况	—	所有立管	一年一遇	一年一遇	一年一遇

（7）系泊缆的各个部分均需由船级社认证，认证部件包括锚链索、钢缆索、聚酯缆索、连接件、导缆孔及锚绞车等。

（8）系泊缆的设计要考虑一定的腐蚀裕量，根据设计寿命，在设计中上浪区域锚链的最小腐蚀裕量不能小于 0.4mm/a（包括使用中的磨损），其余位置锚链腐蚀速度为 0.2mm/a。

（9）系泊系统的安装由巴西国油公司完成。临时锚泊系统安装过程和最终操作报告都将由船级社监督和认证。

典型系泊安装系统包括：绞车、导缆孔、系缆卷车和系链盘、连接器、锚链，以及钢缆、纤维缆和锚桩（图 7-4）。

二、系泊方式

（一）单点系泊

单点系泊技术的兴起始于 20 世纪 50 年代末到 60 年代初，主要包括以下几种方式：塔架软刚臂单点系泊系统、悬链式简单系泊系统、单锚腿浮筒单点系泊系统、内转塔式和外转塔式单点系泊系统。单点系泊系统一般需要多个构造复杂、价格昂贵的机械部件，诸如大轴承、旋转接头等。对于在环境条件恶劣海域作业的船形 FPSO，宜选用单点系泊系统。

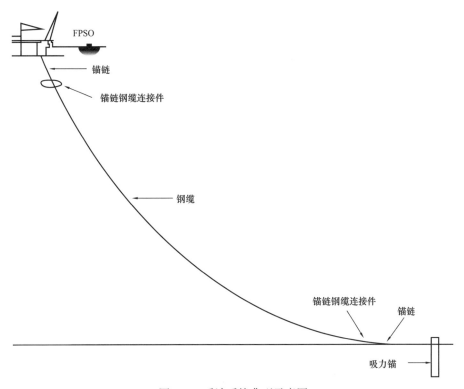

图 7-4　系泊系统典型示意图

SBM 公司在 20 世纪 80 年代早期提出了内转塔系泊概念，并在 1985 年实际应用在一艘 FPSO 上。内转塔、外转塔是单点系泊的两种主要形式。内转塔系泊装置优点是转塔直径大，可提供足够空间布置设备及管汇，内转塔嵌入船使之得到很好的保护；缺点是转塔的存在对船体结构及舱容造成了影响，系泊船的风向标效应受转塔位置的制约，适用于中等程度到恶劣海况区及深水区作业。外转塔系泊系统的优点是建造费用低、制造及安装容易，但液压控制系统及柔性立管的上部露出海面受海浪影响较大，一般应用在海况比较温和的油田。

单点系泊 FPSO 船体可以绕单点随风、浪、流作 360° 旋转，由于具有风标效应，系泊船舶将自动转到环境力最小的方向上，所以单点系泊 FPSO 适用于深海及环境条件较为恶劣海域。但随着水深的不断增加，系泊系统重量急剧增大，导致制造成本剧增，系泊效率及 FPSO 油舱储油能力降低，安装工艺复杂，且由于单点系泊船上系泊点距船首较近，还有可能导致船首倾翻情况的发生。转塔可以布置于船体内或船体外，但需要对船体进行适当加强。

通常 FPSO 是船形的，有较大的长宽比，对外力的方向很敏感，因而需要设计成具有风向标功能，使其能够随着风浪方向作 360° 全方位回转，始终处于迎风浪状态，从而大幅度减小风、浪、流引起的环境载荷和运动幅度。对于单点系泊系统，若浮体为船舶型，由于流体动力学原理，应将单点系泊装置设在艏部。

（二）多点系泊

多点系泊系统指与船体有多个接触点的锚泊系统，将其固定在一定位置。由于该系统的船舶位置及船首方向被固定，所以不能产生风向标效应，同时易受外界环境影响，适用于海况比较温和或者风浪流方向基本不变的海域，多点系泊比单点系泊 FPSO 发生船舶碰撞的风险更高。

多根系泊线在多个不同位置的点与船体连接，使得船体不能自由转动，波向角基本保持不变。优点是构造简单，初始投资和维护费用低。如果用在海况恶劣的海域，可能引起很大的船体位移和系泊载荷。多点系泊适用于对受力方向不太敏感或长宽比接近的 FPSO，多用于半潜平台，在环境条件温和的海域，例如，西非和巴西，船形 FPSO 也多采用多点系泊。

典型的多点系泊系统由一系列连接在浮体结构边界点的系泊缆组成，形式如图 7-5 所示。由于对于 TLP、SEMI 和 SPAR 平台来说，系泊系统对环境方向的影响不是很敏感，因此系泊系统可以忽略方向的影响，采用多点系泊的形式。

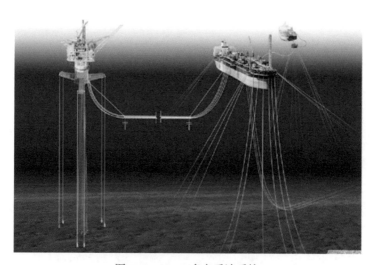

图 7-5　FPSO 多点系泊系统

巴西海域还有一种系泊方式，即差异化锚泊系统，属于多点系泊的一种。这种系泊系统在船舷和船艇采用不同的横向刚度，允许 FPSO 具有部分风向标效应。得益于系泊系统的这种特点，FPSO 不需采用滑环和转塔系统，可以大量节约开发成本。但是由此会导致剧烈舷摇运动，会使立管系统的复杂性和开发成本有所提升。

对于一个早期的差异化锚泊系统，一般有 15 根系泊线，共分为 3 组，其中两组位于船首，一组位于船尾。后期又出现 18 根系泊线的系泊系统，共分为 4 组，其中两组位于船舷，每组 6 根系泊线，两组位于船尾，每组 3 根系泊线，位于船舷的系泊线将提供主要的恢复力。然而，这种系泊系统的总体刚度主要依赖于船尾系泊线的刚度，船尾系泊缆刚度越强，船体的风向标效应就越小。

三、系泊缆

深水系泊系统逐渐发展成为三种类型：锚链悬链线系泊，一般水深不大于 1000m；链—钢缆—链半张紧系泊，水深大于 1000m；链—尼龙缆—链全张紧系泊，经济性能优越，更适合深海平台定位的需要。锚链在多年实践中表现出良好耐久性、抗磨损能力和防止锚上拔能力。通常，用在与船或平台连接部位以及与锚连接的部位。对于深水系泊，如果采用全锚链系统必然导致重量过大，而使船舶的载重量大幅度降低，系泊系统刚度、恢复力也大幅度降低，并要求很高的初始预张力。因此，深水系泊不采用全锚链系统。

锚链分为有档链（Stud）和无档链（Studless）两种。有档链具有坚固、可靠、易于装卸的特点，常用在相对较浅的水域。但是，有档链横档可能导致局部疲劳，如失去一个横档将会在连接处产生较高的弯曲力矩。因此，永久性系泊系统更倾向于采用无档链。在水深小于 100m 时，可以考虑采用全锚链的系泊线。

在等强度条件下，钢缆单位长度的重量仅为锚链的 1/5～1/3；在同样预张力的情况下，能够提供较大的恢复力。随着水深增大，这个优点显得尤为重要，但是，其抗摩擦能力远不如锚链。因而，永久性系泊系统很少采用全钢缆系统，而是使用组合式系泊线。这种组合式系泊线由锚链、钢缆或合成纤维缆组合而成。在锚链—钢缆组合中，锚链与锚连接，这样做有利于防止系泊线与海底的磨损，以及防止锚上拔。通过锚链和钢缆的恰当搭配来达到减小对预张力的要求，产生大的恢复力，提高锚的抓持力，增大抗海底磨损的能力。

组合系泊线已成为深水系泊的优选方案。在超深水海域，传统的锚链—钢缆组合也显得太重，并且系统刚度低、海底占地面积大，因而不再受欢迎，"张紧的纤维缆系泊系统"应运而生，ABS 公司于 1999 年为这种新的系泊系统还编制了相应的设计指南。聚酯缆及其他纤维系缆是主要的发展趋势，它们应用于海洋工程领域已经有 20 多年的历史了，现在的巴西海域和墨西哥湾都有应用聚酯缆实际工程项目。从 1997 年开始，巴西国油就将聚酯缆应用于实际工程，其中 FPSO 工作水深 1420m，是世界上首次将合成纤维系缆应用于 FPSO 的系泊系统（Yongyan Wu 等，2018）。

四、巴西深水系泊实例

（一）单点系泊实例

巴西盐下某油田试采生产单元FPSO，单点外转塔系泊，系泊缆9根，3根一组，水深2000m。系泊缆采用钢缆、聚酯缆模式，其下部与锚链相连。作业服务公司在FPSO到位之前，就开始安装鱼雷锚、钢缆和锚链，然后把钢缆留在海底，通过卫星实现定位。在FPSO就位后，根据作业计划，利用全球定位系统找到钢缆，在水下机器人辅助下，连接到船体连接点。一般鱼雷锚、触底锚链在FPSO到达几个月前完成预铺，在FPSO到位前的两周左右安装聚酯缆，在水下机器人的辅助下，通过机械接头连接到触底锚链上；然后聚酯缆的另一端浮在水中等待FPSO到位，最后通过机械接头连接到平台锚链上。吸力锚用于水下PLET的基础，为下端敞开、上部密封的圆筒；当下端沉入泥中后，在上部抽水，在内外压差的作用下，将筒插入泥中，作为水下设备的基础。下方吸力锚至泥面上10m，两个水下机器人一上一下扶正，在自重作用下入泥；ROV连接顶部的接口，用泵向外抽水，在内外压差作用下吸力锚下沉，下沉到预定深度，停止抽水，回收安装装置。

巴西深水盐下FPSO生产单元的系泊采用预铺和回接两步作业，系泊缆采用锚链、钢缆和聚酯缆结合的方式，适用于深水的特点。此外，小型FPSO外转塔单点系泊系统缆为9根，3根一组固定在外转塔系统。

（二）多点系泊实例

巴西深水盐下FPSO典型系泊模式为多点锚点分散式系泊，系泊锚链设计为24根，6根一组，共4组，分布在FPSO左舷和右舷（图7-6）。

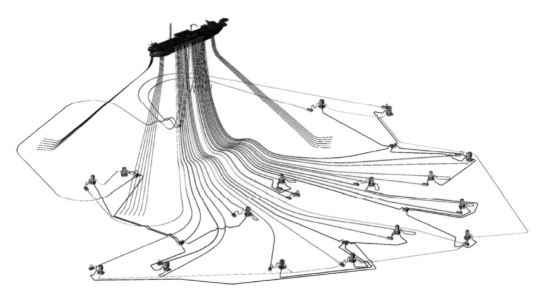

图7-6　巴西盐下典型多点系泊及水下设施部署图

系泊材料一般包括锚链、钢缆或聚酯缆、三角盘、卸扣、挂钩、鱼雷锚等。根据合同范围一般鱼雷锚及以上 200m 的锚链属于业主提供材料，以上 2500m 左右锚链、钢缆及聚酯缆属于 FPSO 船东供货范围（图 7-7）。

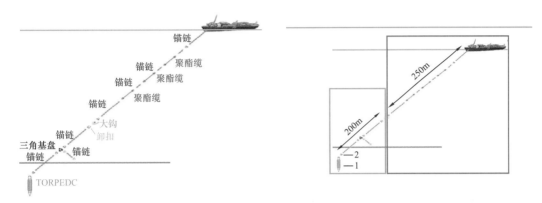

图 7-7 系泊锚链合同供货范围示意图

鱼雷锚、卸扣、主环、大钩、锚链及三角基盘由业主负责采办（图 7-8），FPSO 系泊先进行预铺设，再进行锚链回接。系泊预铺设采用两艘锚泊固定拖船（Anchor Handling Tug Supply，AHTS）完成，将鱼雷锚锚定，通过 ROV 支持作业，锚链放置海底，完成第一步锚泊预敷设作业（图 7-9）。第二步用拖船将 FPSO 拖至固定位置，完成锚链回接（图 7-10）。

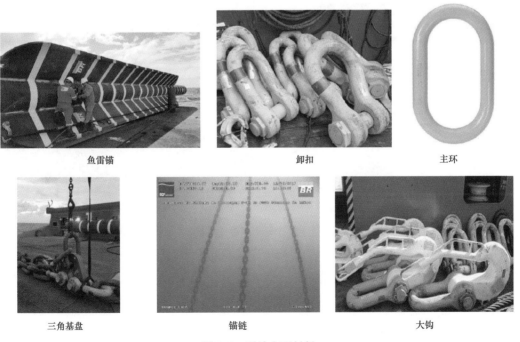

| 鱼雷锚 | 卸扣 | 主环 |
| 三角基盘 | 锚链 | 大钩 |

图 7-8 系泊主要材料

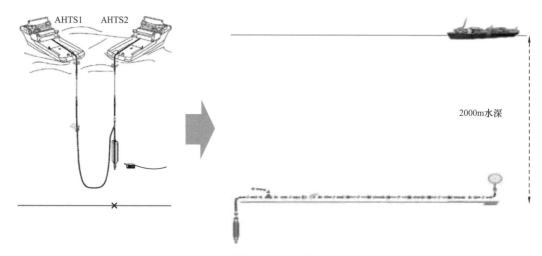

图 7-9　预铺设系泊锚链作业示意图

图 7-10　系泊锚链回接作业示意图

　　系泊预铺设作业服务包括锚固拖船、材料费用（作业工具和拖船材料），物流后勤支持和安装设计的一体化合同。其中的物流后勤支持包括支持基地、公司运输、航空运输、海上运输、柴油、饮用水和食物等。

　　在巴西深水 2000m 水深情况下，典型多点系泊设计实例为：船首朝向 185°，左舷系泊缆间隙 96°，右舷系泊缆间隙 64°（图 7-11）。

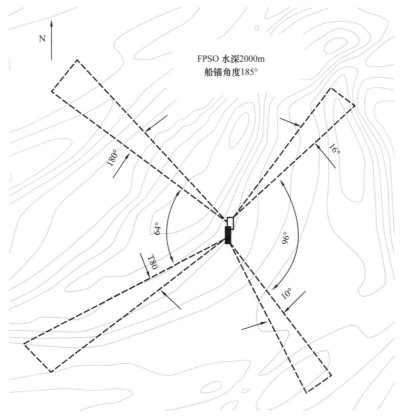

图 7-11　系泊锚链安装角度图

第四节　巴西深水 FPSO 介绍

本节结合巴西深水实例，主要对 FPSO 工艺系统、辅助系统、防腐系统、通信系统、机械系统和船体系统进行介绍。

FPSO 包括上部组块、系泊系统和船体三部分（图 7-12）。

上部组块是 FPSO 的核心系统，与普通油轮相比，FPSO 增加了生产工艺流程模块、火炬塔、特殊的外输油系统以及直升机平台等上部组块。

根据工艺流程和安全方面综合考虑，上部组块部署方式从船首到船尾主要有两种：一种依次为单点—生活楼—堆场—电站—热站—生产工艺流程模块—火炬塔—艉部外输油系统，另一种依次为火炬塔—单点—生产工艺流程模块—热站—电站—堆场—生活楼—艉部外输油系统。上部组块具备生产工艺功能，进行油、气、水生产处理，按照功能将上述处理系统大致分为主要工艺系统、辅助工艺系统和公用系统三大系统。

主要工艺系统：具体包括原油处理系统、天然气处理系统和水处理系统。主要功能是对各井口平台输送的生产流体进行脱气、脱水及脱除杂质等处理，达到外输标准，同时保证原油回收率最大。还具备除砂、防蜡、破乳及消泡的措施。

图 7-12　FPSO 三大系统

辅助工艺系统：主要包括生产污水处理系统、火炬放空系统、化学药剂注入系统、开式排放和闭式排放系统及燃料气处理系统。

公用系统：包括热介质系统、仪表气系统、海水系统、柴油系统及淡水 / 热水系统。

目前巴西 FPSO 采用模块化建造，深水油田常用的 FPSO 主要包括 19 个上部组块（表 7-3），根据油田特征和生产流体性质不同，具体的模块数量可以优化调整。如由于 E 油田在井下注入 H_2S 清除剂，生产流体中的 H_2S 的含量已经达标，因此在 FPSO 上的天然气处理流程便不需要单独设立 H_2S 脱除装置模块。

表 7-3　盐下油田 FPSO 模块

序号	单元	E 油田
1	卸放系统	√
2	CO_2 压缩单元	√
3	原料气压缩单元	√
4	CO_2 脱除单元	√
5	主压缩机与油气回收单元	√
6	天然气脱水及燃料气露点控制单元	√

续表

序号	单元	E 油田
7	注气单元	√
8	H_2S 脱除单元	×
9	收发球装置	√
10	原油处理与采出水处理单元	√
11	注水单元与海水脱硫系统	√
12	电站	√
13	化学药剂注入装置	√
14	公用系统	√
15	吊装区	√
16	自动控制与电气单元	√
17	中心管架	√
18	立管管架	√
19	火炬塔	√

一、工艺系统

对于巴西深水油气田，从油气水中分离出合格的原油是 FPSO 的主要任务。一般经过三级分离处理，当原油符合含水量（BS&W）小于 0.5% 等标准后，将合格原油送至储油舱储存。生产过程中从伴生气中分离出的可燃气体，进一步处理达到燃料气标准后自用，其余绝大部分回注到地层，仅有极少数通过火炬塔燃烧放空。生产污水处理是 FPSO 重要功能之一，在处理合格后，总油脂含量低于 29ppm 达标情况下，可以直接排海。未达标部分可以考虑进行处理后回注地层，保持地层开采压力。

FPSO 工艺系统需要满足以下总体布置原则：

（1）满足巴西当地的法律法规要求；

（2）满足生产要求；

（3）满足最低自然通风要求；

（4）危险区和非危险区需要满足最大物理间距，点火源要处于非危险区；

（5）通过降低设备机械损伤来降低泄漏风险，如防止设备被坠物砸损；

（6）提供合理的逃生、避难和撤离方式。

工艺处理模块包括原油、水和天然气的处理。在巴西深水油气田开发中，一般原油处理合格后进入油舱，生产水处理达标后排海或回注，提升海水回注地层，天然气放空、作燃料气、气举和回注（图 7-13）。

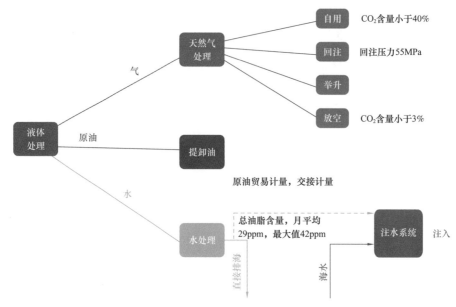

图 7-13　油气水工艺处理示意图

（一）油气处理工艺

1. 原油处理系统

1）外输原油要求

含水率小于 0.5%（体积分数）；盐含量小于 285mg/L（NaCl）；雷特蒸气压满足 68.9kPa（37.8℃）；H_2S 含量小于 1mg/kg。

2）原油处理工艺流程

来自管汇模块的井流混合物是多组分流体系统，必须经过油、气、水等分离、处理和稳定，满足储存、输送与销售要求。为满足上述要求，在 FPSO 上部组块上设置了一系列生产处理设备，其中分离器是最主要设备，另外还包括换热器、泵、脱水器等设备。巴西深水油气田通常采用常规的三级分离的流程：一级分离采用游离水脱除器，二级、三级采用电脱水器进行分离。最终将原油处理至合格商品原油，满足外输原油标准。油、气、水分离一般是依靠密度差，进行沉降分离，流体组分物理差别主要表现在密度、颗粒大小和黏度三个方面，上述物理差别会受到流速、温度等影响。

依据上述分离基本原理，油、气和水分离的基本方法有三种，即重力分离、离心分离、碰撞和聚结分离。油气田常用分离器，按其外形分为立式和卧式两种；按功能分为气液两相分离器和油、气、水三相分离器等；按照操作压力可分为负压、低压、中压和高压四类，其中负压指工作压力小于 0.1MPa，低压小于 1.5MPa，中压为 1.5~6.0MPa，高压大于 6.0MPa。

油气水三相分离器一般要求粒径大于 100μm 的液滴直接从气体中分离出来，小于 100μm 的液滴一般利用碰撞作用完成碰撞分离，利用网垫除雾器除掉 99% 的直径大于 10μm 的液滴，使气体的带液量不超过 50mg/m³。0.5um 粒径的水滴从油中分离出来，自由水中含油率也降至 2000mg/L 以下。

原油脱水最终目的是分离出油水混合液中的污水及杂质，以获得合格商品原油，达到原油外输销售标准。常用的脱水方法包括重力沉降、加热沉降、化学脱水、电脱水与电化学脱水等，这几类脱水方法在海上油田开发中均被采用，大多数情况下是两种或两种以上方法组合使用。由于电脱水具有破乳能力强，脱水效率高，占地面积小等特点，在海上油田中得到了广泛应用。电脱水过程就是乳化原油在高压电场力的作用下经过破乳、聚结、沉降，使原油与水分离的过程，其基本原理是破坏乳化液油水界面膜的稳定性，使其破裂，促进水颗粒凝聚成大水滴，借助油水密度差将水从原油中沉降下来（Aua M. T. A 等，2015）。

除了脱水外，原油脱盐也是非常关键的环节之一，原油脱盐工艺主要利用原油中的盐易于溶解于淡水中的原理，采用淡水反复冲洗含盐原油，由于原油中盐溶于水中，在脱水的同时也脱除了大部分盐。

巴西深水油田典型原油处理包括三级分离流程，分离压力取决于井口或上游压力、分离级数，以及其他燃气系统或外输压力的要求，需要综合考虑系统的技术可行性和经济性。理论上讲，分离级数越多原油收获率越高，但投资上升，占地面积增大。分离温度的确定取决于分离级数和井流物性。在分离级数确定的前提下，根据原油是否易于分离，分离效果和系统热平衡来确定各级操作温度，以油田分离试验数据为基础确定。流体在分离器停留时间越长，较小液滴就能有足够的时间凝结沉降分离，分离效率越高。但停留时间确定受原油物性影响较大，一般通过试验，综合考虑操作温度来确定，各级出口含水率要根据分离级数、原油物性、操作温度和最终分离要求而定。一般在原油三级分离流程中，一级分离器出口含水率要求小于 40%，二级通过电化学脱水或者电脱水达到商业脱水要求，一般不高于 0.5%。

根据巴西深水油气田开发工程特点，油气集输、处理工艺基本上是密闭流程，一般应用电脱水工艺，原油稳定采用微正压闪蒸法工艺，设置在电脱水之前，既保证净化原油进舱基本稳定，又非常有利于电脱水器的安全操作（图 7-14）。

一级分离流程：一级分离设备包括气液分离器、游离水脱除器、原油换热器、原油加热器。来自管汇模块的生产流体，首先进入气液分离器实现气液初步分离，之后进入高压自由水脱除器进行油、气、水三相分离。分离出来的气体进入主压缩单元，分离出来的水进入生产水处理系统，分离出来的原油通过原油换热器和原油加热器后进入二级分离流程。

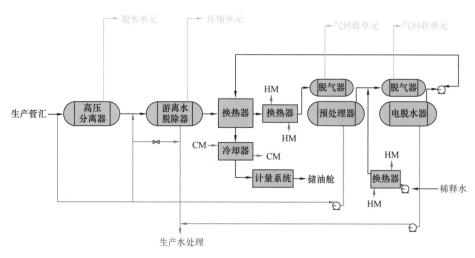

图 7-14　原油处理系统流程图

二级分离流程：二级分离设备主要由脱气器和预处理器组成，预处理器采用电脱水处理原理，原油经原油加热器加热至 90℃进入闪蒸罐中脱除气态轻烃，从而降低了原油蒸气压，脱除的气体进入天然气回收单元，脱除部分轻烃后的含水原油进入预处理器进行油水分离，分离出来的水分为两部分，由于水温较高，一部分水进入一级分离流程入口，来保证一级分离器操作温度为 40℃，其余部分水进入生产水处理系统。分离出来的原油进入三级分离流程。

三级分离流程：三级分离流程主要由脱气器和电脱水器组成。原油进入脱气器脱除轻烃，气体进入天然气回收单元，含水原油则通过三级分离电脱水器行深度脱水和脱盐。分离出来的水同二级分离，一部分水进入一级分离流程入口，来保证一级分离器操作温度为 40℃，其余部分水进入生产水处理系统。分离出的原油进入原油换热器进行冷却，冷却后进入油舱储存。此外，原油在进入低压脱气器前在其中掺入淡水，用淡水冲洗原油溶解的盐类，使盐类溶于淡水，在三级电脱水器脱水的过程中也将原油中盐类脱除。三级分离器出口原油要达到合格商品油规格，含水率要小于 0.5%，含盐量小于 285mg/L（NaCl），雷特蒸气压小于 68.9kPa（37.8℃）保持原油稳定。为了降低油气集输过程中的蒸发损耗，将原油中挥发性强的轻烃组分较为完整的脱除出来，以降低原油在常温常压下的蒸气压。这种在原油储存前将轻组分从原油中除去的工艺即原油稳定工艺。原油稳定的深度通常可以用最高储存温度下原油的饱和蒸气压来衡量，雷特蒸气压是国外对稳定原油饱和蒸气压的衡量值，是一个条件性的测定值，必须按照相应的操作步骤进行测定，测定时在测定器中液体油品与蒸发空间的体积比为 1∶4，并在37.8℃时，测出油品蒸气的最大压力，称为雷特饱和蒸气压，稳定后的雷特蒸气压控制在 68.9kPa。

2. 天然气处理系统

天然气处理是 FPSO 的另一项主要功能，目的是把分离出来的天然气进行收集、分离净化、增压至可用标准后，供各用户使用。巴西深水部分盐下油田一般高气油比、高含 CO_2，除生产平台自身用气外，还有大量的剩余天然气。由于高含 CO_2，一般用于全部回注地层产生混相驱，提高油田采收率，同时也符合绿色、环保作业的要求。FPSO 天然气伴生气经处理后主要有以下几种用途：一是作为自身的燃料需求，主要是供电站、热站、压缩机动力燃料使用；二是用作油田的气举；三是余下部分回注油田，提高采收率。除此之外，还有将天然气输送至另一个海上平台的可能性。天然气合理处理和应用是巴西深水油田开发面临的重要研究课题之一（Vidar Gunnerud 等，2013）。

对于 E 油田，每个生产单元 FPSO 天然气回注技术参数要求气体回注压力为 55MPa，整个生产单元回注天然气量 $1050 \times 10^4 m^3/d$。初步设定天然气立管顶部回注温度为 $-20 \sim 60℃$，气举压力为 25MPa，单井最大气举量为 $50 \times 10^4 m^3/d$，整个生产单元最大气举量为 $200 \times 10^4 m^3/d$，气举管线立管部分顶部温度设计为 $-20 \sim 95℃$。从电脱水器闪蒸罐中分离出天然气，进入蒸气回收单元，然后进入低压天然气压缩机入口处。从自由水脱离器中分离出的天然气也汇入低压天然气压缩机，与从高压分离器分离出的气体混合，进入天然气脱水单元，通过分子筛或者三甘醇吸附脱水装置，将天然气中的含水降至 $42g/m^3$。

脱水后的天然气，通过主压缩机进行压缩回注到储层或者用作天然气气举。部分经过脱水后的天然气经过碳氢露点调整（10℃，53bar），然后输入到脱 CO_2 分子膜进行 CO_2 分离、酸气脱除，降低 CO_2 含量。需要达到如下标准：将天然气中 CO_2 最高含量由 45%（摩尔分数）降至 3%（摩尔分数），天然气 CO_2 含量为 45%～60%（摩尔分数）降至不超过 20%（摩尔分数）。达到上述标准后，天然气被用作燃料气和放空燃烧，其中 CO_2 含量 3% 的天然气用作火炬放空燃烧，含量不超过 20% 的天然气用作燃料气供平台自用。通过分子膜分离后的高含 CO_2 的天然气送入主压缩机，然后通过气水交替回注管线、注入井井筒回注到储层。

1）酸性气体脱除工艺技术方案

天然气中的主要酸性气体 CO_2 脱除方法通常分为固体脱碳法和溶剂脱碳法，其中固体脱碳法常见的有吸附法和聚合物膜分离法。

由于伴生气在脱水处理后进行油藏回注，故不需要考虑脱 H_2S，上部组块处理设施中不单独设置 H_2S 处理设施。只对燃料用气脱除 CO_2，脱除后的 CO_2 还需进一步压缩进行回注。

2）天然气脱水技术方案

一定条件下天然气与液态水达到平衡时天然气的含水量称为天然气饱和含水量，以 g/m^3 为单位。天然气中饱和含水量取决于天然气温度、压力和气体组成等条件。天然气脱水工艺目前常用的方案有：固体干燥剂吸附法、溶剂吸收法、注防冻剂＋辅助制冷法，具体见表 7-4。

表 7-4 脱水工艺适应性对比分析

脱水工艺	优点	缺点
固体干燥剂吸附法	常用工艺为硅胶吸附脱水和分子筛吸附脱水。硅胶脱水主要用于浅度脱水装置；分子筛脱水主要用于天然气深度脱水加工，可使脱水后天然气含水量< 0.5mg/L。分子筛脱水工艺由于其稳定、高效的脱水效果在天然气深度脱水处理装置中得到了广泛的应用	吸附剂需要经常再生吸附，设备一次性投资高
溶剂吸收法	能耗小，操作运行费用低	露点不高，一般为 30～40℃，因此，主要用于水露点要求不高的场合
注防冻剂＋辅助制冷法	工艺方法能耗较低，常用防冻剂主要有甲醇和乙二醇，其中乙二醇主要用于浅冷装置中，甲醇主要用于深冷装置中	甲醇、乙二醇消耗量较大，且对环保不利，新的天然气处理装置中一般已不再采用该工艺，通常只在应急临时工况下作为应急方案采用

结合各工艺特点及工艺设计要求，天然气含水量要小于 1mg/L。为有效脱除天然气中的水分，避免天然气经压缩后注入过程中出现天然气水合物堵塞管线，一般选择采用分子筛吸附脱水工艺。采用分子筛吸附脱水，水露点降低，脱水后天然气含水量可低于 1mg/L，露点温度可达 -70℃以下，满足了深冷分离的要求。分子筛吸附脱水工艺还具有对进料气的温度、压力、流量变化不敏感，操作弹性大，且操作简单、占地面积小的优势和优点。

具体到 E 油田，该油田由于高气油比，天然气处理中心占到整个 FPSO 面积的 60% 左右，再加上这些天然气处理装置需要大量的电力供应，大大限制了原油产能和处理能力。尤其是在天然气回注储层的模式下，天然气必须经过处理，所含的水、CO_2 和 H_2S 处理后，要求天然气达到燃料气和外输气标准。天然气脱水是必须的工艺环节，若不进行脱水处理，则会产生腐蚀和形成天然气水合物。所有高含 CO_2 的天然气回注到储层是安全、环保和健康的处理方式。因此复杂天然气处理装置和天然气压缩装置需要能源供应是影响经济评价的关键因素。

3）应用性技术探讨

要实现天然气综合利用的最佳方案，需要先进和可操作技术来去除 CO_2、水和 H_2S，更高效的天然气处理技术必须得到发展以便减小 FPSO 占地空间和降低天然气处理模块重量。因此先进的天然气处理工艺具有处理高含 CO_2、高分离效率、占地面积小和重量轻等特征。在 E 油田生产单元 FPSO 上部组块天然气处理工艺中，分子筛吸水技术得到应用，该技术使用沸石作为吸附剂，沸石是一种矿物晶体，是由硅铝酸盐矿物形成的天然分子筛结构。沸石具有高吸附容量、大的吸附能力及亲水性，用于天然气处理后含水量低于1mg/L。但该装置占到整个处理装置模块重量的10%左右，同时也是耗电较大的装置，大概需要6MW以上，另一个限制是沸石吸附剂耗费，频繁更换增加运营成本并降低产量。

尽管在天然气回注方案中存在许多挑战，但高含CO_2对天然气的利用起着积极作用，气相中的水溶性随着CO_2含量的增加而增加，这意味着可以有更多的水加入到气相中直至达到露点并产生自由水。以上特征允许将回注气体含水量规格从1mg/L放宽至20~40mg/L，并且因此使得脱水技术的使用不必达到非常低的水平，如三乙二醇（TEG）吸收技术，与分子筛技术相比，虽然由于三乙二醇再生效率增加了工作复杂性，但该项技术可以减少装置的占地面积和重量。

目前聚合物膜分离广泛应用在CO_2脱除工艺，这是一种低占地面积和重量的散装分离技术，能满足压缩最低要求。露点控制单元避免了天然气在膜中凝结。CO_2选择性地渗透聚合物膜，使得燃料气中的CO_2含量降至3%。即使考虑天然气完全回注方案，目前E油田与其他盐下油田相比，天然气处理模块也更重，占用更多空间。因此，碳分子筛过滤和全过滤两种技术可进一步降低模块的重量和所占体积，提高原油生产效率。

分子筛过滤技术是成熟技术。许多供应商可以为各种压力和温度范围内的CH_4/CO_2分离提供商业解决方案，并适用于不同的污染物浓度条件。在高CO_2逸度下，吸附污染物增加了聚合物链段的流动性，所有组分的扩散性变得更高，降低了二氧化碳选择性。这种现象减少了天然气回收效率，降低了高压下膜分离的吸引力和高CO_2含量的适用性。

与常规聚合物过滤膜相比，碳分子筛（Carbon Molecular Sieve，CMS）在实验阶段较好的验证了CO_2的高渗透性，此外，CMS膜在侵蚀性进料条件下不易发生塑化和膨胀变形，这种抗塑化性可以允许更高的操作压力（例如压力大于7MPa）和更高的CO_2含量，降低了由于压缩降低造成的功耗。由于渗透性和选择性较高，因此使用该项技术，可以有效降低上部组块重量和所占体积。另一个优点是减少渗透物流中的碳氢化合物损失（富含CO_2流体），此外，该技术可以按顺序取代现有操作设施中的聚合物膜，在高于设计的气油比或CO_2浓度的情况下消除瓶颈生产。壳牌一直在与佐治亚理工学院和液化空气集团合作开发CMS膜，当前该项技术已在实验阶段得到了很好的验证，取得了一定成果。完成了包括在高压（12MPa）、高温（75℃）及污染物存在下进行的测试。该技术目前仍处于实验研究向矿场实验应用的过渡阶段，需要进一步研究并在实地进行先导实验。

此外，Air Luquide公司提出综合脱水、除去重质组分，以及除CO_2和H_2S的新技术，命名为综合聚合物膜处理技术（All Mambrane Solutions，AMS），该技术可以实现硫化床的功能，用于去除H_2S。然而，AMS技术仍需根据E油田生产的天然气的特征和参数进行评估。如果AMS技术在试验中得到证实可行，那么该方案对于解决诸如E油田这类高气油比和高含CO_2的生产瓶颈问题就非常适宜，从而进一步提高经济效益。

4）天然气工艺流程

在了解了天然气处理系统原理和应用技术后，下面介绍天然气工艺流程。天然气工艺流程模块包括天然气回收单元、天然气脱水单元和天然气脱 CO_2 单元（图7-15和图7-16）。

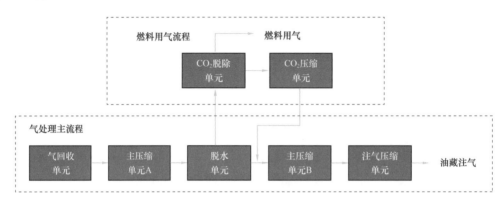

图 7-15　天然气处理流程图

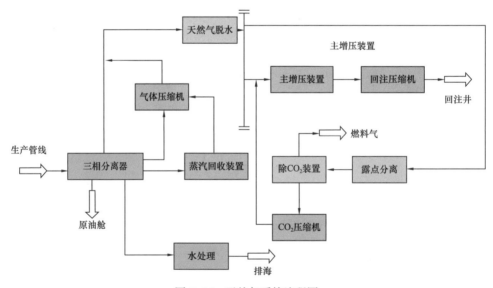

图 7-16　天然气系统流程图

天然气回收单元设置两台螺杆式压缩机，一用一备。收集原油三级分离器中分离出的气体并对其进行增压，之后进入主压缩单元进行增压。天然气脱水单元采用天然气分子筛脱水工艺流程，主要由进口分离器、进口加热器、分子筛脱水塔、再生气预加热器、再生气电加热器、再生气冷却器、再生气分离器等设备组成。分子筛脱水工艺采用四个脱水塔流程，两塔用于吸附脱水，另外两塔进行再生和冷却，四塔同时进行，相互之间切换操作。天然气脱 CO_2 单元是在 FPSO 的天然气在进行脱水处理后，通过天然气脱水气换热器加热，然后进入 CO_2 膜分离单元进行 CO_2 分离操作，分离出来的天然气（脱碳气）一部分通过燃料气洗涤器脱除液滴后供用户使用，主要是为电站、热站、CO_2 压缩机组提供动力燃料，剩余部分进入压缩机进一步压缩，压缩后的 CO_2 与天然气回注气一起经注气压缩机加压，通过注入井向油田地层注气，以维持油层压力，提高原油采收率。

（二）辅助工艺系统

1. 化学药剂系统

一般深水油气田用到的化学药剂包括破乳剂、消泡剂、防腐剂、降凝剂、反相破乳剂、除氧剂、杀菌剂、防海生物化学剂、防垢剂、絮凝剂、浮选剂和防冻剂。原油处理用药剂包括破乳剂、消泡剂、防腐剂和降凝剂；生产水处理用药剂包括反相破乳剂、防腐剂、防垢剂和浮选剂等；海水处理用药剂包括防垢剂、防腐剂和氯化物；天然气系统用药剂有防冻剂；生产水作为注水介质需用絮凝剂和杀菌剂；深水处理工艺除了上述絮凝剂和杀菌剂外，还要加入脱氧剂和消泡剂。

根据巴西深海典型油田特征，相关工作中所涉及化学药剂比较复杂，主要包含的药剂类型及各种药剂使用范围见表 7-5。

表 7-5 化学药剂类型及使用范围表

药剂类型	使用范围
H_2S 吸收剂	水下生产 / 上部组块
水合物抑制剂	水下生产 / 上部组块
除垢剂	水下生产 / 上部组块
防蜡剂	水下生产
沥青质抑制剂	水下生产
破乳剂	上部组块
消泡剂	上部组块
反向破乳剂	上部组块
杀菌剂	上部组块

化学剂注入系统如图 7-17 所示。根据井筒和采油树流动保障分析，该系统设计注入化学剂至井底进行防硫化氢、防垢、防沥青，同时也可以注入化学剂至水下采油树防蜡、沥青和水合物沉积。

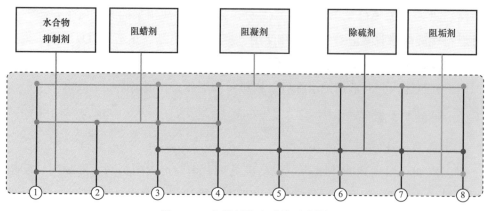

图 7-17　化学剂注入系统示意图

2. 柴油系统

柴油系统的主要作用是储备柴油并输送给各个生产处理单元使用，柴油用途主要用于燃料燃烧、推送清管器和清洗管线等。

3. 排放系统

上部组块排放系统的功能是收集和处理来自生产设备正常和非正常状态下排放的流体，收集和处理甲板上排放的雨水和含油污水，以保护人员、设备的安全，并避免环境污染。

4. 热媒系统

热媒系统利用燃气透平尾气的余热，在余热回收单元对热媒介质加热，通过热媒循环泵将热媒介质输送至 FPSO 的各个有热量需求的系统，通过换热器为其提供热能。

5. 火炬和放空系统

火炬系统主要设备包括火炬筒体、火炬头、分液罐等。

放空系统主要设置 2 套独立的放空系统来接收低压（接近常压）气体并将其安全释放，包括储油舱气放空系统、立管放空系统。

火炬系统主要作用是安全可靠地收集和处理因生产系统出现异常和紧急情况而泄放的烃类气体以及在开车、停车、泄压、设备和管道吹扫过程中产生的各类排放物。由于这些排放物的性质不同，有些不能混合在一起，因此 FPSO 设施要将其排放至不同的系统。E油田生产单元 FPSO 火炬系统根据流体压力分为高压（HP）火炬系统和低压（LP）火炬系统，收集从安全阀、压力控制阀、泄放阀、管线等泄放的气体。

（三）水处理工艺

FPSO 水处理工艺系统主要包括以下 8 部分内容：采出水处理系统、注水系统、海水系统、循环冷却水系统、海水淡化系统、生产 / 生活淡水系统、除盐水系统和生活污水处理系统。

1. 采出水处理系统

采出水处理工艺系统用于处理自由水脱除器分离出来的采出水，处理达标后排海。

1）设计指标

采出水中含盐量：$3 \times 10^4 \sim 2.7 \times 10^5 \text{mg/L}$；

最大总采出水水量：$15 \times 10^4 \text{bbl/d}$；

排海水质指标：采出水处理设施排海的水质要求满足巴西环保部（Resolução CONAMA 393/07）要求（含油量≤29ppm）。

2）设计参数

设计能力：$15 \times 10^4 \text{bbl/d}$（24000m³/d）；

采出水处理系统水质指标：含油量≤29ppm。

3）采出水处理流程

自由水脱除器分离出来的采出水首先进入撇油罐经重力分离去除浮油、部分分散油及粒径较大的悬浮物，再经水力旋流器进一步去除粒径较小的分散油，最后经立式浮选器利用微气泡黏附细小油滴及细小的悬浮物，随气泡上浮得以去除，使出水含油量≤29ppm时直接排海（图7-18）。在某些特殊情况下，若处理后的产出水的水质达不到排海指标要求时，处理后的采出水首先排至备用油罐存储，待系统正常后再进入采出水系统重新处理。排海管线上设置一台在线含油分析仪，以在线监测排海污水中含油量指标是否符合标准，在巴西遵循标准是 SM 5520-B。当前随着巴西环保署 IBAMA 对生产水排海要求越来越严苛，采出水增加了 100% 回注方案工艺流程设计可能性。

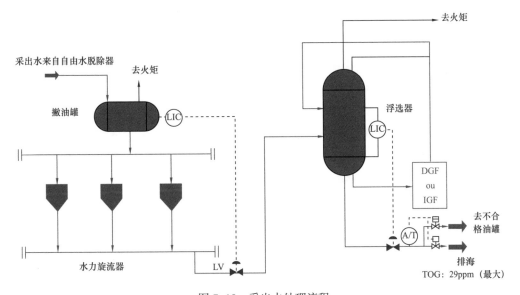

图 7-18　采出水处理流程

产出水处理配置至少包括常规技术（撇油罐、水力旋流器和浮选器），除此之外还包括备用储油罐连接自清洁过滤器、陶瓷膜、多重介质过滤器等，保障产出水达到回注标准，并能在不合格油储罐检修情况下可以走旁通，实现产出水顺利回注地层。

2. 注水系统

注水系统充分借鉴巴西深水油气田开发经验，进行海水提升，然后处理，处理合格的海水进行储层回注，以保持地层压力。海水回注系统包括过滤器、脱硫装置（Sulphate Removal Unit SRU）、除氧器和回注泵。注水可以通过注入生产水和处理后的海水，E油田生产单元中保持最大注水能力 25×10^4 bbl/d。作业温度不超过 40℃，最大含硫量 100ppm，最大含氧量 10ppb。

注水系统将海水系统供应的海水经过去除悬浮物、硫酸盐、脱氧处理后，达到注水水质（硫酸盐含量低于 100ppm，溶解氧含量低于 10ppb）要求，通过注水泵加压回注地层。该系统包括多介质过滤器、保安过滤器、脱氧单元、3套硫酸盐去除单元（$3 \times 33\%$，每套工作负荷为 1/3，3套设备同步工作）、化学药剂注入单元、3套注水设施（$3 \times 33\%$）。脱氧海水与冷却水系统进行换热后进入注水设施。

在脱氧塔和脱氧剂注入点下游设置含氧量在线测定仪。注水泵选型满足 API 610 要求，所选注水泵出口压力正常值为 35MPa，注水系统设计压力是 8.5MPa。

3. 海水系统

海水系统需要设置一套低温海水取水系统，从深海提升低温海水，用作闭式循环冷却水系统的冷媒。另设置一套取水系统，用于注水系统、透平发电机、次氯酸钠发生装置、海水淡化装置、消防水系统及为其他海水用户提供海水，除此以外，海水还用于公用管线和生产管线的压力试验及泄漏性试验。

次氯酸钠发生装置，用于向低温海水取水系统注入次氯酸钠，防止海生物生长。在海水系统中设置采样口，监测下游海水用户的海水残余氯浓度值（0.5～1.0ppm）。

4. 循环冷却水系统

设置两套独立的闭式循环冷却水系统，一套冷却水系统向油气处理系统提供冷却介质，工艺装置返回的热水经海水／冷却水换热器换热，再经冷却水泵加压后密闭送至工艺装置；另一套冷却水系统向生活楼、船体等提供冷却介质，返回的热水经海水／冷却水换热器换热，再经冷却水泵加压后密闭送至生活楼、船体等。海水／冷却水换热器所用海水由海水系统提供，低温海水作为冷媒。循环冷却水系统补充水采用除盐水。

透平发电机的冷却采用开式冷却系统，利用海水直接冷却，直接从海水总管提升海水，换热后通过排海口排海。

5. 海水淡化系统

在 FPSO 上设置一套海水制淡装置，用于制造生产淡水、生活淡水和饮用淡水。海水淡化系统采用反渗透工艺，主要由过滤器、超滤单元、一级反渗透单元组成。超滤系统需定期进行反洗以清除超滤膜表面的杂质，反渗透单元产生的少量浓水，由浓水管直接排海。

6. 生产/生活淡水系统

FPSO 所需生产/生活用水水源来自海水淡化装置产生的淡水，其中一部分淡水采用紫外线杀菌消毒并补充矿物质后作为饮用水。FPSO 设置淡水快速接头，也可接收供应船供应的淡水。

生产/生活淡水系统主要包括生产/生活给水泵、储水罐及辅助设施。在右舷前后两侧吊机附近分别设置 1 个 4in 淡水快速接头。

7. 除盐水系统

该系统用来生产工艺装置及闭式循环冷却水系统所需的除盐水，主要由二级反渗透和 EDI（Electrodeionization）连续电除盐技术单元组成。

原水为海水淡化系统生成的淡水，经二级反渗透 +EDI 单元进一步去除水中残余的溶解性离子以及某些弱离子化合物，产生的除盐水进入除盐水罐，经除盐水泵送至各工艺装置。二级反渗透产生的浓盐水排入一级反渗透单元，EDI 冲洗废水排海。

8. 生活污水处理系统

在 FPSO 上设置一套生活污水处理橇，由于处理平台生活黑水和灰水，处理后的指标要求满足 IBAMA 要求。

生活污水处理橇主要包括：活性污泥系统、曝气系统、杀菌系统等相关设施，其上、下游均设置取样点，排海处设置在线计量装置。

二、辅助系统

（一）安全消防

1. 消防系统

FPSO 消防立足于以自救为主，根据火灾类型及范围设置不同部署消防系统，具备包括：为油气处理设备设置水喷淋系统；为储油舱及主甲板设置泡沫灭火系统；为部分电气设备房间部署 CO_2 灭火系统；封闭机器场所设置高压水雾系统；设置直升机甲板保护系统；生活楼内设置消防泵站；另外，还在厨房设置湿粉灭火系统等，要在不同的安全消防点设置相应的消防水炮、泡沫炮、消防栓、灭火器。

消防水系统包括消防泵、稳压泵、消防水主环路、喷淋阀等设施。用于保护油气处理设备，分为泡沫系统、直升机甲板和生活楼消防水等。

1）消防泵

海水被用作消防水，由消防泵提供给消防水系统及泡沫灭火系统。消防泵的数量、驱动方式及布置位置满足在任何一台消防泵发生故障时，其余消防泵仍能为系统提供100%的消防水量及压力要求。消防系统最大供水量由预估的最大消防水量确定，提供压力满足最不利点所需压力要求。柴油消防泵满足不低于18h的不间断运行要求。

2）消防水主环路

消防水主环路为各自对应用户提供消防水。消防环路布置应避免火灾爆炸及机械损伤对环路的影响。环路上设置一定数量的隔离阀，保证当环路某一部位发生故障时，灭火介质仍能到达灭火点。

3）稳压系统

为提高消防水系统响应速度及避免系统因微泄漏而引起消防水系统误启动，设置稳压系统。稳压水由海水提升泵供给。稳压系统应保证消防水系统最低点压力不低于10MPa。

4）水喷淋系统

水喷淋系统主要包括喷淋阀橇及喷头，为着火设备提供冷却水。喷淋水密度应满足NFPA-15及ISO 13702相关要求，具体见表7-6。

表7-6　喷淋水密度相关要求

设备	喷淋密度［L/（m² · min）］
立管区	10
油气容器	10.2
原油清管球发射器/接收器	10.2
泵（输送烃类物质）	20.4
化学药剂注入罐橇	6.1
柴油罐橇	6.1
烃类过滤器	10.2

喷淋阀橇由消防环路的不同隔离段直接供水。喷淋阀橇布置在防火区域外并设置前后隔离阀及旁通阀、调试阀。

2. 泡沫灭火系统

泡沫灭火系统主要包括泡沫泵、泡沫罐、泡沫主环路、混合器、泡沫发生装置等设施。用于保护储油舱、主甲板等易形成池火的区域。来自消防水系统的消防水与来自泡沫灭火系统的泡沫浓缩液通过比例混合后，泡沫溶液被输送到泡沫发生器，发泡后的泡沫液喷射到灭火点，实施灭火。泡沫液适用于海水。泡沫泵一主一备，均连接主电源及应急电源，提供压力应保证任一注入点压力至少高于消防水压力20MPa。

3. CO₂ 灭火系统

CO₂ 灭火主要用于电力设备。FPSO 上容量大于 1000kV·A 的电器设备房间及输出功率大于 375kW 的内燃机房间，需要设置一套高压 CO₂ 灭火系统。灭火剂用量根据 NFPA–12 标准由最大火区所需用量确定，一用一备。铺设有高压电缆房间的地板夹层和天花板夹层也由 CO₂ 灭火系统保护。对于有人员出入的保护区域，应设置不低于 30s 的延迟释放时间。

气体灭火系统主要由灭火剂储瓶、瓶头阀、高压软管、单向阀、分区控制阀、压力开关、驱动气瓶、灭火剂输送管道、喷头等组成。控制方式包括：自动控制、手动控制（中控或现场）及机械应急启动控制。

4. 水雾灭火系统

水雾灭火系统主要用作 CO₂ 灭火系统的替代保护系统。消防泵间、应急发电机间等场所可用高压水雾灭火系统保护。水雾灭火系统包括清水储罐、加压泵及水雾喷头等主要设施。水雾灭火系统的设计应满足 NFPA–750 相关要求。控制方式包括自动控制、手动控制（中控或现场），在系统释放前应有 15s 的释放警示时间。

5. 直升机甲板保护系统

根据相关要求设置直升机甲板保护系统，在直升机甲板两侧各设置两个消防栓和两门消防水 / 泡沫炮，在直升机甲板附近为直升机甲板保护系统单独设置一泡沫罐。上述设备在任何情况下均能保证喷射灭火介质到直升机甲板任何位置，泡沫液的喷射量满足以直升机总长为直径的圆面积内不低于一定的喷射密度，某 FPSO 的喷淋密度为 $6\left[L/\left(m^2\cdot min\right)\right]$，喷射时间不小于 5min。另外，配备总容量不少于 45kg 的干粉灭火器和总容量不少于 18kg 的二氧化碳灭火器。直升机加油装置也用泡沫灭火系统保护。

6. 其他灭火系统及辅助消防设备

在厨房设置一套湿粉灭火系统，用于扑灭灶台和油烟排风管内的油脂火，每层生活楼楼道内设置消防软管站。各防火区域配备足够数量的灭火器和其他辅助消防设备，灭火器数量和类型与其所在区域的火灾类型匹配。

（二）逃救生系统

1. 逃生

在 FPSO 生活楼内设置临时避难间，在救生艇附近设置集合区。救生艇布置在左右两舷，每舷总容量能容纳船上人员总数。单台救生艇乘员人数一般为 50 人或 80 人。左右舷分别配备气胀式救生筏，其总容量应能容纳船上人员总数的 2 倍。

主甲板左右舷各设置一条通往生活楼的主逃生通道，上部组块各工艺处理模块甲板外边缘也设置主逃生通道并通过斜梯与主甲板逃生通道相连，辅助逃生通道连接对应区域的主逃生通道，方便人员选择不同路线逃生。

主逃生通道净宽度一般为 1.2m，净高度为 2.3m，辅助逃生通道净宽度为 1.0m，净高度为 2.3m。沿逃生通道设置白天和夜晚能够识别的明显指示标志。

2. 撤离

人员主要通过救生艇、救生筏以及守护船撤离 FPSO，直升机由于乘员人数限制及易受气候条件影响，不作为主要撤离方式。

3. 救助

FPSO 上发生下列情况时，需要救助：

（1）人员生病或受伤；

（2）直升机事故；

（3）人员落水。

FPSO 上设置医疗站及急救包，病人及受伤人员在 FPSO 上接受初步治疗，需要送到陆地进行进一步治疗的，考虑直升机运输为主要的救助工具。直升机事故人员的救助考虑值班船及救助艇救助。FPSO 上设置的救助艇满足 SOLAS（Safety of Life at Sea）相关要求，直升机抵离 FPSO 期间，值班船应在 FPSO 附近值守。在 FPSO 舷侧设置足够数量的救生圈，可对落水人员提供救助。同时，值班船和救助艇也参与救助。

上述安全消防设备主要设备总结见表 7-7。

表 7-7 安全消防主要设备表

序号	设备名称
1	消防泵
2	泡沫泵
3	稳压泵
4	泡沫罐
5	稳压罐
6	喷淋阀控制站
7	消防水／泡沫炮
8	消防水过滤器
9	CO_2 灭火系统
10	湿粉灭火系统
11	救生艇
12	救助艇
13	救生筏

（三）电气系统

FPSO 电气系统为 FPSO 上部组块及船体部分提供电源分配，主要用电负荷包括工艺系统、公用系统、船舶服务设备等；应急负荷主要包括应急照明、应急电伴热系统、应急消防泵、舱底泵等重要设备。根据负荷的重要性和运行工况，采用不同的电源进行供电。部分重要负荷除采用应急电源供电外，还需采用 UPS 作为后备供电保障措施。

1. 供电电源

1) 主电源

FPSO 的主电源由双燃料发电机组组成。正常生产工况下，主发电机组一用一备，其他机组运行满足最大计算负荷要求，当用电负荷达到峰值时，可启动备用发电机，所有发电机组并列运行。

FPSO 配备功率管理系统（Power Mangement System，PMS），可根据工况和负荷运行情况，分配负载和优先脱载。

2) 应急电源

为保障 FPSO 生产安全及人员的工作安全，须设独立的应急电源，在主电源供电失效的情况下，为消防、救生、通信、导航、事故处理及重要设备等供电。应急发电机布置在室内。在主电源失电后的 45s 之内，应急发电机组应自动起动，并具备向应急负荷连续供电至少 18h 的能力，在主发电机重新启动之后，应急机组应能与主电系统进行短时并车应用，并自动停机。

3) 不间断电源系统（UPS）

FPSO 除了配置主发电机组、应急发电机组外，还需要配置 UPS 作为后备电源，为中控系统、通信等重要设备供电。一般的 FPSO 需配置有交流（AC）和直流（DC）两种不间断电源系统。

交流 UPS 系统主要为 PFSO 的仪表和自动化系统供电，采用并联双冗余型 UPS，每个 UPS 应配备专用的旁路变压器，通过静态开关自动传输。UPS 输出电源应与地隔离，在中控系统的本地和远程报警中提供接地故障检测报警。

直流 UPS 系统为应急发电机启动与控制和消防水泵启动和控制提供电源。

2. 配电系统

1) 高压、低压配电系统

FPSO 配电系统设置高压配电盘，给大功率的旋转设备供电，并通过多台降压变压器为上部组块的低压配电盘供电。高压、低压配电系统采用冗余设计，保障在任何设备、电路或母线出现故障的情况下都不会影响整个系统工作，也不会降低 FPSO 的生产、处理能力。

主母线应至少分为两段，通常每台主机通过一个断路器连接至配电盘。低压配电系统应为二次选择型配置，主母线至少分为两段，每段母线分别由一个断路器馈电。每段母线可以由各自降压变压器正常供电，也可以通过母联互锁切换供电回路。

2）电力变压器

电力变压器满足相关规范要求，如 IEC 60146 等。单台变压器的容量应满足总负荷需求的 100%，在应急条件下可为全部重要冗余负荷供电。

3）低压配电系统

根据负荷类型和工况要求，将低压配电系统分为不同的设备组和配电板，主要包括：正常工艺设备，正常公用、船舶服务设备，应急负荷。

4）主要电气设备选型要求

（1）FPSO 上所有的电气设备应在下列环境条件中适用：适用于所在区域的最高和最低环境温度；适用于正常操作下发生的振动和冲击；适用于盐雾空气条件，包括在某些特定的条件下遇到的盐雾、油雾和某些化学物质，如二氧化硫、硫化氢等；适用于在危险区域的油气、天然气存在的环境。

（2）在危险区域的电气设备：在一般情况下，电气设备不应安装在任何危险区域或空间。如果不可避免，应安装防爆认证的电气设备。对于非危险区的电气设备，其外壳防护等级室内为 IP23，室外场所为 IP56。对于危险区的所有电气设备及器件（包括接线盒等），均选用与危险区分类相对应的防爆产品，其外壳防护等级至少为 IP56。

（3）认证要求：所有电气设备应满足海洋环境的要求，并具有第三方认证。

（四）仪表自控系统

FPSO 仪表自控系统为采用计算机集成制造技术（Computer Integrated Manufacture，CIM）的集成操作和监控系统，FPSO 的自控系统（Automation and Control，A&C）由控制系统和现场仪表组成。

FPSO 自控系统能够实现工艺数据采集、显示、控制，以及故障状态下的紧急关断，火灾和危险气体泄漏等危险状况的探测及处理，保证 FPSO 的正常运行，保障人员、环境和设备的安全。

FPSO 自控系统主要包括以下子系统：（1）中央控制室（Central Control Room，CCR）；（2）控制／联锁系统（Control/Interlocking System，CIS）；（3）储罐监测系统（Cargo Monitoring System，CMS）；（4）水下生产控制系统（Subsea Production Control System，SPCS）；（5）卸油监测遥测系统（Offloading Monitoring Telemetry System，OMTS）；（6）计量系统（Flow Measurement System，FMS）；（7）工业电视系统（Closed Circuit TV System，CCTV）；（8）动力定位参照系统（Dynamicl Positioning Reference System，DPRS）；（9）环境数据采集系统（EMS-Environmental Mouitoring Srstem，Metocean Data Gathering and Transmission System）。

1. 中央控制室

操作人员能够在中央控制室对整个工艺及公用设施进行监控。中央控制室配置合适的软硬件设施，能够提供各个系统的接口，完成数据采集和监控功能，包括各项检测系统CIS，CMS，SPCS 和 OMTS 等。

在运行期间，主要工艺数据接入巴西国油的数据服务器，并通过巴西国油通信系统传输到陆地数据中心。这些数据包括流量数据、水下生产系统信息、FPSO 主要工艺数据以及详细设计中定义的其他参数。

2. 控制 / 联锁系统（CIS）

CIS 系统从整个 FPSO 采集数据，并具备以下功能：（1）紧急情况下，通过 ESD 和FGS 系统保护 FPSO 安全；（2）对 FPSO 的运行状况进行监控；（3）控制系统的联锁、过程控制和数据采集功能由双冗余热备的可编程控制器（Programmable Logic Controller，PLC）控制系统实现。

3. 储罐监测系统（CMS）

CMS 提供可靠、快速和精确的储罐液位计量相关参数，应至少包含：（1）储罐液位测量、高液位联锁；（2）储罐惰性气体压力测量；（3）装载计算机；（4）氧含量测量。

4. 水下生产控制系统（SPCS）

SPCS 控制水下采油树、井下安全阀等阀门，并具备操作和监控等功能。

5. 卸油监测遥测系统（OMTS）

OMTS 提供 FPSO 和穿梭油轮之间卸油数据的采集功能。在卸油过程中，卸油数据通过无线电将数据传送到 FPSO 控制系统，以保证原油输送过程中的运行安全。传输的数据至少应包括：（1）穿梭油轮状态信号；（2）穿梭油轮通信状态；（3）穿梭油轮管汇压力；（4）穿梭油轮系缆张力；（5）FPSO 卸油流量；（6）FPSO 卸油压力；（7）FPSO 系缆张力；（8）FPSO 泵状态；（9）无线电特高频（UHF）系统，频率范围为 450～470MHz，功率为 4W。

（五）计量系统

FPSO 计量系统包括生产工艺计量、贸易计量以及交接计量等。

（1）生产工艺计量：用于工艺流程监控以及油藏管理的计量，包括工艺流程中的油、气、水的计量，如产出液计量、注气 / 水量计量等。

（2）贸易计量：用于贸易结算的计量，包括柴油、燃气以及从工艺设施到商品油储罐的油量计量。

（3）交接计量：用于 FPSO 与穿梭油轮之间交接计量。油气计量系统应遵守巴西石油管理局 ANP 以及巴西国家计量、标准及工业质量组织（INMETRO）相关规定。计量系统的设计、选型、安装、测试及调试应符合 ANP/INMETRO 的技术要求以及供货商的推荐做法。对于商品油的贸易计量和交接计量精度应至少为 ±0.3%（系统）、±0.2%（传感器），并配备校准装置，精度为 0.1%。

（六）工业电视监控系统（CCTV）

FPSO 应配备 CCTV 系统，用于对整个设施的监控。其中，立管连接部位应配备专门的监测装置；直升机甲板应配备带记忆功能的摄像机，记忆时间至少应为 24h；在原油可能溢出到海洋里的区域应设置红外 CCTV 系统。所有 CCTV 信号应传送到中央控制室。

（七）动力定位参照系统（DPRS）

FPSO 配备 3 套不同原理的动力定位参照系统。系统型号、技术为最新型产品，以保证精确性和可靠性，并且应满足国际船级社、国际海事组织以及石油公司国际海事论坛（Oil Companies International Marine Forum，OCIMF）发布的海上装载安全规则（Offshore Loading Safety Guidelines）要求。

（八）环境数据采集系统（EMS）

EMS 系统是巴西国油海洋气候数据采集操作系统（Meteorological–Oceanographic Data Collection Operational System，OCEANOP）的数据采集单元。EMS 系统用来测量、显示、存储和传送海洋气候数据，包括风力、风向、温度、气压、湿度、洋流强度和方向以及海浪高度、方向和持续时间等。EMS 传感器信号应集成在与巴西国油系统兼容的气象软件中。海洋气象数据应能以图像形式实时显示在中央控制室、测量室以及无线电室。EMS 系统的数据采集方式以及数据采集和处理软件应符合 OCEANOP 的要求。EMS 系统数据应能够通过巴西国油网络传输到陆上 OCEANOP 系统。

三、防腐系统

（一）腐蚀因素分析

FPSO 船体和上部组块处于海洋大气环境中。海洋大气中盐含量较高，对金属有较强的腐蚀作用。海洋大气相对湿度较大，空气中所含杂质对腐蚀影响很大，海洋大气中富含大量的海盐粒子，这些盐粒子杂质溶于钢铁表面的水膜中，使这层水膜变为腐蚀性很强的电解质，加速了腐蚀的进行。

上部组块的主工艺系统对井口来液进行处理，井口物流为油、气、水混合物，含有高浓度 CO_2 和少量 H_2S，会对工艺管线、容器设备等内壁造成严重腐蚀。对于其他辅助工艺系统和公用系统，内部介质也具有不同程度的腐蚀性。腐蚀防护对象包括上部组块的钢结构、管线及设备设施等。

（二）腐蚀防护方案

1. 外部腐蚀

对于上部组块钢结构、管线及设备设施等外部腐蚀的维护，主要采用涂层防腐，要求所选涂层具有良好的耐候性、耐老化和耐盐雾性能，光泽性要好，一般所用涂料为环氧系列。对于钢结构及非保温管线、设备设施等，采用的涂层体系为：环氧富锌底漆＋环氧云铁中间漆＋聚氨酯面漆或者环氧底漆＋环氧中间漆＋聚氨酯面漆。对于保温／高温管线和设备设施、非碳钢金属设施、镀锌设施等，可根据实际条件选择合适的涂层配套体系，涂装前要进行严格的表面处理，一般要求采用喷砂除锈。

2. 内部腐蚀

上部组块管线、设备设施等的内防腐根据不同系统的内部介质成分、操作条件等进行考虑，主要有以下方面：

（1）材料选择：通过腐蚀评估，选择合适的材料。腐蚀比较轻时选用碳钢加腐蚀裕量，腐蚀比较严重时选用耐腐蚀合金（CRA）等材料。

（2）腐蚀裕量：碳钢材料制作的管线、容器设备，需考虑足够的腐蚀裕量。

（3）内涂层或阴极保护：碳钢容器通常涂敷内涂层，根据需要加装牺牲阳极。

（4）注入缓蚀剂：根据腐蚀评估，注入缓蚀剂抑制腐蚀。

（5）内腐蚀监测：设置内腐蚀监测装置，监测内部腐蚀情况。通常同时安装电阻型探头和腐蚀挂片，安装具体位置根据油、气、水等工艺物流确定。

下面举例予以说明：E 油田生产单元 FPSO 上部组块工艺系统内部介质 CO_2 含量高达 42%～60%，同时含有 H_2S（生产系统最大 60ppm，回注系统最大 120ppm），处于严重的酸性腐蚀环境。对于大部分管线和容器设备，碳钢材料不能满足使用要求，需要根据工艺系统不同部位的管线和设备内部操作条件与腐蚀环境，合理选择耐腐蚀合金材料（CRA），主要包括碳钢 +625/825 合金内衬、22Cr/25Cr 双相不锈钢、碳钢 +316L/904L 不锈钢内衬、316L 不锈钢、904L 不锈钢等。对于内部腐蚀较轻的管线或设备，可以选择碳钢 + 腐蚀裕量。所选材料应适用于 H_2S 酸性条件，满足 ISO 15156 的要求，还应满足由于泄压导致的低温适用要求。

对于水下管线，建议采用碳钢 +PE 内涂或采用纤维增强塑料管，其他系统的管线和设备，根据内部介质和操作条件，合理选择碳钢、不锈钢以及复合材料等。

四、通信系统

FPSO 通信系统用于 FPSO 对空通信、对船通信、对岸通信，以及 FPSO 内部通信，通信系统和设备应符合所在区域的相关规范，承包商应获得巴西联邦电信机构（Agencia Nacional de Telecomunicacoes–Brazilian Telecommunication Authority，ANATEL）的操作许可。

此外，FPSO 设置巴西国油专用通信系统，所有的通信维护活动都要事先通知巴西国油。

（一）无线电系统

无线电系统能够与其他平台、支持船舶、对岸通信以及 FPSO 内部通信。包括以下子系统：

（1）海事移动通信系统（Mobile Maritime System，VHF–FM），用于与其他平台和船舶的通信。在无线电室、中控室、巴西国油代表办公室各设置基站；设置 4 台手台，应为至少适用于危险区域 1 区的本设备。

（2）VHF–AM 系统，用于与直升机的对空通信。在无线电室设置基站；设置 2 台手台。

（3）生产与服务维护系统（Production and Maintenance Service,UHF），用于内部通信，包括公用设施、工艺设施以及 FPSO 其他区域的通信。在无线电室、中控室各设置基站；卸油监控遥测系统通信，负责 OMTS 系统的 UHF 无线电通信。

（二）直升机气象与定位站

直升机气象与定位站为直升机提供气象和定位信息，符合 EPTA（Telecommunications and Air Traffic Station Permission）Class M 的要求，至少应包含：风速和风向、相对湿度、大气压力、气温以及仰俯角、偏航角和翻滚角等传感器。

（三）卫星通信（Very Small Aperture Terminal，VSAT）

VSAT 系统采用集成式方案，能够同时服务于巴西国油和承包商的卫星通信。

VSAT 应由两套天线构成，并且配有射频切换开关，当一套天线由于被船体结构屏蔽或其他原因失效时，能够切换到另一套天线。两套天线各自连接巴西国油路由器和承包商路由器，任意一套天线都能满足巴西国油和承包商的卫星通信要求。

1. 海事卫星

FPSO 配备用于语音和数据通信的国际海事卫星通信系统，海事卫星通信系统应安装在无线电室。

2. 海底光纤网络接口

FPSO 配备海底光纤网络接口，能够接入巴西国油海底光纤网络，包括 1 套防爆接线箱、1 套光纤专用 I 形管（I–tube）和 4 条从巴西国油通信室到立管区域的单模光缆。

（四）广播系统

广播系统遵循 SOLAS 以及船级社的要求。广播系统用于语音广播、操作命令发布、安全警告和引导疏散等。广播系统覆盖整个 FPSO，在噪音超过 95dB 的区域配备广播信号灯。广播系统为双冗余系统，一套系统故障不影响另一套系统，相互独立，互不影响。

为避免共因失效，两套冗余系统的设备布置、电缆路径、机柜安装位置都应该分离。

（五）电视系统

FPSO 电视系统通过接收卫星信号，提供电视节目播放服务。电视系统能播放 12 个电视频道以及 DVD 光盘节目，提供符合巴西电视标准的信号，包括 PAL-M 或 NTSC 制式模拟信号，以及 ISDB-TB 或 IPTV 制式数字信号。

（六）电话系统

电话系统分为巴西国油电话系统和承包商电话系统。巴西国油电话系统基于 IP 电话，电话设置于巴西国油办公室、卧室、视频会议室等。承包商电话系统设置于工艺区域、生活区域、办公室、库房等区域，并在巴西国油代表房间设置分机。

（七）网络系统

FPSO 网络系统分为巴西国油网络和承包商网络。

巴西国油网络为符合 ANSI/EIA/TIA 569-B2-1 和 ISO 11801 要求的多媒体通信专用网络，用于语音和数据传输，网络需要覆盖巴西国油工作站、巴西国油办公室、巴西国油代表办公室打印机、中控室、无线电室、医务室、仓库管理员办公室、巴西国油会议室、巴西国油宿舍等巴西国油人员工作、生活区域。巴西国油网络配备无线局域网，至少覆盖巴西国油代表办公室、巴西国油休息室、巴西国油视频会议室和巴西国油宿舍等区域。承包商网络为承包商专用网络，用于语音和数据通信。

（八）巴西国油视频会议系统

FPSO 设置巴西国油视频会议室，该视频会议室与巴西国油代表办公室在同层甲板，并尽量靠近。该房间面积不小于 $12m^2$；应配备隔音措施，室内噪声不超过 70dB；配备视频会议设备、电源插座、网络插座、照明、空调和会议桌等设施。另外，FPSO 需单独设置一间医疗视频会议室，用于医务会议。

五、机械系统

（一）电站选型

以 E 油田为例进行说明。根据 E 油田开发规划特征和基础设计，FPSO 设置多台天然气/柴油双燃料透平机组作为主电站，正常工况下使用处理过的天然气作为燃料，天然气供应不足时采用柴油作为替代。在其中 1 台机组不工作的情况下，主电站总额定功率可达到最大正常负荷的 125%，主电站考虑设置 1 台辅助发电机组，用于满足卸油时峰值功率等需求。

FPSO 设置 1 台全新的应急发电机组作为应急电站，至少具备可连续工作 18h 的能力，辅助发电机组和应急发电机组应具备在硬启动工况下启动主电站的能力。

（二）压缩机规格要求

基于综合平台生产需求，FPSO 设置有主压缩机、注气压缩机、CO_2 压缩机等。所有压缩机为干气密封，驱动机为电动机或双燃料透平机组。

主压缩机分为 A、B 两级压缩。其中主压缩机 A 为一级压缩，入口压力 2400/1900kPa（标准工况下），出口压力为 7500kPa（标准工况下）；主压缩机 B 为二级压缩，入口压力 7200kPa（标准工况下），出口压力为 25000kPa（标准工况下）。A 和 B 应满足可在 0～100% 负荷下连续稳定运行要求，且分别设置至少 1 台备用机组。注气压缩机入口压力为 25000kPa（绝），出口压力 55000kPa（绝），满足 0～100% 负荷下连续稳定运行要求，且设置至少 1 台备用机组。CO_2 压缩机入口压力约 350～750kPa（绝），出口压力应匹配主压缩机 B，满足 0～100% 负荷下连续稳定运行要求，且设置至少 1 台备用机组。

（三）吊机

FPSO 所有吊机可用于人员运送。吊机能力满足主发电机、换热器管束、潜水用设备等日常维护所需的拆装和吊运工作，以及从供应船装卸材料和设备的需求。由于立管位于 FPSO 左舷，供应船不得在 FPSO 左舷靠近，故所有吊机应安装于 FPSO 的右舷。

右舷后向吊机应满足下列要求：

（1）从舷外（模块外侧）18m 处的运输船装卸至少 15000kg；

（2）吊臂位于任何角度时均至少可起吊 7500kg；

（3）可用于人员上下运输船。

右舷前向吊机应满足下列要求：

（1）从舷外（模块外侧）20m 处的运输船装卸至少 25000kg；

（2）吊臂位于任何角度时均至少可起吊 7500kg；

（3）可用于人员上下运输船。

（四）制冷系统

HVAC 是 Heating Ventilation and Air Conditioning 的英文缩写，就是供热通风与空气调节。系统和冷库的制冷剂不得使用氢氯氟烃类和氯氟烃类，仅可用氢氟烃类制冷剂。隔热层为不含氯氟烃类的发泡材料，满足一定的导热率和强度要求。

危险区域的防火风闸设置独立气源及气罐等。配电间为正压且空调制冷，室温不高于 24℃，HVAC 设备应按照 2×100% 或 3×50% 原则进行设置备用。变频器设备也应设置在空调间内。封装型电池或 VRLA 型电池的电池房间室温应不高于 24℃，且至少满足每小时换气 12 次的通风要求。此外，根据巴西当地法规，人员新风量应至少满足每人 27m³/h

的要求。

（五）其他主要设备

根据项目需求，FPSO 其他主要工艺设备等还包括：生产水处理设施、火炬和放空设备及化学药剂注入系统设备。

其他主要公用设备等还包括：海水提升系统、冷却水系统、饮用水／淡水系统设备、热媒及余热回收系统、柴油系统、污水处理系统及开闭排系统等。

上述主要设备和其他设备在前文相关章节已经叙述，这里不再赘述。

六、FPSO 船体

FPSO 船体部分设计通常按照船舶设计的习惯做法，分为总体、结构、外舾装、内舾装、轮机、冷藏空调通风和电气（包括仪表和通信）。按照世界主要船级社要求，FPSO 必须有双舷侧结构，防止 FPSO 破损造成污染。具有双层结构的 FPSO 的结构重量比具有单底结构的 FPSO 结构重量增加约 5%~8%。FPSO 船舶系统是指除了上部组块外的船体部分，主要包括船体和储油舱等（Breno B. M 等，2015）。

（一）设计参数要求

FPSO 的建造模式有两种，一种是新建，另一种由现有油轮进行改造。考虑是否新建的因素主要包括：油田的设计寿命、项目时间、市场现有可供改装的油轮，油田经济性评估，以及船厂的建造总装能力等。巴西某深水项目要求 FPSO 船体稳性要求，需考虑完整稳性和破损稳性。

完整稳性考虑适应百年一遇环境条件下的 1 分钟风速。风力计算需参考船级社规范进行，运动分析要求需进行动力计算，考虑至少 5 个装载工况：压载、40% 装载、60% 装载、80% 装载和满载。设计环境条件选取方法：百年一遇的 1 小时风速，百年一遇波浪和 10 年一遇洋流；百年一遇的洋流，百年一遇波浪和 10 年一遇风速。风浪流同向和风浪流不同向（风浪同向，与洋流成 45°）均需考虑。考虑立管位移的限制，FPSO 百年一遇环境条件下，最大垂向运动不超过 10.5m，最大垂向加速度不超过 $3m/s^2$。FPSO 百年一遇环境条件下，横摇不超过 10°，并设至少 1.5m 的舭龙骨用于降低横摇运动。FPSO 设计考虑采用 $15 \times 10^4 t$ 载重的油轮运油，串靠外输。外输工况的计算环境条件为：一年一遇风速，波高 3.5m，周期 12s；一年一遇流速，与风浪成 45° 夹角。需计算 0°~360° 来浪方向，22.5° 为间隔。

船体改造相关要求包括载荷、改造监测、船板及防腐等。（1）荷载要求浮式单元所在油田场址的操作满足相关荷载要求，承包商还需考虑浮式单元建造荷载和从船厂运输至巴西及其弃置过程中的环境荷载。（2）被改造船体如有过受损情况，必须进行全面的无损检测；若有过爆炸、搁浅、入坞修理以及碰撞等的事故，不应再进行改造使用。（3）钢板替换标准：船体钢材的更新需要考虑局部腐蚀和全面腐蚀。（4）防腐要求：如果检查区域 $d \leqslant 0.15TR$（d 代表缺陷深度，TR 为钢板厚度），应重新处理并涂装；如果检查区域 $0.15TR \leqslant d \leqslant TR/3$，应进行处理和加强；若检查区域 $d > TR/3$，应替换钢板。若双舷侧，船体必须具备三道纵舱壁；若单壳体，船体必须具备两道纵舱壁；若双层底，则双层底及（或）空置空间不得布置烃类管线；若双壳体，则双层底及（或）空置空间不得布置烃类管线。

船体设计包括总体设计、结构设计、轮机设计、电气设计和防腐设计等。国内船体建造主要由各大船厂来执行，主要有：上海外高桥造船厂、中船重工大连造船厂、中远船务造船厂、上海沪东中华造船集团有限公司、上海江南造船厂、大连新船重工船厂等。

（二）入级要求

为保证 FPSO 在设计寿命期内连续安全地进行海上作业，所租赁的 FPSO 设计、建造及检验必须严格遵循相关的规范要求，并有完整的入级、检验证书，主要遵守的规范有：

（1）浮式生产与储存单元分类规则（海上服务规范 DNV–OSS–102）；

（2）稳定性和水密性规范（DNV–OS–C301）；

（3）海上钢结构设计总则（DNV–OS–C101）；

（4）浮式生产储存和卸油单元建造分类指南（ABS）；

（5）钢结构船舶入级规范（DNV）；

（6）船舶国际载重线公约（IMO）；

（7）国际海上生命安全公约（SOLAS IMO）。

（三）船体结构

FPSO 船体结构应遵循下列 5 条原则：

（1）船体结构必须具备防止机械、物理和化学损坏的能力；

（2）可以按常规技术、工艺进行加工与制造；

（3）易于检查、安装和维修；

（4）如果采用双舷侧板结构，船体需要设置三个纵向舱壁；

（5）如果采用双船壳体结构，则壳体间的结构不能设置油气管道系统。

整体结构及构件必须具有抗塑形变形能力，当外力消除后，结构和构件能自动恢复其初始状态。船体结构有能力在设计寿命内完成所需的工作，并前往下一个工作地点。立管平台与船体连接处需要进行有限元分析，以确保结构强度和荷载传递。船体上设计有舭龙骨，以降低横摇响应，舷侧外板结构需要针对补给船靠泊作业进行加强，结构的连接设计，必须尽力减小应力集中和避免复合应力流，焊接作业尽可能避免在板厚方向传递或承受高的拉应力。

1. 船体强度设计

选用的设计工况如下：

（1）工作海域正常操作工况。在该工况下考虑正常操作荷载和工作海域正常天气下的风载和波浪引起的船体加速度，计算中还考虑橡胶垫的弹簧刚度，以及上部结构基础处的船体位移。环境条件可按一年一遇的风浪流考虑。

（2）工作海域的极端天气工况。该工况下考虑在气旋或风暴天气下的风载和波浪引起的船体加速度和船体位移。在该工况下结构的允许应力可以提高 1/3。设计环境条件参考表 7-8。

表 7-8　阶段天气工况设计环境条件

系泊系统状态	环境条件		
	浪	风	流
完好状态	百年一遇	百年一遇	十年一遇
	十年一遇	十年一遇	百年一遇
破损状态：一根系泊缆断裂	百年一遇	百年一遇	十年一遇
	十年一遇	十年一遇	百年一遇

（3）海上拖航工况。该工况下考虑船体拖航过程中的风载和波浪引起的船体加速度和船体位移。拖航工况的设计环境条件需综合考虑拖航海域及时间来确定。

（4）上部组块的吊装工况。在该工况下与吊点连接的框架构件重量应乘以 1.5 的动力系数，其他构件重量应乘以 1.15 的动力系数。环境条件可按一年一遇的风浪流考虑。

（5）上部组块的疲劳分析工况。在该工况下应防止上部组块尤其是焊接节点处在波浪荷载作用下出现疲劳破坏。

（6）检查工况。根据要求，FPSO 作业期间不进坞大修，因而年检和定期检验要在海上进行，每五年检查两次。检验前须清舱，达到人员可以安全进入的条件。

（7）外输卸油工况。为了保证 DPST 靠船、系缆、连接输油管等作业安全，按照石油公司国际海事论坛，对卸油作业时的风速、波高都有严格的要求，通常要求风速不大于23m/s，有义波高控制在 3.5m 以下，具体的限制要求可按一年一遇风浪流条件计算。

2. 荷载分析

船体整体设计中需考虑的荷载有：

（1）静水荷载。包括钢结构重量和附属结构重量在内的永久性载荷，以及包括流体静水压力和油水生活物资在内的可变载荷。

（2）环境载荷。包括波浪诱导载荷、风载荷、流载荷、甲板上浪及涡激振动。基于三维源汇理论，计算下列船体响应：六个自由度的运动、速度、加速度、横向弯矩、轴向力及船外水压分布。

（3）定位系泊荷载。

（4）立管系统及脐带缆荷载。

（5）液舱流体晃动荷载。当液舱未满时，液体可能发生晃动。当液体的晃动周期与船舶摇动周期相近时，将产生激烈的晃动，可参考 DNV 相关规范进行计算。

（6）甲板上浪（Green Water）。在某些风浪条件下，FPSO 船体和海水之间产生激烈的相对运动，海水可能冲上甲板，造成压力。图 7-19 所示为 FPSO 船体设计考虑因素示意图。

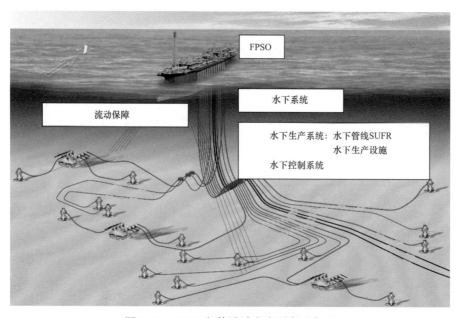

图 7-19　FPSO 船体设计考虑因素示意图

3. 组块结构强度设计

上部组块设计中需考虑的荷载有结构、工艺设备和管线的重量，设备内液体、机械、管线的反作用力，船舶运动引起的惯性荷载，风力、甲板上浪、船体梁总纵弯曲变形引起模块结构的垂向弯曲变形和沿甲板面的纵向拉压变形产生的载荷。对其结构的评估可按DNV-OS-C101 进行。

组块结构需考虑与系泊荷载相关的结构响应，除了作业荷载，船体还需承担所有的建造荷载和运输过程中的环境荷载，包括从船厂到巴西，以及从巴西到下一个工作地点的航运过程。对上部组块结构件和加强构件的设计和校核应采用最新版的船级社规范。

由于船体刚度远远大于模块结构刚度，船体总纵弯曲变形的能量相当大，模块结构

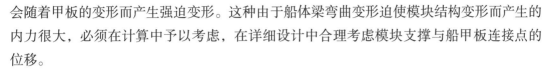

会随着甲板的变形而产生强迫变形。这种由于船体梁弯曲变形迫使模块结构变形而产生的内力很大，必须在计算中予以考虑，在详细设计中合理考虑模块支撑与船甲板连接点的位移。

4. 船体改造要求

如果所租赁的 FPSO 是从旧船舶进行改造后建成的，不同于新建船舶，需额外作出特殊要求。在进行改造之前，必须对旧船进行完整的评估，特别需要注意以下方面：

（1）结构、梁、板及加强筋等；

（2）超过许用值的缺陷；

（3）结构件的腐蚀情况。需要对船体结构有损坏维修历史的部位或者重要结构所在位置进行无损检测。如果是经历过爆炸、碰撞等事故，该船体不能用于改造。评估报告将交于第三方进行审核批准（张森，2018）。

5. 稳性要求

所租赁的 FPSO 在该海域进行生产作业，为保证作业安全，防止事故发生，对周围海域的环境污染影响，FPSO 在该海域作业时不同工况下的完整稳性、破舱稳性计算需满足相关规范的要求，并经船级社审核。

风载荷需要根据规范《VLCC（Very Large Crude Carriers，大型货运油轮）船舶风向和潮流载荷预测》（船体和甲板室—石油公司国际海洋论坛，1994 年）计算，结果需要得到船级社和巴西国油认可。

（四）船体防腐

FPSO 的船体长期处于盐雾、潮气和海水环境中，受到周围介质的作用而产生剧烈的电化学腐蚀，结构腐蚀非常严重。船体内部压载舱及其他污水舱、污油舱等，内壁会遭受内部海水和污水介质的腐蚀。由于 FPSO 远离海岸不能像船舶那样定期进坞维修、保养，所以对于 FPSO 船体要采取严格的腐蚀控制措施。

FPSO 船体外部常用腐蚀控制方案包括防腐涂层和阴极保护。水线以上主要通过涂层防腐，常用涂层体系为环氧漆加聚氨酯面漆，如环氧富锌底漆＋环氧云铁中间漆＋聚氨酯面漆或者环氧底漆＋环氧中间漆＋聚氨酯面漆。水线以下通过涂层加阴极保护联合防腐。涂层选用环氧系列，外层还需要涂敷防污漆，防污漆成分中不应含有机锡化合物；阴极保护系统优先推荐采用牺牲阳极方式，在能够确保阴极保护系统施加电位总是不低于 –1100mV 的条件下，外加电流方式也可以使用。

压载舱和其他污水舱、污油舱内壁采用高性能环氧涂层，并安装铝合金 / 锌合金牺牲阳极进行腐蚀控制。

所有船体结构钢材，在加工前应进行喷丸 / 喷砂除锈处理，除锈等级达到 Sa2.5，检验合格后尽快涂敷车间防护底漆。钢材经加工制成分段后，应对所有表面进行再一次检验，并进行二次表面除锈。涂料涂敷通常采用喷涂，对于喷涂不便的区域可采用滚轮或刷涂。

船体寿命期需要进行合理的维护、检测和修复，包括涂层系统定期的清理修复，以及阴极保护系统的检测和维护，此外还应特别注意锚链筒和其他类似水下结构的维护、检测和更换，避免腐蚀和海生物生长导致的问题。

第五节　巴西深水 FPSO 发展方向

深水生产平台是生产的重要关键设施，在巴西深水油田，FPSO 是一种广泛应用的开发生产设施。FPSO 建造作为一项成熟技术，具有远离海岸独立操作的能力，当前被广泛应用到巴西深水油气勘探开发领域。

随着科技的不断发展，海上油气开采也逐渐从浅水走向深水、超深水。鉴于国际海事组织关于船舶安全和环保新规范的新近出台，当前的 FPSO 设备也需要做出相应的调整和进步。综合 FPSO 过去的应用实践、最新安全和环保法规的出台、全球深海油气勘探开发发展的特点，认为 FPSO 今后的发展趋势主要体现在下述四个方面：

（1）模块化建造，集约化安装各种配套设备，压缩建造周期。早期的建造方法是先建好整船船体，然后在甲板上安装各种油气处理设备、主电站和热站等。早期 FPSO 设计主要参考船舶规范，随着 FPSO 技术不断发展，人们逐渐改变按照船舶规范要求 FPSO 的观念，认为 FPSO 是海洋工程结构，它的规范、标准应具备海洋工程特点，设计方法和采用标准已经向石油工业靠拢。在船厂建造时，习惯采用船舶标准，而模块部分则采用石油工业标准，目前做到了船体部分与公用系统也向石油工业标准靠拢，统一标准。

（2）定位技术不断创新、动力配置加大。随着作业水域的不断加深，海洋环境越来越恶劣，对定位技术提出更高的要求，更多时候需要系泊定位与动力定位同时配合使用，以及将新型材料如聚酯纤维材料应用于系泊缆上。

（3）降低耗能、环保利用。对于海底管线不发达的采油区域，一般用火炬塔将天然气烧掉，但新一代 FPSO 将具备处理天然气并用船舶或管道外输的能力。

（4）FPSO 新概念船型将不断研发，向功能多样化方向发展。为了提高 FPSO 的环保性能，学术界和工业界出现了 LNG–FPSO 等新概念船型，如日本石川岛播磨重工正在建造世界上第一艘 LPG–FPSO。此外，油气作业公司试图将钻井设备安装在 FPSO 上，世界各国的科技工作者们都将大量的精力投向新船型 FDPSO 的研究上。

在巴西当前市场环境下，FPSO 的建造仍属于买方市场，油田作业者作为业主具有更多的话语权。2019 年 6 月，巴西国油与中国四家船厂包括中远海运重工、上海外高桥造船、中集来福士和招商重工等进行接洽，将在中国市场以 BOT（Bulid，Own，Transfer，即建造、拥有、转让）或者 BOOT（Build，Own，Operate，Tranfer，即建造、拥有、运营、转让）的方式对巴西海域 FPSO 进行招标，巴西国油此前仅有 2 个案例使用 BOT 或者 BOOT，分别是 SBM Offshore 公司运营的 P57 FPSO 和 BW Offshore 运营的 P63 FPSO。P57 在运营 3 年后将 FPSO 资产转移给了巴西国油，采用了 BOT 模式；P63 在运营三年后将 FPSO 的运营权转移给了巴西国油，采用了 BOOT 模式。BOT 或 BOOT 模式是指承包商垫资建造并且运营该 FPSO，运营一段时间后，一般是 3～5 年，然后将 FPSO 资产转移给油公司。而传统 FPSO 租赁模式是承包商在 FPSO 开始运营的第一天就根据合同约定以日费的形式收取租赁，租期一般 20 年以上。据分析，未来 FPSO 的合同模式将多种并存。FPSO 在巴西深水油气田开发中已成为主流生产设施，未来的发展应用前景非常广阔，相信人类在不断走向深蓝油气开发的过程中，各种相关的尖端技术和创新理念都将在 FPSO 上得到淋漓尽致的体现。

参 考 文 献

《海洋石油工程设计指南》编委会 . 2009. 海洋工程设计指南：第九册 . 北京：石油工业出版社 .

谭家翔 . 2016. 深水 FPSO 发展现状与趋势 . 船海工程，45（5）：65-69，75.

童波 . 2016. 西非深水 FPSO 总体设计研究 . 中国海洋平台，31（3）：11-18.

张森，杜尊峰，吴俊凌 . 2018. FPSO 改装及规范研究 . 中国石油和化工标准与质量，38（21）：27-30.

Ana M T A，Celio E M V，Jonatas R，et al. 2015. Offshore Production Units for Pre-Salt Projects. OTC-25691-MS.

Breno B M，Marcus C，Clovis L R，et al. 2015. The Challenge of Developing Talent to Meet the Offshore and Shipbuilding Demands in Brazil. SPE-175512-MS.

Carlos F M，Carlos C D H. 2000. Petrobras Experience on the Operation of FPSOs . ISBN I-880653-X; ISBN 1-880653-47-8(Vol.I) ISSN 1098-6189(Set):P318-322.

J Saint-Marcoux，J Legras. 2014. Impact on Risers and Flowlines Design of the FPSO Mooring in Deepwater and Ultra Deepwater. OTC-25165-MS.

Luis F B T，Thatiana C S，Caridad C M，et al. 2015. Floater Concept Selection for Ultra deep Waters in Brazil. OTC-25937-MS.

Michael Wylie，Andre Newport，Carlos Mastrangelo. 2017. The Benefits and Limits of FPSO Standardisation. OTC-27545-MS.

Michel Francois，Ulrik Frorup，Marie-Feancoise Renard. 2002. Design Criteria and Inspection Strategy for FPSO's. OTC 14229.

Vidar Gunnerud，Stine Ursin-Holm，Alex Furtado Teixeira，et al. 2013. Advanced Optimization Techiniques Applied to a Petrobras FPSO. SPE167449.

Yongyan Wu，Tao Wang，Kai-tung Ma. 2018. Mooring Tensioning System for Offshore Platforms: Design, Installation and Operating Considerations. OTC-28720-MS.

第八章　深水作业后勤支持

深水作业无论是钻完井还是开发生产都离不开强有力的后勤支持。后勤支持服务的对象主要指海上作业单元（Maritime Unit），包括钻机、生产平台（如 FPSO）、铺管船（Pipe Laying Support Vessel，PLSV）等。作业后勤主要目的是按时完成所需的各种物流补给和人员投运。大到各种设备材料，小到参加作业人员的生活用品运输都需要由相应交通工具建立起来的物流供应链完成。在海上进行作业的所有人员也都需要有适当的交通工具往来于海上和陆地。安全、有效、经济是海洋作业后勤工作的重点，本章将以巴西深水作业的情况为例介绍海洋作业后勤特别是深水作业后勤。

第一节　深水作业后勤支持概述

俗语有云"大军未动，粮草先行"，孙子兵法中也提到"是故军无辎重则亡，无粮食则亡，无委积则亡"，这都是在强调后勤支持的重要性。油气作业的统筹组织就像一场战役一样，后勤在其中扮演着重要角色，发挥着重大作用，有时甚至是决定性的作用。良好的后勤组织工作不但能够通过完善的供应链充分满足作业的各种需求，而且还能够通过不断地优化为整个项目的实施节约成本并提高生产效率。

一个海上勘探开发项目启动作业之前，首先需要考察的就是后勤资源能否满足各种作业的需要，如果不能满足而要进行新建等投资时，必须对勘探的资源风险和初始的投资进行平衡分析。因此在获取项目之前进行后勤调研与分析是十分必要的。当分析结果不足以支撑大规模新建投资时，项目就会因后勤资源的问题而搁置甚至放弃。

例如，在环保要求严格的国家进行钻探作业，作业区地处自然环境保护区域内，政府不允许建桥修路等工程施工，这种情况将极大地增加后勤成本，严重影响项目的经济性，因此在投资前必须进行严格论证。再例如，在某个基础设施比较落后的国家进行深水钻探作业，目标区块附近或者说整个国家没有具备支持作业条件的港口，需要选择远离作业海域，甚至是另外一个国家的港口作为后勤补给基地，这时整个物流补给线就会很长，管理难度大，成本也高，如果不能在合适的距离找到一个合适的港口，项目作业就难以开展。

通过上面两个例子可以看出，后勤资源不足的问题会严重制约项目进展，对于项目实施是至关重要的影响因素。同时，后勤资源的需求也是动态变化的，应根据项目发展及时调整。例如，随着项目勘探转开发后资源量逐渐落实、经济性逐步靠实，就可以在条件允许的情况下将原先的临时设施更替为永久设施，将不具备支持作业能力的码头改造为完备的后勤补给基地等。

由于深水项目投资大、作业日费高，时间即是金钱在深水项目所言非虚，深水作业后勤的重要性也就不言而喻。当因为某个设备或者某位重要人员不能及时到位时，每一分钟每一秒的消耗都是巨大的。对于项目的组织者来说，后勤支持工作的优劣往往会影响到整个项目的效益。而良好的后勤支持在不过多浪费资源的前提下保障生产作业流畅进行，相当于为项目节省了费用。

一、深水作业后勤主要特点

海洋和陆地项目作业后勤工作存在巨大差别，下面首先通过对比来介绍深水作业后勤的主要特点和挑战。

（一）空间受限

深水作业不同于陆地的一个十分鲜明的特点就是作业空间十分有限。海上作业单元一般都是高度集成化的，无论是施工、生产和生活区域，还是物资的存储空间都相比陆地上小得多，这就对后勤支持提出了严峻的挑战。在建立物流供应链时，必须即时、动态地配合作业需要，根据作业进展随时调整，既不能因供应不及时、不到位发生非生产时间（Non-Productive Time，NPT）从而影响作业，也不能过早地将物资送到作业现场占据本就有限的存储空间或物流资源，需要统筹兼顾。即使目前世界上较先进的深水钻井平台或者钻井船，其甲板面积、干粉舱容积、钻井液池容积、油舱容积、淡水容积和造淡能力，都无法一次性满足作业所需的全部物资，需要供应船动态补给完成。如果因为海上作业单元无法接收物资而造成供应船舶滞留在现场无法返回，就会打乱后勤计划影响后期补给或者增加额外支出。

此外，作业空间的限制还对物流链条的长短比较敏感，如果补给基地距离作业现场较近，物流链条较短，那么供应船的安排就有较大的灵活性和余量；相反，如果补给基地距离作业现场较远，物流链条长，则在安排供应船物资时要充分考虑平台目前作业的进展和未来可能发生的情况，有时甚至需要额外的船舶资源来进行补充。

（二）环境影响

海洋作业后勤支持的另一特点就是受环境影响大。对于陆地作业，一般较少遇到极端天气的情况，即使遇到，其对后勤支持工作的影响并不特别严重。但是海洋作业特别是深水作业，遇到恶劣天气的情况是较为频繁的，而且后勤支持作业受到的影响大、波及范围广。例如，在中国南海或者墨西哥湾等热带气旋高发海域作业时，如遇到较大的台风或者飓风就要暂停作业进行临时躲避，这时后勤支持计划需要重新调整。不仅如此，一般供应船的抗风浪能力要低于海上作业单元，一般的天气变化就有可能造成船期延误而无法按时抵达目的地；又或者供应船按时抵达了目的地，但是由于风浪等原因不能进行货物吊装作业等。在这种情况下，只能等待天气变好而别无选择。当遇到上述情况时，即使最初的安排是合理的，但因为风浪等环境因素无法按照计划继续进行，也需要应变和调整。

需要强调的是，当遇到恶劣天气的情况时，在时刻监测天气变化的同时，必须严格遵守作业规定，未达到作业许可的条件时必须等待，绝对不能存在侥幸心理而强行继续。供应船的速度可以根据需要适当调整，但也必须在满足适航条件的前提下，遵守海洋船舶和作业公司的各项管理规定。

（三）运输工具

对于陆上作业项目，无论供应商交货地点在港口还是仓库，最终送往作业现场的运输工具主要为车辆，而深水作业的核心运输工具是船舶。作业用到的绝大多数材料、设备最终都要依靠船舶送到海上作业单元，车辆仅仅用于仓库和码头之间的运输。各种类型的船舶能够分别提供不同种类的服务，实现不同的功能，将这些船舶综合起来就构成了作业后勤支持的核心补给线。

除了作为运输工具外，船舶在作业过程中，还需要承担守护海上作业单元的任务。因为海洋作业特别是深水作业的风险较高，所以按照规定必须有守护船在作业现场附近 24 小时值守，以应对可能发生的事故或灾害。

近几十年来，航运业的发展取得了巨大的进步，能够服务油气行业的各种船舶的数量也在不断增加，甚至在某些国家和地区已经达到了饱和状态。但是相比车辆来说，船舶的获取难度要更大，技术和商务要求更高。无论是期租、包租还是其他形式，都比一般车辆的租赁合同更加多变，运营过程中的燃油消耗也更加复杂。在某些航运欠发达国家可能没有现成的符合条件的船舶资源，需要从其他国家调集。

对于海上作业后勤支持工作来说，船舶是至关重要的核心资源，从方案的制订到招标的选择，从合同的条款到实际的调度指挥都会对后勤支持工作乃至作业产生重大的影响。

除了船舶以外，直升机也是深水作业必不可少的运输工具。参与深水作业的人力资源主要依靠直升机往来于海上作业单元和陆地之间，某些小件紧急物品也可以由直升机运送。而在陆地作业中直升机的应用则相对较少，如果能够通过车辆运输货物，一般来说其条件也允许人员乘坐车辆前往。无论是技术还是商务方面，直升机运力的获取及合同的复杂程度也较车辆更大。

（四）供应基地与库房

虽然海洋项目的作业单元均位于海上，但是仍需要在陆上选择库房，在港口建立后勤补给基地。陆上作业在选择补给基地和仓库时主要考虑的是尽量距离作业点较近，而海上作业需要选择合适的港口作为后勤补给基地，仓库的位置要尽量靠近港口。

物资从出库到抵达海上作业单元物流链条比陆上更长，实际操作中很多承担库房功能的是海上作业单元自身和供应船，相当于海上可移动库房。因此，相比陆上作业的库房管理，海上作业的库房管理实际上需要同时关注陆上库房、港口库房和堆场、供应船、仓库船、海上作业单元等多个不同地点的库存及出入库情况。

综上所述，海上作业后勤支持工作人员必须要与生产运行人员随时紧密联系。从项目开始的后勤计划制订，到跟踪作业进展，后勤工作人员都必须随时掌握情况并安排供给。相比陆上作业的仓库保管，海上作业后勤支持更像是 24 小时客服一样，要随时待命准备好作业所需的物资、装备、人员，并利用现有的资源及时供应到位。

适合的港口对于海上作业非常重要，特别是在后勤资源不是很丰富的地区。港口作为后勤供应链的核心，应该具备良好的基础设施和成熟的码头服务。

（五）HSE 支持

参加海上作业的人员长期远离陆地，身体和心理健康都格外重要。为了从根本上保障人员健康，除了在作业单元上配备医生随时服务外，海上作业人员的倒班较陆地上要更加频繁。有些公司规定参加海上作业的人员每出海工作 2～3 周就必须要倒班休假，而这些频繁的人员轮替都要由后勤支持负责完成。

由于深水作业的风险高，必须为 HSE 应急方案配备充足的后勤保障资源，除了常备的守护船和直升机救助等，还应准备好额外的资源（如溢油处理等）以应对较大规模的事故。

（六）有利因素

相比陆上作业，海上作业在某些方面也具有一定的优势。例如，海上作业不受地形地貌和路况等基础设施的影响。既不需要平整井场等工作，也不需要考虑补给线所经过的是山地还是沼泽、是否需要修路架桥，确定坐标即可前往。

此外，一般海上作业不存在陆上作业经常面临的社区问题，只需要遵守国际上和所在国家相关的环保规定即可，公共关系问题相对陆地上较少。

二、深水作业后勤工作原则

不仅海洋和陆地的后勤支持各具特点，不同国家、地区或海域的后勤支持也是千差万别的。因此，对于作业后勤工作既要总结经验，又不能拘泥于以往的成功模式，必须能够因地制宜，灵活运用各种资源才能在安全、有力地保障作业的同时，控制成本、提高效益。但是，深水作业后勤支持工作仍然要遵守某些基本原则。

海上作业后勤支持工作的第一条原则就是确保安全。虽然某些时刻采取的冒险行动可能会为项目节省大量的时间和费用，但是要严禁这种行为，必须严格遵守各种操作规程和限定条件。达不到作业条件需要等待的时候必须安心等待，需要进行风险较大的操作时也必须严格论证。因为深水作业的风险大，一旦发生事故以后各种救援难度大，投入资源多。历史上的很多案例已经证明，海上发生的灾难性事故不仅会导致整个项目彻底失败，效益全无，甚至威胁到作业公司的命运，巨额的赔付可能会令公司破产，而这一切可能仅仅源自一次冒险。实际上，保障安全，降低风险，尽量不发生损失工时事件（Lost Time Incident，LTI）就是在最大限度地保障项目效益。

海上作业后勤工作的第二条原则就是在安全的基础上，全力满足海上作业单元的需求，保障作业顺利进行，避免由于后勤支持不到位产生 NPT。一般深水作业平均综合日费都在几十万甚至上百万美元，每小时的费用都高达上万美元。在这种前提下，从初期的后勤方案选择到资源获取，从正常运行到临时变更，时刻都要以支持作业为基本指导思想，从项目总体利益的角度出发。

海上作业后勤工作的第三条原则就是在前面两条的基础上，尽可能地灵活安排，降低成本。虽然海上后勤支持工作面临着一系列的挑战，但是仍然有很大的自由度和节约成本的空间。如何因地制宜地编制后勤计划，如何在充分考量市场现状的基础上选择合同模式，如何合理安排并最大化地利用各种资源，如何指挥调度节省各项运营成本，这些问题都是海洋作业后勤工作的重点。

上文提到的三条原则是关于后勤支持工作的总体指导思想，重要性由高到低。在实际作业中需要将这些原则运用到每一个决策过程中。

三、深水作业后勤方案选择

海洋作业特别是深水作业十分依赖后勤的支持和保障，淡水、燃油、生产设备、材料和其他各种消耗品都仰赖于后勤供应。因此，在正式开始作业前，应该建立一个完整、行之有效的后勤支持方案。

作业后勤支持方案的制订是在成本和资源之间寻求最佳的平衡点，更多的资源意味着作业更加游刃有余，但同时也带来了成本的增加，在上文提到的三条原则基础上，要力求多方兼顾。特别是作业、后勤和采办三方面工作要保持一致，后勤方案的制订要基于作业的需求，采办人员在同供应商、服务商的谈判中应以后勤方案为基础确定物资和人员的动复员点。

海上后勤支持工作千变万化，没有一定之规，也不是一成不变的，必须根据作业地区的实际特点和市场情况，因地制宜地制订方案，在具体方案的执行过程中也要灵活应对。

通常来说后勤支持方案应该包括以下几个部分：合同模式，后勤补给港口，工作船舶，人员运送，补充资源，后勤供应链等。

（一）合同模式

海洋作业后勤支持涉及工作范围广、专业多，这些工作一般都需要由服务公司来完成，因此在后勤支持方案中应确定服务合同模式。合同模式一般可以大致分为完全总包，部分总包和完全分包三种。顾名思义，完全总包就是将全部后勤服务交由一家公司负责；完全分包则是就每一项服务都选择不同的服务商完成；部分总包则介于二者之间，根据业务的相似性，将后勤支持工作分为几个部分，每个部分分别交给不同的服务商完成。

据统计，目前大多数海洋项目作业者都选择部分总包模式，区别是整合的程度不同。在实际操作中完全总包或者完全分包的情况并不多见。由于后勤和作业的联系十分紧密，如果选择完全总包服务，很多统筹协调的工作将由服务商来完成，因此应该确保服务商对作业需求有充分的了解；如果选择完全分包服务，作业时的协调工作需要公司自己完成，而且会大量增加相应的采办工作。

此外，有时为了快速钻探早日发现，还可以采取"钻井作业＋后勤"的总承包服务模式。这种模式除了后勤服务外，还将钻井作业服务也一并打包，交给一家能够胜任的公司完成。这种模式的确可以为项目节省大量的时间和精力，从项目区块签约后到首口探井开钻甚至只需几个月时间，几乎是确定井位就可以作业。但是一般能够提供这种服务的公司很少，多是国有公司所属的服务公司才能胜任，市场竞争不十分充分，往往是单一来源采办。例如，巴西国油旗下的服务公司 PB–LOG（Petrobras Logística de Exploração e Produção S.A.）就是一家集钻完井、后勤等全方位服务于一体的公司。中国海洋石油集团公司旗下的服务公司也可以完成这种服务。

通常来说，在选择合同模式的时候，应该从公司实际出发，充分考虑所在国家或者国际资源情况。例如在符合如下条件时，可尽量选择总包服务合同模式：

（1）公司缺乏作业后勤方面的经验、能力或者相应人力资源时；

（2）当地或国际市场有较为成熟的总包服务商时；

（3）准备时间短，希望尽快启动作业时。

为了能够更加清晰地阐述后勤方面需要注意的问题，本章后面以完全分包为例分别进行介绍，如果选择完全总包或者部分总包，即是将其中部分工作整合后交由一家服务商完成。

（二）巴西当地资源

巴西主要油气资源均位于海上盆地，作为发展中国家巴西在深水油气勘探和开发领域已经步入了世界先进行列，码头、航运、航空等领域的基础设施比较完备，经过多年的经营，海洋作业后勤支持服务也十分完善。近十年，巴西沿海的作业越来越多，深水盐下油田的发现呈现爆发式增长，这些项目的运作经验和模式都为海洋作业后勤支持工作提供了良好的范例和模板。例如，在巴西东北海域波蒂瓜尔盆地的 Agulha 和 Ubarana 区块，埃斯皮里图桑托盆地的 Golfinho、Peroá、Parque das Baleias 区块，坎波斯盆地的马林、罗尔卡多、佩雷格里诺、Frade 区块，桑托斯盆地的卢拉、里贝拉、布兹奥斯、沙坪霍区块。这些项目根据所在海域实际情况、参股公司和作业者的不同，采取的不同后勤支持模式都可以参考借鉴。

巴西能够进行部分总包和完全总包后勤服务的公司也有很多，下面选取几家简单介绍。

PB-LOG 公司。作为巴西国油旗下的服务公司，其是巴西当地最大的作业后勤支持公司，掌握着大量的船舶、码头、仓库等资源，拥有独立的后勤调度指挥中心，能够进行全部的后勤总包服务。其服务能力范围已经不仅限于后勤支持，还包括了海上钻完井、水下设施安装等，是一家综合性的油服公司。PB-LOG 公司能够利用自身完整的后勤供应链提供全面的总包服务。

Wilson Sons 集团公司。这家公司于 1837 年在巴伊亚州的首府萨尔瓦多市成立，是巴西本地的一家综合性后勤服务供应商，能够提供仓库、港口、海运等多项服务，拥有超过 2500 名员工。Winson Sons 旗下子公司在里约热内卢有 Brasco Caju 和 Niterói 两家海上作业供应基地。

Edison Chouest 公司。作为海运行业中著名的服务商，这家公司于 1960 年在美国路易斯安那州成立，在墨西哥湾支持着多个海上项目，拥有丰富的经验。目前在巴西提供船厂和海运服务，并且正在里约热内卢州的 São João da Barra 市建设供应基地。

Nitshore 公司。这家公司是巴西专门为油气行业提供后勤支持服务的公司，成立于 2005 年，目前运营着位于里约热内卢州 Niteroi 港口的一个供应基地。这家公司擅长提供陆上库房和运输等相关服务，可以承担部分总包服务。

（三）后勤供应链

除了确定合同模式外，后勤支持方案中一个十分关键的部分就是要确定后勤供应链。根据作业计划，物资和人员运输的需求来建立一个完整的供应链体系。供应链是整个后勤支持方案的核心，应该包括所有作业所需的物资如何从采办确定的交货点到最终被运送至作业单元，所有工作人员采用何种方式从出发地到登上作业单元，物资和人员的返回等。

在货物的物权由供应商转移至公司后，就要由后勤支持人员负责按照后勤供应链进行统筹安排。项目初期确定供应基地所在的港口后，后续签订的各种物资或服务采办合同约定的交货地点应该尽量选在供应基地所在港口或附近。如果需要，还要安排从仓库到达供应基地前的运输（陆运、海运或空运）确保装船时货物到齐。货物到达供应基地后，根据作业需求通过工作船舶送至作业平台并将作业平台不需要的物资取回供应基地。最后再根据物资的性质，将短期内不再用到的材料送回仓库，租赁设备工具等送至复员点，交回给服务商。

当某些大型供应商在生产地附近拥有独立码头时，工作船舶可以停靠供应商码头直接取货而非从供应基地取货。这种情况下，交货点的改变可能会减少货物采办的成本，但是由于需要停靠供应基地外的其他港口，会增加后勤供应链的复杂程度。这时需要考虑额外停靠的港口与供应基地和作业单元的距离来建立后勤供应链。

某些情况下，在一个供应基地确实无法满足作业的全部需要时，可能用到两个或更多的供应基地，这时的后勤供应链也会变复杂，应该将后勤供应链尽量集中在某一个供应基地，其他作为补充和备用。

需要登上作业平台的人员从动员点开始由公司负责按照计划安排行程。动员点应尽量选择直升机起飞的机场，如果需要还应安排到达直升机机场前的固定翼飞机、陆路交通和途中食宿等。

供应链的建立依托于各种资源的获取，包括供应基地、工作船舶、航空运输、陆上仓库等。将上述资源有机整合后就形成了深水作业的供应链条，物资和人员按照设计好的链条源源不断地往来于陆上和作业单元之间，保障了作业的顺利进行。

除了上述资源外，在建立后勤供应链时还应考虑一些补充资源作为备选方案，这样在实际执行过程中，才能做到临危不乱，游刃有余。例如，距离海上作业单元合理半径范围内，是否还有其他能够进行补给的港口，是否还有其他能够备降的机场，当地市场是否能够提供临时的供应船服务等。

第二节　供应基地

本节主要介绍海上作业后勤支持的供应基地。除了选择合适的港口作为供应基地外，还有两项重要工作与其相关，第一是采办合同的沟通与联络；第二是现场的指挥与协调。下面从码头、库房、堆场和其他设施等方面分别加以说明，最后简单介绍一下巴西的当地资源。

一、供应基地方案

补给港口处于整个后勤供应链条的核心位置，选择一个合适的补给港口作为供应基地是制订后勤支持方案中最重要的部分。大部分物资都在补给港口装船并运送至作业单元，而用毕的工具及剩余材料等也都通过补给港口卸货并送回至仓库或供应商。更加专业的海上作业供应基地还配有水泥罐、钻井液罐等便利设施。

在项目初期，只要确定了作业单元的大体位置，就可以着手选择补给港口。如果项目尚处在勘探阶段，在资源量和经济性不能落实的情况下，应该尽量选择已有港口，可以是其他公司用于生产作业的私有码头，也可以是符合条件的公共港口。为了充分满足作业需求，除了应该选择具备能力且距离作业单元较近的港口作为供应基地外，同时还应准备好备选方案。下面主要介绍一下港口的选择。

如果作业项目所在国家具有十分便利的基础设施，海上油气勘探开发行业较成熟，则主要根据距离作业单元位置的远近选择成熟的港口作为供应基地，提供后勤补给。虽然距离是最重要的选择因素，但是也要考虑港口的吞吐量和繁忙程度，码头及其他服务资源是否足够支持项目作业，库房、堆场、储罐等设施是否空闲等因素。这些因素都可能影响到作业是否运转流畅和后勤成本是否合理。

如果作业项目所在的国家基础设施并不发达，则要进行详细的现场考察。即使港口距离较近，仍然需要确定港口是否满足后勤支持的各方面条件。下文将列举一些重要的参考条件，用于选择合适的供应基地，其中涉及的具体参数可以根据实际情况进行调整。

（一）码头长度

码头长度应该至少能够在满足供应船停靠的基础上，有足够的余量进行人员守护、工作船系泊等。

（二）吃水深度

吃水深度至少应该满足较小供应船的吃水深度，且不存在搁浅风险。一般在低潮时，应大于供应船吃水深度 0.5m 以上。

（三）存储空间

室内库房和露天堆场的面积应该尽量满足作业需求。一般还应有一定空间具备室内办公条件。

（四）设备服务

具备淡水、燃油等基础物资补给的能力。叉车、平板车、吊车的能力应符合需求，一般至少具备 5t 及以上叉车，40t 及以上吊车。

（五）工作人员

码头的各方面专业团队是否齐备。码头应有专门的装卸团队，配备装卸监督、吊车司机、叉车司机、装卸工人等。

（六）安全管理

码头的各项 HSE 管理规范健全，人员资质符合要求，码头的安保系统完备，人员和物资进出相关手续符合要求。

即将进入开发阶段时，公司应根据实际情况考虑继续选择现有码头还是新建码头以满足需求。新建或者改建码头虽然投资较大，但是可以根据项目后勤的特点进行设计、建造或改造，满足后勤支持的全部需求。因此在基础设施不发达的国家和地区，或者没有适合的码头时，在经济性允许的前提下，新建或者改建仍然是较好的选择。

二、港口库房和堆场

港口库房和露天堆场的主要作用是收集即将送至作业单元等待装船物资，同时也要作为运回物资在卸货后的临时存放地。首先根据作业需求按照采办合同的规定，安排好各服务商和供应商设备和材料的动员时间。设备的动员时间应该尽量集中在装船前，海上作业的设备和工具日租费通常较高，集中在装船前不仅能够节省物流阶段的日租费用，还能节省库房存放的费用。在码头装船前和卸货后，通过与服务商的沟通协调和合理安排，尽量减少存放时间。

为了便于装卸货，需要租用各种载货单元（Cargo Carrying Units，CCU），包括集装箱、托盘或吊篮等。各种物资和设备根据作业后勤支持方案用叉车分别放入事先准备好的CCU中。露天堆场中套管等需要打捆或者安装吊索的材料也都做好吊装的准备。上述准备就绪的设备和材料可以由平板拖车送至码头装船。

作业用完的工具和设备也要通知服务商及时取走。一般来说，供应船的预计达到时间（Estimated Time of Arrival，ETA）确定后就可以安排服务商取走设备、工具、余料、废物等。不能及时取走的应暂时在库房中存放，额外产生的存放费用根据签订的合同执行。

三、码头

码头是物资和设备装卸的核心区域，是连接陆上和海上的关键节点，几乎全部物资和设备都要通过陆路或海运等方式运送至码头，再经过后勤人员的安排装船送至海上作业单元。海上作业单元用毕的设备，未消耗的物资和产生的废物都要运回码头卸货。如果交货地点就在供应基地码头的，可以在码头进行质量检查。在上述收货、验货、发货的过程中，除了后勤支持人员，采办和作业人员的支持也是不可缺少的。

供应船入港前应该提前预定好泊位、准备好引水和系泊服务。提前准备好补给船满足淡水和燃油的供应。当供应船抵达码头装卸货的同时，可以安排加油、加水等工作。港口加油、加水速率应该事先考察，这一过程可能耗时较长而影响到装船时间。

货物装船的最主要设备是吊车。目前世界上主要服务商的设备趋向于高度集成化，因此吊车的吊装能力也要在作业前确认，确保设备重量和吊装能力匹配。码头专业的装卸工人也十分重要，他们和船上的水手是装卸物资的主要操作人员，应该在监督的带领下，根据甲板物资的安排配合吊车完成装卸作业。

在安排装卸船和收货取货的过程中还应该注意保持舱单、提单等单据和文件的齐全，统计不正常状态的货物，这些不仅是项目执行过程中重要的资料，还涉及后期的服务商费用结算甚至是争议和分歧的解决。

返回基地的供应船如果需要改变储舱内材料或者供应船已经完成全部作业解租前需要在码头进行清罐作业。

各个工作船舶和海上作业单元所需的生活物资都可以由其当地代理统一送至码头后装船。

四、巴西当地资源

在巴西当地能够作为供应基地的港口很多，下面选取几个靠近桑托斯盆地的典型的港口进行简要介绍。

Brasco Niterói 是位于里约热内卢州 Niterói 市 Conceição 岛上的专业海上后勤供应基地，是一个私营码头，目前由 Winson Sons 集团公司旗下的 Brasco Logística Offshore 公司负责管理和运营。码头长 110m，拥有 3 个泊位，吃水深度 7.5m，总面积 60000m²，有液体生产装置，可以提供淡水和燃油供应、提供清罐服务、进行废物处理。距离其 20km 外的 São Gonçalo 市 Guaxindiba 区的仓库可以提供 80000m² 的存储面积。Equinor 和 Chevron 等公司选择此地作为供应基地。

Brasco Caju 是位于里约热内卢州里约热内卢市 Caju 区的专业海上后勤供应基地，是一个私营码头，目前由 Winson Sons 集团公司旗下的 Brasco Logística Offshore 公司负责管理和运营。码头长度 508m，拥有 5 个泊位，吃水深度 12m，总面积 70000m²，室内库房 3150m²，室外堆场同样由 São Gonçalo 市 Guaxindiba 区的仓库提供 80000m² 的存储面积，有液体生产装置，可以提供燃油补给和 CCU 租赁服务，能够进行废物处理。

Nitshore 是位于里约热内卢州 Niterói 市 Niterói 港口的专业海上后勤供应基地，是一个公共码头，由 Niterói 港口负责管理。码头长 285m，拥有 5 个泊位，吃水深度 7.5m，总面积 55000m²，室内库房 1704m²，室外堆场有 20000m²，外加距离其 20km 外 Guaxindiba 区的仓库 Logshore 有 250000m²，有液体生产装置和水泥厂，能够提供淡水、燃油、CCU，可以提供清罐服务，可以进行废物处理。

Triunfo Logística 是位于里约热内卢州里约热内卢市 Gamboa 区的专业海上后勤供应基地，是一个公共码头。码头长 740m，吃水深度 9m，室外堆场 50000m²，提供淡水和燃油供应。

Libra Terminais 是位于里约热内卢州里约热内卢市 Ponta do Caju 区的公共港口，隶属于 Libra 集团，主要从事进出口和集装箱运输。码头长 545m，拥有 2 个泊位，吃水深度

13m，总面积 136000m²，室内仓库面积 9600m²，提供燃油供应和 CCU 使用服务。此港口面积较大但并非专业的海上后勤供应基地。

Forno 港口是位于里约热内卢州 Arraial do Cabo 市的专业海上后勤供应基地，是由市政港口管理公司负责管理的公共码头。码头长 200m，吃水深度 9.5m，总面积 76000m²，室外堆场 10000m²，室内仓库 1200m²，能够提供淡水补给服务。

Angra dos Reis 港口是位于里约热内卢州 Angra dos Reis 市 Ilha Grande 湾的专业海上后勤供应基地，是由 Technip 公司负责管理的公共码头。码头长 400m，吃水深度 12m，室外堆场面积 78000m²，室内仓库面积 5500m²，有液体生产装置，提供燃料补给。

São Sebastião 港口是位于圣保罗州 São Sebastião 市的一个多功能港口，是由 São Sebastião 码头公司负责管理的公共港口。码头长 437m，拥有 5 个泊位，其中 3 个泊位可以提供专业的海上后勤供给，另有一个泊位由巴西国油使用。吃水深度 7~9m。室外堆场面积 325800m²。

在巴西的市场和商业环境中，除了巴西国油拥有较为专业的供应基地外，随着国际石油公司进入并运营上游项目，供应基地的获取方式更加灵活多样。后勤补给基地的运营模式包括租用包含所有相关服务的支持基地，购买主要结构就位的支持基地，建立基地（购买土地并建立基地）等。

第三节　工作船舶

工作船舶是实现深水作业的核心资源，也是后勤供应链条的重要载体。工作船舶的选择、调度都是作业后勤支持的重点工作。前期充分准备，运行时合理地指挥将能够最大限度地发挥每条船的作用，保障深水作业顺利开展。本节主要介绍深水作业后勤支持过程中的工作船舶计划，深水作业必不可少的动力定位功能，常用工作船舶及其特点。

一、工作船舶方案

工作船舶的选择是海洋作业后勤方案的基础，从物资和设备交货至作业公司之日起，就主要依靠工作船舶往来于作业单元和港口之间，必须根据作业的需要制订方案。下面以深水钻井供应船为例，简单介绍一下船舶的选择。

首先，要获取钻井平台的主要参数，根据钻井平台存储能力，以及所需要物资设备的数量和时间计划供应船运力，选择工作船类型，在发达国家和地区可选的船舶类型可以根据市场价格更加灵活地搭配。需要注意的是，在计算需求和运输能力的过程中应重点考虑以下因素：

（一）燃油舱容积

除了供应船自身用燃油以外，大部分要供给钻井平台，特别是带有 DP3 系统的深水钻井平台需要长时间在动力定位状态下工作，燃油日消耗量可以达到几十吨。

（二）干粉舱配置

由香蕉车供应的干粉货（如水泥、重晶石、斑脱土等）需要在码头直接吹入干粉舱并送至作业平台，以吨袋形式交付的货物如果需要也可提前在码头破袋并吹入干粉舱。不同种类货物应尽量固定安排在某些舱位，避免清罐作业。

（三）甲板面积

供应船需要有足够的甲板面积放置钻具、井口、套管、钻井液材料橇装和各个服务商的工具等。此外，如今大部分服务商的复杂工具（如 MPD 等）已经高度集成化，规划甲板摆放时可以按照 CCU 占用面积来计算。

（四）淡水舱容积

作业中需要的淡水除了平台自身造淡可以少部分解决外，其他均需要由供应船补给。需要注意的是，除了钻井设计中的淡水用量以外，还应考虑平台自身的日常消耗，比如某些半潜式平台可能需要冲洗平台设备，日常生活中非饮用淡水消耗等。

（五）货物重量

包括甲板上货物和甲板下各储舱内货物的重量不能超过供应船的载重吨位，否则应分船运输。

（六）补给码头距离作业平台距离

计算供应船经济航速下往返的时间，如果过远可以考虑使用仓库船。

（七）供应船的守护功能

钻井作业的供应船一般除了运送物资外，还可以作为守护船负责在平台附近 24h 值守，因此在安排船次时应确保至少一艘守护船在作业现场。

（八）供应船市场情况

符合平台动力定位要求的供应船大小及价格各有不同。供应船并非越大越好，除了价格因素外还需要灵活性，特别是守护船的需求。更大的供应船吃水深度也大，因此对补给码头的要求也更高。

在确定用船时间及航次时，有以下问题需要关注。

（1）为了避免供应船抵达的时间晚于计划而可能造成 NPT，从装货到起航及途中等各个因素都可能影响供应船抵达的时间，要留足时间余量。

（2）充分考虑钻井平台的承受能力。在不使用仓库船支持的情况下，平台的干粉舱、燃油舱、淡水舱、甲板面积（包括放置隔水管的面积）的空间都是有限地，当物资不能全部被转移到钻井平台上就需要供应船在平台附近等待，这一点在安排船次时应该格外注意，对供应船返回的时间要有充分估计。

（3）一般海洋钻井作业需要的物资时间并不是均匀的，前期一开和二开的速度较快，需要物资量较大。如果采用期租方式使用供应船，可以考虑灵活安排船期以节省成本。

（4）首次起租供应船时，应协调其各种软管接口同平台对应一致。

随着现代钻井船技术的不断发展，作业平台的空间越来越大，作业速度也越来越快，上述问题将会在一定程度上得到缓解，但是在基础设施不太发达的国家或地区，或者在补给港口较远、物流补给线很长的情况下，前面提到的几个问题都会凸显出来。

通过上述各种因素的综合计划，最终确定需要供应船的数量和类型，如果市场价格并不十分清晰，可以考虑几种可行方案，最终依靠招标等商务方式确定最经济的方案。

除了供应船外，可能需要用到其他功能的船舶，如拖轮、抛锚船、快速支持船等，这些船舶作为供应船的重要补充，都属于工作船舶，它们和供应船一同组成了物流支持链条上的每一环。

二、动力定位

对于深水作业来说，海上作业单元的特点就决定了供应船应该具备动力定位（Dynamic Positioning，DP）功能，可参考第五章相关内容。

（一）DP 系统简介

动力定位系统是当环境条件发生变化时，由集控手操或自动响应系统，通过水动力系统的控制使船舶的位置和航向保持在环境条件限定的范围内。

典型的动力定位控制系统组成包括：风速计、差分 GPS、电罗经、主动声呐系统、声呐定位系统、声呐发射器、激光参照、垂直参照、操控台、控制箱、侧推进器、主推进器、全回转推进器、控制线、舵。

DP 系统设计的主要国际标准及规范有 NMD Guidelines for Dynamic Positioning Vessels（1983），IMO/MSC Circular 645 Guidelines for Vessel with DP（1994），ABS Steel Vessel Rules（2008）。

（二）DP 系统的分级

世界上主要船级社对 DP 的定级符号有所不同（表 8-1），但其主要内容和原理基本一致，下面以美国船级社（American Bureau of Shipping，ABS）的符号标准为例，介绍一下 DP 不同级别的主要区别。

表 8-1 不同国家船级社的 DP 分级符号

船级社	英文简称	0 级	1 级	2 级	3 级
挪威船级社	Det Norske Veritas GL	DPS 0	DPS 1	DPS 2	DPS 3
美国船级社	American Bureau of Shipping	DPS-0	DPS-1	DPS-2	DPS-3
俄罗斯船舶登记局	Russian Maritime Register of Shipping		DYNPOS-1	DYNPOS-2	DYNPOS-3
劳埃德船级社	Lloyd's Register of Shipping	DP（CM）	DP（AM）	DP（AA）	DP（AAA）
意大利船级社	Registro Italiano Navale	DYNAPOS SAM	DYNAPOS AM/AT	DYNAPOS AM/AT R	DYNAPOS AM/AT RS
法国船级社	Bureau Veritas	DYNAPOS SAM	DYNAPOS AM/AT	DYNAPOS AM/AT R	DYNAPOS AM/AT RS
德国劳埃德船级社	Germanischer Lloyd		DP 1	DP 2	DP 3
挪威海事局	Norwegian Maritime Directorate	DPS 0	DPS 1	DPS 2	DPS 3
中国船级社	China Classification Society		DP-1	DP-2	DP-3
日本海事协会	Nippon Kaiji Kyokai		Class A DP	Class B DP	Class C DP
韩国船级社	Korean Register of Shipping		DPS（1）	DPS（2）	DPS（3）
印度船级社	Indian Register of Shipping		GS（KK）	GS（SK）	GS（SS）

DPS-0：船舶装备一套集控手操和自动航向保持的动力定位系统（DPS），能在最大环境条件下，使船舶的位置和航向保持在限定范围。

DPS-1：船舶装备具有自动定位和航向保持的动力定位系统（DPS），另外还有一套独立的集控手操和自动航向保持系统，能在最大环境条件下，使船舶的位置和航向保持在限定范围。

DPS-2：船舶装备在 DPS-1 的基础上，设置了备用安全冗余，能在最大环境条件下，使船舶的位置和航向保持在限定范围，即使船舶发生单个故障。

DPS-3：船舶装备在 DPS-2 的基础上，设置了备用安全冗余，能在最大环境条件下，使船舶的位置和航向保持在限定范围，即使船舶发生任何单个故障，包括由于失火或进水而完全失去一舱。

上述最大环境条件是指在设计船舶营运时所指定的风速、水流和浪高。

海上工作船舶需要达到的级别要根据作业单元的要求确定，对于钻井船或半潜式钻井平台来说，通常带有动力定位系统的船舶才允许靠近。

三、平台供应船

平台供应船（Platform Supply Vessel，PSV）是为海上作业单元专门设计的后勤支持船舶，如图 8-1 所示。船尾的甲板用来放置作业所需的材料和设备，甲板下的干粉舱、燃油舱、淡水舱、钻井液舱等用来运输液体和散装固体。

图 8-1　PSV 照片

深水作业的平台一般要求 PSV 具备动力定位系统，以保证在装卸货过程中的安全。卸货时，PSV 启动 DP 模式，以并联的方向靠近作业平台，利用 DP 的操控性确保不会发生碰撞而影响平台的稳定性。PSV 甲板上的货物一般由作业平台上的吊车负责装卸，液体则通过连接软管泵入和接收。

作业过程中产生的垃圾，特别是工业垃圾由 PSV 运回供应基地处理。

作为作业平台的守护船时，PSV 还具备以下功能：

（1）快速救援船（Fast Rescue Craft，FRC），用于海上救生。

（2）外部消防设施（Fire Fighting Systems，FFS），船级符号为 FiFi，一般分为 FiFi1、FiFi2 和 FiFi3 三个级别，消防能力依次增强，表 8-2 为不同级别的消防守护船配置。此外，还配备有喷水系统，搜索灯光和急救设施。

四、三用工作船

三用工作船（Anchor Handling Tug Supply，AHTS），顾名思义，可以实现多项功能（图 8-2），包括拖动平台定位，物资运输和提供抛锚作业。

深水或者浅水平台抵达作业点进行定位（Positioning）时，需要三用工作船的协助，这时 AHTS 的作用相当于拖轮，可以为平台提供拉力。定位后，需要抛锚作业时，仍然要利用 AHTS 携带着锚到抛锚点，这样就避免了依靠平台自身抛锚。平台开始作业以后，

AHTS 还能够作为供应船，提供材料运输，也能够作为守护船，在这方面的功能同 PSV 相似。AHTS 的甲板能够载货，而甲板下的储舱可以运送固体和液体材料。

表 8-2　守护船消防系统配置

	FiFi1	FiFi2		FiFi3
水炮数量	2	3	4	5
水炮出水速率（m³/h）	1200	2400	1800	2400
泵数量	2	2～4		2～4
总容量（m³/h）	2400	7200		9600
水炮射程（m）	120	150		150
水炮高度（m）	45	70		70
软管连接数量	4	8		10
防火战斗服数量	4	8		10
燃油量（h）	24	96		96

图 8-2　AHTS 照片

五、其他功能船

（一）快速支持船

快速支持船（Fast Support Vessel，FSV）在浅水作业中的应用较多，如图 8-3 所示，有些 FSV 具有动力定位系统。

图 8-3 FSV 照片

　　FSV 也叫 FSIV（Fast Support Intervention Vessel），因为其速度较 PSV 和 AHTS 都快得多，最大航速在 20 节左右，不仅可以用来运送某些紧急物资，还可以迅速抵达事发地。FSV 一般配有几十个座位，可以用来运送人员，也可以利用甲板空间运输轻量物资，例如井口、钻头、平台生活用品和垃圾等。

　　（二）缆绳操作船

　　在海上作业的两艘船舶需要完成系泊连接时往往需要用到缆绳操作船（Line Handling，LH），如图 8-4 所示，特别是需要连接的两艘船没有 DP 系统时。第九章介绍到的常规油轮卸油所需的工作船就是一种 LH，缆绳操作船不需要运输特别的货物或者大量人员，其特点是比较灵活，能够承担的工作也很多样。

图 8-4 缆绳操作船照片

　　（三）仓库船

　　仓库船（Warehouse Vessel）在海洋作业中有时需要用到，如图 8-5 所示，但是并不常见，特别是深水作业。仓库船的功能是针对海上作业空间受限的特点，用另外一艘船专门负责存储作业物资，相当于直接在海上建立了可移动的仓储基地。仓库船的特点是存储能力强，能够存放大量物资。作业前，仓库船在港口装载大量作业物资后行驶至作业单元附近抛锚。开始作业后，供应船往返于仓库船和作业单元之间装卸物资，将所需的设备材料送至作业单元，将用毕的设备再送回仓库船。

图 8-5　仓库船照片

仓库船主要用于作业点偏僻，附近没有合适的港口作为作业后勤补给基地的情况。一旦选择采用仓库船，整个供应链都要针对仓库船进行计划和安排，在后勤支持方案中明确，有了仓库船以后不再需要长距离运输，因此对供应船数量和性能的要求有所降低，可以节省部分船舶费用，但是因为物资存放在仓库船上无法及时复员，也可能产生额外的日租费用，所以要进行详细测算评估。

（四）溢油回收船

溢油回收船（Oil Spill Recovery Vessel，OSRV）的主要功能是在发生海上溢油时进行处理和回收，如图 8-6 所示，因此并非作业常规使用的船只。一般在公司整体的后勤应急保障机制中会专门建立溢油处理方案，明确对 OSRV 的使用。

图 8-6　溢油回收船照片

六、合同模式

对于海洋作业后勤支持船舶的获取可以采用多种方式，主要取决于船舶的类型和需求，以及所在国家和地区的市场情况，合同模式应该在制订后勤支持方案时基本确定。后勤支持相关工作船舶的合同模式和第九章介绍的动力定位穿梭油轮（Dynamic positioning shuttle tanker，DPST）的获取模式有很多相似之处，可以参考相关内容。

对于 PSV 和 AHTS 这样的供应船来说，最常见的是期租合同。在确定供应船的类型和数量时，除了考虑日租费以外，最重要的指标就是油耗，包括经济航速、最大航速、静态守护和 DP 模式下的油耗。根据整体后勤支持方案的特点，估计供应船处在不同工作状态的情景和时间。供应船一般在最大航速运行时的油耗会非常高，因此除非发生紧急情况，应该尽量通过优化方案避免以最大航速航行。

在选定供应船后，正式起租前，应该由专业的第三方船舶检验公司和租船方的 HSE 人员在起租点进行登船检查，确认船舶状态是否正常，以及起租时舱内的剩余油、水量（Remain On Board，ROB），检查通过后开始计算起租时间。当租期结束后，正式解租前，应该再次由专业第三方检验 ROB，并按照合同约定进行清罐等作业。

供应船应用范围更广，需求量更大，因此在油气作业较发达的海域一般都具有成熟的供应船现船市场（On Spot Market），这就意味着船东在建造 PSV 或 AHTS 前并不一定要确定客户。在不能及时获得长期期租供应船或者预计作业时间不长时，可以在现船市场短租供应船，这种合同虽然也是期租，但租期较短，同 DPST 动辄 5 年以上的租期相比灵活性更高。此外，由于数量较多，可替代性强，供应船市场的竞争也相对更加激烈。这些特点同第九章介绍的 DPST 有较大不同，DPST 作为一种特定的船舶，一般在签署合同后才开始建造，而市场上的 DPST 基本都有租约，已经出租给了固定的公司。AHTS 在仅作为拖轮或者抛锚作业船而不进行运输和守护的情况下，可采取单次租赁的方式。

对于 FSIV 和 LH 来说，采取单次租赁还是期租的方式应该根据实际使用频率和市场价格确定，仓库船主要采取期租的方式。OSRV 的获取则要在溢油应急方案中同其他设备材料一同计划，项目并非要和 OSRV 的船东直接签订合同。

无论采用何种合同模式，应该由专门的作业后勤支持人员负责船舶的指挥和调度，保持和船长的联系，时刻跟踪预计出发时间（Estimated Time of Departure，ETD）、ETA 和 ROB 等信息，并根据掌握的作业进展向船舶下达指令。

七、巴西当地资源

在巴西进行海上航运支持的船舶超过 500 艘，其中约 40% 为 PSV，约 20% 为 AHTS，约 8% 为 OSRV，约 15% 为 LH 或 FSV，约 17% 为其他类型。

据统计，巴西 PSV 的平均船龄在 15 年左右，平均剩余船龄 10 年。巴西国油在 2000 年自发提出了一项航运供应船队更新项目（Programa de Renovação da Frota de Apoio Marítimo，PROREFAM），旨在引入新的 PSV 降低现有船队船龄。从 2000 年开始的第一阶段就有 18 艘新船服役，到了 2004 年的第二阶段，又有 20 艘新船服役，2008 年项目进入第三阶段后，多达 146 艘 PSV、OSRV 和 AHTS 服役。为了繁荣巴西本地船坞市场，此计划中 PSV 和 OSRV 建造阶段的本地化率要达到 60%，运营期间要达到 70%，合同期为 8 年，期租末可选择续租。

巴西的市场中能够提供海上运输服务的主要公司有 Bram Offshore、Bravante、Camorim、CBO Astro Marítima、Farstad、Maré Alta、Maersk、Norskan 和 WSUT 等。不同公司的船队特点有很大区别，例如 Norskan 没有 PSV，而 Bravante 则以 PSV 为主。

有巴西籍船长挂巴西旗帜的工作船舶有助于在没有引水的情况下进出港口。雇佣巴西籍船员能在一定程度上增加合同的本地化率。在巴西经营 5 年以上的老牌船东更加了解当地的各种需求，可以避免出现针对当地维修商、巴西法律法规和港口检查等方面的问题。

第四节 航空运输

航空运输的主要目的是提供人员上下作业单元、小件货物运送和应急处置。某些浅水作业可以依靠 AHTS 或 FSIV 进行人员的运输，但是通过船舶运送的人员必须依靠吊篮登上作业单元，而这个过程的风险相对更大，而且海上平台作业的劳动强度很大，乘船时间长，受海况影响大，容易造成登船人员的身体不适或休息不足。因此考虑到安全性和舒适性，深水作业的人员运输应尽量由直升机完成。

一、人员运送方案

人员运送能力也是作业后勤方案的重要组成部分，在设计人员上下平台方式时，应该优先考虑安全问题，这些都涉及直升机和机场的选择。

除了作业公司人员外，大量的服务商及平台作业人员需要通过直升机倒班。为了提高直升机的使用效率，后勤人员应该通过作业部门和平台服务商掌握人员的倒班计划，并据此确定直升机的类型、数量，安排固定的直升机飞行班次，例如一周两次或者一周三次等。

在需要人员现场支持的服务合同中都要规定动员点，从动员点到海上作业平台之间的人员运送由作业公司负责。当动员点和直升机起飞机场不一致时，特别是由于作业地点附近没有合适机场造成直升机起飞停靠点选择比较偏僻时，还需要建立抵达直升机机场前人员运送链条以确保无缝连接，这些运送链条包括固定翼飞机、汽车、用餐住宿等。

直升机机场的选择应比补给港口的选择更加谨慎，因为船舶可以长时间在海上行驶，但直升机携带的燃油量是有限的，虽然可以在平台加油但单程距离仍然不宜过长，因此必须选择在距离海上作业单元较近的机场，这个距离要和直升机的飞行距离相匹配。

除了距离因素外，机场的其他基础设施也很关键，比如是否有机库存放直升机，当地的气候是否满足平时露天存放的条件，乘客候机室的条件，机务维修等工作条件，航空燃油的供给，能否夜航等。

部分浅水作业也可以用船舶作为人员运送方式的补充。考虑到吊篮的操作具有一定的风险，除非极特殊情况（如直升机因为故障在平台无法正常起飞，需要维修人员登上平台维修），通常在深水作业要尽量避免采用船舶运送人员。

海上作业制订的 HSE 应急方案和作业后勤支持方案中都应包括医疗运输（Medical Evacuation，Medivac）方案，当平台上人员出现较为严重的伤病，而平台上的医生和医疗手段无法提供应有的治疗时，需要启动 Medivac。当伤病十分严重时，即使需要夜航也要立刻启动。

二、准备工作

在后勤支持方案中，很重要的一点就是确定直升机日常及备用的起降机场。机场应该具备夜间起落的能力，以应对海上作业随时可能发生的各种状况，协调联络人要能够 24 小时联络到飞行人员、机场塔台、空管等，确保直升机能够按要求随时起飞。在机场内，应该准备一套无线电通信设施，能够在一定范围内同直升机进行联络。

在正式开始人员运输前，应该申请到各种所需的航线、飞行等许可。从飞机的起降到日常的维护管理遵守机场的有关规定。

一般作业公司会设置一名或以上的协调联络人，负责对接作业单元的需求并安排飞行计划。作业负责人根据海上作业的倒班计划和各个服务公司人员的动复员计划，向协调联络人发出乘坐飞机的人员名单（包括登上平台和离开平台的人员）。协调联络人根据乘客名单制订固定翼飞机直升机的飞行计划并发送给相关服务公司预定飞行服务，具体方式则根据飞机服务合同的规定进行。

三、直升机

负责海上作业人员运输的直升机一般应配备双发动机来增加飞行安全系数。较为常见的最大载客人数是 12 人或 19 人，超过 19 名乘客一般需配备空乘人员。登机人员在登机前应该进行包括行李在内的称重。

世界上最常见的海上支持直升机机型包括 S-92、EC225 等。

在开始作业前，直升机的飞行人员要和海上作业单元的相关人员进行对接，沟通确定信息包括：（1）平台经纬度信息、导航台和联络的甚高频频率等信息；（2）平台的稳定状态，摇摆度等是否符合降落限制要求；（3）平台直升机甲板的重量要求，拟作业机型是否符合要求；（4）根据平台距离直升机机场的距离计算，如需在平台上储备燃油则提前准备；（5）平台上直升机降落指挥员（Helicopter Landing Officer，HLO）人员资质等。

海上作业单元上应该有 HLO 并经过直升机飞行人员确认。HLO 在海上作业单元上承担了十分重要的责任，主要包括：（1）协调乘客与货物的上下直升机；（2）负责平台乘客和货物安全；（3）填报离开平台货物和乘客清单；（4）提供重要信息和活动报告；（5）对平台人员进行关于直升机的安全教育；（6）熟悉直升机甲板消防设备并在直升机降落、加油、离开时在旁边值守；（7）协助并检查平台登机乘客系好安全带、穿戴救生衣等设备；（8）清空甲板，确保无障碍物，确保吊车作业暂停；（9）燃油样品取样测试并记录在册。

直升机相关人员在作业过程中应该注意的内容主要包括：（1）是否有炸药等相关作业需要无线电静默；（2）起飞降落时应避开相关限制区域，如火炬、吊车等；（3）直升机应该为作业配备具有夜航能力的机长 24 小时待命；（4）如某些无直升机甲板的船只需要直升机登船或紧急救生需要等，需要配备绞车；（5）确定燃油量并复核重量；（6）按照直升机的日常规定进行训练；（7）飞行和机务人员按照要求完成飞行时间等固定文件工作。

当发生避台风等特殊事件时，直升机起落量会比平时增加很多，应提前做好准备。当平台上有人员需要特殊事假时，也应该及时安排直升机执行任务。

四、航空飞行安全

乘坐直升机到海上作业单元工作的乘客应该进行过相关的紧急逃生培训并获得相应资质，其中最重要的就是包括直升机水下逃生（Helicopter Underwater Escape Training，HUET）在内的海上基础安全和应急培训（Basic Offshore Safety Induction & Emergency Training，BOSIET；中文俗称"五小证"）。在安排飞行计划时或者登机前，应该对乘客的培训证明进行检查，确保资质合格且在有效期内，不满足要求的乘客不能安排登机。

为了安全起见，直升机在甲板上停留时间不宜过长，降落在海上作业单元后应尽快完成人员乘机，减少逗留时间。如需短暂等候，直升机可以在作业单元附近上空盘旋等候；如果需要等候的时间较长则安排直升机返回，由下一班飞行负责将人员载离平台，特别是政府机关或作业公司人员登上平台检查时，往往不在平台上过夜，应该特别注意。此外，直升机降落在海上作业单元后不得关车，这不仅是因为需要放飞资质的人员才能指挥直升机启动升空，更重要的是一旦发生故障无法重新启动，不仅对直升机本身是十分重大的风险，整个平台都将处于危险中。所有人员都将暂时无法通过直升机登上或者离开平台，维修人员也只能通过 FSIV 等非常规方式登船维修，而如果海上平台的稳性无法满足直升机静立的要求，后果更是不堪设想。

五、HSE 应急

在作业开始前，负责提供直升机服务的人员应该熟悉作业公司制订的 HSE 应急方案，并严格遵照执行。

当协调联络人收到平台要求后，应该立刻根据 HSE 应急方案的要求安排直升机执行 Medivac 任务，将伤病员送到事先指定的医院进行抢救治疗。应有满足飞行条件的飞行人员 24 小时值班，在确有必要时应安排夜航。

当海上作业单元发生较大规模的事故时，直升机也是重要的救援方式。按照 HSE 应急方案的要求，通知参与救援的单位或组织，安排参加救援的直升机需配备绞车。

六、合同模式

获取直升机一般采用以下两种合同模式。

第一种为期租合同，根据后勤支持方案的安排，通过和某直升机服务公司签订租赁合同，明确直升机的类型和数量，或者锁定到具体直升机。这种合同模式的主要费用组成包括租赁费、飞行小时费（含训练计划）、燃油费等。如果采取期租的形式，则 HSE 应急方案中的直升机需求可以部分或全部纳入此合同当中。

第二种为服务合同，签订这种合同前，不需要详细地计划直升机的具体类型和数量，只需要规定双发、定员等基本参数。在执行合同的过程中，由联络协调人负责向服务公司提出具体的需求（包括人数、时间等飞行计划），而服务公司则根据需求安排相应的直升机执行飞行任务。

负责 Medivac 和其他救援的直升机应该按照相关的要求签署协议，具体形式根据总体 HSE 应急方案确定。

签订直升机和固定翼飞机服务合同时，一般还应签订一份第三方航空审计服务合同。通过聘请专业第三方公司对提供航空服务的公司进行全方位审计，包括飞机和人员管理的专业性、作业的安全性等诸多方面。航空服务具有高风险、高技术的特点，第三方航空审计确保了服务商的能力满足海上作业的要求。

七、巴西当地资源

巴西的航空工业十分发达，在世界上稳居前列，通用航空领域也处于发达国家水平。目前飞机数量超过 1 万架，通用机场近 2500 座，通航作业年度飞行时间约 1500×10^4h。欧洲直升机公司（Eurocopter SA）在巴西设立的子公司 HeliBras 拥有员工约 800 人，专业生产各种民用和军用直升机，占据了巴西民用直升机 54% 的市场份额，还有 10% 的产品出口到其他拉丁美洲国家。截至 2013 年，在巴西飞行的双发直升机数量就达到了 525 架，其中 32% 用于海上作业。截至 2015 年，仅巴西国油的直升机队伍就达到了 110 架。

（一）机场

本节选择两个距离坎波斯盆地和桑托斯盆地较近，位于里约热内卢州的通用机场进行简单介绍。

Jacarepaguá 机场又名 Roberto Marinho 机场，位于里约热内卢州里约热内卢市的 Barra da Tijuca 区，建成于 1971 年，属于公共通用航空机场，目前由巴西机场管理局（Empresa Brasileira de Infraestrutura Aeroportuária，INFRAERO）管理。机场面积 46900m²，总占地面积 $120 \times 10^4 m^2$，拥有停机坪 50 个，跑道 900m×30m，乘客航站楼面积 225.84m²，吞吐量达到每年 40 万人次。

Cabo Frio 机场位于里约热内卢州的 Cabo Frio 市，成立于 1998 年，属于公共通用航空机场。2007 年更新了设施并新建了一条跑道，增加了服务能力。目前由 Libra 集团负责管理运营。机场面积 30400m²，跑道 2550m×25m，航站楼可容纳 300 名乘客，乘客年吞吐量达到 20 万人次。

此外附近区域还有能够提供民航航班飞行的 Galeão（国际）和 Santos Dumont（国内）机场，能够提供飞行员训练及取证的 Aeroclube de Nova Iguaçu 机场和 Laélio Baptista 机场（又名 Maricá 机场），这些都可以作为可用的机场予以关注。

（二）直升机

尽管 Helibras 公司占有了巴西当地大量的市场份额，但是在海上运输方面仍然以国际供应商制造的机型为主。

从 2011 年开始，巴西的直升机市场不断向好，有些公司高管认为有巴西的油气行业支持，直升机数量应该翻倍。而且随着飞行员年龄不断老化，36% 的飞行员年龄在50～60 岁之间，可以预见到机长和副机长也存在巨大缺口。此外，国际油气生产商协会（International Association of Oil & Gas Producers，IOGP）的标准规定飞行员至少应有 500h 飞行经验。通过与巴西国家民航局（Agência Nacional de Aviação Civil，ANAC）的合作，2012 年 3 月发起了油气行业海上飞行员动员项目（Programa de Mobilização da Indústria Nacional de Petróleo e Gás Natural，PROMINP），旨在为行业培养大量新的飞行员。

在巴西能够提供直升机服务的公司较多，包括 Atlas、BHS、Líder Aviação、Omni、Senior 和 Aeroleo，可供乘坐的机型分别产自 Sikorsky、Eurocopter、Mil Helicopters、Agusta Westland、Bell 等国际知名公司。

（三）空域管理

巴西国家民航局是飞行安全的主要监管者，巴西空域空防和交通由空军统一管理。根据国际民用航空组织（International Civil Aviation Organization，ICAO）标准建立了七级空域管理体系。

政府将空域分为管制空域和非管制空域，通过不同流程进行管理。对于直升机所在的中低空域，分为 F 级和 G 级非管制空域，B 级、C 级、D 级和 E 级管制空域。

管制空域流程如下：

（1）机长需在飞行前向空中交通管制（Air Traffic Control，ATC）提交飞行计划等申请材料，获得许可后方可执行飞行。其中，目视飞行在 E 级空域飞行时不需要 ATC 许可，只需在飞行时保持通信畅通，并按照 ATC 的要求随时提供飞行信息及位置报告。

（2）如果 ATC 给予的飞行许可不满足机长的实际需求，机长也可以要求 ATC 对飞行许可进行修改。

（3）机长必须严格按照 ATC 许可的飞行计划执行飞行任务，包括在飞行线路、高度、速度、云层距离、通信等方面的具体要求（特殊紧急状况除外，如天气变化）。

非管制空域流程如下：

（1）目视飞行和仪表飞行均不需要通过 ATC 的审批。

（2）机长需在飞行时保持通信畅通，并按照 ATC 要求随时提供飞行信息及位置报告。

第五节　其他保障

除了前面几节提到的供应基地、工作船舶、航空运输等主要后勤支持工作外，深水作业后勤支持还包括以下几个方面。

一、其他保障资源

除了前文提到的几项内容，在制订后勤支持方案时还需要考虑以下几点：

（一）陆上仓库

虽然供应基地的港口一般有库房和露天堆场用于材料和设备的临时存放，但是毕竟面积有限，而且非专有港口的库房使用需要按时间和使用面积缴纳较高的费用。因此某些新采购的设备和材料，以及之前作业未消耗的剩余物资需要有陆上仓库长期存放。陆上库房的位置不需要在某一港口，选择十分灵活。陆上仓库的位置应尽量选择距离补给港口较近的位置，这样能够节省陆上运输的时间和费用。相应的还要有车辆负责往返于码头和陆上仓库。

（二）CCU 的租赁

散装的工具、钻井液橇装等物资需要放入集装箱等 CCU 中运输，避免由于海上风浪造成损坏或者损坏其他物资。因此对于没有集成化的设备和各种散装的甲板材料，应根据作业的需求计算好 CCU 的类型和数量，包括使用何种 CCU（集装箱、吊篮或托盘等），何种尺寸规格，数量多少，每个 CCU 的空间安排都应有一个大致的规划。

（三）通信服务

对于海上作业来说，24 小时不间断的通信尤为关键，不仅保障了作业的顺利进行，还能够在发生安全危险时快速反应。虽然一般平台上都设置有海事卫星及其他各种无线电通信设备，但是为了能够和陆上指挥中心建立快速联系，仍然可能需要其他通信设施，用于日常联络、召开会议、下达指令、传送最新作业数据等。

专业的通信服务需要在海上作业单元和陆上指挥中心之间建立卫星通信，高质量的 24 小时不间断联络是保障作业顺利进行的关键。特别是作业过程中产生的大量数据，都可以通过卫星通信服务传递到陆上的专业人员手中并及时分析研究，这样就加快了反馈的速度，能够用最新的研究结果指导下一步作业部署。

当提供通信服务的公司和平台作业公司不属于同一家集团时，需要两家公司在作业公司的协调下提前进行接触并沟通技术解决方案。考虑到地质等资料都是作业公司的重要核心资产，因此在数据传递过程中除了要重视带宽和传递速度外，还应注意数据的加密输送。

每年春分和秋分前后，太阳穿过赤道，这段时间太阳位于地球赤道上空。由于通信卫星多定点在赤道上空运行，在这期间，如果太阳、通信卫星和地面卫星接收天线恰巧又在一条直线上，太阳强大的电磁辐射会对卫星下行信号造成强烈的干扰，这种现象称为日凌。太阳辐射会使通信短暂中断 10 分钟左右，这种自然现象叫作日凌中断。这种中断每年会发生两次，每次持续十几天。在海上作业过程中如果可能会遭遇到卫星日凌，通信服务商应提前发出通知，并且避免在日凌中断时进行重要的通信连接。

（四）当地代理

完成深水作业的后勤支持保障工作离不开各个当地代理的配合。由于油气勘探开发行业不仅是资金密集型，也是技术密集型，很少有国家可以完全依靠国内供应商完成全部的作业，这就会涉及大量物资设备的入关和出关，代理资源往往是后勤支持工作中不可或缺的。此外还有爆炸性、放射性及高危化学品的运输，所在资源国海军相关规定等问题都需要有熟悉法规条文的代理准备相关文件，适时申请许可，完成所需注册等。优秀的代理能够用最经济、合理的方式完成各项任务。

当地代理的主要工作包括：（1）作为海关代理负责联系海关检查，办理物资进出口的清关工作；（2）办理国外人员进入所在国或者所在省、州所需的移民局手续；（3）办理物资进入所需的检验检疫等手续；（4）申请办理运输、储存、安全环保等所需的注册和许可；（5）负责代表作业公司同所在国家能源管理或者石油管理部门进行沟通联络；（6）船舶代理负责作业船舶船员的倒班、登岸、补给等；（7）码头代理负责完成装卸货相关的各种手续文件；（8）当作业人员需要在未建立任何基地的地区进行工作时，提供交通、食宿等服务，特别是在基础设施落后、社会环境不稳定的国家和地区。

上述代理工作一般经由几家不同专业的代理公司分别负责，作业公司则负责统一协调。

（五）天气预报

一般在海洋作业前需要就作业海域的各种天气、水文条件进行全方位的调查（Met-Ocean），详见第五章。这些调查和测量主要基于历史数据的搜集和统计，但是在实施作业过程中，仍然需要对天气和海况保持监测，这就需要有服务提供每天一次或者每天两次的实时气象预报。特别是在热带气旋天气频发的海域，天气预报对于作业十分重要，当预报发生台风等恶劣天气造成无法满足作业条件时必须停止作业，并按照规定安排人员离开海上作业单元暂避，直到条件恢复。

（六）其他

根据作业需求，还需要提供其他方面的后勤支持。包括但不限于：（1）其他公共交通，如商用飞机、火车、汽车、船舶等；（2）办公设备，如在临时办公地点准备卫星电话、传真、无线电、对讲机等；（3）酒店住宿，中转过程中需要预订酒店用于临时住宿；（4）医院药品，联络协调距离作业点较近的医院负责提供医疗药品等；（5）劳工移民，与当地政府劳工部门和移民局沟通协调，获得所需的劳工许可；（6）语言翻译，如存在语言障碍应聘用合适的翻译提供翻译支持。

二、HSE 应急保障

由于海洋作业特别是深水作业比陆上的风险更大，HSE 的应急保障就显得十分重要。HSE 的应急响应程序和方案由作业公司的 HSE 管理人员负责，但是在实施过程中，需要依靠作业后勤支持的资源来具体完成。船舶和飞机的应急响应在前面章节进行了介绍，本节重点介绍溢油（Oil Spill）的处理。

根据世界海事组织 IMO 的建议，政府和企业应该遵循"分级响应"的策略，从而最大限度地利用有限的资源来满足区域应急响应的要求。国际上应对溢油的三级响应安排应该基于风险和成本的综合分析，而由于不可预知性，最高水平的预先设置则无法实现。针对不同等级的溢油风险应该采取相应的分级资源应对。通过分级可以将有限的资源最大合理地利用。

国际石油行业环境保护协会（International Petroleum Industry Environmental Conservation

Association，IPIECA）将溢油事故分为三级。

1级溢油表示能够通过本地溢油应急资源进行处理和控制的较小事故。事故发生在作业设施附近，公司内部溢油管理团队即可处理。溢油管理团队通过在场的经过培训的员工和本地签约的服务商进行初级响应。

2级溢油表示需要地区内其他溢油应急资源的协助来处理和控制的较大溢油事故。事故造成的后果已经蔓延至作业区内油气设施以外的区域，需要有国家或者地区内专业的团队介入。参与响应的人员较1级溢油更多，而且人员需经过特别培训并配备有专门的航空、交流专业设备。

3级溢油表示需要国家或国际溢油应急力量来协助处理和控制的大型、灾难性溢油事故。事故响应需要动用国家、国际或行业合作者的共同持有装备、储备资源和人员。通过广泛的后勤动员，更多的专业人员参与到相应过程。国际上一些知名的3级溢油应急中心包括：澳大利亚海上溢油中心（Australian Marine Oil Spill Centre，AMOSC；位于澳大利亚），加勒比溢油清理合作中心（Clean Caribbean Cooperative，CCC；位于美国），东亚溢油应急公司（East Asia Response Limited，EARL；位于新加坡），快速溢油应急中心（Fast Oil Spill Team，FOST；位于法国），溢油应急处理公司（Oil Spill Response Limited，OSRL；位于英国），日本石油协会（Petroleum Association of Japan，PAJ；位于日本）。

通过分级介绍能够看出，因为海上油气公司及其服务公司处于发生溢油的核心区域，能够迅速投入应急资源，可以在溢油发生的第一时间抵达事故现场并及时采取行动。因此现场的作业者就是一级响应者，应该主动提高溢油的应急处理能力与水平，并保证其响应计划同所在国家、地区和行业的响应计划相匹配。虽然一级响应的资源和非专业装备能力有限，但是因为其反应时间最快，在控制溢油扩散并等待二级响应组织方面具有重要优势，处理得当能够有效降低溢油的损害。

参 考 文 献

William L Leffler，Richard Pattarozzi，Gordon Sterling. 2015. 深水油气勘探开发概论（第二版）. 姚根顺，吕福亮，范国章，等译. 北京：石油工业出版社.

第九章　巴西深水提卸油

提卸油对于海上勘探开发项目，特别是深水项目至关重要，是勘探开发生产过程中的重要一环。只有安全高效完成提卸油工作，才能成功打通深水勘探开发生产销售整条产业链，实现经济效益最大化。

第一节　深水提卸油概述

当海上浮式生产单元（FPU）完成对原油处理后，如果不具备海底输油管道运输原油的条件，就必须采用船只将商品状态的原油从 FPU 上卸载到安排好的油轮上，通过海上运输运送至销售地港口。

一、海上卸油方式简介

在深水生产作业过程中，依靠浮式生产平台（FPSO 或 FPO）生产的原油常见处理方式大致可以分为两种：直接卸油和间接卸油。这两种方式的区别不在于卸油的船只，而在于卸油作业和生产平台之间关系。直接卸油方式是参与卸油的船只直接靠近生产平台并通过连接管线卸油；间接方式则是在另外一处中间设施完成卸油作业，而在整个过程中无须接近生产平台。

（一）直接卸油

直接卸油方式指参与卸油的船只直接靠近生产平台，缆绳系泊后（某些作业可不系泊），通过生产平台卸油软管直接将生产平台上的原油卸载到装货的油轮上。卸油船相对生产平台的位置主要是串联的方式。鉴于生产平台是整个深水油田开发生产的核心，其安全性至关重要，因此卸油船应首先需要考虑作业的安全性与可靠性，避免与生产平台发生碰撞，否则将会带来灾难性的后果。

直接卸油方式除了常见的常规油轮直接卸油外，还有动力定位穿梭油轮（Dynamic Positioning Shuttle Tanker，DPST），原油转运船（Cargo Transfer Vessel，CTV）以及海上装卸船（HiLoad）等方式。上述三种方式主要都针对的是海况较为恶劣、常规油轮不宜直接卸油的深水油田，其中DPST已经比较成熟，在巴西、北海等地区应用广泛；原油转运船和海上装卸船两种方式还处在现场试验阶段，尚不具备正式应用的条件。

1. 动力定位穿梭油轮

DPST是一种特殊的油轮，船体较大，一艘苏伊士级DPST和常规油轮同样能够装载100×10^4bbl原油。DPST一般带有DP1或DP2级动力定位系统（Dynamic Positioning，DP）和艏部装载系统（Bow Loading System，BLS），能够独立完成卸油作业，是一种较为成熟的深水卸油船。

由于DPST技术的先进性以及较强的安全性，其日租也相应高于常规油轮，因此一般不会用于远洋航运。为了提高DPST利用率，通常在卸载原油后将货物转移至常规油轮上，由常规油轮将货物运送至最终销售点，而DPST则回到油田现场继续进行下一次卸油作业。在这个过程中，DPST往来于生产平台和过驳点之间，因此被称为"穿梭油轮"。

2. 原油转运船

CTV船体不大，不能大量存储原油，一般带有DP2级动力定位系统。其工作时能够通过两侧的艏部装载系统接收原油，再通过尾部的卸油软管将原油转运至常规油轮上。这种方式相比DPST卸油省去了过驳的时间和费用，能够一次性完成全部作业，但是技术还不完全成熟，尚处在现场试验阶段。

3. 海上装卸船

HiLoad船体较小，无法存储原油，一般带有DP2级动力定位系统。HiLoad可以吸附在常规油轮一侧。然后同常规油轮一起靠近生产平台并将自身软管连接到常规油轮中部管汇，卸油过程中HiLoad的动力定位系统帮助常规油轮保持安全卸油位置。

上述三种卸油方式的最大优点是依靠具有特殊功能的一艘或多艘船只即可完成单次卸油作业，这些船只能够在不同油田、不同平台间来回往复使用，调度灵活，基本不受水深限制。相比间接方式卸油，不需要在项目前期投资建设任何固定设施，项目中期也不需要进行现场设施维护。直接卸油方式的缺点主要在于对风险的控制要求高，毕竟在作业过程中，卸油船只始终维持在距离生产平台较近的区域，一旦发生失控碰撞或者软管意外断开造成溢油，后果将不堪设想。此外，非常规油轮的租赁等费用也要付出相对较高的成本。

（二）间接卸油

间接卸油方式一般先将生产平台生产的原油通过海底管道或其他方式转移到离岸卸油装置，再进一步卸载至常规油轮或DPST完成卸油作业。这种方式中，油轮无须靠近生产平台，发生碰撞的可能性大大降低。常见的间接卸油方式包括浮式储存卸油平台（Floating Storage Offloading，FSO），单点系泊系统（Single Point Mooring，SPM），海上卸油系统（Offshore Loading System，OLS）等。SPM系统在实际应用中还包括很多种类型。据伍德麦肯兹旗下Infield研究结果显示，有38种海上SPM系统，各自有不同的特点和使用范围，其中包括悬链锚腿系泊浮筒（Catenary Anchor Leg Mooring Buoy，CALM Buoy），单锚固定腿（SALM Single Anchor Leg Mooring，SALM），水下转塔卸油（Submerged Turret Loading，STL），单锚卸油（Single Anchor Loading，SAL）等。下面选择几种比较典型的间接卸油方式进行介绍。

1. 浮式存储卸油平台

浮式储存卸油平台（FSO）相当于海上的浮式储罐，能够通过海底管线将其他生产平台生产的原油存储起来，如图9-1所示，其自身没有生产能力。FSO可以由常规油轮改造而成，也可以根据需要新建。相比其他间接卸油方式，FSO由于可以移动，使用更加灵活，尤其适用于经济评价结果不支持大规模投资建设的情况（如剩余可采储量不足时），当油田枯竭停产后可以移动至其他海域继续工作，从而提高船舶的使用率，获得更好的投资效益。此外，FSO也可以和其他卸油系统结合使用。

图9-1　西非海域FSO+SPM卸油系统

2. 悬链锚腿系泊浮筒

悬链锚腿系泊浮筒（CALM Buoy）是一种常见的海上卸油系统，其结构类似于转塔，有一个对地静止部分用锚链固定于海底，上部可以绕其转动，如图9-2和图9-3所示。该系统能有效避免生产平台与油轮发生接触。CALM Buoy多用于近海和码头附近，如无法靠港的大船可以通过CALM Buoy从码头的岸罐中接收货物或向码头释放货物。CALM Buoy从20世纪中期就已经开始使用，是一种十分成熟的技术。

在应用于深水的过程中，海底管线连接CALM Buoy和生产平台，原油则从生产平台经CALM Buoy输送到油轮上。在深水应用的CALM Buoy设计不同于浅水，需要采用高技术复合材料制成的锚腿以及钢缆。

图 9-2　CALM Buoy 卸油

图 9-3　CALM Buoy 水下示意图

3. 单锚固定腿

单锚固定腿（Single Anchor Leg Mooring，SALM）是另外一种常见的海上卸油系统，在海床上用单锚腿固定一个浮筒，具体功能和 CALM Buoy 接近。这种结构也能够有效地避免油轮与生产平台发生直接接触，提高安全性。除了和 CALM Buoy 类似的采取柔性缆绳将油轮与浮筒系泊固定以外，SALM 还可以采用刚性悬臂连接其他接油船，这样做的好处就是可以避免船舶碰撞浮筒，但同时会给拆卸带来极大的不便，因此可用在不经常移动的船舶（例如同 FSO 组合应用）上。

4.水下转塔卸油

水下转塔卸油（Submerged Turret Loading，STL）是一种海上卸油系统，由挪威国油海事服务技术部经理 Kare Breivik 提出最初设想。STL 系统主要是一个由几条锚链固定的特制圆锥形浮筒，浮筒可连接油轮或长期连接 FSO，如图 9-4 所示。

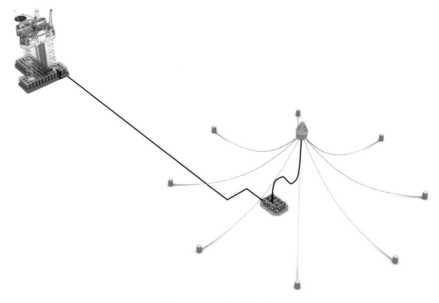

图 9-4　STL 卸油示意图

生产平台的原油经过海底管线输送至水下管道终端管汇（Pipeline End Manifold，PLEM）后经柔性立管同浮筒相连。经过特殊设计的标准浮筒能够和油轮底部的结构连接，锁定并输送原油，而平时浮筒的自然平衡位置位于水面下 30～50m。对接油油轮进行简单的结构改造就可以满足锥形浮筒的连接需要，对船体的影响不大。STL 系统这种设计的优点在于全部设施位于水下，不需在卸油过程中躲避海面漂浮物，且连接和断开方式十分简单快速，油轮在完成作业后的几分钟内就能实现断开和驶离。

直接连接卸油油轮时，适用于水深 70～350m 的海域。在连接 FSO 时能够适应 2500m 水深，此时应使用 DPST 作为卸油油轮。

STL 系统最大的特点是受环境影响很小，有试验表明在挪威海域有义波高 10m 甚至更大的情况下 STL 系统仍然能够完成卸油作业。自 1993 年成功应用以来，STL 一直表现出良好的应用效果，在北海的恶劣条件海域和中国及澳大利亚等热带气旋频发区域均有广阔的应用前景，日传输量可达 60×10^4bbl。STL 在浮式 LNG 和浮式储存再气化装置（Floating Storage Regasification Unit，FSRU）以及极地环境也将有广泛应用。

5.单锚卸油

单锚卸油（Single Anchor Loading，SAL）是另外一种 SPM 系统，特别是当 CALM

buoy 无法使用时，其可以作为 STL 系统的低成本替代方案。SAL 自 20 世纪 90 年代就开始得到了应用。

SAL 系统的核心是基座、系泊缆、柔性立管。固定的基座功能类似于 PLEM，上有转轴可以自由转动，在转轴上连接着立管以及引线，可以通过系泊缆连接卸油油轮。SAL 的柔性立管即卸油软管可以设计为连接 DPST 的 BLS 或常规油轮中部管汇。

SAL 系统通常用于水深 30～100m，可以连接岸上存储设施或通过海底管线直接连接海上生产平台。通常船东和作业者定义 SAL 的连接、卸油、断开等作业极限。一般来说，连接卸油油轮时有义波高不超过 4.5m，卸油和断开时不超过 5.5m。

配重系统包括底座锚、系泊系统和立管（卸油）系统。无论 SAL 系统采用的是配重或浮筒，其系泊系统类似弹簧一样保持卸油软管等位于水下一个平衡位置。由于 SAL 整个系统都位于水下，因此对于卸油油轮没有碰撞风险。普通 SAL 系统终端的安装十分简便，安装时间从几天到几周不等，而旧有的 SAL 系统也较容易恢复使用或升级改造。

此外，SAL 系统在极地地区也有成功应用的例子，卸油软管为特殊的坚硬设计，工作环境的温度可低至 –40℃。

6. 海上卸油系统

海上卸油系统（Offshore Loading System，OLS）的特点是不用同油轮之间连接系泊缆绳，而直接连接卸油软管如图 9–5 所示。OLS 全称为 UK–OLS（Ugland–Kongsberg Offshore Loading System），在北海地区的应用较为广泛。OLS 的基本组成包括海床上固定的底座、漂浮软管、转轴、终端阀门、信使及捡拾引线。OLS 通常适用于水深 80～150m 海域，也有某些应用于更深的海域如 250m。当 DPST 靠近和连接 OLS 时，其作业极限为风速 40kn，有义波高 4.5m。在卸油时如果风速超过 60 kn，有义波高高于 5.5m 时应立即断开。

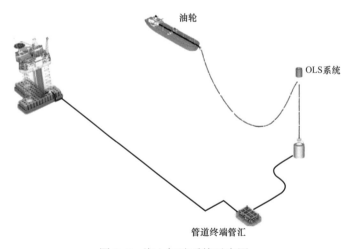

图 9–5　海上卸油系统示意图

随着近几十年深水勘探的力量不断增加，深水作业的技术不断进步，大量深水油田相继进入开发阶段，卸油作为一项必不可少的技术也在不断地更新，许多新的技术都从概念、设计阶段向现场试验和最终应用阶段逐步迈进。

二、海上卸油方案制订

通过前文介绍的几种不同方式的卸油船舶和设施不难发现，海上卸油特别是深水卸油方式各异，特点鲜明。对于一个待开发的深水油田，究竟要采取什么样的卸油方式需要综合考虑技术和经济多方面的因素，根据实际情况做出最佳选择，下面就具体制订卸油方案进行简要论述。

（一）影响因素

影响卸油方案的因素有很多，只有将这些因素调研清楚，分析透彻，才能制订经济高效的卸油方案。

1. 水深

油田所处海域的水深情况对于卸油方案的选择影响重大。随着水深的增加，技术难度和经济投入都会出现大幅度的增加。特别是采取间接卸油方式，一个在浅水使用成熟的技术应用到深水时，对材料的性能、安装维护的技术、系统的完整性和可靠性要求都会发生根本的变化。例如，CALM Buoy 应用到深水卸油作业的过程中，系泊材料的强度和抗压能力都需要大幅提升。如果通过经济测算发现前期投入过大或者后期维护难以实施就需要考虑对卸油方式进行调整，例如通过延伸水下 PLEM 到距离生产平台更远、水深较浅的海域建设 CALM Buoy。

2. 海域环境

在选择一种卸油方案是否具备可行性时，需要对卸油点附近海域的天气、海浪等自然环境参数进行统计分析。以五年或者更长时间的历史数据为基础，以卸油作业的允许条件（如风速、海水流速、有义波高等）为边界条件，利用数学模型进行统计测算一年中符合作业条件的天数占比。如果得到的占比不高，或者相对油田的产量来说不能满足即时卸油的要求，就要考虑改变卸油方式。比如，选择可以应对更加苛刻环境的卸油设施，采用带有动力定位以及艏部装载系统的油轮等。

3. 法规规定

卸油作业的风险是始终存在的，因此无论是政府还是负责生产作业的公司都会通过出台相关的法规或者规定来降低风险。在某些国家，政府为了避免发生特大事故，防范重大风险，可能颁布专门的法律法规对卸油提出要求。例如，在巴西海域进行过驳作业的区域都是经过政府严格审批的，不允许在规定区域以外的地方进行过驳作业，而且过驳作业需要指定的服务商来完成。如果这样物流成本过高，就可以选择在巴西境外的海域进行过驳作业，如乌拉圭的 La Paloma 海域。另外，各国际石油公司都充分认识到了卸油作业的风险，一般会对卸油方案进行风险评估并制订相应的作业流程和标准以最大程度地减缓风险。深水项目的作业者通常会制订详细的卸油船参数要求以及卸油流程，不满足规定条件的卸油申请会被作业者拒绝。

4. 生产平台类型

生产平台的类型以及各项参数，特别是生产平台的锚泊方式是单点系泊还是多点系泊都是卸油方案中需要重点关注的问题。生产平台是深水油气项目的核心，一切卸油方案的选取都以尽力避免对生产平台造成影响为基本原则。例如当发现直接卸油存在较大风险时，就应选择间接方式卸油。

5. 基础设施及配套资源

港口码头以及作业辅助船舶资源都是影响卸油方案的重要因素，这一点尤其体现在经济性方面。如果在平台一定范围内有一个设施完备，功能齐全的码头可以利用，或者附近有岸罐能够临时存储原油，都能极大地优化卸油方案。很多卸油作业除了油轮外，还需要其他的辅助船只参与，这些船舶的动员、补给都是方案中必不可少的。

（二）方案选择

卸油方案的选择和上一章中的深水作业后勤支持方案近似，不同地区、不同海域的卸油方案千差万别，在某些项目不存在的问题可能就是另一个项目的主要瓶颈。具体采用何种卸油方式、需要配备何种资源则需要根据项目的生产实际以及自然环境的各项因素综合分析。如果在油气行业开发生产较为成熟的海域，应该充分借鉴其他已经开始作业项目的经验，考虑相关资源的集中可能带来的规模效应。

深水提卸油既受到前面生产作业的影响，也会影响后面长距离运输和炼厂的排期，需要投入足够的资源。如果为了降低风险而一味地强调可靠性，可能会浪费大量资源，造成成本上升，影响项目效益；而如果冒险进行低鲁棒性的策略安排，在紧急情况发生时则会因资源不足而给投资者带来重大损失。因此在物流资源的准备方面，最重要的就是要处理好经济和风险之间的平衡，在技术可行的基础上，综合考虑安全和经济因素，通过合理分配资源，因地制宜地选择最佳的方案。

一般来说，间接卸油方式相对更加安全，对卸油油轮的要求相对较低。但是前期投资强度大，油田建成投产时，相关设施应同时完成建设并投入使用。参与油气投资的国际油公司（International Oil Company，IOC）为了轻资产运营，不愿先期投入过多金钱和精力进行基础设施建设，从而影响项目整体的经济效益。特别是在油田的产量不够大，或者潜力尚不完全明确时，建设固定卸油设施增加了投资风险。此外，卸油设施需要投资者定期进行检查维护，特别是深水作业的环境条件复杂，设施受到的影响较大，维护保养的难度较高。最典型的例子就是采取一次性铺设海底管道的方式。当油品的性质满足海底管道输送时，通过经济评价可以考虑这种方案，前期投入巨额资金兴建海底管道，管道终端直接连接到岸上储油设施。管道一旦建成，后期的卸油作业管理任务都会大大减轻。再例如伴生气的处理，采取船运的方式很可能不够经济，而在碳排放标准严格的国家也不能随意燃烧排放，最终可能需要将伴生气再注回地下。此时，如果提前兴建海底管道，将深水油田采出的天然气销售到下游市场，不仅解决了天然气处理问题，还将创造可观的经济效益。

直接卸油方式更加灵活，前期投入相对较小，比较适合深水卸油作业。同时直接卸油的风险也较间接卸油大，对于油轮自身的要求，以及作业过程中的安全流程控制都会更为严格。此外，直接卸油还会受到航运市场的影响，需要在油田投产前锁定能够完成卸油作业的船舶。例如，在巴西桑托斯盆地的盐下油田，作业者要求使用 DPST 卸油，而市场上这种船舶的资源比较紧俏，这就要求制订卸油方案时要充分考虑到如何获取足够的船舶资源。

制订卸油方案需要进行详细的经济评价和可靠性分析，方案确定后应依照执行并进行相应投资，相关设施的建设应该与生产装置同时完成建造安装，同时投入使用。

三、主要挑战

一般深水项目投资大、产量高，对后勤资源，特别是配套的船舶要求很高。此外，深水作业受到自身特点的限制，对环境条件影响的敏感性也很高。一旦提卸油安排出现问题，无法按时卸油，可能造成限产甚至是停产，会对整个项目造成重大损失，这就对供应链的谋划、安排、调整和应急提出了更高的要求。下面以桑托斯盆地盐下油田为例介绍巴西深水提卸油的主要挑战。

（一）深水作业挑战

深水作业往往距离海岸较远，海上平台的空间狭小，钻完井作业和生产处理都会受到钻井平台和生产平台有限的甲板面积制约，而生产平台有限的存储能力对于提卸油安排也带来了巨大的挑战。此外，深水项目的投资较陆上大得多，为了保证项目的整体经济效益，往往深水平台的产量会很高，这更加剧了存储能力不足的影响。如果过早提油将会影响油轮的运输效率，增加物流成本，影响项目经济效益。而如果油轮无法按时卸油，则生产平台会因为满舱面临限产和停产的威胁，届时对项目造成的损失将十分巨大。舱内油量从满足提油条件（一般为压载油量＋标准装货量）到满舱之间，这段提油的时间窗口往往只有短短几天。

（二）项目投资者要求

随着巴西政府对于盐下资源的政策放开，巴西的油气市场逐渐升温，越来越多的国际知名公司加入到了巴西深水区块的合资合作中。由于深水项目投资大风险高，桑托斯盆地盐下区块的权益通常由几个投资者合资共同持有。各投资者一般负责各自份额油的提卸油和销售，政府也要通过其代理公司 PPSA 完成。在这种情况下，当某一家公司因遇到困难可能造成生产平台限产或停产的时候，需要投资者之间通力配合，共同应对。然而，各投资者的物流资源各不相同，根据资源确定的物流策略也不同，在提油规则的制定上、具体操作实施的过程中都可能遇到矛盾，需要进行多轮谈判协商以达成一致，由此带来了大量的商务谈判工作。常见的投资者之间的协议包括提油协议（Lifting Agreement，LA）和实物借贷协议（Loan In-Kind，LIK）等，相关内容会在第二节详细介绍。

（三）巴西当地法律法规要求

巴西的油气行业，特别是海上油气勘探开发较为成熟，政府已制定颁布了一系列相关的法律法规。参与巴西油气投资的 IOC 要严格遵守相关的规定：一是巴西政府对本地市场和劳工的保护十分重视，尽管为了加快行业发展，获得经济效益，制定了一些优惠政策，但是在巴西开展作业仍然要受到各种规定的制约；二是巴西的财税政策十分复杂，在制订物流策略时，还要考虑到各种税费的筹划和安排，充分利用优惠政策，合理避税；三是巴西政府对环境保护的要求极高，需要事先安排好稳妥的处理措施以应对作业过程中可能发生的溢油事故，否则一旦事故发生，IOC 将承担巨大的社会舆论压力和法律风险以及难以负担的巨额赔偿，这些都要求卸油和过驳作业的安全稳妥可靠。关于巴西当地的有关规定在本章第二节进行介绍。

（四）外部环境要求

深水水文情况与浅水不同，浪涌较大。在卸油作业过程中如遇到风速或风向的突然变化，则作业的风险会进一步升高，因此需要船舶具有相当的抵抗风浪的稳定性。在桑托斯盆地的作业中，通常会要求卸油的船舶具备至少为 DP2 级的动力定位能力。由于常规油轮不具备动力定位功能，这就需要有 DPST 进行卸油作业。DPST 卸油后还需要完成过驳（Ship to Ship，简称 STS）作业。关于 DPST 的相关内容将在本章第三节进行具体介绍，卸油和 STS 作业则在第四、第五节分别介绍。

第二节　提卸油准备

在开始提卸油之前，除了上一节提到的制订卸油方案以外，还需要进行大量的准备工作，包括提油相关的协议谈判与签署，为满足当地法律法规要求申请许可以及完成必要的注册工作，锁定完成全部工作所需的各个服务商等。

一、提油相关协议

项目投资者间应制订并签署提卸油相关的各项协议明确各个利益相关方有关提卸油的

权利和义务，确保各投资者在同一规则下进行提卸油作业。这些协议的一个主要特点是各个合同方在其中的地位是平等的。与提卸油相关的主要协议一般包含：提油协议、实物借贷协议、联合提油（Pooling）协议、货物拼装（Co-loading）协议等。作为某个海上油田的提油方之一，应该在安排提卸油作业的过程中，综合考虑上述各项协议的规定以及其他如销售、后勤、代理等合同，统筹安排，保障提卸油活动的安全、经济、可靠。

（一）提油协议

提油协议（LA）处于所有协议的核心地位，是其他协议的基础，一般也是投资者之间签署的最重要的协议之一。投资者在巴西拥有权益的每个生产平台都要签署一份提油协议，每个区块或油田往往有几个提油协议。一般情况下，在一个生产平台投产前，应该有一份基本的提油协议用来规范提油准则和卸油作业流程，确保卸油作业能够完成。AIPN（Association of International Petroleum Negotiators）是一个典型的模板，巴西各个生产平台的提油协议多以此为基础制订。

提油协议规定了所有投资者作为提油方（Lifter）拥有的提油权利和按时提油义务，提卸油从准备到完成以及后续工作的程序，标准提油量（Standard Cargo Size），提油窗口（Vessel Presentation Range，VPR）以及如何制订排期（Lifting Schedule）等。

标准提油量是根据生产平台自身的生产和存储能力，配合市场上常见油轮的装货能力规定的，为了便于拼装货物，可以规定为 25×10^4bbl、50×10^4bbl 或 100×10^4bbl。提油方在安排提油计划时要重点考虑标准货量。

提油窗口一般为连续两个自然日，提油方指定的船只应该在提油窗口内抵达卸油平台附近并提交作业申请（Notice of Readiness，NOR）。提交作业申请意味着油轮已经做好了卸油的一切相关准备工作。除了技术上准备就绪的含义外，提交 NOR 的时间也具有重要的法律和商务意义，在计算作业时间、滞期费等争议问题发生时，NOR 是重要时间节点依据。

排期表示作业者根据未来产量的预期，通过计算各投资者的份额油量，综合考虑所有提油方发来的提油申请，安排在其后的某一个自然月的提油计划，包括提油方、提油窗口和提油量。通常作业者可以先发布一份临时排期（Provisional Lifting Schedule，PLS），提油方可以根据自己的实际情况，在规定时间内申请变更。当提油方的申请存在冲突时，作业者会按照提油协议事先规定好的顺序原则排定各方的提油计划。最后，作业者在规定的时间发布最终排期（Final Lifting Schedule，FLS）。最终排期一经发布，提油方都应遵照执行，相应安排各自的后勤资源，以确保按计划完成提油。当生产平台发生特殊情况而无法达到预期产量或者产量超过预测时，作业者会变更最终排期。如果提油方因为自身原因需要变更最终排期的，则需要提交申请，并且得到作业者和其他提油方的批准。通常每个提油方都要提名 1～2 名提油联络人用于接收信息、发出申请、临时通知、紧急联系等。

表 9-1 给出了一个提油协议规定的提油流程示例。

表 9-1　提油流程实例

M-2 月第 1 个工作日	提油方可以提交联合提油（Pooling）申请
M-2 月第 2 个工作日	作业者通知未来产量预期
M-2 月第 5 个工作日	提油方申请排期
M-2 月第 8 个工作日	作业者公布临时排期
M-2 月第 13 个工作日	提油方可以申请新的排期
M-2 月第 15 个工作日	作业者公布最终排期
VPR 前 14 天	提油方提交船只审查
VPR 前 7 天	提油方提交备用船只审查
VPR 前 5 天	通知登船代表名单
VPR 前 2 天	最终确定卸油船，准备证书和作业计划
卸油油轮抵达	作业者登船检查
提交作业申请	开始计算作业时间，卸油作业正式开始
结束装货，连接断开	完成计量，签署证书，确认作业时间
作业后 50 天	申请数量、质量争议，申请滞期费

　　提油协议中还应规定提油违约的问题。上一节介绍了作为一名提油方如何综合各种因素确定卸油方案。尽管已经充分考虑了技术和经济上的可行性，但是任何方案都存在一定的风险。提油方不应该试图制订完美方案来彻底消除风险，因为过度调集资源制订一个过于保守的卸油方案会损害项目利益。在这种情况下，无论对于作业者还是非作业者都存在无法按时提油即成为违约提油方的风险。提油协议一般会规定在何种情况下构成违约，违约后如何进行补救和处理，对违约提油方的惩罚措施等。

　　应当注意的是，并非在任何情况下，提油方只要无法按时提油就一定构成违约，这要取决于提油协议中规定的情景。在某些不可抗力发生的情况下，提油方由于没有过错可不构成违约。这时造成的项目损失应由项目全体按照不可抗力发生的原则共同承担。同时，提油协议的规定也要避免提油方滥用相关的规则逃避自身本应承担的责任和义务。

　　如果提油方即将构成违约影响到了正常的生产，实际上对其他提油方也造成了损失。这时区块的各利益相关方都应该尽力的补救，如可以采取交换排期的方法将提油窗口交给其他具备条件的提油方进行提油。也可以紧急签署销售或运输合同，将份额油销售给有能力按时提油的其他公司处理。

当采取了各种补救措施后，最终仍然无法提油，或者没有能够按时提油，需要按照提油协议的条款，由违约提油方对项目进行赔付。赔付方式可以是罚金或者直接将储舱中的份额油权益转移给其他方，而具体的金额或者油量则要看违约程度即最终对生产造成了多大的影响。

尽管在一般深水油田中发生提油违约的情况并不常见，但是由于其涉及各方巨大的利益，而相应地惩罚也对违约方会造成重大影响，因此往往在参与项目的各方之间很难达成一致，包括违约提油方在内的各方法律和商务团队都会尽力维护自身的利益。一份条款清晰明确的提油协议将有助于快速地解决争议。在制订提油卸油方案的时候，也应该适当考虑违约责任、补救及惩罚等条款，尽量多安排相应的备用方案和补救措施，避免或者减少违约后的损失。

一份全面可行的提油协议是一个生产平台能够顺利实现提卸油的基础性文件，实物借贷协议、联合提油协议等都是为了实现提油协议中的某些条款而签署的具体协议。

（二）实物借贷协议

深水油田在海上能够存储的原油量十分有限，当参与项目的投资者较多时，就会出现每个提油方在油罐中的份额量都不能达到提油条件的情况。如果严格按照各家伙伴公司的份额油进行分配，那么每次提油能提到的量都会很小，反而罐中仍有大量原油无法卸载。其结果就是提油频次被迫增加，风险增大，而船只成本升高，物流效率大幅度降低，这显然不具有可操作性和经济性。这时为了能够满足提油的基本条件，提高提油效率，就需要引入超提（Overlift）的概念，也就是提超过提油方自身份额的油量来卸载一个标准货量。超提时一般会设定一个上限，即不能超提自身份额油量的50%或100%。

超提带来的一个问题就是卸载了本不属于提油方自己权益的原油，需要各方协商一个机制来约定份额油的借出和归还，这个机制就是签订实物借贷协议的核心。当某一方提油时，其他各方将自己的份额油以实物的形式借出给当前提油方。卸油结束后，刚刚完成提油的一方处于实物负债状态，之后其生产的份额油用来偿还给其他各方。一般情况下，一方自身的份额油状态将经历如下循环：即借出—收回—借入—提油—偿还—还清—再次借出。从长期来讲，该操作并不在各方之间产生实质性长期性借贷关系，因此在整个借贷过程中油品的价格、品质都视为不变，也不应产生任何利息。

尽管实物借贷协议在操作层面不涉及任何实际的作业，但是从财务方面，发生了实实在在的借贷关系，需要提油方按时签署相关的票据来证明借出和偿还。因为生产是不断进行的，借出（偿还）方没有必要每天开具借出（偿还）发票。为了不影响各投资方的利益，可以规定几种借出（偿还）条件，条件一旦触发即需要开具票据进行借出（偿还）。这些条件包括但不限于：一个自然月的月末、负债方累积份额油量达到可以全部清偿债务、原借出方需要提油等。

当提油频率较高，伙伴较多时，实物借贷会发生得比较频繁，需要提油和财务人员给予足够的注意，根据巴西当地的税制，借出方将份额油借出视同销售，借入方视同为购买，因此也会产生与购买销售相关的流转税，进项税可以抵扣借入份额油时产生的销项税。

一般来说，每份实物借贷协议都对应一个提油协议，是提油协议的细化和延伸。

（三）联合提油协议

尽管各投资者负责自身份额油的卸油和销售，但是提油协议中应允许在满足某些特定条件时进行联合提油。联合提油主要是指两家或多家公司根据自身的意愿，同意将自身的部分或全部份额放在一起，作为一个提油方的提油方式。例如，一座FPSO生产的原油权益由3家公司共同持有，其中作业者A持有50%，另外两家公司B和C分别持有25%。假设B和C同意将自身的全部份额用于联合提油，则此FPSO不再有3个提油方，而只有2个，分别是提油方A（50%）和联合提油方B+C（50%）。在提交排期申请时，联合提油方提交一份申请，其份额量按照参与联合提油的总量计算，安排排期时也按一方对待。

联合提油会给其参与方带来一定的好处。通常采取联合提油方式的是权益量较小的投资者。这类投资者由于受到超提份额量的限制不能与其他投资者享有平等的提油权，而出现提油时间滞后、提油频率低等情况。而联合提油有利于这类投资者提高提油频率，提油频率的增加虽然减少了单次份额提油量，但是增强了应对风险的能力，能够有效平滑现金流，对冲油价和汇率等波动带来的风险。

同时，联合提油也会给联合方带来一定的限制。例如，参与联合提油的投资者需分享物流资源，特别是应采用同一艘油轮卸油；参与联合提油各方的货物销售目的地一般相同；参与联合提油的各方一般应分享其他的相关资源与服务。上述这些条件都意味着联合方能够分摊部分成本或者将作业流程和商务流程简化。投资者是否采取联合提油应考虑各自的销售和市场策略，一旦采取联合提油，往往不会再各自销售，否则由于联合提油带来的额外物流成本将影响经济性。当联合提油的一方在当地或国际市场希望更多地销售此油田油品，则可以买入其他联合提油方的份额油集中销售，如果各方都希望进行销售则可以轮流销售。总之，参与联合提油的各方在许多方面都会绑定在一起而失去一定程度的自由，当某一家公司认为联合提油的限制超过了其带来的好处，则可以主动解除联合提油协议，并在联合提油通知的时间期限到期后不再继续。这时，作业者将再次将这家公司作为独立的提油方来安排排期。

提油协议中会规定联合提油的基本规则，联合提油各方之间则需要有联合提油（Pooling）协议，确定各自权利和义务，特别是确定提油联络人。因为当申请联合提油以后，作业者在安排排期时会把联合提油算作单独提油方，需要有固定的联络人。在签署联合提油协议并确定启动联合提油以后，应正式向作业者发出联合提油通知，其主要内容应包括用于联合提油的份额油比例，联合提油的时间期限（期限不宜过短，一般不短于3个月），提油联络人名单及联系方式等。

应当注意的是，联合提油和后文提到的在同一座 FPSO 货物拼装（Co-loading）含义不同，货物拼装的意义在于共享同一艘油轮，分享同样的物流资源以节省成本，但是在作业者计算份额量时，仍按照不同提油方对待。一般在同一艘 FPSO 卸载货物进行拼装时，仅针对某次作业或者某船货物，不会固定长期期限。

（四）其他协议

1. 货物拼装协议

当提油量远低于所用油轮的载货量时，为提高物流效率，应考虑货物拼装（Co-loading）。用于拼装的货物可以来自同一座生产平台，也可以来自不同的生产平台。拼装时应考虑油品的性质以及卸油油轮的储舱配置情况，确定是否要混合拼装的原油。同时，也要匹配前后几次卸油作业的时间窗口，适当留出余量，避免无法在窗口内及时提交作业申请或者影响下一个平台的卸油时间。拼装的货物应沿着同样的供应链进入下游。例如，一条 VLCC 油轮先在圭亚那装载了 100×10^4 bbl 原油，其后开往乌拉圭过驳点 La Paloma，与此同时一艘苏伊士级 DPST 先在坎波斯盆地进行生产的 FPSO-A 卸载了 50×10^4 bbl 原油，又在桑托斯盆地进行生产的 FPSO-B 卸载了 50×10^4 bbl 原油，随后将 100×10^4 bbl 原油运往乌拉圭过驳点 La Paloma 并将 100×10^4 bbl 巴西原油过驳到 VLCC 上，VLCC 随后将 200×10^4 bbl 原油运往中国。如果上述的拼装不能用相同的船舶，或者目的地距离较远导致绕航则会带来物流成本的增加。通过上面这个例子也可以看出深水提卸油销售整条供应链的复杂性，当链条上的某一个环节发生变化时，都会对后面的其他环节造成影响，每当影响达到一定的程度时，应该按照事前制定的规则或者签署的协议来适当调整。这种变化可能是瞬息万变的，各提油方也要不停地调整策略去适应变化。

2. 销售协议

提卸油本质上是销售的前端工作，其具体实施与销售协议的关系十分紧密。无论是在生产平台直接进行 FOB 销售，或者在过驳点进行 DAP 销售，销售协议都会对提油安排和卸油作业产生影响。因此，在变更排期，选择船只时都应与原油的购买方充分的沟通、协商，销售协议的条款也应该对可能发生的问题进行了详细、明确的规定。在进行提卸油作业的过程中，要时刻考虑销售协议中的条款，避免为了前端任务顺利完成给后面合同的实施带来隐患和问题。上游公司在安排整体物流策略时，应该和销售公司一起，充分考虑标准货量、份额油量、油轮罐容、提油窗口、销售合同、各种风险和意外等情况，这样的供应链在具有鲁棒性的同时，再经过可行的优化控制成本。

3. 临时销售协议

在经过同意的时间窗口无法提供合格的卸油船只完成作业将会给提油方带来巨大损失。这种损失一个可能的解决办法就是以低廉的价格将油品卖给作业者或其他有临时卸油能力的伙伴公司，而最严重的情况则是停产。因此，当发生严重问题时，可以同作业者或其他公司签订临时销售协议。例如，A公司由于无法提供卸油船舶而即将造成提油违约时，临时联系拥有合适运力的B公司，快速签署单船货物的销售协议后，由B公司的卸油船舶完成卸油作业从而避免违约情况的发生。

二、巴西作业有关规定

提卸油的主要目的是完成原油的销售，无论是在资源国内就地销售还是出口，都需要满足当地国家相关的法律法规、行业规定的要求。特别是海洋作业，一般都会有相应的政府管理部门对IOC及船舶等的资质进行审批，IOC需要履行相应手续来完成销售和出口。此外，在进行海上作业的过程中，还需要有当地的服务公司来帮助完成整个过程。本节主要介绍在巴西进行提卸油和出口销售所需要获得的资质，完成的注册以及一些必不可少的服务。

（一）政府部门要求

巴西为了推进油气行业的发展，目前对直接出口的原油实行了税务豁免制度。如果在巴西境内进行销售则要符合巴西税制，税种主要为ICMS税（巴西州与州之间的流转税），因此，除巴西国油外的IOC基本上都会选择将份额油出口销售。

IOC在出口原油的过程中要向政府申请相关的许可并完成一些基本的注册，涉及的政府机关包括ANP、巴西联邦税务局（Receita Federal，RF）、巴西国家环境保护和可再生资源署（Institute Brasileiro do Meio Ambiente edos Recursos Naturais Renováveis，IBAMA）、巴西国家水运管理局（Agência Nacional de Transportes Aquaviários，ANTAQ）等，主要涉及以下方面：

一是为了便于政府的监管，巴西要求以生产平台为单位申请公司的资质，这点和提油协议类似。IOC对于其持有权益的每个生产平台都要分别注册分公司进行专门的管理，因此在进行提卸油活动之前，应该首先完成分公司的注册。尽管分公司仅用于提卸油，其商业活动比较简单，仅仅针对于某一座生产平台，且可能根本没有雇佣专职员工，但仍需要满足公司法的基本要求。该分公司需经过所在联邦、州、市财政部门审批，需在国家社保机构INSS和应急服务基金FGTS完成注册。

二是IOC需向ANP申请出口许可，才能进行原油直接出口贸易。负责提供油轮的船东应向ANP申请原油运输许可，才能在巴西境内开展运输业务。为履行出口清关手续，IOC需要向税务局申请快速清关许可，这样油轮在完成卸油后无须等待，可以直接驶离巴西，而相关的文件工作可以在其后完成。

三是作业者需要取得 IBAMA 颁发的原油生产和卸载的许可申请，才能进行卸油作业，非作业者可不用申请。

（二）航运公司资质要求

由于 DPST 均建造于国外的大型船厂，且价格较高，因此同外国船只签署合同的风险不大。但 IOC 必须符合巴西劳工法的相关规定，例如在巴西境内进行原油运输必须具备巴西航运公司（Empresa Brasileira de Negócios e Associados，EBN）资质。特别是当使用 DPST 卸油并在巴西境内过驳（STS）作业时，DPST 从生产平台行驶至过驳点的航行属于巴西境内沿海运输，应由具备 EBN 资质的公司完成。根据 ANTAQ001—2015 规范决议 1号，沿海运输过程中：

（1）连续 90 天在巴西作业，其 20% 船员须为巴西籍；

（2）连续 180 天在巴西作业，其 33% 船员须为巴西籍。

例如 CTV 这种船只，其工作特点决定了其在巴西的作业时间较长，因此需要由巴西的 EBN 公司租赁，且提供后勤支持（Apoio Marítimo）。劳工法在海洋后勤支持方面也有相关规定：

（1）连续 90 天在巴西作业，其 33% 船员须为巴西籍；

（2）连续 180 天在巴西作业，其 50% 船员须为巴西籍。

DPST 除了需要符合同其他常规油轮一样的规定外，根据港口与海岸管理局（Diretoria de Portos e Costas，DPC）要求，还应强制执行巴西海军的规定。根据规定，外国船只的作业需要包括以下条件：

（1）DPC 检查后发放临时注册许可证（AIT）；

（2）人员安全证书（CTS）；

（3）油品运输的符合声明。

DPST 的船东和作业方应保持对作业文件的更新并补充相关流程以满足以下要求：

（1）保证船只在 DP 状态下的管理安全有效；

（2）保证船只需要完成 DP 作业的技术适应性；

（3）确定作业最安全的配置和任务最适合的模式；

（4）理解船只在最坏失效状况下保持静止的能力；

（5）保证符合相关的标准与指南；

（6）为船员提供培训和材料来熟悉船只。

目前在巴西主要的 EBN 公司包括：

（1）Aliança Navegação e logística LTDA；

（2）Cia de Navegação Norsul；

（3）Locar Guindastes e Transportes Intemodias S.A. ；

（4）Log–In–Logística Intermodal S/A ；

（5）Mercosul Line Navegação e Logística LTDA ；

（6）Perobras Transporte S.A. – Transpetro ；

（7）Posidonia Shipping & Trading LTDA ；

（8）Tranship Transportes Marítimos LTDA。

（三）服务商

在巴西进行卸油和出口的过程中需要当地服务商来完成一些特殊的工作。

（1）海事代理（Maritime Agent）：负责联系船只，安排人员登船和下船，开具提单。

（2）独立检查人（Independent Inspector）：负责登船监督卸油过程，出具卸油报告。最终完成卸载后的油品数量和质量由其认定。

（3）清关代理（Customs Broker）：在获得出口公司授权后负责报关等清关工作。

（4）海关验关（Customs Surveyor）：由海关指定的验关员，进行登船检查，核查油量，其发生的费用由出口公司负责。

（5）产地证明（Certificate of Origin）：开具产地证明，可在网上注册并缴费完成。

上述的服务商主要是站在 IOC 的角度从卸油和出口方面进行介绍，在整个提卸油销售的过程中，还需要船舶自身在当地的代理以及公司的财务、审计、法律等基本服务共同配合完成。

除了前文所说的各项准备工作外，还有一项十分关键的准备工作就是要确定卸油运力，下一节将以动力定位穿梭油轮（DPST）卸油为例进行详细介绍。

第三节　动力定位穿梭油轮

早期在海上直接卸油都采用常规油轮，后来随着深水勘探开发的快速发展以及对安全需求不断增加，部分卸油油轮增加了艏部装载系统以增加安全和可靠性。20 世纪 80 年代初，第三代动力定位系统开始形成，卸油油轮在原先设计的基础上再增加了动力定位系统。随着动力定位系统的更新进步，又逐渐过渡到采用 DP2 级，带有位置参考系统进行卸油的动力定位穿梭油轮（DPST）进行卸油作业。

目前世界上主要应用 DPST 的区域包括北海地区和巴西，少量其他 DPST 主要服役于俄罗斯和墨西哥湾等海域，如图 9-6 所示。在这些海况和天气情况恶劣的地区，常规油轮难以满足正常卸油的需要，为了能够保障安全高效地进行卸油作业，就要用到动力定位穿梭油轮。可以说 DPST 是巴西深水卸油作业的核心，也是物流资源中最为重要的部分。

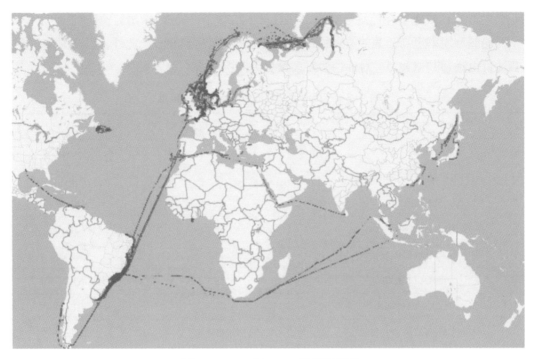

图 9-6　2018 年 DPST 运行轨迹图

一、DPST 简介

据统计，截至 2016 年年底世界范围内至少有 88 艘 DPST，平均船龄 10.6 年，其中 15 艘为常规油轮改造，其他为新建 DPST。这些 DPST 中主要以 DP2 级别为主，仅 10 艘为 DP1 级，且船龄较长。船只细节及巴西海域的 DPST 信息可在网站 Comercial Ope and Head Owners 查询。

2017—2018 年又有 9 艘 DPST 交付使用。随着 DPST 所在海域的油气勘探开发工作不断取得新的进展，特别是巴西桑托斯盆地盐下油田连年获得巨大发现，DPST 的市场也不断升温。根据目前各个地区新发现的深水区块，为了满足卸油作业的需求，可以预期在 2021 年时，世界上服役的 DPST 将超过 100 艘。仅 2017 和 2018 年两年间，共有 17 艘新 DPST 完成订单签署，预计将于 2021 年前全部投入运营。

目前正在运营的 DPST 中，船龄超过 16 年的有 32 艘，因此部分 DPST 的更换也将加大市场的需求。据估计，未来一段时间内平均每年将至少有 1 艘 DPST 报废。

DPST 的总载重吨位区别较大，从（9.5～15.5）× 10^4t 都有，而巴西海域典型的苏伊士级 DPST 一般 DWT 为 14 × 10^4t 以上，见表 9-2。

巴西国油在巴西拥有最大的 DPST 船队，其规模远超其他 IOC。得益于其 DPST 船队规模、完善的基础设施、巴西航运公司（EBN）资质及其他各种作业许可，巴西国油可以在距离生产平台较近的存储终端往返，其船只平均每年可完成23次运输航行。巴西国油签下的船舶利用率更高，某些船只的行驶时间比例可以达到80%。此外，巴西国油占有的份额油量也远超其他公司，对油轮的需求量更大。

表 9-2　巴西海域部分苏伊士级 DPST 信息

船名	DWT（10^4t）	船东
ANNA KNUTSEN	15.2	Knutsen
BOSSA NOVA SPIRIT	15.4	Teekay
BRASIL 2014	15.6	Tsakos
BRASIL KNUTSEN	15.4	Tsakos
CARMEN KNUTSEN	15.7	Knutsen
ELKA LEBLON	15.5	STX
ELKA PARANA	15.5	STX
LAMBADA SPIRIT	15.4	Teekay
LENA KNUTSEN	15.3	Knutsen
LISBOA	15.6	Tsakos
NAVION STAVANGER	14.7	Teekay
RAQUEL KNUTSEN	15.2	Knutsen
RIO 2016	15.6	Tsakos
SAMBA SPIRIT	15.4	Teekay
SERTANEJO SPIRIT	15.4	Teekay
TORDIS KNUTSEN	15.3	Knutsen
VIGDIS KNUTSEN	15.3	Knutsen
WINDSOR KNUTSEN	16.2	Knutsen

另一方面，非巴西国油作业的船只平均每年只能完成8～10次运输航行。因此其他公司偶尔也会使用 DPST 直接将货物运输至最终市场来避免闲置时间。这种情况下其卸油后的作用就和常规油轮没有任何区别。从 IOC 的航线历史看，某些 DPST 从巴西直接驶到了美国、智利和乌拉圭等其他美洲国家。

使用 DPST 的优势有以下几点：

（1）DP 系统对卸油油轮的控制力远超过常规油轮加拖轮的能力，在更大程度上减缓了 DPST 和油轮发生碰撞的风险，因此 DPST 卸油作业较常规油轮更加安全。

（2）在常规油轮上，卸油软管安装到中部管汇的过程需要人为参与，存在人员受伤的可能。当发生溢油时，手动操作解脱也需要花费更长的时间。DPST 自身强大的控制力和相关模块确保了作业的安全高效，连接和解脱均可自动化完成，降低了人员受到伤害的几率，减少了溢油应对时间。

（3）常规油轮和 DPST 分别有各自的操作极限，即当风速、有义波高等外部环境参数超过某一数值时，就不能进行卸油作业，或者停止正在进行中的作业。表 9-3 给出了巴西国油采用的生产平台至 DPST 进行原油传输作业的环境参数限制。

表 9-3　卸油作业环境参数限制

阶段	条件因素	可接受阈值
靠近、连接、断开和驶离	风速	40kn
	有义波高	3.5m
	波峰周期	9s
	电力及推动力	产生 80% 电力可产生连续推力
卸油	风速	50kn
	有义波高	3.5m
	波峰周期	9s
	电力及推动力	产生 90% 电力可产生连续推力

在某一海域的水文和气象环境经过常年的跟踪记录，不仅可以确定其大致的范围，也可以统计出全年符合操作极限的天数。在严格遵守作业条件，安全卸油的前提下，如果符合常规油轮作业条件的天数较少就意味着会有相当长时间在等待天气，一艘常规油轮抵达生产平台却很可能无法卸油。根据第一节介绍的情况，如果等待时间过长会出现停产的风险。这种情况下，如果使用 DPST 卸油，出现因环境影响无法卸油的可能性就大大降低了。

（4）DPST 卸油作业的组织工作较常规油轮更加简单，仅依靠 DPST 自身即可完成，而不需要其他的辅助船只协同完成作业。

巴西桑托斯盆地的情况就属于环境较为恶劣的情况，因此一般在这个区域运营生产平台的作业者会强制要求使用至少带有 DP2 级功能的油轮进行卸油作业。提油方应在平台投产前从技术和商务方面准备好符合作业者要求的卸油船只，这样不仅有利于降低自身作业风险，也保障了项目的整体利益。

二、DPST 主要组成及特点

DPST 最主要的特点在于能够在卸油时启动动力定位模式，以串联的方式用缆绳同生产平台固定并连接卸油软管，这种方式极大地提高了作业的安全性。DPST 能够完成这样的操作，主要得益于其不同于常规油轮的两个系统：DP 和 BLS。此外，同常规油轮相比，DPST 在船体设计、机械系统、运行安全、直升机甲板等方面也有一定的区别，下面重点介绍 DP 和 BLS 两个系统。

（一）动力定位（DP）系统

动力定位系统自发明以来已广泛应用于多种船舶，其在深水勘探开发领域更是具有十分重要的作用，深水钻井平台、供应船等通常都有 DP 功能。DPST 作为卸油船其 DP 系统的主要组成和特点与其他船舶一致。

DPST 能够自动根据生产平台和环境的变化在所需的方向上产生足够的推力使卸油船相对生产平台相对位置保持不变，极大提高了作业的安全性。其传感器不仅能够感知到风力、海流以及其绝对位置的变化而产生相应的动力调整船只位置和船首向，而且为了增加作业的安全性，还包括了绝对和相对位置参考系统（Position Reference System，PRS）以确保卸油船只始终保持在安全空间内作业。

DP 系统在海上卸油作业的过程中扮演着十分重要的角色，特别是保证 DPST 和生产平台（单点或多点系泊）之间相对位置关系来满足作业安全的需求。因此，DP 的操作需要有进行过专业培训并通过考核取证的 DP 操作员 DPO 来完成。

DP1 级动力定位系统虽然能够满足一般作业的要求，但是当系统失效造成卸油船失位时，由于没有安全冗余而容易发生危险。随着动力定位技术的不断发展，卸油船通常采取的动力定位系统也由 DP1 级逐渐升级为 DP2 级。

为了降低环境对 DPST 定位的影响，在巴西运营的 DPST（除了尚未淘汰的部分早期 DPST 以外）通常由 DP2 系统控制卸油过程中的位置，配备 PRS。通过配置 PRS 数量、类型和应用最新的技术可以确保各种 DP 模式的可靠性和精确性。出于技术原因的考虑，船只应该适用相同类型和制造商的 PRS。对于 DPST 卸油作业，任意时刻都需要至少 1 个绝对和 3 个基于 3 种不同物理原理的相对 PRS 同时操作。

作为基础设计，区域的 Metocean 数据用于计算可进行卸油作业的条件阈值，参见表 9-3。需要强调的是，靠近、连接/系泊阶段的限制较卸油阶段更为严格。因为这个阶段 FPSO 与 DPST 间的距离最近，可以采用这些限制作为不启动作业或者中断作业的条件。所有的结构和卸油系统的设计都要能够经受百年一遇的环境条件。

（二）艏部装载系统（BLS）

DPST 另外一个主要的特点是艏部装载系统（BLS）。不同于常规油轮在中部的管汇，DPST 接收货物的装置在船首。如果卸油油轮带有 BLS，采用串联的方式靠近生产平台，连接缆绳后，无须其他船只的协助，也不需要吊车作业即可将卸油软管连接到 BLS 的接口上，再经过油轮内部的管汇储存至甲板下的储舱内。

BLS 的主要设备和控制系统通常安装在艏部的甲板上下，艏部平台甲板和驾驶室。艏部甲板设备包括止链器、导向滚轮、可伸缩缆桩等，主要承担引导绳索、单点系泊等作用；甲板上部设备主要包括缆绳的绞车、控制站；甲板下部主要是液压系统和遥控监测系统；驾驶室则主要安装遥控、监控和报警装置。

在作业过程中，为了应对海上突发事件，BLS 还有一个快速解脱的安全设计。根据监测装置感知的相对位置和系泊缆绳拉力等遥测信号处于安全（"绿线状态"）时可以正常作业。当条件不允许继续作业的情况下能够自动同生产平台断开，从而达到安全作业的目的。通常采取串联方式的卸油船应该同生产平台保持一定的距离（如 150m）以上以确保安全，当环境发生变化，如两船间距离小于某一数值时（如 80m），或者当船舶间的系泊缆绳拉力超过设定值时，则绿线状态打破，安全系统发出警报并启动紧急断开程序，这部分内容将在第四节详细说明。

三、DPST 应用范围

在不宜使用常规油轮卸油的海域通常要使用 DPST 卸油。通过第一节的介绍，DPST 并非专门用于直接卸油，也可以用于间接卸油。

（一）直接卸油

DPST 在巴西的卸油方式多为通过连接 FPSO 直接卸油。如果 FPSO 为转塔系泊方式，DPST 可以从其尾部靠近，作业中一直开启 DP 模式，保持相对 FPSO 静止的状态，当外部环境发生变化，FPSO 随转塔转动时，DPST 也随之转动。在此过程中，卸油软管通过 BLS 与 DPST 连接。多点系泊 FPSO 一般有两套卸油系统，分别位于艏部或艉部。根据天气等环境情况，DPST 可以从其艏部或艉部靠近，作业中一直开启动力定位模式，保持相对 FPSO 静止的状态。当环境情况发生较大变化时，DPST 可以断开连接，选择从另外一侧靠近并连接，从而可以继续卸油。

FPSO 和 DPST 不主动控制船首方向的方式称为随风改变方位（Weathervaning）。反之则是 FPSO 的船首向处于主动控制状态，在恶劣天气条件下会更加有利于卸油，因为不仅可以有效地防止 DPST 发生摆尾，也能够允许 DPST 根据环境条件选择最合适的船首向。

多数情况下，DPST 可以通过启动 DP 模式确保系泊缆绳松弛。相比拉紧的系泊缆绳，这种方式能够在更加恶劣的天气条件下连接并卸油。拉紧系泊缆绳作业则意味着缆绳上保持着张力，一般这种作业需要 FPSO 主动控制船首向且 DPST 处于手动模式。尽管 DPST 具备较强的控制能力，但在某些海域进行拉紧缆绳作业时仍需拖轮辅助作业。

（二）间接卸油

DPST 间接卸油方式在北海海域应用较多，能够连接的卸油装置主要包括 FSO、STL、SAL 及海上卸油系统（OLS）等。其中 FSO 和 SAL 需要 DPST 通过系泊缆绳与系泊装置连接后，通过卸油软管接收货物；STL 相当于将系泊和卸油两套系统集成到了一起；OLS 则无须连接系泊缆绳。在 DPST 与 FSO 连接时，两船采用串联的方向，一般距离保持在 70～100m 之间，这和在 FPSO 直接卸油的操作类似，可参考第四节内容。STL 的成本较 SAL 和 OLS 都要更高，DPST 主要应用于其连接到 FSO 后的深水作业。

SAL 系统的基本原则就是通过 SAL 基座保持卸油油轮的位置同时允许其调整方向，因此 SAL 系统卸油时 DPST 需要综合风向、海流等因素处于最佳位置并灵活调整。DPST 可以从任何方向靠近 SAL 系统，如果需要可以在 DPST 靠近前先利用拖轮旋转 SAL 系统并按理想的方向放置。如果现场无拖轮协助，DPST 也可以开启 DP 的环绕靠近模式。这时，DPST 在保持理想船首方向和安全距离的基础上，先捡拾水下固定的软管，然后围绕着浮筒行驶一段距离直到浮筒、船首向和卸油软管在同一直线后，靠近 SAL 系统、连接系泊缆绳，将软管连接到 BLS，全部完成后 DP 模式切换到卸油模式开始卸油。

在 SAL 系统卸油时，DPST 可以选择开启旋转和非旋转两种模式。天气条件允许的情况下一般采取非旋转模式即自动定位，以此来减少系泊缆绳上的张力。旋转模式即卸油时处于 Weathervaning 状态，一般在风力大于某一值或海况高于某等级时采用。在 DPST 开启 DP 的 Weathervaning 模式后，整个卸油期间都可以处于此状态，静态船首面向风向和海流方向。卸油结束后将系泊缆绳和立管断开即可。DPST 从靠近到连接大约需要 1 小时，断开则需要 20～30 分钟。

SAL 的配置还可以设定安全作业区域，超出区域距离过近或过远时均可以启动 I 级或 II 级卸油紧急断开流程（Offloading Emergency Shutdown，OESD），具体作业流程类似 DPST 直接在 FPSO 卸油（详见第四节）。SAL 缆绳张力极限较大，一般规定在 200t 时会打破绿线状态。

现今主要的 SAL 系统都要求带有 DP2 和 BLS 的 DPST 卸油。由于 DPST 的 BLS 带有止链器，SAL 系统通常会在牢固的系泊缆绳上配备防磨链。

随着技术不断发展，逐渐出现了没有上部系泊缆绳的 SAL，这时其配置类似于典型的 OLS 系统。对于这种没有系泊缆绳相连的卸油方式，DPST 应在整个作业过程开启 DP 系统，这种情况在北海海域尤为常见。

OLS 系统是专门为 DPST 卸油所设计，因此通常要求卸油油轮为 DPST，且带有 DP2 系统和 BLS。DPST 可以从任何方向靠近 OLS。在抵达 OLS 附近海域后，DPST 船长首先评估天气条件并确定靠近方向，然后通知拖轮或守护船旋转卸油软管至靠近的相反方向，完成后守护船离开至安全距离外，DPST 开始靠近，守护船发射信使线给 DPST。连接、卸油和断开时 DP 的 3 个位置参考系统需同时启用。由于 OLS 没有系泊缆绳连接，因此 DPO 应注意保持缆绳张力传感器处于关闭状态。

OLS 安全距离一般在 70m 左右，过近或过远时均可以启动Ⅰ级或Ⅱ级 OESD。每个 OLS 的相关作业参数都不完全相同，因此为了方便，Kongsberg 公司提供的 DP 软件中会内嵌这些 OLS 作业参数。

（三）其他应用

随着 FPSO 的发展，针对新型的 FPSO 卸油或者其他海上生产平台，也有不同于常规的卸油方式。例如 Sevan Marine 公司的圆筒形 Goliat 号 FPSO，北海 Draugen 和 Statfjord 区块的生产平台等，都因为自身的特点从而可以采用特殊的卸油方式，即 DPST 直接靠近这些生产平台卸油，但是过程中不进行系泊连接而只连接卸油软管。能够实现这种卸油方式的最主要原因是因为这些生产平台的形状能够让作业几乎在 360° 范围内进行。卸油时，平台与油轮间的距离比普通直接卸油要大，大概在 250m 左右（普通 DPST 和 FPSO 间距离在 100～150m 之间）。例如，北海地区的 Goliat 号 FPSO，其拥有两套卸油绞盘，DPST 可以在距离其 50m 处接收到捡拾软管引线，作业扇区近乎 360°。这时的 BLS 也要相应进行适当的调整，比如角向移动以及引入弱连接模式等。

此外，DPST 的 BLS 系统亦可应用于释放货物至海上浮筒（即艉部卸载）。BLS 的生产商通过对控制系统进行更改来完成艉部卸载作业。进行这种作业需要艉部卸载的管线、阀门、法兰和柔性接头的设计压力都和液体货物甲板系统的压力吻合。根据国际防止船舶造成污染公约（International Convention for the Prevention of Pollution from Ships，MARPOL）的有关规定，应采用更小管径的排出管线清扫直到艉部卸载管汇的管线和泵。同艉部装载管线一样，在前甲板区艉部卸载区域外，这些管线都应采取全焊接连接方式。

四、DPST 主要技术标准

在上一节中介绍的过程中，已经提到了一些国际上通用的技术标准，下面介绍不同地区以及船级社对 DPST 的要求。

（一）DPST 一般标准

作为油轮，DPST 首先需要满足全部常规原油油轮的参数和技术指标要求。国际海事组织（International Maritime Organization，IMO）标准文件中对 DPST 没有明确的要求，但不同船级社对 DPST 的某些系统会有明确要求，如动力定位系统（DP）、海上卸油系统（Offshore Loading System，OLS）以及蒸汽回收系统（Vapour Recovery Systems，VRS）等。DPST 船级服务市场份额见表 9-4。

表 9-4　船级社 DPST 市场份额情况

船级社	英文名	简称	市场份额（%）
挪威船级社	Det Norske Veritas	DNV GL	65
美国船级社	American Bureau of Shipping	A.B.S	20
俄罗斯船舶登记局	Russian Maritime Register of Shipping	R.S	10
劳埃德船级社	Lloyd's Register of Shipping	LR	3
意大利船级社	Registro Italiano Navale	R.I.N.A	1
法国船级社	Bureau Veritas	B.V	1

目前，多数货主在卸油作业中用到 DPST 时，都会要求 DPST 符合 IMO 分级的 DP2 级，在此最低标准的基础上，采用各自船级社的具体要求。以挪威船级社（DNV）为例，在普通的 DPST 上的动力定位系统要求为 DPS2，但是在北海等恶劣区域的最低要求则是 DYNPOS(AUTR)。DNV 还要求具备后果分析功能，通过持续监控备用机械设备组的容量，并在发生单点失效可能造成失位时发出警报。

不同海域和油田需要根据 DPST 应用的实际情况以及运行经验才能明确具体的要求和标准。这些要求和标准并非一成不变的，而是经过不断地演变，从最初的 IMO1 级到今天的 IMO2 级。以巴西国油为例，从 20 世纪 70 年代开始，巴西国油就已经进行卸油作业了，但真正作为一门专业是从 1996 年开始。在不断地探索和积累经验的过程中，随着船舶技术和市场的发展，逐渐形成了目前的作业标准。整个过程大致可以分为四个阶段：第一阶段，完全采取常规油轮卸油；第二阶段，在常规油轮上加装 BLS 卸油；第三阶段，将常规油轮替换为带有 DP1 增强功能的穿梭油轮；第四阶段，采用目前普遍使用的带有 DP2 系统的苏伊士级 DPST 船队。

在挪威大陆架作业的 IOC 联合组成的挪威油气协会（Norwegian Oil and Gas Association，NOROG）发布了一系列关于该地区作业的推荐标准和操作指南。其中第 140 号 指 南《140–Norwegian Oil and Gas recommended guidelines for Offshore Loading Shuttle Tankers》（挪威海上卸载油气穿梭油轮推荐指南 140 号）则给出了该海域 DPST 运行和作业的推荐标准。这份指南规定了在挪威大陆架作业的新建普通 DPST 的最低标准，但在实际执行的过程中，各个 IOC 会根据自身的需要增加额外的功能或者提高性能参数。此外，还要考虑在船体设计、溢油防范、机械推力、货物处理、压载系统、防火灾系统以及救生系统等多个方面满足定级船级社的要求。

石油公司国际海事论坛（Oil Companies International Marine Forum，OCIMF）提供了海上卸油终端和油轮界面的安全管理相关信息和指南，可作为船舶的基本建议要求。其中包括了 DPST 系统描述（包括艏部装载系统）以及人员运送要求等。此外，还有《恶劣天气区域海上卸油安全指南》等。

（二）巴西 DPST 参数要求

巴西政府和行业没有对 DPST 的应用采取强制要求，对油轮的 DP 功能要求一般是作业者和船级公司制定的。因此在巴西进行 DPST 卸油作业需要依据所在油田的作业者内部的作业指南和管理规定进行作业。通常在卸油作业前，提油人需要根据作业者设计的船舶审查单填写相关参数并提交给作业者审核，只有通过审核的船只才能被允许靠近生产平台或储卸油平台并进行作业。例如，为了满足海况和天气方面的要求，巴西桑托斯海域的生产平台对于船只要求 DP2 系统，但并非所有带 DP2 系统和 BLS 的 DPST 都一定符合卸油要求，还必须严格符合油田作业者要求的技术标准。

巴西国油的企业标准《Offshore Loading Guideline for Dinamically Positioned Shuttle Tanker Operations》（海上动力定位穿梭油轮作业指南）以及技术参数要求《Basic Requirements for Dynamically Positioned Shuttle Tankers》（动力定位穿梭油轮基本要求）中对 DPST 船舶的要求进行了详细规定，在巴西国油作为作业者进行生产的海上平台进行卸油作业的 DPST 应符合这些要求。此外，巴西国油还会对上述文件进行更新，提油人应保持提供的 DPST 标准和参数始终符合要求。

具体到每个 IOC，其对于 DPST 具体技术参数的要求也有所不相同，但是一个基本的标准就是要符合作业者要求的技术范围。在此基础上，各公司可以根据自身的需求（如为了满足公司 HSE 规定海上船舶必须具备的某些模块或功能）增加其他规定。

根据巴西国油的规定，DPST 卸油系统各个组件、设备包括缆绳、软管及其他操作设备都需要经过现场验证，设计符合 OCIMF 中的指导原则和船级社的有关规定。

关于 PRS 的安装和测试还需要满足以下要求：

（1）国际船级社，国际海事组织，OCIMF 海上装货安全指南的相关要求，经过巴西国家通信管理局（Agência Nacional de Telecomunicações，ANATEL）批准。

（2）船只必须拥有至少 1 套由 Kongsberg 制造的差分绝对和相对定位系统（DARPS）且能够与 DPST 已有的系统相容。

（3）FPSO 必须适用 Artemis MK 5 和 FanBeam。Artemis MK 5 是一种基于微波的远距离位置参考系统（Microwave-based long range reference system）。FanBeam 是一种基于激光的多目标参考系统（Multitarget laser-based reference system）。

五、DPST 建造

通过前面的介绍可以看出，同常规油轮相比，DPST 在各方面都拥有更加优越的性能，同时 DPST 的使用成本也高于常规油轮，一般 IOC 经过经济性评估后不会获取过于充裕的 DPST 运力。此外，DPST 工作的环境也会明显较常规油轮恶劣，船体等受到的风浪冲击更大。因此，一旦 DPST 发生故障无法卸油就会带来提油违约的风险，这就对 DPST 的建造提出了较高的要求。只有在建造期内控制好工期和质量，DPST 才能在未来 15 年或 20 年的运营期间内顺利地完成卸油任务。DPST 的建造主要应考虑以下几个关键因素：交船时间，市场上有合适的船只（对于改造），技术特征。

（一）新建与改造

DPST 船东会根据客户的要求选择新建或改造。新建指按照 DPST 的技术参数要求从船体建造开始，直到在船厂内完成各种模块的组装。改造则是在常规油轮的基础上通过改进原有设备，加装需要的模块后满足技术要求。例如，为了满足卸油作业的要求，DPST 经常需要具备 DP 能力，即要有附加的推进器来满足船只在面对不同原因导致的不同方向的力时能够保持其位置。

在技术特征上，常规油轮和 DPST 的主要区别在于增加了 BLS 系统和 DP 系统。将常规油轮改造为 DPST 的过程中，传统的推进系统需要彻底的升级。轮机舱室内部的空间安排要给横向推进器留出空间。通常在船首需要安装 2 个艏部推进器以及一个垂直可收回方位推进器，艏部的空间安排要留出上述推进器的通道，而在船尾也需要加 2 个推进器。DP 系统的动力来自于发电机，通常需要安装 3 套发电机组，2 套分别供应 50% 电力，第 3 套备用。发电机组要满足航行和安全冗余的需求，控制室的设备也要对应进行更新。

对于 DPST 的客户，在基于自身战略及期限做出决定是否改造 DPST 时，应该重点考虑以下技术问题，如果无法满足应考虑新建。

（1）艏部有空间安装 BLS（可能额外需要甲板）；

（2）艏部有空间安装通道和方位推进器，艉部有空间安装推进器（DP2 配置）；

（3）单位能量平衡（通常需要额外发电机组）。例如，苏伊士级（280×47m），新增推进器所需的额外能量大致要增加 50%～75%（从 11～14MW 到 20～23MW）；

（4）为了安装推进器，需要有合适的干船坞进行施工；

（5）足够的空间安装额外的管线和电线等。

要成功将一艘常规油轮改造为能够从巴西桑托斯盆地的生产平台上卸油的 DPST，既要保证性能可靠高效而且按期交付使用。通常新建一艘船需要更长的交付期，但也意味着寿命和维护方面更加可靠。DPST 设计的服役寿命至少要达到 10 年，在选择改造还是新建的问题上，这是十分关键的决定性的因素。

选择建造船厂对于新建 DPST 来说也十分重要，造这类船有经验的船厂一般用 25～28 个月就能完成一整条苏伊士级 DPST 的建造工作。有经验的船厂和专业的工程师不仅可以令建造工作顺利进行，也能更加高效地监督和管理建造过程。此外，安装的新设备以及相关的设计都应基于未来卸油作业的要求。例如，通常完成一次卸油作业，DP 系统要连续工作几天，这就需要船厂相应地进行设计、安装和试车。

韩国和中国的船厂在新建苏伊士级 DPST 方面是最有经验的。例如，三星重工（Samsung Heavy Industries，SHI）通过使用更大的浮吊（3000t）尽可能发挥这种优势来减少建造中模块组装的数量和时间。对于阿芙拉级 DPST 来说，模块可以由 90 个减少到 10 个，干船坞时间则减少到 6 周。

前面曾提到过，对于改造船只，需要增加的设备（BLS，推进器等）的长线采购时间是改造时间的关键决定因素。假设选定一艘油轮加以改造到其抵达船厂的准备时间为 8～12 个月，这段时间可以同时进行设计工作以节省时间。在得到待改造船只的基础设计数据手册的前提下，设计工作通常可以在较短的时间内完成（数周或月余），这主要取决于工程师的技术实力。如果设备均能按期到货，船厂内的改造时间一般为 4～8 个月。

（二）主要船厂简介

世界上具备新建和改造苏伊士级 DPST 的船厂分布在韩国、中国、波兰等国家，这些船厂在经济性、工期、施工质量等方面可以达到要求。

韩国船厂在建造 DPST 方面拥有极高的可靠性，是世界上最好的 DPST 建造商。市场上的价格、技术、工期等方面都达到了很高的水平。韩国的主要船厂有：

（1）Daehan Shipbuiding Co. Ltd.；

（2）Hyundai Heavy Industries Co. Ltd.；

（3）STS Offshore & Shipbuiding Co. Ltd；

（4）Sung Dong Shipbuiding & Engineering Co. Ltd；

（5）Samsung Heavy Industries；

（6）Daewoo Shipbuilding & Marine Engineering Co. Ltd.；

（7）Hanjin Heavy Industries & Construction Co. Ltd.。

近几年来，中国船厂也逐渐成为 DPST 制造商的重要竞争者，中国的基础设施优良、价格有优势、学习速度快。尽管可靠性和工期控制方面比起韩国船厂来，仍存在一定的差距，但这种差距正在快速缩小，中国在整体造船业方面也正在逐渐达到世界级水平。目前中国的主要船厂包括：

（1）舟山中远船务工程有限公司；

（2）沪东中华造船有限公司；

（3）大连船舶重工集团有限公司；

（4）广州广船国际股份有限公司。

波兰的船厂在为客户改造方面拥有较强的竞争力，不仅改造经验丰富，而且价格经济、原材料易得且设计能力突出。波兰的主要船厂包括：

（1）Gdansk Shipyard；

（2）Remontowa Shipyard。

巴西的船舶制造工业也能够提供船舶的新建和改造。巴西的船厂通常与外资合作，在原材料、设计、距离最终市场较近等方面的优势经过经济评估和可行性证明后，可以作为建造船厂的选择。巴西的税制是在巴西造船最大的制约因素，目前巴西还没有建造过DPST，今后政府可能为了鼓励行业进步而对相关税制做出修改，届时巴西船厂也将能够提供 DPST 的建造和维修服务。巴西境内主要的船厂包括：

（1）Atlântico Sul（EAS）；

（2）Keppel Fels/Verolme。

六、DPST 合同模式

本节主要介绍的是在巴西拥有或租赁 DPST 的商务合同模式以及优劣势分析以进行综合评价。在选择最佳商务模式的过程中，需要考虑的因素很多，包括了公司的长期策略、未来产量的预计、合同的时间范围、市场中船舶的资源、对销售成本的预期等。总体来说，通过与世界范围内能力强、经验丰富的公司签约可以降低按期交付、运营保养等各种风险。

由于巴西盐下油田的产量在未来将大规模增加，因此巴西海域对于 DPST 的需求也将进一步增加。对于投资者来说，如果拥有即将投入生产的巴西海上油田，其 DPST 的商务模式需充分考虑卸油需求和运营效率。在巴西主要采用的集中船舶服务模式包括期租、光船租赁、包运租赁等。

（一）期租合同

期租合同就是在一段特定的时间内租赁 DPST。租赁期内，船东是 DPST 的实际管理方，承租方负责指挥和调度，如驶向某个港口或某个生产平台，进行何种作业安排。承租方一般承担的费用除了 DPST 的日租金外，还包括燃油费、港口费、代理手续费等其他费用。期租是在世界范围内最常见的租赁合同，目前在巴西以此合同模式作业的 DPST 也最为常见。其主要条款包括：

（1）承租方同意在某个时间段内，自船东处租赁某条确定的船只，船只的各项技术参数能够严格满足承租方租船的需求。期租的时间可短可长，可以仅为单次货运的时间，也可以长达几年。巴西境内 DPST 的租期一般为 5 年或更长时间。

（2）船东负责船舶的运营，包括人员配备、维修、保养、存储、人工成本、相关保险等。船东通常负责船只的技术维护与操作，承租方负责商务和作业安排进行货物的装卸与处置。

（3）关于指令或者航海日志条款，期租模式要求全部的指令和航线均由承租方向船长下达，船长和轮机长应正确保存全部航海日志，承租方或其代理可随时查看，并据此监测船只的效率。货物损坏通知表及航海日志摘要也应按时发送给承租方。

（4）承租方通常在自己承担费用的前提下，可以在船只上悬挂承租方旗帜，可以对烟囱或者船舷进行粉刷。

（5）关于船况调查，交付船只前一般要由承租方聘用的检查员进行船况检查，检查内容视船只的船龄等情况而不同。只有 DPST 通过了船况检查方可交付使用并收取租金。

（6）关于起租条款，期租的 DPST 按照约定的时间和地点交付给承租方时视作起租，起租后完全听命于承租方的安排，并尽力确保 DPST 处于良好条件并能够完成卸油、过驳等作业。

1. 交付方式

可按约定现场交付或者在指定的装货期内到达。如果船只在装货期的最后一天（即取消日）仍未出现，承租方有权取消租约。如果船只在取消日无法交付，承租方应在租船合同中规定的时间内通知出租方确定取消交付或者可以接受延迟交付。当船只在安排交付的航行中处在延迟状态时，船长应该按照规定采取措施，例如可以继续全速驶向约定交付点，检查租船合同中的取消条款，同时要随时通知承租方和船东当前情况。

在期租合同中还有其他比较常见的交付方式，对于 DPST 这种长期租赁合同，这些交付方式并不常见，只有在承租人租赁的 DPST 为前一承租人不再续租的情况下发生。例如：

（1）船只可以在上一次任务结束的最终卸货点交付。如其未在港口卸货，而且为了抵达装货点有空驶行程，则空驶部分的费用由承租方负责。

（2）即使船只在完成上一次任务且已经驶离最终卸货点，双方也可以同意自卸货点起租。

（3）船只可以在抵达装货点交付，船东已经支付过抵达前的空驶费用。

（4）在上一次任务的最终卸货点和新租约中指定的装货点中间指定某个特定的地理位置，当船只通过此位置时视为起租。或者可以采取这段航程中的某个特定时间点作为起租时间，如最终抵达装货点前的 72 小时。

2. 起租检查

在期租协议中需要明确起租检查或者交付检查条款，包括：

（1）剩余燃油（ROB），确定承租方付给船东的燃油费；

（2）船只的整体情况；

（3）油罐或者货舱适于装载预计的货物；

（4）干货舱应该保持干燥且打扫干净，油罐或化学品罐舱应通过专业的检定。检验员应对罐体的任何损伤进行注明。

起租检查通常由双方同意的检查员执行，船东和承租方各自承担一半费用。因为未通过检查应视为尚未起租，因此检查的时间不计入期租时间。检查员完成检查后应该出具一份交付证明确认交付的具体日期和时间，剩余燃油量，干货舱和液体罐等状况。交付证明应同检查报告一起作为重要文件提交，这些文件将在最终支付应付款项，认定相关责任转移方面起到重要作用。

虽然都会派遣检查员登船检查，但是起租检查和船况调查存在较大不同，应注意加以区别。船况调查可以是某潜在的承租方特别是 IOC 在船只老旧的情况下要求进行的，船况调查的结论是对 DPST 的客观描述但不代表开始租赁。而起租检查则代表承租方已经明确期租该 DPST 而在交付前进行的最终确认检查。

3. 交回方式

通常期租合同还要规定交回方式，停租时间一到，DPST 应交回给船东。大多数情况下，交回时的船况应和交付使用时相同（除正常的磨损和损耗外）。交回时间应该为双方同意的某时间，交回地点则可以是某指定地理地点，或者是同交付使用时同样的某特定条款，或双方同意的一系列港口或地点如在某个不冻港，或者从符合地理条件的一系列港口中选择一个，或者是较适中的某特定纬度等。在规定的时间地点，承租方必须交回船只。同交付一样，交回的时间和地点以及其他各种安排都应该在租赁合同中明确。

4. 停租检查

通过停租检查能够确定在租期内发生的毁损，承租方应负责这部分修理费用。交回检查和起租检查的内容近似，一般由独立检查员进行，包括计量剩余燃油，这部分船东要从承租方回购。检查船只的状况和货舱的情况，确认其中由于承租方作业造成的损伤。最后应出具一份交回证明给船长。

5. 维修补偿

交回条款应规定，为了确保船只的船况能够满足航行要求的维修必须在交回时立即进行，其他维修可以在稍后适宜的时间进行（如下次进干船坞）。如果交回时的船况没有达到交付时的状态，承租方应负责相关的维修费用。如果承租方在合同中拥有不清罐交回的选项，则应事先规定给付船东的补偿金额。

期租合同最大的特点是由船东负责船只的设计、建造、交付和运营，其主要优势包括：

（1）对于作业允许的设计和优化具有专业技术能力；

（2）基本设备和材料的采办可以大量采购，因为多数 DPST 的船东还可能同时有其他类型船只的造船业务；

（3）多艘船舶的作业可以为其专业人员提供大量经验，能够积累多年此类船舶运营及监造等方面的经验；

（4）管理着的庞大船队能够让船东充分地进行船员的培训和经验积累。往往在交付使用时即同时配备了经验丰富的船长和船员。

考虑到海运一般不是承租方的核心业务，因此卸油作业天然地倾向于由船东而不是承

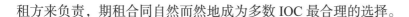

租方来负责，期租合同自然而然地成为多数 IOC 最合理的选择。

（二）光船租赁合同

光船租赁是指船东拥有船只，但在双方同意的时间段内仅向给承租方提供船只，在租赁期内由承租方自己运营船只。通过光船租赁，承租方完全掌握对船只的控制权。在光船租赁合同中，仅仅安排船舶的租赁，而其行政管理和技术维护等均不在合同范围内。

在巴西，采取这种合同获取 DPST 的方式并不常见，其最大的好处就是承租方的成本投入可以比付给船东的更低。但另外一方面，船东是更好的船舶设计和建造者，其可以利用其在船舶建造方面的经验和优势来管理船厂的项目并节省费用。目前，仅巴西国油旗下的 Transpetro 公司在其租赁的部分 DPST 中采用了这种模式，这主要得益于其作为大型综合性能源企业旗下的独立航运公司，有能力完成光船租赁后的运营和管理。

承租方要支付全部的作业花费，包括燃油、船员、港口、保险等。光船租赁的租期一般较长，且一般最终以承租方自船东处购得船只的拥有权而结束。在这种情况下，实际上就是一种先租后买模式。除 DPST 外，这种光船租赁在常规油轮和散货轮中也较为常见。光船租赁合同主要特点包括：

（1）在双方同意的时间段内，承租方租赁船只并自船东处取得绝大多数权利；

（2）是一种海上运输工具的长期租约；

（3）在船东为银行或金融机构等非专业船舶运营商的情况下会经常使用；

（4）经常会附带管理合同（例如一家 IOC 从独立油轮船东处光船租赁一艘油轮，同时同意船东在租期内代表 IOC 进行管理）；

（5）可以附带到期后购买选项（租赁费也可以包括分期购置费，当最后一期购置费支付后，船只所有权自动转移至承租方）。

（三）包运租赁合同

包运合同租船（Contract of Affreightment，CoA）是指船东为承租方提供船只或者船只中的部分舱位来满足承租方的某货物运输需求，或者双方约定某个具体的时限，船东在期限内提供一条或者若干条船，按照规定的租船条件，将承租方要求的货物由某一点运到另一指定点。包运租赁合同针对的对象是货物而非船次航次。

一般情况下，在 DPST 进行包运租赁时，出租方可以是船东或拥有 DPST 期租合约等其他合同的承租方。出租方和承租方应对以下事项提前约定：CoA 合同的期限，货物总量，标准货量（如 100×10^4bbl 或 50×10^4bbl 等），货物运输的起点和终点（如某 FPSO 和过驳点），每桶油的运费等。合同签订后，出租方在合同的期限内负责将约定数量的货物按照规定的路线送至指定港口或水域。

考虑在深水提油的时间受生产的影响很大，所以当遇到较为严重的故障或者事故时，实际产量就会距离预期产量较大。这时就可能造成了一种情况：合同约定期限已经到了，但是承租人没有生产出约定的货物数量，或者货物数量不足标准货量。如果双方没有另行协商解决的话，出租方可以要求照付不议。因此在签订 CoA 合同前应充分考虑产量情况，在约定的时间期限内是否能够达到约定的货物数量，如果距离约定货量的差距较大则会产生运输费用损失。同时，如果在约定的时间期限内生产的原油大大超过了约定的货物数量，则需要有其他销售或运输合同作为补充，避免造成无船提油的情况。而从出租人的角度看需要有较为充足的后勤资源，特别是 DPST 船队资源，如果不能按照包租人的要求及时提供卸油和运输服务则需要承担相应的责任。

ANTAQ 标准规范决议 01 号规定，在巴西船东或者作业者只能通过合同租赁特定的船进行单次作业。因此，在巴西政府拥有管辖权的水域内，长期的多次货运合同还不能在巴西境内实施，但在 DPST 市场供应出现瓶颈时，可以临时采用。船东应在规定时间内，按照规定路线运送一定数量的货物。承租方没有装货时间规定，也不需要为滞期费负责（作业推迟）。CoA 合同模式在北海海域得到了较好的应用，随着巴西政府相关政策放开，这种合同模式在巴西也会被逐渐采用。

（四）内部合同

船只的一切权利及作业管理均由同一家公司或者由相同持股人持股的母公司负责。内部合同模式倾向于将全部业务控制在公司内部，而不采取外包。一家公司利用其自有的人力、资产、时间来确保业务的进行。这种方式也可以形象地称为"内包"。当前，大部分公司的主流模式是倾向于把主营业务以外的工作外包，也有公司为了保持其作业的灵活性，保证其对全部业务的高度控制而将这些服务直接置于自身管理之下。相比于某些外包的工作，为了工作的正常进行而需要提供的数据存在一定的安全性风险，而内部合同则大大降低了这类风险。

在建造期内，租用人就要根据法规要求和自身需要开始招募并训练船员。这个过程将十分复杂，特别是租用人还要承担船东的一切工作，但其往往缺乏这方面的经验，且这部分工作并非其主营业务。一般采取这种模式的公司其目的都是想要积累这方面的经验，而且公司战略发展中，要逐渐开拓这一领域的业务。

七、巴西主要服务商

巴西海域作业的主要 DPST 国际运营商有 Knutsen、Teekay、AET 等，如图 9-7 所示。在供应商的选择方面应该注意以下问题：

（1）有经验的、曾经服务过 IOC 的船东，对于当地作业的技术参数和需求更加了解。

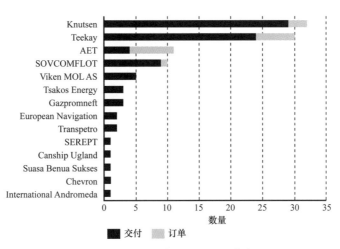

图 9-7　世界上主要 DPST 运营商

（2）鉴于巴西当地法律法规的复杂性，在巴西当地拥有工作团队能够避免滞期或者其他未知的问题。在巴西设立一个综合作业团队能够随时准备好应对各种 DPST 可能遇到的问题，例如 HSE 小组来处理相关问题。另外还应聘请一个有经验的代理公司来接触地方政府或者供应商，负责各种法务问题等。这些都可以视为 DPST 服务商能力的范畴，包括外籍船员的签证、在必要时雇佣巴西船员等方面。

（3）具备应对事件所需的知识及能力。服务商在作业中积累的经验和使用已有资源可以解决问题并让作业产生的价值最大化。

（4）葡萄牙语代表可以帮助租用人解决一些紧急情况。由于 DPST 终端市场的价格高，需要服务商尽一切可能采取减缓措施来避免可能遇到的停产等一系列问题。这种情况下，拥有一名有经验的当地雇员同政府机关对接就十分重要。

（5）船东在巴西的其他业务。如果某船东在巴西有其他业务，例如 FPSO、STS 等，在选择 DPST 供应商时应考虑这些因素，因为有可能其拥有更加丰富的经验和更高质量的服务团队确保作业顺利。

（6）DPST 供应商应该在当地具有良好的信誉，全方位地符合巴西的各项标准和法规。

第四节　巴西深水卸油作业

上一节主要介绍了 DPST 的相关内容，当技术和商务等各个方面都做好准备就可以按照提油规则开始提卸油作业。下面主要以巴西桑托斯盆地深水平台使用 DPST 卸油的规定与流程为例，具体介绍直接卸油作业，最后补充介绍常规油轮的直接卸油作业的特点。需要指出的是，下文中具体的距离等各项参数应根据生产平台和 DPST 等船只的实际情况设定并在卸油手册中详细标明。

一、卸油作业职责

一次卸油作业涉及到的相关船只不止一艘，可能包括生产平台、油轮、守护船、工作船等等。而在深水进行直接卸油作业存在较大的风险，这不仅需要各艘船只上的船长船员拥有较高驾驭船舶的水平和丰富的作业经验，也需要各艘船只相互的配合，能够做到责任明确、各司其职、联络充分、协同统一。本节通过介绍每条船上船长和其他重要人员的责任来说明每条船在整个卸油作业中的职责。

（一）生产平台 OIM

OIM 作为 FPSO 上最重要的指挥和安全人员，在整个卸油过程中都处于重要位置。在距离生产平台 500m 范围内的安全区中，全部船只都要受 FPSO 上 OIM 的统一指挥，包括授权其他作业船只在区域内作业，规定作业相关参数，拒绝或者驱逐闯入该区域的船只等。而其他每艘船的船长则负责控制本船作业。因此生产平台 OIM 可以在作业过程中随时停止或者限制 DPST 作业。OIM 的主要职责包括：

（1）DPST 抵达、卸油和离开过程中保持通信联络（无线电值班）；

（2）根据 DPST 要求通知 DPST 泵速及其变化；

（3）发生紧急情况下正确实施规定应急流程；

（4）紧急情况下停止 DPST 卸油并采取正确措施；

（5）卸油前打开无线电通信，测试泵并检查卸油装备；

（6）根据 DPST 要求打开卸货泵；

（7）在需要时进行卸油软管压力测试，如受损后或维护程序要求等；

（8）保存作业日志，报告有关卸油、系泊和位置参考系统的损伤与缺陷；

（9）向 DPST 提供货物信息；

（10）卸油过程中每小时向 DPST 发送环境数据；

（11）DPST 距离 10Nm（海里，1Nm = 1852m）以内时如位置参考系统出现缺陷通知 DPST；

（12）指挥 DPST 区域内的航行动作。

（二）FPSO 中控室

FPSO 中控室的主要职责包括：

（1）中控室保持人员值守并随时监控卸油过程，确保联络信息收到与回复，监控 FPSO 500m 区域；

（2）建立并保持同 DPST 的无线电联络；

（3）监控货物控制系统并按照收到的要求完成必要动作；

（4）监控 FPSO 的稳性是否维持或遭到破坏；

（5）天黑情况下，通过红外相机监控卸油软管及其所在的 FPSO 和 DPST 之间的区域，确保及时发现溢油；

（6）确保根据 DPST 要求通知卸油速率及调整；

（7）保存卸油作业日志；

（8）发生紧急情况时停止卸油并正确实施必要措施。

（三）DPST 船长

DPST 船长需要对 DPST 上全部作业及安全负责。船长除了承担所在国家或国际组织要求的责任之外，其职责还包括：

（1）在到达前 2 小时或进入 10Nm 区域后建立并保持同 FPSO 中控室的通信联络；

（2）通知 FPSO 中控室抵达 10Nm 区域，并提交 NOR 通知 FPSO 准备靠近作业；

（3）通知 FPSO 中控室抵达 3Nm 区域；

（4）通知 FPSO 中控室抵达 500m 区域；

（5）确保 DPST 上负责串联卸油作业的全体成员熟悉相关流程，包括靠近、系泊、输油、定位以及离开等；

（6）确保 DPST 上负责卸油作业的全体成员熟悉应急程序，确保 DPST 在进入 FPSO10Nm 区域后穿戴好防护装备；

（7）确保在靠近和系泊过程中完全理解 FPSO、守护船或者拖轮的指令；

（8）检查并监控参与系泊和卸油的动力定位系统、操控系统以及必要设备存在的任何缺陷和错误并及时通知 FPSO 中控室；

（9）在需要拖轮的情况下，在同 FPSO 连接前确保已经同拖轮连接；

（10）配合 FPSO 监控风速、风向、海浪等海况信息；

（11）作业过程中通过无线电或其他方式同 FPSO 中控室建立并保持通信联系；

（12）确保采取了常规安全环保措施，如空气循环系统、主甲板上的排水塞等；

（13）在通知 FPSO 中控室 DPST 已经做好接油准备之前，确保船上相关系统在监控中，应当打开的阀门已经打开；

（14）通知 FPSO 中控室当前卸油进度以及预计完成时间；

（15）按要求向 FPSO 报告卸油速率下降，并得到 FPSO 确认；

（16）保证系泊和卸油系统的最大张力不超过规定标准；

（17）DPST 准备好断开卸油软管时，通知 FPSO 中控室；

（18）离开 FPSO 500m、3Nm 和 10Nm 区域时，向 FPSO 中控室报告；

（19）处在 FPSO10Nm 范围内时，向 FPSO 报告一切不可预见或紧急事件发生；

（20）确保日志及其他文件保存完好；

（21）在 FPSO 同意的前提下，定期同守护船开展紧急拖离演练。

在卸油作业的全部过程中，如 DPST 船长无法完成职责时，可由大副接替完成。

（四）守护船 / 拖轮

有时 DPST 卸油需要由守护船 / 拖轮协助完成，特别是发生如下情况时：

（1）缆绳断开或失效；

（2）DPST 在作业过程中的动力失效；

（3）发生碰撞；

（4）发生起火或者爆炸；

（5）发生溢油；

（6）人员落水以及其他紧急或严重事件发生。

如有其他守护船 / 拖轮参与作业，其船长需要对自身船上全部作业及安全负责。此外船长除了承担所在国家或国际组织要求的责任之外，其职责还包括：

（1）同 DPST 和 FPSO 保持无线电通信联络；

（2）确保船上参与卸油作业的全体成员熟悉相关系泊和定位作业流程；

（3）在 DPST 需要时连接拖缆并根据 DPST 船长的指令保持其最佳的卸油位置；

（4）监控 DPST 临近区域及安装过程中发生溢油的信号；

（5）准备好参加应急和拖航演练。

需要指出的是，在常规油轮卸油作业时，由于油轮没有动力定位系统，卸油过程中的安全性需要依靠拖轮和工作船的加入来保证，因此拖轮扮演的角色比 DPST 卸油更加重要。

二、卸油作业安全

在海上进行卸油作业的过程中，安全问题尤为重要，特别是在巴西桑托斯盆地这种海况天气条件比较恶劣的海域。尽管采用了 DPST 卸油来最大限度地保证安全，仍然有许多值得注意的地方，本节主要介绍一些通用的流程来保障作业安全。在实际作业时，还要考虑具体情况以及相关国家、地区、法律、公司的有关规定来执行。一般地，区块作业者会发布从 DPST 进入 FPSO 10Nm 范围内到完成作业离开期间详细的安全规定以及作业流程，这些规定以及流程可以通过检查单制度来一一明确。船长及船员应该严格按照规定流程上的每一项要求执行并如实填写检查单。

（一）安全区域

通常情况下，DPST 为中心的 1Nm 区域范围内是 DPST 的安全区，在行驶过程中应尽量避免让其他海上平台或装置主动或被动进入此区域。如果因作业等特殊要求必须进入时，应在进入前通知对方（如卸油 FPSO）OIM。

DPST 在进入 FPSO 的 500m 安全区域前必须向 FPSO 提出申请，并在进入此区域后按照 FPSO 的要求作业。当 DPST 进一步靠近 FPSO 进行卸油作业的过程中，两船间的距离以及系泊缆绳等应力数值必须时刻监控，在达到某些条件后需要按照作业规程启动相应的措施。

系泊缆绳能够允许的两船间距离不能过大或过小，否则需要进行相应的动作保证作业安全，直至启动Ⅱ级卸油紧急断开程序，见表 9-5。卸油紧急断开流程（Offloading Emergency Shutdown，OESD），是指在卸油过程中发生紧急情况时，为防止事故发生而采取的一系列动作，根据风险大小和具体的操作不同分为Ⅰ、Ⅱ两个级别，后文将会进行详细介绍。

表 9-5　FPSO 和 DPST 安全距离及相应措施示例

FPSO 与 DPST 间距离	对应动作
>180m	手动开启Ⅱ级 OESD，断开系泊缆绳
170～180m	停止泵入，启动Ⅰ级 OESD（关闭 BLS 阀门）
160～170m	联络 FPSO 准备停泵
160m	保持警惕
130～160m	正常卸油
110m	降低卸油速率上限
100～110m	靠近警告，保持警惕
90～100m	联络 FPSO 准备停泵
80～90m	停止泵入，启动Ⅰ级 OESD（关闭 BLS 阀门）
<80m	手动开启Ⅱ级 OESD，断开 BLS 上卸油软管，断开系泊缆绳

（二）环境条件

海况条件是否满足作业的要求由 FPSO 上 OIM 和 DPST 船长共同作出决定，当某一方认为不适合进行作业时，另一方不能强行要求作业。需要考虑的环境因素包括但不限于：

（1）系泊连接、卸油软管、软管连接等系统状态；

（2）风速；

（3）有效波高（有义波高）和周期；

（4）最大波高和周期；

（5）海流；

（6）能见度；

（7）作业区域内其他活动。

除表 9-3 已经介绍的作业环境极限外，还应考虑作业期间海上的能见度。

当能见度低于 1Nm 时，必须满足以下条件才可以继续进行靠近和系泊连接作业：

（1）DPST 船首前方能见度大于 1000m；

（2）雷达和差分全球定位系统（Differential Global Positioning System，DGPS）运行正常；

（3）DPST 船长和 FPSO 上 OIM 都认为继续作业是安全的。

当能见度低于 1000m 时，DPST、守护船以及 FPSO 等参与船只共同评估并决定条件是否满足安全作业的要求。

根据《油轮与码头国际安全指南》（International Safety Guide for Oil Tankers and Terminals，ISGOTT）第五版第 26.1.3 款规定：当可以预见的雷暴发生在油轮或码头附近时，无论船上货物是否为惰性物质，相关操作必须停止，包括：

（1）处理挥发性石油；

（2）处理储舱中非挥发性石油，储舱受限烃类蒸汽；

（3）压载储舱，储舱受限烃类蒸汽；

（4）放出挥发性石油后吹扫、清罐或排气等。

因此当雷暴发生时，DPST 卸油作业必须暂停。

（三）作业扇区

一般在 FPSO 的标准卸油流程中，会规定安全作业扇区，分为绿色、黄色和红色三个部分，如图 9-8 所示。绿色为安全作业区，黄色为警告区，红色为解脱断开区。DPST 所在的位置处于三个不同区域中时需要采取相应的操作来保证作业安全。

绿色区域：正常作业区域，FPSO 船自身方向两侧夹角 45° 范围内。DPST 在这个区域内作业属于安全范围，可以在区域内自由移动；

黄色区域：警告作业区域，FPSO 船自身方向两侧夹角 45°～60° 范围内。DPST 在这个区域内可以继续作业，并留给船长一定时间进行各种操作。船长应采取一切手段令船返回绿色区域。当 DPST 的位置达到 60° 极限范围时，DPST 船长通知 FPSO 上 OIM，要求立刻中断卸油。DPST 船长启动 I 级 OESD 第一阶段，并做好情况变坏的准备。一旦情况更加恶劣则紧急断开 BLS 卸油软管，开始系泊系统断开流程，启动 II 级 OESD。

红色区域：断开区域，FPSO 船自身方向两侧夹角大于 60° 范围。DPST 应立即驶离此区域。当 DPST 位置达到 70° 极限范围时，DPST 船长应立即启动 II 级 OESD 流程，紧急断开 BLS 卸油软管，开始系泊系统断开流程。DPST 全员进入应急待命状态，准备好进行相应安全工作。无论何种情况发生，DPST 均不得在红色区域内停留。

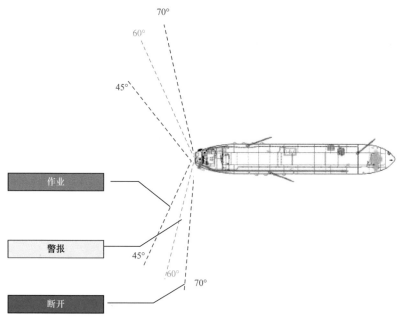

图 9-8 DPST 卸油作业区域示意图

（四）卸油过程安全

为了表征卸油作业过程中系统的安全性，可以定义一种状态，称为"绿线状态"。在开始卸油以后，BLS 系统的连接、锁定、安全功能等系统关键要素开启，"绿线状态"代表了 DPST 上卸油系统的建立完成，可以进行卸油作业。"绿线状态"包括的条件有：

（1）止链器关闭；

（2）船头系栏桩装载；

（3）舷内装阀门打开；

（4）货物储舱打开；

（5）原油压力正常（大于 3bar）；

（6）Ⅰ级或Ⅱ级 OESD 未启动；

（7）水力蓄力器压力正常；

（8）允许卸货开关开启。

当这些关键要素中的一个或几个显示失效或者脱离，则绿线状态被打破。例如，当手动开启Ⅰ级或Ⅱ级 OESD 时，绿线状态即被打破。

在卸油过程中，FPSO 与 DPST 之间必须随时建立无线电通信联系。如果无线电系统发生故障无法联络，则必须立刻通过其他手段建立通信联系，以防止发生"绿线状态"打破后应对不当的事件。

"绿线状态"永远是和 OESD 连锁在一起的，一旦状态打破，对应的 OESD 流程即被开启。

1. Ⅰ级 OESD

当发生一起或多起不正常事件时，遥感系统向连接阀门自动发出"停泵信号"，停止货物输送。DPST 水力系统打开，连接阀在 25～28 秒内关闭，同时 DPST 上舷内装阀门在 30 秒内自动或手动关闭。正常情况下Ⅰ级 OESD 应在 35 秒以内完成。更严重的情况下，DPST 应该能够迅速断开连接并驶离 FPSO 500m 区域。当发生如下事件时，Ⅰ级 OESD 流程自动启动：

（1）管汇中卸油压力达到 3bar；

（2）法兰接头间隙超过 2mm；

（3）止链器锁定解除；

（4）连接钳锁定解除；

（5）管汇阀门关闭；

（6）舷内装阀门关闭；

（7）蓄力器压力低于正常值；

（8）系泊缆绳应力超过 100t。

通常地，DPST 上有两处可以手动开启的Ⅰ级 OESD 的按钮，分别位于船桥和 BLS 操作室。当发生如下事件时，Ⅰ级 OESD 流程手动开启：

（1）发生溢油；

（2）DPST 的 DP 系统发生故障，船体失位；

（3）系泊缆绳损伤或断裂；

（4）断电或 DPST 发生漂移。

2. Ⅱ级 OESD

完成Ⅰ级 OESD 流程后，止链器和 BLS 接头打开，系泊缆绳和卸油软管释放，两船连接完全断开。断开后，DPST 应驶离 FPSO 500m 区域。只有当紧急情况发生或者进行应急演练时才能启动Ⅱ级 OESD。Ⅱ级 OESD 只能在 DPST 上手动启动，一般Ⅱ级 OESD 流程应在 40 秒内完成（不包括打开止链器）。大致流程如下：

（1）如Ⅰ级 OESD 尚未启动则启动；

（2）艏部管汇区域喷淋系统释放；

（3）液压室排空系统防火挡板关闭；

（4）紧急断开卸油软管，连接钳打开；

（5）止链器打开，牵引绞车闸门打开，控制速度释放系泊缆绳。

如果 BLS 的电力或水力系统发生故障，Ⅰ级或Ⅱ级 OESD 可以通过其他方式启动，例如打开船桥上安装的开关或者打开前端安装的手动阀门。打开手动开关前，确保 OESD

按钮开启以保证后续控制系统停止。打开手动开关或者阀门是独立于正常控制系统的操作，可以单独产生控制功能。通常在打开后会依次激活：关闭连接阀门和舷内装阀门，打开连接钳，打开止链器。在 DPST 上，手动开关和阀门的附近应该张贴如何操作的流程指示。

Ⅰ级和Ⅱ级 OESD 的准备以及断开应该定期进行测试。

（五）动力定位安全

在卸油作业的过程中，DPST 应处于动力定位状态，即处在 DP 模式。当 DPST 船长和 FPSO 共同确认外部条件能够满足作业要求，则可以手动操纵 DPST 在拉紧缆绳模式下完成系泊。这种模式需要注意以下问题：

（1）至少 1 套位置参考系统（PRS）工作正常；

（2）DPST 保持主推进器向船尾方向确保缆绳拉紧；

（3）作业中系泊缆绳张力不超过 20t；

（4）DPST 在靠近、系泊、软管连接及断开、缆绳断开以及驶离的过程中可以处于自动定位模式；

（5）DPST 必须保持其位置和船首向处于安全作业扇区内。

如果 DPST 的动力存在不足，可以使用守护船或拖轮将拖缆连接到 DPST 尾部，帮助 DPST 保持其位置和船首向。

如果 DPST 的推进器失效，应立即通知 FPSO 并进行以下动作：

（1）准备启动断开流程Ⅰ级和Ⅱ级 OESD；

（2）通知守护船或拖轮准备协助。

应当特别注意的是，如果 DPST 尾部主推进器失效造成失去尾部推力，以张力形式存储在缆绳上的潜在势能会产生一个令船加速向前的力，这个力十分危险，可能会造成 DPST 和 FPSO 相撞。在无风天气条件下这种情况尤为严重，因为根本没有其他环境外力能够帮助两船互相远离。

位置参考系统（PRS）是对卸油过程中的动力定位十分重要的系统，通常在完成作业的过程中应该至少有 2 套 PRS 运行。如果有 PRS 发生失效，则需要由 DPST 船长和 FPSO 共同决定当时的环境条件是否满足继续作业。

（六）推迟作业

在作业过程中，DPST 的船长需要随时观察周围环境并进行风险评估。当出现恶劣天气或者其他特殊事件时，如果 DPST 船长认为应该推迟或终止作业，则需要立即通知 FPSO。如果可能，应尽量通知预计恢复作业的时间。

船舶间通信应装备全球海上遇险安全系统（Global Maritime Distress and Safety

System，GMDSS）。船舶间靠近、系泊、连接、卸载、断开、驶离都需要联络。卸载过程中，FPSO和DPST应该有2个甚高频频道可用。DPST应在艉部的货物控制室内配备甚高频设备用于连接和中继。负责作业的船员以及可能的公司代表应配备可移动甚高频无线电装置。当DPST同FPSO的远距离无线联络中断时，货物输送泵会自动停止。如果其他手段如甚高频、特高频等也仍然无法建立联系则应该发出紧急信号，如船上信号灯发出闪光或雾笛发出短促警报音。FPSO在收到紧急信号后，应按要求停泵，作业推迟。

对于多点系泊FPSO，当天气等外部环境条件发生变化而停止作业并断开后，经DPST船长和FPSO上OIM确认后，DPST可以在动力定位模式下移动至FPSO另外一侧，使用另一侧卸油系统继续作业。

过去的经验显示，一般在DPST运行几年后还可能由于以下原因延迟作业时间：卸油软管或者软管末端阀门由于不当操作而在作业前已被损坏以及DPST上的PRS有时会由于校准或其他问题而显示异常。

三、卸油作业流程

开始卸油前，各个船舶参与作业的船员都应学习并掌握作业手册中相关的内容，包括卸油作业流程、FPSO相关参数、安全管理和应急处理等。在卸油过程中对船舶的操作除了要严格遵守作业者发布的卸油手册，还应注意仔细填写各种相关的文件，如检查单、表单、证明等。这些文件不仅可以协助顺利完成作业，而且当发生意外事件或法律争议时，也将提供相关的指导或证明。

（一）作业准备

为了FPSO的安全，作业者需要在正式作业前对卸油的船只进行审查。船舶供应商要提供经过批准和证明的完整的设计图包括三维尺寸、重量、接头及各种用于安全卸油作业的其他信息，还应提供完整的技术文件，包括：

（1）系统的技术数据及其组成；

（2）主要系统的功能描述；

（3）保养、检查、修理指南；

（4）系泊、解脱、应急响应、风险评估及卸油的作业流程；

（5）卸油和系泊系统（主要部分）的重量清单。

（二）完成作业

经过准备阶段，DPST完成各项准备工作后向FPSO提交NOR，得到批准后正式开始卸油作业。当DPST靠近到FPSO合适的距离后，两船之间通过系泊缆绳相连，随后将FPSO上的连接卸油软管连接到DPST的BLS系统上，原油则通过软管经BLS输送到

DPST 的罐中。整个卸油作业的最大时间窗口应不低于 36 个小时，系统卸载 100×10^4bbl 原油的时间应为 24 小时左右。一次典型的卸油作业流程举例如下：

（1）DPST 距离 FPSO 10Nm 范围：抵达前 2 小时发出通知，抵达时告知 FPSO，确认 PRS 等设备工作状态并建立其高频连接。提交 NOR 并得到 FPSO 确认，FPSO 允许 DPST 靠近。

（2）DPST 靠近 FPSO 直到距离 FPSO 3Nm，其间最大速度 5kn。如有拖轮参加作业则确认工作状态并建立其高频连接，FPSO 允许 DPST 继续靠近。

（3）DPST 靠近 FPSO 直到距离 FPSO 3000m，其间最大速度 3kn。根据 DPST 检查单确认 DP，PRS 和推进器状态。

（4）DPST 靠近 FPSO 直到距离 FPSO 1500m，其间最大速度 2kn。检查并确认 PRS 系统。

（5）DPST 靠近 FPSO 直到距离 FPSO 500m，其间最大速度 1kn。DPST 检查 DP 系统，发出申请要求进入 FPSO 500m 范围内。FPSO 确认 PRS 状态，同意 DPST 进入 500m 范围。

（6）DPST 靠近 FPSO 直到距离 FPSO 300m，其间最大速度 0.5kn。DPST 船首（BLS）和 FPSO 卸油区建立无线电联络。

（7）DPST 靠近 FPSO 直到距离 FPSO 200m，其间最大速度 0.4kn。如需拖轮作业则此时连接 DPST 和拖轮。逐渐减速并靠近 FPSO 100m 范围区域。

（8）DPST 距离 FPSO 100m，DPST 停止前进并准备发射捡拾线。DPST 和 FPSO 保持通信连接以及视线检查，时刻保持系泊缆绳和卸油软管既不会张力过大，也不会过于松弛。

（9）如果风向不利于 DPST 发射捡拾线，则可由 FPSO 向 DPST 发射。发射前，必须向船首区域内所有船员发出即将发射的警告，在得到肯定确认后方可发射。

（10）空气枪发射后，得到捡拾线并连接至缆绳引线。缓慢拉动缆绳引线并通过其连接防磨链与系泊缆。当防磨链就位后，关闭止链器，断开引线，连接软管引线至软管绞盘。

（11）拉动软管引线连接软管至 BLS 系统管汇。锁紧 FPSO 软管绞盘的锁紧螺栓。

（12）断开软管引线约束，向船尾方向移动至卸油位置。与 FPSO 距离保持110～160m 直到卸油结束。

（13）进行卸油软管压力测试。DPST 打开连接阀门，关闭原油阀门，监测测试压力 10 分钟。FPSO 打开氮气或水供应提高卸油软管压力，关闭供应阀门并监测压力 10 分钟。

（14）DPST 和 FPSO 建立绿线状态，进行 I 级 OESD 测试。DPST 打开 I 级 OESD 按钮打破绿线状态并关闭货物泵。FPSO 确认停泵完成测试。

（15）完成测试后，两船建立绿线状态，DPST 请求 FPSO 打开泵开始输油。DPST 监测 BLS 管汇和货物系统，保持监控向 FPSO 申请逐渐提高输油速率直到满速。FPSO 检查各货物管线及系统是否存在泄露，检查完毕后根据 DPST 申请逐渐增加泵速。

（16）卸油接近完成时，DPST 请求 FPSO 开始降低输油速率。输油结束后，用海水冲洗卸油软管，冲洗液体进入 DPST 废液罐或其他特定罐。

（17）FPSO 确认冲洗结束后，进行断开操作。DPST 关闭连接阀门和输油阀门（舷内装阀门）。连接软管引线，拉紧软管绞盘承担软管重量，打开 BLS 管汇连接钳。配合 FPSO 的回收速度，DPST 缓慢下放软管，FPSO 开始拉回软管引线。DPST 将防磨链同软管引线连接，防磨链另一端连接缆绳引线。打开止链器，配合 FPSO 回收速度，缓慢下放系泊缆绳和缆绳引线。在断开的过程中，DPST 保持动力定位直到系泊缆绳转移完成。而且，DPST 应时刻监控软管附近的水域是否发生了溢油，一旦发现任何溢油应立即报告 FPSO。

（18）全部断开操作完成后，DPST 向船尾方向缓慢移动，距离 FPSO 500m 时向 FPSO 发出通知离开 500m 区域。距离 FPSO 10Nm 时两船交换返还软管及系泊缆绳等系统数据，如发生损伤则通知 FPSO。

在上述作业流程中，需要保存部分内容到日志中并最终存档，这些内容包括但不限于：

（1）抵达前 2 小时发出的通知；

（2）距离 FPSO 10Nm 处发出的 NOR；

（3）DPST 准备好开始靠近 FPSO 并卸油；

（4）经过距离 FPSO 3Nm；

（5）进入 FPSO 500m 区域；

（6）准备好开始系泊连接，完成系泊连接；

（7）准备好压力测试，压力测试结果；

（8）完成泵测试；

（9）准备好开始货物输送，记录起始货量（ROB）；

（10）开始货物输送作业，结束货物输送作业；

（11）准备开始软管冲洗作业，冲洗作业完成（具体液体量）；

（12）软管断开，止链器打开；

（13）DPST 离开 FPSO 500m 区域，离开 10Nm。

在卸油过程中每小时记录 DPST 总收货量，过去一小时收货量，当前天气数据。

（三）其他问题

在进行 DPST 的作业时，有些因素必须要提前考虑，这些因素可能源自法律或者环境保护要求，但都会对作业产生重大的影响。

（1）船舶清关与人员登船。在开始作业前，利用不影响作业的登船时间进行船舶清关。

（2）NOR 的申请与批准。在 FPSO 的等待时间，一般标准的流程是，当 FPSO 具备卸油条件时，会在 DPST 离开锚地前向其发送一封邮件，具体的日期和时间事先商定好。一般 NOR 申请在距离 FPSO 10Nm 处发出，而通常情况下会很快得到批准（30 分钟以内）。当几乎没有延误时，这种作业方式是最优的。

（3）人员倒班。对于人员倒班、普通维护或者更新证照等都可以在锚地进行，而无须占用泊位。加油一般需要到事先确定的加油点。如果 DPST 在巴西境内逗留时间超过 90 天，则必须启用当地船员。DPST 运营方还可以利用巴西境外（如乌拉圭）作为外籍船员倒班地点。

（4）根据巴西法律规定，电台报员和 HLO 应该会讲葡萄牙语。

四、常规油轮直接卸油

前面介绍的都是以 DPST 作为卸油油轮进行的直接方式卸油，在巴西很多浅水平台及部分深水平台也会采用常规油轮直接卸油，下面以常规油轮在 FPSO 卸油为例进行简单介绍。

常规油轮是一种可以长距离航行并运输原油的船舶。其双壳船体为大量存储油品提供了空间。一般常规油轮不需要很快的行进速度，大多数也仅配备一台柴油发动机直接连接至推进器的传动轴。其操控仅限于调整推进器后方的舵来改变其纵向航向或者在其航行过程中转弯。在到达或离开港口时，常规油轮需要几条拖轮的辅助来帮助其巨大的船体靠港。

一般在海况较为良好的海域，特别是浅水作业，可以采用常规油轮直接卸油。虽然海况较好，但是常规油轮自身的操控性和自动化程度相比 DPST 要差很多，所以卸油过程的安全仍要重点关注。能够参考的相关标准包括巴西国油发布的《常规油轮在浮式平台串联系泊和卸油作业指南》和《常规油轮在单点系泊卸油作业设备推荐》等。与 DPST 卸油相同的是，常规油轮卸油也要遵从作业者对船舶和流程的规定进行作业。

从作业流程上来看，常规油轮和 DPST 卸油的方式有相似之处，但也有不同，下面就二者的主要不同点进行介绍。

（一）其他船只参与

在常规油轮卸油的过程中，由于油轮自身的性能限制，特别是没有动力定位系统（DP）和艉部装载系统（BLS）的情况下，需要额外的船只参与实现某些功能，如拖轮（Tug Boat）和工作船（Work Boat）等。在整个卸油过程中，各艘船的船长各自负责本船的事务。

拖轮的主要职责包括：

（1）同 FPSO、卸油油轮、系泊团队建立无线电通信；

（2）确保船上相关人员熟悉可能涉及到的系泊、定位、卸油等各项作业流程；

（3）确保船上相关人员熟悉全部的紧急情况流程并穿戴符合规定的防护设备；

（4）卸油油轮抵达 FPSO 前根据 FPSO 的指令做好必要的准备工作；

（5）按照系泊船长的指令守护卸油油轮；

（6）在系泊、卸油、断开的全部过程中保持和卸油油轮处于连接状态；

（7）整个作业过程中，全天候保持联络并待命；

（8）当发生以下情况时提供帮助：作业过程任何阶段发生卸油油轮动力失效，碰撞，火灾或爆炸，溢油，人员落水（Man Overboard）以及其他。

工作船的主要职责包括：

（1）同 FPSO、卸油油轮、系泊团队建立无线电通信；

（2）将系泊工具箱从 FPSO 送至卸油油轮以及结束后取回；

（3）将引线、系泊缆绳从 FPSO 送至卸油油轮及结束后送回；

（4）将卸油软管（如需要滑索则包括滑索）从 FPSO 送至卸油油轮并在结束后送回；

（5）将货物样品和相关文件送至 FPSO 和卸油油轮；

（6）整个作业过程中，全天候保持联络并待命；

（7）处理护航途中以及卸油作业过程中遇到的无关船只；

（8）当发生以下情况时提供帮助：碰撞，火灾或爆炸，溢油，人员落水以及其他。

（二）系泊作业团队

参与常规油轮卸油的不完全是常规油轮和 FPSO 上的船员，在巴西还有专门的系泊团队（Mooring Team）加入。系泊团队的船长（Mooring Master）是作业中的关键人员，系泊团队一般是为提油方服务的，代表提油方完成作业。

系泊团队的工作包括：

（1）系泊船长直接负责同其他参与作业船只（FPSO，油轮，拖轮，工作船）的全部交流；

（2）系泊团队协助油轮的船员系泊、连接卸油软管；

（3）在天气允许的白天，在安全可行的前提下，系泊团队的船长或其助手可以在合适的点登上或者离开油轮；

（4）系泊船长应该全程观察作业流程的执行情况，发现问题立刻向其他卸油油轮或 FPSO 发出警告，如果问题无法解决则以适当的方式终止作业；

（5）系泊船长有权利拒绝、暂停或者推迟油轮卸油；

（6）系泊船长如果认为卸油油轮不具备作业条件时可以要求断开。如果系泊船长和油轮船长无法就此达成一致时，应立刻联系 FPSO 和油轮的船东以及承租方；

（7）系泊船长不能在油轮上替代油轮船长的责任，而是提供协助；

（8）系泊船长或其助手有责任汇报任何卸油过程中在油轮上发生的 HSE 事件。

系泊作业团队在卸油油轮抵达附近海域但尚未开始作业前登上油轮，一同登船的还有独立检察员、海关验关员等。首先乘坐领航艇抵达卸油油轮，然后通过绳梯或舷梯登上卸油油轮。全部过程应该符合国际海上引航员协会（International Maritime Pilots Associations，IMPA）关于登船的规定。需要注意的是，一般 DPST 卸油时，独立检察员、海关验关员等人也要通过这种方式提前登上 DPST，但无须系泊船长及其助手。

系泊作业团队登上卸油油轮后，正式启动作业前可预先在油轮上召开准备会，船长、大副等主要人员参加，同时可通过无线电或视频系统联络 FPSO 中控室参会。准备会的主要目的是再次确认卸油流程及各种相关规定，强调作业安全环保以及应急措施，检查压载、货物、系泊、卸油等设施和装备的状态，准备必要的文件。

（三）常规油轮卸油流程

此流程重点介绍与 DPST 卸油不同之处，特别是拖轮的拖动，工作船连接系泊缆绳和卸油软管的过程，其他相似的流程请参考 DPST 卸油流程。

（1）卸油油轮距离 FPSO 3Nm 时通知工作船取卸油软管连接工具箱至卸油油轮；

（2）在卸油油轮距离 FPSO 1.5～3Nm 范围内时准备连接拖轮；

（3）系泊船长、油轮船长和导航员在船桥，其他水手在甲板指定位置准备就绪；

（4）在系泊船长及其助手的指导下连接拖轮上的拖缆至卸油油轮尾部；

（5）靠近 FPSO 的过程中逐渐降低速度；

（6）油轮距离 FPSO 1Nm 时，FPSO 在工作船的协助下将系泊系统下放，下放完成后在系泊托架上锁定，引线系于工作船准备系泊作业；

（7）进入 FPSO 1000m 区域前如果有需要继续降低速度直至 1 kn；

（8）进入 FPSO 250m，FPSO 系泊系统就绪后，系泊船长在卸油油轮上协调工作船，下放引线至工作船，工作船将油轮引线和系泊缆绳连接后放入海中；

（9）工作船清空油轮靠近路线后保持在安全位置等候指令；

（10）卸油油轮继续靠近的过程中保持引线松弛的情况下收回引线，直到止链器锁定防磨链；

（11）进入 FPSO 120m 前，拖轮在尾部缓缓拖动卸油油轮直到拖缆张力达到 10t，拖轮在系泊船长的指挥下施加拉力保持油轮和 FPSO 的方向一致；

（12）卸油油轮在右舷准备好卸油软管连接出口处连接，确认法兰位置，去掉货物管汇法兰盲板，准备软管作业吊车，与此同时 FPSO 放卸油软管到工作船；

（13）工作船携带卸油软管到卸油油轮中部附近，油轮吊车将软管吊起并连接至中部管汇，完成锁定；

（14）完成卸油后，油轮通知工作船并建立联络，将防磨链连接到吊车，吊车锁紧承担软管重量；

（15）将软管提过船舷并下放至工作船能够回收防磨链；FPSO利用软管绞盘回收软管。工作船接到软管后油轮收回吊车吊绳；

（16）FPSO收回软管后，工作船将FPSO上的样品和文件送至卸油油轮，回收系泊工具箱；

（17）卸油油轮通过绞车拉紧系泊缆绳引线，拖轮减小动力让系泊缆绳张力减小，充分松弛引线后断开止链器，下放系泊缆绳保证其与引线松弛；

（18）油轮保持位置或利用拖轮缓慢向船尾方向移动，系泊缆绳入水且油轮准备离开时FPSO绞车开始回收系泊缆绳；

（19）引线尾端断开浮在水上后，油轮向船尾方向移动离开区域，FPSO联络工作船协助回收系泊系统和卸油软管；

（20）离开FPSO 500m区域时，油轮通知FPSO和拖轮准备离开并继续远离；

（21）离开FPSO 3Nm时，确认文件齐全后，根据FPSO船首向和风向释放拖轮。

从上述流程可以看出，相比DPST直接方式卸油，常规油轮卸油的过程更加复杂。主要的原因就是常规油轮的控制力比远比DPST更弱，特别是横向推力，因此要依靠拖轮；而在缺少了艏部装载系统的情况下，常规油轮必须利用工作船的协助才能将卸油软管连接到中部管汇，而且涉及吊车作业。

常规油轮直接方式卸油对天气海况有一定的要求，一般在巴西的浅水平台应用较多。

第五节　过驳作业

过驳（Ship to Ship，STS）作业是将一艘油轮上的货物转移至另一艘油轮上，如图9-9所示。STS成功地实现了用大型或超大型常规油轮进行远洋长距离运输的目的，而小型油轮或穿梭油轮（如DPST）则主要用于收集和短途运输货物，这种方式合理地配置了船舶的资源，提高了物流效率，已经被越来越多的大型贸易和物流公司采用。广泛进行STS作业的区域有直布罗陀、欧洲、乌拉圭、智利、阿拉伯联合酋长国等。

巴西桑托斯盆地盐下油田开采的原油经过DPST或常规油轮上中部管汇转移至更大的常规油轮上，完成STS作业后再由大型油轮运送至最终市场。一般接收货物船为苏伊士级、VLCC级或更大的常规油轮，释放货物船只为苏伊士级或阿芙拉级常规或动力定位油轮。本节以DPST同常规油轮的过驳作业为例进行介绍。

图 9-9　过驳作业示意图

一、过驳作业简介

STS 作业的大致流程包括：靠近，入港，系泊，连接软管，转移货物，断开软管，解缆，驶离。在 STS 过程中，两艘油轮需要有完整的安全措施，如果有一艘船的安全设施不到位则不能开始作业，或应立即停止作业。

STS 作业的方式通常有以下三种：

（1）码头泊位过驳：两艘船行驶至码头平静水面并在码头系泊。通过几条大流量软管将 DPST 和常规油轮的管汇连接起来，以此将原油转运。因为两艘船都经过系泊固定，移动很少，所以这种方式更加安全可靠。为了应对发生溢油等环境问题，作业时用围栏将两艘船围住。这种方法是 STS 较为常用的作业方式，巴西里约州的 Açu 港自 2016 年起获得了 STS 的作业资质，2018 年开始可以完成 VLCC 接收原油。

（2）并排固定过驳：两艘船均行驶至指定的浅水受保护海域，常规油轮下锚，控制 DPST 并排靠近常规油轮。经过软管传输原油后，DPST 驶离，常规油轮起锚后离开。里约州的格兰德岛（Ilha Grande）海湾有一片受保护海域，巴西国油的大部分 STS 作业在此完成。

（3）行进间过驳：常规油轮和 DPST 并排以低速行驶，其中一条船的船舷侧安装有防碰垫，原油经软管传输，防碰垫在传输过程中保持在两船间防止碰撞。作业结束后，两船自然分开，分别驶向下一目的地。这种方式对海况具有较高要求，达不到作业条件时，严格禁止作业。

上述三种过驳方式各有优劣：

（1）行进间 STS 对于两艘船的作业时间相对节省，因为无须下锚、驶入港口、等待泊位等，但是可能因为天气原因等待。

（2）并排固定 STS 这种作业方式十分依赖于天气，两艘船在围绕下锚点旋转时要有充足的操作空间，海底土壤的条件也要能确保 STS 作业期间锚定不出现问题。

（3）码头 STS 作业具有的优势包括：避免不相关船只的干扰（如渔船等），后勤支持简单，全年天气适于作业，附近无海洋保护区（联邦、州或者市级），容易得到充足的应急响应时间和资源，地理位置优越，距离石油生产和加工目的地合理。但是因为泊位有限，需要提前预定。如遇到没有泊位的情况，则需要考虑继续等待或者选择其他方式。

二、巴西境内过驳

巴西国家环境保护和可再生资源署（Instituto Brasileiro do Meio Ambiente edos Recursos Naturais Renováveis，IBAMA）于 2013 年 8 月发布了 16 号规范指令，对 STS 作业环保许可的技术和行政审批手续进行了明确规定，从此巴西境内水域进行 STS 作业成为可能。

（一）STS 服务商资质申请

在巴西境内水域过驳需要作业公司注册潜在污染物和环境资源使用证（CTF/APP）。联邦法律规定，当个人或者法律实体需要对可能产生环境污染的产品进行提取、生产、运输和销售活动时，需要申请使用证。此法条的主要意义是对海运、河运、内陆运输和跨州运输危险品进行控制。不仅从事上述活动的公司要遵守相关规范，其承包商也都要遵守。公司还应在国家危险品运输系统（SNTPP）完成注册。注册过程包括：

（1）提交介绍企业的详细文件；

（2）获得环境部门授权，IBAMA 在 30 天内针对作业可能对自然环境和社会环境造成的影响进行评估。执照有效期为 5 年，但如果发现公司有任何违规行为或者卸油作业发生问题后，执照将被暂扣。

（二）准备工作

由于巴西政府对出口原油实行税务豁免政策，因此计划进行 STS 作业的货物一般在生产平台卸油时不进行物权的转移，否则在从生产平台至过驳点转运的过程视同为境内沿海贸易，将产生流转税。通常投资者负责生产平台至过驳点这部分的运输，而贸易公司则负责在过驳点接货后完成直接出口。

与美国墨西哥湾的常规油轮公司即可提供 STS 服务不同，在巴西海域 STS 需要由地方政府授权在海岸线特定的区域进行作业。作业区域及相关活动还需要得到巴西海军的同意。IOC 应先同取得 STS 作业资质的服务公司签署合同，由专门的 STS 服务公司来协调完成 DPST 和常规油轮之间的货物转移，然后才能申请进行 STS 作业的相关手续。

根据有关法律，ANTAQ 进行了公听会后确认 STS 被定义为沿海贸易，且由于油品产自巴西的专属经济区（Zona Econômica Exclusiva，ZEE），因此需要由巴西航运公司（EBN）来满足 ANTAQ 的要求。

（三）巴西桑托斯盆地 STS 作业

巴西桑托斯盆地采取行进间 STS 的情况较多，在常规条件下，一次完整的 STS 作业一般需要 2～3 天。尽管政府和服务商都没有十分明确的作业限制，即可以 24 小时作业，但是作业受天气条件的影响很大。一年中的某些时段，特别是在冬季和春季（5—10 月），会有恶劣天气造成完全无法作业的情况。

STS 的整个作业过程应指定一名具有丰富专业知识和作业经验的过驳指挥或者总监来指挥进行系泊和断开等作业，并持续监督货物传输过程。其工作包括：确定参与作业船只的相对位置，指挥船只动作，监控防碰垫的完整性，监测输油软管可能存在的静电，确保两船电位一致等。因为过驳指挥要负责整个作业按照计划安全可靠地执行，所以他的业务水平和经验将是 STS 作业能够成功的重要因素。

作业过程中需要几条船相互配合，所以应该保持通信系统畅通，且无语言障碍，参与作业指挥和协调的人应该熟练掌握英语和葡萄牙语，确保所有的指令都能准确无误地按时传达到每条船。

除了参与过驳的两艘油轮外，还应有一条作业后勤支持船参与作业。这条船的主要任务包括：准备和放置防碰垫，应急响应，溢油控制材料的准备与放置。通常在作业前 72 小时应该通知作业支持船做好准备，在全部作业结束前，其不能离开作业现场。为了准备溢油存放装置，往往还需要另外一条工作船完成携带浮筒等工作来配合作业支持船，支持船的加入可以更高效地进行 STS 作业准备工作，更快准备就绪。

STS 作业属于 HSE 高敏感作业，应该严格按照计划的流程逐步完成。除了在计划准备阶段，确保所有船只和设备状态良好，工作环境窗口符合要求以外，还需要做好以下工作：

（1）鉴于货物传输过程中两艘船会处于连接状态，应确认缆绳的最大张力和使用状态；

（2）作业前和作业期间提供可靠的天气窗口信息；

（3）作业全程能见度满足安全操作要求；

（4）提前考虑雷暴等特殊天气因素，准备好暂停和重新启动作业；

（5）作业全程监控风速。

当货物转移过程中发生天气变化，不符合环境窗口的要求时，需要执行关停和断开流程。当天气好转符合要求后，重新进行连接，恢复作业。

桑托斯盆地除了行进间过驳外，也可以选择港口过驳作业。因为在泊位过驳，几乎不受天气影响，需要考虑的主要因素是提前预订泊位，确保有空间作业。

（四）巴西 STS 作业资源简介

在巴西，目前至少有 5 家公司已经获得了 STS 授权，分别为 Transpetro，Fendercare，AET，Oceanpact 和 Petrobras（许可包括圣埃斯皮里图州沿岸一块区域）。

Petrobras Transportes S.A（Transpetro）：巴西国油全资子公司，经营范围包括巴西国油系统内的生产、炼油、分销等，以及原油、成品油、石油加工产品、天然气和乙醇的进出口业务。同时也为其他经销商和炼化企业提供服务。是巴西最大的燃料运输和物流公司。

Fendercare Serviços Marinhos do Brasil（Fendercare）：世界上 STS 作业的领先者，在全球 40 多个地区从事海事作业。业务遍及海洋贸易服务的各个领域，包括船舶建造，港口建设，船舶作业等。

AET Brasil Serviços STS LTDA（AET）：2012 年在巴西注册，除了 STS 作业服务外，也是巴西几个主要 DPST 船东之一。

Oceanpact Serviços Marítimos Ltda（Oceanpact）：巴西当地企业，主要业务为海洋及沿岸环境管理和应急处理，管理着多种类型的船只用于海洋及沿岸的环境保护和监测。

随着巴西油气业务的蓬勃发展，越来越多的公司对 STS 领域感兴趣，并开始向政府咨询相关业务信息。

巴西目前的卸油码头有 São Sebastião（SP），Angra dos Reis（RJ），São Francisco do Sul（SC），Osório（RS），Madre de Deus（BA）和 Suape（PE）等。坎波斯和桑托斯盆地生产的原油多数都被运送至 São Sebastião 和 Angra dos Reis。上述码头多为巴西国油所有，并不对外营业。

Açu 港的 T-Oil 码头是唯一获得 IBAMA 许可进行存储和过驳的私有码头。Açu 港坐落于里约州东北，T-Oil 码头由 Prumo Logistica 运营，占地面积 90 km²，距离坎波斯盆地大约 150 km。INEA（里约州环境署）已经为码头签发了许可证。码头泊位的吃水可以满足海岬型如 VLCC 级船作业。在 T-Oil 码头的 STS 作业模式为一艘油轮保持固定系泊的方式，这种作业方式取得了和海上作业相同的令人满意的效果。码头有三个泊位，均可进行 STS 作业。Açu 港的建成并投入使用成为 IOC 在巴西境内过驳的重要选项，大大增加了巴西境内过驳的能力。

三、乌拉圭过驳

在巴西政府允许在其境内进行过驳作业前，投资者通常选择的出口货物过驳点为乌拉圭 La Paloma 水域。在 La Paloma 的 STS 作业区是一个开放水域，距离岸边 20Nm。

同巴西境内 STS 作业相比，乌拉圭的操作流程相似，政府申请工作也更为容易。下面主要就乌拉圭和巴西进行 STS 作业的优劣势进行比较分析。

（1）乌拉圭过驳点距生产平台更远，DPST 需要行驶的距离更长，往返耗时更长。一般 DPST 从桑托斯盆地海域往返乌拉圭过驳的路上时间约为 1 周；而在巴西境内 STS 的位置距离桑托斯盆地较近，路途时间主要取决于前后两次作业的生产平台和过驳点的相对位置，但总体路途时间范围在 1～2 天。

（2）乌拉圭 La Paloma 海域的天气情况不佳，等待时间较长。该区域的天气情况在不同季节的差别很大，因此造成 DPST 的等待时间差别也很大。在 La Paloma，从 11 月至来年 4 月，一般开始 STS 作业前的平均等待时间约为 30 小时；从 5 月至 10 月，平均等待时间则超过 120 小时。STS 的时间从开始连接到断开一般为 30 小时。而如果在桑托斯盆地内的 STS 区域作业，影响因素则要温和得多，等待时间也大幅降低。从 11 月到来年 4 月，几乎没有等待时间，从 5 月到 10 月的平均等待时间约 60 小时，预计停工等待时间见表 9–6。

表 9–6　过驳等待天气时间

作业时间	La Paloma	桑托斯盆地
11 月至来年 4 月	1.5 天	0.3 天
5 月至 10 月	5 天	2.5 天

（3）在考虑综合成本的情况下，乌拉圭 STS 作业仍然有一定的竞争力。由于巴西境内 STS 作业的费用需要包括 EBN 公司费用以及各种税费，如在港口内 STS 作业还将发生港口服务费。在乌拉圭 STS 作业由于距离远，因此燃油费会高于巴西境内 STS 作业。

（4）满足 EBN 对船员的规定。由于 EBN 对巴西籍船员的比例有规定（详见本章第二节），而 DPST 船东出于对成本的考虑，通常不会按规定雇佣符合比例的巴西船员。因此 DPST 连续在巴西工作超过 90 天就需要离开一次，这时如果可以安排一次乌拉圭过驳，将大大提高效率，既完成了一次作业，又满足了政府的规定。因此，在巴西政府放宽相关规定之前，IOC 选择在乌拉圭 STS 作业具有不可替代性。而当巴西政府为了保护环境进一步收紧在巴西境内过驳的要求时，乌拉圭 STS 作业将更为重要。

综合上述比较，对于选择巴西还是乌拉圭 STS 作业各有利弊，大致可以考虑的选择标准如下：

（1）当需要 DPST 卸载的油量不多，排期空闲时间长时，可选择乌拉圭；当份额油量大，DPST 排期紧张时，应选择巴西。

（2）当 DPST 资源充足有备份船只时，可选择乌拉圭；当 DPST 资源紧张，满足时间窗口的风险大时，应选择巴西。

（3）当 DPST 已经在巴西工作较长时间时（接近 90 天），应选择下一次过驳在乌拉圭。

第六节　巴西提卸油的未来发展

根据 ANP 公布的年度生产数据（图 9-10），2013 年后巴西原油产量逐步上升，进口量则持续下降。随着巴西油气勘探开发行业的进一步发展，特别是盐下巨型油田的开发，在可以预见的将来，巴西的原油生产和出口量还将进一步增大。

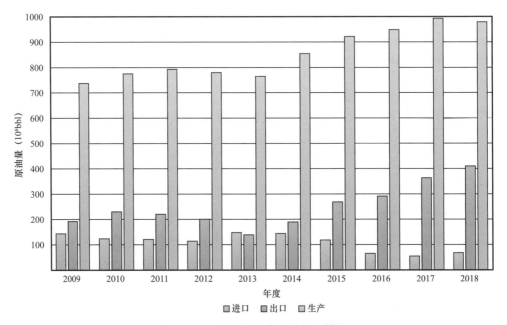

图 9-10　巴西原油生产及进出口情况

根据报道，在 2022 年前还将有至少 9 座新的生产平台投入生产（表 9-7）。

由此可见，巴西海上勘探开发的油气产量将进入一个高峰阶段，而与销售业务配套的提卸油作业量也将大幅增加，后勤资源特别是专业船舶的缺口将加大。这就要求在巴西开展油气合作业务的公司，特别是拥有勘探发现，未来将进行开发生产的项目提前做好充分准备。

近年来，巴西在提卸油所需的物流资源和各项基础设施建设方面都取得了长足的进步，进入了较为成熟的阶段。但是，相对于巴西丰富的油气资源，仍然存在一定的不足。为了适应发展的需要，无论是巴西政府、巴西国油还是其他 IOC 都会在法律法规、基础设施、商务运作和技术创新方面取得新的成果，本节将试着总结几个在巴西提卸油的未来发展方向。

表 9-7　未来投入使用的生产平台

预计投产时间	平台名称
2021	Renewal Marlim Mod. 1
	Renewal Marlim Mod. 2
	Integrado Parque das Baleias
	Mero 1 FPSO Guanabara
	Búzios 5
	Sépia
2022	Sergipe Deep Waters
	Mero2
	Itapu

一、DPST 卸油发展趋势

虽然 DPST 卸油的方式在巴西已经十分成熟，但是仍然存在进一步优化的空间。

（一）安全环保

DPST 的设计过程中需要重点考虑其安全和环保特征，这也是 DPST 性能区别于常规油轮最主要的体现，在设计时应重点关注以下问题：

（1）卸油流程与卸油系统；

（2）极端天气下的操控性以及定位能力；

（3）极端天气下的沿海贸易及运输能力；

（4）对待污染控制要求十分严格地区的沿海贸易及运输能力，包括：① 原油货物挥发进入空气；② 来自船舶机械造成的空气污染；③ 搁浅或碰撞造成溢油；④ 错误操作造成溢油。

随着 DP 系统的进一步发展，挪威船级社制订的 DYNPOS-E 和 DYNPOS-ER 标准可能会应用到最新的 DPST 上，也包括巴西海域。这两种标准都可以看作是 IMO2 级要求的增强版。通过连接动力系统，备用推进器或发电机的启动及逆推等方式，增加了动力和推力的可用性和灵活性。这些新的技术十分依赖于严格的设计需求，包括了组件（如辅助系统、控制系统、动力供应等）的全自动性能。同传统的冗余 DP 模式相比，这些先进的标准在可靠性方面有了进一步的提升，DP 系统的灵活性有所提高，具有更低的碳排放以及更好的经济效率。此外，DNV 发布了新的标准，规定了混合动力 DP 系统中电池的使用，能够使环境更加友好，效率进一步提高，DP 作业事故率降低。

近年来在 DPST 的动力研究方面也取得了一定的成果，混合动力的出现为 DPST 带来了持续的额外效益。DNV GL，Wärtsilä Norway 和 Eidesvik Offshore 等多家公司开展的联合研究项目"FellowSHIP IV"对未来船用混合电池动力系统的生命周期进行了应用性研究。由 DNV GL、Taratec Corp、BG 集团、Seacor Marine、ABB、三星、Cummins、C-Rate Solution 以及巴西圣保罗大学等多家单位进行了"混合动力"联合研究项目。这些项目向传统的动力设计提出了挑战，明确了主要的困难，量化了混合动力系统的优势，研究了大量主要范围在 16～30MW 的船舶动力电力数据，检查了当单一推进器失效时，从燃料消耗到船舶操控性方面的几项重点设计。混合动力系统能够为船舶运行节省大量的燃料，减少 CO_2、CO_4、NO_x、SO_x 的排放。

将 DPST 进行混合动力化的主要目的就是要最大限度地节约非运行时间段的燃料，降低排放量；而且在进行 DP 作业时，如果发生全船断电事件，有备用动力可以维持 DP 作业。节省燃料的多少主要依赖于船舶忙闲时间比，DPST 的作业特征也能体现出混合动力的巨大价值。从安全的角度，能够拥有备用动力也是十分重要的创新。

混合动力策略不仅对新建船舶有益，也可以对现有船舶加以改装来实现其价值。有相关研究显示，混合动力系统相比传统的动力系统能够节省的运行费用甚至超过了加装电池的前期投资。而且这个投资将随着船舶的不断运营持续带来效益回报。此外，因为避免了引擎频繁的过度负载，也能减少引擎的磨损，降低维护费用，甚至在延长维护周期方面带来更大的收益。

在可靠性和作业安全方面，因为备用动力有机会在卸油时为船舶提供额外的 8～40 分钟动力将极大地提高可靠性和安全性。在混合动力的 DP 模式下，电池大约可以提供三分之一作业时间段的动力，不仅减少发电机运转次数而且比发电机组的响应时间更快。至关重要的一点是放置电池的房间在设计时必须严格按照"安全第一"的理念进行设计，而且在功能上要独立于传统的船舶结构，这一点不会因为船舶遗留空间的限制而有丝毫让步。

Teekay 公司提出了新一代 DPST：E-Shuttle 的概念，其最大的特点便是可以使用 LNG 燃料，减少了污染物排放，环境更加友好，主要参数见表 9-8。

同传统的 DPST 相比，新的设计包括了以下几项特点：

（1）将两冲程主引擎配辅助发电机组改为四冲程双燃料发电机组；

（2）将两冲程直接推进器改为电动推进器系统；

（3）安装有防断电和调峰电池组；

（4）减少了基于航行工况下的机械动力；

（5）将主燃料由 MGO 更改为 LNG；

表 9-8　E-Shuttle 性能参数

全长	277m
铸造宽度	46m
铸造高度	23.4m
设计 / 结构吃水	15.0/15.4m
航速	14.5 kn
巡航范围（MGO）	13000Nm
巡航范围（Gas）	4200Nm
载货量（含污油罐）	87×10^4bbl
结构吃水载重	129830t

（6）安装挥发性有机物冷凝设备以减少货舱排放；

（7）使用燃气轮机利用卸油过程中挥发性有机化合物（Volatile Organic Compounds，VOC）发电；

（8）回收 VOC 并同 LNG 混合后作为双燃料引擎的清洁燃料。

这种新型的 DPST 开始应用后，不仅能够通过充足的电力满足各种作业模式下的船只需求，而且年均耗油量 8729t 中有 3344t 来自 VOC，也就是说只需要额外加 5385t LNG 即可满足燃料消耗。LNG 燃料在未来也将很好地符合硫排放控制区（Sulfur Emission Control Areas，SECA）和氮排放控制区（Nitrogen Oxide Emission Control Areas，NECAs）标准。两艘 E-Shuttle 的 CO_2 减排量相当于挪威全国特斯拉汽车，也就是 3 万辆电动汽车的 CO_2 减排量。

特别是在 IMO2020 发布并正式实施后，对于环保的规范将越来越严格，DPST 市场以及巴西低硫原油将迎来进一步的发展。2020 年 1 月 1 日起，IMO 开始实施新的排放规定，船用燃料的总硫含量进行了限制。为了减少硫氧化物的总量，要求船用燃料含硫量不得超过 0.5%，而之前的限制为 3.5%。从未来的趋势看，DPST 将采用更加环保的燃料，同时也会增加日常运营的费用。而巴西作为出产大量低含硫原油的资源国，其出口量将会进一步增加，巴西原油在市场的认可度有望大幅提升。

（二）增加 DPST 使用范围

在坎波斯某些油田的卸油数据显示，DPST 卸油能够较常规油轮卸油节省更多时间，且安全系数明显大于常规油轮。据巴西国油统计 DPST 在坎波斯盆地作业的第一年就显示出了比常规油轮更高的效率，通过计算全部的作业时间发现，使用 DPST 时作业时间缩短了 47%。在详细的统计数据中可以看到时间的差别主要来自系泊缆绳和软管的连接以及断开。系泊船长和拖轮以及工作船的加入不仅延长了作业时间，而且缩小了DPST和常规油轮之间作业成本的差距。而且由于对天气环境也有要求，也增加了一定的等待时间，常规油轮平均等待时间超过6小时。

此外，随着巴西海域DPST船队规模进一步扩大，为了提高DPST的运营效率，发挥DPST对环境的适应性强，作业时间短的优势，可以在原先采用常规油轮卸油的平台也采用DPST卸油。当DPST技术进一步成熟，成本下降后，经过综合因素比较后，采用DPST将有可能成为更好的卸油选择。

（三）巴西境内过驳增加

鉴于乌拉圭过驳耗费的时间较长，当原油产量大幅度增加后，DPST资源会变得紧张。新增DPST的做法虽然可以缓解这个问题，但是其成本较大。这时可以采取增加巴西境内过驳的比例来解决这个问题。虽然乌拉圭过驳不会被完全替代，但是巴西境内过驳是应对产量增大的有效途径。

随着巴西境内STS作业次数越来越多，经验越来越丰富，成功率已经达到了较高的水平，偶尔发生的小规模事故也都得到了妥善的解决。在不久的将来，会有更多的过驳服务公司获得政府的作业资质开展巴西过驳服务。

（四）DPST资源共享

为了减少DPST的闲置时间，降低无法按时提油的风险，一个有效的手段就是共享DPST。区域内的各家公司将自己的DPST资源放在一起进行分享，既保证了自身卸油的顺利进行，还能有效地增加船只使用率。从巴西国油和其他IOC的船只使用率比较就能看出，资源的整合对所有参与分享公司都更加有利，体现出了规模优势。在北海等地区已经出现了类似的DPST资源库（Pooling），但是在巴西由于DPST资源十分不平衡，巴西国油掌握了充足的DPST船队，而IOC中仅有壳牌拥有运力的余量。在很多产量暂不充足的公司尚未获得足够的DPST运力前，这种共享机制还无法形成。相信随着越来越多的公司选择拥有或租赁DPST，情况会发生变化。

自2013年巴西第一个产品分成合同签字以来，巴西又进行了多轮的产品分成合同区块的招标。PPSA作为政府的代表，不仅要负责管理这些区块，还要负责政府利润油的提卸油销售。随着盐下油田的产量进一步增大，PPSA的份额油量也将增加，因此从政府的角度也有意愿推动DPST的资源共享机制。

二、深水卸油方式创新

（一）原油转运船

2015年CEFRONT公司提出了一种新的技术——原油转运船（Cargo Transfer Vessel，

CTV）进行油品转移。CTV 是专门为在海上生产装置（如 FPSO）和油轮之间转移流体而设计的船只。2015 年完成了设计，挪威公司 CEFRONT TECHNOLOGH AS 独家拥有专利权。2017 年第一艘 CTV 在中国中远船务公司的南通船厂建造完成并完成了海试，第二艘 CTV 也在建造中。CTV 是以巴西作业工况为基础进行设计的，船只的参数（Specification）基于巴西相关法律法规要求配置，计算模型和模拟采用了巴西桑托斯盆地的海洋气象参数。

这种 CTV 技术需要四条不同的船只同时协作完成卸油，如图 9-11 所示。

图 9-11　CTV 的过驳示意图

（1）生产装置 FPSO：卸油至 CTV；

（2）CTV：拥有 DP2 能力，能够接收并传送油品至常规油轮；

（3）常规油轮：接收油品，并连接至少一条拖轮控制方向；

（4）拖轮：负责在卸油时协助油轮保持在所需的位置和方向。

CTV 的最大好处就是不再需要拥有 DP2 能力的油轮来进行卸油，因此就增加了作业者对于油轮的选择，且无须 STS 作业，大大节约了时间，降低了成本。CTV 作业时常规油轮距离 FPSO 较远，也增加了作业的安全性。

CTV 的基本参数如下：

（1）载重吨位 DWT=22000t；

（2）长度 89m；

（3）宽度 20m；

（4）吃水 7m；

（5）定员 36 人；

（6）带有 DP 2 系统。

一方面，FPSO 和 CTV 之间卸油的设置同 FPSO 与普通 DPST 之间卸油一致。FPSO 与 CTV 之间的距离也和 FPSO 与 DPST 之间的距离基本一致，主要取决于 FPSO 软管的长度。另一方面，CTV 卸油系统的漂浮软管带有一个尾部接头可以连接至常规油轮的中部管汇。

CTV 中部的两侧均装有艉部装载系统来接收油品，该系统流速可超过 8000m³/h。

通过 CTV 传送油品的全过程大致如下：

（1）CTV、常规油轮、拖轮抵达 FPSO 附近海域，作业准备就绪；

（2）常规油轮与拖轮系泊缆绳连接；

（3）工作人员利用舷梯或领航艇登上常规油轮；

（4）发射引线，CTV 同常规油轮连接系泊缆绳；

（5）CTV 开启 DP 模式；

（6）CTV 放下自带工作艇，工作艇携带 CTV 上卸油软管至常规油轮并连接到中部管汇；

（7）从 FPSO 连接卸油软管至 CTV 一侧 BLS；

（8）卸载原油，保持在作业扇形区内；

（9）结束卸油，冲洗管线；

（10）断开 FPSO，重新定位；

（11）断开油轮的软管与系泊缆绳，各船只驶离。

应用 CTV 后，常规油轮可直接进行卸油，省去了 DPST 卸油和过驳作业的过程，无论从时间还是作业成本都将大幅降低。如果 CTV 技术能够得到验证并逐渐成熟，将成为 DPST 的有力替代者。

（二）海上装卸船

海上装卸船（HiLoad）是一种特殊的装置（图 9-12），由 Remora 公司设计建造，带有 DP2 级动力定位系统。这种装置可以通过其自身的动力行驶至常规油轮旁边并紧紧吸附在常规油轮一侧。然后和常规油轮一起靠近生产平台并将自身软管连接到常规油轮中部管汇（图 9-13）。当行使到距生产平台 80m 左右时，保持同生产平台相对静止，将生产平台卸油软管连接到 HiLoad 系统管汇（图 9-14）。卸油过程中，HiLoad 的动力定位系统发挥主要作用，配合常规油轮保持卸油同生产平台的距离和角度。卸油结束后，断开生产平台卸油软管，带动常规油轮驶离生产平台后，再同常规油轮断开，完成全部作业。

HiLoad 技术相当于将 DP 系统和 BLS 系统集成到了另外一个可拆卸的装置上，保证了每次卸油作业时常规油轮具备了部分 DPST 的功能。在实际作业过程中，虽然 HiLoad 装置较好地控制了常规油轮船艉的相对位置，但相关技术仍有待于进一步完善，目前尚没有成熟应用。

图 9-12　HiLoad 外观照片

图 9-13　HiLoad 卸油软管连接至常规油轮中部管汇

三、基础设施完善

前文已经介绍过码头过驳的诸多好处，当码头上的岸罐具备一定的存储能力后，后勤安排将变得更加灵活方便。届时进行 STS 作业的两艘油轮可以不必安排同一时间到港，也就是用岸罐替代 STS 作业。卸油油轮先抵达港口后可将原油卸载至油罐中，卸载结束即可离开进行下一步作业。接油油轮可以随后抵达港口并将原油从罐中卸载至油轮上，然后驶向销售目的地。在考虑货物拼装的情况下，这种方式的好处会更大。

目前，巴西国油拥有巴西沿岸绝大部分卸油码头。圣塞巴斯蒂安码头位于巴西东南圣保罗州的东海岸，由 Transpetro 操作。该码头吃水较深，能够停靠大型船只，设施齐全能够为船只提供燃料油。原油经圣塞巴斯蒂安码头运送至圣保罗州的四家炼厂：REPLAN、REVAP、RECAP 和 RPBC。该码头有 4 个泊位，43 个岸罐，总存储能力 210×10^4t，是南美洲最大的码头，但是巴西国油的码头并不对外开放，仅用来满足自身的需要。

图 9-14　HiLoad 同生产平台卸油软管连接示意图

前文介绍的 Açu 港已经于 2018 年启动了岸罐建造计划，随着越来越多的私有港口完成建设并提供岸罐服务将为巴西的 IOC 提供更多的便利和支持。

参 考 文 献

Ana Paula Santos Costa，Luiz Felipe Affonso Rolo，Maiza Pimenta Goulart. 2002. World Maritime Technology Conference.

G. Rutkowski. 2019. The International Journal on Marine Navigation and Safety of Sea Transportation，13（1）：175-185.

第十章 巴西深水油气田安全环保管理

为了保证油气作业安全，巴西政府制订了一系列的安全环保法规和标准。据不完全统计，巴西关于 HSE（健康、安全和环境）管理的法律法规超过 200 个，而且几乎每年都会更新或颁布新的法律法规。基于海洋环境的特殊性，与陆上相比，海洋油气安全环保法规标准更为严苛。油气相关企业必须按照巴西政府要求，建立完善的 HSE 管理体系，不断提升 HSE 表现，方可实现可持续发展。

本章主要就巴西海上油气安全主要规定、申请海上油气作业环境许可、深海油气勘探开发作业 HSE 管理、提升企业安全文化的实际做法展开介绍并提出认识，以供进入巴西油气行业的公司借鉴。

第一节 巴西海洋油气安全环保法规

巴西国家安全管理由劳工部直接负责，各企业必须按照《劳动保障强制法（Segurancae Medicina do Trabalho）》执行和管理作业现场。该法规是巴西政府颁布的在全国范围内的强制执行的规定，涉及很多行业，如农业、机械设备、锅炉压力容器、爆炸物、露天作业、消防、采矿业、工业废物等。该法规对安全管理的各个方面都做了详细的规定，包括工人进入现场的培训时间记录、施工企业进入现场需提交的文件、施工企业安全管理人员的资质、作业现场医疗服务人员的资质和工作时间、安全带和保险绳的使用规定等。巴西劳工部每年会对施工现场进行检查，若发现有不符合规定的情况，轻则部分作业停工、要求对员工进行强制培训或工程款延期支付，重则可能导致整个施工现场停工并对作业公司处以巨额罚款。

除巴西劳工部以外，巴西政府履行石油天然气勘探开发安全环保管理职能的部门有两个，一个是 MME（矿产能源部），其下设 ANP（石油管理局）；另一个是 Ministério do Meio Ambiente（巴西环境部），其下设 IBAMA（巴西环境和可再生自然资源管理局）。

ANP 根据实际需要，出台了多项海洋油气生产作业管理条例，最主要的 HSE 规定就是《海上石油钻采生产设施安全保障管理技术规范（SGSO）》。该规范的目的是通过建立对石油天然气钻井和生产设施的全面安全管理体系，预防、缓解和应对在生产作业过程中可能导致的安全事故。其要求所有从事海洋石油天然气勘探开发的公司均要建立"操作安全管理体系（OSMS）"。为了检查投资方对该法规的执行情况，ANP 会不定期开展 HSE 管理体系审核。

与世界上大部分国家一样，IBAMA 要求任何项目开工前都必须按照《IBAMA 联邦环境许可程序》的规定，获得环境许可后方可作业。巴西环境保护审批手续极为繁琐，审批过程往往需要花费数年的时间。获得环境许可后仍然要完成很多环保工作，往往给投资方带来很大的困扰。例如，道达尔公司对亚马孙盆地区块开发共提出 5 次申请，但最后仍被全部否决。壳牌、BP 等公司也遭遇过类似情况，严重影响了油气田的开发进程。

一、巴西海上油气安全监管惯例

正如前面介绍的，SGSO 是巴西政府进行海上油气安全监管的主要依据。SGSO 适用于海上油气勘探作业、油气设备设施安装、钻井和生产等石油天然气开发作业活动的全生命周期。需要注意的是，其不适用于巴西陆上钻井、陆上石油开采和陆上管道运输，以及非 ANP 管辖范围内的作业。

SGSO 文件中共包含 17 个安全管理惯例，按照性质共分为 3 组：第一组涉及领导、人事和管理，包含安全文化承诺和管理、员工参与等 9 项管理惯例；第二组涉及设施和技术管理，包含设计、施工、安装和停用，运行安全的关键因素，风险识别和分析等 5 项管理惯例；第三组涉及操作和运营管理，具体包括操作管理、变更管理和特殊作业的安全控制 3 项管理惯例。

这些管理惯例既是 ANP 对安全管理的基本要求，也是 ANP 开展安全审核的主要依据，违规公司将会被罚款甚至做停工处理。因此，在巴西作业的油气公司必须深入了解并严格执行该规定。下面重点就上述 17 项安全管理惯例进行解读，以使读者更好地了解 ANP 的要求。

（一）领导、人事和管理

1. 安全文化承诺和管理

投资方负责制订安全策略，建立安全生产组织，明确人员安全职责，树立良好的安全价值观。通过制度和交流等手段，为安全管理系统的实施提供资源。投资方应公开其安全管理制度，并为全员落实安全规定和开展安全活动提供必要的条件。投资方要建立安全交流渠道，向全员传达安全政策、安全要求、安全价值观、安全目标和计划。要建立从上到下和从下到上的双向持续沟通机制，确保安全沟通顺畅，信息传递准确。要制订安全计划并配备必要的资源，为安全管理体系的实施和满足 SGSO 规定的其他要求提供支撑。

2. 员工参与

投资方负责实施和推广 SGSO 安全管理惯例，鼓励全员积极参与安全工作，持续提升员工安全意识。同时，要开展定期检查，了解员工对安全活动的参与情况，从而及时调整安全策略。

3. 人员资质、培训和能力

投资方需要建立安全责任制，明确全员安全职责。要根据员工岗位需求，建立功能齐备的培训机制以及员工技能评估机制，确保员工有能力履行其岗位职责。高风险作业是影响公司运行安全的关键因素，需要给予高度关注并强化管理。公司要根据岗位职责制订有针对性的员工培训计划，除了公司内部员工外，还要确保承包商员工操作技能达到规定要求。投资方要确保全体人员具备开展作业活动所需的全部资质，通过制定培训程序、持续跟踪复训和人员变更、保留培训证据等手段，确保相关培训得到有效执行。对员工的培训内容应包括安全意识培训、一般技能培训和特殊工种专业培训等。

4. 工作环境和人为因素

投资方应在项目的设计、施工、安装和停用整个生命周期内均考虑满足人为因素和工作环境因素有关的规范和标准。在项目运营阶段，应加强员工安全管理，提高员工安全意识，提前预判可能导致事故发生的状况和条件。

5. 选择、控制和管理承包商

投资方应厘清与承包商之间的安全责任。要根据作业风险，建立评估承包商安全管理能力的程序，以确保承包商能够达到 ANP 的要求。根据 ANP 的要求，所有承包商要满足以下条件：

（1）对全体员工开展安全制度培训；

（2）定期对员工进行风险控制培训；

（3）提示全员与其工作有关的危险，尤其是可能造成火灾、爆炸和有毒物质释放等的高危作业，必须进行工作前交底；

（4）确保员工具备安全资质和安全履职能力；

（5）与员工及时沟通工作中发现的全部危险。

投资方应保留承包商对其员工进行培训的证据，以证明承包商开展了上述工作。

6. 监测和持续提高工作表现

投资方负责建立安全目标和绩效指标体系，以检查运营安全管理系统的有效性，并持续提升安全表现。要建立运营和操作安全的前瞻性指标（消除可能引发或导致事故的潜在因素）和结果性指标，持续跟踪安全表现，定期开展绩效评估，落实纠正和预防措施。

投资方还要负责建立和完善安全管理程序，包括建立评估"遵守安全环保法律法规"的程序，以便监测和预防其生产作业活动可能导致的事故。这些程序应包括记录相关作业控制过程和遵守安全规定的信息，以便监控。

7. 安全审核

投资方可以采取内部审核或第三方审核对 HSE 管理进行评估，审核时要考虑 SGSO 所规定的全部要求。在审核结束后，审核组应出具审核报告。投资方组织内审或委托第三方审核时，要对其审核行为负责，确保审核结果客观公正。

（1）审核计划。投资方负责编制审核计划，并根据审核内容决定审核组成员组成。审核范围是审核计划的重要部分，其可以涵盖投资方生产经营的全部场所，也可以只选取部分场所进行审核，但前提是在整个审核周期中，涵盖了该投资方的所有设施和作业场所。在编制审核计划时，应参考先前审核结果、绩效评估结果、事故调查报告和有关风险的信息，以便用于确定审核时限。

（2）审核组人员。审核组成员组成根据审核目的、作业场所大小、复杂性、与运行安全有关的因素等决定，但必须任命一名主任审核师。所有审核师应独立于被审核对象工作。根据 SGSO 规定，安全审核师至少具有 5 年以上的油气领域安全审核经验。

（3）审核方式。审核可采取查看文件、核对记录清单、现场访谈等方式。被审核单位应在审核前和审核期间向审核组提供所需的全部信息，主要包括 DSO（操作安全文件）、Safety Case（安全指导书）、SGSO 历史审核报告和 ANP 开展的其他审核报告。审核结束后，审核组负责向投资方提交其审核结果。

（4）审核频次。投资方内审频次应与 ANP 的审核周期相结合。根据规定，ANP 每两年必须对投资方开展 1 次 SGSO 审核。但是在特殊情况下，ANP 可决定延期审核，但最长不得超过 3 年。ANP 第一次安全审核应在投产前进行，一年后再实施一次，但遇到特殊情况可以延期审核。对于生产设施的施工、安装和停用审核，应在作业完成后实施。除了正式审核外，投资方还应在生产作业期间开展不定期安全检查，并做好记录。

（5）审核评估。ANP 审核结束后，投资方要根据审核报告发现的问题，制订整改计划，其中包含预防和纠正措施、整改期限、责任单位和负责人。整改的截止日期应该根据发现问题的严重程度确定。对于 ANP 审核发现的重大不符合项，必须立即整改；对于严重不符合项，30 天内必须整改；对于中等不符合项，90 天内必须整改；对于微小不符合项，180 天内必须整改。整改期间，投资方要持续向 ANP 报告整改进展和后续计划。

8. 资料管理

投资方应建立安全文档控制和发布程序。安全文档控制系统在考虑更新、分发、控制和保持完整性的同时，还应考虑员工工作和培训需求，确保相关人员能够及时获取信息。

9. 事故调查

投资方负责建立事故调查程序，组织开展对工作中的全部意外事件进行调查。事故调查过程要严格遵守巴西法律规定。事故调查程序应包括成立事故调查组、建立事故现场调查标准、保存物证、面谈、收集和识别相关的文件以及数据和记录等内容。事故调查组要确立事故调查方法，负责编写事故调查报告并发布。投资方应负责建立事故调查记录，并根据事故调查报告建议采取整改措施。

事故调查报告除了描述相关法律的规定要求外，还应包含整改和防范措施，以防止同类事故再次发生。事故调查报告应存档并可随时调用。投资方有义务向 ANP 提交年度安全报告（其中包含全部事故调查报告），事故调查报告应包含事故发生日期、事故类型、造成后果描述、直接原因、间接原因、整改措施、预防措施和建议、事故研究报告，以及事故涉及的设施、过程、设备和活动情况等信息。

（二）设施和技术管理

1. 设计、施工、安装和停用

投资方应参照通用的安全行业标准和工程运营实践，对项目的设计、建设、安装和停用进行系统规划，以促进在设计、施工、安装和停用期间的安全。项目采办过程中，也应考虑与安全相关的标准。

在设计阶段，应考虑人机因素，降低员工操作风险，以及应对系统故障的保护系统，主要包括：

（1）将安全概念引入设计、施工、安装和停用的所有阶段；

（2）在安装过程及其后续设计、扩建、生产和停用时考虑人机因素；

（3）对设计变更进行有效管理，以便降低建设和安装阶段风险。

2. 运营安全的关键要素

投资方要识别和描述与作业安全有关的关键要素。根据 SGSO 对"作业安全关键要素"的定义，作业安全的关键要素被划分为操作安全关键设备、操作安全关键系统和操作安全关键程序 3 类。

投资方应建立应急程序，对关键要素出现故障后可能引发的事故，制订预防或缓解措施，以减少伤害和损失。在设备运行时，要开启全面控制系统，弥补由于关键设备或关键操作故障或失误导致的紧急停车。这些措施应包括等效替代控制、减少和限制生产，以及设备、系统和装置的隔离与锁闭。如果制定了临时控制程序，则应明确临时程序的使用期限，直到正式整改措施到位。

3. 风险识别和分析

投资方负责采用定性或定量风险评估方法控制和削减风险，以减少事故发生。风险辨识和分析方法应包括定义工作范围、分析运行安全关键要素和确定作业场所。与此同时，还应开展收集历史事故、类似装置、合理布局、人为因素、外部因素等相关信息，分等级制订风险削减及预防措施。风险识别和分析团队应由多学科人员组成，根据作业活动的大小、复杂程度、安装作业或项目类型，确定参与风险分析人员的人数和专业。风险分析应由投资方指定有资质的公司或行业组织负责执行。

投资方负责对全部作业进行风险识别和分析，并向 ANP 提交风险分析报告。报告信息应包含风险分析团队成员组成、研究目的和范围、风险分析的作业说明、安装说明、系统或设备、使用风险分析方法的理由、所用风险分析方法的描述、风险识别与分析过程、风险分类和相关的建议与结论。

风险识别和分析报告可供在作业过程审核和检查过程中使用。投资方应负责针对风险分析报告中的建议制订预防和缓解措施。如果分析结果表明需要修改关键要素以保证运营安全，则须建立专门变更清单，投资方负责记录整改措施。如果承包商不接受整改建议，则需要提出明确合理的理由。应该指出的是，风险辨识和评估是指在设计、施工、调试、操作和停用前期间内进行的系统评估。

4. 机械完整性

SGSO 机械完整性具体指对安装作业、工业系统、设备设施，以有计划和可控的方式进行检查、测试和实施必要维护的要求。

在材料检验、测试、维护和采购计划方面，投资方应制定检查、测试和维护程序，以保持关键系统和设备的运营安全。在活动控制方面，投资方应记录与机械完整性相关的所有活动。如果可能，要确保员工或承包商可以访问设备设施的操作程序、手册或任何其他相关作业文件。在执行程序时建立质量保证要求，确保所有关键操作安全设备和系统均涵盖检查、测试和维护计划。任何与设计规范的偏差都应遵守变更管理惯例。

5. 重大突发事件应急管理计划

投资方应负责根据管理惯例——"风险识别和分析"部分的要求，对重大突发事件造成的后果进行预测，以评估公司应对每种意外情景的能力，提前制订有效应对措施。

投资方负责建立应急反应计划，包含应急准备和响应程序。在制订总体应急反应计划外，还应制订专项预案。预案中应包含应急组织、投资方和第三方共享应急资源触发条件、应急预案培训计划等内容。应急计划应采用国际惯例和标准（前提是要符合巴西相关法律和标准）。投资方要负责对所有可能暴露在意外情况范围内的相关人员，开展至少包括警报和疏散程序的培训。

应急计划中应考虑人员身份、作业过程、意外场景、报警系统、事故沟通、响应组织、应对程序、应急设备和材料，以及触发补充资源和响应组织的内容。在 3 种情况下，应重新评估应急反应计划。一是通过实际事件或模拟演练发现应急计划不适用；二是在作业实际发生变化，应急计划适用性变差或无法实施时；三是 ANP 决定要求更新时。

应急响应资源管理。投资方负责识别所有应急响应功能，包括应急系统、设备，以及承包商和服务商共享的应急响应资源，确保它们足够响应并且迅速可靠。投资方应建立可靠有效的通信系统、内部和外部沟通程序，包括与监管机构和其他主管政府机构的沟通。

投资方负责定期演练应急计划中规定的所有紧急情况。模拟演习在可能的情况下，应与所有组织和监管机构联合开展。投资方应对演习情况持续分析、妥善记录，以验证是否需要修订应急计划。

（三）操作运营管理

1. 操作管理

投资方负责根据作业实际编制安全操作规程。操作规程编制时应注意两点：一是要识别交叉作业产生的新危害并核实危害可能造成的风险，以制订有效预防或缓解措施；二是包括应急响应在内，要划分明确责任，以确保各方协调合作。

2. 变更管理

该实践的目的是确保永久变化或暂时变化符合 SGSO 的安全要求。在作业之前，投资方应评估操作、程序、标准、设施或人员的变化并进行管理，以使因这些变化而产生的风险保持在可以接受范围。变更管理程序应考虑以下方面：

（1）对拟议变更事项的描述，包括变更的理由和规范（如适用）；

（2）在变更前后分别开展风险评估；

（3）及时更新受变更影响的操作和程序；

（4）对受影响的全体人员进行变更具体内容的培训和沟通；

（5）应由管理层发布拟变更的正式授权；

（6）对于临时变更，应重新授权；如果需要延长变更时限，也需要重新授权；投资方必须记录全部变更管理流程；这些记录允许在船上存档，最短期限为 2 年；2 年后，应继续保留变更管理过程生成的相关文档，保留期限可以由投资方定义，最短为 5 年。

3. 特殊作业的安全控制

该实践的目的是在工作期间，控制和管理未在其他管理惯例中提及的由于特殊作业引发的风险。为管理作业区域内的高风险活动，投资方应建立工作许可证制度，其中包括需要工作许可的活动类型、风险辨识、风险预防和缓解措施，确保能够安全作业。

负责作业的公司应将工作许可证审批过程记录在案。作业说明和授权表格要明确简洁，以证明工作许可管理程序得到了良好执行。投资方要负责监测特殊作业的执行，保留批准工作许可的信息和相关文件，确保在工作结束前，工作许可管控有效。

二、巴西海洋油气勘探开发环境许可申请

巴西海洋油气的勘探和生产活动包括石油地震勘探、钻井、生产作业等，均要求遵守 IBAMA 颁布的环境许可制度，得到相应的环境许可方可开展作业。为方便巴西境内油气企业申请环境许可，IBAMA 开发了可以在网上注册和申请的环境许可申请系统。凡是在

巴西境内注册入网的相关企业，均有权利在网上申请环境许可并提交相关材料，从而获得环境许可。

（一）巴西海洋油气作业申请环境许可主要特点

（1）勘探、钻井和生产阶段均需要独立申请环境许可。每个阶段申请环境许可流程比较相似，但又有所不同，主要是提供相应的环评报告等资料有所区别。另外，即使在同一区域作业，如果作业内容发生较大变化，也需要重新申请环境许可。

（2）在生产作业环节，根据不同阶段，需要申请相应阶段的环境许可。如在生产项目启动之初，需要申请 LP（初始许可）；在安装阶段，如连接海底管线、锚链等，则需要申请 LI（安装许可）；在安装工作全部结束后，在油气生产平台投产前，还需要申请 LO（操作许可）。

（3）对于由不同项目组成或涉及不同活动的同一项目，要根据实施进度和特点，申请多个 LO 或 LI。例如，已经进入开发生产期的油气生产项目，想要安装地震永久监测装置开展储层持续监测，则需要申请 LP、LI 和 LO。但是，对于不包括安装活动的项目，则可以直接授予 LO。

（4）在授予 LP、LI 和 LO 环境许可时，均会包含附加环保条件或要求，如要求申请方开展特殊环境影响研究或采取特殊的环境保护措施等。

（5）即使授予了 LO，意味着投资方获得了开始生产的权利，但是在许可证里通常还包括一些限制条件。例如，里贝拉项目首油投产初期，要求燃烧气量不超过 $0.5 \times 10^6 \mathrm{m}^3/\mathrm{d}$。直到 FPSO 的注气装置完全投产后，方才允许以最大处理气量 $4 \times 10^6 \mathrm{m}^3/\mathrm{d}$ 生产。

下面主要围绕许可证的获取和有关规定进行描述，以便大家了解在巴西申请环境许可的过程。

（二）环境许可申请常用名词术语表

在环境许可申请过程中，有一些常用的报告简称，为了使大家了解得更为清晰，特专门制作了名词术语表（表 10–1）。

（三）地震作业环境许可申请

在海上和陆海过渡区开展获取地震数据的活动，取决于是否获得 IBAMA 颁发的 LPS（地震勘测许可证）。LPS 是通过行政手段管理地震数据采集活动的环境控制措施。

申请地震采集作业的环境许可步骤如下：

（1）提交 FCA（活动特征描述表）。

（2）IBAMA 按以下定义选取申请许可类别。

第一类：深度小于 50m 的地震勘测或环境敏感区域，要求编制 EIA/RIMA。这里需要解释的是，RIMA 其实就是简化的 EIA。

表 10-1　环境许可申请常用名词术语表

葡萄牙文	英文	中文
Avaliação de Impacto Ambiental（AIA）	Environmental Impact Assessment（EIA）	环境影响评价
Bacia de Santos（BS）	Santos Basin	桑托斯盆地
Estudo de Impacto Ambiental（EIA）	Environmental Impact Study（EIS）	环境影响研究
Ficha de Caracterização da Atividade（FCA）	Activity Characterization Sheet	活动特征表
Órgao Ambiental Federal（IBAMA）	Federal Environmental Agency（IBAMA）	巴西环境和可再生自然资源管理局
Licença de Instalação（LI）	Installation License（IL）	环境安装许可
Licença de Operação（LO）	Operating License（OL）	环境作业许可
Licença Prévia（LP）	Previous License（PL）	环境初始许可
Plano de Controle Ambiental（PCA）	Environmental Control Plan（ECP）	环境控制计划
Plano de Emergência Individual（PEI）	Individual Emergency Plan（IEP）	公司应急反应计划
Plano de Emergência para Vazamento de Óleo na ÁreaGeográfica（PEVO）	Emergency Plan for Oil Spill in the Geographic Area	地质区域溢油应急反应计划
Plano de Gerenciamento de Resíduos（PGR）	Solid Waste Management Plan	固体废物管理计划
Parecer Técnico（PT or PAR）	Technical Opinion	技术建议
Relatório de Impacto Ambiental（RIMA）	Environmental Impact Report（EIR）	环境影响报告
Termo de Referência（TR）	Term of Reference（TR）	技术和职责描述报告

第二类：50～200m 的深度地震勘测，需要提交详细 EAS/RIAS（地震勘测环境研究报告 / 地震勘测环境影响报告）。

第三类：深度超过 200m 的地震勘测，需要提交详细 EAS 和 PCAS（地震勘测环境控制管理计划补充报告）。

（3）IBAMA 收到 FCA 后，15 个工作日内向投资方发布 TR（技术和职责描述报告）。TR 是由 IBAMA 拟定发给申请环境许可的投资方的文件。该文件用于明确投资方在申请环境许可时需要开展环境研究的最低要求和工作内容。

（4）投资方负责向公众发布地震勘测许可申请条款以及 TR 中要求的责任，并进行适当的宣传。

（5）投资方负责适时举行听证会或其他形式的公众咨询。

（6）运行公司必要时可以采用调查问卷的形式开展公众咨询。

（7）IBAMA 分析投资方提交的文件，包括来自公众的咨询和问卷调查结果。

（8）如果对投资方提交的上述信息不满意，IBAMA 有权要求投资方澄清或修正提交的文件一次。如果仍不满意，则 IBAMA 有权要求继续澄清或修正提交的文件。

（9）投资方收到 IBAMA 的要求后，应在四个月内提交澄清和修正文件。该期限从收到 IBAMA 通知要求开始计算。除非事先提供合理的理由，否则该期限不允许延长。

（10）IBAMA 发布结论确凿的技术意见，接受或拒绝授予 LPS 申请，并公之于众。

在申请许可过程中，有以下注意事项：

（1）在特殊情况下，如果 IBAMA 认为有必要提交额外信息或进一步调查，则回复 TR 期限最多可延长至 90 天。

（2）如果投资方未按规定日期向公众转发 TR，并且投资方未表明放弃环境许可申请，则 IBAMA 有权在 TR 发布一年后征求申请公司意见；如申请公司表明撤销申请意图，则 IBAMA 可将申请过程文件和 TR 实体归档，终止审批程序。

（3）如果投资方提供的文件分析或公众咨询反馈的信息表明需要在 TR 中添加新的要求，则 IBAMA 可以合理方式要求投资方提供补充信息。

（4）如果为投资方提供服务的服务公司已经拥有了 IBAMA 批准的 PCAS，则投资方可免于提交相关文件，但是要开展环境许可中要求的环境研究工作。

（5）环境许可审批的从投资方开展公共咨询至分析投资方提交的公众咨询或调查问卷结果阶段，可以由 IBAMA 酌情按照时间顺序执行。

（6）当地震研究涉及一个以上许可类别内的区域时，应根据受影响区域的环境敏感性、渔业活动或其他社会经济活动潜在干扰进行分类。

（7）涉及第一类许可申请或第二类、第三类许可申请（作业活动在 6 个月以内），IBAMA 批准或拒绝 LPS 请求的决定的最长期限为 12 个月。

（8）LPS 的有效期为 5 年。投资方应在到期日之前至少 30 天内通知 IBAMA。如果 IBAMA 未在失效期前答复，则许可自动延长至 IBAMA 给出回复日期为止。

（四）钻井作业环境许可申请

在海洋环境中的钻井活动必须获得 IBAMA 颁发的 LO。申请 LO 前，必须评估作业活动对环境影响的可行性，包括活动地点和拟采取的环境控制措施。海洋钻井环境许可除了许可划分类别和提交报告与申请地震作业许可有区别外，其余审批和申请步骤与地震作业环境许可一致，在此不再详述。

钻井环境许可申请划分为以下 3 类：

第一类：在水深小于 50m 或距离海岸或环境敏感区域的距离小于 50km 的位置进行海上钻探，需要制订 EIA/RIMA。

第二类：在水深 50～1000m，距离海岸或环境敏感区域的距离 50km 范围内钻井，要求编制 EAP/RIAP（钻井环境研究报告 / 钻井环境影响报告）。

第三类：在水深超过 1000m，距离海岸或环境敏感区域的距离超过 50km 进行海上钻探，要求编制 EAP。

（五）天然气开采和生产环境许可申请

建立或者扩大海上生产和处理石油和天然气的投资方要从 IBAMA 获得以下许可证。

（1）LP：在投资方活动的规划和初步阶段授予，批准其在指定地点开展活动和初步设计，证明其采取的措施对环境影响控制可行并满足基本环境保护要求和条件。

（2）LI：根据规范授权投资方开展设备设施安装工作。授予 LI 的前提条件是投资方在批准的计划、方案和项目中应包括环境控制措施，同时投资方严格遵守了 LP 中的要求。

（3）LO：根据规范授权投资方进行生产，授予 LO 的前提条件是要包括环境控制措施和证明投资方有效遵守了 LP 和 LI 中的全部要求。

对于石油和天然气生产和处理活动的环境许可申请，LP 应遵循以下步骤：

（1）由投资方提交 FCA。

（2）IBAMA 收到 FCA 后，分析 EIA 或 RIMA，并在 15 个工作日内下发 TR。

（3）投资方要将环境许可申请内容和 TR 中要求的责任，进行适当的宣传。

（4）适时举行公开听证会或其他形式的公众咨询。

（5）如需要，投资方应采取问卷调查方式开展公众咨询。

（6）IBAMA 分析投资方提交的文件，包括公众咨询和调查结果。

（7）如果对投资方提交的上述信息不满意，IBAMA 有权要求投资方澄清或修正提交的文件一次。如果仍不满意，则 IBAMA 有权要求继续澄清或修正提交的文件。

（8）投资方收到 IBAMA 提交补充信息的要求后，应在 4 个月内提出澄清和补充。该期限从收到相应的 IBAMA 通知开始计算，如果未事先提出合理的要求，那么不得延长。

（9）IBAMA 发布结论性技术意见，批准或拒绝 LP 请求。

（10）在特殊情况下，如果 IBAMA 认为有必要检查和核实，批准环境许可期限最多能延长 90 天。

海上生产石油和天然气申请 LI 和 LO 与 LP 的申请流程基本类似，在此不再详述。如果作业不涉及安装，则可以在申请完 LP 后，直接申请 LO。

环境许可的有效期限应与许可申请过程中提供的项目计划日程保持一致，但是一般来讲：LP 有效期为 5 年，LI 有效期为 6 年，LO 有效期为 10 年。根据投资方要求，IBAMA 接受投资方延长许可有效期的申请。投资方应在 LP 和 LI 到期前 60 天提交延期申请，许可将自动延期至 IBAMA 给予答复为止，但是不能超过投资方申请作业的最长期限。LO 延期必须在到期日前至少 120 天提出申请，环境许可将自动延期至 IBAMA 给予答复为止。

有关申请环境许可的其他信息，可以在 IBAMA 门户网站上查询。在不妨碍信息完整性的情况下，与环境研究有关的文件，包括补充和修订文件，投资方均应以数字媒介形式提交给 IBAMA，以便在网站上公布。对于涉及商业、工业、金融或法律另有规定的信息，应向公共管理部门提供保密信息说明，以便明确合理地将受保护信息删除。IBAMA 应在颁发环境许可程序 30 天内，将上述信息公布在网站上并应在网站上保留至少一年。

三、巴西海洋油气安全环保监管认识

（一）对 ANP 审核的主要认识

ANP 审核非常严格，审核依据是 SGSO，审核周期一般为 7~14 天，参与审核人数为 3~7 人。审核方式主要有员工访谈、现场检查和查看记录等。通过参与 ANP 对钻井船和 FPSO 审核，主要认识和体会如下：

（1）明确指出安全主体责任由投资方承担。

SGSO 对投资方的安全责任规定得非常清楚。要求投资方负责制订安全策略，建立安全生产责任制，建立选择和评估承包商安全等程序，并且要求所有建立的程序能够达到 SGSO 涵盖的运营安全的各个方面。在实际管理中，承包商的任何安全问题，ANP 均先追究投资方的责任，各种惩罚措施也是先由投资方承担，之后由投资方与承包商协商解决。审核报告等文件，ANP 均直接发给投资方。如果承包商对 ANP 的要求有异议，也是通过投资方解决。

（2）审核过程细致严格，覆盖范围全面。

审核过程非常细致，涵盖了 SGSO 规定的全部 17 项管理惯例，并逐项细化检查核实。在对巴西里贝拉项目钻井船审核中，ANP 罗列的检查项目有 3000 多项。发现的问题有硬件方面的缺陷，也有管理漏洞。硬件缺陷如："无法证明新安装的法兰压力承受等级符合设计要求""防喷器（BOP）测试记录不完整，不能保证 BOP 能够正常工作"等；管理漏洞如："挤水泥作业对风险削减措施不足，剩余风险依然较高""缺乏对维护机械完整性应制订的测试、检查和维护程序""现场人员不熟悉 PAGA（应急广播系统）关闭程序和紧急情况下的即时报警功能"。

（3）被审核公司有申辩 ANP 决议权利。

投资方接到审核报告后，7 天内要对发现的一类不符合事项（重大和严重不符合）进行答复，14 天内对二类不符合事项（中度不符合）进行答复，其余不符合事项（轻微不符合）则准予在 30 天内给予答复。对于其中重大和严重的不符合事项，如果在期限内不能整改或延期答复，则 ANP 会采取罚款处理。被审核公司如对 ANP 提出的不符合事项有异议，并能够提供合理的解释，则可以进行申辩。ANP 对抗辩高度重视，会派专人进行详细调查，并根据调查结果正式给予答复。如被审核公司对 ANP 二次答复仍有异议，还可以继续申辩。

（二）对巴西海洋油气作业申请环境许可的主要认识

在过去 5 年多时间内，里贝拉项目申请了一系列的地震、钻井和生产环境许可，由于项目处于勘探开发初期，开发计划经常变更，给申请环境许可工作带来了更多困难。经过多方协调，如期获得了全部环境许可，主要体会如下：

（1）要提前做好环境许可申请计划。

海洋开发一般会采用分单元生产，这意味着一个大型油田由多个生产单元组成，从勘探到投产，周期一般会持续 2～3 年。为了配合每个项目建设节点，必须提前开始环境许可申请的准备工作。一般从正式提交 FCA 到获得 LP 的周期为 24～31 个月，从 LP 到获得 LI 的周期约为 4 个月，获得 LO 的周期约为 4 个月。投资方委托的项目组要提前筹划每一个节点的环境许可申请，按照 IBAMA 的要求提交有关资料和申请，为保证按期获得许可做好充足准备。这些资料很多是由地震、钻井等承包商提供，由投资方项目组统一提交。

（2）可以与区域其他项目联合申请 LP。

如果在同一区域内有其他类似油气开发区块，则可以与其他项目联合申请 LP。例如，里贝拉项目 Mero-2 项目和 Mero-3 项目就是与巴西国家石油公司其他项目共同申请 LP，获得了成功。这样既节约了费用，又提高了申请效率，缩短了获得许可周期。但是一般来讲，这只是在同一家公司内部联合申请，如果与其他公司联手申请同一开发区块的不同项目，则需要提前得到 IBAMA 批准方可实施。

（3）严格执行许可中的附加条件。

在获得环境许可后，为了保持环境许可的有效性，投资方均需开展环境控制和监测项目。为了避免项目重叠，减少对外部的干扰和节约费用，作业者可以决定与其他油气项目联手开展环境控制和监测项目。项目组一定要注意环境许可中提到的环境控制和监测项目以及相关的约束条件，否则会对下步环境许可的申请造成很大影响，甚至被 IBAMA 处罚。例如，如果 LP 中的条件未得到满足，则会造成 LI 得不到批准。同理，如果 LP 和 LI 中的条件未得到满足，则将得不到 LO 的批准。

环境控制和监测项目一般包括钻井环境监测计划、作业区域环境背景值调查、壳类动物监测、海滩环境监测、水下声呐监测等。上述监测要求在环境许可附件中有明确要求。

（4）公共听证会可以获得豁免。

大多数情况下，都要求召开公共听证会。由于当地居民维权意识较高，而且很多居民受教育程度良好，因此在听证会上会提出很多问题，一般公司均会委托第三方公司担任代表，组织听证会。但是特殊情况下，投资方可要求豁免公共听证会，但是要有合理的理由，并得到 IBAMA 的批准。

（5）高度重视 IBAMA 现场复查。

环境许可下发后，IBAMA 会不定期到作业现场开展环境检查，查看的主要依据就是环境影响评估报告中的措施落实以及环境许可中的相关要求。因此获得环境许可只是第一步，投资方必须持续关注环保工作，积极落实环境许可中规定的研究项目和环保措施，并不断提高环境保护管理水平。

第二节　海洋石油天然气 HSE 管理体系

进入 20 世纪 80 年代后期，随着跨国石油公司生产规模的扩大，健康、安全和环境方面暴露出许多新问题。特别是 1988 年英国北海油田的 Piper Alpha 平台沉船事故，以及 1989 年 Exxon Valdez 油轮泄漏引起的海洋污染事故，震惊了全世界。反思一次次灾难带来的沉痛教训，人们清醒地认识到，如何在创造财富、追求利润的同时，改善管理，确保员工的健康和安全，保护人类赖以生存的环境，是全球各石油公司面临的共同问题。HSE 管理体系正是为解决这一难题而提出的一种全新思路。

HSE 管理体系是指采用系统化和科学化方式，通过人员、资源、政策和规程全面整合，实施管理风险。与传统的安全管理模式相比，HSE 管理体系根据各种管理活动的内在联系和运行规律，归纳出一系列体系要素，将离散无序的活动置于一个统一有序的整体来考虑，使安全、健康和环境管理更便于操作和评价，使各项管理内容更加具体，大大增强了企业本质安全性，减少了各类事故的偶然性、随意性和不确定性。

HSE 管理体系的建立和有效运行，以 HSE 标准体系为框架，以健康、安全和环境管理理论和专业理论为基础，以满足 HSE 目标为要求，同时还要考虑其有效性和经济性。HSE 管理体系是一个不断变化和发展的动态体系，随着对体系各要素的不断设计和改进，体系经过良性循环，不断达到更佳的运行效果。

一、巴西深海油气项目 HSE 体系构架

巴西海洋石油天然气工业的 HSE 管理体系，主要是按照前述 ANP 要求的 SGSO 标准框架进行建立。油气投资方在建立 HSE 管理体系前，一方面要考虑体系满足自身 HSE 管理需求，另一方面要考虑符合 ANP 的相关要求。下面以巴西某深海联合油气项目为例，展示根据 SGSO 要求建立的 HSE 管理体系框架，其主要包含 14 个一级要素。需要指出的是，油气投资方可以根据实际，自行决定一级要素的数量，但是大体上应与 SGSO 保持一致，并必须涵盖 SGSO 所规定的全部要求。

（一）领导与责任

将 HSE 融入公司战略方针，保证实现良好 HSE 表现，具体要求如下：

（1）公司承诺披露和宣传公司 HSE 政策、安全价值观和目标。

（2）建立和实施良好的 HSE 管理体系。

（3）领导承诺在 HSE 方面以身作则，鼓励员工自觉参与 HSE 工作。

（4）每个直线部门都对其 HSE 表现负责，公司根据 HSE 指标评估其表现。

（5）管理层承诺为 HSE 管理提供足够的资金支持。

（6）持续监督、评估和影响承包商的 HSE 绩效，传播正确的安全价值观，以提高公司内外和工作场所内外的 HSE 表现。

（二）法律合规性

公司应遵守巴西政府颁布的全部 HSE 适用法律，并将其作为最低标准。具体要求如下：

（1）定期检查法律合规性，并在必要时及时采取措施纠正不合规情况。

（2）跟踪 HSE 法规变化，以便及时调整公司 HSE 管理制度。

（3）公司全部规定均符合法律规范的要求。

（4）在项目生命周期内遵守所有法律法规标准，并监督承包商、供应商和合作伙伴的合规性。

（5）与政府主管机构保持密切合作。

（三）风险评估和管理

尽可能地识别、评估和管理项目固有风险，具体要求如下：

（1）开展初始风险辨识和评估，记录危害对人员、资产、环境和公司声誉可能造成的影响。

（2）系统地辨识和评估意外事件的频率和后果，旨在预防和最大限度地减少其影响。

（3）建立风险分级机制，并根据风险大小制订削减措施，记录、报告和跟踪风险削减措施实施情况。

（4）采取符合巴西法律法规要求的健康标准，包括制订酒精和药品政策、适合海洋特点的健康工作程序、医疗应急计划、食品和饮用水安全标准、疲劳管理制度等。

（5）将风险评估纳入项目的所有阶段，包括评估作业对邻近社区的影响。

（6）定期根据风险评估结果，确定是否需要采取变更措施。

（7）根据事件导致后果的严重程度，采取针对性强、有效的控制措施。

（8）保证全体员工均可获得医疗服务，并根据岗位差异制订不同政策。

（9）如提出合理申请，投资方和伙伴代表均可作为观察员参加联合项目部内部审核，前提是不影响正常运营。

（四）新项目管理

对新项目的管理应符合法规要求，并在其整个生命周期内采用最佳 HSE 惯例。具体要求如下：

（1）项目在整个生命周期中，从概念设计、详细设计、施工建设和操作生产到最终退役，均制定适用清晰的 HSE 管理程序和技术标准。

（2）确保新项目符合设计规范并采取了风险评估报告推荐的风险削减措施。

（3）分析、批准并记录初始设计中的变化，检查是否执行了变更并采取了相应的风险削减措施。

（4）评估每个新项目对社会、经济和环境的影响。

（5）为落实可持续发展概念、建立清洁发展机制，以及减少水、电和材料消耗提供激励政策。

（五）操作和维护

全部作业应有章可循、按规开展，并开展检查和审核，确保其符合 HSE 要求。具体要求如下：

（1）采取良好的运营惯例，以保护员工健康安全，将风险降至最低。

（2）根据风险评估建议，系统地验证和更新所有操作程序。

（3）建立并实施有效监督机制，以便迅速识别和纠正违规事件。

（4）按照程序开展检查和维护活动，以控制所有风险。

（5）执行与安全系统、设施的完整性有关的特定检查、测试和维护，以确保可靠性。

（6）根据可靠性研究结果，不断更新和修订维护策略，确保在项目整个生命周期内为人员、环境和设施安全提供支持。

（7）识别、分析和监控公司活动对 HSE 的影响，力求不断降低这些影响。

（8）监督员工健康制度实施效果，以便尽可能实现患病员工早期诊断、及时援助和早日康复。

（9）如果主要海上设施存在重大环境风险，则要通过国际认可的独立环境管理机构进行认证。

（六）变更管理

应评估临时或永久变更风险，以最大限度地消除或降低风险。对由于变更原因造成的新增风险，应按照以下要求进行控制：

（1）建立监测机制，以便评估和控制因为变更造成的风险，确保将变更事项纳入控制流程中。

（2）执行变更程序，包括描述、评估、记录、批准，以及告知变更等详细情况。

（3）确保变更符合法律法规要求和既定程序，并满足安全性、设施完整性和运营连续性的要求。

（4）确定因变更而产生的新要求得到落实，如增加员工资质、开展培训、修订应急程序和计划等。

（5）跟踪变更事项从开始实施到结束的全过程。

（6）建立和维护管理变更记录。

（七）采办管理

公司要求承包商具备完善的 HSE 管理体系，能够执行与公司一致的 HSE 标准。合同中要包括特定的 HSE 要求，并在所有活动阶段监控对 HSE 条款的遵守情况。承包商应保证所购买的材料和产品符合公司的 HSE 要求。公司有权利根据合同约定，评估和检查承包商的 HSE 绩效。对达不到要求的承包商，将采取必要的纠正措施。公司积极鼓励承包商和供应商采用最佳的 HSE 实践，以实现良好的 HSE 表现。

（八）培训、教育和意识

不断推进 HSE 培训和教育，以强化员工对 HSE 方面的承诺。管理层明确承诺遵守公司 HSE 政策和价值观，以增强员工的合规意识。公司定期评估各级 HSE 培训需求和实施情况，并制订切实可行的 HSE 培训计划，以促进全员 HSE 素质提升，尤其是 HSE 关键职位员工技能提升。

（九）信息管理

建立 HSE 信息管理机制，准确更新和记录 HSE 信息，以便咨询和使用。为确保实现 HSE 信息的记录、更新、存储和恢复，HSE 信息系统应包括：

（1）HSE 政策、价值观、目标和计划。

（2）审核情况。

（3）关键指标。

（4）人员健康和危险场所人员暴露频次。

（5）风险评估和管理。

（6）变更计划。

（7）HSE 投资及效益。

全员应遵守信息保密原则，公司为各级人员保留信息查阅和使用权限。

（十）沟通交流

全员应清楚、客观、及时地报告有关 HSE 信息，以便于公司能够全面掌握安全环保动态，从而提前采取应对措施。公司与员工、周边社区、监管机构、媒体和其他利益相关方保持有效沟通，以便了解公司作业所带来的影响，从而不断完善风险削减措施。公司会对 HSE 相关投诉、索赔和建议进行记录、分析和答复，并在年度报告或其他公开媒介上公布 HSE 表现。

（十一）应急管理

公司将确保有能力迅速有效地应对紧急情况，以减少不良影响。具体要求如下：

（1）评估、审查和更新每个生产单元的应急计划，确保上下级应急计划紧密衔接。

（2）必要时，不定期或定期对可能受到影响的社区民众进行安全应急培训，并将其纳入应急计划。

（3）应急计划依据风险评估结果制订，包含全部可能引发事故的社会、经济和环境影响场景。公司保证落实应急计划所需全部资源，包括人力资源和应急物资。

（4）公司承诺不定期更新和披露应急计划，保证员工、政府、非政府组织、社区和其他利益相关方知晓应急计划内容，为所有相关人员的参与提供定期培训和模拟练习，并评估结果。

（十二）社区关系

公司承诺从 HSE、社会和经济等方面评估项目开发对社区造成的最终影响，保证此评估涵盖项目全部生命周期。社会风险和影响也将被纳入 HSE 管理体系，以便保证将项目对周边社区居民和环境的影响降至最低。公司将不定期给利益相关方公布项目情况，并建立接收、跟踪和应对投诉机制。公司与邻近社区保持开放的沟通渠道，让其随时了解项目活动，并在此过程中考虑其建议和关注点。公司将在受项目建设影响较大的社区实施培训计划，提高社区居民 HSE 意识，以鼓励其参与预防和应急措施的实施。

（十三）事故和事件报告、调查和整改

所有的事故和事件均应报告、调查和记录，以防止其重复发生。公司负责建立识别、记录和调查事故原因及评估量化损失的程序，识别和消除可能导致事故的隐患。公司将建立强制性事故报告制度，确保将全部事故记录在案并反映在 HSE 绩效指标中。公司将从事故中汲取的经验纳入工作计划，建立改进预防和改进机制。公司负责建立事故跟踪和预防纠正系统，以确保所有补救措施得到落实。对于严重事故，公司将邀请第三方人员参与事故调查，确保调查结果客观公正。

（十四）评估和持续改进

建立合理有效的 HSE 绩效考核制度，以确保持续改进。具体要求如下：

（1）定期更新 HSE 政策、指南和目标，以符合投资方战略计划。

（2）实施 HSE 管理评估，以保证 HSE 管理的有效性和连续性。

（3）根据评估结果实施纠正措施，持续改进 HSE 指标。

二、海洋油气作业 HSE 管理方法

（一）用前瞻性指标强化过程安全管理

正如管理谚语所说："你无法管理你不能衡量的东西。"根据 IOGP 工艺安全指标推荐标准，将安全指标分为 4 个级别。图 10-1 为过程安全指标金字塔。其中，T1 和 T2 为结果性指标（也称滞后性指标）。结果性指标是用于衡量事故所造成的人员伤亡、财产损失、环境污染等情况的指标。T3 和 T4 为前瞻性指标（也称领导性指标）。前瞻性指标分为过程性指标和先导性指标，其中过程性指标是用于衡量预防事故发生需采取的行动及措施的指标，先导性指标是用于衡量在事故未发生之前所表现的先兆的指标，T1 和 T2 关键绩效指标的主要目的是跟踪造成轻微或严重后果的事件。T3 虽然也是设定的前瞻性指标，然而，与 T4 中设定的更为超前的 KPI（关键表现指标）相比，T3 中的 KPI 是相对"滞后"的，因为这些 KPI 代表的是已经发生的失效或减弱事件。无论是 T3 和 T4 的组合指标，还是来自 T1 和 T2 事件的教训，它们的共同目的是指导公司改进风险管理，使之针对性更强。

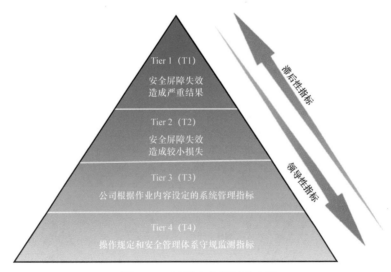

图 10-1　过程安全指标金字塔

对于安全指标级别划分，每个公司的标准并不相同，主要取决于公司对事故损失的承受度和容忍度。例如，有些公司将造成损失超过 25000 美元的事故视为 T1 级别，损失超过 2000 美元低于 25000 美元的事故视为 T2 级别，损失低于 2000 美元的事故则视为 T3 级别，没有任何经济损失的事故则为 T4 级别。还有公司综合了经济损失、人员伤害、环境污染、公司声誉损失等综合划定安全指标等级，在此不再详述。

为了最好地反映出 HSE 管理状态，投资方应设置多项 T3 和 T4 级别指标，增强先导性控制，推动持续改进，以减少员工违章和提升设备可靠性。以里贝拉项目为例，项目将钻井作业 KPI 从 4 个方面进行跟踪，包含钻机和井队作业安全、人身伤害事故动态指标、钻井过程安全控制、合规性管理 4 个模块，每个模块均有多项指标。这些指标涵盖了 T4 至 T1 级别，但是更多地以 T3 和 T4 指标为主。

（1）钻机和井队作业安全模块包括 6 项指标，即风险分析率（PIRAR）、风险分析措施落实率（PARAR）、风险分析符合率（PARC）、钻井符合率指数（IRS）、高风险事故和高空落物（IAPqo）和钻井过程安全指数（ISPS）。

（2）人身伤害事故动态指标模块包括 3 项指标，即全部可记录事件指数（TRCF）、伤害指数（TOR）和损失工时伤害率（TRIF）。

（3）钻井过程安全控制模块包括 4 项指标，即关井有效率指数（IEFP）、溢流指数（IKICK）、风险分析符合率指数（IAPRI）和管理变更符合率指数（IMGP）。

（4）合规性管理模块包括两项指标，即政府 HSE 审核不符合率（TxNCanp）和公司内部审核不符合率（NAInfSO）。

在 4 个模块的基础上，综合各分项指标，可以计算出钻机安全指数（ISEG，图 10-2）。如果钻机安全指数低于设定限额（即设定的全部钻机表现的平均值），则需要进行钻机（Red Rig）改进计划。钻机改进计划内容根据井队实际情况而定，整改措施并不完全一致。

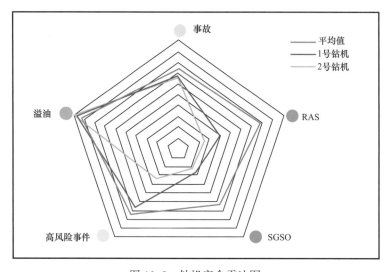

图 10-2　钻机安全雷达图

（二）红区管理法

在海上平台、钻井船或 FPSO 现场，通常采取对特定作业划分危险区域的方法进行管理，一般称为"红区管理法"。有效的红区管理是提高海洋安全绩效的关键。在红色区域内，人员很可能因为接触设备、机械、工具、有毒有害材料和能量意外释放而受到伤害。正常情况下，人员不允许进入红色区域。如果一定要进入，则需要申请作业许可。通常的红色区域包括：有落物的区域，人员可能接触到的设备运动或移动区域，高压管线或设备能量意外释放的波及区域，起下钻转盘区域，高空作业、有限空间作业区和压力释放区，吊装区域和叉车、吊车及传送区域。

部分临时作业会使得一些区域风险上升，可能会对人员造成伤害，因此也需要划分红色区域。这种情况下，应重新进行风险分析，检查现场情况，重新界定红色区域，宣贯警示牌和设置警戒线，告知周边工作人员风险直到作业完成。如果有人需要进入临时红色区域，必须要得到现场监督的许可并配备旁站监督。

为了确保红区规则得以刚性执行，消除和限制人员暴露于高风险的作业区域，一些公司通过开发一些辅助工具来监测人员位置。例如，Seadrill 公司与 Marsden 集团共同开发了一种光探测和测距（LIDAR）解决方案（图 10-3），以协助钻探区域的红区管理。LIDAR 系统通过发光和测量反射来提供高达 360° 的区域覆盖，以计算精确到几毫米的距离。这样可以实现每秒大约 700000 个传感器读数，并自动实时监测和分析，识别跟踪人员和设备的位置和移动。当有人进入受限制的红区时，系统会通知司钻（图 10-4）。

图 10-3 LIDAR 实物样品

图 10-4 激光雷达识别红区内人的影像

系统应用早期，将作为司钻的警报工具；未来成熟后，将增加包括防止设备与人员碰撞能力等增强功能，并且还可以充当钻井设备的备用防撞系统监视器。

（三）升级 PDCA 管理法

升级 PDCA 管理法（图 10-5）是 Seadrill 公司与巴西国家石油公司共同创新开发的一种钻井现场安全管理方法，主要包括制订计划、风险辨识、风险管理、实施计划和作业后讨论。方法的理论基础来源于 PDCA。PDCA 循环是美国质量管理专家休哈特博士首先提出的，由戴明采纳、宣传，获得普及，所以 PDCA 新循环又被称为"戴明模式"。全面质量管理的思想基础和方法依据就是 PDCA 循环。PDCA 循环的含义是将质量管理分为 4 个阶段，即计划（Plan）、执行（Do）、检查（Check）和处理（Act）。与 PDCA 相比，改进后的 PDCA 更加细化，突出了对风险的辨识和作业安全总结。另外，在出现事故时，要在事故报告中标出该方法的哪个环节出了问题，以便及时改进。该方法也可以在海上生产平台和陆上石油天然气行业应用。

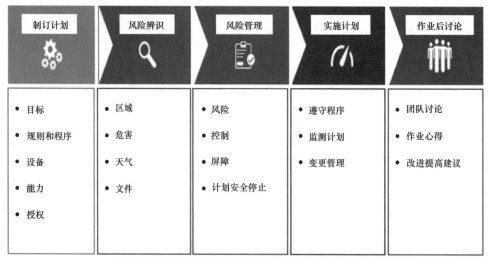

图 10-5　升级 PDCA 方法框图

制订计划中包括内容如下：

（1）目标：详细说明作业目的。

（2）规则和程序：始终遵守公司的基本 HSE 指南以及保命规则，确定实施作业所需的程序。

（3）设备：列出要使用的工具和设备。

（4）能力：审查人员资格。

（5）授权：明确发布任务负责人。

风险辨识中包含内容如下：

（1）区域：工作位置及周边环境。

（2）危害：讨论人员暴露的潜在危害。

（3）天气：恶劣天气的存在会增加工作风险（如发现区域、近海区域、高空作业等）。

（4）文件：相关操作文件。

风险管理中包含内容如下：

（1）风险：明确工作任务涉及的全部风险。

（2）控制：采取多种手段消除或最小化风险。

（3）屏障：区域和能量的隔离。

（4）计划安全停止：如果任务太长，需要停止作业并重新修改计划任务；实施计划包含内容如下：

明确全体人员的安全责任，将责任压实到人，并确认计划是否有变化。如有变动，则执行变更程序。

作业后讨论中包含内容如下：

一般在作业后，可以组织人员讨论两个问题：一是能否做得更安全或更好；二是在作业中的新的安全体会。通过讨论，可以找出本次作业的缺陷并为将来的改进做好铺垫。

三、巴西海洋油气 HSE 管理认识

（一）对 HSE 管理体系的认识

1. 公司必须建立 HSE 管理体系

随着生命和健康成为保障人权的重要内涵，HSE 管理在现代管理中的地位越来越突出，已成为国际石油石化工业发展战略之一。HSE 管理体系，强调最高管理者的承诺和责任，企业的最高管理者是 HSE 的第一责任者，对 HSE 应有形成文件的承诺，并确保这些承诺转变为人、财、物等资源的支持。各级企业管理者通过本岗位的 HSE 表率，树立行为榜样，不断强化和奖励正确的 HSE 行为。目前 HSE 管理体系应成为石油天然气行业的标配，所有公司均应建立 HSE 管理体系。

2. HSE 管理体系构架并不相同

在巴西，大多数公司均采用了 ANP 推荐的 17 个安全管理惯例作为 HSE 管理体系的一级要素，一方面其体系构架科学合理，另一方面容易满足 ANP 现场审核的要求。但是一些国际大型石油公司 HSE 管理体系基本上按照 IOGP 标准建立，与 ANP 推荐的有一些不同。例如，壳牌的 HSE 管理体系的一级要素是 8 个，中国石油 HSE 管理体系的一级要素是 7 个。但是通过对这些体系要素进行对比可以发现，ANP 提到的关键点在这些公司二级要素中均已经覆盖，因此不存在缺项的问题。

（二）对 HSE 管理方法的认识

1. HSE 指标的选用

HSE 指标设定的目标不仅要考虑重大的事故和伤害，还要考虑发生概率高的小事故和伤害，按持续改进的原则建立具有挑战性的阶段性指标。HSE 指标应以国际通用的伤害统计分类为标准，包括结果性指标，如百万工时损工率、可记录伤害率等；还应制定过程性指标，如为配合公司当年度的 HSE 目标而制订与实施的配套工作计划，日常管理的重要活动等。HSE 指标不仅要包含所有在职员工，也要将承包商纳入考量。国内很多公司要求 HSE 目标和指标应落实到每个人，做到人人有指标。每位员工应根据上级的目标及具体工作任务，结合自身工作职责范围，分解并设定自身的目标、具体的工作任务及衡量指标，并为每个指标分配权重。但是在国外石油公司的指标设定中，更加注重技术指标的整体指标的设定，对于 HSE 指标落实到个人并不十分强调，主要原因是安全管理阶段不一样。对于 HSE 管理水平高、人员安全意识强的公司，更倾向于采取后一种方式。

2. 人员位置管理尤为重要

人员安全与周边环境有直接的关系，人员所处的位置对于空间狭小的海上油气作业安全显得更加重要。通常，公司要求员工在站位时考虑很多方面，例如，四周有没有移动的物体，设备或潜在可能使设备移动的作业、压力、吊装作业等。但事实上，在作业现场，随着时间的推移，员工对自己所处位置的风险认识往往变得越来越模糊。因此，准确地定位平台上员工的实时位置是公司正常运行与特殊事故处理的重要保障。红区管理法就是用于减少这个隐患的一个重要管理方法。它可以是采用软、硬隔离，但是更好的是采取人员定位电子信息平台。笔者认为这将成为未来现场人员安全管理的趋势。

另外，对于红区的定义，也不是恒定的，必须随着现场的实际情况，不断地做出调整。必须认清，安全管理永远是动态的过程，这也是安全管理的难点之一。

3. 改进的 PDCA 方法

PDCA 工作方法是质量管理的基本方法，也是企业管理各项工作的一般规律。但鉴于风险管理是安全管理永恒的主题，因此改进后的 PDCA 方法在"戴明模式"的基础上，按照安全管理的要求进行了细化，强调了风险辨识、风险评估和风险削减在 PDCA 循环中的重要性。同时在作业后环节专门增加了团队作业经验分享，使得 PDCA 方法更加适用于海上的安全风险管理，在实际的应用中，也收到了良好效果。清晰良好的风险意识在保证作业安全过程中发挥着重要的作用，必须教育员工树立正确的风险观，且具备风险管理能力，方能切实提高安全绩效。

第三节　安全文化在海洋安全管理中的应用

安全文化是公司文化的重要组成部分，在安全管理中扮演着重要角色。开展企业管理文化建设，可以使杂乱无章的盲目性和自发性安全管理上升到系统化理论的高度，可以由单纯的数据分析、管理工具、规章制度等"刚性"管理，通过安全管理文化的认同，凝聚成一种由共同的心理趋向、价值观念、行为准则等调控的"柔性"安全管理。

一、安全文化基本概念

（一）安全文化定义和特征

企业安全文化是企业决策者和管理者安全意识形态及员工安全态度、行为方式的综合反映，包括企业员工个人的安全价值观、安全判断标准、安全能力、安全行为方式，以及企业生产经营过程的安全管理模式、安全保障状态等。良好的企业安全文化，是以全体员工的安全素质、安全价值观为基础的，是提升企业安全生产管理效能和安全生产能力的保障。

英国安全专家 James Reason 强调优秀的安全文化具有 4 种特征：一是对事故、事件、不符合状态等信息的报告水平；二是对事故、事件、不符合原因进行客观公正评判能力；三是员工在安全决策、管理中的参与程度，不同紧急程度情况下组织灵活可塑的调节能力；四是对各项工作、措施计划、实施过程的不断改进能力。Pidgeon 提出优秀的安全文化至少包括 4 个方面内容：一是管理者是否高度重视安全；二是全体员工是否关心、关注各类危险源，对危险源保持警惕；三是是否制定有效的危险源管理标准和规则；四是是否通过观察、监控、分析和反馈系统持续思考，改进与安全相关的管理和行为。

结合以上学者的观点，优秀的安全文化应该具有领导示范、团队协作、制度建设和载体有形 4 种属性。

（二）安全文化阶梯理论

"心与意"项目始于 1998 年，壳牌公司委托荷兰雷登（Leiden）大学、英国曼彻斯特（Manchester）大学和埃伯丁（Aberdeen）大学，根据 100 多年来人类对人行为科学研究的成果，开发出了一套现代企业建立安全文化的方法。该方法提出了企业安全文化建设的 5 个阶段，即病态的、被动的、计算的、主动的和内生的（图 10-6），并给出了企业自测评估方法。HSE 文化阶梯的提高是个渐进过程，是要真正变成人们心中的 HSE。

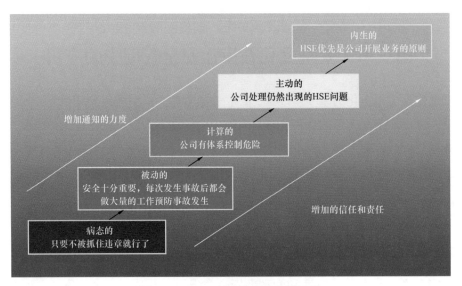

图 10-6　HSE 文化阶梯及改进过程

安全文化包含可见部分和隐形部分。可见部分包括组织结构（组织结构图、规定、程序、流程等），以及人们在技术方面采取的一系列共同的行为和表达相同的价值观。隐性部分由积累的知识、信念和明确表达的共享价值组成，其所隐含的东西，没有书面的表述，但是具有影响人员思维方式（心态）和做事方式的作用。对于外部观察者，这部分是最难以察觉的，也是最难改变的。人类活动包括可观察的部分（运动、姿势、语音等）和不可观察的部分（由大脑处理信息，与情绪、信念、价值等相关的生物现象）。认知和心理模型是部分反映现实和指导行动的心理结构，其受到工作环境中已有信息、个人经历、职责和所属群体的影响。对于个人或组织，价值观是必不可少的，价值观可以指导行动。"活跃的价值观"或"核心价值观"能有效地影响组织或个人行为，而往往又不能明确说明。因此，在组织内部，每个人的行为和思考方式都受到组织价值观的影响，并在他们所属的团队中共享。

二、提升安全文化的注意事项

安全文化受组织文化的影响，源于组织结构内众多参与者之间的互动，它不是一个易于操纵的过程。改变安全文化与改变组织结构、制造过程或安装新机器不同，只有通过改变文化诞生的组织"土壤"，才可以逐渐改变安全文化。

（一）正确认识提升安全文化

要充分认识提升安全文化的紧迫性和重要性。由于安全文化的提升过程需要各层级的高度承诺，只有全员尤其是公司管理层发自内心地认识到提升和改变安全文化的重要性，切实转变以往做法，方能实施并产生实效。安全文化的提升也可能来自外部要求，如监管

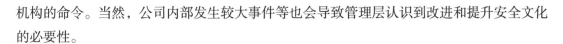

机构的命令。当然，公司内部发生较大事件等也会导致管理层认识到改进和提升安全文化的必要性。

（二）安全不是唯一优先事项

为了改变安全文化，必须在所有决策过程中给予安全更多的重视。但是更加重视安全，绝不意味着公司必须处理的其他优先事项完全从决策过程中消失，因此应全局考虑，而绝不能将安全作为唯一优先的事项。事实上，为了实现公司运营目标而制订的与实践相结合的安全观，不仅仅会提升公司的安全表现，也会对其他领域产生积极影响，如质量、职业健康、管理惯例、社会互动等。

（三）安全文化提升具有长期性

鉴于有助于提升组织文化的多层实践和思维方式，期望在短短几个月内获得彻底的转变是不切实际的。通常，人们可能期望在3~4年内看到公司安全文化发生明显变化，而这个时间轴对于大型公司要长得多。这意味着公司最高管理层的承诺必须长期持续，并且必须建立在能够接受公司连续变革的基础上。

（四）打造具有公司特色的安全文化模式

虽然任何安全文化改进过程都可以借鉴现有的知识和方法，但安全文化改进永远都不可能依靠导入在不同背景下成功开发的"目标模型"而实现。安全文化是不能从外部"购买"的。它是根据每个公司的优点和缺点的分析结果，制订量身定制的方案后进行实施。公司现有安全文化有其历史的结果，必须加以识别，确定要努力实践和实现新目标的方法。

（五）建立彼此相互信任氛围

安全文化的一个重要组成部分是对各自的安全承诺的信任程度。信任专注于未来，但基于过去的经验。信任并没有消除角色和利益的差异，但是一旦建立，它将会显著降低每个人的行动成本。管理层与基层员工之间信任的建立是漫长而艰难的过程，一个单一的不幸事件就有可能会毁掉全部的努力。有时，很可能由于管理不善而导致错误引发简单事件，也会致使员工对管理层的信任受损。例如，管理层在生产场所未佩戴安全防护用品，且也不接受现场人员提示并加以整改。

（六）应考虑与现有管理体系的连续性和继承性

任何组织都无法承受突然改变其一直以来支持的价值观，包括其习惯使用的词汇、组织结构、组织实践、评估标准等，在工业领域尤其如此。毫无疑问，如果想要改进公司的安全文化，根本的观念转变是必要的，但它应该遵守循序渐进的原则，尽量减少负面影响。首先要确保不要产生新的伤害，在肯定习惯性做法的优势基础上，弥补其不足之处。

应尽可能自然地适应现有的情况，尊重员工的习惯养成和文化传统。要让员工意识到安全管理的实际状况和改进安全文化的必要性，比如说如果不改进安全文化，公司就会面临风险等，但不应该使员工认为类似的改变会令其个人利益受损，这样才可以减少阻力，顺利推进安全文化变革各项措施的实施。

三、提升安全文化管理实践

正如前面所描述的，公司安全文化对于提升人员安全意识、实现良好安全表现至关重要。如何提升公司安全文化，是当前各公司积极思考的问题。巴西某大型深水项目在这方面做了积极有益的探索，取得了良好效果。

（一）持续测量安全文化的温度

一个企业安全文化的好坏评定，可以由企业的安全表现来体现，如事故率、死亡率、损工时伤害率等，但是这些并不能完全代表企业的安全管理状态。在安全文化的研究中，为了找出企业安全文化的基准值、衡量企业安全文化的变化，有 1/7 的公司均采取了安全文化问卷方式。近些年有研究表明，采用安全调查问卷的方式在事故预测方面有一定的局限性，但是这并不影响利用安全文化问卷分析企业实际安全管理水平。项目根据《选择合适工具提升安全文化指南》（OGP Report No.435）和项目实际，每年制订安全文化提升计划，迄今为止，开展 4 次安全文化建设问卷调查。实践表明，开展针对性的安全问卷调查，对于掌握项目安全文化程度起到了非常积极的作用。

第一年借鉴"心与意"安全文化阶梯开展问卷调查。经过初步评估，项目得分 3.2 分，根据安全文化阶梯判定准则，处于"计算的"阶段，距"主动的"阶段和"内生的"阶段尚有差距。调查共收到多项 HSE 改进建议，重点集中在 HSE 指标设立、提升安全领导力、沟通交流不足和安全培训欠缺等。

第二年重点对项目 HSE 管理有效性进行评估。从安全管理手段有效性、个人 HSE 目标适合性、HSE 组织构架的适宜性、人为因素影响等方面进行调查。为了保证问卷结果的准确性，专门设置了"相关性"指标，利用该指标，可以使答卷人根据自身情况，针对每个问题选取与自身工作有关的程度。这样就可以得到"紧密相关""大部分相关""一般相关"和"完全不相关"4 类人群的结果，有效提升了问卷分析的准确性。通过调查问卷发现，项目在工艺安全管理、健康管理、保命规则推进方面还存在短板。

第三年从安全能力、安全态度、安全责任和安全感知 4 个方面对员工安全素养进行评估，发现 65% 的员工安全意识达到了"可以接受或以上"的级别，但有 6% 的员工安全意识必须进一步改进和提高。安全能力不足和安全责任履行不到位是影响安全绩效的薄弱环节。

第四年继续采用"心与意"安全文化阶梯开展问卷调查，以检验安全文化提升效果。结果显示，通过3年多持续不断的安全文化建设工作，项目安全文化得分从第一年的3.2分提升到3.8分，相关人员问卷得分达到4.1分，意味着项目安全文化成熟度已经由"计算的"阶段接近为"主动的"阶段，标志着项目安全文化提升取得了显著的阶段性成果。

采用安全问卷方法测量安全文化进展，可以把脉公司安全管理存在的优势和薄弱环节，并采取针对措施。同时为公司安全文化状态设立了基准，并在此基础上不断改进。

（二）增强安全沟通交流的力度

沟通交流是安全管理的重要环节。为加大人员参与力度，采取由各部门推荐志愿者方式组成项目安全文化提升团队，负责开展HSE宣传、协助HSE部门管理等工作。为使得更多人员参与，团队每年更换30%成员。项目每年举办安全日活动，并设定不同安全主题，项目总经理每次均亲自参加并发表讲话，各部门经理也要进行安全宣讲。项目5人以上参加的会议，均需进行安全经验分享，而且每季度评选出最优安全经验分享材料，由项目总经理颁发证书予以激励。

为打造公开、顺畅的安全交流渠道，编制了以ICS为基础框架的《应急及危机处理管理程序》。ICS体系保证了在共同的标准下，将设施、设备、人员、程序和通信连为一个整体，提高事故管理的效率与质量。这套系统最突出的特性就是"统一"。除了框架的统一外，在细节上也要求统一，如使用统一的语言、建立统一的表格。当有需要长期跟踪的应急响应事件发生时，每一次的处置记录都很清楚，便于追溯。

为落实责任，实现全员参与，项目设置了领导现场安全行为审核和展示安全领导力指标，要求领导亲自通过管理系统提交行为安全审核发现，并将此作为考核依据；每周的总经理办公会上，各大部总经理主动宣讲安全经验，部门经理在向管理层汇报工作进展时，必须包括HSE工作。

通过上述工作，让领导人员感受到自身在安全上的示范性，让大家感悟到自身做好安全工作的必要性，形成了上下齐抓安全的合力。

（三）统一承包商安全管理的尺度

要将强化承包商HSE管理作为安全文化提升项目的重要手段，牢固树立承包商安全就是投资方安全的思想。利用投资方的良好安全文化影响力，带动承包商甚至分包商的安全文化正向提升。

在组织管理方面，建立承包商沟通联系机制，直线部门负责对主要承包商以周例会、报表、现场派驻代表等方式，密切监督、跟踪承包商HSE管理。项目公司高层与承包商高层定期召开月度例会，听取HSE工作汇报，合力解决焦点问题。项目公司HSE部设置专人持续改进合同中的安全条款，根据作业类型、实施环境等不断修订，确保适用性。投资方派驻资深 HSE 培训师到作业现场，确保将项目部的安全要求和理念传达至现场全体人员。

在钻井作业方面，建立实时跟踪钻井表现，将 HSE 指标与钻井技术指标、费用控制、进度指标等同管理，并直接与钻井合同挂钩，如不达标，项目部可以根据合同条款终止与钻井承包商的合同。要求全体钻井承包商采用 ANP 统一的 SGSO 标准，并定期对承包商进行 HSE 审核，原则上每年度不少于一次。

在 FPSO、海底管线铺设方面，在概念设计、详细设计和施工阶段均要开展工艺危险性分析（HAZOP）。FPSO 招标时就要求投标方提交危害管理计划，并将该危害管理计划视为 FPSO 授标合同的重要组成部分。危害管理计划包括危害管理目标、定性和定量风险评估、ALARP 示范要求、技术授权审批流程和变更管理等内容。项目对每个投标方提出的危害管理计划进行评估，以确保承包商能够严格遵照危害管理计划开展工作。FPSO 授标后，投资方继续严格监督承包商执行危害管理计划，全力将危害消除在设计和建造阶段。建设方要将 FPSO 设计符合指定标准的安全性和可靠性指标编入设计安全报告中，并提交投资方备案存档。FPSO 建造结束后，建设方要将设计安全报告更新为安全作业指导书，以实现全部作业风险可控。该报告也可用于 FPSO 员工的培训，以保证全员清晰识别工作单元危害。为加强管理，如果承包商想要更改危害管理计划中的项目，则需要启动安全变更管理程序。

四、构建先进安全文化主要认识

（一）提升安全文化关键在领导

1. 管理人员要转变观念并以身作则

管理层要学习借鉴先进的管理理念，克服中国传统的家长制习俗带来的不利影响，以开放、包容、大气的心态面对不同声音，善于听取各种意见，能容百家之言。同时，管理层要带头遵守各项 HSE 管理规定，起到示范带头作用。如果管理层能够树立好的榜样，员工自然也会去主动跟进。

2. 管理层要充分利用员工的力量

员工是重要的组织资源和财富，是组织目标的实现者。员工的贡献在于有效地实施计划、方案或主张，也在于以不同的观点丰富、质疑或挑战既定的计划、方案或主张。员工应受到鼓励，充分参与团队事务，发表意见和看法，提出解决方案。员工应得到适合其能力的授权，以便充分发挥主观能动性和创造性。

3. 管理层要激发员工的安全责任感

管理层要鼓励员工，使他们以积极主动的态度投入安全工作。员工与安全有关的情感主要有 3 种，即安全道德感、安全理智感和安全美感，其中以安全道德感尤为重要，它主要体现在集体情感、家庭情感、责任感、义务感和荣誉感等方面。企业只有深入了解、沟通和激发职工的安全情感，才能在管理工作中起到事半功倍的效果。

（二）提升安全文化核心在全员

1.认真落实直线责任

安全面前，人人都是领导，如果每个人都能够确保自己的工作和行为安全，那么人人都是安全的带头人。良好的安全表现是整个团队努力的结果，团队中的每个管理者、每个监督者、每个普通员工都应为安全做出努力，并共同接受和承担安全责任。

2.加强员工技能培训

必须对全员进行相关技能培训，重点培养员工的自信心和沟通能力。员工有了良好的参与意愿，要做到有效参与，一是要在相关技能方面加强培训，二是要在沟通能力、沟通技巧方面进行培训和引导，从而提高参与和沟通的有效性，进而促进员工增强自信心。

3.将承包商也纳入安全文化提升范围

承包商也是安全文化提升的重要组成部分。承包商在 HSE 管理方面往往具有很大的被动性，不愿意增加在 HSE 方面的投入，总是尽可能地压缩成本。需要通过加强沟通和交流，使其意识到 HSE 管理所带来的综合效益，从而按照业主要求，自发自觉地提升安全文化，以实现良好的 HSE 表现。

4.提升全员对安全的理解

在良好的安全文化中，人们总是对意料之外的情况保持警觉并有所准备，充分理解自己应该做的，以开放的态度听取意见，相信自己的行动会给自己和他人带来变化。

（三）对安全文化调查问卷的认识

1.安全文化调查问卷的作用

采用调查问卷方法测量安全文化进展，可以把脉公司安全管理存在的优势和薄弱环节，从而采取应对措施。同时利用安全文化问卷调查结果，也可找到公司安全文化基准，以衡量公司安全文化不断改进提升的过程和效果。根据调查结果，可以为公司制订下一年的 HSE 管理方案提供依据。

安全调查问卷在事故的预测方面只能起到参考作用，不能作为预测事故发生的手段和依据。这主要是因为问卷的性质设定、调查人员范围、调查时间节点等均为动态，且现场实际也是动态的。另外，员工在作答全问卷过程中，其当时的心态也可能会左右问卷调查结果。

2.安全文化调查问卷的编制

在编制安全文化调查问卷时，一定要注意以下 3 点：一是调查问卷一定要有针对性，在不同阶段，采用不同的问卷。安全文化提升是一个长期的过程，没必要每年采取"心与意"问卷调查方法给项目打分，这样会导致员工产生厌烦心理，影响问卷的准确性。二是"相关性"指标可以增加问卷的准确性，但是也同时增加了答卷人的答卷时间。如果问题设定的参与人属于同一工作属性，如均在海上平台工作，则可以不推荐使用"相关性"指标。三是安全调查问卷设定的问题一定要清晰准确，否则可能会引起回答者的误解，从而影响结果的准确性。在里贝拉项目初始问卷调查中，由于英语和葡萄牙语翻译中的表述差异，导致个别问题引起了歧义，从而影响了问卷效果。

参 考 文 献

陈默，潘红磊.2012.浅议安全文化建设的"ABCD"工程.中国安全生产科学技术，8（52）：27–30.

赵奇志，齐金娜，曹民权等.2010.海外石油天然气行业的承包商安全管理.中国安全生产科学技术，6（2）：167–172.

Hale A R. 2000. Culture's Confusions. Safety Science，3（1–3）：1–3.

HSE in Libra Project–Designing for Outstanding Performance，OTC–28208–MS.

Neal A，Griffin M A, Hart P M. 2000. The Impact of Organizational Climate on Safety Climate and Individual Behavior. Safety Science，34（1–3）：99–109.

Process Safety–Leading Key Performance Indicator. 2016. IOGP Report 556，7.

Process Safety–Recommended Practice Key Performance Indicator. 2011. IOGP Report 456，11.

Regulamento Técnico Do Sistema De Gerenciamento Da Segurança Operacional Das Instações Marítimas De Perfuração E Petróleo E Gãs Natural. 2007. SGSO .

Stian Antonsen. 2009. Safety Culture Assessment：A Mission Impossible Journal of Contingencies and Crisis Management. 17.

U. S. Union's Views on Behavior–Based Safety. 2005. Electrical safety technology，7（10）：53–54.

第十一章　巴西深水油气投资环境

进入 21 世纪以来，巴西深水油气勘探开发之所以备受全球能源巨头的青睐，是因为其具备资源、技术和投资环境多方面优越条件。

资源方面，近十多年来，巴西深水桑托斯盆地和坎波斯盆地的世界级油气勘探发现，使得巴西一跃成为世界上最重要的深水油气资源国之一。据巴西国家石油管理局统计，在 2012—2016 年全球新发现的油气资源中，仅巴西深水就占 32%，遥遥领先于西非、美国墨西哥湾和挪威北海其他三大海域。

技术方面，巴西深水油气开发在早期基本被巴西国油垄断。随着科学研究的深入及石油技术的进步，深水技术管理瓶颈逐个突破，巴西深水油气产量显著提高，开发成本却快速下降，经济效益立即凸显。

投资方面，为提振本国经济，巴西历届政府都致力于改善投资环境，包括鼓励自由贸易，改革税收社保制度，扩大对外开放，持续开展对外油气区块招标，使得投资风险明显降低，投资回报显著提高，巴西深水油气的国际关注度空前爆发，吸引了国际石油巨头竞相布局。

积极参与巴西深水油气资源合作，与世界深水石油巨头同场竞技，是推动我国石油企业海洋勘探开发业务跨越式发展，努力实现自身提质增效的当务之急，也是积极响应国家"一带一路"倡议，继续唱好能源大戏的必然选择。本章将结合中国石油企业巴西深水油气投资运作实践，重点对巴西深水油气行业投资环境、巴西油气合同模式、油气财税条款、不同合同模式下的深水油气投资经济性等进行分析，展望巴西深水油气行业广阔的投资前景，为中国石油企业"走向深蓝"，提供参考和借鉴。

第一节　巴西深水油气投资环境分析

一、宏观环境分析

（一）政治环境

巴西民主体制巩固，政府具备掌控政局的政治基础。巴西实行代议制民主政体，联邦议会是国家最高权力机构，总统由直接选举产生，实行多党制。巴西奉行独立自主、不干涉内政、尊重主权与领土完整、和平解决争端和友好共处的对外政策，主张世界多极化和国际关系民主化。

（二）中巴合作

中国和巴西同为"金砖国家"，两国之间经贸关系的进一步发展，双向投资的扩大是两国政府所关注的重要议题。中国于 2009 年成为巴西头号贸易伙伴，2010 年又成为巴西最大的海外直接投资来源国。中国和巴西同为发展中大国和重要新兴市场国家，是全面战略合作伙伴。

近年来，中巴关系全面快速发展，各领域务实合作成果丰硕，发展中巴关系已成为两国社会各界的普遍共识。中国是巴西最重要的出口市场，因此在巴西的贸易平衡中扮演着决定性的角色。根据商务部 2018 年版《对外投资合作国别（地区）指南：巴西》，2017年中巴贸易额达 875.43 亿美元，中国连续八年稳居巴西最大贸易伙伴地位。中国将继续加强与巴西的友好关系，实现合作共赢，积极推动与巴西的合作与发展。

（三）油气投资环境

巴西鼓励油气业务对外合作，根据国际知名咨询公司 IHS 国家风险评估系统，综合考虑勘探开发、财税条款和政策环境等三方面 50 余项指标，巴西油气投资环境位列拉美第一。巴西 2016 年取消了巴西国油必须担任盐下区块作业者并至少持有 30% 权益的法定要求，并大幅降低了本地化率，进一步完善财税体系。为吸引投资，2017 年 12 月，巴西国会批准延长油气勘探开发领域商品进口的税收激励政策（Repetro），将税收优惠制度延长到 2040 年，进一步减轻了石油企业的税收负担。

新政府在经济方面接受经济自由主义，承诺控制巴西国家石油公司规模，并赋予私营企业更多权利，鼓励自由资本的良性竞争。新总统也鼓励外来投资，具体体现在承诺将逐步取消巴西本地化率要求，认为巴西本地化的要求只会降低生产效率和滋生腐败。

二、外国投资准入政策

（一）投资主管部门

近年来，巴西政府对其投资促进的主管部门进行了重大调整。现行的"引资计划"（Investment Attraction Program，IPA）就是以对投资促进机构的调整为基础的。

（1）联邦投资促进机构。投资促进事务由巴西出口与投资促进局（APEX）负责，其原来的工作目标主要是促进本国出口业务。2004 年 12 月，APEX 设立了投资机构，负责吸引外资进入巴西。

（2）地方投资促进机构。巴西各州设立了地方一级的投资促进机构，目前已有15个地区建立了投资促进机构，国际油气巨头聚集的里约热内卢州也包含在内，设立了里约热内卢工业发展局。

（二）投资方式的规定

（1）外国"自然人"投资合作。外国"自然人"在巴西投资不会受到有别于外国法人的法律限制。自2015年12月2日起，外国自然人投资巴西至少需要50万雷亚尔才能获得巴西永久居留权，之前只需要15万雷亚尔。

（2）外国货币投资。使用外国货币在巴西进行的投资不必事先经巴西政府批准。在巴西投资建厂或获得现有巴西企业的所有权，只需通过巴西有权进行外汇操作的银行将外国货币汇入巴西。外资注册由巴西受益企业向巴西央行提出申请，申请应在外汇买卖合同成交后30天内进行，申请时应同时提交资金的资产化证明。

（3）外国信贷转化的投资。由外国信贷转化的投资须事先经巴西央行批准。批准后，应进行象征性的外汇买卖操作。巴西企业应在30天内将该资金资产化，并向巴西央行提出外资注册申请。

（4）以实物投资。巴西以实物投资的形式如下：

① 进口通关。以投资形式进入巴西的进口商品受非自动进口许可证（LI）的管理，进口商（外资或合资企业）需事先向巴西发展工商部外贸局（DECEX）提出进口申请。

② 资产融合。以进口货物、机械、设备及其零配件进行的投资必须在通关后180天内纳入目标企业资产。在进口商品作为企业资产入账之前，进口商品应以"追加资本"的名义记在投资者名下，记录时按商品通关之日的汇价将商品价值转换成雷亚尔。

（5）外资并购。根据巴西《公司法》，以股权收购的方式实现对巴西上市公司的兼并，可通过现金或股权交换来完成。

① 股权收购必须拥有足够数量的有表决权的股票，以确保取得对公司的控制权。这一过程应通过金融机构完成，且受其担保。收购通知书要对受让方身份、认购股份、认购价格、支付条款、收购程序以及其他收购条款和条件进行披露。

② 若公司发行的无表决权股票达到总数的2/3，原公司控制者将可能掌握50%的有表决权的股票，投资方通过股权收购实现接管公司的可能性将降低。

三、巴西金融市场环境

巴西货币是雷亚尔（Real，葡萄牙语音译为黑奥）。目前，巴西有两种法定外汇市场，即商业外汇市场和旅游外汇市场。它们由中央银行进行规范，并实行浮动汇率制。所有在巴西的外国投资者必须在巴西中央银行注册，由巴西央行颁发外国投资证明，注明投资的外国货币金额及相应的雷亚尔金额。外资在投资利润汇出、撤资或用利润再投资时需出示该证明。

2008 年 9 月以来,巴西雷亚尔始终面临一定的贬值压力。新政府执政以来,通过力推养老金等一系列改革措施提振经济,2019 年巴西雷亚尔汇率趋于稳定。2018 年 12 月 31 日,1 美元 =3.88 巴西雷亚尔,1 欧元 =4.45 巴西雷亚尔,至 2019 年 12 月 31 日,1 美元 =4.01 巴西雷亚尔,1 欧元 =4.51 巴西雷亚尔。人民币与巴西雷亚尔不能直接结算。

(一)外汇管理

巴西实行严格的外汇管制,外国企业或个人(除有外交特权的单位或个人外)在巴西银行不能开立外汇账户,外汇进入巴西首先要折算成当地货币后方能提取。雷亚尔是巴西市场上唯一通用的货币。

巴西中央银行是外汇兑换的管理部门。在巴西,进口外汇兑换通过进口商与巴西央行授权的商业银行签署的"外汇买卖合同"进行,外汇进出必须通过巴西中央银行。外资企业利润汇出需要缴纳资本利得税,税率为 15%。旅客入境携带外币现金无数额限制,但兑款超过 10000 雷亚尔需申报。

从程序上讲,外汇兑换分两步:第一步,巴西进口商与经巴西央行批准有权经营外汇业务的商业银行签署"外汇买卖合同";第二步,按合同进行外汇买卖交割。合同的签署和交割均应通过"巴西央行网"(SISBACEN)在央行登记。外汇合同交割后,银行在 5 个工作日内代进口商对外付款。

(二)银行和保险公司

形成于 20 世纪 60 年代的巴西现行金融体系是以中央银行为领导、商业性金融机构为主体、政策性金融机构为补充的有机整体。

(1)国家货币委员会。国家货币委员会(CMN)是巴西全国金融体系的最高决策机构,负责制定全国货币和信贷政策,批准中央银行货币发行,确定货币对内、对外价值和外汇政策,规定银行准备金比率、最高资本限额和最高利率,规定各种类型的贷款,批准各种金融机构的建立及其业务范围和管理资本市场等。该委员会成员由财政部长、计划发展和管理部长、巴西银行行长组成。

(2)巴西中央银行。巴西央行(BACEN)是国家货币委员会的执行机构。它根据国家货币委员会批准的条件限额发行和回笼货币,对金融机构进行再贴现和贷款,控制信贷规模,管理外国资本,负责国家外汇管理,代表政府与国外金融机构进行联系,开展国际金融活动,经营公开市场业务,与国家货币委员会一起共同监督和管理全国金融机构的活动等。

（3）商业银行。商业性金融机构包括商业银行、投资银行、储蓄银行以及财务公司、租赁公司、保险公司、证券公司等非银行金融机构。

（4）政策性银行。政策性金融机构主要由国有国营开发银行（BNDS）组成。巴西开发银行分为联邦和州属两级。主要的开发银行是联邦所属的国民经济开发银行和国民住房银行。

（5）中资银行。中国五大银行中，工商银行、建设银行、中国银行、交通银行均在巴西设立了子行，农业银行在圣保罗建立了代表处。国家开发银行也在巴西设有代表处。

（6）保险公司。巴西最大的保险公司是 Bradesco Seguros，创建于 1946 年，主要经营车险、健康保险、寿险等，拥有 346 个分支机构和超过 3 万名员工。IRB Brasil RE、Porto Seguro S.A. 分列巴西保险公司第二、三位。

（三）融资服务

外国企业在巴西享受国民待遇，但巴西融资成本高，基准利率曾一度高达 14.25%。自 2016 年 10 月以来逐步降低，至 2018 年降低至 6.5%，是 2014 年以来的最低值。但对中国企业来说，商业利率加上汇率锁定，融资成本仍然在 10% 以上，远高于大部分国际贷款利率，盈利空间有限。因此，中国企业一般不在巴西申请雷亚尔贷款。

四、巴西油气投资税制

根据巴西法律规定，外国投资者必须在当地注册成立实体公司，方可参与油气投资及运营。除特殊规定外，在巴西进行油气投资几乎涉及到巴西全部税种。巴西税制十分复杂，税负繁重，稍有不慎就可能因不合理纳税而导致税务稽查和罚款。因此，税务成本是巴西外资企业投资成本中非常重要的组成部分，税务管理也是在巴西企业经营管理最重视的业务之一。

（一）间接税

间接税的税收机制非常复杂，包括巴西联邦、所在州和市政当局都会对油气项目使用的设备、设施和服务征税，从而增加项目投资和操作成本。

间接税是指联邦、州和市政当局对石油公司在油气勘探和生产活动中使用的有形投资（设备、设施等）和无形投资（服务）征收的税收和社会贡献。巴西目前共有关税（I.I.）、工业产品税（IPI）、增值税（ICMS）、社会一体化税（PIS）、社会保险融资贡献税（COFINS）、燃油税（CIDE）、服务税（ISS）、金融操作税（IOF）和资本利得税（IRRF）等 9 种间接税（表 11-1），其中最主要的形式是增值税和两种进口税（I.I. 和 IPI）。所有间接税都是级联税，这使得税收计算更加复杂，税赋水平进一步增加。

表 11-1　巴西主要间接税种类和税率

间接税种类	税率		定义
I.I.	NonRepetro	15.00%	针对进口设备与投资等有形成本征收的关税
	Repetro	0.00%	
IPI	NonRepetro	8.00%	针对进口与国产产品货物征收的商品税
	Repetro	0.00%	
ICMS	NonRepetro	23.50%	州层面征收的增值税
	Repetro	7.50%	
IRRF	NonRepetro	15.00%	针对资金汇入、汇出境的红利税
ISS	NonRepetro	5.00%	针对国内无形成本及服务征收的地方税
PIS/COFINS	NonRepetro	10.20%	两种针对有形成本与无形服务征收的社会贡献税。两者通常组合征收；PIS 与 COFINS 税与 ICMS 税可按规定享受一定金额的税收返还
	Repetro	0.00%	
IOF	NonRepetro	0.38%	针对进口金融产品及服务的课税
CIDE	NonRepetro	10.00%	针对进口服务、技术等无形成本的税收

由于间接税的应用非常复杂，难以准确评估其影响，针对典型的深水油气项目，粗略估计勘探和评价投资至少增加 8%，开发投资增加 30% 以上，操作费增加 15% 或更多。由于巴西的间接税税种繁多，计算复杂，给外国投资企业造成极大的困扰。新一届政府执政后，正在积极谋划推进税制改革，其主要目标就是大幅简化间接税税种设置和税收规定，以大力发展当地经济，提高对外国投资企业的吸引力。

（二）巴西所得税

1. 企业所得税（CIT）

企业所得税税率为 34%，包括基本的 15% 企业所得税（IRPJ）、10% 附加税以及 9% 净利润社会贡献（CSLL）。

企业所得税的税基为石油公司的税前利润，按季度进行征收，属于联邦层面税收。如果公司在巴西拥有多个油气区块，可以合并纳税，没有"篱笆圈"限制。

企业所得税税前抵扣项目包括签字费、区块地租、勘探和开发投资、资本性支出、作业费用、租赁成本、租让制下的特许权使用费、特殊参与税（SPT）、产品分成合同的矿税、前期结转的任何损失，以及融资成本（包括利息）等。理论上，针对租让制合同，弃置费不允许作为所得税税前抵扣项目，但是如果实际发生弃置费支出，石油公司可以在其油气资产组合中的其他在产油田中进行抵扣。

2. 个人所得税（IRPF）

个人所得税纳税人分为居民纳税人和非居民纳税人。满足以下任一条件可被认为是巴西税收居民：永久居住在巴西；在境外的任何巴西政府机关或机构工作；持永久签证进入巴西，个人自入境之日起即成为居民纳税人。持临时签证，12 个月内在巴西停留超过 184天。居民个人需就全球范围内的所得缴纳个人所得税。

居民纳税人适用 0～27.5% 的累进税率。收入和资本利得适用税率见表 11-2。

表 11-2　收入和资本利得适用税率

年度应纳税所得额（雷亚尔） （2016 年 1 月 1 日之后取得的收入）	适用税率（%）
不超过 22847.76	0
22847.76～33919.80	7.5
33919.80～45012.60	15
45012.60～55976.16	22.5
超过 55976.16	27.5

员工参与利润分享计划从雇主取得的收入，采用代扣代缴的征收方式，适用税率见表 11-3。

表 11-3　员工参与利润分享计划从雇主取得的收入适用税率

年度应纳税所得额（雷亚尔） （2015 年 4 月 1 日之后取得的收入）	适用税率（%）
不超过 6677.55	0
6677.56～9922.28	7.5
9922.28～13167.00	15
13167.00～16380.38	22.5
超过 16380.38	27.5

（三）税收优惠政策

为促进特定区域的发展和鼓励某些特定经济活动，巴西政府出台了大量的税收优惠政策。这些政策包括鼓励出口、特定经济部门激励和区域激励。

1. 油气行业特殊优惠政策

1）放宽油气市场准入

近年来，为吸引外资、促进发展，巴西政府实施了一系列产业开放政策。通过修宪逐步放松了国家对石油、天然气和矿产开采等领域的垄断。2016 年 10 月，巴西众议院通过《石油法修正案》，允许外国企业参与开发巴西深海盐下石油资源，取消了巴西国家石油公司盐下石油勘探开发唯一作业者的垄断地位。与此同时，政府取消了盐下石油区块中，巴西国油至少要持有 30% 权益的规定。

2）鼓励石油出口

石油出口贸易免征州增值税、联邦增值税、社会保险融资贡献税和社会一体化税。

3）区域激励

对北部、东北部和中西部地区石油产业基础设施的特别优惠政策。此待遇仅给予在上述区域设立的企业以及从事已经获得能矿部批准的与石油化工行业、石油精炼和以天然气为基础生产氨气和尿素相关的项目。受益实体在采购新的用于基础设施建设的机器设备、工具和材料时将获得进口税、联邦增值税、社会一体化税、社会保险融资贡献税缓征优惠，缓征期限结束后经确认使用或出口后免征上述税种。该项税收优惠将持续 5 年。

4）REPETRO 税收优惠机制

1998 年 12 月，巴西政府出台第 2889 号总统令，同意对影响上游油气作业的主要间接税实行临时豁免。该制度起初仅对 2001 年 12 月之前进口的石油物资和设备有效，2004 年 7 月将税收优惠机制有效期延长至 2020 年。2017 年，在大多数石油公司的强烈要求下，巴西政府将税收优惠机制继续延长至 2040 年，这也是巴西油气行业吸引国际投资、保持可持续发展的重要途径。

税收优惠机制仅适用于非永久性的有形油气设备和物资，在合同期结束可以离开巴西，例如地球物理和地质勘探设备、钻井平台或钻井船上的钻井设备、固定或浮式生产储卸油装置、后勤物流船舶、干式采油树、立管和水下机器人（ROV）等。永久性的设备不适用于该制度，例如海底设施（湿式采油树）、套管和井下钻井设备。对于满足要求的进口设备，在税收优惠制度下免除关税、工业产品税、社会一体化税、社会保险融资贡献税。联邦政府还要求各州对同一进口设备免征增值税。

税收优惠机制也存在如下几个问题：（1）该机制涉及多个政府机构审批，往往导致临时入境许可难以及时获得；（2）石油公司必须对适用的设备和物资提供与假设应缴纳税款相当的财务担保；（3）租用的钻井平台必须以合同区块或油田作业者的名义申请临时进口，以取得税收优惠机制审批，在实际作业过程中难以与其他公司共享资源；（4）使用该机制的钻井平台必须实际签订钻完井服务合同，使得作业者难以做出快速的钻井决策。

2. 通用税收优惠政策

1）研发税收优惠

研发费用在所得税前列支；特定情形下可以加速折旧和摊销；对于用于研发的支出给

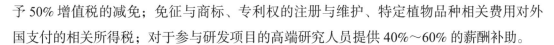

予 50% 增值税的减免；免征与商标、专利权的注册与维护、特定植物品种相关费用对外国支付的相关所得税；对于参与研发项目的高端研究人员提供 40%～60% 的薪酬补助。

2）加速折旧

根据法令 RIR/1999 第 323 条，特定行业的现代化或扩张过程中获得的新增固定资产可以采用加速折旧政策。法令 196/2005 规定用于科学研究和创新的固定资产可享受加速折旧政策，由东北地区开发项目（SUDENE）管理部门以及亚马孙区域开发项目（SUDAM）的管理部门授予税收优惠的企业，其于 2006—2018 年购置的固定资产可以享受加速折旧政策，这些资产可以在获取的当年一次性折旧。法令 RIR/1999 第 312 条规定，根据资产在每天生产过程中使用的时数确定加速折旧率，系数为 8 小时运营 1.0 倍，16 小时运营 1.5 倍，24 小时运营 2.0 倍。

3）对基础设施建设的特殊优惠

该优惠政策规定，对于交通、港口、能源、基本卫生和灌溉等领域相关的基础设施项目，可暂缓征收社会一体化税、社会保险融资贡献税。上述项目所购置的物资计入企业固定资产，在投入使用后，社会一体化税、社会保险融资贡献税的缓征转换为零税率。该优惠政策从取得货物或服务的合同生效后 5 年内有效。

4）退税制度（REINTEGRA）

根据退税制度，生产型出口企业有权按照出口总收入一定比例的数额申请退税。根据 2018 年 5 月 30 日联邦公报发布的 9393/2018 号法令（该法令于当日生效），退税率调整为 0.1%。退税可被用于支付联邦税款或社会保险融资贡献税，还可以在满足税务机关设定的条件下以现金形式返还。

五、税收征管及反避税措施

（一）税收征管

1.税收管理机构

巴西联邦宪法明确规定，联邦、州、市三级政府都有相对独立的税收立法权和管理权。联邦、州、市三级政府分别设有税务机构，各自按宪法规定征收本级政府的税收。在宪法规定的各自范围内，三级政府互不干预。联邦税务系统又划分多个管理层级，在特区、大区、州、市等层面负责税收征管工作。设立税种的权限集中于联邦，州和市无权开征关税、新税等，但允许州和市对所管税种享有部分立法权，如在一定幅度内调整税率和采取某些征管措施等。

2. 居民纳税人税收征收管理

1）税务登记

在巴西设立企业以后，需申请企业纳税人识别号（CNPJ）。纳税人识别号由巴西财政部颁发，是企业在巴西唯一的身份识别。取得纳税人识别号后，企业须在所在城市及所在州的税务机构进行注册，注册须提交的资料因地区不同而异。

2）账簿管理

税务机关在最终税务评估后 5 年内有权对纳税人进行税务审计，企业须在法定时限内保存凭证及相关账簿。

3）纳税申报

巴西所有企业都必须填报纳税申报表并履行纳税义务。纳税人必须在纳税年度次年的 5 月和 7 月的最后一个工作日内，在数字税收记录系统（ECD）和财政税收系统（ECF）上进行纳税申报。从 2015 年开始，纳税人必须在 9 月最后一个工作日内进行电子纳税申报。

4）税务检查

通常情况下，企业所得税由纳税人进行自我定期评估。如果纳税人未报送所得税申报表，未能提供或者说明税务机关在税收检查中所需要的相关信息，纳税申报不准确的，以及如果企业未能缴足企业所得税金额的，税务机关将发起纳税评估。在强制核定利润制度下，计税基础为公司总收入所得，按税法规定的百分比进行计算，比例从 1.92% 到 45% 不等，取决于纳税人具体的商业活动。

5）法律责任

如果税务机关出具了纳税评估结果，一般会对未缴税款处以 75% 的罚款。纳税人未在法定期限内缴纳的税款须支付利息，起息日从应交税款截止次日起计算，利息根据基准利率（SELIC）计算。如纳税人未取得税务机关的延期缴款通知而延期缴纳税款，须缴纳 0.33%/ 日的罚金，上限为应缴税款的 20%。纳税义务人未及时报送所得税纳税申报表或者未报送的，按税前年度利润的 0.25%/ 月计算罚款。

（二）反避税措施

2001 年，巴西颁布一般反避税规定。税务机关和税务法庭目前趋于否定缺乏实质经济活动和商业目的的公司架构。一些有针对性的反避税规则已在巴西适用，如向低税管辖区法人进行支付的特殊性税务处理、转让定价、资本弱化和受控外国公司规则。

1. 转让定价

1）适用范围

转让定价规则适用于：（1）与关联方的跨境交易；（2）与在低税收管辖区实体之间的

交易；（3）与对企业构成和股权信息实行保密政策地区的实体之间的交易；（4）与"优惠税收制度"下的实体之间的交易。

"优惠税收制度"是指：收入不征税或即使征税，但最高税率低于20%；向不存在任何实质经济活动或存在少量实质经济活动的非居民个人或法律实体给予税收优惠；该税收管辖区以外取得的收入不征税或即使征税，但最高税率低于20%；在该税收管辖区不能获得企业构成、货物或权益的所有权或相关经济活动的信息。

2）关联方定义

根据公司法，关联方分为三种：控制、受控及其他关联企业。控制企业直接或通过其他企业对受控企业有投票权，对其经营决策或管理层的任免有决定性权力；控制企业直接或通过其他企业对受控企业有投票权，对其经营决策或管理层的任免有决定性权力，控制企业对受控企业的投票权一般不小于50%；其他关联企业是指一方在未对另一方控制的情况下对其财务及经营策略产生重大影响，重大影响指一方持有另一方20%以上的股份。

3）转让定价方法

转移定价方法选择取决于交易的类型，即进口或出口交易。例如，一个居民企业接收来自国外支付的专利费，将被认为已经完成了一个出口交易。

（1）进口交易的转让定价规则。据巴西的转让定价规则，目前有四种方法确定从国外关联方购进的产品、服务或权利的可比价格，即可比非受控价格法、再销售价格法、成本加成法和引用价格法。

（2）出口交易的转让定价规则。法定出口关联交易的验证有五种方法，即可比非受控价格法、批发价格法、零售价格法、成本法和引用价格法。

（3）跨境融资。巴西境内法律实体借入的款项，在巴西中央银行登记的，可以按合同约定扣除利息费用。巴西境内法律实体借出的款项，为计算企业所得税的利息收入，利率按照美元贷款伦敦同业拆借利率（LIBOR）上浮一定比例确定。

2. 预约定价安排（APA）

巴西没有申请预约定价协议程序的规定。

3. 受控外国企业

根据2014年生效的巴西受控外国公司（CFC）规则：来自于境外的附属企业公司和受控实体的利润需转换为雷亚尔，并在每年12月31日增加到巴西法律实体的企业所得税计算基数中。利润按照持股比例计算，无论目标实体是否实际分配利润。

4. 资本弱化

巴西的资本弱化规则是由法令12249/2010规定的。根据巴西资本弱化的税收规定，巴西公司支付给来自非低税司法管辖区及享有优惠税收制度的税收司法管辖区的境外关联方的利息，若该利息费用是企业经营活动所需要的并满足如下条件，则可以在企业所得税税前列支：关联方持股巴西公司的，该关联方对巴西公司的债权金额不超过该关联方持有巴西公司权益价值的200%；关联方未持股巴西公司的，该关联方对该公司的债权金额不超过巴西公司权益价值的200%；在上述所有情况下，全部境外关联方总债权金额不超过所有关联方所持巴西公司权益价值的200%。对于来自低税司法管辖区及享有优惠税收制度的税收司法管辖区的境外实体，对巴西公司的债权金额不得超过巴西公司权益的30%。

5. 同期资料规定

巴西法律没有指定纳税人所需准备的同期资料，纳税人须自行举证以证明关联交易安排符合独立交易原则。从实际的角度来看，纳税人通常提供销售协议、发票、所得税申报表等作为支持文档。任何外语文件必须被有资质的翻译人员翻译成葡萄牙语。

巴西境内纳税人为跨国集团最终控股企业的，并且在报告前一个会计年度的合并收入超过22.6亿巴西雷亚尔或7.5亿欧元的，有提供国别报告的义务。

6. 其他反避税法则——低税司法管辖区

法律9430/1996第24条明确规定，巴西个人或公司纳税人与属于或居住在低税司法管辖区的交易方发生的交易都应遵守转移定价法规。第24条将低税司法区定义为一个免税或税收最大税率低于20%的国家（对于遵循国际财务透明度标准的国家，这一税率是17%）。

低税司法管辖区居民纳税人取得的特定类型的收入（如利息和特许权使用费）以及资本利得，都须由巴西境内支付方代扣25%的预提税（而不是一般适用的15%费率）。

第二节　巴西深水油气合作模式

一、油气合作法规及监管机构

（一）油气行业立法体系

1938年之前，私营公司可以在巴西合法地进行油气勘探活动。从1938年起，新成立的国家石油委员会（CNP）通过与私营公司谈判签订油气服务合同开展油气合作。这种情况在1953年法律赋予巴西国家石油公司垄断地位而终止。1975年至1988年期间，巴西政府允许外国石油公司与巴西国油谈判，签署包含风险勘探条款的油气服务合同进行上游合作。

总体看来，巴西关于外国石油公司在油气领域的投资政策、油气合作的相关法规主要包括：《宪法》（1988 年 10 月 21 日）、《外资法》（1962 年 9 月 3 日，第 4131 号）、《矿业法》（1934 年）、《统一劳工法》（1943 年）、《公司法》（第 10303 号）、《证券法》（第 6385 号）、《工业产权法》（1971 年，1996 年修改）、《环境法》（1981 年 8 月，第 6938 号）、《第 9478 号石油投资法》（1997 年）、《1998 年财税法令》（1998 年）、《石油法》修正案（2010 年）。

对油气投资领域而言，最直接也较为重要的法律法规是以下三部：

《第 9478 号石油投资法》明确了巴西石油天然气工业在巴西能源政策中的地位和作用，规定了石油天然气工业经营管理的各项法规，确立了巴西国油的职能。

《1998 年财税法令》规定了在巴西境内按照租让制合同开展油气勘探开发活动，需支付签约定金、矿区使用费、特别参股费以及土地租金。税收缴纳要遵照通用的公司税法，对于效益好的项目，政府通过特别参与权可获得更高收益。

《石油法》修正案规定了原有 28% 的盐下石油区块以及未来陆上或浅海区块仍采用租让制合同模式，新增 72% 的盐下石油区块将对外公开招标，承诺政府"利润油"分成比最高的投标者中标。盐下区块的新合同采用产品分成合同模式，海上油气项目一半以上的设备和工程服务必须由巴西本土的公司提供。前已述及，在深水盐下油田的具体实践过程中，巴西政府对相关条款已经做了较大程度的改善。

（二）合同模式相关法律

1. 租让制合作模式

直到 2013 年 10 月第一轮产品分成合同招标之前，巴西关于租让制合同制度由以下五项关键立法规定：

第 2004 号法律（1953 年）：该法律创立了巴西国油，并授予其油气勘探、开发、生产、炼制和运输的完全垄断权。

宪法修正案第 9 号（1995 年）：这一宪法改革结束了巴西国油的垄断地位，并允许私人与国际公司投资巴西石油和天然气行业的所有部门。

《石油法》9478/97（1997）：该法通过引入租让制合同来逐步取代巴西国油的垄断地位，规定任何公司都可以勘探、开发、生产、运输、炼制、进口或出口石油。《石油法》概述了巴西政府授予租让制合同的具体做法：签字费、矿税、特殊参与税、地租。它允许巴西国油在巴西境内或境外建立子公司或与私营公司成立合资企业。《石油法》还规定，巴西国油必须建立一个子公司来建造和运营油气管道、海运码头和油轮。

第 2705 号总统令（1998 年）：该法令通过设定租让制合同的特殊参与税税率，确立了巴西政府参与租让制合同管理的机制。

《天然气法》11909/09（2009年）：该法律规定了天然气的运输、储存、液化、处理、加工、再气化和商业化等。

2. 产品分成合同模式

2009年8月，巴西政府宣布了一系列旨在加强政府对深水盐下和其他战略性油气资产监管的提案，并于2010年获得国会批准，确定了盐下油气招标采用产品分成合同的模式，赋予了私人和国际公司参与投资的权利，主要内容包括：

第12351/10号法律（2010年）：该法律要求巴西国油在任何盐下区块或者巴西政府认为具有重要战略意义的区块拥有最低30%的权益并担任作业者。该法律同时规定了上述区块适用产品分成合同这种新的合作模式，评标机制为向政府提供最高利润油分成的投标公司中标。

第12304/10号法律（2010年）：该法律为设立国有实体公司——巴西盐下石油公司Pré-Sal Petróleo S.A（PPSA）提供了立法基础。巴西盐下石油公司代表巴西政府，作为盐下油气项目的管理者，其自身不参与油气田投资和实际项目运作，但拥有50%的投票权（也可理解为否决权），使政府能够掌握和控制盐下油气田的勘探和开发。

第12276/10号法律（2010年）：该法律赋予巴西国油在无需进行公开招标的情况下，有权成为深水盐下最高50×10^8bbl原油当量的所有者并进行生产，前提是巴西国油需向巴西政府转让约430亿美元对价的股权，从而加大了巴西政府对巴西国油的管控。

第13365/16号法律（2016年）：该法律取消了巴西国油在将来任何盐下油气产品分成合同招标区块或政府认为具有重要战略意义的区块至少拥有30%权益的义务。新法律规定，国家能源政策委员会将赋予巴西国油在产品分成合同招标前优先选择目标区块，行使其拥有30%权益并担任作业者的权利，但国家能源政策委员会和总统有权接受或拒绝巴西国油的提议。

（三）油气工业监管机构

纵观巴西油气上游发展史，巴西油气勘探开发一直是由私营公司、联邦及州政府共同承担。第一个油气商业发现于1939年由国家矿产部（DNPM）在Bahia州取得，此后巴西石油工业架构开始逐步形成。

1938年4月，巴西政府成立了国家石油委员会（CNP）代替国家矿产部，进行巴西境内石油勘探开发，并赋予其监督和管理权限。至1953年，国家石油委员会仍独自开展油气勘探工作，并允许外国公司通过签订服务合同的模式在巴西进行油气勘探。直到1990年被国家燃料部（DNC）取代前，国家石油委员会始终是油气供应和零售的行业监管机构。

1997 年 8 月，按照《石油法》成立了 Agência Nacional do Petróleo，又称巴西国家石油管理局，以取代国家燃料部。巴西国家石油管理局作为一级联邦机构负责监管石油和天然气部门。

1997 年 8 月，还成立了国家能源政策委员会，主席由矿业和能源部部长担任。该机构作为巴西总统的咨询机构，负责向总统提供国家能源领域的政策建议，以便巴西政府更全面地掌握整个国家的能源供需情况。

2010 年，按照法律规定注册成立了巴西盐下石油公司，负责管理盐下油气勘探开发活动。该实体公司拥有对巴西境内所有盐下项目的勘探开发和管理进行决策的重要权力。

总的来讲，目前在巴西进行油气投资主要涉及三个政府机构或公司。

1. 国家石油管理局

国家石油管理局隶属于巴西矿业和能源部，但是一个独立的政府实体。目前，国家石油管理局完全由上游油气部门提供资助，主要通过历次招标签字费和地租支持。国家石油管理局的主要职能如下：在石油和天然气领域执行国家能源政策、监管碳氢化合物行业，并监测油气行业经济活动；保证巴西石油产品供应，维护消费者在石油产品价格、数量和质量方面的权利；管理油气招标，包括准备并发布标书文件、促进报名公司竞标，负责招标文件和程序解释、签订租让制或产品分成合同，以及本地化率监管与考核；油气管道运输的税费仲裁；掌控全国油气产品的分配和转售。

2. 巴西盐下石油公司

2010 年 8 月 2 日，根据法律规定，注册成立巴西盐下石油公司，旨在代表巴西政府管理所有盐下油气勘探开发生产活动。虽然巴西国油具体进行油田作业管理，但巴西盐下石油公司负责管理产品分成合同并将盐下油气储量的政府所得部分进行商业化。

巴西盐下石油公司是签订产品分成合同的合同者一方，是除政府以外合同者联合体成员之一。该合同者联合体负责在深水盐下或者政府认为具有战略意义的油气区块进行勘探开发活动，但巴西盐下石油公司不承担联合作业协议的投资风险，也不直接参与石油勘探开发或产品的生产和销售。联合体由作业委员会管理，但巴西盐下石油公司在该委员会拥有 50% 表决权，并担任作业委员会主席。因此，巴西盐下石油公司对巴西所有盐下项目的勘探决策和开发生产均具有重大影响力。

作业委员会拥有的权力包括：确定油气发现商业评估计划，宣布油气商业发现，制定油气开发计划，批准年度工作计划与预算，监督油田生产作业，预批准成本回收方案，确定跨界油藏开发协议等。此外，巴西盐下石油公司还有权对盐下油田和战略区块延伸到未经许可或未在产品分成合同范围内的地区进行仲裁。

3. 巴西国家石油公司

巴西国油成立于 1953 年，总部设在里约热内卢，是一家以油气勘探开发为主体、上下游一体化的跨国经营的国家石油公司，是巴西最大的企业集团和出口公司，巴西四大国有控股企业之一，也是南半球和拉丁美洲最大的石油公司之一。自 1972 年以来，该公司已发展成为巴西主要的综合性石油公司，其业务贯穿巴西整个油气产业链，并通过子公司巴西国油国际 Petrobras International（Braspetro）在国际上开展业务。

巴西国油由四个主要子公司（E&P、炼油、石油运输、研发中心）和公司总部组成。勘探和生产活动在巴西国内按地域进行组织，分支机构覆盖巴西各大主要盆地。关联公司股权由巴西国油子公司直接拥有，核心石油业务由巴西国油直接承担，非核心但与石油有关的业务由其子公司或附属公司承担。1995 年 11 月发布的宪法修正案正式宣告巴西国油的垄断地位终结，巴西油气领域进入全新阶段。目前，巴西政府拥有巴西国油超过 60%的投票权，确保了其对国家石油公司的控制。

二、租让制合同（Concession）

租让制合同适用于巴西境内几乎所有油气区块合同。2013 年，巴西政府宣布的桑托斯盆地和坎波斯盆地盐下区域，以及巴西政府认为具有重要战略意义的区块则适用产品分成合同，下文将进行详细论述。

自 1997 年国家石油管理局成立以来，一直担负着制定油气合同招标程序并授予合同的职责。第一批租让制合同是国家石油管理局与巴西国油签订的，第一轮国际租让制招标于 1999 年 6 月举行。此后，除了 2008—2013 年的租让制招标暂停外，几乎每年都会举行租让制招标，为巴西油气上游的蓬勃发展奠定了坚实的基础。租让制主要合同内容介绍如下。

（一）合同双方

租让制合同由代表巴西政府的国家石油管理局与中标公司签订，合同者必须是根据巴西法律注册成立的公司，并且将总部设在巴西，但也允许国际石油公司的巴西子公司作为合同者主体。如果由多家公司组成联合体参与租让制合同竞标，作业者权益份额至少为30%，其他伙伴公司的权益份额最低为 5%。

（二）合同期限

典型租让制合同的勘探期为 8 年，分为 3 个阶段，一般为 3 年、3 年和 2 年。

（三）合同区域

国家石油管理局一般不对租让制区块的面积做任何限定，但是在每个勘探阶段结束时需要退地。第一阶段结束时退还原合同区面积的 50%，第二阶段和第三阶段结束时各退还 25%。

（四）义务工作量

合同者在每个勘探阶段都需要承担国家石油管理局在招标之前规定的最低义务工作量。国家石油管理局欢迎合同者实际勘探工作量超过上述最低要求。勘探期初始阶段通常需要进行地震采集或处理解释，在第二和第三阶段进行探井作业，并由勘探期最低义务工作量保函来约束合同者必须履行最低义务工作量承诺。第 5 轮租让制招标以来，最低义务工作量一直是评标参数之一，从最初的 30% 权重增加到第 7 轮及以后数轮的 40%，但在第 14 轮招标中又下降到 20%。

（五）商业发现

在租让制合同下，所有油气显示都必须立即向国家石油管理局报告，不管是否构成油气发现或者是否具有商业可行性。勘探期结束后，合同者必须决定是否向国家石油管理局宣布该发现具有潜在商业性。如果油气发现被认为可能具有商业性，则作业者需在勘探期结束后的 180 天内向国家石油管理局提交商业发现评价计划，并作出是否宣布商业性的最终决定。正式宣布商业发现后，国家石油管理局将为该区块颁发 27 年开发许可证，自商业发现评价计划到期之日起开始生效。然后，作业者有 180 天的时间提交开发计划，该计划必须在 60 天内得到国家石油管理局的批准。开发区以外的合同区域，作业者将向国家石油管理局申请退地或者申请延长勘探期。

（六）签字费

迄今为止举行的每一轮租让制合同招标都需要中标公司缴纳签字费，国家石油管理局一般根据招标区块的勘探潜力来确定签字费金额区间。签字费作为租让制合同招标中最重要的一项评标参数，在前四轮招标中均占 85% 权重，第 5 轮至第 13 轮招标降为 40%，并在第 14 轮恢复为 80%。对于 2014 年之前的租让制合同，签字费可以作为特殊参与税和企业所得税的税前抵扣项。计算特殊参与税时直接扣除签字费；计算企业所得税时，签字费按 10 年直线法摊销。然而在 2014 年，国家石油管理局出台第 12 号法令取消了签字费税前抵扣的优惠政策。

（七）租让制矿费

矿费税率为 10%，税基为石油和天然气当月总收入，按月以现金的方式支付。国家石油管理局可以自行决定将矿费税率减少到 5%，以提高边际区块或高风险区块的吸引力，但降低矿税的情况比较少见。1999 年 6 月之后授出的绝大多数区块都需要缴纳 10%

的矿税，只有在 1997 年巴西《石油法》出台之前，巴西国油所需个别区块的矿费税率是 5%。

（八）区块地租

租让制合同的地租价格由国家石油管理局综合考虑各种因素设定，包括区域地质特征和沉积盆地位置等。对于勘探阶段的任何延长期或生产阶段之前的开发期，地租价格将在初始勘探期基础上增加一倍。油田一旦投入生产，地租费率将是初始勘探期的 10 倍，并随着巴西年通货膨胀率逐年调整。每个租让制合同须按年支付土地租金（雷亚尔 /km²），地租水平因区块所处盆地和勘探开发潜力而异。典型的土地租金水平如下：

勘探期：$10 \sim 500$ 雷亚尔 /（$km^2 \cdot a$）。

勘探延长期：$20 \sim 1000$ 雷亚尔 /（$km^2 \cdot a$）。

开发期：$20 \sim 1000$ 雷亚尔 /（$km^2 \cdot a$）。

生产期：$100 \sim 5000$ 雷亚尔 /（$km^2 \cdot a$）。

2014 年之前投产的租让制区块的土地租金可以作为企业所得税和特殊参与税的税前抵扣项。但自 2014 年开始，国家石油管理局出台的条例 12/2014 不再将地租作为税前抵扣项目。

（九）本地化率

为了鼓励巴西本地制造和服务业发展，国家石油管理局在每轮租让制合同招标中均规定了本地化率要求。前几轮招标中，本地化率作为投标参数仅占评标参数权重的 15%。2002 年，卢拉政府增加了本地化率评标的权重，在第 5 轮和第 6 轮中将其从 15% 增加到 40%，在第 6 轮之后本地化率权重又下降到 20%。2017 年，巴西政府为加大油气对外合作力度，吸引国际油气投资资金，进一步简化了本地化政策，在减少罚款金额的同时显著降低了本地化率要求，取消了不符合巴西油气制造和服务业实际情况，特别是海洋工程部门难以企及的本地化要求。本地化率也不再作为评标参数内容，使之前为了确保中标而投出不切实际的高本地化率的竞标情况成为历史。

（十）研发义务

当油气田产量增长到需要缴纳特殊参与税的时候，合同者需要将油气总收入的 1% 投入到与石油相关的研究和开发工作中，这实际上是额外的矿税义务。其中占总收入 0.5% 的支出须投资于巴西的相关研究机构或大学。

（十一）特殊参与税

如果租让制合同下的油田产量达到国家石油管理局规定的最低限，合同者在缴纳所得税之前还需要按照油田产量缴纳特殊参与税。特殊参与税税率按照油田所处位置（陆上、浅水、深水）、产量高低、生产年限适用不同的税率，详情参见国家石油管理局条例102/1999 及 10/2014。综合税率适用产量累进制。举例说明：水深大于 400m 的油田，特殊参与税税率表见表 11-4。

表 11-4　特殊参与税累进制表格

深水	水深（m）	平均日产（bbl）	第一年税率（%）	第二年税率（%）	第三年税率（%）	第四年及以后税率（%）
小于	450	30998				
小于	750	51663				10
小于	900	61996			10	10
小于	1050	72329			10	20
小于	1200	82661		10	10	20
小于	1350	92994		10	20	20
小于	1500	103326	10	10	20	30
小于	1650	113659	10	20	20	30
小于	1800	123992	10	20	30	30
小于	1950	134324	20	20	30	35
小于	2100	144657	20	30	30	35
小于	2250	154990	20	30	35	35
小于	2400	165322	30	30	35	35
小于	2550	175655	30	35	35	40
小于	2700	185988	30	35	40	40
小于	2850	196320	35	35	40	40
小于	3150	216986	35	40	40	40
大于	3150	216986	40	40	40	40

当油田累计生产 4 年以上，日产 1.5×10^4bbl 时，对应的特殊参与税税率为 35%，按照累进制特殊参与税税率计算法，综合税率为 18.5%。

三、产品分成合同（PSC）

桑托斯盆地和坎波斯盆地的盐下巨型油气发现促使巴西政府重新评估油气上游领域的对外合作模式，并通过立法的方式加强了国家对所有盐下勘探开发项目的控制和监管。巴西石油管理局在 2013 年 10 月举行的深水盐下第一轮招标中，首次使用了产品分成这一最新的合同模式，产品分成合同授予向国家石油管理局提供最高政府利润油分成比的投标公司或联合体。巴西盐下区块第一轮招标采用的产品分成合同主要内容如下。

（一）合同双方

产品分成合同政府方为巴西能矿部、巴西国家石油管理局、巴西盐下石油公司，另一方为中标公司或联合体。后者必须根据巴西法律在当地注册公司，并在巴西设有总部，但也接受国际石油公司在巴西设立子公司作为签约主体。如前所述，与租让制合同不同，巴西盐下石油公司作为产品分成合同主体，在产品分成合同签订后将积极参与勘探开发的各项决策过程，尽管它没有投资权益和义务，但在作业委员会拥有 50% 投票权。

（二）合同期限

第一轮产品分成合同授出的里贝拉区块勘探期为 4 年，后续产品分成合同勘探期延长至 7 年，但合同期限维持 35 年不变。

（三）签字费

产品分成合同签字费不作为投标参数，由国家石油管理局根据招标区块地质特点、勘探潜力、开发规模在标书中直接规定。签字费不可回收，但可依据分年产量进行摊销，作为企业所得税税前抵扣项。

（四）投标参数

政府利润油分成比是唯一的投标参数。

（五）财税条款

矿税税率为 15%，以油气产量（按照合同规定的油价公式计算）为税基，按月以现金方式支付。

研发经费为年油气总收入的 1%，类似于租让制合同。

企业所得税内容与租让制相似，间接税参见前述章节。

（六）本地化率

在里贝拉项目产品分成合同中，本地化率设定为勘探期 37%，2021 年前的开发阶段本地化率为 55%，2021 年之后的开发阶段本地化率为 59%。后续第二至第五轮产品分成合同招标减少和简化了本地化率要求，其中勘探期本地化率为 18%，开发阶段对应有三种不同的本地化率要求，其中钻井工程 25%、浮式生产储卸油平台（FPSO）设计建造 25%、海洋工程 40%（表 11-5）。随后，里贝拉项目合同也按照最新本地化率要求进行了调整。

表 11-5　新版本地化条款和原产品分成合同的比较

对比科目	原产品分成合同本地化率	新版本地化率
勘探阶段	总体 37% （有分项要求）	总体 18% （无分项要求）
开发阶段	2021 年及之前总体 55% （有分项要求）； 2022 年及以后总体 59% （有分项要求）	分为三个大组： 钻井：25%； 水下：40%； FPSO：40%
计算时间	首油后 5 年	首油后 10 年
调整和豁免	达到条件可以调整或豁免	不能调整或豁免
罚金范围	不符投资的 60%～100%	不符投资的 40%～75%
使用结余	分项可以使用，但不能用于平衡总体本地化率	勘探期均可以使用，开发期同组内使用

（七）成本油回收

与勘探、评价、开发、生产有关的投资和费用可以计入成本回收，具体主要包括钻完井投资、设备采购、租赁、维修等投资、勘探开发研究投资、油气田生产操作费等。不能计入成本油的费用主要包括矿费、签字费、法律费用、罚金和企业所得税等。

巴西深海盐下第一轮产品分成招标授出的里贝拉项目在油田投产前两年的成本油回收上限为 50%，第三年及以后降至 30%。如果成本在两年内没有回收完毕，则第三年成本回收上限提高为 50%，以使合同者尽快回收作业成本。从第二轮深水盐下项目招标开始，产品分成合同统一规定成本油回收上限为 50% 不作变化。

（八）利润油分成

油气收入扣除矿税、成本油后，剩下的作为利润油在巴西盐下石油公司和合同者之间进行分成。利润油分成比随油价和产量进行滑动变化，基准利润油是最重要的投标参数。巴西盐下第一轮招标里贝拉项目的政府利润油分成比例变动表见表 11-6。

表 11-6　产品分成合同中政府利润油分成比例变动表

布伦特原油价格（美元/桶）	单井日产量（10^3bbl）											
	0~4	4.001~6	6.001~8	8.001~10	10.001~12	12.001~14	14.001~16	16.001~18	18.001~20	20.001~22	22.001~24	24.001
0~60	9.93	25.80	32.03	35.32	37.39	39.09	40.17	40.79	41.36	41.88	42.34	42.76
60.01~80	15.20	28.80	34.14	36.95	38.73	40.19	41.11	41.65	42.13	42.57	42.97	43.33
80.01~100	22.21	32.79	36.94	39.13	40.51	41.65	42.36	42.78	43.16	43.50	43.81	44.09
100.01~120	26.67	35.33	38.73	40.52	41.65	42.58	43.16	43.51	43.82	44.10	44.35	44.58
120.01~140	29.76	37.09	39.96	41.48	42.44	43.23	43.72	44.01	44.27	44.51	44.72	44.91
140.01~160	32.03	38.38	40.87	42.18	43.01	43.69	44.12	44.37	44.60	44.81	44.99	45.16
160.01	35.71	40.47	42.34	43.33	43.95	44.46	44.78	44.97	45.14	45.30	45.38	45.56

（九）国内义务销售量

产品分成合同中未规定国内义务销售量，但规定了在紧急情况下，国家石油管理局可以对合同者份额油气及其衍生产品的出口进行限制。截至目前，巴西国家油气产业还未出现过紧急情况限制合同者出口油气产品的情况。

四、权益转让额外储量（TOR+）协议

根据最初的权益转让协议，巴西国油在国内深水盐下区块获得了生产 50×10^8bbl 原油当量的产量权利，按照原油 8.51 美元/桶进行估值。协议对价是巴西国油向巴西政府出让其股票份额，使得巴西政府控股权从 40% 增加到 48%。

当巴西国油宣布油气发现具备商业性时，其有权重新评估每个权益转让区块的储量和价值，并根据新的估值，对合同总价进行调整。如果储量估值高于原始估值，巴西国油将向政府支付差额或减少原油储量。如果修订后的储量估值较低，那么政府将向巴西国油支付差价。

适用于权益转让协议，并由巴西国油承担勘探开发工作的权益转让区块包括 Itapu、Búzios、Sul de Sapinhoa、Sul de Lula、Sépia、Entorno de Iara 和 Peroba（2014 年退还给国家石油管理局的风险勘探区块，并通过第三轮产品分成合同招标授出，权益转让区块最终确定为 6 个）。

此后，巴西国油对权益转让区块的油气勘探工作非常成功，不仅确认了合同区块的油气储量，还在 6 个区块中的 4 个发现了更多的储量，并单独划分区块，即 Itapu Surplus、

Búzios Surplus、Sépia Surplus、Entorno de Iara Surplus。2014 年 6 月，巴西能矿部决定将上述额外储量发现区块以产品分成合同模式直接授予巴西国油，但遭到巴西国家审计署（Tribunal de Contasda União）反对，并诉诸巴西法院禁止巴西国油和巴西能矿部签署合同。巴西政府后来计划在新一轮产品分成招标中包含上述区块，进行公开招标。

2019 年 4 月 18 日，巴西国家能源政策委员会发布 06/2019 决议，批准了 Búzios、Itapu、Atapu、Sépia 4 个区块的技术和经济评价参数，并授权国家石油管理局举行上述 4 个区块的深海盐下额外储量的产品分成合同招标，又被称为 Assignment Surplus Bid Round（TOR+）。根据 2010 年第 12351 号法令，巴西国油有权在 CNPE 发布 06/2019 决议后的 30 天内表达行使优先权的意向，以便其自动获取 30% 权益并担当作业者。2019 年 5 月 21 日，巴西国油对 Búzios 和 Itapu 两个区块向巴西能矿部表达了行使优先权的意向。5 月 22 日，巴西国家能源政策委员会发布 2019 年第 10 号决议，确认巴西国油作为作业者将在 Búzios 和 Itapu 至少拥有 30% 权益。按照 CNPE 发布的 2019 年第 2 号决议，权益转让招标区块成功授出后，巴西国油之前在区块的相应投资将得到补偿。

权益转让区块额外储量招标合同基于产品分成合同，大部分条款与产品分成合同一致，部分条款略有差异，大致如下。

（一）合同双方

原权益转让协议的一方为代表巴西联邦政府的巴西能矿部和财政部，另一方是巴西国油，国家石油管理局为合同监管方。权益转让额外储量招标新签订的合同主体中，政府方为巴西能矿部、国家石油管理局和巴西盐下石油公司，合同者方为巴西国油或国际油公司组成的联合体。合同者目标是勘探、开发、生产原油天然气，获得原权益转让合同执行过程中已发现油气之外的额外储量。

（二）合同期限

原先合同期限 40 年，可以根据情况再延长 5 年。权益转让额外储量招标的合同模板正在征集公众意见，合同年限暂定为 35 年，与目前执行的产品分成合同保持一致，但无勘探期规定，均为开发生产期。

（三）矿税税率

原权益转让合同者缴纳的矿税税率固定为 10%，按月支付。每年还需缴纳油气总收入的 0.5% 作为研发支出。

权益转让额外储量招标合同模板规定矿税税率为 15%，以油气产量（按照合同规定的油价公式计算）为税基，按月以现金方式支付。

当产量超过以下标准时，还需缴纳油气总收入的 1% 作为研发支出：第一年季度平均产量大于 1350m³/d 油当量、第二年季度平均产量大于 1050m³/d 油当量、第三年季度平均产量大于 750m³/d 油当量、第三年以后季度平均原油产量大于 450m³/d 油当量。

（四）弃置义务

合同者在油田开始生产后需向国家石油管理局提交弃置保证，金额应等同于未来执行弃置计划所需的投资支出，弃置保证可以是履约保函、信用证、基金或国家石油管理局接受的其他形式。

（五）本地化率

根据原权益转让合同，最低本地化率为：勘探期为 37%；2016 年投入生产的油田，开发期为 55%；2017—2019 年投入生产的油田，开发期为 58%；2020 年后投入生产的油田，开发期为 65%。

根据权益转让额外储量招标合同模板，最低本地化率为：钻完井为 25%，水下设施、集输系统为 40%，生产单元（如 FPSO 等）为 25%。

五、不同合同模式对比分析

目前巴西的合同模式以租让制为主，产品分成合同模式主要适用于盐下油气区块招标。权益转让额外储量招标采取的合同模式实质上也是产品分成合同。事实上，国际上主要的合同模式还有风险服务合同，目前主要是在中东地区等油气合作中采用，在此暂不论述。总的来看，巴西现有租让制合同和产品分成合同既有其他地区不同合同模式的共性差异，也有其自身的特点。

（一）不同合同模式差异

1. 核心内容差异

税后利润分配是租让制合同模式的核心内容，对于合同者效益影响较大的是油气资源产量的高低、储量和油藏的风险。产品分成合同模式的核心内容是产品分成，同租让制合同模式一样，油气资源产量的高低、储量和油藏的风险，均对合同者的效益影响较大。

相比其他类型的合同模式，租让制合同是对合同者最有利的一种合同模式，因为合同者有更大的经营自主权。在巴西租让制合同模式下，政府一般不参与项目运营管理；而在产品分成合同模式下，巴西盐下石油公司代表政府在项目运营决策中行使 50% 的表决权，对项目生产经营具有重大影响。同时，巴西盐下石油公司负责可回收成本的最终审核和批准，并掌控产品分成模型。

2. 不同合同模式追求目标差异

租让制合同模式中合同双方是一种租让关系，所追求的目标为税后油气利润收入，属于风险和效益并存的合同模式。在这种模式下，合同者必须承担产量低所带来的项目亏损风险，以及承担产量低于预期所带来的成本费用不能完全回收的风险，但同时也可以享受优质油气储藏资源所带来的超额利润。

产品分成合同模式的合同双方是一种承包关系，所追求的是一种长期投资效益。与租让制合同模式一样，产品分成合同模式也是风险和效益并存的合同模式。合同者可以享受优质油气储藏带来的超额利润，但同时必须承担产量低于预期所带来的成本费用无法完全收回的风险。

3. 不同合同模式中合同者承担风险的差异

在租让制合同模式中，因为油气生产总成本和合同者得到的税后利润分配与项目产量和油价变化密切相关，合同者的收入来自项目分配的税后利润，所以合同者需要承担所有风险。一旦国际油价处于低迷状态时，项目产量达不到预期水平，将使该项目处于税前亏损状态，这也会使得合同者很可能在合同期满时无法分配到油气税后利润。

在产品分成合同模式中，对于合同者来说也有一定的风险，因为项目产量和油价高低都与项目成本回收和最终利润分成密切相关，如果国际油价低迷，项目产量也达不到预期水平，合同者很可能在合同期满时不能回收其投资和获得相应利润份额，合同者需要承担所有开采费用。

（二）合同模式特征分析

通过对租让制合同、产品分成合同两种合同模式的分析可以看出，不同合同模式特点也是有很大区别的。产品分成合同与服务合同替代租让制合同，是国际油气合作合同模式的必然发展趋势，也使得在国际油气合作中呈现出丰富多彩的合同模式。租让制合同的矿区资源所有权属于国家，但是生产出的油气所有权转移给租让者；产品分成合同的矿区资源使用权归国家，整个勘探开发过程中合同者所建、所购置的资产也全部归属资源国所有。在租让制合同中，产品所有权全部归投资者；而产品分成合同只有部分归投资者。

在政府收益形式中，租让制合同采用的是现金或者实物（油气）形式；产品分成合同采用的是实物（油气）分成。政府的收益方式也有所不同，在租让制合同中主要是货币矿费和税收方式；产品分成合同主要是获得利润油分成。在不同合同模式下，政府收取税情况也不一样，租让制合同中政府要收取所得税，而产品分成合同中政府可以不收取所得税。巴西当前的产品分成合同是由矿费制演化而来的，目前仅征收 15% 的矿税，所得税通过持有区块权益的投资公司合并征收。在油气资源开发的过程中，租让制合同国家均不参与投资，而产品分成合同国家有时在油气资源开发阶段参与投资，但巴西产品分成合同中政府不参与投资。

（三）不同合同模式优缺点

在国际油气资源合作中，租让制合同模式、产品分成合同模式有各自的优点和缺点，巴西目前采用的不同合同模式优缺点与其基本相同。

租让制合同对于资源国政府而言，优势是在经济上基本没有风险，在管理上也比较简便，收益也比较稳定。租让制合同中，石油公司的自主权和作业控制权最高，获取潜在或者超额收益的潜力最大；劣势在于租让制合同的条款缺乏灵活性，也不能适应油价变化，而且资源国政府赋予石油公司的权利过大，政府对于油气作业活动监督管理过少，政府早期获取的收益保障会影响合同者收益，从而降低收益分配的合理性。一方面，由于租让制合同中矿区使用费存在极强的递减税性质，会极大地抑制合同者勘探积极性，特别是在一些边际区块和油气潜力较差区域，合同者的勘探经济性在租让制合同模式下，面临极大挑战；而对一些潜力巨大的油气项目，资源国所获得的收益会随着项目盈利水平提高而降低。

产品分成合同模式优点是能够更好地处理资源国与合同者在合同执行过程中的勘探风险，合理控制和安排利润分成关系，并且资源国和合同者各方都有机会获得增值部分。产品分成合同有较高的适应性和灵活性，资源国政府保留了在法律上的管理权，但在实际日常运作中合同者行使作业权。这种灵活性有利于在保证合同者获得公平收益率基础上，使资源国政府设计出产量分配框架，从而使资源国政府收入份额能随着油价上升而增长。更重要的是，双方都有获得原油超产的机会。产品分成合同模式存在产品分成合同框架和内容复杂多变的缺点，双方需要通过较多谈判来确定，也使得合同者收益的实现存在诸多不确定性，以及在合同实施过程中，需要较高的技巧性。

第三节　巴西油气投资经济性分析

从外国投资者参与角度，巴西深水油气投资严格讲共有三种合同模式，分别是租让制合同（1997立法通过）、产品分成合同（2010年立法通过）、权益转让额外储量合同（2010年立法通过），但后两种合同模式可统一认为是产品分成合同。根据国家石油管理局网站公布数据，截至2018年底，巴西对外合作的区块中，租让制合同项下有322个油气区块、424个油气田；产品分成合同项下有7个区块、4个油田；权益转让额外储量招标目前仅授出Búzios和Itapu两个区块。本章以一定的案例资料为基础，结合一定的经济评价分析，分别展示租让制和产品分成模式下深水油气项目的经济性情况。同时，作为深海项目最大支出项目之一的海上浮式生产平台，其合同模式也对深海项目投资经济性有较大的影响，本章也一并进行分析。

一、租让制合同模式经济性分析（A 区块案例）

A 区块位于巴西深水坎波斯盆地盐上区域，水深 1200～1850m。20 世纪 80 年代末勘探获得石油发现，原油地质储量 114×10^8bbl。作业者巴西国油于 1994 年开始在该区块进行先导性试生产。1998 年，巴西国油失去在巴西油气领域的垄断地位后，与巴西政府签订 A 区块的租让制合同，合同期 27 年。

20 世纪 90 年代，由于深水勘探开发技术仍存在诸多瓶颈，A 区块获得发现后一直未能大规模投入开发。巴西国油在将近 10 年的先导生产阶段，致力于取全取准油藏数据并积累经验的同时，注重开发测试深水油田技术，为十多年后成为深水勘探开发技术巨头做好了充足的准备。在 A 区块形成的先导性试生产、分阶段开发的模式也成为了巴西深水油田开发一直沿用的模式。

此后，A 区块各个生产单元在 2010 年前后相继投入生产，2017 年原油产量维持在 15×10^4bbl/d。截至 2017 年底，剩余石油可采储量约 3.2×10^8bbl。

（一）产量预测

A 区块目前共有生产井 38 口，预计未来将增加至 42 口；注入井 37 口，预计增加至 40 口。区块划分为 4 个生产单元，布置了 4 艘 FPSO 和 1 座半潜式生产平台，产量预测剖面如图 11–1 所示。合同期预计累计生产原油 2.15×10^8t。

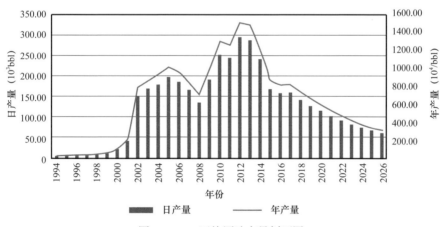

图 11–1　A 区块原油产量剖面图

（二）投资估算

A 区块租让制合同签署前，巴西国油已经获得油气发现，因此在合同早期阶段勘探投资有限，其中地震采集处理 0.3 亿美元，探井评价井投资约 3 亿美元。2000 年前后进入开发期，作业者巴西国油从降低前期投资角度，充分利用 Repetro 税收减免机制，在先导性生产和第一个生产单元采用租赁浮式生产设施的方式。该模式之后在桑托斯盐下巨型油田开发中得到了有效应用和推广。租赁费用属于操作费，将在作业成本中简要介绍。

生产井和注入井的单井钻完井成本均值约 0.7 亿美元。作业者自建的 FPSO 初步预计投资 10 亿美元，自建的半潜式生产平台约 14 亿美元。水下设施、内部集输管道等投资约 3.3 亿美元。基于单项投资估算，水下设施投资 15 亿美元、开发钻完井投资 60 亿美元、流动保障 4 亿美元、自建 FPSO 约 24 亿美元、其他（勘探评价、开发研究等）投资 11 亿美元。另外，根据该油田储量和开发规模，预估弃置费约 12 亿美元。

（三）作业成本估算

操作费包括开采费用、人工费用和上级管理费用等。除了作业者拥有的两艘生产平台外，其租赁的三艘 FPSO 光船日租费分别为 5 万美元（用于先导性生产，产能较低）、13 万美元、17 万美元。A 区块所产原油全部通过穿梭油轮进行输送，无须支付其他管输费用。包含油田开采、人工成本后，估算 A 区块桶油操作费约 17 美元。全合同期，操作费固定成本约 86 亿美元，可变成本约 153 亿美元，租赁费用约 23 亿美元。

（四）财税条款

租让制合同净现金流瀑布图如图 11-2 所示。对于海上区块，巴西国油无须支付土地租金。该区块是巴西国油失去垄断地位后政府直接授予的区块，也不涉及签字费。

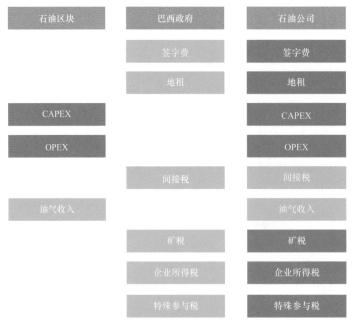

图 11-2　财税条款收入支出瀑布图

按租让制合同规定，矿税为 10%，研发支出为油气总收入的 1%，企业所得税为 34%，亏损结转不超过年度收入的 30%。

FPSO 折旧为 20 年直线折旧，除了 FPSO 之外的有形、无形资产折旧方式为 10 年直线折旧。

特殊参与税按照巴西政府规定，油田投入生产 4 年及以后，日产在（3.1～6.2）×10⁴bbl 之间税率为 10%；（6.2～9.3）×10⁴bbl 之间税率为 20%；（9.3～12.4）×10⁴bbl 之间税率为 30%；（12.4～15.5）×10⁴bbl 之间税率为 35%；15.5×10⁴bbl 以上税率为 40%。

间接税参考前述章节，其中进口关税 10%、工业产品税 10%、社会一体化税、社会保险融资贡献税 9.25% 以及增值税 19% 在 Repetro 机制下均予免除。

（五）评价参数

评价基准年设定为 2019 年。

巴西深海区块原油销售价格统一由国家石油管理局规定，2018 年以前用历史原油价格。假设 2018 年以后布伦特原油价格为 65 美元／桶，A 区块原油价格贴水 4%，并自 2018 年开始每年上涨 2%。

投资和操作费在 2017 年以前采用实际数值，2018 年及以后考虑上涨率 2%。

本项目经济评价根据租让制合同规定，计算合同者作业区块的油气总收入，扣除需要缴纳的矿税、间接税、企业所得税、特殊参与税以及投资、操作费后得到合同者净利润，以折现现金流量法进行经济评价。其中企业所得税税前抵扣项目包括签字费、矿税、勘探和评价投资、投资、操作费、间接税和特殊参与税等。

（六）现金流分析

A 区块全寿命期累计净现金流约 180 亿美元，最大负现金流出现在 2000 年（图 11-3）。由于前期长时间进行先导性试生产，投资回收期受到影响为 12 年，内部收益率超过 20%，效益较好。

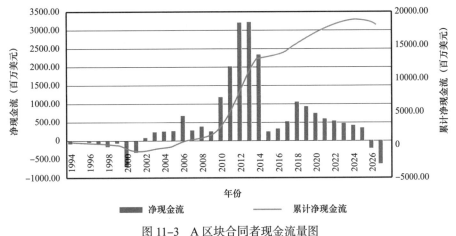

图 11-3　A 区块合同者现金流量图

二、产品分成合同模式经济性分析（B 区块案例）

B 区块位于巴西桑托斯盆地盐下区域，水深 2100～2600m，目标储层上覆盐岩盖层厚度为 200～2000m。国家石油管理局预计构造圈闭风险后资源量 113×10^8bbl。根据产品分成合同规定，区块的总合同期 35 年，其中勘探期 7 年。

（一）产量预测

按照国家石油管理局预测的风险后圈闭资源量，计划部署 2 口探井、5 口评价井，开发方式以水气交替 WAG 为主，共设计 4 艘 FPSO，部署钻井 65 口，预计在 2031 年达到高峰产能，并维持 5 年，随后逐年递减。具体产量剖面如图 11-4 所示。

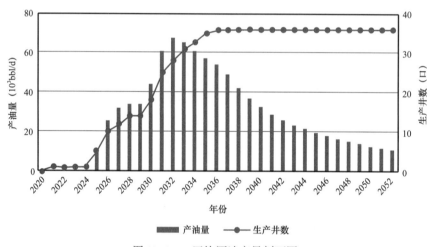

图 11-4　B 区块原油产量剖面图

（二）投资和操作费估算

B 区块投资主要包括钻完井投资、海工投资及弃置费三部分。估算探井、评价井平均成本 1 亿美元 / 口（作业日费 85 万美元），DST 平均 4000 万美元 / 口。因为 FPSO 采用租赁的方式，租赁和服务的合计日费约 65 万美元，并列入操作费。海工投资主要包括水下采油树、水下生产系统、FPSO 系泊系统的建造与安装费用。

基于以上估算，预计总投资 155 亿美元，其中勘探投资 14 亿美元、开发投资 118 亿美元、弃置费 23 亿美元。单位操作费 10 美元 / 桶，预计整个合同期操作费为 300 亿美元。

（三）财税条款

产品分成合同净现金流瀑布图如图 11-5 所示。

合同签字费 20 亿雷亚尔，可在投产后依据分年产量进行摊销，摊销额可进行税前抵扣。

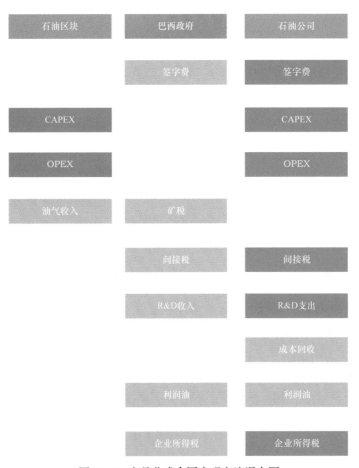

图 11-5　产品分成合同净现金流瀑布图

矿税费率 15%，以油气收入（按照合同规定的油价公式）为税基，按月以现金方式缴纳。成本回收上限为 50%，与勘探、评价、开发、生产有关的费用可以计入成本回收，矿费、签字费、法律费用、罚金和所得税等不得计入成本油。

利润油分成比随油价和产量（区块内生产井日均产油量）的变化而滑动变化，具体为在布伦特原油价格 40～60 美元 / 桶，单井日产在（1～1.2）× 10^{4}bbl 之间的政府利润油分成比例将随油价和单井产量滑动变化。因此，在开发阶段合理调整生产井数，调节产量剖面，获得较为有利的利润油分成比将有利于合同者取得更好的经济效益。

所得税税率 34%，由 10% 基础税率、15% 附加税和 9% 社会贡献税组成，分红不涉及股息预提税。研发费用为油气总收入的 1%。

FPSO 折旧为 20 年直线折旧，除了 FPSO 之外的有形、无形资产折旧方式为 10 年直线折旧。

间接税参考前述章节，其中进口关税 10%、工业产品税 10%、社会一体化税、社会保险融资贡献税 9.25% 以及增值税 19% 在 Repetro 机制下均予免除。

（四）评价参数

评价基准年设定为 2019 年。

巴西深海区块原油销售价格统一由国家石油管理局规定，2018 年以前用历史原油销售价格。假设 2018 年以后布伦特原油价格为 65 美元 / 桶，并自 2018 年开始每年上涨 2%。

投资和操作费在 2017 年以前采用实际数值，2018 年及以后考虑上涨率 2%。

本项目经济评价根据产品分成合同规定，计算合同者作业区块的油气总收入，扣除需要缴纳的矿税、研发支出，油气收入的 50% 作为成本油回收，剩余部分统一作为利润油在政府和合同者之间进行利润油分成。合同者净利润为成本油、利润油，扣除其所需缴纳的企业所得税，就此进行折现现金流量法经济评价。

（五）现金流量分析

B 区块全寿命期累计净现金流约为 190 亿美元，最大负现金流出现在 2024 年（图 11-6）。投资回收期为 13 年，内部收益率超过 13%，效益较好。

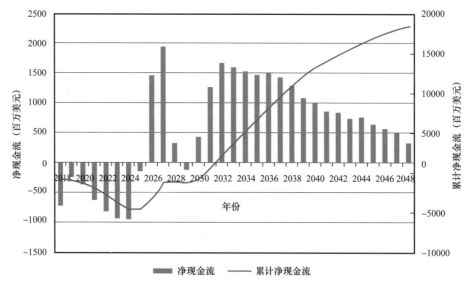

图 11-6　B 区块合同者现金流量图

三、不同 FPSO 合同模式下经济分析

FPSO 是集生产、储油、卸油为一体的海上生产储卸油装置。由上部模块和船体两大部分组成，上部模块完成对原油的加工处理，而船体负责储存合格的原油。FPSO 通过海底输油管线接收来自海底油井的油、气、水等混合物，然后混合物被加工处理成合格的原油和天然气。合格产品被储存在船舱中，达到一定量后经原油外输系统，由穿梭油轮输送

过驳销售。

油田开发过程中，国际石油公司一般会自行建造或租赁 FPSO。其中，租赁的方式有两种：一是只租船舶；二是总包运营商租赁。在巴西深海油气领域，自建 FPSO 的方式又分为 EPC、BOT、BOOT 三种方式。由于巴西政府自 2018 年 1 月 1 日实行新 REPETRO 机制，新国际财务准则 IFRS 第 16 条也将于 2019 年 1 月 1 日生效，均对 FPSO 经营租赁模式产生深刻影响。基于两种运营模式、四种合同方式，结合市场调研情况，我们基于产品分成合同项目对单个 FPSO 假设情况进行经济评价模拟分析，以比较不同合同模式对项目经济效益的影响。

（一）租赁（Charter）合同模式

建造方承担 FPSO 建设期间的筹资、投资、建设任务，建成后建造方拥有 FPSO 所有权、运营和管理的权利。FPSO 所有者将配备有全部船员及附属设施的 FPSO 系统出租给油田作业者，并听候承租方调遣，同时按照合同规定的标准向承租方收取租赁费。在租赁模式下，建造或运营方要为作业者提供全套油田生产作业服务，包括生产运营管理、设备管理、人员管理、财务管理、风险管理、后勤管理等，并承担其全部费用，服务范围最广，承担风险最高，因此租金水平一般也相对较高。

租赁合同模式下，FPSO 的建造期约为 39 个月，服务日费为 13 万美元，租赁日费 54 万美元，合同期 22.5 年。因为 FPSO 为租赁方所有，作业者无须承担合同期末的弃置费投资。

以 2018 年为评价基准年，折现率取 10% 情况下，净现值约 14 亿美元，内部收益率约 18%，投资回收期约为 8 年，投资回收年为 2026 年（图 11-7）。

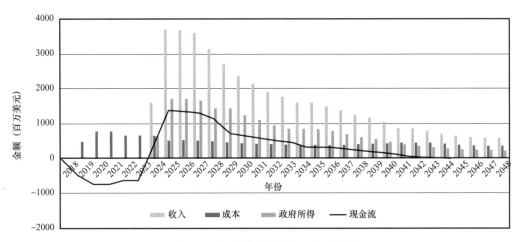

图 11-7　租赁模式合同者现金流量图

（二）自建合同模式

1. EPC 模式

EPC（Engineering Procurement Construction）即设计采购施工的工程承包模式，是国际建筑市场较为通行的项目模式之一。EPC 承包商通过业主招标确定，承包商与业主直接签订合同，全面负责工程设计、材料设备供应、施工管理。根据业主提出的投资意图和要求，通过招标为业主选择、推荐合适的分包商来完成设计、采购、施工任务。设计、采购分包商对 EPC 总承包商负责，而施工分包商与业主具有合同关系但受 EPC 总承包商的管理。当 EPC 模式实行一次性总报价方式支付时，承包商的经济风险被控制在一定范围内，获利较为稳定。

FPSO 在 EPC 模式下，作业者需支付承包商建造投资 17 亿美元外加 10% 利润，即 19 亿美元，在 2021—2023 年建造期内分期完成支付。EPC 相较于其他模式，首油时间需推迟 14 个月，至 2025 年 2 月。在首油前，作业者还需支付承包商作业日费约 3 万美元。首油后，作业者负责运营管理 FPSO，作业日费约 9 万美元，维护日费约 8 万美元。合同期末，作业者还需承担弃置费 10 亿美元。

以 2018 年为评价基准年，折现率取 10% 情况下，净现值约 8 亿美元，内部收益率约 13%，投资回收期约 9 年，投资回收年为 2027 年（图 11-8）。

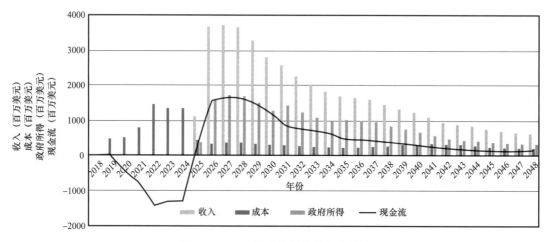

图 11-8　EPC 模式合同者现金流量图

2. BOT 模式

BOT（Build—Operation—Transfer）即建设—经营—移交，指投资方将建设项目的建设、运营、管理和使用的权利在一定时期内赋予给建造方，投资方保留该项目、设施永久所有权。建造方按照与投资方签订的特许协议建设、运营和管理项目，以运营所得收取服务费、操作费、获得利润。在特许权期限届满时将该项目、设施无偿移交给投资方。

BOT 合同模式下，FPSO 建设总投资约 17 亿美元，其中的 95% 需在 2021—2023 年的 3 年建造期支付给建造方。2024 年首油后，由建造方运营 3 年后，移交给投资方。在 2027 年移交所有权时，由作业者支付给建造方剩余的 5% 建设投资。2024—2026 年建造方运营期间，服务日费约 13 万美元，2025—2026 年作业成本日费约 3 万美元。投资方接收 FPSO 后，作业成本日费约 9 万美元，维护日费约 8 万美元。合同期末，作业者还需承担弃置费 10 亿美元。

以 2018 年为评价基准年，折现率取 10% 情况下，净现值约 11 亿美元，内部收益率约 14%，投资回收期约 9 年，投资回收年为 2027 年（图 11-9）。

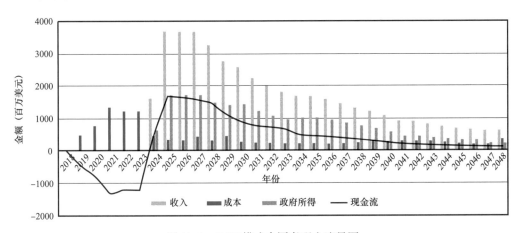

图 11-9　BOT 模式合同者现金流量图

3. BOOT 模式

BOOT（Build—Own—Operate—Transfer）即建设—所有—经营—转让，是指投资方将建设项目的筹资、投资、建设、所有权、运营和管理的权利在一定时期内赋予给建造方，期满后将项目所有权移交给投资方的运营模式。与 BOT 模式的区别在于项目建成后，在规定的期限内，建造方既有经营权，也有所有权；而且 BOOT 模式移交给投资方的时间一般比 BOT 方式要长一些。

BOOT 模式下，在项目移交给投资方前，建造方拥有所有权，作业者需要支付 FPSO 租赁费给建造方。FPSO 建设总投资约 17 亿美元，由建造方负责建设期融资和投资。基础方案是，建造方在 2024 年首油后拥有 3 年所有权。在此期间租赁日费约 56 万美元，服务日费约 13 万美元，此外，2025—2026 年投资方还需支付操作日费约 3 万美元。2027 年所有权转移时，投资方向建造方一次性支付约 17 亿美元 FPSO 建设投资。此后，作业成本日费约 9 万美元，维护日费约 8 万美元。合同期末，作业者还需承担弃置费 10 亿美元。

以 2018 年为评价基准年，折现率取 10% 情况下，净现值约 14 亿美元，内部收益率为约 17%，投资回收期约 9 年，投资回收年为 2027 年（图 11-10）。

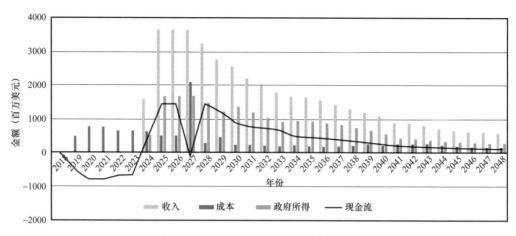

图 11-10　BOOT 模式合同者现金流量图

（三）FPSO 合同模式比较

EPC 模式下首油时间比其他三种模式要晚 13 个月，全合同期原油产量低是经济评价结果较差的主要原因。EPC 建造投资比其他三种模式又高出至少 10%，而且都集中在项目前期，导致其经济评价指标难以好于其他模式。此外，EPC 模式是总承包商只负责建造，不负责运营的交钥匙工程，对 FPSO 质量的把控也不如其他三种模式。

BOT 和 BOOT 两种模式相比较，如果 BOOT 选择在首油后 3 年移交给投资者，那么两者的产量相同、移交周期相同、建造投资相同，只是投资者支出建造投资的时间不同，BOOT 是在所有权转移时再一次付清。尽管在所有权移交前，BOOT 模式下作业者需要承担 55 万美元的租赁日费，但因 FPSO 建造投资约 17 亿美元在 2027 年才支付给建造商，大规模投资靠后，经济效益明显好于 BOT。经过测算，如果 BOOT 模式下建造商在拥有所有权 5 年或者 8 年后再移交给作业者，那么净现值将达到约 15 亿美元，更加优于 BOT 模式。

综上，FPSO 经营租赁和 BOOT 是对项目经济效益最有利的两种模式。其中，租赁模式下首油时间稍微晚于 BOOT 模式 3.5 个月，但净现值与 BOOT 相当，均为约 14 亿美元，而内部收益率 IRR 租赁模式略高，需要结合具体项目的实际情况进行判定。

四、巴西油气投资经济性影响因素

通过以上分析可知，在当前国际油价水平下（布伦特原油价格 65 美元 / 桶），巴西深水油气项目投资经济性在两种合同模式下均预期良好，表明巴西深水油气在过去 6 年时间里获得了较大发展，投资经济性显著提高，归纳起来主要得益于以下几个方面。

（一）产量提升

巴西深水特别是盐下区块单井产量屡创世界纪录，单井初产平均达到 3×10^4bbl/d，长期生产后仍能保持 2×10^4bbl/d 的超高水平。单井产量的提高，显著增加了石油公司前期收入水平，并有效减少了钻井数量，减少了前期投资支出，效益得到明显提升。

2018 年，伍德麦肯兹公司综合研究世界各大油田资产情况，巴西深水单井控制的经济可采储量能够达到（2500～6000）× 10^4bbl，相应地，墨西哥湾深水油田为（1500～3000）× 10^4bbl、西非深水油田仅（700～1500）× 10^4bbl，国际石油公司在中东地区二次开发项目则更低，仅（500～1500）× 10^4bbl，可见巴西深水单井在控制储量方面的巨大优势。图 11-11 圆形大小表示单井控制的可采储量。

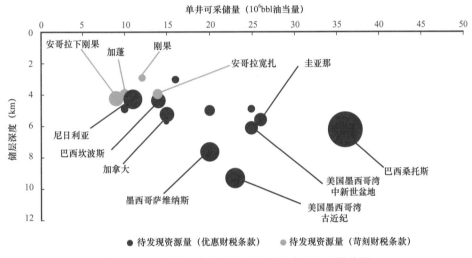

图 11-11　伍德麦肯兹公司对世界深水油田对标分析

此外，巴西深水盐下作业公司，如巴西国油、壳牌等，基于深水项目运作积累的丰富经验，能够优化部署开发井数量以及钻完井次序，优化勘探评价方案和开发井数据采集，有效实施水气交替技术（WAG），进行 OBN 地震方案优化及动态数据重新评估等，进一步增加了合同期累计产量，提升了项目经济效益。

（二）油价下行

2014 年，国际油价断崖式下跌以来，各大石油公司大幅削减油气田勘探开发投资，使得油田服务商普遍缺少订单而面临生存压力，不得不同意降低合同价格赢得仅有的少量订单，这一趋势一直持续到 2017 年。尽管目前深水油田投资在逐步回暖，但仍远未达到 2014 年高油价的水平，这也为深海油气田的开发上产提供了宝贵的低成本窗口期。IHS 公司统计了 2014 年至 2018 年全球深水油气田最终投资决策 FID 情况（图 11-12），得益于深海油气作业技术的进步，深海项目的盈亏平衡点在逐年下降，趋势上已经从2014年的平均78美元/桶降低到2018年的49美元/桶。在长期布伦特原油价格70美元/桶范围内，选择合适的深海油气田进行勘探开发仍能取得很好的收益率。相关咨询机构预测，国际油价长期低位运行带来的成本下降态势将持续到2020年以后，在这一窗口期大力推动深水已发现油气田的开发，可以为未来油价上涨后取得规模性的增量收益提供有利条件。

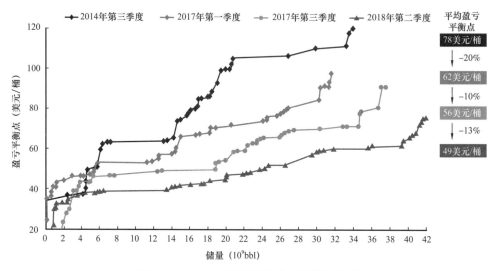

图 11-12　IHS 对世界深水油田的投资分析

（三）成本下降

巴西蓬勃发展的深水油气勘探开发产业汇集了全球最顶尖的石油服务商，市场高度集中，竞争完全充分，特别是由于低油价的影响，各家服务商不惜降低利润率来保证市场占有率。钻井船、钻机日费、完井投资、井口设备、FPSO 租赁日费、铺管船日费、水下设施如立管、柔性管、脐带缆的单价均显著降低。

深海盐下钻井技术逐渐成熟，学习曲线的有效应用又显著缩短了钻井作业周期。据统计，巴西深海盐下原油产量自 2012 年以来增长了 7.29 倍，但每年新增开发井数量却减少了 70%（图 11-13）。钻井作业时长从 2013 年的平均 150 天降低到 2018 年的 70 天左右。此外，巴西深水钻井行业普遍采用日费制模式，钻机占用时间缩短、钻井作业周期减少，提高钻井效率的同时，钻井投资节省超过 50% 以上。

伍德麦肯兹统计数据也表明，自 2013 年以来，巴西深海盐下每桶原油的单位投资成本降低幅度高达 50%，这也在多家石油公司的最终投资决定中得到体现。2013 年，某深海盐下油田全合同期投资预计在 400 亿美元以上，主要用于钻完井和海洋工程方面。通过近几年的实践作业，巴西国油在向巴西政府提交初步开发方案时，全合同期预计投资降低至不足 200 亿美元，经受住了高油价期间投入的项目在低油价时普遍面临的难以实现预期收益率的挑战。

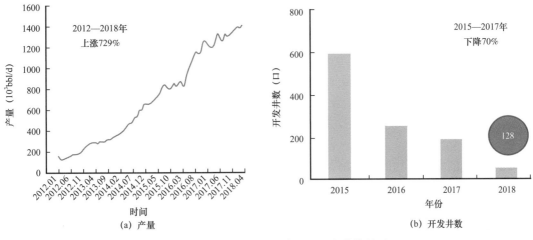

图 11-13　巴西深水盐下油田产量和开发井数量对比

（四）招标策略

巴西国油丰富的深海作业经验，结合国际巨头在美国墨西哥湾深海、西非深海油田、东非深海气田以及地中海深海气田的成熟作业管理经验，集大成于巴西深海项目管理，表现在招标策略上更加精打细算、切合实际、务求实效。当前，石油公司在深海油气田服务的招标策略上体现为钻井服务一体化、服务合同短期化、FPSO 大型化、合同模式租赁化、技术管理专业化。

例如，在目前油价低位运行、技术更新换代迅速、服务市场充分竞争的条件下，石油公司倾向于缩短油气服务合同年限（除了大型 FPSO 租赁期限一般在 25 年），一体化钻井服务最长不超过 3 年，支援船服务年限一般为 2 年，以保证其可以及时根据市场变化尽快调整合同单价，控制深海油气投资。

FPSO 作为海上油气开发最为核心的装备，其处理、储存原油的能力直接关系油田建设产能，而且 FPSO 的发展与深海油田勘探开发程度、技术手段提高相同步。巴西海上自 2008 年投产 10×10^4bbl/d 的 Angrados Reis 号 FPSO、2010 年投产 12×10^4bbl/d 圣保罗号，2012 年以来相继投产 P74-P77 等 4 艘 15×10^4bbl/d FPSO，直到 2017 年 18×10^4bbl/d 的 Carioca 号 FPSO 投产，也是 FPSO 海上平台为适应巴西盐下巨型油田所必须做的更新。IHS 曾做过测算，在同等条件下，2 艘 18×10^4bbl/d 的 FPSO 比 3 艘 12×10^4bbl/d 的 FPSO 的内部收益率可以提升 1 个百分点，净现值增长 15%，因此，FPSO 大型化是巴西深水盐下油气开发实践检验的理性趋势。

深水油田开发历史表明，石油公司在早期倾向于自建FPSO，现今FPSO采用租赁的方式逐渐变得普遍。2010—2013年，巴西海上作业的FPSO中有13艘为自建模式，12艘为租赁模式，但从2014年至今，自建模式的FPSO只增加了1艘，而租赁模式FPSO则增加了7艘。FPSO合同模式的改变，一定程度上降低了深海油气作业的门槛，由专业的FPSO运营公司负责协调资源进行设计、采办、建造、安装以及未来的运营，石油公司只需支付日租费，不仅降低了项目前期的投资强度，而且租赁日费、服务费作为操作费可以加快成本回收进度，在合同期末弃置时也无须额外大规模投资。

（五）本地化率

2016年以前，制约巴西深海油气工业快速发展的一大瓶颈是本地化率，尤其是第一轮深海盐下产品分成招标区块的本地化率高达90%，如果不能达到要求，合同者将面临高额的罚款。为了避免本地化率罚款，石油公司不得不放缓油田勘探开发节奏，并准备本地化率豁免文件以上报巴西油气监管部门，一定程度上滞后了项目的开发进程。

在以巴西国油为代表的各主要石油公司的据理力争下，2018年，国家石油管理局出台新的本地化率条款，大幅下调本地化率，为深水盐下油田的快速规模性开发扫清了障碍。此项措施实施后，FPSO船体可以在巴西境外建造，而不需在巴西极少数可以建造船体的船厂排期，船体建成后可以在巴西船厂进行总装，在充分调动巴西船厂利用率的同时满足本地化率要求。仅此一项措施，便可有效促进巴西深海210×10^8bbl已发现油气资源量快速投入勘探开发，预计巴西政府未来矿税所得从280亿美以翻番至560亿美元，并可新增9.5万个就业岗位。

（六）合同条款

巴西政府为了吸引国际油气投资，近年来逐步放松合同条款，具体表现为产品分成合同将成本回收上限从30%提升到50%，放松钻井、海工设施等折旧年限，引进REPETRO税收抵免机制，降低部分租让制合同矿费税率等。

伍德麦肯兹曾对巴西产品分成合同和租让制合同与其他主要产油国的油气合同进行对比，巴西政府所得处于偏高的范畴，如图11-14所示。原因可能是巴西近几轮产品分成合同招标竞争异常激烈，各家石油公司都志在必得，报出了高达75%的政府利润油分成，这与第一轮产品分成招标授出的里贝拉区块对应的政府最低利润油分成比形成了巨大差异，导致巴西政府所得比例显著提高。如果仅比较租让制合同，考虑到巴西深海油田的单井平均产量，触底企稳的单桶原油投资支出，处于中等区间的政府利润油分成比基本合理。

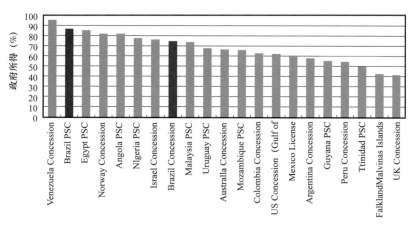

图 11-14 WM 合同条款对标分析

根据 IHS 公司 PEPS 研究结果（图 11-15），其综合考虑资源国油气行业吸引力，引入的参数包括近期勘探开发活动、财税条款吸引力和油气风险因子，评价认为巴西的油气风险仅次于美国、加拿大、卡塔尔；财税条款优于大多数产油国，仅次于阿根廷、秘鲁和哥伦比亚，但上述三国并不是传统的常规油气产量大国，特别优惠的财税条款只是其政府吸引国际投资、振兴油气产业的手段。

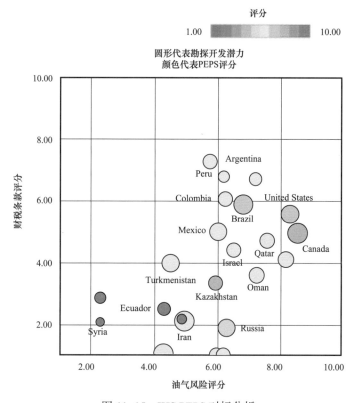

图 11-15 IHS PEPS 对标分析

（七）技术进步

以巴西盐下深水油田为例，我国油气业界普遍认为钻遇巨厚膏岩层后钻井风险、事故概率会极大提升，严重影响钻井作业进度并造成投资超支。经过巴西深水盐下油气勘探开发的多年实践，以巴西国油为代表的油气公司摸索出了彻底克服钻遇盐岩层问题的解决方法，而且新型钻井技术下盐岩层的钻进速度最高可以达到 1000m/d。

在巴西深水盐下区块，由于盐岩层作为良好的盖层上覆在巨型油气藏之上，只要钻穿盐岩层便可进入储层。通过查看钻井日报跟踪钻井过程，油气公司只要发现钻遇盐岩层后，便会启动地质日报的编写工作。原因是巴西深水油气业界已基本形成了一致的认识，由于深水盐岩层最厚地方不超过 1500m，按平均每天 700m 的钻进速度，如果不进行钻具短起下作业，钻头最多三天便可进入储层。由此看来，原本制约石油公司的巨厚盐岩层钻井问题反倒变成了加快钻井的有效手段，彻底颠覆了陆上油气田常规的钻井认识。

此外，巴西盐下独有的高达几百米的储层厚度使得智能完井技术有了用武之地。因为巨厚储层的存在，深海盐下钻井只需钻直井，而无须花费额外的时间、资金去研究大位移井或水平井来精确控制钻井轨迹。在钻井正式转为生产井或注入井前，巴西石油公司甚至直接用裸眼的方式完井，以进一步节省投资。在转生产并回接 FPSO 时，智能完井技术即可便捷地实现巨厚储层快速投产的需求。

第四节　深水油气投资展望

全球深水油气资源丰富，近年来深水资源潜力持续释放，深水资产越来越受到石油公司的关注，深水油气投资越来越成为国际油气投资的主方向。

从资源角度看，国际能源署（IEA）数据显示，目前世界海洋油、气可采资源量分别为 $1536 \times 10^8 t$ 和 $311 \times 10^{12} m^3$，全球海上原油储量占全球原油储量的 15% 左右，海上天然气储量占全球天然气储量的 45%。值得注意的是，目前全球剩余常规原油储量中的 30% 和剩余常规天然气储量的 2/3 都在海域。根据 IHS 公司 2019 年发布报告分析，近十年来，全球油气勘探活动有所减少，导致 2016—2018 年世界油气发现处于 70 年来的最低水平；权威咨询机构雷斯塔公司数据也显示，全球常规油气替代率已下降至数十年来的最低水平。在此背景下，深水油气资源将成为未来全球油气资源市场的重要接替。伍德麦肯兹公司预测，全球深水油气产量仍将持续增长，2025 年将达到日产 $1450 \times 10^4 bbl$ 油当量，其中超深水油气产量比例将超过 50%。从分布区域看，巴西、美国、埃及、莫桑比克、圭亚那、澳大利亚、安哥拉和尼日利亚等 8 个国家将成为全球深水油气未来产量增长的重点区域，预计 2025 年日产量合计将达到 1100×10^4bbl 油当量。在本轮低油价过程中，国际石油公司积极参与巴西、墨西哥等资源国的深水油气区块招标，相继获得了多个区块。根据伍德麦肯兹的统计，2016 年 1 月至 2018 年 7 月全球授予区块面积中，深水、超深水面积最多，其中七大国际石油公司获得了超过 30×10^4km^2 的深水勘探面积。

从资本角度看，全球数据（Global Data）报告指出，2018—2025 年，全球将新增油气开发项目 615 个，在整个周期内共需资本支出约 17050 亿美元，有望生产原油超过 120.03×10^8t，天然气 24.56×10^{12}m^3。在这些资本支出中，海域油气项目共支出 12510 亿美元，占支出总额的 73.4%。其中，深水区的资本支出将达到 7540 亿美元，占支出总额的 44%。未来 8 年，全球海洋油气投资热点和新增项目，主要集中在非洲、南美洲、北美洲近海海域。期间，这 3 个区域新增油气项目共 259 个，占全球新增项目总数的 42.1%；3 个区域海洋油气项目资本支出 6363 亿美元，占全球海洋油气项目总支出的 50.9%。其中深水区域投资将达到 5574 亿美元，占全球深水区域投资的 74%。

从资本分布的国家来看，非洲新增油气项目投资主要分布在尼日利亚、莫桑比克和安哥拉海域。其中，莫桑比克新增油气项目虽然只有 7 个，但基本都是大型深水项目，资本总开支高达 462 亿美元。南美洲新增油气项目投资主要位于巴西近海海域，未来 8 年共新增油气项目 49 个，期间资本支出 807 亿美元，将是南美洲也是全球吸引投资最多的国家，其绝大部分的投资都用于深水油气项目，总额约 690 亿美元。随着近两年海域油气勘探新发现，圭亚那逐渐成为南美洲深水油气另一个勘探开发的重点。未来 8 年圭亚那新增油气项目 3 个，且都位于深水区域，期间资本支出约 81 亿美元。美国将是北美洲深水油气投资最大的国家，未来 8 年共新增海上油气项目 29 个，其中深水项目资本开支将达到 473 亿美元；墨西哥是北美洲另一个海洋油气大国，未来 8 年新增油气项目 40 个，期间资本总开支为 209 亿美元，海洋油气项目占 92.8%，约 194 亿美元。

海洋油气成为世界油气产量增长的源泉，更是未来油气投资的热点区域。目前中国已成为全球最大的原油进口国，根据中国石油集团经济技术研究院发布的《2018 年国内外油气行业发展报告》，中国原油 2018 年对外依存度接近 70%，较 2017 年上升 2.5 个百分点。我国石油公司应积极寻求国家相关部门支持，加快全球深水油气区域资源评价、政策风险评估，积极投身全球深水油气勘探开发，这不仅是自身可持续发展的需要，也可为国家能源进口安全保障发挥重要作用。

参 考 文 献

国家税务总局. 2019. 中国居民赴巴西投资税收指南.

李冰. 2017. 国际油气资源合作合同模式比较. 中国石油企业,（04）：70-74.

商务部, 等. 2018. 对外投资合作国别（地区）指南：巴西, 46-54.

吴林强, 等. 全球海洋油气勘探开发迎来新机遇. 中国矿业报.

吴林强, 张涛, 郭洪周, 等. 2018. 巴西海洋油气工业发展成功经验及启示. 国际石油经济, 26（10）：
    32-41.

杨虹, 刘立群, 袁磊. 2011. 巴西国家石油公司崛起之路. 石油科技论坛, 5：2-5.

张晋, 孙杜芬, 刘申奥艺. 2018. 巴西油气合同模式与财税政策新动向. 中国矿业, 27（3）：57-61.

中国石油勘探开发研究院（RIPED）. 2019. 全球油气勘探开发形势及油公司动态（2019年）. 北京：石油
    工业出版社. 173-175.

Cruz W M. 1997. Study of Albian Carbonate Analogs Cedar Park Quarry, Texas, United States of America, and
    Santos Basin Reservoirs, Southeast Offshore of Brazil. Michigan：A Bell Howell Information Company,
    1-213.

IHS. 2019. PEPS Introduction.

IHS. 2019. History and Outlook Reviewing Brazilian Costs.

Jackson C A L, Rodriguez C R R, Rotevatn A R. 2014. Geological and Geophysical Expression of a Primary Salt
    Weld：An Example from the Santos Basin. Brazil Interpretation, 2（4）：77-89.

KPMG. 2018. A Giude to Brazilian Oil & Gas Taxation.

Modica C J, Brush E R. 2004. Postrift Sequence Stratigraphy, Paleogeography, and Fill History of the Deep-
    water Santos Basin, Offshore Southeast Brazil. AAPG Bulletin, 88（7）：923-945.

Ojeda H A. 1982. Structural Framework, Stratigraphy Andevolution of Brazilian Marginal Basins. AAPG
    Bulletin, 66：732-749.

Rodrigues R, Trindade L A F, Cardoso J N. 1987. Biomarker Stratigraphy of the Lower Cretaceous of Espirito
    Santo Basin, Brazil. Organic Geochemmistry, 13（4-6）：707-714.

Sombra C L, Arienti L M, Pereira M J, et al. 1990. Parameters Controlling Porosity and Permeability in Clastic
    Reservoirs of the Merluza Deep Field, Santos Basin, Brazil. Boletim de Geociencias da Petrobras, 4（4）：
    451-466.

Stanton N, Ponte-Neto C, Bijani R, et al. 2014. A Geophysical View of the Southeastern Brazilian Margin at
    Santos Basin：Insights into Rifting Evolution. Journal of South American Earth Sciences, 55：141-154.

Tagliari C V, Cunha A A S, Paim P S G. 2012. Orbital-driven Cyclicity and the Role of Halokinesis on
    Accommodation within Siliciclastic to Carbonate, Shallow-water Albian Deposits in the Espírito Santo
    Basin, Southeastern Brazil. Cretaceous Research, 35：22-32.

Wood Mackenzie. 2018. Braziil Country Overview.

Wood Mackenzie. 2019. Brazil Country Overview.

Wood Mackenzie. 2019. The Deep-water Cost Curve Revisited.

Wood Mackenzie. 2019. Brazil Upstream Fiscal Summary.